Grafos:
Teoria, Modelos, Algoritmos

Blucher

Paulo Oswaldo Boaventura Netto
Professor da Área de Pesquisa Operacional
Programa de Engenharia de Produção
COPPE/UFRJ
Pesquisador do CNPq

Grafos:
Teoria, Modelos, Algoritmos

5ª edição
revista e ampliada

Grafos: Teoria, Modelos, Algoritmos

3ª reimpressão - 2022
Editora Edgard Blücher Ltda.

Blucher

Rua Pedroso Alvarenga, 1245, 4º andar
04531-934 - São Paulo - SP - Brasil
Tel.: 55 11 3078-5366
contato@blucher.com.br
www.blucher.com.br

Segundo o Novo Acordo Ortográfico, conforme 5. ed. do *Vocabulário Ortográfico da Língua Portuguesa*, Academia Brasileira de Letras, março de 2009.

FICHA CATALOGRÁFICA ESTABELECIDA PELO SDD/CT/UFRJ

Boaventura Netto, Paulo Oswaldo
Grafos: Teoria, Modelos, Algoritmos / Paulo Oswaldo Boaventura Netto. - São Paulo: Blucher, 2011.

XIV + 326 p. ilust. 21x28 cm
ISBN 978-85-212-0680-4
Inclui índices, bibliografia.

1. Grafos - Teoria. 2. Modelos matemáticos. 3. Algoritmos. 4. Pesquisa Operacional. I. Título.

19.CDD-001.424
19.CDD-511.5

Este livro continua sendo dedicado

a Monteiro Lobato
um homem do seu tempo,
que viu o futuro nas crianças que o leram
com a clareza que falta aos seus detratores de hoje,
que mal conseguem entender o presente.

e a Sandra,
colega e educadora, e
companheira da minha vida,
pela inspiração, afeto, sensibilidade,
lucidez e apoio diário ao longo dos anos.

e, agora, também, à memória do Professor

Roberto Diéguez Galvão
colega e amigo,
e um profissional da maior competência e seriedade,
que nos deixou em 2008.

Tudo seria muito fácil, se não fossem as dificuldades.
Barão de Itararé

A imaginação é mais importante que o conhecimento.
Albert Einstein

(1996) Em nossa primeira edição, dissemos que...

Muitas pessoas colaboraram com este livro: alunos de graduação e pós-graduação de muitas turmas, em particular os que comigo realizaram trabalhos de pesquisa; colegas de linha de pesquisa e os que trouxeram críticas e sugestões a este texto; discussões sobre pesqusa operacional e grafos, parcerias em trabalhos; e o pessoal de apoio que, no exercício de suas funções, foi de extrema valia para a consecução deste objetivo.

Não há como citar a todos; quero, então, particularizar os colegas Nair Maia de Abreu, Samuel Jurkiewicz, Roberto Diéguez Galvão, Lilian Markenzon e Nelson Maculan. Devo ainda lembrar as pessoas que me auxiliaram na revisão que procurou eliminar os "diabos vermelhos" - os erros que, no dizer de Monteiro Lobato, saem correndo e pulando da lombada e de entre as páginas, assim que a obra é publicada. Sou, evidentemente, o único responsável pelos que ainda assombrarem os leitores.

Em relação às instituições, a COPPE/UFRJ vem evidentemente em primeiro lugar: nela tenho passado todos os anos durante os quais fui irremediavelmente seduzido pela teoria dos grafos. O CNPq e a CAPES tiveram grande importância pelo apoio conferido a este livro. Ele é, neste sentido, mais uma prova da importância do apoio institucional para a pesquisa e, em geral, para o aperfeiçoamento da qualidade e para o aumento da produtividade, nesse ambiente de trabalho cuja existência, continuidade e produção em todas as áreas da arte, da ciência e da cultura são da maior importância para o país, que é o da universidade pública e gratuita.

(2001) Na segunda, foi importante acrescentar...

Que quero agradecer às mesmas pessoas, e a mais algumas, que de alguma forma contribuíram para que esta segunda edição viesse à luz: Samuel Jurkiewicz, que a revisou, Nair Abreu, que a prefacia, além de nossos alunos de mestrado e de doutorado, que contribuíram tanto com as correções e sugestões quanto com as citações de material de suas teses.

Quanto às instituições, cabe registrar a queda incessante nos recursos para pesquisa: elas fazem o que podem, sabedoras da importância de seu trabalho, para que o Brasil não seja eternamente um "país do futuro". A profissão de fé, que transcrevo acima, continua no entanto válida. No atual momento, acredito que o que nos move possa ser expresso pela voz livre de Nara Leão, viva embora desaparecida:

E no entanto é preciso cantar
Mais que nunca é preciso cantar...

(2003) Na terceira, dissemos que...

Entramos em um tempo de esperanças: se elas se tornarão em realidades ou não, isso depende de uma trajetória complexa, em um mundo difícil. Neste contexto, vejo este trabalho, em uma imagem um tanto sovada pelo uso, como uma pequena pedra em uma parede que vai sendo construída de geração em geração. Há quem possa colocar nela pedras maiores, e esperamos que essas pessoas, organizações e instituições o façam de forma que a parede não tombe sobre nossas cabeças, receio permanente nos tempos que passaram. Há muito o que fazer, até que deixemos para trás a posição de país subdesenvolvido e exportador de matérias-primas; mas isso exige conhecimento e criatividade, para que se evitem as receitas prontas e importadas tão do gosto de muitos de nossos empresários. Vale dizer, exige a prática do raciocínio abstrato ao lado da visão aplicada. E, nesse momento, nossa pequena pedrinha faz algum sentido.

Esta edição conta com o apoio de Valdir Agustinho de Melo, cuja proficiência informática foi muito importante para a correção e a clareza dos algoritmos aqui contidos. Agradeço a gentileza e a paciência de Samuel Jurkiewicz, companheiro de muitas discussões frutíferas, em prefaciá-la.

(2006) Na quarta, dissemos que...

*O livro entra na fase do contato direto com a Internet, através do sistema **Algo_De_Grafos** e de seus algoritmos, obra competente e dedicada de Denis Silveira e Valdir Melo. Graças a esse sistema, muitos problemas de caráter didático de porte acima da resolução manual poderão ser modelados e processados, o que deverá facilitar bastante a vida de professores e alunos usuários deste livro. Ao mesmo tempo, como dito adiante em vários lugares, importantes mudanças foram feitas na nomenclatura e na notação, para torná-las mais próximas das ainda não completamente consolidadas tendências da literatura internacional de grafos. Mais uma atualização parcial e mais uma revisão devem contribuir para formulações mais exatas e para a exposição de novas ideias.*

(2012) E, agora, chegando à quinta...

A quarta edição teve três reimpressões. Os seis anos decorridos trouxeram a necessidade da revisão do conteúdo nela divulgado, sem a pretensão da completude: o número de livros e de artigos publicados sobre a teoria e as aplicações de grafos continua a crescer. Procuramos, com prioridade, o aperfeiçoamento – inclusive com a retirada de algum material que passa a ser apenas referenciado. Aperfeiçoar é importante – e não apenas no texto dos livros – em um momento no qual deixamos de ser o eterno "país do futuro", ao concluirmos que o futuro é hoje.

Agora, a quinta edição vai para uma nova reimpressão, já em 2016. O futuro tem cada vez mais espaço para a teoria dos grafos, isso tem sido mostrado pela literatura. Porém estamos em um momento no qual nosso presente, como país, luta contra nosso futuro. Esperemos que este último vença essa luta que tem um lado totalmente aético..

Algumas considerações

Ao criar a matemática, o ser humano não teve como imprimir-lhe o senso de humor característico da espécie. O riso é próprio do homem, apesar do arquétipo do Padre Jorge, de "O nome da rosa"; por essa razão, achei importante temperar a eventual aridez da obra, bem como o possível cansaço de quem empreenda estudá-la, com o sensível acacianismo de um dos maiores humoristas brasileiros e com as citações do início dos capítulos, relacionadas sempre de algum modo com o respectivo conteúdo.

Escrevo estas palavras iniciais na primeira pessoa do singular: antes de expor o material que reuni sobre a teoria dos grafos, desejei aqui comparecer em caráter pessoal e não, apenas, com a roupagem do "autor". Procuro mostrar algo do que sou, resumidamente, para não chegar ao narcisismo.

Entendo que o leitor deva entrar alegremente nestas páginas; isto não envolve apenas uma diversão momentânea, mas ainda a importância do apelo à imaginação - também própria do ser humano e que, neste trabalho, vem a ser exigida ao se abordar a questão fundamental da construção de modelos. Neste momento o presente livro, como o anterior, é uma obra aberta - com o que volto a citar Umberto Eco – no sentido em que o seu aproveitamento exigirá uma contribuição significativa por parte da imaginação do leitor, para um aspecto da construção do conhecimento em relação ao qual pouco mais se pode fazer, do que discutir premissas e apresentar exemplos: afasto-me bastante, assim, da clássica obra de matemática na qual toda a verdade se encontra nos teoremas e nas definições. O modelo exige mais do que isso: ele exige uma visão que a matemática não pode dar. Sendo ela uma linguagem e um instrumento de investigação e de resolução, não faz contato com o mundo isoladamente.

Este texto aproveita algo da experiência com o ensino de grafos que reuni, ao longo de três décadas, em particular na pós-graduação, onde utilizei um método interativo de avaliação no qual se faz apelo à criatividade dos alunos através de exercícios a serem resolvidos em grupo, de forma abrangente e investigativa e não puramente formal. O uso da imaginação, assim estimulado, procura atender a uma questão fundamental: que o diga Einstein, citado acima.

Por esse motivo, não são fornecidas as respostas dos exercícios, boa parte dos quais foi formulada para uso neste esquema; sugiro aos leitores que assim os considerem e abordem. Deixei as questões técnicas de organização para o primeiro capítulo, por querer neste texto, apenas, os temas conceituais.

Ao contrário da imaginação, o conhecimento pode ser detalhado em livros. A pesquisa operacional e os algoritmos já foram beneficiados pelo trabalho de autores nacionais, que deicaram parte do seu tempo a esse trabalho. Este autor gostaria que a teoria e as aplicações de grafos recebessem atenção semelhante, de modo a que se colocassem no mercado um maior número de obras.

A possível estreiteza da especialização, essa consequência inevitável da expansão do conhecimento, é uma deficiência inevitável. A generalidade pode ter sido o apanágio de um Leonardo da Vinci, mas nem mesmo Oppenheimer, ou Russell, gênios polivalentes da atualidade, teriam tido qualquer possibilidade de alcançá-la. A abrangência possível, diante da infinitude do Universo e, portanto, do conhecimento, é a da interdisciplinaridade: meta que jamais alcançamos individualmente, mas que se torna acessível através dos usuários de cada parte finita desse conhecimento.

Apesar disso, olhar essa infinitude é essencial para quem pensa em criar, contribuir, com o mínimo que seja, para explorá-la. Assim o fez Newton, com quem deixo o leitor por instantes: sua tradicional visão filosófica da verdade não nos faz esquecer do seu gênio e da sua capacidade de inovação. Para ressaltar a importância de sua figura e de sua atitude diante do mundo, nada melhor do que o extremo oposto, a do parlamentar norte-americano de meados do século XIX – cujo nome deixei de registrar, por falta de interesse – que solicitava em um discurso o fechamento do registro de patentes, por não haver, em sua visão, nada mais a ser inventado. Citar o fato, porém, é importante: continuam existindo pessoas como ele: por exemplo, os arautos do "fim da História".

I know not what I appear to the world, but to myself I seem to have been only like a boy playing on the seashore, and diverting myself in now and then finding a smoother pebble or a prettier shell, whilest the great ocean of truth lay all undiscovered before me.

Parece-me ter sido apenas uma criança brincando à beira do mar e encontrando, ora uma pedra mais polida, ora uma concha mais bonita que as outras, enquanto o vasto oceano da Verdade se estendia inexplorado diante de mim.

Isaac Newton

A beleza da frase de Newton não nos deve fazer esquecer que o conhecimento é uma criação humana: não há, no mundo, uma verdade *a priori* esperando para ser descoberta. Em nossa conclusão, falamos do processo infinito e maravilhoso da construção do conhecimento. Esta construção se dá, de fato, dentro de nós mesmos, quando traçamos nosso próprio caminho de pesquisa, a cada momento em que uma novidade aparece: encontro extraordinário que compensa todas as dúvidas, esforços e dificuldades.

Prefácio da primeira edição

Esta obra extensa e de forte conteúdo teórico é fruto do trabalho sério de um professor-pesquisador que se dedica à busca de novos resultados e novas formulações para os problemas de natureza combinatória. *Grafos: Teoria, Modelos, Algoritmos* nos fornece um estudo moderno e rigoroso dos grafos, lançando mão de muitas ilustrações visando à compreensão dos conceitos e fundamentos introduzidos.

Paulo O. Boaventura Netto é profundo conhecedor das sutilezas de nossa língua: este livro é uma expedição discreta pelos caminhos das florestas outonais coloridas (quatro cores: verde, amarelo, vermelho e o azul do céu), onde mesmo os casamentos perfeitos são realizados em grafos não perfeitos. Apresenta percursos de ida e volta mais curtos ou mais longos, oferece também ao leitor ou à leitora a oportunidade de percorrer o mesmo circuito infinitas vezes. Os carteiros e os viajantes têm conhecimento dos tópicos arduamente solúveis quando trilham as rotas em seu trabalho quotidiano, mas os especialistas de pesquisa operacional terão sempre dificuldades de passar uma só vez em cada ponte, retornando ao ponto inicial, claro, sem entrar na água.

Já era tempo da comunidade brasileira de pesquisa operacional, matemática discreta, ciência da computação, transportes, telecomunicações etc., poder contar com um excelente texto sobre a teoria dos grafos, escrito por um colega de extrema competência. Temos uma referência precisa que é um manual para cursos de graduação e pós-graduação, assim como para os profissionais do setor em suas atribuições de modelar os problemas altamente combinatórios de tomada de decisão.

Nelson Maculan
Professor Titular, Programa de Engenharia de Sistemas e Computação, COPPE/UFRJ

Prefácio da segunda edição

O autor deste livro dispensa apresentação. Foi, sem dúvida, um dos pioneiros em divulgar a Teoria dos Grafos no Brasil, introduzindo grafos como modelos para problemas aplicados nas áreas de engenharia. Há mais de 20 anos vem trabalhando como professor, pesquisador e orientador de teses, divulgando e ensinando, desde os mais simples aos mais complicados segredos desta bonita estrutura algébrica capaz de se transformar em desenhos intuitivos que muito nos auxiliam na interpretação da realidade.

O livro "Grafos, Teoria, Modelos e Algoritmos" foi muito bem apresentado pelo professor Nelson Maculan na sua primeira edição. Em continuação, quero acrescentar o seguinte:

i) os dez primeiros capítulos contêm tópicos essenciais para uma introdução aos grafos. Podem ser ministrados em disciplinas de graduação ou pós-graduação, para cursos de Engenharia, Economia, Administração, Biologia, Química e de outras áreas em ciências aplicadas;

ii) os dois últimos capítulos se destinam aqueles que mais se motivaram pela teoria dos grafos e que certamente ali haverão de encontrar as primeiras orientações para continuar seus estudos neste assunto tão absorvente.

Nair Maria Maia de Abreu
Pesquisadora do CNPq e Colaboradora da Área de Pesquisa Operacional
Programa de Engenharia de Produção, COPPE/UFRJ

Prefácio da terceira edição

A primeira vez que travei conhecimento com a Teoria dos Grafos foi no curso de mestrado do Professor Paulo Oswaldo Boaventura Netto, em 1988, no Programa de Engenharia de Produção da COPPE/UFRJ. O livro-texto – de sua autoria – era o embrião deste que hoje sou chamado a prefaciar. Já naquele volume havia bem mais do que cabe num curso de introdução, tal a abundância de temas, exemplos, aplicações e exercícios ali expostos.

Desde então o "professor Boaventura" passou a ser para mim, primeiro "Boaventura" – o orientador de mestrado e hoje o colega e amigo que respeitosamente chamamos de "Boa". Ao mesmo tempo pude testemunhar de perto a aparição de mais versões e edições, cada vez mais aprimoradas, do texto que para mim já tinha sido um convite, um guia e continua a ser sempre uma obra de referência.

Na versão atual, e nesta edição, encontraremos as definições básicas e os temas centrais da Teoria dos Grafos; encontraremos a mesma abundância de exemplos e aplicações; mas o autor não poupou esforços em colocar o que de mais atual tem acontecido neste ramo ainda um pouco "clandestino" da Matemática. Trechos foram acrescentados aos capítulos e as referências abrangem o próprio ano da edição do livro, incluindo sítios da Internet.

À já alentada coleção de exercícios vêm juntar-se outros, alguns sugeridos por alunos em suas teses de doutorado ou mesmo utilizados em provas do curso de Grafos, ainda no mesmo Programa de Engenharia de Produção da COPPE/UFRJ.

Enfim, uma obra sempre em movimento (como o próprio Boa...). A versão que temos em mãos, eu e o leitor, é fruto do entusiasmo com que Boaventura se dedica à Teoria dos Grafos há já mais de 20 anos e da minúcia, conhecimento e esforço de um profissional da educação consciencioso como tenho visto poucos. É um livro único na língua portuguesa por sua abrangência e profundidade.

Tive a boa sorte de há 15 anos encontrá-los, ao Boa, e ao livro. Tem sorte agora o leitor de encontrar esta versão do livro, cada vez melhor. E acredito que, como eu, a sempre crescente "comunidade dos Grafos" no Brasil saberá compreender a importância desta obra.

Samuel Jurkiewicz , D.Sc.
Professor Colaborador do Programa de Engenharia de Produção, COPPE/UFRJ
Professor do Departamento de Engenharia Industrial – Escola Politécnica da UFRJ

Prefácio da quarta edição

Não é incomum que um autor prefacie uma obra sua. Até o momento presente, isto não foi feito aqui: esta edição, no entanto, exige algumas explicações que consideramos justificarem a presença deste texto.

Para começar, foi feita uma profunda revisão na nomenclatura e na notação. Na edição anterior, já havíamos adotado a notação atual $\chi(\mathbf{G})$ para o número cromático de um grafo **G**, abandonando a antiga notação $\gamma(\mathbf{G})$ de Berge: atualmente, esta letra é utilizada para indicar diversos números de dominância. Agora, começamos por chamar a um grafo **G** = (**V**,**E**), em acordo com a notação mais usada internacionalmente. A letra **A** foi reservada para a matriz de adjacência, o que julgamos preferível a designar por ela o conjunto de ***arestas***, ou de ***arcos***. Seguimos, ao longo da obra, com a troca das designações e dos nomes, onde isso se tenha mostrado conveniente. Naturalmente, tudo isso está indicado no início de cada capítulo, a começar pelo primeiro.

Em seguida, pela primeira vez este livro dispõe de um suporte computacional: o editor ***Algo_De_Grafos***, de Denis Silveira, dá apoio a um conjunto de rotinas da autoria de Valdir Melo, que correspondem a boa parte dos principais algoritmos que constam do texto. ***Esta programação é de cópia livre e não tem qualquer valor comercial,*** destinando-se à resolução de exercícios que exijam o seu uso. Na seção "Endereços Internet" estão indicadas as formas de acesso a esses recursos. Resta-me agradecer penhoradamente aos dois autores, pelo trabalho despendido e reafirmar a minha responsabilidade pelos erros que restarem no texto.

Finalmente, agradeço ao público brasileiro interessado em grafos, que tem utilizado esta obra de forma consistente, levando o autor à conclusão que ela, de fato, tem atingido o seu objetivo de colocar algum conhecimento sobre a teoria e as aplicações de grafos à disposição de quem dele tenha necessidade.

Paulo Oswaldo Boaventura Netto
Professor Titular (aposentado) e Colaborador Pleno
Programa de Engenharia de Produção, COPPE/UFRJ

Prefácio da quinta edição

Volto a prefaciar, porque este livro – dedicado à pós-graduação e à pesquisa – tem, desde 2009, um companheiro elaborado para uso de disciplinas de grafos ao nível de graduação. Trata-se de *Grafos: introdução e prática*, no qual tive o prazer e a honra de dividir a autoria com Samuel Jurkiewicz, um colega que dedicou sua vida profissional ao ensino da matemática e à pesquisa em grafos.

Portanto, este prefácio traz a peculiaridade de ser dedicado a outro livro: no entanto, a presença de uma nova obra esteve na base de muitas das modificações aqui feitas. Aqui, introduzimos algumas das novidades que julgamos mais interessantes, bem como um razoável número de novas referências. As 722 que coletamos nesta edição não passam de uma gota de água no oceano. Cabe ao leitor interessado encontrar na Internet aquilo do que precisar, que aqui não se encontre.

Esta edição segue a ortografia determinada pelo novo Acordo. Desejo, no entanto, manifestar minha opinião contrária às diversas tentativas de unificar o português do Brasil e o de Portugal. Considero-as inúteis, seu único resultado sendo, em minha opinião, criar mais dificuldades para o conhecimento da língua por milhões de pessoas que ainda precisam desenvolvê-lo.

Paulo Oswaldo Boaventura Netto
Professor Titular (aposentado) e Colaborador Pleno
Programa de Engenharia de Produção, COPPE/UFRJ

Conteúdo

Capítulo 1
Introdução

Though this be madness, yet there is method ín it.

Shakespeare, Hamlet.

1.1 Prólogo

O desenvolvimento de uma teoria matemática das relações entre elementos de conjuntos discretos é uma conquista bastante recente, se comparado aos sucessos da "matemática do contínuo", em particular após a contribuição decisiva de **Newton** e de **Leibniz,** com a invenção do cálculo infinitesimal. Esta contribuição forneceu, logo de início, um enorme impulso à física, em particular à mecânica celeste, na qual permitiu a descrição de fenômenos conhecidos e acompanhados empiricamente desde a antiguidade. A geometria analítica havia sido inventada por **Descartes** e o uso do cálculo no seu contexto veio permitir a fácil resolução de problemas considerados difíceis ou insolúveis. Como exemplos de problemas tradicionais, podemos citar o do "teorema da parábola" que teria exigido, segundo a tradição, sete anos de trabalho de **Arquimedes;** as periodiocidades dos eclipses do sol – conhecidas ainda antes do modelo geocêntrico – e as trajetórias balísticas (as do fogo grego eram objeto de prática de artilharia na época em que o mesmo **Arquimedes** concentrava o sol com espelhos para incendiar navios inimigos à distância). Tudo isso se tornou simples ao se utilizar o instrumental do cálculo.

Dos problemas tradicionais se passou à novidade, ao se aplicar o novo instrumental a um sem-número de questões físicas, até que **Einstein** formulou sua teoria restrita usando os recursos da análise tensorial (hoje mais conhecida como geometria diferencial), levando a um notável triunfo o poder do conhecimento matemático acumulado em dois séculos.

Uma motivação semelhante parece ter faltado ao estudo dos conjuntos discretos, limitado de início a uma visão combinatória possivelmente relacionada aos jogos divinatórios (na China, com o **I Ching**) e que começou a ter aplicação apenas com **Pascal** no cálculo de probabilidades; as propriedades do conjunto dos números naturais suscitaram a curiosidade de muitos matemáticos – na maioria dos casos, sem motivação aplicada –- desde o tempo de **Eratóstenes** e, talvez como ponto máximo em sua crônica, tiveram a contribuição do enigmático gênio que foi **Fermat**, cujo “grande teorema” esperou 4 séculos por uma prova formal.

Nada disso, no entanto, nos aproxima da topologia, já chamada por **Leibniz** de "geometria de posição": seu objetivo, o estudo das propriedades geométricas não afetadas por mudanças de forma, pareceria abstruso a um geômetra clássico. O estudo dos nós e das superfícies oferece, certamente, questões as mais difíceis e mesmo sua abordagem elementar pode exigir um elevado nível de abstração. A topologia das redes, em comparação, é mais simples, ao menos na compreensão de suas estruturas: e um matemático e geômetra como **Euler,** em pleno século XVIII, formulou e resolveu o primeiro dos seus problemas, caso isolado e sem maior importância em meio à sua fantástica produção científica. Talvez essa pouca importância tenha desestimulado outros a seguir-lhe os passos, apesar da clareza da abordagem por ele utilizada; ficou assim isolado, em meio aquele século, o primeiro problema do que hoje chamamos a teoria dos grafos. Parece razoável que tal desinteresse estivesse relacionado à falta de aplicações práticas; o problema de **Euler** não passava de uma charada matemática e as primeiras incursões futuras no campo, mais de um século depois, foram vinculadas a aplicações em áreas bastante disjuntas entre si, o que não contribuiu para que os resultados obtidos fossem facilmente reunidos.

O desenvolvimento da teoria dos grafos veio se dar, finalmente, sob o impulso das aplicações a problemas de otimização organizacional, dentro do conjunto de técnicas que forma hoje a pesquisa operacional, já na segunda metade do século XX. Evidentemente, tal desenvolvimento não se teria dado sem a invenção do computador, sem o qual a imensa maioria das aplicações de grafos seria totalmente impossível. É interessante observar que, uma vez "descoberta" a teoria, diversas aplicações a muitos outros campos de conhecimento, tanto nas ciências físicas como nas humanas, foram rapidamente desenvolvidas. Vale a pena registrar que o primeiro livro dedicado à teoria dos grafos – a *Theorie der endlichen und unendlichen Graphen,* de König – um dos pioneiros da forte escola húngara – data de 1936 e que a imensa maioria das publicações – livros e periódicos – apareceu a partir de 1970. Uma importante fonte histórica é o livro de Biggs, Lloyd e Wilson, [BLW86] e, para um primeiro contato com a teoria, uma apresentação informal de leitura agradável é Hartsfield e Ringel [HR94].

1.2 Um pequeno histórico da teoria

Podemos dizer, como **Harary**, que a teoria dos grafos foi redescoberta muitas vezes; ou, então, que problemas do interesse de diversas áreas foram estudados separadamente e mostraram características semelhantes. Importante, de qualquer modo, é observar que o período transcorrido entre a demonstração de **Euler** e a última década do século XIX – mais de 150 anos - viu, apenas, o surgimento de alguns poucos trabalhos. Assim é que, em 1847, **Kirchhoff** utilizou modelos de grafos no estudo de circuitos elétricos e, ao fazê-lo, criou a teoria das árvores – uma classe de grafos – para caracterizar conjuntos de ciclos independentes. Dez anos mais tarde, **Cayley** seguiria a mesma trilha, embora tendo em mente outras aplicações, dentre as quais se destacava a enumeração dos isômeros dos hidrocarbonetos alifáticos saturados (que têm estrutura de árvore, na nomenclatura de grafos), em química orgânica. Enfim, **Jordan** (1869) se ocupou também das árvores, de um ponto de vista estritamente matemático.

Muitos eventos que provaram ser importantes são relacionados com problemas sem aplicação prática. **Hamilton** (1859) inventou um jogo que consistia na busca de um percurso fechado envolvendo todos os vértices de um dodecaedro regular, de tal modo que cada um deles fosse visitado uma única vez. Excelentes exemplos da imprevisibilidade da aplicação de temas originalmente teóricos, os problemas de **Hamilton** e de **Euler** encontraram aplicação, respectivamente um e dois séculos mais tarde, no campo da pesquisa operacional. **Kempe** (1879) procurou, sem sucesso, demonstrar a "conjetura das 4 cores", apresentada por **Guthrie** a **De Morgan,** provavelmente em 1850. Este problema, um dos mais importantes já abordados pela teoria dos grafos, oferece interesse apenas teórico: trata-se de provar que todo mapa desenhado no plano e dividido em um número qualquer de regiões pode ser colorido com um máximo de 4 cores, sem que duas regiões fronteiriças recebam a mesma cor. **Tait** (1880) divulgou também uma "prova", infelizmente baseada em uma conjetura falsa e **Heawood** (1890) mostrou que a prova de **Kempe** estava errada, obtendo no processo uma prova válida para 5 cores; a prova para 4 cores somente foi obtida em 1976. A importância do problema reside nos desenvolvimentos teóricos trazidos pelas tentativas de resolvê-lo, as quais enriqueceram a teoria dos grafos em numerosos recursos ao longo da primeira metade do século XX: exemplificando, **Birkhoff** (1912) definiu os *polinômios cromáticos;* **Whitney** (1931) criou a noção de *grafo* dual e **Brooks** (1941) enunciou um teorema fornecendo um limite para o número cromático de um grafo [SK76]. E a teoria da coloração em grafos tem atualmente enorme importância na abordagem dos problemas de horários (*timetabling*, em inglês).

Outros eventos importantes podem ser citados: **Menger** (1926) demonstrou um importante teorema sobre o problema da desconexão de itinerários em grafos e **Kuratowski** (1930) encontrou uma condição necessária e suficiente para a planaridade de um grafo. **Turán** (1941) foi o pioneiro do ramo conhecido como *teoria extremal de grafos* e **Tutte** (1947) resolveu o problema da existência de uma cobertura minimal em um grafo [Ha73]. Vale a pena registrar que o termo *grafo* (ou o seu equivalente *graph* em inglês) foi utilizado pela primeira vez por **Sylvester** em 1878, bem antes do livro de **König** em 1936, uma época na qual, conforme **Wilder** [Ha69], o assunto era considerado "um campo morto".

A partir de 1956, com a publicação dos trabalhos de **Ford** e **Fulkerson**, **Berge** (1957) e **Ore** (1962), o interesse pela teoria dos grafos começou a aumentar [Be58], crescendo rapidamente em todo o mundo: conforme cita **Harary**, **ainda** em 1969 foi publicada por **J. Turner** uma bibliografia atualizada até o ano anterior; a versão preliminar dessa bibliografia, datada de 15 meses antes, teve que ser atualizada para publicação, com a inclusão de mais de 500 artigos, totalizando cerca de 2200 referências. Uma publicação de referência, o ***Reviews on Graph Theory,*** conta com 4 volumes de resumos de trabalhos publicados até 1980. Por outro lado, a imensa maioria dos livros sobre grafos foi publicada depois de 1970, em grande parte sob a influência das obras de **Berge** e **Harary**. O desenvolvimento dos computadores levou à publicação de várias obras dedicadas aos algoritmos de grafos, abrindo assim possibilidades crescentes de utilização aplicada da teoria.

1.3 As diferentes escolas e os grupos aplicados

Os primeiros resultados foram europeus e também o foi a primeira escola: a húngara, originada em **König** e desenvolvida por **Erdös**, **Hajnál**, **Turán**, **Lovász** e outros. Seu interesse derivou da combinatória e alguns de seus autores se dedicaram à teoria extremal, frequentemente utilizada na obtenção de limites de fácil cálculo para parâmetros de difícil determinação. Habitualmente, essa escola trabalha com grafos não orientados. **Erdös** foi, inclusive, considerado o maior matemático do século XX, dentre os que se dedicaram à matemática discreta. Uma visão da sua importância para a teoria dos grafos pode ser dada pelo “survey” de Chung [Ch97], um artigo de 34 páginas dedicado aos problemas em aberto por ele deixados. Para maiores informações sobre ele, ver Hoffman [Ho98].

A escola francesa, seguindo **Berge**, tende a considerar que "todo grafo é orientado, podendo-se eventualmente desconsiderar a orientação"; é, talvez, a que mais se tem dedicado às aplicações no campo da pesquisa operacional. Além dele, nomes de destaque em pesquisa e divulgação da teoria e de suas aplicações são **Roy**, **Ghouila-Houri**, **Kaufmann**, **Roucairol**, **Fournier**, **Faure** e **Minoux**. O próprio Berge, falecido em 2001, teve enorme importância para a teoria dos grafos, tanto por suas contribuições quanto pelo papel que representou seu livro, [Be73], para a divulgação da teoria. Quanto a Roy, uma visão mais próxima da sua contribuição para a teoria é dada por Hansen e de Werra [HW00].

A escola americana sofreu grande influência de **Harary**, também falecido: há preferência pelo estudo de grafos não orientados, embora os orientados recebam atenção. Pesquisadores importantes dessa escola são **Chartrand**, **Ore**, **Hu**, **Fulkerson e Whitney,** entre outros.

A Inglaterra, o Canadá e a ex-União Soviética, com diversos nomes de relevo, contribuem de forma significativa para a literatura mundial no assunto. A teoria dos grafos se insere em um esforço mais geral que vem sendo empreendido por diversos pesquisadores do Ocidente, procurando traduzir para o inglês trabalhos de matemática publicados nas antigas repúblicas soviéticas. Os pesquisadores chineses, nos últimos anos, têm aberto frentes cada vez maiores na pesquisa de grafos; talvez o nome mais importante entre eles seja o de **Fan**.

Há ainda a considerar os pesquisadores especificamente aplicados, em particular os dedicados às aplicações em eletricidade: **Chen**, **Seshu**, **Reed**, **Johnson** e outros. O seu trabalho se caracteriza pelo uso de um subconjunto bastante característico dos recursos da teoria, de particular interesse para essas aplicações (as origens, evidentemente, estão no trabalho de **Kirchhoff**). O campo da telecomunicações tem se destacado pela sofisticação dos recursos utilizados. O uso de recursos bem delimitados é característico de muitas áreas aplicadas: a chamada "teoria do equilíbrio estrutural" nas aplicações à psicossociologia, baseada nas ideias de **Moreno**; diversos aspectos da teoria das árvores nas aplicações à computação; o uso da teoria dos fluxos em redes nas aplicações de pesquisa operacional em transportes e comunicações; e, enfim, as recentes aplicações à síntese orgânica ("engenharia molecular"), às estruturas dos hidrocarbonetos (índices topológicos) e à interpretação da estrutura do DNA. A segunda metade do século XX viu, ainda, o desenvolvimento da teoria espectral de grafos, iniciada por **Gutman** e **Cvetković**.

Um ponto importante a observar, em relação ao exposto acima, está na ***atenção constante*** a ser dedicada à **nomenclatura** e à **notação** utilizadas; o crescimento explosivo do número de trabalhos sobre grafos resultou em uma grande variedade de formas de expressão, que permanece até hoje, havendo frequentemente grandes diferenças entre autores de escolas diferentes e entre autores de diferentes grupos aplicados. Não contribuiu para melhorar essa situação a atitude da maioria dos autores, que se comporta como se essa diversidade não existisse. O estudo da teoria dos grafos requer, por essa razão, um especial cuidado na verificação do exato significado de cada noção, conforme definida pelo autor que se consulta. Curiosamente, uma importante referência de nomenclatura e notação provém de autores dedicados a aplicações em física [EF70].

1.4 A teoria dos grafos no Brasil

Desde o ***I Simpósio Brasileiro de Pesquisa Operacional*** (1968) têm sido apresentados trabalhos envolvendo aplicações de grafos a essa área; a referência histórica básica é dada por Lóss [Lo81]. A UFRJ, a UFF, a USP, a Unesp e a Unicamp, entre outras, possuem em seus quadros pesquisadores em teoria e em aplicações de grafos. Até o momento em que aqui escrevemos, temos conhecimento de sete livros de autores brasileiros envolvendo teoria e aplicações, Barbosa [Ba75], Lucchesi [Lu79], Boaventura [Bo79]), algoritmos de grafos (Furtado [Fu73] e Szwarcfiter [Sz84]), aplicações à eletricidade (Savulescu [Sa80]) e uma obra de divulgação (Andrade [An80]). Uma obra centrada na programação matemática e combinatória, Campello e Maculan [CM94]), dedica uma parte importante de seu texto à discussão de problemas de grafos. A primeira edição da presente obra data de 1996, a segunda, de 2001, a terceira de 2003 e a quarta de 2006. Após a terceira reimpressão desta última, a presente edição é levada ao prelo.

O pesquisador que utiliza grafos pode se beneficiar de obras dedicadas a algoritmos, como Cormen *et al* [CLRS02] (traduzida para o português), Swarcfiter e Markenzon [SM94], Salvetti e L. Barbosa [SB98] e Goldbarg e Luna [GL00].

Enfim, muitas dissertações de mestrado e teses de doutorado nas áreas de pesquisa operacional, computação, planejamento, produção, administração e economia discutem e utilizam técnicas de grafos. Algumas delas são aqui citadas, como referência para os capítulos da teoria aqui discutidos.

1.5 Esta obra

Na disciplina de pós-graduação lecionada pelo autor, os trabalhos propostos aos alunos envolvem principalmente a busca da compreensão das estruturas de grafo e da integração destas com os recursos topológicos, algébricos e combinatórios disponíveis. A resolução é feita em grupo e os exercícios são propostos de forma investigativa. A avaliação se faz por uma entrevista – que não é uma prova oral, mas um momento de encontro no qual o professor também se avalia – e na qual cada um deve mostrar conhecimento sobre tudo o que foi feito e sobre a teoria utilizada. Tal esquema provoca intensas discussões no grupo durante o trabalho de resolução, o que acelera de forma significativa – segundo a avaliação dos próprios alunos – o processo de compreensão e aprendizagem, envolvendo muito do que ele possui de não lógico. A experiência reunida desde a época da publicação anterior envolve, é claro, a influência deste esquema de trabalho e orientou a seleção do material e a forma de organização aqui envolvidos, tendo-se procurado esclarecer, de modo mais acessível, diversos pontos em relação aos quais a literatura se apresenta menos clara.

No trânsito do problema para o modelo e deste para a solução, com o apoio teórico das definições e dos teoremas e com o apoio funcional dos algoritmos, sente-se a necessidade de um texto abrangente, ainda mais pelo rápido desenvolvimento da teoria e das suas aplicações. Em vista disso, o presente texto não é, como também não o foi o seu antecessor, exclusivamente dedicado às aplicações em pesquisa operacional, apesar de ser esta a área de interesse do autor. De início, não se pode hoje prever o que será aplicado amanhã em determinada área e, por outro lado, deseja-se evitar aqui induzir o leitor a pontos de vista demasiado estreitos. Deseja-se uma visão abrangente, que possa levar ao leitor uma visão ampla da teoria e de suas possibilidades de aplicação. Foi levada em consideração uma certa "hierarquia" de resultados. Os mais importantes estão expressos como lemas e teoremas e, nesse caso, são acompanhados das respectivas demonstrações. As exceções (adotadas por conveniência, no caso de material de volume elevado) são supridas pela citação da fonte bibliográfica. Para os resultados citados em meio ao texto, as provas não foram incluídas.

Este livro tenta prever uma diversidade na sua clientela. A sua motivação inicial se prende ao uso em cursos de pós-graduação, nos níveis de mestrado e doutorado. Um professor que o utilize poderá, no entanto, sem maiores dificuldades, indicar a seus alunos de graduação o material mais conveniente a ser selecionado para estudo, bem como muitos dos exercícios apresentados – tendo a alternativa de utilizar nossa obra introdutória, [BJ09]. Enfim, ele se destina também aos usuários dos resultados da teoria – e, em vista disso, procura facultar amplo acesso à bibliografia, no que tange tais resultados. Para facilitar o uso da obra, foram usados no texto marcadores (✱) que indicam o início e o fim de trechos, ou itens, relacionados a temas mais especializados ou de pesquisa. (Os **Capítulos 11** e **12** devem ser assim considerados). O ***conteúdo*** recebeu também esta marcação: quando a marca aparece ***antes do título*** de um item, é válida para todo ele, mas quando aparece ***após o título***, indica que o ítem ***contém*** algum material especializado. Nesta edição se procurou atualizar a bibliografia teórica de modo a abrir um leque de possibilidades, ou seja, a partir das referências mais recentes o interessado poderá varrer uma ampla gama de citações sobre os assuntos assim tratados.

Este trabalho ***contém*** algoritmos, mas não é uma obra dedicada a eles; em vista disso, o autor não quis se comprometer com a formalização ao nível da pseudo-linguagem em todos os casos, embora a maioria dos algoritmos esteja assim expressa. Além disso, em muitos casos mais de um algoritmo é apresentado com vistas à resolução de um dado problema, mas o autor não se comprometeu, ainda aqui, com a máxima eficiência. Isto significa que um leitor a braços com um problema de grande porte ou de elevada complexidade poderá ter que ir buscar na literatura uma técnica mais eficiente que as aqui apresentadas (como as ***metaheurísticas***: "simulated annealing", busca tabu, GRASP, algoritmos genéticos etc., extensamente discutidas na literatura, ou então a programação matemática) e, talvez, procurar o auxilio de um especialista – ou de uma obra especializada – para obter uma implementação eficiente. Na maioria dos casos, porém, acreditamos que os algoritmos aqui discutidos sejam satisfatórios; para facilitar o seu uso, o trabalho apresenta, em cada caso, um exemplo ilustrativo da aplicação da cada algoritmo.

Limitamo-nos aqui à discussão das estruturas de grafo e de suas propriedades, com vistas à seleção de técnicas de resolução baseadas em temas da teoria dos grafos, de modo a permitir a busca de soluções em problemas modeláveis por grafos. Ficou excluído da discussão o uso de técnicas de programação matemática, embora seu uso seja referenciado em diversos capítulos: a base teórica peculiar a essas técnicas e a abrangência da sua utilização em problemas de otimização (em grafos, ou em outros contextos) exigiria outro livro, possivelmente do mesmo porte deste.

Em todo o texto que se segue, cada termo é escrito em *itálico* no momento de sua definição. Os enunciados dos teoremas são igualmente impressos em *itálico*. Os trechos que se deseja ressaltar são escritos em ***negrito itálico*** ou em <u>sublinhado</u> e os nomes próprios não contidos em citações bibliográficas, em **negrito.** As citações, como neste capítulo, seguem o modelo <u>[abreviatura do(s) autor(es) dezena do ano]</u> Em alguns casos, foi consultada mais de uma edição da mesma obra; a menos que tenha havido mudança de conteúdo, ou de título, as citações feitas a partir do **Capítulo 2** serão sempre relativas à edição mais recente. A notação somente pode ser explicada ao longo do texto, mas se pode adiantar, de início, que os símbolos representando <u>conjuntos</u>, <u>vetores</u> e <u>matrizes</u> são escritos em **negrito**, assim como os que indicam <u>grafos</u> e <u>vértices</u> ou <u>ligações</u> de grafos. As funções e correspondências relativas a elementos de grafos são representadas por letras normais, mesmo quando indicam conjuntos: os elementos de grafo incluídos trazem a notação de conjunto.

Uma última observação: as línguas portuguesa e espanhola distinguem entre ***grafo*** e ***gráfico***, o que não acontece com o inglês e o francês. Em algumas partes do livro são encontrados outros comentários sobre questões de nomenclatura de grafos em alguma dessas línguas: isto foi feito quando se julgou conveniente antecipar possíveis dúvidas.

1.6 A Internet e os grafos

Em todo o mundo, editoras e pesquisadores utilizam a Internet para divulgação de trabalhos e de agendas de congressos, para difusão do ***software*** especializado, como meio de reunião de problemas-tipo utilizados em testes de algoritmos e também para discussão. Os periódicos científicos e os pesquisadores possuem suas páginas, através das qual se pode conseguir acesso a resumos e até mesmo a textos integrais de trabalhos. Há grandes bases de dados acessíveis institucionalmente por assinatura, como a MathSciNet (matemática em geral). No Brasil, o *site* da CAPES permite o acesso, no âmbito de muitas instituições de ensino e pesquisa, ao conteúdo integral de grande número de revistas científicas, em particular de publicações sobre grafos: esta edição se beneficiou deste recurso em sua atualização. O movimento pela divulgação de software livre e de revistas científicas de conteúdo aberto vem crescendo, como uma forma de contornar o peso da inflência das grandes editoras internacionais, o que beneficia também o trabalho com grafos.

Alguns endereços de páginas foram incluídos na seção de referências bibliográficas, com alguns comentários sobre o seu conteúdo. É conveniente lembrar que não há qualquer garantia sobre a sua permanência na rede, que é um ambiente em evolução extremamente rápida e que, depois de quase 30 anos, apresenta ainda perspectivas de crescimento e de mudança difíceis de poderem ser devidamente avaliadas. É possível, mesmo, que algumas páginas já estejam desatualizados quando este livro for publicado: é o melhor que se pode fazer em uma obra impressa.

A Internet, como toda rede, pode ser estudada com o auxílio da teoria dos grafos: diversos trabalhos têm sido dedicados a ela e, certamente, muito mais terá de ser feito, na medida em que a demanda pelos seus serviços cresce de forma extraordinária em todo o mundo.

1.7 Teoria dos grafos, computação e complexidade

A invenção do computador foi certamente essencial para abrir caminho às aplicações da teoria dos grafos, permitindo o trabalho com algoritmos, mas aqui queremos dar relevo às contribuições que o computador trouxe para a própria teoria. Os exemplos mais significativos que nos ocorrem são o da prova computacional do teorema das quatro cores por **Appel** e **Haken**, a possibilidade do uso de programas de álgebra em computador em problemas combinatórios e, finalmente, o uso de programas "inteligentes", para os quais o protótipo se chama ***Graffiti***.

Graffiti é um *software* que procura relações entre invariantes de grafos, através do exame de uma base de dados contendo um grande número de exemplos. Ele foi desenvolvido em 1986 e, até meados de 2004, havia produzido cerca de 900 conjeturas envolvendo tais relações [Faj04]. O trabalho prossegue, [DeL06]. Brewster, Dinneen e Faber [BDF95] fizeram uma análise computacional de um subconjunto dessas conjeturas, invalidando cerca de 40, com o auxílio de uma base de dados contendo todos os grafos até 10 vértices. O trabalho cita um número significativo de conjeturas.

Caporossi e Hansen [CH00] apresentam uma discussão sucinta sobre os diversos programas existentes, dedicados à investigação das propriedades das estruturas de grafo. Apresentam, também, um novo programa (***Autographix, AGX***) que utiliza uma metaheurística para investigar o conjunto de todos os grafos, procurando responder a questões sobre invariantes de grafos, sugerindo ou refutando conjeturas, procurando melhores valores etc.. Um *review* sobre o seu uso é [ACHL05]. Ver também [DT07]. O programa se encontra agora na terceira versão, AGX-III.

Um ponto importante nas relações entre grafos e computação está na questão da complexidade, cujos detalhes deixamos para obras especializadas. Limitamo-nos a falar da classificação dos problemas combinatórios em P e NP. Este tema é abordado aqui em vista de sua generalidade, mas recomendamos que o leitor retorne a ele depois de encontrar no livro as noções aqui usadas sem definição. A discussão que se segue é de Abreu [Ab03].

Um problema é *não-determinístico polinomial (NP)* quando, colocado em sua versão de decisão (ou seja, em forma de uma pergunta cuja resposta pode ser "sim" ou "não") ***a resposta afirmativa o resolve em tempo polinomial***, mas a resposta ***negativa***, também dada ***em tempo polinomial, pode não resolver o problema***. (Para acompanhar a discussão abaixo, ver de início o **Capítulo 2**). Por exemplo, podemos querer saber se um dado grafo é hamiltoniano (detalhes no **Capítulo 9**). Para que este problema pertença à classe NP (como é o caso), é preciso que exista um algoritmo de reconhecimento em tempo polinomial para ciclos hamiltonianos em grafos. Escolhe-se aleatoriamente um ciclo do grafo como entrada para o algoritmo. Se a resposta é "sim", o grafo é hamiltoniano. Se é "não", o ciclo dado não é hamiltoniano, mas nada se decidiu a respeito do grafo. Enquanto a resposta for negativa, teremos que ir testando um ciclo do grafo a cada vez para tentar determinar se o grafo é hamiltoniano. Quando o problema está em NP e ainda podemos provar que o número de testes negativos para as entradas do algoritmo de reconhecimento é uma função polinomial dos dados do problema, dizemos que o problema é *polinomial*, isto é, *pertence à classe P*. Ou seja, um problema é *polinomial (P)* quando existir um algoritmo que o resolva em tempo de computação descrito por uma função polinomial da sua ordem de grandeza; por exemplo, quadrática ou cúbica. Diz-se, para este exemplo, que o algoritmo é *da ordem de* n^2 ou n^3, ($O(n^2)$ ou $O(n^3)$).

Retornando ao caso do problema de decidir se um grafo é hamiltoniano, no caso da resposta negativa: nada se pode afirmar com relação ao número de ciclos de um grafo qualquer (que no pior caso deveriam ser todos testados). Seria este número determinado por uma função polinomial da ordem do grafo? A resposta para esta pergunta ainda está em aberto. Ela está relacionada a uma das questões mais famosas deste início de milênio: Será verdade que P = NP, ou que P $\neq$ NP? Conjetura-se a segunda alternativa. Desta forma, com relação ao problema de determinar se um grafo qualquer é hamiltoniano, o que podemos afirmar, por enquanto, é que ele pertence à classe NP – P (o que estará errado, se P = NP).

Finalmente, se um dado problema for NP e todo problema em NP puder ser reduzido a ele por uma transformação que exija tempo polinomial, então ele é dito ser *NP-completo (NPC)*. (É o caso do problema de determinar se um grafo é hamiltoniano). Se essa redução for possível, mas não se tiver certeza se o problema está em NP, ele é dito ser *NP-árduo* ou *NP-difícil* (*NP-hard* na literatura em inglês). A classe NP, além de conter P, contém a classe NPC (constituída pelos problemas NP-completos). Além disso, as subclasses P e NPC são disjuntas, com sua união contida (não se sabe se no sentido estrito) em NP. A classe dos problemas NP-árduo contém a classe NPC e, portanto, o que se sabe é que ela intercepta a classe NP.

1.8 Nomenclatura e nosso *software*

Após a publicação da terceira edição, veio a público o *Handbook of Graph Theory*, de Gross e Yellen (indicado no texto por [HGT04]). Passamos a ter, então, boas possibilidades de convergir para uma nomenclatura e uma notação mais consolidadas na teoria dos grafos, o que vinha sendo um problema complicado em todo o mundo. Procuramos, em vista disso, atualizar a nomenclatura e a notação usadas neste livro, não necessariamente nos vinculando ao *Handbook*, mas adotando opções mais consagradas pelo uso na atualidade. Estas modificações estão indicadas em cada capítulo mas, de início, apontamos a substituição da notação de **Berge** para um grafo (**G** = (**X**,**U**)), passando-se a utilizar a notação de maior uso **G** = (**V**,**E**). Ver o **Prefácio** e o **Capítulo 2**.

Outro ponto importante é a disponibilidade de *software*. Além dos muitos programas disponíveis na rede, as rotinas de boa parte dos algorítmos aqui apresentados podem ser acessadas através do sistema ***Algo_De_Grafos***. Para maiores informações, o leitor deve procurar a seção **Endereços Internet**, que se encontra no final do livro.

Capítulo 2

Principais noções

I could have done it in a more complicated way.
(Disse a Rainha Vermelha)
Lewis Carroll, Alice no País das Maravilhas

2.1 Definições iniciais

Uma *família enumerável* é uma coleção de objetos iguais ou diferentes, que podem ser citados em correspondência biunívoca com os números naturais. Diz-se que o *grau de multiplicidade p* de uma família enumerável é o maior número de elementos iguais nela encontrado. (Se $p = 1$, a família se reduz a um *conjunto*) . No que se segue, a menos que explicitamente indicado em contrário, estaremos considerando o caso particular no qual os conjuntos ou famílias considerados são **finitos** e tem grau de multiplicidade **finito.**

Consideramos importante relembrar, aqui, uma definição de grande importância relativa à teoria dos conjuntos, pelo seu uso frequente no estudo de grafos:

Def.: Um conjunto **A** é *maximal* (*minimal*) em relação a uma propriedade $\mathbf{P}$, se e somente se **A** verifica $\mathbf{P}$, mas nenhum $\mathbf{B} \supset \mathbf{A}$ (nenhum $\mathbf{B} \subset \mathbf{A}$) verifica $\mathbf{P}$.

As noções paralelas de *máximo* e *mínimo* se referem a valores numéricos. Em meio ao texto, uma leitura cuidadosa poderá evitar, sem maior dificuldade, que se pense nestas últimas noções onde se esteja tratando das primeiras.

2.2 Definição geral de grafo e definições acessórias

O *conjunto de partes* (ou seja, o conjunto de subconjuntos de um conjunto **X**) será denotado $\mathbf{P}(\mathbf{X})$. Em particular, o conjunto de partes de **X** com *k* elementos será denotado $\mathbf{P}_k(\mathbf{X})$; corresponde às **combinações** *k* a *k* dos elementos de **X**. A *potência cartesiana* $\mathbf{X}^k$ é o conjunto de todas as *k*-uplas ordenadas $(\mathbf{x}_1, ... \mathbf{x}_k)$ onde $\mathbf{x}_i \in \mathbf{X}$, $1 \le i \le k$, $1 \le k \le |\mathbf{X}|$; corresponde aos ***arranjos com repetição*** *k* a *k* dos elementos de **X**.

2.2.1 Um *grafo* é uma estrutura **G = (V,E)** onde **V** é um ***conjunto discreto*** e **E** é uma ***família*** de elementos não vazios, definidos em função dos elementos de **V**, em duas formas possíveis que são a seguir apresentadas. Neste trabalho, grafos, conjuntos e elementos de conjuntos serão denotados em negrito, como neste parágrafo; apenas nas figuras alguma liberdade foi tomada, para maior clareza.

Obs.: Os elementos de **V** serão habitualmente (mas não exclusivamente) designados por (**i**, **j** ...) ou pelas últimas letras do alfabeto (**v**, **w**, **x**...); os de **E**, habitualmente (mas não com exclusividade) designados pelas letras (**e**, **f**, ...).

2.2.2 Se uma ***família*** **E**, de grau de multiplicidade *p*, for tal que seus elementos $\mathbf{e} \in \mathbf{P}(\mathbf{V}) - \varnothing$, **G** será um *p-hipergrafo não orientado;* se, particularmente, $\mathbf{e} \in \mathbf{P}_1(\mathbf{V}) \cup \mathbf{P}_2(\mathbf{V})$, **G** será um *multigrafo* ou *p-grafo não orientado.* Se **E**, em particular, for um ***conjunto*** de partes quaisquer de **V**, **G** será um *1-hipergrafo não* orientado ou *hipergrafo simples* (se $\mathbf{e} \in \mathbf{P}_1(\mathbf{V}) \cup \mathbf{P}_2(\mathbf{V})$, um *grafo não orientado* ou *grafo simples).*

✹ **2.2.3** Se uma família **E**, de grau de multiplicidade *p*, for constituída de pares de partes de **V** não vazias, ou seja, elementos de $\mathbf{P}(\mathbf{V}) - \varnothing$, da forma $\mathbf{e}_i = (\mathbf{e}_i^-, \mathbf{e}_i^+)$, **G** será um *p-hipergrafo orientado* (ou um 1-hipergrafo orientado, se p = 1). Em um hipergrafo orientado, os $(\mathbf{e}_i^-, \mathbf{e}_i^+)$ são chamados *hiperarcos*. Estas estruturas aparecem em modelos que usam os operadores "e" ou "ou". Para maiores detalhes, ver Gondran e Minoux [GM85] e Oliveira [Ol94]. Se, em particular, se tiver $| \mathbf{e}_i^- | = | \mathbf{e}_i^+ | = 1$ para todo i, **G** será um *1-grafo orientado, ou digrafo.* ✱

Quando se define $\mathbf{E} \subseteq \mathbf{V}^2$ (caso habitual) é possível simplificar a definição acima, dizendo-se que um *grafo orientado* é um grafo no qual **E** é um conjunto de pares ordenados de elementos de **V**.

2.2.4 Os elementos de **V** são chamados *vértices, nós ou pontos* e o valor $n = | \mathbf{V} |$ é *a ordem* do grafo. Uma família **E** pode ser entendida como uma *relação* ou conjunto de *relações de adjacência,* cujos elementos são chamados em geral *ligações*; em particular, nas estruturas não orientadas, os $\mathbf{e} \in \mathbf{E}$ são conhecidos como *arestas* e, nas orientadas, como *arcos.* Dois vértices que participam de uma ligação são ditos *adjacentes*, termo também usado para duas ligações envolvendo um vértice dado. O valor $m = | \mathbf{E} |$ é chamado por alguns autores o *tamanho* do grafo. Se $m = 0$, o grafo é dito *trivial.* A notação derivada do inglês ***edge*** para arestas (e também para arcos) é usada de preferência a adotar a que decorreria do português (**A**, para arcos ou arestas), procurando evitar confusão com a notação habitual para matrizes representativas de grafos. Ver o item **2.8.3** adiante.

O número máximo de ligações é de $2^n - 1$ para um 1-hipergrafo não orientado e de n^2 para um 1-grafo orientado. A *densidade* (ou *densidade de arestas*) de um grafo é a relação entre o seu número de ligações e o maior número possível (para um 1-grafo). No caso não orientado, ela é igual a $m / C_{n,2}$ e, no caso orientado, a m / n^2 (ou $m / 2C_{n,2}$) (resp. com e sem laços: ver adiante o item **2.2.5**).

Em diversas ocasiões, estaremos considerando um grafo **G'** obtido de outro grafo **G = (V,E)** pela remoção de um único vértice, ou de uma única ligação. Nestes casos simplificaremos a notação, escrevendo **G'** = **G** – **v** ao invés de **G'** = (**V** – {v}, **E**), ou **G'** = **G** – **e** ao invés de **G'** = (**V**, **E** – {e}).

Um ponto importante a se levar sempre em conta é a presença ou ausência de orientação em um grafo, em uma situação dada. Em muitos casos fica evidente de qual tipo de grafo se trata, enquanto em outros podem aparecer dúvidas, especialmente em questões teóricas. Muitos conceitos só fazem sentido em grafos orientados, o que não acontece com outros. Estaremos, ao longo do texto, procurando atrair a atenção do leitor para esta questão, sempre que isto for necessário.

2.2.5 Laço

Uma ligação que envolver apenas um vértice é chamada *laço.* Nas estruturas não orientadas um laço é um elemento de $\mathbf{P}_1(\mathbf{V})$ e, nas orientadas, uma *k*-upla de elementos iguais (em grafos orientados, um par ordenado de elementos iguais). Aparecem, por exemplo, em grafos associados a cadeias de Markov. Neste trabalho, a maioria das questões discutidas envolve grafos orientados sem laços e assim deve ser entendido, a menos que especificado em contrário. Em grafos não orientados, consideraremos apenas partes de **V** a dois elementos (ou seja, neles também não trabalharemos com laços).

2.2.6 Subgrafo, ou subestrutura

Dizemos que um grafo **H** = (**W**,**F**) é um *subgrafo*, ou *subestrutura*, de um grafo **G** = (**V**,**E**), quando $\mathbf{W} \subseteq \mathbf{V}$ e $\mathbf{F} \subseteq \mathbf{E}$. Observe-se que foi aqui especificado que **H** é um grafo, o que implica na coerência das definições de **W** e de **F**, que não podem ser especificados de forma independente (ou seja, em **H** só podem existir ligações que existam em **G**). Nessas condições, diz-se que **H** = **G**[**W**] é um *subgrafo induzido* (por **W**) se **F** contiver exatamente as ligações de **G** envolvendo vértices de **W** (ou seja, se não faltar nenhuma delas), e que é um *subgrafo abrangente* se **W** = **V**. A denominação *grafo parcial* é reservada aos demais casos de subestrutura, embora ainda seja usada em lugar de subgrafo abrangente: ver por exemplo o **Capítulo 5**. Os termos usados correspondem a *induced subgraph* e *spanning subgraph* na literatura em inglês (em português, *spanning* é frequentemente traduzido como *gerador*). Diz-se, habitualmente, que um conjunto $\mathbf{W} \subseteq \mathbf{V}$ *induz* um subgrafo **H** e que um grafo **H** *abrange* **G**, se **H** for isomorfo (ver o **item 2.6**) a um subgrafo abrangente de **G**. A **Fig. 2.1** abaixo mostra exemplos dos dois casos.

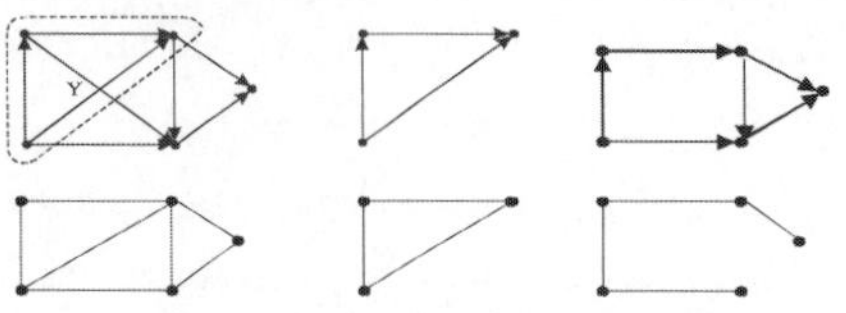

Fig. 2.1: Subgrafos induzido e abrangente

Um ponto importante: *A solução da maioria dos problemas aplicados de grafos está relacionada à busca de determinado tipo de subestrutura.*

Um *k-fator* é um subgrafo abrangente regular de grau k (ver **2.10.4** adiante). O estudo dos *k*-fatores assume grande importância em alguns temas da teoria: ver os **Capítulos 8** e **9**.

Enfim se **H** for um subgrafo de **G**, **G** será um *supergrafo* de **H**.

2.2.7 Equivalência não orientado - orientado

A todo grafo não orientado **G** pode ser associado um grafo orientado **G'** no qual cada aresta de **G** corresponderá, biunivocamente, a um par de arcos de sentidos opostos em **G'**. Por isso, não há vantagem em se distinguir os grafos, em relação às aplicações, em orientados e não orientados; há noções que implicam em orientação e outras que não a exigem. Para maiores detalhes ver [Be73].

2.2.8 Dualidade direcional

Associado a todo grafo orientado **G** = (**V**,**E**) existe um grafo $\mathbf{G}^D$ = ($\mathbf{V},\mathbf{E}^D$), no qual todo arco $\mathbf{e}^D$= (**w**,**v**) tem em **E** um arco correspondente **a** = (**v**,**w**). $\mathbf{G}^D$ é o *dual direcional* de **G,** a cada arco de **G** correspondendo um arco de $\mathbf{G}^D$ em sentido oposto. Pode-se mostrar que toda propriedade válida para um grafo **G** o será, também, para o seu dual direcional. Este é o *princípio da dualidade direcional* (Harary, Norman e Cartwright [HNC68]).

2.3 Algumas considerações necessárias

A partir deste momento, utilizaremos o termo *grafo* para designar estruturas possuindo ligações com no máximo dois vértices envolvidos e, a menos que indicado em contrário, com grau de multiplicidade igual a 1 (ou seja, 1-grafos). A designação *estrutura de grafo,* no entanto, continua a ter valor genérico, abrangendo inclusive hipergrafos.

Sempre que, em determinada situação, se envolver na discussão mais de um grafo, os identificadores dos conceitos utilizados poderão receber como subíndice o indicativo do grafo ao qual se aplicarem, de modo a evitar confusão. Portanto, se uma dada noção indicada por Q for utilizada em relação aos grafos **G** e **H,** utilizaremos as notações Q_G e Q_H.

2.4 Esquema e rotulação de um grafo

A representação das estruturas de grafo pode ser feita de diversas maneiras, algumas das quais serão apresentadas ao longo do texto. Para maiores detalhes sobre o assunto, ver Pombo [Po79] e Szwarcfiter e Markenzon [SM94]. Por conveniência, adiantaremos explicações sobre a representação esquemática.

O *esquema* de um grafo (habitualmente chamado **o grafo,** numa confusão semi-intencional) é obtido associando-se a cada vértice um ponto ou uma pequena área delimitada por uma fronteira e a cada ligação uma figura geométrica capaz de representar a forma de associação dos vértices que a ligação envolve. Quando se trata de grafos não orientados, bastam linhas unindo os pares de vértices que definem ligações; no caso orientado, estas linhas serão setas indicativas da ordem dos pares ordenados. No caso de hipergrafos, uma aresta corresponde no esquema a uma curva fechada envolvendo os vértices pertinentes; no caso de hipergrafos orientados, são necessários elementos adicionais de discernimento. A **Fig. 2.2** mostra alguns exemplos.

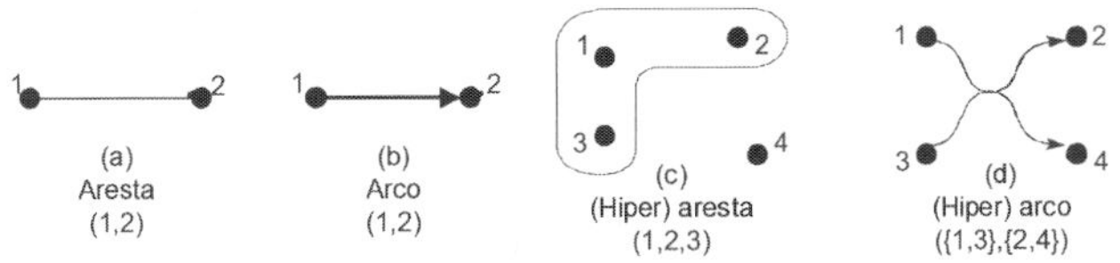

Fig. 2.2: Arestas e arcos

A caracterização de **V** como um conjunto implica, para as estruturas de grafo, a identificação dos vértices. Os grafos de que aqui falamos são, por isso, ditos *rotulados;* neles, cada vértice é acompanhado de uma identificação (rótulo) que é, habitualmente, uma palavra (cadeia de caracteres) ou então um número, ou um código numérico. No esquema, o rótulo é habitualmente escrito próximo ao vértice ou no interior da área a ele associada. A rotulação dos vértices implica, evidentemente, na das ligações. Observa-se, também, que a definição de isomorfismo em grafos (ver o **item 2.6** adiante) está apoiada na ideia de rotulação; se retirarmos os rótulos de dois grafos isomorfos, ficaremos impossibilitados de distinguir um do outro (no que concerne a estrutura, as diferenças eventuais entre esquemas não são significativas). A **Fig. 2.3** mostra exemplos.

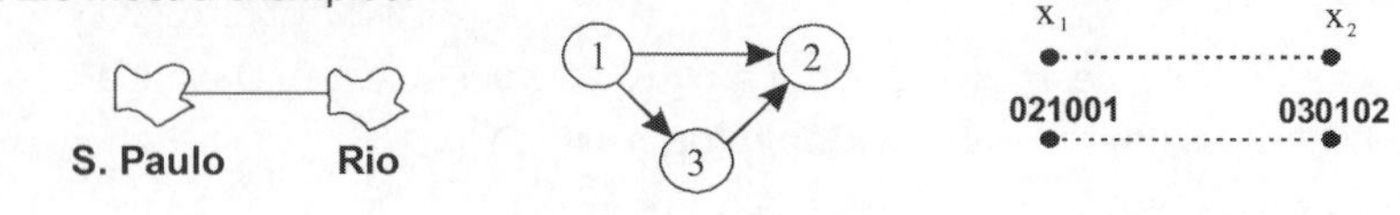

(a) (b) (c)

Fig. 2.3: Grafos rotulados

Definida a noção ***rotulação***, podemos mostrar (**Figs. 2.4(a) e (b)**) diversos esquemas de estruturas de grafo.

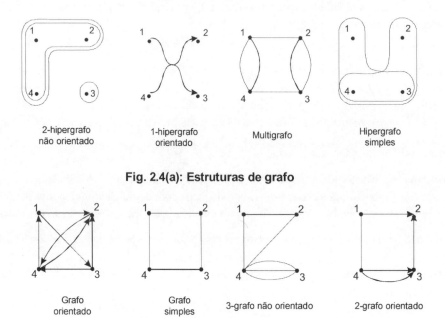

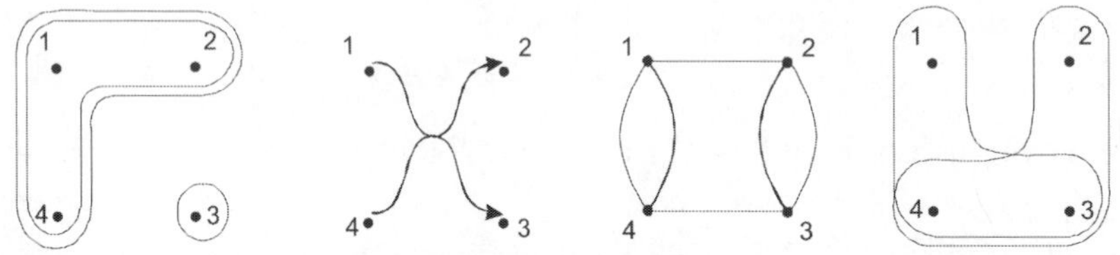

2-hipergrafo não orientado — 1-hipergrafo orientado — Multigrafo — Hipergrafo simples

Fig. 2.4(a): Estruturas de grafo

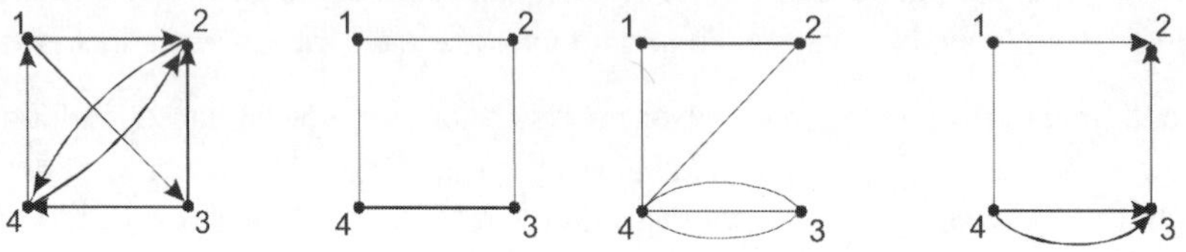

Grafo orientado — Grafo simples — 3-grafo não orientado — 2-grafo orientado

Fig. 2.4(b): Estruturas de grafo

O estudo de grafos não rotulados, que não abordamos de forma específica neste texto, envolve questões de enumeração e contagem de esquemas gráficos, apresentando muitos problemas consideravelmente difíceis; ver Harary e Palmer [HP73]. Sua aplicabilidade está em problemas nos quais não haja como se distinguir um vértice de outro (por exemplo, na enumeração de isômeros de hidrocarbonetos alifáticos, ver o **Capítulo 1**). Pode, ainda, aparecer de forma indireta nos casos em que se estuda a influência de certas subestruturas, visto que não interessará a rotulação e sim a presença ou ausência da subestrutura (é o caso, por exemplo, das *cliques maximais*: ver o **Capitulo 6**).

2.5 Valoração

Diz-se que um grafo é *valorado,* ou que possui uma *função de peso,* ou *de valor* sobre os vértices (ligações) quando existem uma ou mais funções relacionando **V** (ou **E**) a conjuntos de números. Na maioria das aplicações de grafos, aparecem dados quantitativos associados a pontos e/ou a ligações envolvidas pelo problema. Os modelos correspondentes envolverão, nesses casos, grafos valorados. É o caso de altitudes ou populações de cidades (vértices), capacidades ou distâncias de vias terrestres, aquáticas ou aéreas (ligações) etc.. Em outros casos, quando o interesse está concentrado na forma de inter-relacionamento dos vértices, não há variáveis associadas e se diz que o grafo é *não valorado.* Para fins de entrada no computador, tais grafos serão valorados com base no conjunto numérico {1}. Muitos dos resultados da teoria (em particular, os que relacionam valores numéricos com questões estruturais) são válidos, apenas, para grafos não valorados. Um caso peculiar de valoração é o dos fluxos em grafos (ver o **Capítulo 7**).

2.6 Igualdade e isomorfismo

2.6.1 Definições

Dois grafos não orientados $\mathbf{G_1} = (\mathbf{V_1},\mathbf{E_1})$ e $\mathbf{G_2} = (\mathbf{V_2},\mathbf{E_2})$ são *iguais* quando se tem $\mathbf{V_1} = \mathbf{V_2}$ e $\mathbf{E_1} = \mathbf{E_2}$ e são *isomorfos* quando existir uma bijeção **f** tal que, para todo $\mathbf{v} \in \mathbf{V_1}$ e para todo $\mathbf{w} \in \mathbf{V_2}$, $\mathbf{w} = \mathbf{f}(\mathbf{v})$ preserve as relações de adjacência (logo, $(\mathbf{v_k},\mathbf{v_r}) \in \mathbf{E_1}$ se e somente se $(\mathbf{w_p},\mathbf{w_q}) \in \mathbf{E_2}$, com $\mathbf{w_p} = \mathbf{f}\ (\mathbf{v_k})$ e $\mathbf{w_q} = \mathbf{f}\ (\mathbf{v_r})$. Observe-se que a igualdade entre dois grafos implica a mesma ordem de indexação, ou rotulação (ver adiante).

A **Fig. 2.5** abaixo mostra alguns isomorfos do grafo de Petersen (ver **2.15** e **4.7.5** adiante).

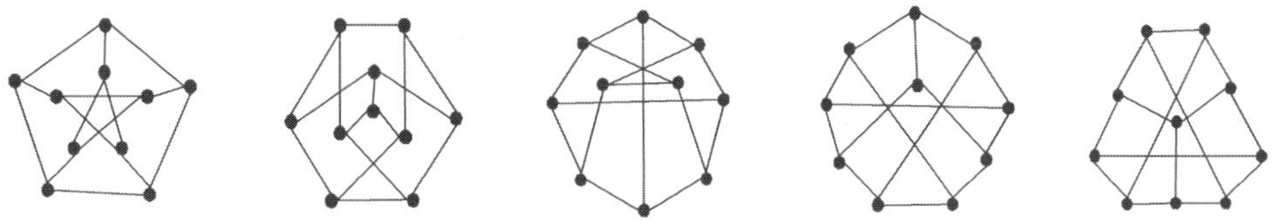

Fig. 2.5: Grafos isomorfos

2.6.2 Permutações de vértices

O problema da caracterização do isomorfismo em grafos é de complexidade elevada, como se pode intuir através do exame das formas de representação de grafos, em particular da matriz de adjacência (ver **2.8.3** adiante). Ainda se ignora a sua complexidade no pior caso, embora ele seja polinomial para diversas classes de grafos, como a dos grafos planares (ver o **Capítulo 10**). Ele pode ser mais bem compreendido ao se discutir a questão da rotulação, como o faz West [We96], que caracteriza cada estrutura de grafo (logo, sem rótulos) como uma classe de isomorfismo. Em sua versão mais geral, procura-se saber se existe um subgrafo de um dado grafo, que seja isomorfo a outro grafo: esta versão é NP-difícil.

Ao atribuirmos uma rotulação ao conjunto de vértices, a função a ser aplicada para obtenção de isomorfos é uma permutação π: $\mathbf{V} \rightarrow \mathbf{V}$, que podemos representar como (π_i, $i = 1, ..., n$), ou como uma *matriz de permutação* $\mathbf{P} = [\pi_i, i]$.

No primeiro caso, permutam-se diretamente os rótulos dos vértices (o que pode ser feito no esquema) e, no segundo, trabalha-se com a matriz de adjacência **A(G)** (ver **2.8.3** adiante). Então, para um isomorfo **G'** associado a π, se tem $\mathbf{A(G')} = \mathbf{P}^{-1}\mathbf{A(G)P}$. (Experimente executar esta operação com a matriz do grafo não orientado da **Fig. 2.8**).

2.6.3 Invariante

Diz-se que um parâmetro numérico é um *invariante* de um grafo quando ele apresenta o mesmo valor para todos os seus isomorfos. Os invariantes mais importantes são o número de vértices n, o número de ligações m e a sequência ordenada de graus (ver **2.10.4** adiante).

A comparação pode ser feita através de invariantes, embora nenhum invariante conhecido seja suficiente para caracterizar o isomorfismo. Por outro lado, diversos algoritmos para comparação (*matching*) de grafos possivelmente isomorfos através do exame de suas estruturas podem ser encontrados na Internet, em particular o Nauty e o VFLIB, Skiena [Sk1.5.9], [McKnauty]. Melo [Me10] apresenta uma técnica de comparação baseada em um invariante, das variâncias do Problema Quadrático de Alocação (PQA) [LABHQ07] construídas com as matrizes de adjacência dos grafos em exame. Dharwadker e Tevet [DT09] apresentaram um algoritmo polinomial para a comparação de isomorfos, mas Santos [Sa10] encontrou um contraexemplo.

McKay [McK98] descreve uma técnica bastante geral para a geração de objetos combinatórios não isomorfos, sem que seja necessário o teste de isomorfismo. Em muitos casos (como o da geração de permutações) o problema é mais simples, dada a natureza recursiva do processo, mas isso não se aplica aos grafos em geral, o que torna o problema da geração de grafos mais difícil.

DeSanto *et al*, [DeSFSV03] construiram uma base de dados de grafos destinados ao teste de programas de comparação de possíveis isomorfos.

2.7 Partição de grafos

Em muitas situações há interesse no particionamento do conjunto de vértices de um grafo em subconjuntos que apresentem propriedades importantes para o estudo que se realiza. Teremos ocasião de nos deparar com diversas situações desse gênero, a serem discutidas em capítulos posteriores; no momento, estaremos interessados na partição de **V** em subconjuntos de vértices mutuamente não adjacentes.

Um grafo **G** = (**V**,**E**) é dito *k-partido* se existir uma partição **P** = {$\mathbf{W}_i$ | i = 1,...,k, $\mathbf{W}_i \cap \mathbf{W}_j = \varnothing$, $i \neq j$} do seu conjunto de vértices, tal que não existam ligações entre elementos de um mesmo $\mathbf{W}_i$ (todas as ligações de **G** são da forma (**p**,**q**) sendo **p** $\in \mathbf{W}_i$ e **q** $\in \mathbf{W}_j$, $j \neq i$). Na **Fig. 2.6** abaixo, os diferentes elementos das respectivas partições estão destacados:

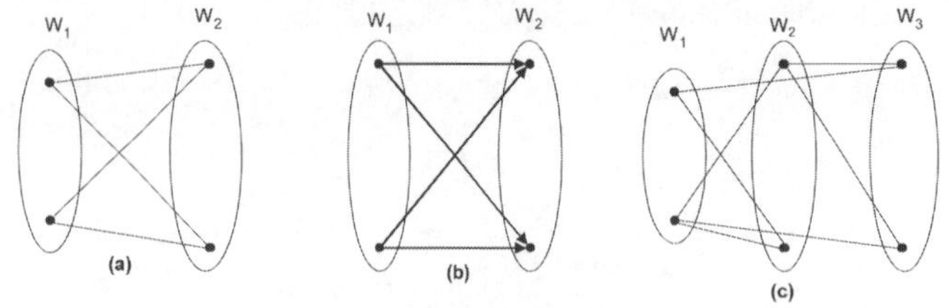

Fig. 2.6: Partição de grafos

Pode-se mostrar que todo grafo é *k*-partido para ao menos um valor de $k \leq n$ (para $k = n$ isso é, evidentemente, trivial). Quando $k = 2$ o grafo é chamado *bipartido*. Os grafos bipartidos apresentam diversas propriedades e aplicações de interesse; ver, especialmente, o **Capítulo 8**. Em particular, iremos utilizá-los como exemplo para uma definição de grande importância na teoria:

Def.: Diz-se que uma propriedade **P** é *hereditária (super-hereditária)* se, um conjunto **S** verificando **P**, todo **S'** $\subseteq$ **S** (todo **S'** $\supseteq$ **S**) verifica **P**.

Ao se tratar de grafos, o conjunto em questão é, habitualmente, o de vértices, mas podemos também nos referir ao de ligações. No primeiro caso estaremos dizendo, por exemplo, que uma propriedade de um grafo **G** é hereditária quando ela se verificar para todo subgrafo induzido de **G**.

Pode-se observar que **P** = {ser bipartido} é uma propriedade hereditária para grafos.

2.8 Representação de grafos

2.8.1 A representação esquemática de grafos é importante, desde o primeiro momento, para facilitar a compreensão das explicações e, por isso, tem sido aqui utilizada desde o início. Ela apresenta a vantagem da fácil apreensão pela percepção global humana no que se refere a alguns de seus aspectos topológicos (em particular com respeito a **percursos** em grafos, noção a ser precisada em breve). Um inconveniente que pode advir do seu uso está em que o seu aspecto visual, que influi na eficiência dessa percepção, depende profundamente da disposição dos vértices e da forma como as ligações são representadas – e, exatamente, tais questões são irrelevantes de um ponto de vista estritamente teórico. A busca de uma melhor compreensão dos esquemas gerou um importante campo de pesquisa, que é o *desenho de grafos* (ver o **Capítulo 12**).

Por outro lado, a representação esquemática não é adequada para fornecer a um computador dados sobre uma estrutura de grafo. Os dados relativos a um grafo precisarão sempre de uma representação numérica interna, com a qual o computador possa trabalhar. A variedade, em termos de dimensão e de complexidade, dos problemas de grafos, tem levado à definição de diversas formas de representação (estruturas de armazenamento) que procuram, em alguns casos, atender a necessidades algébricas ou combinatoriais e, em outros casos, a questões de busca ou armazenamento de caráter essencialmente algorítmico (Pombo [Po79], Szwarcfiter e Markenzon [SM94]). A divulgação de bases de dados de grafos pela Internet levou ao uso de códigos. Algumas dessas formas apresentam propriedades que podem ser utilizadas no esclarecimento de diversas questões teóricas.

2.8.2 Lista de adjacência ou dicionário

Esta forma é a mais conveniente para a entrada de dados, pela simplicidade e economia da sua apresentação. Ela corresponde a um conjunto de listas de vértices, cada lista sendo formada por um vértice **v** e pelo conjunto de vértices que recebem dele (ou que a ele enviam) um arco, ou que com ele partilham uma aresta. No caso orientado, as duas opções apresentadas são duais direcionais (ver **2.2.8**). Um grafo orientado possui, portanto, duas listas de adjacência equivalentes. Maiores detalhes de notação se encontram no **item 2.10**.

O exemplo abaixo (**Fig. 2.7**) apresenta as duas listas de adjacência de um grafo orientado, a primeira indicando, como dito acima, quais vértices recebem arcos de um vértice dado (indicado na coluna da esquerda) e a segunda, quais vértices enviam arcos para um vértice dado (também indicado na coluna da esquerda). Evidentemente, ao se executar um algoritmo qualquer, a varredura a partir do vértice origem, feita com a primeira lista, será mais fácil que a feita a partir dos vértices destino. Na segunda lista acontecerá exatamente o contrário.

Vértices origem	destino
1	2 4 5
2	3 6
3	2 5 7
4	4 6 7
5	3 8
6	1 4 5 8
7	2 3 4
8	

Vértices destino	origem
1	6
2	1 3 7
3	2 5 7
4	1 4 6 7
5	1 3 6
6	2 4
7	3 4
8	5 6

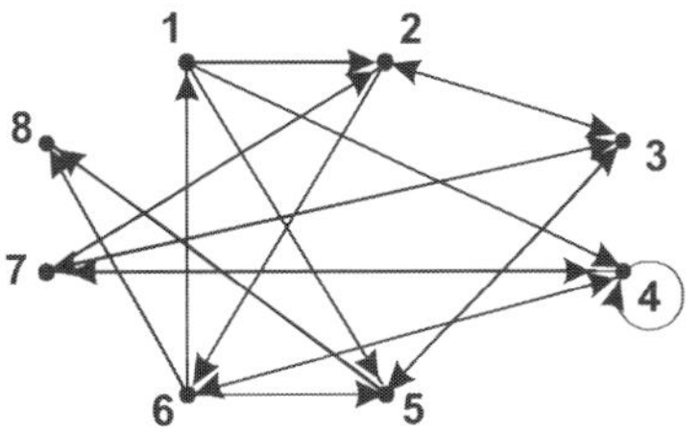

Fig. 2.7: Listas de adjacência equivalentes para um grafo orientado

A lista associada a um vértice pode ser vazia, como se pode ver no exemplo acima, com o vértice **8** na primeira lista. Dele, não se vai a qualquer outro vértice e, por isso, ele é dito ser um *sumidouro* do grafo; o assunto será discutido adiante em maior detalhe. A lista de adjacência considera, implicitamente, o grafo como orientado – isto porque, se existirem arcos de sentidos opostos (simétricos) da forma (**v**,**w**) e (**w**,**v**) por exemplo, o primeiro aparecerá indicado na lista de **v** e o segundo na lista de **w**. Ao se trabalhar com grafos não orientados pode-se, ainda, indicar cada ligação por apenas um dos sentidos. Isto equivale a incluir na lista de cada vértice apenas os vértices de rótulos adiante do seu (por algum critério de ordenação, obtendo-se uma *lista assimétrica*) que lhe são ligados; dessa forma, se evitarão repetições. (Conforme o tamanho da massa de dados, isso pode ser inconveniente, ou até impossível.) A programação da leitura deverá levar em conta o formato utilizado.

2.8.3 Matrizes de adjacência e de valores

Há diversas representações matriciais de estruturas de grafo e o seu uso está, habitualmente, associado à necessidade da realização de cálculos envolvendo dados estruturais. A mais utilizada é a *matriz de adjacência* ***A***(**G**), ou apenas **A**, se não houver dúvida sobre a sua relação com o grafo em questão. Trata-se de uma matriz de ordem *n* (a mesma ordem de **G**) na qual se associa cada linha e cada coluna a um vértice. Os dados estruturais correspondem a valores nulos associados à ausência de ligações e a valores não nulos (habitualmente iguais a 1 quando o grafo não for valorado) nas posições (i,j) associadas à presença de arcos ou arestas (**Fig. 2.8**):

$$\boldsymbol{A}(\mathbf{G}) = [a_{ij}] \qquad a_{ij} = 1 \Leftrightarrow \exists\,(\mathbf{i,j}) \in \mathbf{E} \quad \text{e} \quad a_{ij} = 0 \Leftrightarrow \neg\exists\,(\mathbf{i,j}) \in \mathbf{E} \qquad (2.1)$$

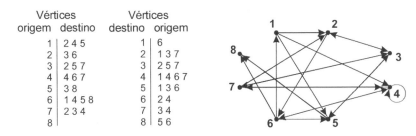

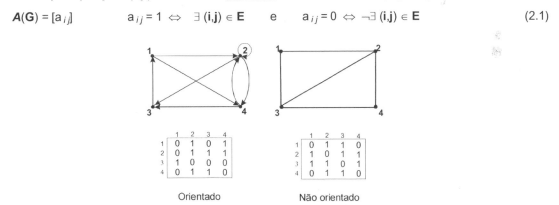

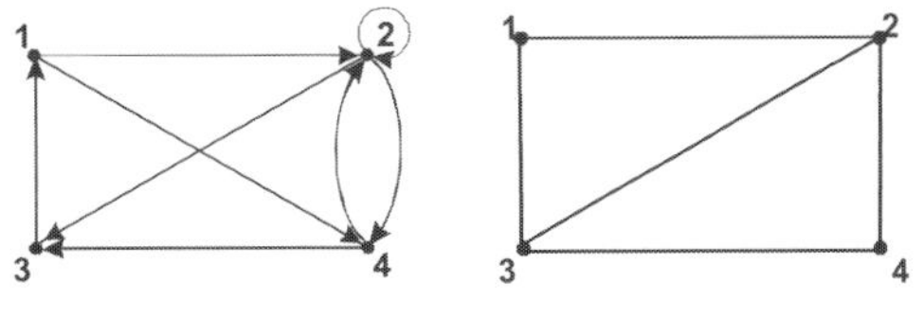

	1	2	3	4
1	0	1	0	1
2	0	1	1	1
3	1	0	0	0
4	0	1	1	0

Orientado

	1	2	3	4
1	0	1	1	0
2	1	0	1	1
3	1	1	0	1
4	0	1	1	0

Não orientado

Fig. 2.8: Matriz de adjacência

A matriz de adjacência não é a mais econômica das formas de representação de grafos; ela ocupa n^2 posições de memória (embora, com programação adequada, possa ser armazenada *bit* a *bit*), enquanto a lista de adjacência utiliza apenas $n + m$ posições. No entanto, seu uso é bastante mais simples, até para grafos medianamente grandes, que o de outras estruturas de dados.

Pode-se definir uma matriz análoga à matriz de adjacência *(matriz de valores)*, no caso de grafos valorados sobre as ligações (onde os valores são, p. ex., comprimentos, ou custos); neste caso, a representação *bit* a *bit* ficará excluída. A notação da matriz de valores está, habitualmente, ligada à área de aplicação; em princípio, para as discussões teóricas, ela será denotada $\boldsymbol{A}_V(\mathbf{G})$,

Se um grafo **G** orientado tiver matriz de adjacência **A(G)**, então $\mathbf{A}^T = \mathbf{A}^T(\mathbf{G})$ é a matriz de adjacência do dual direcional $\mathbf{G}^D$ de **G.**

A matriz de adjacência de um grafo não orientado pode, mediante rotulação adequada, se apresentar sob forma triangular (superior ou inferior). Ela é habitualmente mostrada como uma matriz simétrica, uma vez que não há distinção entre os dois sentidos possíveis para cada aresta. Na matriz de valores, a simetria não é garantida.

Como limitações, cabe observar que ela não é adequada para a representação de hipergrafos em geral, por ser apenas bidimensional. Com p-grafos poderá, também, haver dificuldades: neste caso, os valores atribuídos às posições não nulas seriam as ordens de multiplicidade dos arcos ou arestas (Berge [Be73]) e a matriz, portanto, não mais seria formada apenas por valores 0 e 1; ocorre que muitos recursos da teoria estão baseados na possibilidade da matriz de adjacência ser vista como booleana (caso em que ela somente poderia conter elementos zero e 1). A representação por seu intermédio se torna impossível ao se tratar de p-grafos valorados.

2.8.4 Matriz de incidência

É uma matriz **B** de dimensões *n* x *m*, na qual cada linha corresponde a um vértice e cada coluna a uma ligação.

Para **G = (V,E)** orientado e sem laços, teremos $\mathbf{B} = [b_{lk}]$, onde

$$\exists\, \mathbf{u}_k = (\mathbf{i,j}) \Leftrightarrow b_{ik} = +1 \text{ e } b_{jk} = -1$$
$$b_{rk} = 0 \quad \forall r \neq i, j \qquad (2.2)$$

Para **G** = **(V,E)** não orientado teremos $\mathbf{B} = [b_{lk}]$, onde

$$\exists\, \mathbf{u}_k = (\mathbf{i,j}) \Leftrightarrow b_{ik} = b_{jk} = 1$$
$$b_{rk} = 0 \quad \forall r \neq i, j \qquad (2.3)$$

Um exemplo do caso orientado está na **Fig. 2.9** abaixo, onde os arcos existentes estão rotulados na ordem lexicográfica dos pares de vértices a eles associados:

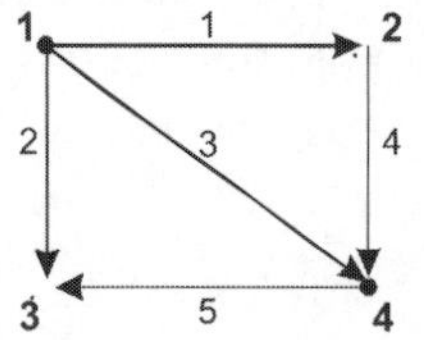

	1	2	3	4	5
1	+1	+1	+1		
2	-1			+1	
3		-1			-1
4			-1	-1	+1

Fig. 2.9: Matriz de incidência

A matriz de incidência tem o inconveniente de ser esparsa (logo, ocupa espaço desnecessariamente) e este problema aumenta com *n* (esparsidade $(n-2)/n$, para grafos). Apresenta, porém, interesse na representação de hipergrafos e de *p*-grafos valorados; além disso, é utilizada na formulação de modelos de programação matemática (em particular, de programação inteira) envolvendo estruturas de grafo. É ainda usada na determinação de grafos de interseção e de grafos adjuntos (ver adiante). Para mais detalhes ver, por exemplo, Marshall [Ma71].

2.8.5 Matrizes figurativas

Trata-se de matrizes nas quais os vértices, ou as ligações, são representados por cadeias de caracteres ao invés de números. São usadas em problemas de enumeração combinatória de subestruturas de grafos (Kaufmann [Ka68]).Os exemplos mais comuns são as chamadas *matrizes latinas,* que são matrizes quadradas de ordem *n* (**Fig. 2.10**):

	A	B	C	D
A		AB	AC	
B			BC	BD
C				CD
D			DC	

Representação por vértices

	A	B	C	D
A		a	b	
B			c	d
C				e
D			f	

Representação por arcos

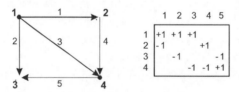

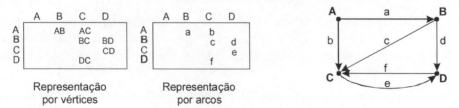

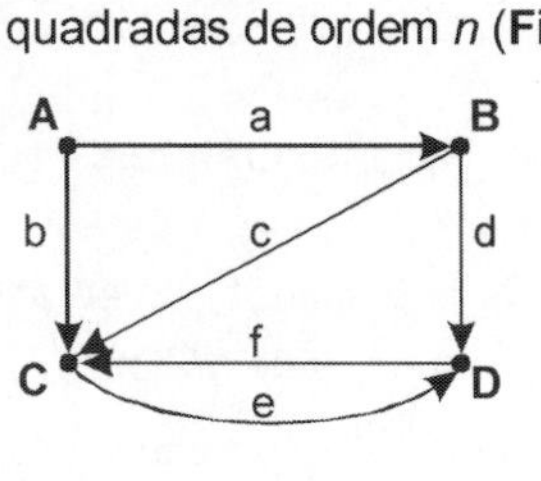

Fig. 2.10: Matrizes figurativas

2.8.6 Outras formas de representação

A necessidade da economia de tempo e, às vezes, de memória, no trabalho computacional levou à definição de diversas formas de representação de grafos, para uso em algoritmos. Estas formas estão, na maioria dos casos, ligadas às técnicas de desenvolvimento de estruturas de dados. Ver Pombo [Po79], Szwarcfiter e Markenzon [SM89], [SM94] e [SP11].

2.9 Operações com grafos

Consideramos neste item diversos tipos de operações, algumas delas aplicáveis apenas a grafos não orientados e outras de caráter mais genérico. Há operações aplicadas a pares de grafos (*binárias)* e outras, aplicadas a um único grafo (*unárias)*. A nomenclatura e a notação, neste capítulo, seguem [HGT04]: cabe observar a ocorrência de divergências na literatura, como em **Hammer** e **Kelmans** (1996). Aqui, discutiremos apenas as operações unárias, reservando as binárias para uma discussão mais aprofundada no **Capítulo 12**.

2.9.1 Operações unárias

Consideraremos, aqui, um 1-grafo **G = (V,E)** (orientado ou não) sem laços, que será transformado, por meio da operação apresentada, em um novo grafo **G' = (V',E')**.

A *contração* de dois vértices **v** e **w** em um novo vértice **vw** conduz a um resultado **G' = (V',E')** tal que **V'** = (**V** - {**v**,**w**}) $\cup$ {**vw**}; como consequência, todas as ligações contendo **v** ou **w** passarão a conter **vw**, identificando-se as que se confundirem (**G'** continuará a ser um 1-grafo) e eliminando-se a ligação entre **v** e **w** se ela existir (**G'** continuará sem laços). Em particular, se existir a aresta (**v,w**) ela será contraída e a operação será uma *contração de aresta*. Ver a **Fig. 2.11** abaixo.

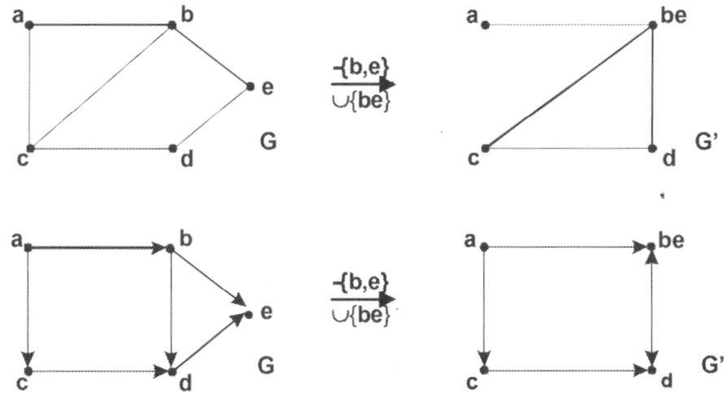

Fig. 2.11: Contração de vértices

A contração pode ser definida, para $\mathbf{S} \subset \mathbf{V}$, $\mathbf{S} \neq \varnothing$, como uma função φ: $\mathbf{V} \to (\mathbf{V} - \mathbf{S}) \cup \{\mathbf{s}\}$, tal que $\varphi(\mathbf{v}) = \mathbf{s}$, $\forall \mathbf{v} \in \mathbf{S}$ e $\varphi(\mathbf{w}) = \mathbf{w}$, $\forall \mathbf{w} \in \mathbf{V} - \mathbf{S}$ (Vernet [Ve97]). O conjunto **S** é, portanto, reduzido a um único vértice **s**.

O *desdobramento* de um vértice **x** em um conjunto **Y** de vértices conduz a um resultado **G' = (V',E')** tal que **V'** = **V** – {**v**} $\cup$ **W**. Se **x** for desdobrado em apenas dois vértices (**W** = {**w**,**x**}), **E'** será obtido pela união de **E** com (**w,x**) (caso não orientado), ou com (**w,x**) e/ou (**x,w**) (caso orientado). Se mais de dois vértices forem necessários, a composição de **E'** dependerá da demanda do modelo a cujo grafo a operação estiver sendo aplicada (p.ex., redes de fluxo, cruzamentos de tráfego urbano com restrição de conversões etc.). Ver as **Figs 2.12 (a)** e **(b)** abaixo.

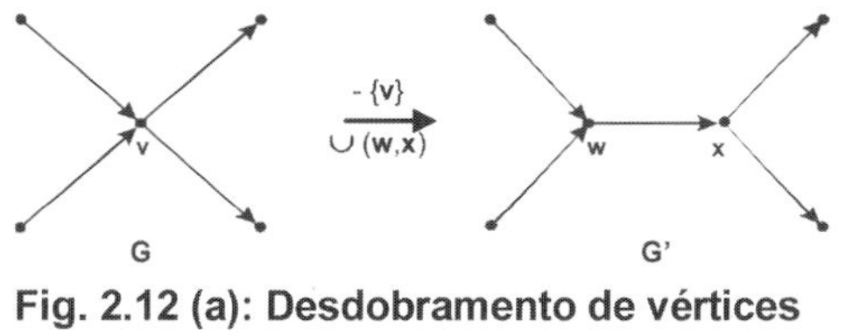

Fig. 2.12 (a): Desdobramento de vértices

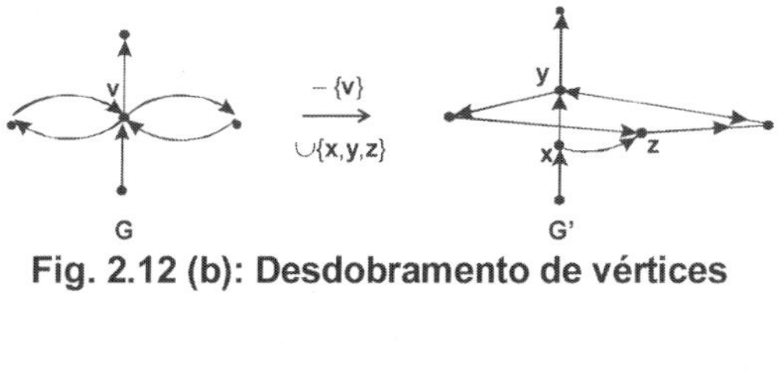

Fig. 2.12 (b): Desdobramento de vértices

Em um grafo **G** não orientado, a *inclusão* ou *inserção* de um vértice **x** em uma ligação (**y**,**z**) é a operação pela qual se obtém **V'** = **V** ∪ {v} e **E'** = (**E** – {{**w**,**x**)}) ∪ {(**v**,**w**),(**v**,**x**)}. O grafo obtido é dito ser *homeomorfo* ao grafo original (**Fig. 2.13**, ver também o **Capítulo 10**):

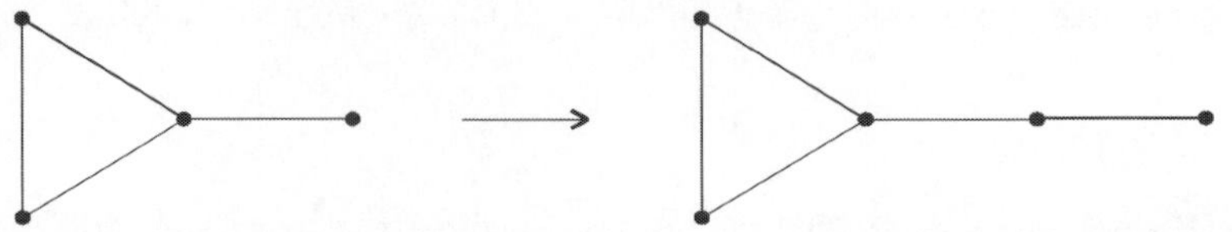

Fig. 2.13: Inclusão, ou inserção, de vértice

Outras operações, como as associadas aos conceitos grafo adjunto, grafo dual, grafo complementar e menor de um grafo, serão definidas nos contextos correspondentes de uso. O conceito de subgrafo pode também ser associado a uma operação (de retirada de vértices e/ou arestas) e o de supergrafo, a uma operação de adição semelhante.

2.10 Relações de adjacência

2.10.1 Vizinhanças de vértices

As questões topológicas mais imediatas, ao se tratar de grafos, dizem respeito aos vértices diretamente ligados a um dado vértice. Podem-se definir, em relação a isso, noções de caráter orientado e não orientado.

Em um grafo orientado **G** = (**V**,**E**), diz-se que **w** ∈ **V** é *sucessor* de **v** ∈ **V**, quando existe (**v**,**w**) ∈ **E**.

A noção dual direcional correspondente é a de *antecessor;* logo, havendo (**v**,**w**) ∈ **E**, **v** é antecessor de **w**.

Os conjuntos de sucessores e de antecessores de um vértice **v** (*vizinhanças orientadas*) são denotados, respectivamente, $\mathbf{N^+(x)}$ e $\mathbf{N^-(x)}$ e correspondem aos conjuntos de *elementos não nulos* da *linha* e da *coluna* associadas a **x** na *matriz de adjacência* do grafo. O "**N**" vem do inglês *neighborhood*: vizinhança.

Vizinho ou vértice adjacente de um vértice **v**, em um grafo orientado ou não, é todo vértice **w** que participa de uma ligação (arco ou aresta) com **v**. A noção é, portanto, não orientada. O conjunto dos vizinhos de **v** ∈ **V** (*vizinhança aberta*) é denotado **N**(**v**). Define-se ainda a *vizinhança fechada* **N**[**v**] = **N**(**v**) ∪ {**v**}.

Exemplos (**Fig. 2.14**):

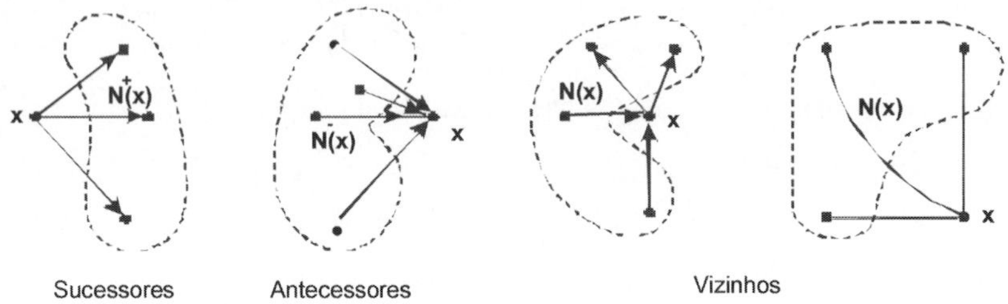

Fig. 2.14: Vizinhanças (abertas) de vértices

A informação contida nos conjuntos de sucessores ou antecessores, ou de vizinhos, equivale à contida no conjunto de ligações, ao se trabalhar, respectivamente, com 1-grafos orientados e não orientados. Pode-se, portanto, representar um 1-grafo orientado como **G** = ($\mathbf{V,N^+}$) ou **G** = ($\mathbf{V,N^-}$) e um 1-grafo não orientado como **G** = (**V**,**N**), o que corresponde à definição das listas de adjacência (ver **2.8.2**). Estes conceitos podem ser estendidos a subconjuntos de vértices. por exemplo, para **W** ⊂ **V**, em **G** = (**V**,**E**), uma dada vizinhança de **W** é a união das vizinhanças de mesmo tipo de cada um de seus vértices, por exemplo:

$$N^+(W) = \bigcup_{v \in W} N^+(v) \qquad (2.4)$$

2.10.2 Fechos transitivos

As noções de sucessor e de antecessor podem ser aplicadas iterativamente, levando à determinação de conjuntos que traduzem a ligação direta ou indireta entre vértices em grafos orientados. Esses conjuntos são denominados *fechos transitivos*. Podemos defini-los de forma conveniente através da noção de *atingibilidade*. Um vértice **w** será *atingível* a partir de outro vértice **v** em um grafo **G**, quando existir em **G** uma sequência de sucessores começando em **v** e terminando em **w**.

A discussão abaixo se refere a grafos orientados, mas o significado é análogo no caso não orientado.

Diz-se então que o *fecho transitivo direto* $\mathbf{R^+(v)}$ de um vértice **v** em um grafo **G** é o conjunto dos vértices de **G** atingíveis a partir de **v** e que o *fecho transitivo inverso* $\mathbf{R^-(v)}$ de um vértice **v** em **G** é o conjunto dos vértices de **G**, a partir dos quais **v** é atingível.

As duas noções são duais direcionais recíprocas. Apresentamos abaixo o processo iterativo que conduz à determinação de $\mathbf{R^+(v)}$. Por coerência com a idéia de atingibilidade, inclui-se nele o próprio vértice origem, como atingível a partir de si próprio em <u>zero</u> etapas:

$$\mathbf{N^0(v)} = \{\mathbf{v}\}$$
$$\mathbf{N^{+1}(v)} = \mathbf{N^+(v)}$$
$$\mathbf{N^{+2}(v)} = \mathbf{N^+(N^{+1}(v))}$$
$$\text{-----------------------}$$
$$\mathbf{N}^{+n}(\mathbf{v}) = \mathbf{N}^+(\mathbf{N}^{+(n-1)}(\mathbf{v}))$$

$$\mathbf{R}^+(\mathbf{v}) = \bigcup_{k=0}^{n} \mathbf{N}^{+k}(\mathbf{v}) \qquad (2.5)$$

Exemplos (Fig. 2.15):

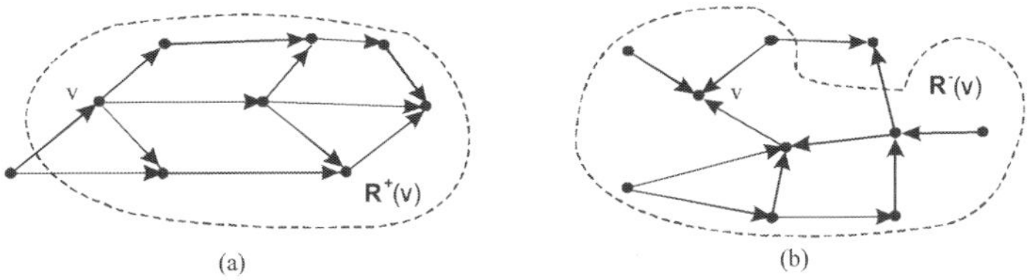

(a) (b)

Fig. 2.15: Fechos transitivos direto e inverso

As noções relativas a fechos transitivos, correspondentes a *sucessor* e *antecessor,* são as de *descendente e ascendente.* Portanto, se $\mathbf{w} \in \mathbf{R^+(v)}$, **w** é um *descendente* de **v**; se $\mathbf{w} \in \mathbf{R^-(v)}$, **w** é um *ascendente* de **v**. No caso não orientado teremos uma única noção relacionando dois vértices (mutuamente) atingíveis: ver o **Capítulo 3**.

2.10.3 Aplicações

Além das aplicações no âmbito da teoria – demonstração de teoremas e uso em algoritmos – a noção de fecho transitivo está conceitualmente ligada às ideias de *comunicação* e de *controle.* Se definirmos um grafo **G = (V,E)** considerando **V** = {*habitantes de uma* cidade} e **E** = {(**v**, **w**) | **< v** conhece **w >** }, o fecho transitivo direto de uma *pessoa* **k** (confundindo intencionalmente um elemento do modelo com o correspondente do problema) será o conjunto de todas as pessoas que poderão tomar conhecimento de uma informação de que **k** disponha, através de comunicação pessoa a pessoa (ou seja, sem o uso de meios de comunicação de massa). A noção pode ser usada, portanto, para estudar o efeito da comunicação informal conhecida como "telecipó". Dessa mesma forma, em um serviço de informações qualquer, o conjunto de todos os informantes, incluindo-se o chefe, é o fecho transitivo direto deste último. As noções podem ser aplicadas a redes sociais, como o Orkut ou o Facebook.

Vale a pena observar que, embora o processo formal considere *n* etapas, um fecho transitivo poderá ser obtido antes disso, dependendo da estrutura do grafo.

✱ Podem ser definidos os *grafos transitivos direto* e *inverso* de um grafo orientado **G = (V,E)**, denotados $\hat{G}^+ = (\mathbf{V},\mathbf{R}^+)$ e $\hat{G}^- = (\mathbf{V},\mathbf{R}^-)$; nesses grafos, cada relação de atingibilidade entre dois vértices será representada por um ***arco***. Alguns autores (como Vernet [Ve97]) chamam *fecho transitivo* ao grafo das relações de atingibilidade, deixando de lado a dualidade direcional dos grafos transitivos.

Em um sentido oposto, temos a noção de *redução transitiva*: **H** é a *redução transitiva* de **G** se e somente se **H** preservar todas as relações de atingibilidade de **G** com o menor número possível de arcos. A redução transitiva de um grafo é obtida removendo-se todos os arcos (**v**,**x**) tais que existam (**v**,**w**) e (**w**,**x**) (os chamados *arcos de transitividade*). ✱

2.10.4 Vizinhanças de ligações

As definições abaixo devem ser entendidas, explicitamente, como aplicadas a grafos sem laços.

Duas ligações que partilham um vértice são ditas *adjacentes.*

Uma ligação é *incidente* em um vértice se ele constitui uma e apenas uma de suas extremidades. Em um grafo orientado, uma ligação (arco) incide *exteriormente* em $\mathbf{v} \in \mathbf{V}$ se **v** for sua extremidade inicial e *interiormente* se **v** for sua extremidade final. Esta noção pode ser generalizada para um conjunto $\mathbf{W} \subset \mathbf{V}$, dizendo-se que um arco *incide* (exterior, ou interiormente) em **W**, se ele incidir da mesma forma em um vértice $\mathbf{v} \in \mathbf{W}$. Em vista da restrição de unicidade acima indicada, os arcos envolvendo **dois** vértices de **W** não são incidentes em **W**; apenas os que "atravessarem a fronteira" entre **W** e **V** - **W** podem assim ser denominados. Se **W** = {v}, voltaremos à definição inicial. Se o grafo for não orientado, diremos apenas que uma aresta *incide* em $\mathbf{W} \subset \mathbf{V}$.

Os conjuntos de arcos incidentes exterior e interiormente em $\mathbf{W} \subset \mathbf{V}$ são denotados, respectivamente, $\omega^+(\mathbf{W})$ e $\omega^-(\mathbf{W})$. Para **W** = { v }, seus cardinais são respectivamente o *semigrau exterior* $d^+(\mathbf{v})$ e o *semigrau interior* $d^-(\mathbf{v})$. Em grafos não orientados, o conjunto de arestas incidentes em $\mathbf{W} \subset \mathbf{V}$ será denotado $\omega(\mathbf{W})$. Não se usa, habitualmente, uma definição de semigraus para conjuntos de vértices.

O número total de ligações que incidem em um vértice **v** é o seu *grau* $d(\mathbf{v})$. Em grafos orientados, teremos evidentemente $d(\mathbf{v}) = d^+(\mathbf{v}) + d^-(\mathbf{v})$ e, em grafos não orientados, $d(\mathbf{v}) = |\,\omega(\mathbf{v})\,|$. Trata-se de uma noção não orientada válida para p-grafos em geral. Neste texto, o *grau máximo* em um grafo (não orientado) **G** será denotado $\Delta(\mathbf{G})$, e o seu *grau mínimo*, $\delta(\mathbf{G})$. Um vértice de grau nulo é um *vértice isolado*, e um vértice de grau 1, um *vértice pendente.* Um grafo não orientado no qual se tenha $d(\mathbf{v}) = k$ para todo $\mathbf{v} \in \mathbf{V}$ é chamado *regular* (de grau *k*) ou *k-regular.* Um grafo regular de grau 3 é um *grafo cúbico.* Chamamos a um grafo orientado no qual $d^+(\mathbf{v}) = k$ ($d^-(\mathbf{v}) = k$) para todo $\mathbf{v} \in \mathbf{V}$, *exteriormente regular (interiormente regular)* (de semigrau *k*). Um resultado interessante relacionado à noção de grau é que *todo grafo não orientado **G** é um subgrafo de um grafo **H** regular de grau igual ao grau máximo $\Delta(\mathbf{G})$.*

Define-se a *sequência de graus* $\Gamma(\mathbf{G})$ de um grafo **G**, ou *sequência gráfica*, como uma família de *n* inteiros cujos valores correspondam aos graus de seus vértices: diz-se que ela *gera* o grafo **G**. Uma sequência gráfica é aqui considerada ordenada de forma não-crescente. Uma sequência de graus pode corresponder a mais de um grafo: um exemplo simples é o da sequência (2, 2, 2, 2, 2, 2): podemos ter um grafo com o aspecto de um hexágono, ou outro formado de dois triângulos. Se uma sequência de graus gerar um único grafo, ela será chamada *unigráfica.* Um importante estudo sobre esta classe de sequências é [Ty00]. Uma referência interessante, na Internet, sobre sequências de números inteiros em geral é [Sloane]. As sequências são referenciadas por códigos de identificação, habitualmente usados como *links* nos textos publicados na Internet, que as referenciam.

Duas condições necessárias, de fácil verificação, são verificadas por toda sequência gráfica $\Gamma(\mathbf{G}) = (d(\mathbf{v}),\ \mathbf{v} \in \mathbf{V})$:

$$d(\mathbf{v}_1) \leq n - 1 \qquad (2.6.1)$$

$$\sum_{\mathbf{v} \in \mathbf{V}} d(\mathbf{v}) = 2m \qquad (2.6.2)$$

Este último resultado (soma dos graus), embora simples, tem grande importância, em particular pela definição de paridade que estabelece.

Sierksma e Hoogeven [SH91] apresentam várias condições necessárias e suficientes (equivalentes) para que uma sequência de inteiros seja gráfica. Tripathia e Vijay [TV07] apresentam uma prova para um teorema de **Kapoor** *et al* (teorema KPW) referente ao *conjunto de valores* D(**G**) dos graus de um grafo:

Teorema 2.1 (Teorema KPW): *Para todo conjunto finito de inteiros positivos **S** com um maior elemento ν, existe um grafo **G** para o qual D(**G**) = **S**. Além disso, a ordem máxima desse grafo será $\nu + 1$.* ■

✱ Uma noção paralela à de grau pode ser generalizada para subconjuntos de vértices. Isto tem sido frequentemente utilizado na literatura, no estudo de diversos problemas em grafos não orientados, em particular quando se trata de subconjuntos *independentes* (sem relações de adjacência entre pares de seus vértices: ver o **Capítulo 6**). Então se pode definir um "grau" $\sigma(\mathbf{S}) = |\,\mathbf{N}(\mathbf{S})\,|$ e, para um grafo **G**, o menor dos "graus" para subconjuntos independentes de cardinalidade *k* é denotado (ver, por exemplo, Bondy [Bo97]). A expressão abaixo tem sido apresentada sem que se tenha, até onde pudemos observar, atribuído um nome ao conceito, que poderia ser chamado, por exemplo, *grau generalizado.*

$$\sigma_k(\mathbf{G}) = \min_{\mathbf{S} \subset \mathbf{V}, |\mathbf{S}| = k} \sigma_k(\mathbf{S}) \quad (2.7)$$

Obs.: Para 1-grafos, as cardinalidades dos conjuntos de sucessores (antecessores) de um vértice são iguais às dos conjuntos de ligações exteriormente (interiormente) incidentes que lhes correspondem. Isto deixa de ser verdade ao se considerarem os sucessores ou antecessores de um conjunto com mais de um vértice, porque dois vértices podem ter um mesmo sucessor ou antecessor. As definições de grau e dos semigraus, porém, são válidas neste caso e também para p-grafos, visto que são baseadas no número de ligações.

Grafos altamente irregulares

Um grafo não orientado é *altamente irregular* (*HI*, da denominação em inglês) se cada um de seus vértices é adjacente a vértices de graus diferentes entre si. Pode-se provar que um grafo HI tem no máximo $n(n + 2)/8$ arestas e que a igualdade só pode se verificar para n par. Já **Albertson** define a *irregularidade* de um grafo como $\Sigma_{(i,j)\in E} | d_i - d_j |$, onde d_i e d_j são os graus dos vértices que definem **(i,j)**. Oliveira [Ol11] apresenta diversas medidas de irregularidade e propõe uma medida baseada na teoria espectral, utilizando em seu trabalho o programa **AGX** (ver os **Capítulos 1 e 12**).

Majcher e Michael [MM97a] mostram que, para $n \geq 9$, se tem $m \leq (n - 1)(n + 1)\lfloor(n + 1)/10\rfloor/8$ (para n = 3, 5, 7 não existem grafos HI). Determinam ainda o menor número de arestas para um grafo HI com $n \geq 9$ e mostram que todos os grafos HI com número mínimo de arestas, de ordem diferente de 6, 11, 12 e 13, são árvores. Em [MM97b] apresentam condições necessárias e suficientes para que uma sequência de números positivos seja a sequência de graus de um grafo HI.

Grafos antirregulares

Um grafo não orientado é *antirregular* (*AR*) se possuir o maior número possível de graus diferentes em sua sequência, Merris [Me03a]. É fácil provar que nenhum grafo pode ter mais de $n - 1$ graus diferentes (Behzad e Chartrand [BC66]). Estes grafos possuem diversas propriedades interessantes: em particular, suas sequências de graus são unigráficas. Boaventura [Bo05], [Bo08] generaliza a definição, submetendo-a à existência de um conjunto $\mathcal{P}$ de propriedades a serem verificadas pelo grafo, que se chama então $\mathcal{P}$-antirregular ($\mathcal{P}$-AR).

Um resultado interessante em grafos não orientados diz respeito à soma dos quadrados dos graus:

$$\sum_{\mathbf{v} \in \mathbf{V}} d^2(\mathbf{v}) \leq m\{[(2m/(n-1)] + n - 2\} \quad (2.8)$$

O índice de Randić

Trata-se de um índice topológico proposto por **Randić** em 1975, de interesse em química orgânica: ele permite avaliar o nível de ramificação das cadeias de carbono dos hidrocarbonetos alifáticos. Ele é calculado diretamente a partir dos graus dos vértices, considerando-se o grafo **G** associado à cadeia de carbono da molécula:

$$R(\mathbf{G}) = \sum_{(\mathbf{v},\mathbf{w})\in \mathbf{E}} 1/\sqrt{(d(\mathbf{v}).d(\mathbf{w}))} \quad (2.9)$$

Mais detalhes sobre índices topológicos estão no **Capítulo 12.** ✱

2.11 Grafos simétrico, antissimétrico e completo

2.11.1 Discutimos aqui alguns tipos de grafos com propriedades de importância na caracterização de várias noções da teoria e na formulação de diversos teoremas.

2.11.2 Um grafo **G = (V,E)** será *simétrico* se a relação associada a **E** for simétrica, logo se

$$(\mathbf{v}, \mathbf{w}) \in \mathbf{E} \Leftrightarrow (\mathbf{w}, \mathbf{v}) \in \mathbf{E} \quad \forall\, \mathbf{v}, \mathbf{w} \in \mathbf{V} \quad (2.10)$$

A matriz de adjacência de **G** será uma matriz simétrica; pode-se entender, portanto, um grafo simétrico como equivalente a um grafo não orientado, do ponto de vista estrutural (a menos de uma eventual assimetria na valoração).

Exemplo: < **v** é irmão de **w** >, **V** = {*família*}. Ver também a **Fig. 2.16** abaixo.

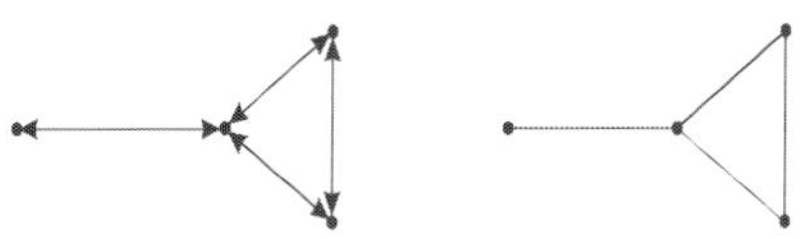

Fig. 2.16: Grafo simétrico e grafo não orientado

2.11.3 Um grafo **G = (V,E)** (orientado) será *antissimétrico* se a relação associada a **E** for antissimétrica; então se terá

$$(\mathbf{v}, \mathbf{w}) \in \mathbf{E} \Leftrightarrow (\mathbf{w}, \mathbf{v}) \notin \mathbf{E} \quad \forall\, \mathbf{v}, \mathbf{w} \in \mathbf{V} \qquad (2.11)$$

A noção é, portanto, orientada e um grafo antissimétrico não pode possuir laços. A relação associada a **E** pode ser de ordem total ou parcial (paternidade, idade, hierarquia, sucessão no tempo etc.). Um organograma, por exemplo, é um grafo antissimétrico (**Fig. 2.17**), tal como um grafo PERT, por ser baseado na sucessão no tempo. Ver o **Capítulo 5**.

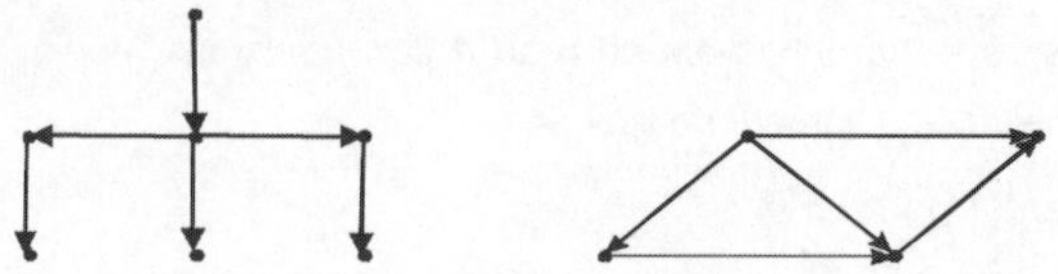

Fig. 2.17: Grafos antissimétricos

2.11.4 Um grafo **G** = (**V**,**E**) será *completo* se existir ao menos uma ligação associada a cada par de vértices. No caso não orientado isso significa exatamente uma ligação (dado que lidamos com 1-grafos) e, portanto, o grafo possuirá todas as arestas possíveis, em número de $C_{n,2} = n(n-1)/2$ – ou seja, corresponderá a **G** = (**V**,$\mathbf{P}_2$(**V**)). Os grafos completos não orientados de mesma ordem são, portanto, isomorfos e recebem a notação $\mathbf{K}_n$ (**Fig. 2.18**):

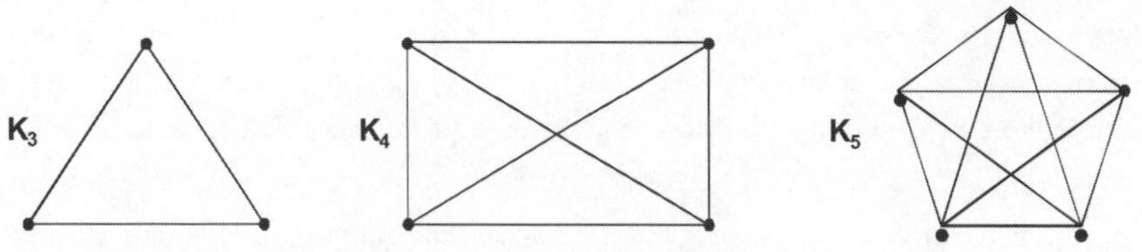

Fig. 2.18: Grafos completos

Se um subgrafo induzido de um grafo for completo, o seu conjunto de vértices será uma *clique* do grafo. A cardinalidade ω(**G**) da maior clique em um grafo **G** (*número de clique*) é um invariante de grande importância.

Por analogia, definem-se os *grafos bipartidos completos*: grafos bipartidos não orientados com o maior número possível de arestas. A notação é $\mathbf{K}_{p,q} = (\mathbf{V} \cup \mathbf{W}, \mathbf{E})$, onde $\mathbf{E} = \{(\mathbf{v},\mathbf{w}) \mid \mathbf{v} \in \mathbf{V}, \mathbf{w} \in \mathbf{W}\}$. Tendo-se $|\mathbf{V}| = p$ e $|\mathbf{W}| = q$, o número $m = |\mathbf{E}|$ de arestas será igual a $p \times q$. Ver a **Fig. 2.19** abaixo.

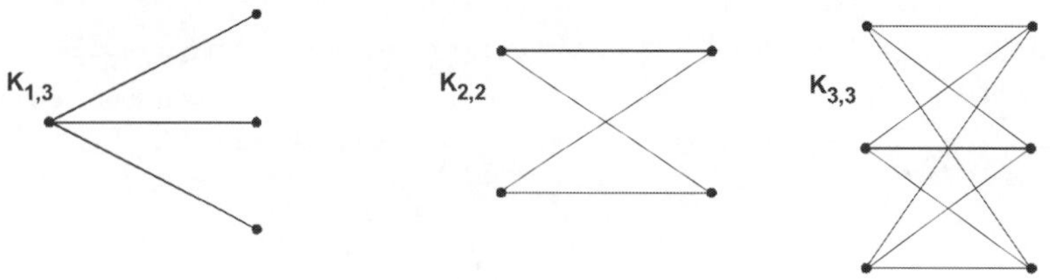

Fig. 2.19: Grafos bipartidos completos

O análogo de uma clique, para um grafo bipartido completo, é chamado uma *biclique*. Os subgrafos completos e bipartidos completos têm importância teórica como *grafos proibidos* (subgrafos que inibem determinada propriedade) em determinadas estruturas: ver, por exemplo, o **Capítulo 10**.

Uma classe que contém os grafos bipartidos é a constituída pelos grafos **G** = (**V**,**E**) com $\mathbf{V} = \mathbf{W} \cup \mathbf{X}$, onde **W** e **X** são cliques ou conjuntos independentes (ou conjuntos estáveis, sem ligações entre seus vértices; ver o **Capítulo 6**): se ambos forem independentes, teremos um grafo bipartido e se um for independente e o outro completo, um *grafo "split"*. Estes últimos grafos possuem diversas propriedades de interesse. Se um grafo *split* tiver as vizinhanças dos vértices do conjunto independente totalmente ordenadas por inclusão, ele será um grafo *threshold* (limite, ou barreira). Estes grafos são ainda mais ricos em propriedades peculiares, [HIS81], [HP87], [Me03b], [Bo05], [Fr09]. Ver também o **Capítulo 12**.

Brandstädt [Br96] apresenta algoritmos que permitem reconhecer em tempo polinomial se um dado grafo **G** pertence a essa classe.

No caso orientado, um grafo completo pode ser caracterizado pela expressão

$$(\mathbf{v}, \mathbf{w}) \notin \mathbf{E} \Rightarrow (\mathbf{w}, \mathbf{v}) \in \mathbf{E} \qquad \forall\, \mathbf{v}, \mathbf{w} \in \mathbf{V} \qquad (2.12)$$

ou seja, a ausência de um arco em um sentido implicará na presença do arco no sentido oposto; isto garante que haverá ao menos um arco entre dois vértices quaisquer.

Os grafos orientados completos antissimétricos são chamados *grafos de torneio*, porque representam o resultado de campeonatos em esportes que não admitem empates (p. ex., o voleibol), cada equipe defrontando todas as outras. Se generalizarmos a relação < *x derrota y* > considerando um empate como a vitória (ou a derrota) recíproca de uma equipe pela outra, poderemos relaxar a não admissibilidade do empate e, portanto, a antissimetria.

Bang-Jensen e Gutin [BG98] discutem as estruturas dos grafos de torneio e diversas estruturas cujas propriedades as aproximam das dos torneios, principalmente do ponto de vista do estudo de caminhos e ciclos (ver o **item 2.13** a seguir).

A **Fig. 2.20** apresenta exemplos de grafos orientados completos:

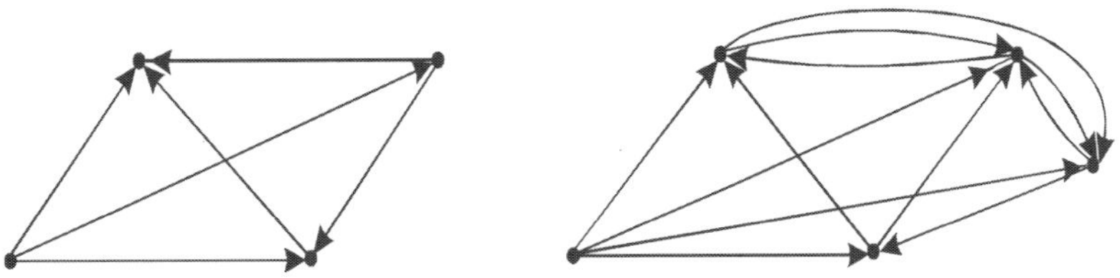

Fig. 2.20: Grafos orientados completos

2.12 Grafo complementar de um grafo

É um grafo $\overline{\mathbf{G}}$ **(ou $\mathbf{G}^c$)** que possui o mesmo conjunto de vértices e as ligações *não existentes* em um grafo **G = (V,E)**; logo, teremos

$$\overline{\mathbf{G}} = (\mathbf{V}, \mathbf{V}^2 - \mathbf{E}) \quad \text{para } \mathbf{G} \text{ orientado}$$

$$\overline{\mathbf{G}} = (\mathbf{V}, \mathbf{P}_2(\mathbf{V}) - \mathbf{E}) \quad \text{para } \mathbf{G} \text{ não orientado} \qquad (2.13)$$

Convém observar que o universo do conjunto de ligações corresponde às arestas de um grafo completo, no caso não orientado, e aos arcos de um grafo com todos os arcos possíveis, inclusive os laços, no caso orientado (este grafo é chamado *grafo cheio* por alguns autores). Por outro lado, é frequente que se desconsiderem os laços no caso orientado (como faremos aqui), com o que o universo de referência para definição de um grafo complementar orientado passará a ser o grafo completo simétrico. No caso não orientado, a definição acima já deixa explicitamente de considerar os laços, ao excluir $\mathbf{P}_1(\mathbf{V})$ do universo de referência. A **Fig. 2.21** abaixo exemplifica o caso orientado.

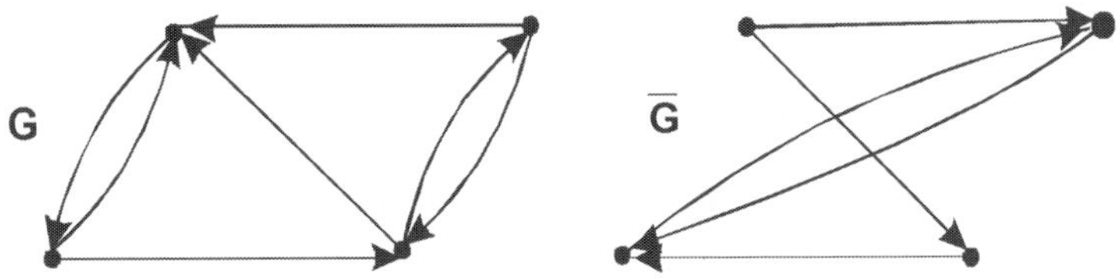

Fig. 2.21: Grafo complementar

Grafos autocomplementares

Um grafo é *autocomplementar (AC)* quando é isomorfo ao seu complemento.

Nair [Na97] apresenta uma condição necessária e suficiente para a existência de um grafo **G** AC de ordem $4p$, baseada no isomorfismo de dois subgrafos de **G** com um grafo de ordem $2p$ dado. O autor cita que existe um grafo AC de ordem n se e somente se $n \equiv 0$ ou 1 (mod 4) (Ringel).

Gibbs [Gi74] provou que um grafo AC com $4k$ vértices contém k subgrafos induzidos disjuntos isomorfos a P_4.
Farrugia [Fa99] apresenta um estudo amplo sobre a classe.

2.13 Percursos em um grafo

2.13.1 Definição

Um *percurso,* ou *itinerário*, ou *cadeia*, é uma família de ligações sucessivamente adjacentes, cada uma tendo uma extremidade adjacente à anterior e a outra à subsequente (à exceção da primeira e da última). O percurso será *fechado* se a última ligação da sucessão for adjacente à primeira e *aberto* em caso contrário. (Um percurso aberto pode conter subpercursos fechados). Na definição geral, despreza-se implicitamente a orientação das ligações, quando se trata de grafos orientados (interessa apenas a adjacência sucessiva). Na **Fig. 2.22** abaixo, os percursos exemplificados estão destacados em linhas cheias:

A notação é feita indicando-se a sucessão através dos vértices, das ligações ou de vértices e ligações alternados, ou apenas dos vértices inicial e final, quando isso for suficiente; por exemplo, o percurso indicado na **Fig. 2.22(a)** pode ser expresso das seguintes formas:

$$P_a = (1,2,3,4,5,3) = ((1, 2),(2, 3),(3, 4),(4, 5),(5, 3)) = (1,(1,2),2,(2,3),3,(3,4),4,(4,5),5,(5,3),3) = P_{13}$$

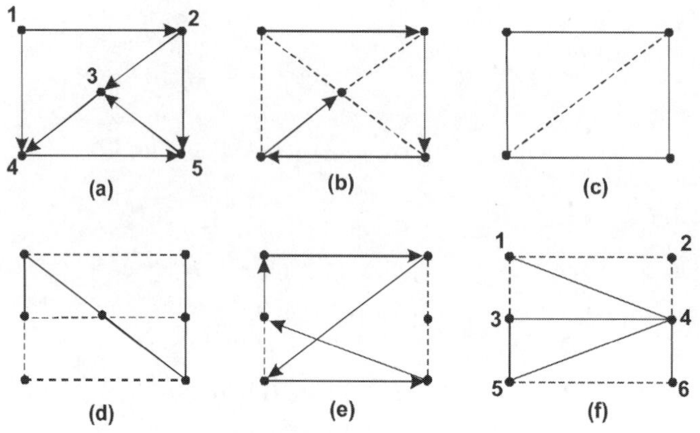

Fig. 2.22: Percursos

A última forma, evidentemente, não caracteriza um <u>único</u> percurso e sim <u>qualquer</u> percurso entre os vértices dados – mas, dependendo da situação em estudo, isso pode ser suficiente.

Em um grafo não valorado, o *comprimento* de um percurso é o número de ligações por ele utilizadas, contando-se as repetições. No caso de grafos valorados, será necessária a generalização trazida pela noção de <u>distância</u>, a ser discutida no **Capítulo 4**.

Um percurso é *simples* se não repetir ligações (como os da **Fig. 2.22(a)** e **(d)**) e é *elementar* se não repetir vértices (como os da **Fig. 2.22(b)** e **(e)**). A segunda noção é mais restritiva: todo percurso elementar é simples, mas a recíproca não é verdadeira. É importante notar que um percurso fechado como, por exemplo, (**x**,**y**,**z**,**x**) é elementar, embora a representação repita um vértice, porque não se trata na verdade de repetição e sim de um retorno que fecha o percurso. Já (**x**,**y**,**z**,**x**,**t**,**v**,**x**), por exemplo, repete de fato o vértice **x** e portanto é não elementar. Um grafo com *n* vértices formado apenas por um percurso é denotado $\mathbf{P}_n$.

Ao longo do texto, usaremos os termos *percurso e itinerário* em textos de natureza genérica e o termo *cadeia* ao tratar de situações peculiares, com uso de notação.

Um *ciclo* é uma cadeia <u>simples</u> e <u>fechada</u> (**Fig. 2.22(c)**). Os grafos formados por apenas um ciclo constituem uma classe denominada $\mathbf{C}_n$.

Uma *corda* é uma aresta que une dois vértices <u>não consecutivos</u> de um ciclo (**Fig. 2.22(d)**). Um ciclo <u>sem cordas</u> em **G** pode ser entendido como um subgrafo parcial de **G** (dito *ciclo induzido*, Diestel [Di97]).

Um *caminho* é uma cadeia em um grafo orientado, na qual a orientação dos arcos é sempre a mesma, a partir do vértice inicial (**Fig. 2.22(b)**). Um *circuito* é um caminho simples e fechado em um grafo orientado. Exemplo: (**3**,**4**,**5**,**3**) na **Fig. 2.22(a)**.

Um percurso é *abrangente* (*spanning*, em inglês), em relação a um dos conjuntos de um grafo, quando utiliza todos os elementos desse conjunto, ao menos uma vez. Os casos em que esta restrição se torna "uma única vez" são muito importantes no contexto da teoria e, em particular, nas aplicações de interesse da pesquisa operacional.

Dizemos então que um percurso, aberto ou fechado, é *euleriano* quando utiliza cada ligação do grafo uma única vez e que é *hamiltoniano* quando utiliza cada vértice do grafo uma única vez. Se a restrição de unicidade é relaxada, o percurso se diz *pré*-(euleriano ou hamiltoniano). Um grafo é dito *euleriano (hamiltoniano)* se possuir um percurso fechado euleriano (hamiltoniano). Ver o **Capitulo 9**.

2.13.2 Cintura e circunferência

Denominam-se, respectivamente, *cintura (girth,* em inglês*)* g(**G**) e *circunferência* c(**G**) de um grafo aos comprimentos do menor e do maior ciclos nele presente. Trata-se de noções não orientadas e de significativo interesse estrutural, utilizadas em grafos não valorados. A especificação de um valor para a cintura pode influir diretamente no número de arestas do grafo. Se um grafo **G** não possuir ciclos, considera-se que g(**G**) = ∞ e c(**G**) = 0.

Podem ser especificadas cinturas *par* e *ímpar*, de acordo com a paridade encontrada. Campbell [Ca97] determina os menores grafos cúbicos com cintura par 6 e cintura ímpar 7, 9 e 11, expressando o resultado em relação ao *par de cinturas* do grafo.

O maior número de arestas em um grafo com cintura dada

Este problema pode ser descrito, também, como o de se achar o menor número de vértices $n = n(d,g)$ de um grafo com cintura g e *grau médio d*.

Alon, Hoory e Linial [AHL02] mostram que, para g = 2r + 1 (ímpar) ou g = 2r (par), se tem

$$n_0(d,2r+1) = 1 + d\sum_{i=0}^{r-1}(d-1)^i \quad \text{e} \quad n_0(d,2r) = 2\sum_{i=0}^{r-1}(d-1)^i \tag{2.14}$$

expressões válidas, também, para grafos não regulares.

2.13.3 O problema da determinação de ciclos em um grafo

Se o comprimento do ciclo não é especificado o problema é NP-completo, porque inclui o problema do ciclo hamiltoniano. Para um dado $k < n$, o problema pode, ou não, ser polinomial. Alon, Yuster e Zwick [AYZ97] apresentam uma coleção de métodos utilizados para a busca e a contagem de ciclos simples em grafos orientados e não orientados. Em particular, definem novos limites para a complexidade da busca, em função da *degenerescência d*(**G**) do grafo, invariante que exprime, para um grafo não orientado **G** = (**V**,**E**), o menor número *d* para o qual existe uma orientação acíclica de **G** na qual se tenha $d^+(\mathbf{v}) \leq d$. (Observar que *d* também é usado para designar o *grau médio*).

2.13.4 Ao completar esta discussão, é importante observar que, da mesma forma que em outros capítulos da teoria, a nomenclatura usada varia acentuadamente. As noções de ciclo e de circuito, por exemplo, têm suas denominações frequentemente trocadas ou, então, são definidas com a inclusão de restrições ou conceitos adicionais. Ver por exemplo Busacker e Saaty [BS65], Marshall [Ma71] e Johnson e Johnson [JJ72]. Por outro lado, [HGT04] considera ciclos como percursos fechados sem repetição de ligações e circuitos como percursos fechados nos quais elas são admitidas.

2.13.5 Dois resultados sobre ciclos

Um resultado interessante sobre a existência de ciclos disjuntos em um grafo é dado por Enomoto [En98], baseado na noção de grau generalizado (ver o **item 2.10.4**): se **G** for um grafo com ao menos 3k vértices, onde se tenha $\sigma_2(\mathbf{G}) \geq 4k - 1$, então **G** contém *k* ciclos disjuntos em relação aos vértices.

Chen e Saito [CS94] provaram que todo grafo **G** com grau mínimo maior ou igual a 3 contém um ciclo de comprimento divisível por 3 e apresentam outros resultados referentes ao tema.

2.13.6 Circunferência, cintura e grau mínimo

Ellingham e Menser [EM00] apresentam diversos resultados ligando o valor da circunferência c(**G**) de um grafo **G** ao valor da sua cintura e ao seu grau mínimo. Para $g = g(\mathbf{G}) \geq 3$ e $\delta = d_{min}(\mathbf{G})$, se tem

- $c(\mathbf{G}) \geq (\delta - 2)(g - 2) + 2$ (**Ore**, **Voss**, **Peyrat**);
- $c(\mathbf{G}) \geq (2\delta - 2)(g - 4) + 4$ para $g \geq 5$ (**Zhang**);

- $c(\mathbf{G}) \geq (1/2)(\delta - 1)^{(g/4)-6}$ **(Voss)**.

Provam ainda que

$$c(\mathbf{G}) \geq \delta(\delta-1)^{(g-3)/4}\left(p + \frac{4}{\delta-2}\right) - g - \frac{8}{\delta-2} \qquad (2.15)$$

onde $p \in \{1,2,3,4\}$ e $p \equiv g + 2(\text{mod } 4)$.

2.14 Grafo de interseção, grafo adjunto, menor de um grafo

2.14.1 Seja $\mathbf{C} = \{\mathbf{C}_1, \mathbf{C}_2, ..., \mathbf{C}_m\}$ uma família de conjuntos, que podem ser ou não partes de um conjunto dado. Então o grafo $\mathbf{I} = (\mathbf{C},\mathbf{E})$ tal que $(\mathbf{C}_i, \mathbf{C}_j) \in \mathbf{E} \Leftrightarrow \mathbf{C}_i \cap \mathbf{C}_j \neq \varnothing$ é *o grafo de interseção* de **C**.

Pode-se mostrar que todo grafo não orientado é o grafo de interseção de alguma família de conjuntos (Roberts [Ro78]). Se os conjuntos que formam **E** forem intervalos da reta real $\mathbb{R}$, o grafo se chama habitualmente *grafo de intervalos*. Se eles forem arcos de um mesmo círculo, teremos um *grafo-círculo* ou *grafo arco-circular*. Ver o item **2.15** adiante.

Cabe observar que, se **E** for constituída de partes de um conjunto discreto **X**, o par **H** = (**X**,**E**) será um hipergrafo e **I** será o seu grafo de interseção que, neste caso, será chamado *grafo adjunto*, ou *grafo de ligações*, ou *grafo de linhas L(**H**)*, ou seja, o grafo de interseção das ligações de **H** (*line graph*, na nomenclatura em inglês).

Então, sendo **G** = (**V**,**E**) um grafo, teremos L(**G**) = (**E**,**F**), onde $\mathbf{f}_k = (\mathbf{i}, \mathbf{j})$ corresponde ao par de ligações adjacentes $\mathbf{e}_i$, $\mathbf{e}_j$ que, no caso orientado, devem ainda ser do mesmo sentido (formando um caminho).

Ver as **Figs. 2.23(a)** e **(b)** abaixo.

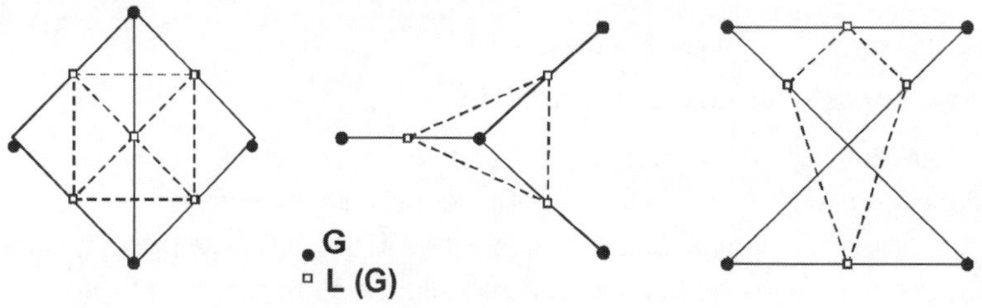

Fig 2.23(a): Grafos adjuntos não orientados

O último exemplo da **Fig. 2.23(a)** mostra um caso em que **G** e **L**(**G**) são isomorfos, o que acontece quando, como é o caso, **G** é regular de grau 2. Diz-se então que **G** é *autoadjunto*.

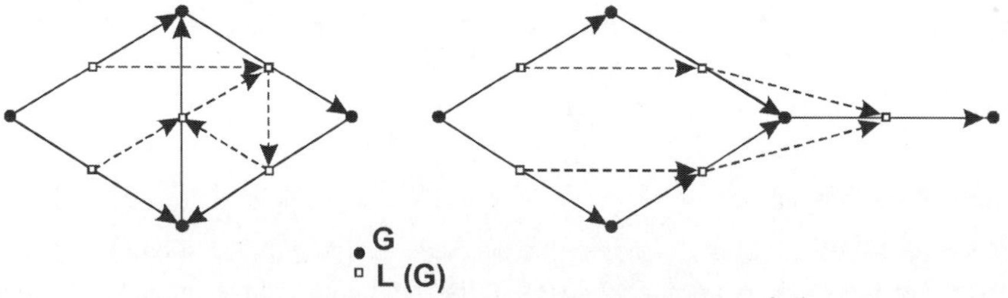

Fig. 2.23(b): Grafos adjuntos orientados

2.14.2 Alguns resultados sobre grafos adjuntos

Teorema 2.2: *Para **G** não orientado, se **e** = (**v**, **w**) ∈ **E**, se tem*

$$d_{L(G)}(\mathbf{e}) = d(\mathbf{v}) + d(\mathbf{w}) - 2. \qquad (2.16)$$

Prova: imediata. ■

Teorema 2.3: *Se **G** é não orientado com n vértices e m arestas, o número q de arestas de L(**G**) é dado por*

$$q = \frac{1}{2}\left(\sum_{i=1}^{n} d^2(\mathbf{i})\right) - m \qquad (2.17)$$

*onde os d(**i**) são os graus dos vértices de **G**.*

Prova: Decorre imediatamente do **Teorema 2.2**. ■

Teorema 2.4 *Se **B** for a matriz de <u>incidência</u> de **G** não orientado, então a matriz de <u>adjacência</u> de **L(G)** será dada por*

$$\mathbf{A[L(G)] = B^TB} - k\,\mathbf{I} \qquad (2.18)$$

onde k = 1 se o produto for booleano e k = 2 se for o produto aritmético comum.

Prova (imediata): Baseada nas definições das matrizes de incidência e de adjacência e na de grafo adjunto não orientado. ■

Vale a pena observar que, no que se refere a hipergrafos, o teorema é válido para o produto booleano. Em geral, ele fornece a técnica para determinação computacional do grafo adjunto, no caso não orientado.

Teorema 2.5 (Boaventura [Bo96]): *Se **B** = $[b_{ij}]$ é a matriz de incidência de um grafo orientado sem laços e se se definem as matrizes* $\mathbf{B}^+ = [b_{ij}^+]$ *e* $\mathbf{B}^- = [b_{ij}^-]$ *tais que*

$$b_{ij}^+ = 1 \qquad \text{se } b_{ij} = +1$$

$$b_{ij}^+ = 0 \qquad \text{se } b_{ij} \neq +1 \qquad (2.19)$$

e

$$b_{ij}^- = 1 \qquad \text{se } b_{ij} = -1$$

$$b_{ij}^- = 0 \qquad \text{se } b_{ij} \neq -1 \qquad (2.20)$$

então

$$\mathbf{A(L(G)) = (B^-)^T\, B^+}. \qquad (2.21)$$

Prova: Sejam **G = (V,E)** um grafo orientado e **B** = $[b_{ij}]$ sua matriz de incidência; sejam L(**G**) = (**E,F**) o grafo adjunto de **G** e **A**[L(**G**)] = $[a_{kl}]$ sua matriz de adjacência. Consideremos os arcos **s** = (**p**,**q**) ∈ **E** e **t** = (**q**,**r**) ∈ **E**. Pela definição de grafo adjunto, devemos ter (**s**,**t**) ∈ **F**.

Por outro lado, seja C = $[c_{kl}]$ o produto $\mathbf{(B^-)^T\,B^+}$; então

$$c_{kl} = \sum_{v=1}^{n} b_{kv}^- b_{vl}^+ \qquad (2.22)$$

Nos casos em que **k** = **s** e **l** = **t** para algum par (**s**,**t**) conforme acima, teremos uma única parcela não nula no somatório (correspondente a **v** = **q**) ; nos demais casos, todas as parcelas serão nulas. Logo,

$$c_{kl} = 1 \qquad \text{se } \exists\ (\mathbf{k,l}) \in \mathbf{G}$$

$$= 0 \qquad \text{em caso contrário} \qquad (2.23)$$

o que corresponde à definição de **A**(L(**G**)). ■

Corolário: *O número de arcos do grafo adjunto de **G** orientado é dado por*

$$m_{L(\mathbf{G})} = \sum_{i=1}^{n} d_{\mathbf{G}}^+(\mathbf{i}).d_G^-(\mathbf{i}) \qquad (2.24)$$

Prova: Sejam $\boldsymbol{B}^-(\mathbf{x}) = \{b^-_{ij}\}$ e $\boldsymbol{B}^+(\mathbf{x}) = \{b^+_{ij}\}$, respectivamente, os conjuntos dos elementos não nulos nas linhas **x** de $\boldsymbol{B}^-$ e de $\boldsymbol{B}^+$. Cada par (b^-_{xj}, b^+_{xj}) gera um elemento não nulo (correspondente a um arco) em ***A*** (L (**G**)). Teremos $|\,\boldsymbol{B}^-(\mathbf{x})\,| = d^-(\mathbf{x})$ e $|\,\boldsymbol{B}^+(\mathbf{x})\,| = d^+(\mathbf{x})$; logo, o número de pares (b^-_{xj}, b^+_{xj}) é dado pelo produto $d^-(\mathbf{x}).d^+(\mathbf{x})$ e o número total de arcos será dado pelo somatório desses produtos para todos os vértices do grafo. ■

Pode-se provar que todo grafo é o grafo adjunto de algum hipergrafo; no entanto, nem todo grafo é o grafo adjunto de outro grafo. Maiores detalhes podem ser encontrados em [Ha72]; aqui, citamos apenas um resultado de Beineke [BR00]. A prova se encontra na referência.

Teorema 2.6 (Beineke): *Um grafo que seja o adjunto de outro grafo não pode possuir* $K_{1,3}$ *como subgrafo induzido.*■

Obs.: O grafo $K_{1,3}$ é conhecido na literatura como "*garra*" (*claw*, em inglês). Existe extensa literatura sobre os grafos "*sem garra*" (*claw-free*), em vista de suas propriedades favoráveis à presença de ciclos hamiltonianos.

Existem na literatura algoritmos para determinar se um dado grafo é, ou não, o grafo adjunto de outro grafo, e para construir o grafo original caso positivo. Algumas referências são [Ro73], [Le74] e [NN90].

2.14.3 O grafo adjunto iterado e o superadjunto de um grafo

Podemos reaplicar a operação de geração do adjunto a um grafo adjunto, obtendo o *grafo adjunto iterado* L^k(**G**). Há, atualmente, grande interesse nesse tipo de estrutura, em vista das propriedades favoráveis ao uso como base para sistemas de telecomunicações.

Em L(**G**), cada vértice corresponde a uma aresta de **G** (aqui considerado não orientado). Esta definição pode ser generalizada, associando-se um vértice de um novo grafo a cada subconjunto de *r* arestas de **G**. Ao grafo L_r(**G**) assim obtido se dá o nome de grafo *superadjunto* de ordem r. Ver, por exemplo, Bagga, Beineke e Varma [BBV99], para uma discussão sobre as propriedades de L_2(**G**); algumas referências gerais são indicadas.

2.14.4 Menor de um grafo

Um grafo não orientado **H** é um *menor* de um grafo **G**, se **H** for isomorfo a um grafo obtido por $k \geq 0$ contrações de arestas em um subgrafo de **G**.

Exemplo (Fig. 2.24): Removendo-se a aresta diagonal (logo, obtendo-se um subgrafo) e contraindo-se a aresta tracejada em **G**, tem-se o grafo **H**, que é um menor de **G**.

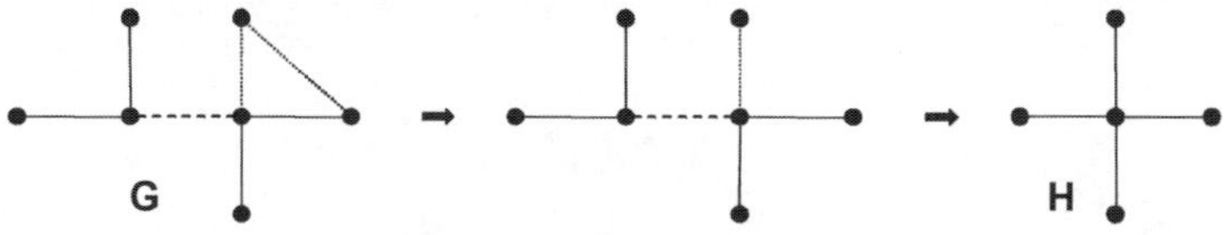

Fig. 2.24: Menor de um grafo

Trata-se, portanto, de um conceito mais abrangente que o de subgrafo: podemos observar que **H** não é um subgrafo induzido de **G**.

2.15 Grafos de Kneser, grafos-círculo, grafos-grade

Sejam *p* e *k* inteiros tais que $p \geq 2k$. Em um *grafo de Kneser* **K**(*p*,*k*) = (**V**,**E**), os vértices de **V** são combinações de *p* elementos *k* a *k* e **E** é definido pela não interseção, ou seja, quando dois elementos de **V** tiverem interseção nula, haverá uma aresta entre os vértices correspondentes.

O grafo **K**(5,2) é o grafo de Petersen, já referenciado em **2.6.1**.

Um *grafo-círculo* **G** = (**V**,**E**) é o grafo de interseção de um conjunto não vazio de cordas de um círculo. Reciprocamente, o círculo com suas cordas é chamado um *diagrama de cordas* associado ao grafo.

Definindo-se um vetor β com $n(n-1)$ componentes $\beta(x,y) \mid v \in V, w \in V, v \neq w$, constrói-se o sistema S(**G**) ligado a **G**, da forma

- $\beta(v,w) + \beta(w,v) = 1$ — $(v,w) \in E$
- $\beta(v,w) + \beta(w,z) = 0$ — $(v,w) \notin E, (v,z) \notin E, (w,z) \in E$
- $\beta(v,w) + \beta(v,z) + \beta(w,z) + \beta(z,w) = 1$ — $(v,w) \in E, (v,z) \in E, (w,z) \notin E$

Se S(**G**) admitir uma solução β, então **G** é dito ser *consistente*.

Gasse [Ga97] apresenta uma demonstração para um teorema de **Naji**, que estabelece a consistência de **G** como uma condição necessária e suficiente para que **G** seja um grafo-círculo.

Um *grafo grade* (*grid graph, gridline graph, rook graph*) é um grafo que pode ser construído no plano com vértices adjacentes, dois a dois, ao longo de uma linha vertical ou horizontal.

Peterson [Pe03] cita diversas propriedades (em particular, eles são perfeitos – ver o **Capítulo 11**) e aplicações teóricas desses grafos, dos quais destacamos o problema dos horários (timetabling problem) e a orientação de robôs em uma planta que possa ser percorrida com movimentos ortogonais. Discute ainda o fato de eles serem grafos adjuntos de grafos bipartidos e algumas aplicações que decorrem disso. Enfim, generaliza a definição para 3 dimensões.

Exercícios – Capítulo 2

2.1 Os turistas Jenssen, Leuzinger, Alain e Medeiros se encontram em um bar de Paris e começam a conversar. As línguas disponíveis são o inglês, o francês, o português e o alemão; Jenssen fala todas, Leuzinger não fala apenas o português, Alain fala francês e alemão e Medeiros fala inglês e português.

a) Represente por meio de um grafo **G = (V, E)** todas as possibilidades de um deles dirigir a palavra a outro, sendo compreendido. Defina **V** e **E**. O grafo obtido será orientado, ou não ?

b) Represente por meio de um hipergrafo **H = (V,W)** as capacidades linguísticas do grupo. Qual o significado das interseções $\mathbf{W}_i \cap \mathbf{W}_j$, onde os $\mathbf{W}_k \in \mathbf{W}$?

2.2 Um hipergrafo *k-uniforme* é aquele no qual todas as arestas possuem a mesma cardinalidade. Qual o maior número de arestas que pode ter um hipergrafo *k*-uniforme simples com *n* vértices ? Estude as relações entre os parâmetros *k*, *n* e *m* (onde *m* é, como sempre, o número de arestas).

2.3 Mostre que os dois grafos abaixo são isomorfos:

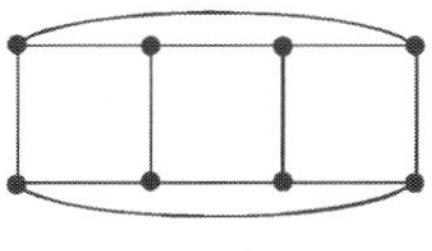

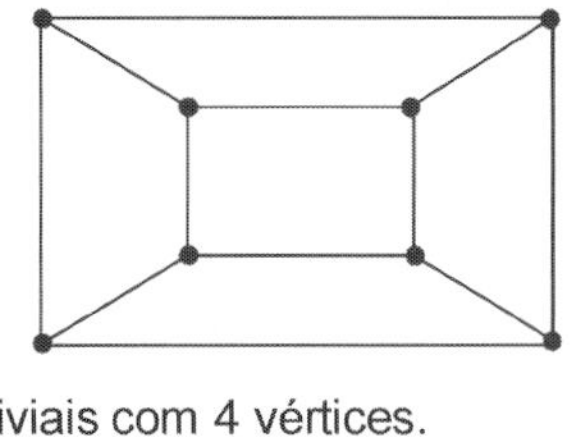

2.4 Mostre que existem 10 grafos não orientados não triviais com 4 vértices.

2.5. Estabeleça uma condição necessária para que um grafo não orientado com *n* vértices e *m* arestas seja auto-complementar.

2.6 Qual a economia percentual de memória, ao se substituir a matriz de adjacência como base de dados de um grafo orientado, pela lista de adjacência expressa na forma **v | d^+(v) | N^+(v)** para cada vértice?

2.7 Quantos arcos poderá ter um grafo orientado, para que seja mais econômico expressá-lo pela sua matriz de incidência dada apenas pelos pares de vértices que definem cada arco, ao invés de usar a matriz de adjacência ?

2.8 Mostre que, sendo $\mathbf{Q}_1 = \mathbf{K}_2$ e $\mathbf{Q}_n = \mathbf{Q}_{n-1} \otimes \mathbf{K}_2$ (onde o produto é o cartesiano: ver **12.2.3**), então $\mathbf{Q}_n$ é *n*-regular de ordem 2^n (os $\mathbf{Q}_i$ são chamados *n-cubos*).

2.9 O grafo abaixo representa as respostas à pergunta "Quais são os colegas de quem você mais gosta ?" dadas por uma turma de 1° grau de crianças em uma escola (um grafo como este é denominado *sociograma):*

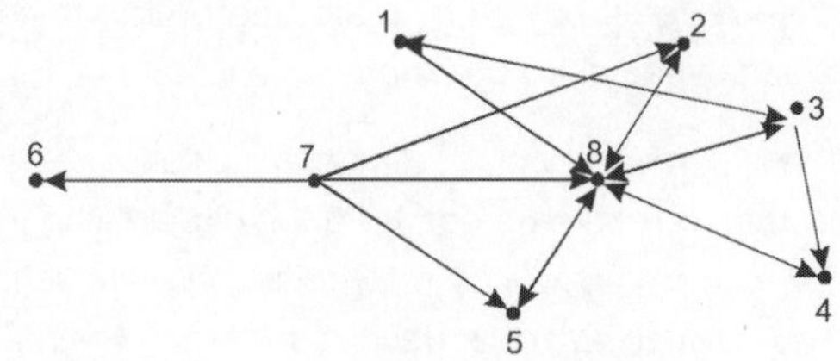

Use a notação e a nomenclatura convenientes para indicar a existência de líder (es), amizades recíprocas, problemas de relacionamento, influências diretas ou indiretas e isolamento.

2.10 Mostre que não existem grafos ($2k$ - 1)-regulares com $2r$ - 1 vértices (k, $r \in$ **N** – {0}).

2.11 Construa um grafo com 10 vértices, com a sequência de graus (1,1,1,3,3,3,4,6,7,9), ou mostre ser impossível construí-lo.

2.12 Mostre que nenhum grafo bipartido **G** = (**V** $\cup$ **W**, **E**) com | **V** | $\neq$ | **W** | é hamiltoniano.

2.13 a) Mostre que um grafo bipartido não tem ciclos ímpares.

b) A recíproca é verdadeira ?

c) Use o item (a) para mostrar que os dois grafos abaixo não são isomorfos:

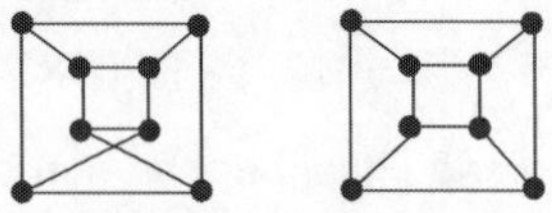

2.14 Observe os grafos na figura abaixo e procure respostas para as perguntas que se seguem. Note que, em cada grafo, um dado percurso foi realçado com linhas mais grossas.

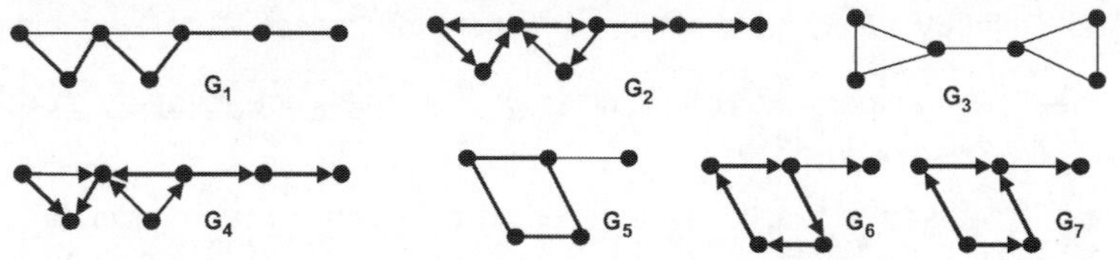

2.15 Abaixo está a lista de adjacência <u>assimétrica</u> de um grafo não orientado **G** (só os pares (i,,j) | j > i).

1	4 5	3	4 6	5	8	7	---
2	3 7 8	4	5 7	6	7 8	8	---

Encontre uma bipartição para **G**, ou mostre que ela não existe.

2.16 Quantos circuitos hamiltonianos possui um grafo completo simétrico ? Quantos restarão após a retirada de um único arco ? E de dois arcos simétricos ? E se retirarmos ω^-(**v**), para um dado **v** $\in$ **V** (transformando assim **v** em uma *fonte* do grafo), quantos *caminhos* hamiltonianos existirão ?

2.17 Estenda o **Teorema 2.4** para hipergrafos.

2.18 Verifique as condições para existência de hipergrafos k-uniformes com n vértices e, em particular, de hipergrafos k-uniformes r-regulares com n vértices. Estabeleça expressões para o número de arestas dos grafos adjuntos de uns e outros.

2.19 Mostre que, em um grafo orientado, se tem

$$\sum_{\mathbf{i}\in \mathbf{V}} d^+(\mathbf{i}) = \sum_{\mathbf{j}\in \mathbf{V}} d^-(\mathbf{j}) = m$$

e que, num grafo não orientado, (2.6.2) é válida.

2.20 Quantas arestas possuem os poliedros regulares:

n = 4, d = 3 (tetraedro)
n = 8, d = 3 (cubo)
n = 8, d = 4 (octaedro) ?
n = 12, d = 5 (dodecaedro)
n = 20, d = 3 (icosaedro)

2.21 Mostre que não existem grafos **G** = (**V**,**E**):

- de 10 vértices e 24 arestas, com $d(\mathbf{v}) \in \{1, 5\}\ \forall \mathbf{v} \in \mathbf{V}$;
- de 9 vértices e 22 arestas, com $d(\mathbf{v}) \in \{3, 4\}\ \forall \mathbf{v} \in \mathbf{V}$.

2.22 Construa um grafo com 10 vértices e graus (9,7,6,4,3,3,3,1,1,1), ou mostre ser impossível construí-lo.

2.23 Construa todos os grafos **G** = (**V**,**E**) com 8 vértices e 9 arestas, nos quais $d(\mathbf{v}) \in \{2, 3\}\ \forall \mathbf{v} \in \mathbf{V}$.

2.24 Mostre, usando (2.17), que um ciclo $\mathbf{C}_n$ é autoadjunto.

2.25 Prove, ou dê um contraexemplo: Se **H** é um grafo parcial de **G**, então L(**H**) é um grafo parcial de L(**G**).

2.26 Determine a cintura e a circunferência dos grafos associados aos poliedros regulares.

2.27 Construa grafos **G** com 8 vértices, nos quais se tenha:

- a circunferência c(**G**) igual à cintura g(**G**);
- a circunferência tal que c(**G**) = g(**G**) + *k*. Qual o valor máximo de *k* ?

2.28 Examine o problema da determinação do número máximo e mínimo de arestas em um grafo **G** conexo, com *n* vértices e cintura g(**G**).

2.29 Apresente dois grafos que não sejam nem simétricos nem antissimétricos.

2.30 Examine a diferença entre os valores dos graus de conjuntos (independentes) de vértices de um grafo e os valores dos $\sigma_k(\mathbf{S})$ conforme a definição dada em 2.10.4.

2.31 Examine a relação entre os conceitos de atingibilidade e de caminho, ao se definirem os fechos transitivos.

2.32 Prove o **Teorema 2.3**.

2.33 Dada a definição de grafo antirregular em **2.10.4**,

a) Quantos graus diferentes terá um grafo antirregular com *n* vértices ?

b) Que peculiaridade tem a sequência de graus de um grafo antirregular ?

c) Construa grafos com 8 e com 9 vértices que atendam a essa definição.

Capítulo 3

Conexidade e conectividade

Tijolo com tijolo num desenho lógico.

Chico Buarque, Construção.

3.1 Discussão preliminar sobre conexidade

A noção de ***conexidade*** está relacionada à possibilidade da passagem de um vértice a outro em um grafo através das ligações existentes. Ela traduz, portanto, o "estado de ligação" de um grafo e adquire aspectos diferentes conforme o grafo seja orientado ou não. A ideia de passagem está ligada à de atingibilidade definida no **Capítulo 2**, a qual pode ser usada com proveito, especialmente em grafos orientados. No caso não orientado, as noções de atingibilidade e de conexidade são correspondentes, a primeira aplicada a pares de vértices e a segunda a grafos como um todo. Ver Harary, Norman e Cartwright, [HNC65] e Behzad, Chartrand e Lesniak-Foster, [BCLF79].

Podemos ilustrar o que acontece, considerando um grafo trivial $\mathbf{G}_0 = (\mathbf{V},\varnothing)$ e adicionando ligações a ele, sucessivamente. O processo pode ser observado nas **Figs. 3.1** e **3.2** abaixo:

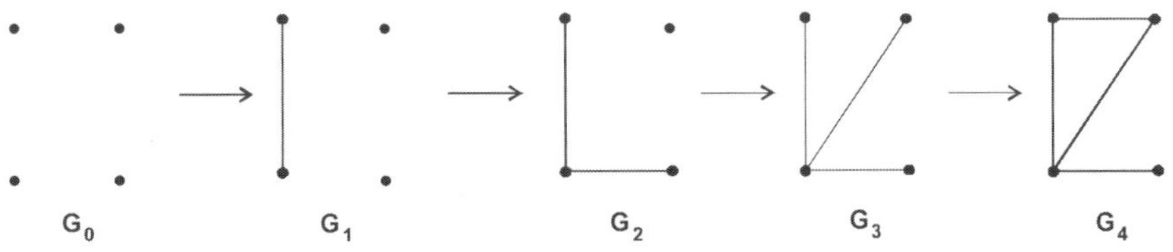

Fig. 3.1: Conexidade em grafos não orientados

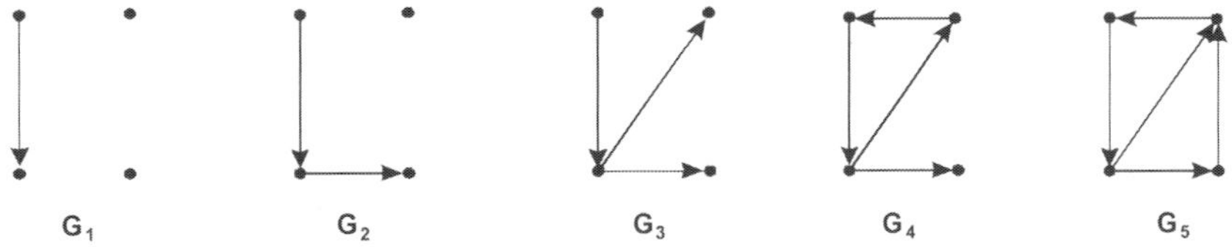

Fig. 3.2: Conexidade em grafos orientados

Na **Fig. 3.1**, os grafos anteriores a $\mathbf{G}_3$ não admitem a passagem de um vértice dado a qualquer outro vértice – ou seja, haverá ao menos um caso em que essa passagem não será possível. Em $\mathbf{G}_3$ e $\mathbf{G}_4$ ela é sempre possível, $\mathbf{G}_3$ sendo minimal em relação a essa propriedade (como se poderá observar, ao se tentar suprimir qualquer aresta).

Na **Fig. 3.2** esta propriedade só existe em $\mathbf{G}_5$, embora desde $\mathbf{G}_3$ os vértices estejam unidos de forma comparável à do $\mathbf{G}_3$ da **Fig. 3.1**. Além disso, pode-se observar que, tanto em $\mathbf{G}_4$ como em $\mathbf{G}_5$, nenhum par de vértices é mutuamente não atingível: ao menos uma das duas direções é viável. Isto já não ocorre em $\mathbf{G}_3$, onde os dois vértices da direita são mutuamente inatingíveis.

Essas diferenças, que apresentam grande importância em grafos orientados, caracterizam os chamados *tipos de conexidade.*

3.2 Tipos de conexidade

Um grafo qualquer (orientado ou não) é *não conexo*, ou *desconexo*, se nele existir ao menos um par de vértices não unidos por uma cadeia (**Fig. 3.3**):

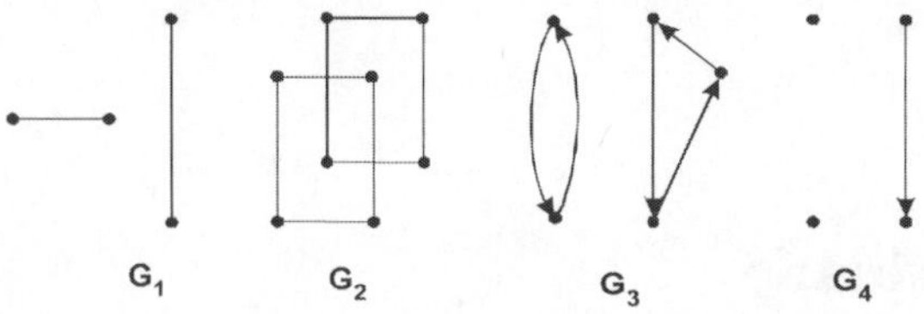

Fig. 3.3: Grafos não conexos

Um grafo que não é desconexo – portanto, um grafo no qual todo par de vértices é unido por ao menos uma cadeia - é dito *conexo*. Trata-se, é claro, de duas alternativas mutuamente exclusivas e as únicas possíveis.

Um grafo não conexo pode sempre ser decomposto em ao menos dois subgrafos conexos, que são as suas *componentes conexas* (Não se trata de dois, ou mais, grafos distintos: a indexação define isso).

No caso orientado, no entanto, a simples observação dos grafos conexos da **Fig. 3.2** (**G_3**, **G_4** e **G_5**) mostra que alguma distinção adicional precisa ser feita, ou seja, que há mais de um tipo de grafo conexo.

Definimos então um grafo *simplesmente conexo*, ou *s-conexo*, como um grafo no qual todo par de vértices é unido por ao menos uma cadeia. A definição é, portanto, a mesma do caso não orientado; o significado preciso disso será discutido adiante. A **Fig. 3.4** mostra alguns exemplos ilustrativos:

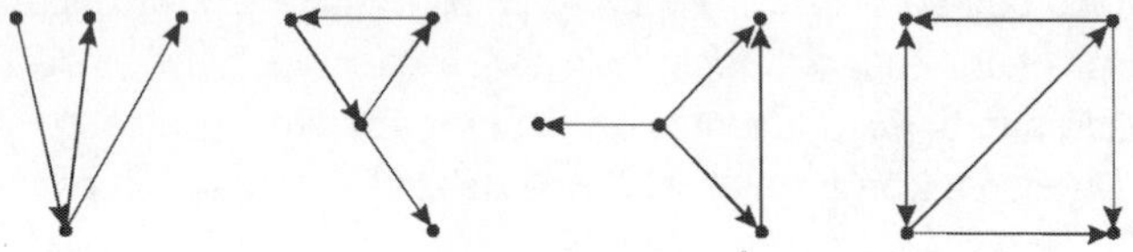

Fig. 3.4: Grafos s-conexos

Dizemos que um grafo é *semifortemente conexo*, ou *sf-conexo*, quando, em todo par de vértices, ao menos um deles é atingível a partir do outro (logo, entre eles existe um caminho em ao menos um dos dois sentidos possíveis). Portanto, em um grafo sf-conexo **G** = (**V**, **N**$^+$) se terá

$$\forall \ \mathbf{v}, \mathbf{w} \in \mathbf{V} : \ \mathbf{v} \in \mathbf{R}^+(\mathbf{w}) \cup \mathbf{R}^-(\mathbf{w}) \qquad (3.1)$$

A **Fig. 3.5** fornece alguns exemplos:

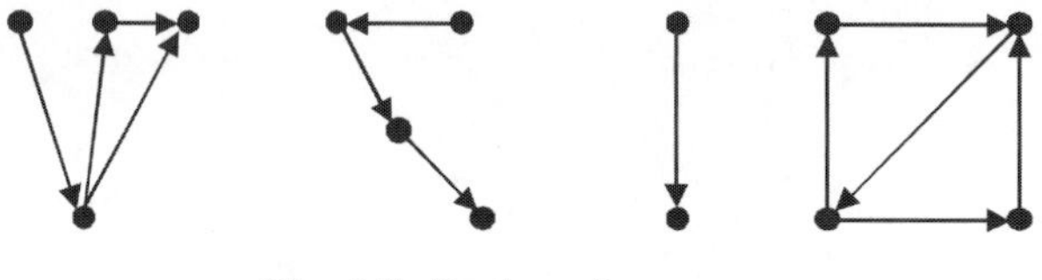

Fig. 3.5: Grafos sf-conexos

Grafo *fortemente conexo,* ou *f-conexo,* é um grafo no qual os vértices de todo par são mutuamente atingíveis; logo, a todo par de vértices está associado um par de caminhos de sentidos opostos.

Podemos dizer, então, que em um grafo f-conexo **G** = (**V**, **N**$^+$) se terá

$$\forall \ \mathbf{v}, \mathbf{w} \in \mathbf{V} : \ \mathbf{v} \in \mathbf{R}^+(\mathbf{w}) \cap \mathbf{R}^-(\mathbf{w}) \qquad (3.2)$$

ou, ainda,

$$\forall \ \mathbf{v} \in \mathbf{V} : \mathbf{R}^+(\mathbf{v}) = \mathbf{R}^-(\mathbf{v}) = \mathbf{V} \qquad (3.3)$$

(ou seja, todo vértice é atingível a partir de um vértice dado e todo vértice atinge todo vértice dado).

A **Fig. 3.6** mostra alguns grafos f-conexos:

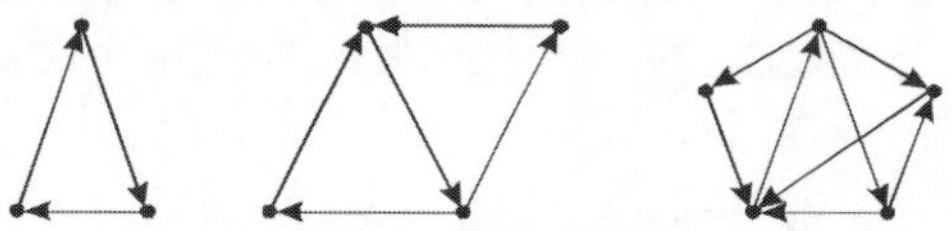

Fig. 3.6: Grafos f-conexos

Pode-se notar, tanto pelas definições quanto por alguns dos exemplos, que todo grafo f-conexo é também sf-conexo e s-conexo e que todo grafo sf-conexo é também s-conexo. Portanto, a classificação por tipos define um recobrimento do conjunto dos grafos orientados. Em alguns casos isto pode trazer dúvidas e por isso se utiliza em alguns tópicos da teoria a classificação em *categorias de conexidade*, C_i (i = 0, 1, 2, 3) as quais constituem uma partição do conjunto.

Diz-se então que um grafo orientado:

- pertence a C_3, se for f-conexo;
- pertence a C_2, se for sf-conexo e não é f-conexo;
- pertence a C_1, se for s-conexo e não é sf-conexo;
- pertence a C_0, se for não conexo.

As propriedades dos grafos pertencentes às categorias C_1 e C_2 serão discutidas adiante em maior detalhe, dado o interesse trazido pela presença, nesse casos, de vértices "privilegiados". Já a discussão de C_3 está envolvida na dos tipos de conexidade, visto que essa categoria equivale ao conjunto dos grafos f-conexos. No momento, queremos apresentar um único resultado, correspondente a um grafo **G** e seu grafo complementar:

Para **G** orientado qualquer e seu complemento $\overline{\mathbf{G}}$, se tem

$$\mathbf{G} \in C_0 \Rightarrow \overline{\mathbf{G}} \in C_3;$$

$$\mathbf{G} \in C_1 \text{ ou } \mathbf{G} \in C_2 \Rightarrow \overline{\mathbf{G}} \notin C_0;$$

$$\mathbf{G} \in C_3 \Rightarrow \overline{\mathbf{G}} \in C_i \; (i \in \{0,1,2,3\})$$

3.3 Componentes f-conexas

Como já foi visto, a f-conexidade implica em:

- atingibilidade recíproca, o que corresponde a uma relação simétrica (se **v** é atingível de **w**, então **w** é atingível de **v**);
- que todo vértice **v** é atingível de si mesmo, o que implica em reflexividade;
- enfim, que se **x** é atingível de **w** e **w** é atingível de **v**, então **x** é atingível de **v**. A atingibilidade é, portanto, transitiva (daí a denominação fecho transitivo).

Sendo simétrica, reflexiva e transitiva, a relação de atingibilidade é uma relação de equivalência sobre o conjunto de vértices de um grafo **G** = (**V**,**E**) orientado qualquer.

Isto implica em que ela define uma partição $\mathbf{S} = \{\mathbf{S}_i \mid \mathbf{S}_i \subset \mathbf{V}, \mathbf{S}_i \cap \mathbf{S}_j = \varnothing, i, j = 1, ..., r, i \neq j\}$ do conjunto **V** de vértices. Os subgrafos $\mathbf{G}_i = (\mathbf{S}_i, \mathbf{V}_i)$ (i = 1,..., r) são as *componentes f-conexas maximais* às quais chamaremos, apenas, *componentes f-conexas*, do grafo **G**. (Reservamos aqui a possibilidade de lidar com um subgrafo f-conexo não maximal por este critério, mas sem chamá-lo de *componente*). Em um grafo f-conexo, a partição conterá apenas um elemento, **S** = { **V** }.

A decomposição em componentes f-conexas pode ser observada na **Fig. 3.7** abaixo; o grafo à direita é o mesmo da esquerda, porém com os vértices dispostos de modo a evidenciar sua pertinência à componente f-conexa correspondente. A partição **S** = { {**a**, **b**,**e**, **f**}, {**c**, **g**, **j**}, {**d**, **h**, **k**, **l**} } é enfatizeda pelas linhas pontilhadas. Podemos ainda observar que se trata de um grafo sf-conexo, as ligações entre componentes indo na direção da primeira para a terceira.

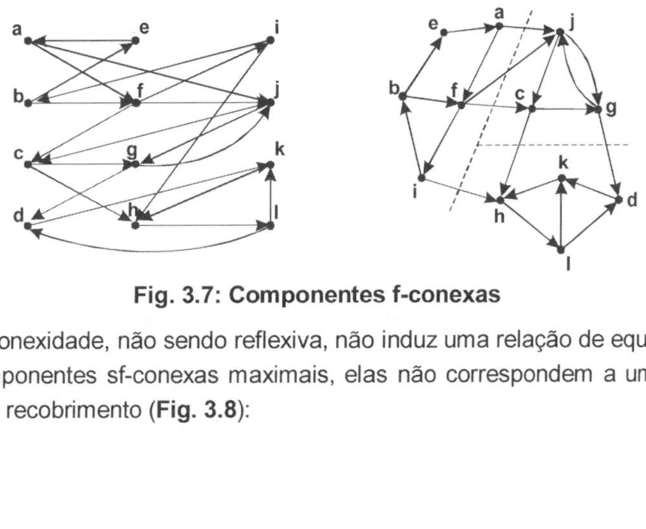

Fig. 3.7: Componentes f-conexas

Convém observar que a sf-conexidade, não sendo reflexiva, não induz uma relação de equivalência. Por isso, embora se possam determinar componentes sf-conexas maximais, elas não correspondem a uma partição do conjunto de vértices e sim, apenas, a um recobrimento (**Fig. 3.8**):

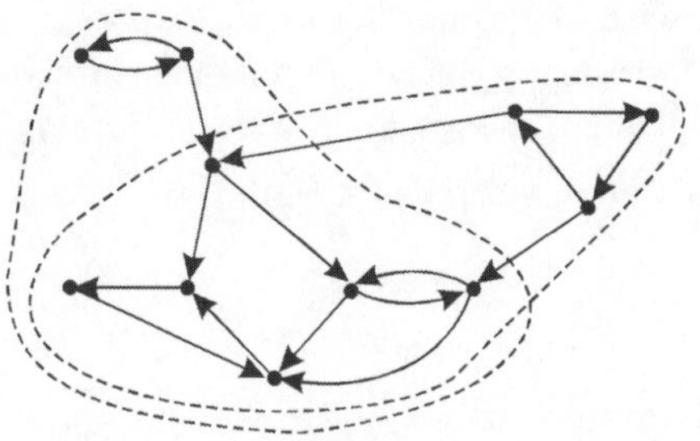

Fig. 3.8: Componentes sf-conexas

✱ 3.4 Dois resultados sobre f-conexidade

3.4.1 Grafo f-conexo vértice-crítico

Um *grafo f-conexo vértice-crítico* é um grafo f-conexo em relação ao qual a remoção de qualquer vértice resulta em um subgrafo não f-conexo. Aharoni e Berger [AB01] mostram que o maior número de arcos em um grafo f-conexo vértice-crítico de *n* vértices é $C_{n,2} - n + 4$.

3.4.2 O problema do menor grafo parcial f-conexo

Este problema NP-árduo (dado que inclui o problema do ciclo hamiltoniano) no caso geral de grafos orientados é estudado, para um caso particular, por Bang-Jensen e Yeo [B-JY01]. Trata-se de achar um grafo parcial do grafo dado que tenha o menor número de arcos e seja f-conexo. O problema do ciclo hamiltoniano é polinomial para grafos semicompletos multipartidos, classe que inclui as duas estudadas no trabalho. Apresentam-se algoritmos polinomiais para as duas classes de grafos estudadas. ✱

3.5 Grafo reduzido

Define-se como *grafo reduzido* de um grafo **G**, um grafo $\mathbf{G}_r$ obtido de **G** (orientado ou não) através de uma sequência de contrações (ver **2.9.1**) de vértices, feitas segundo um critério predefinido. Se o grafo representar cidades e estradas em um território, da maneira como constam de um mapa de escala dada, poderemos ter interesse em reduzir esse grafo para equipará-lo ao mapa do mesmo território, construído em escala mais reduzida (**Fig. 3.9**). O critério de redução, no caso, é o da existência de fronteiras geográficas:

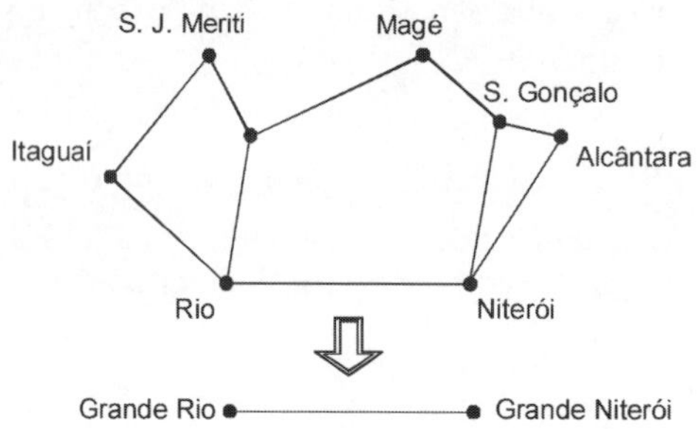

Fig. 3.9: Redução por fronteiras geográficas

Um critério de redução pode, ou não, ser aplicável iterativamente (no exemplo acima, isto é possível e poderá se repetir à medida em que se reduz a escala de um mapa). Em geral, faz-se uma redução para definir conjuntos de vértices caracterizados por uma dada propriedade. Por exemplo, Gillet *et al,* [GWB03] e Barker *et al,* [BGGKM03] utilizam critérios de similaridade para definir grafos reduzidos de modelos grafo-teóricos de fórmulas químicas, procurando identificar compostos bioativos.

No que se refere à f-conexidade, essa propriedade corresponde à pertinência desses vértices a uma única componente f-conexa. Este critério é aplicável uma única vez, como poderemos ver adiante.

Um grafo orientado **G** = (**V**,**E**) dará então origem a um grafo reduzido $\mathbf{G}_r$ = (**S**,**F**), onde **S** é a partição de **G** em componentes f-conexas e $\mathbf{F} = \{ (\mathbf{S}_i, \mathbf{S}_j) \mid \exists\, (\mathbf{v},\mathbf{w}) \in \mathbf{E},\ \mathbf{v} \in \mathbf{S}_i,\ \mathbf{w} \in \mathbf{S}_j \}$ é um conjunto de representantes dos arcos que unem essas componentes. A condição de existência de um arco entre vértices de duas componentes garante essa representação.

Exemplo (**Fig. 3.10**):

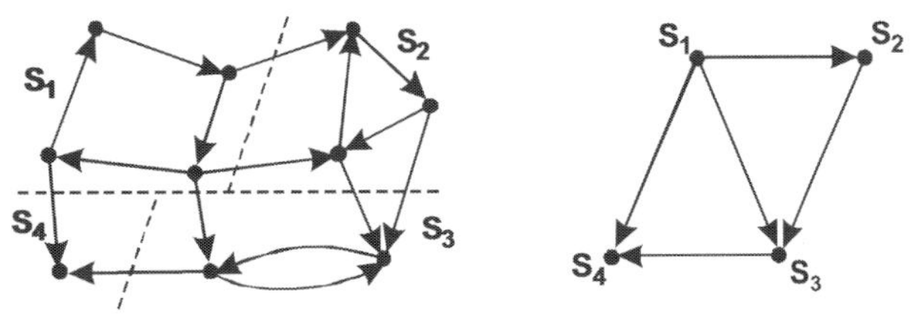

Fig. 3.10: Redução por componentes f-conexas

A partir deste ponto, estaremos considerando a partição em componentes f-conexas como a de maior interesse neste trabalho; em vista disso, ao falarmos em grafo reduzido, sem mencionar o critério de partição, estaremos nos referindo ao *grafo reduzido pela partição em componentes f-conexas.*

Da definição de grafo reduzido se conclui que:

a) a existência de um caminho entre $\mathbf{S_i}$ e $\mathbf{S_j}$ em $\mathbf{G_r}$ implica na existência de ao menos um caminho entre $\mathbf{v} \in \mathbf{S_i}$ e $\mathbf{w} \in \mathbf{S_j}$ em **G**, e vice-versa (ver o **Teorema 3.8** adiante);

b) se existir um $\mathbf{S_i}$ tal que $\mathbf{R^+(S_i) = S}$, então para todo $\mathbf{v} \in \mathbf{S_i}$ teremos $\mathbf{R^+(v) = V}$;

c) se $\mathbf{G_r}$ for isomorfo a **G**, **G** será um grafo sem circuitos, cada componente f-conexa de **G** possuindo apenas um vértice (ver o **Capítulo 5**);

d) se **G** for completo, $\mathbf{G_r}$ também o será;

e) $\mathbf{G_r}$ tem o mesmo tipo de conexidade que **G** (ver o **Teorema 3.8** adiante).

3.6 Teoremas sobre conexidade

Teorema 3.1: *As proposições abaixo são equivalentes para todo grafo* $\mathbf{G = (V,E)}$ *orientado e não trivial:*

a) **G** *é f-conexo;*

b) **G** *possui um circuito pré-hamiltoniano (ver 2.13);*

c) $\mathbf{G_r}$ *possui apenas um vértice.*

Prova:

($a \Rightarrow b$) Pela definição de grafo f-conexo, podemos tomar os vértices de **V** em uma ordem qualquer $\mathbf{v_1, v_2, \ldots, v_n}$ e garantir a existência dos caminhos $\mu(\mathbf{v_1, v_2})$, $\mu(\mathbf{v_2, v_3})$, ... , $\mu(\mathbf{v_{n-1}, v_n})$, $\mu(\mathbf{v_n, v_1})$. A união dos arcos correspondentes a estes caminhos forma um itinerário fechado pré-hamiltoniano (visto que não se pode garantir a não repetição de vértices).

($b \Rightarrow c$) Existindo um itinerário fechado pré-hamiltoniano, todo vértice será atingível de qualquer outro, logo existirá uma única componente f-conexa e, portanto, um único vértice em $\mathbf{G_r}$.

($c \Rightarrow a$) Se $\mathbf{G_r}$ tiver apenas um vértice, a atingibilidade geral será trivialmente verificada, logo **G** terá apenas uma componente f-conexa e, portanto, será f-conexo. ■

Teorema 3.2: *Um grafo* $\mathbf{G = (V,E)}$ *orientado e não trivial é f-conexo se e somente se todo* $\mathbf{W \subset V}$*, próprio e não vazio, admitir um sucessor externo a ele.*

Prova:

($\Rightarrow$) Seja **G** f-conexo. Consideremos, por absurdo, que exista $\mathbf{W \subset V}$ tal que $\mathbf{N^+(W) \subseteq W}$. Então existirá ao menos um vértice $\mathbf{v} \in \mathbf{V - W}$ e ele não será atingível de **W**, o que contradiz a hipótese de **G** ser f-conexo.

($\Leftarrow$) Seja $\mathbf{V - R^-(v)} \neq \varnothing$ para um **v** dado. Então existirá ao menos um $\mathbf{w} \in \mathbf{V - R^-(v)}$. Por definição, **w** não pode ter sucessores em $\mathbf{R^-(v)}$ porque então ele pertenceria a $\mathbf{R^-(v)}$ e não poderia pertencer ao seu complemento. Logo, devemos ter

$$\mathbf{N^+(V - R^-(v)) \subseteq V - R^-(v)}$$

ou seja, $\mathbf{V - R^-(v)}$ só possui sucessores nele próprio, o que contraria a hipótese do teorema.

A única possibilidade que resta, dada a definição de fecho transitivo, é que se tenha

$$\mathbf{V - R^-(v)} = \varnothing,$$

ou seja

$$\mathbf{R}^-(\mathbf{v}) = \mathbf{V},$$

que é uma condição de f-conexidade.

O mesmo raciocínio, aplicado a $\mathbf{R}^+$, completa a demonstração do teorema. ■

Lema 3.3: *Em um grafo orientado sf-conexo* $\mathbf{G} = (\mathbf{V},\mathbf{E})$*, todo* $\mathbf{W} \subset \mathbf{V}$ *contém um vértice* $\mathbf{w} \in \mathbf{W}$ *tal que* $\mathbf{W} \subseteq \mathbf{R}^+(\mathbf{w})$.

Prova: por absurdo. Consideremos falso o lema. Então existirá $\mathbf{X} \subset \mathbf{V}$, minimal, $|\,\mathbf{X}\,| \geq 2$ e com a propriedade oposta $\mathbf{X} - \mathbf{R}^+(\mathbf{x}) \neq \varnothing$ para todo $\mathbf{x} \in \mathbf{X}$.

Sejam $\mathbf{x}_1, \ldots, \mathbf{x}_k$ os vértices de $\mathbf{X}$; como $\mathbf{X}$ é minimal, $\mathbf{W} = \mathbf{X} - \{\mathbf{x}_k\}$ deverá verificar a propriedade do lema em relação a algum $\mathbf{x}_i \in \mathbf{X}$, ou seja, existirá $\mathbf{x}_q \in \mathbf{W}$ tal que $\mathbf{W} \subseteq \mathbf{R}^+(\mathbf{x}_q)$.

Porém devemos ter $\mathbf{x}_k \notin \mathbf{R}^+(\mathbf{x}_q)$; se $\mathbf{x}_k$ fosse atingível de $\mathbf{x}_q$, a propriedade do lema se verificaria com $\mathbf{X}$, ao contrário da hipótese de falsidade. Por outro lado, se $\mathbf{x}_q \in \mathbf{R}^+(\mathbf{x}_k)$, teríamos $\mathbf{R}^+(\mathbf{x}_k) = \mathbf{X}$, o que também contraria a hipótese de falsidade.

Logo, estaríamos querendo provar que $\mathbf{x}_k$ e $\mathbf{x}_q$ seriam mutuamente não atingíveis. Mas isso contradiz a hipótese de que **G** é sf-conexo. ■

Teorema 3.4: *As proposições abaixo são equivalentes para todo grafo* $\mathbf{G} = (\mathbf{V},\mathbf{E})$ *orientado e não trivial:*

a) **G** *é sf-conexo;*

b) **G** *possui um caminho pré-hamiltoniano;*

c) $\mathbf{G}_r$ *possui um caminho hamiltoniano único.*

Prova:

(a $\Rightarrow$ b) Seja $\mathbf{G} = (\mathbf{V},\mathbf{E})$ sf-conexo. Aplicando sucessivamente o **Lema 3.3**, podemos considerar $\mathbf{v}_1 \in \mathbf{V}$ tal que $\mathbf{R}^+(\mathbf{v}_1) = \mathbf{V}$, $\mathbf{v}_2 \in \mathbf{V} - \{\mathbf{v}_1\}$ tal que $\mathbf{R}^+(\mathbf{v}_2) = \mathbf{V} - \{\mathbf{v}_1\}$ e assim por diante até $\mathbf{v}_n$, que seria atingível a partir de $\mathbf{v}_k$ ($k = 1, 2, \ldots, n-1$). A união dos caminhos elementares pelos quais essa atingibilidade se verifica forma um caminho pré-hamiltoniano em **G**.

(b $\Rightarrow$ c) Seja $(\mathbf{v}_1, \mathbf{v}_2, \ldots, \mathbf{v}_n)$ um caminho pré-hamiltoniano em **G**. Então $\mathbf{v}_{i+1}$ é atingível a partir de $\mathbf{v}_i$, para $i = 1, \ldots, n-1$ e, portanto, existe um caminho entre as componentes que contém esses dois vértices; a ele corresponderá, em $\mathbf{G}_r$, um caminho hamiltoniano. Suponhamos agora que existam dois desses caminhos; então haverá ao menos um par de vértices $\mathbf{S}_i$, $\mathbf{S}_j$ em $\mathbf{G}_r$ tal que $\mathbf{S}_i$ precederá $\mathbf{S}_j$ em um dos caminhos e $\mathbf{S}_j$ precederá $\mathbf{S}_i$ no outro, o que implica em que $\mathbf{G}_r$ terá um circuito; mas $\mathbf{G}_r$ é um grafo sem circuitos, em vista da redução pela partição em componentes f-conexas; portanto se chega a uma contradição, o que mostra que o caminho hamiltoniano é único.

(c $\Rightarrow$ a) Seja μ um caminho hamiltoniano em $\mathbf{G}_r$ e sejam $\mathbf{S}_i$ e $\mathbf{S}_j$ dois vértices de **G**. Então μ contém um caminho de $\mathbf{S}_i$ a $\mathbf{S}_j$ ou então um caminho de $\mathbf{S}_j$ a $\mathbf{S}_i$, mas não ambos; então $\mathbf{G}_r$ é sf-conexo e, como a redução preserva o tipo de conexidade (ver o **Teorema 3.8**), **G** também o será. ■

Exemplo (Fig. 3.11):

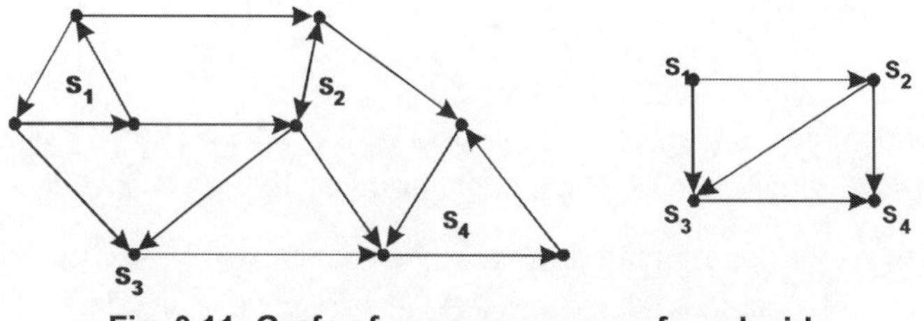

Fig. 3.11: Grafo sf-conexo e seu grafo reduzido

Lema 3.5: *Em um grafo orientado simplesmente conexo* $\mathbf{G} = (\mathbf{V},\mathbf{E})$*, ao menos uma cadeia entre dois vértices* **v** *e* **w** *quaisquer é elementar (ver* ***2.13.1****).*

Prova: Seja um par **v**, **w** de vértices de **G**. Por definição, existirá ao menos uma cadeia μ_{vw} entre **v** e **w** em **G**. Se existir apenas uma, ela será elementar.

Suponhamos por absurdo que ela não o seja; então haverá ao menos um vértice **x** $\in \mu_{vw}$ que será utilizado mais de uma vez. Nessas condições, a supressão do percurso fechado que contém **x** produzirá uma nova cadeia, o que contradiz a hipótese de que a cadeia não elementar era a única existente.

Em qualquer caso o mesmo processo, aplicado enquanto possível, produzirá finalmente uma cadeia elementar.■

Teorema 3.6: *As proposições seguintes são equivalentes para todo grafo* ***G*** *= (****V****,****E****) orientado:*

a) ***G*** *é simplesmente conexo;*

b) ***G*** *possui uma cadeia pré-hamiltoniana;*

*c) Para toda partição (****W****,* ***V*** *–* ***W****) do conjunto de vértices existe ao menos um arco (****v****,****w****) tal que* ***v*** $\in$ ***W*** *e* ***w*** $\in$ ***V*** *–* ***W*** *ou o inverso;*

d) O grafo G_s *= (****V****,*E_s*), obtido por simetrização dos arcos de* ***G****, é f-conexo.*

Prova:

(a $\Rightarrow$ b) Seja **V** = { v_1 , v_2 , ... , v_n }; pelo **Lema 3.5** existem cadeias elementares μ_{12}, μ_{23} , ... , $\mu_{n-1,n}$; a união dessas cadeias forma uma cadeia pré-hamiltoniana (desconsiderando-se a orientação).

(b $\Rightarrow$ c) Consideremos uma partição (**W**, **V** – **W**). Seja **a** $\in$ **W** e **b** $\in$ **V – W**. Como **G** é conexo, existe uma cadeia μ_{ab} unindo **a** e **b**. Essa cadeia conterá, portanto, um arco (**v**,**w**) tal que **v** $\in$ **W** e **w** $\in$ **V** – **W**, ou o inverso. Se μ_{ab} passar mais de uma vez de um elemento da partição para o outro, haverá mais de um arco nessas condições.

(c $\Rightarrow$ d) Seja μ_{1n} uma cadeia pré-hamiltoniana em **G**, que contenha (**v**,**w**), sendo **v** $\in$ **W** e **w** $\in$ **V** – **W**, ou o seu arco simétrico. Ao simetrizarmos **G** para obter G_s, teremos então dois caminhos pré-hamiltonianos, μ_{1n} e μ_{n1}. Mas G_s será conexo e simétrico, porque **G** é s-conexo. Então existirá em **G** uma cadeia μ'_{1n} à qual corresponderão em G_s os caminhos μ'_{n1} e μ'_{1n} os quais, unidos respectivamente aos caminhos pré-hamiltonianos μ_{1n} e μ_{n1} em G_s, formarão circuitos pré-hamiltonianos. Portanto, G_s será f-conexo, de acordo com o **Teorema 3.1**.

(d $\Rightarrow$ a) Sendo G_s obtido por simetrização de **G** e sendo f-conexo, entre dois vértices quaisquer **v** e **w** de **G** haverá dois caminhos de sentidos opostos; mas, para isso, é preciso que haja ao menos uma cadeia entre **v** e **w** em **G**. Logo, se G_s for f-conexo, **G** terá de ser s-conexo. ■

Teorema 3.7: *Sejam* ***G*** *= (****V****,****E****) orientado e* G_r *= (****S****,****W****) o seu grafo reduzido. Sejam* v_1*,* v_2 $\in$ ***V*** *e* S_1*,* S_2 $\in$ ***S****, com* $v_1 \in S_1$ *e* $v_2 \in S_2$*. Então existirá um caminho* π_{12} *em* G_r *se e somente se existir um caminho* μ_{12} *em* ***G***.

Prova:

($\Rightarrow$) Suponhamos que exista μ^1_{12} em **G** com apenas um arco. Então existirá μ^1_{12} em G_r com um arco único em vista da forma de construção de G_r. Suponhamos o teorema válido para todo caminho em **G** com *k* – 1 arcos. Seja um caminho μ^k_{12} = (v_1, v_2, ... , v_{k-1}, v_2) em **G**, com *k* arcos, onde v_i $\in$ **V** (*i* = 1, ... , *k* – 1). Então, por hipótese, existirá em G_r um caminho $\pi_{1,n-1}$ indo de **S** a uma componente que chamaremos de **S**(v_{n-1}). Se v_{n-1} pertence a S_2 (logo, se **S**(v_{n-1}) = S_2), μ^k_{12} será um caminho de S_1 a S_2 em G_r; caso contrário, existirá em G_r um arco indo de **S**(v_{n-1}) a S_2 (correspondente, por construção, ao arco (v_{n-1},v_2) pertencente a μ^k_{12}). Logo, existe um caminho μ^1_{12} em G_r.

($\Leftarrow$) Seja π_{ij} = π (S_i, S_j) um caminho em G_r. Por construção, um arco (S_k,S_l) de π_{ij} corresponderá, em **G**, a um arco (**k**,**l**) com **k** $\in$ S_k e **l** $\in$ S_l. Como S_k e S_l definem componentes f-conexas, existirá sempre um caminho entre qualquer vértice de S_k e qualquer vértice de S_l; desta forma se podem definir caminhos correspondentes a todos os arcos de π_{ij} de tal forma que sua união produza um caminho μ_{ij} em **G** correspondente ao caminho π_{ij} em G_r. ■

Teorema 3.8: *A redução pelas componentes f-conexas preserva o tipo de conexidade.*

Prova:

Se **G** for f-conexo, terá uma única componente f-conexa e G_r terá um único vértice; mas um grafo G_r = ({**v**}, $\varnothing$) é trivialmente f-conexo.

Se **G** for sf-conexo, pelo **Teorema 3.4** G_r possuirá um caminho hamiltoniano η (único). Logo existirá um caminho entre dois vértices quaisquer de G_r em ao menos um sentido (esse caminho será um subcaminho de η) e portanto G_r será sf-conexo.

Se **G** for s-conexo, pelo **Teorema 3.6 G** possuirá uma cadeia pré-hamiltoniana, da qual os arcos entre componentes f-conexas terão correspondentes em G_r; logo G_r terá também uma cadeia pré-hamiltoniana e será, portanto, s-conexo.

Se **G** for não conexo, cada componente conexa de **G** produzirá uma componente conexa de G_r; por hipótese existirão ao menos duas delas em **G** e, portanto, G_r será também não conexo. ■

3.7 Algoritmos para decomposição por conexidade

3.7.1 Embora não seja difícil formular um algoritmo destinado a explorar um grafo no que diz respeito à conexidade, essa exploração pode se revestir de uma complexidade desnecessária (ainda assim baixa); por outro lado, a técnica de <u>busca em profundidade</u> (Szwarcfiter [Sw84]) pode ser usada para formular algoritmos eficientes em relação ao tempo de processamento e à memória requerida, à custa do uso dos recursos mais sofisticados a ela associados. Neste texto examinaremos um algoritmo de formulação simples, que pode ser facilmente utilizado para o trabalho manual, deixando a discussão daquela técnica para obras especializadas.

3.7.2 Um algoritmo simples

Este algoritmo (Kaufmann [Ka68], Roy [Ro69]) se baseia na determinação dos fechos transitivos de vértices, usando a cada iteração um vértice ainda não visitado, em um grafo orientado **G** = (**V**,**E**): para todo $\mathbf{v} \in \mathbf{V}$, $\mathbf{W}(\mathbf{v}) = \mathbf{R}^+(\mathbf{v}) \cap \mathbf{R}^-(\mathbf{v})$ é o conjunto de vértices da componente f-conexa que contém **V**. Para a iteração seguinte se considera um vértice de **V** – **W** e assim por diante. A estrutura de dados usada é frequentemente a matriz ou a lista de adjacência e se utilizam dois vetores $\mathbf{R}^+(\mathbf{v})$ e $\mathbf{R}^-(\mathbf{v})$ para receber os vértices descendentes e ascendentes, respectivamente. Ao final de uma iteração, esses vetores conterão os dois fechos transitivos de **v**. O vértice de partida **s** é habitualmente o primeiro na ordem utilizada.

Algoritmo 3.1: Componentes f-conexas de um grafo orientado

início FCONEX($s_0 \mid s_0 \in V$); < dados **G** = (**V**,**E**) >
    $v \leftarrow s_0$; $R^+(v) = R^-(v) \leftarrow \{v\}$; $W \leftarrow \varnothing$;
        enquanto $N^+[R^+(v)] - R^+(v) \neq \varnothing$ **fazer**
            início
                $W \leftarrow N^+[R^+(v)] - R^+(v)$;
                $R^+(v) \leftarrow R^+(v) \cup W$;
            fim;
        enquanto $N^-[R^-(v)] - R^-(v) \neq \varnothing$ **fazer**
            início
                $W \leftarrow N^-[R^-(v)] - R^-(v)$;
                $R^-(v) \leftarrow R^-(v) \cup W$;
            fim;
    $W \leftarrow R^+(v) \cap R^-(v)$; $V \leftarrow V - W$;
    se $V \neq \varnothing$ **então FCONEX** ($s_i \mid s_i \in V$)
fim.

Exemplo: Sejam o grafo esquematizado na **Fig. 3.12** abaixo e suas listas de adjacência:

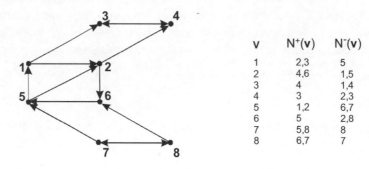

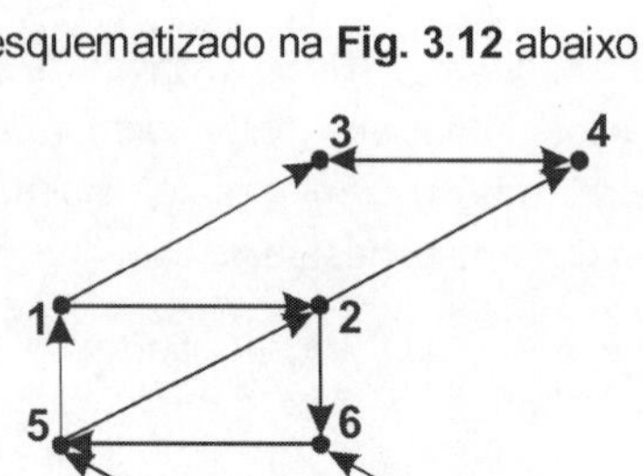

v	$N^+(v)$	$N^-(v)$
1	2,3	5
2	4,6	1,5
3	4	1,4
4	3	2,3
5	1,2	6,7
6	5	2,8
7	5,8	8
8	6,7	7

Fig. 3.12

A execução do algoritmo produzirá, então, o seguinte:

Inicialização:

v $\leftarrow$ **1**; $\mathbf{R}^+(\mathbf{1}) = \mathbf{R}^-(\mathbf{1}) \leftarrow \{\mathbf{1}\}$;

Primeiro procedimento iterativo:

1ª iteração:

calcula $\mathbf{N}^+(\mathbf{1}) - \mathbf{R}^+(\mathbf{1}) = \{\mathbf{2,3}\} \neq \emptyset$
faz $\mathbf{W} = \{\mathbf{2,3}\}$
recalcula $\mathbf{R}^+(\mathbf{1}) \leftarrow \{\mathbf{1}\} \cup \{\mathbf{2,3}\} = \{\mathbf{1,2,3}\}$ e faz a

2ª iteração:

calcula $\mathbf{N}^+(\mathbf{1,2,3}) - \mathbf{R}^+(\mathbf{1}) = \{\mathbf{4,6}\} \neq \emptyset$
faz $\mathbf{W} \leftarrow \{\mathbf{4,6}\}$
recalcula $\mathbf{R}^+(\mathbf{1}) \leftarrow \{\mathbf{1,2,3}\} \cup \{\mathbf{4,6}\} = \{\mathbf{1,2,3,4,6}\}$ e faz a

3ª iteração:

calcula $\mathbf{N}^+(\mathbf{1,2,3,4,6}) - \mathbf{R}^+(\mathbf{1}) = \{\mathbf{5}\} \neq \emptyset$
faz $\mathbf{W} \leftarrow \{\mathbf{5}\}$
recalcula $\mathbf{R}^+(\mathbf{1}) \leftarrow \{\mathbf{1,2,3,4,6}\} \cup \{\mathbf{5}\} = \{\mathbf{1,2,3,4,5,6}\}$ e faz a

4ª iteração:

calcula $\mathbf{N}^+(\mathbf{1,2,3,4,5,6}\} - \mathbf{R}^+(\mathbf{1}) = \emptyset$ (última).

Segundo procedimento iterativo: análogo ao primeiro, termina com $\mathbf{R}^-(\mathbf{1}) = \{\mathbf{1,2,5,6,7,8}\}$.

Etapa de interseção: $\mathbf{W} \leftarrow \mathbf{R}^+(\mathbf{1}) \cap \mathbf{R}^-(\mathbf{1}) = \{\mathbf{1,2,5,6}\}$, obtendo-se a primeira componente f-conexa.

Próximo conjunto de vértices: $\mathbf{V} \leftarrow \mathbf{V} - \mathbf{W} = \{\mathbf{3,4,7,8}\}$.

O algoritmo é chamado recursivamente mais duas vezes, produzindo as componentes f-conexas dadas por $\mathbf{W} = \{\mathbf{3,4}\}$ e $\mathbf{W} = \{\mathbf{7,8}\}$ e se encerra com $\mathbf{V} = \emptyset$.

Este algoritmo pode ser utilizado para determinar as componentes f-conexas de um grafo orientado, ou as componentes conexas de um grafo qualquer. Para esta última finalidade basta que o grafo seja simetrizado, sendo suficiente, então, a determinação de apenas um dos fechos transitivos (logo, teremos $\mathbf{W} \leftarrow \mathbf{R}^+(\mathbf{v})$ ao final de uma iteração).

3.7.3 O **algoritmo 3.1** tem complexidade $O(n^2)$ no pior caso (embora uma implementação eficaz possa reduzi-la bastante, na maioria dos casos). Os algoritmos de busca em profundidade conseguem performances mais significativas. O mais antigo deles, formulado por **Trémaux** e reescrito por **Tarjan**, é apresentado no **Capítulo 4**, como um algoritmo de busca de caminhos – mas pode, também, ser usado para determinação das componentes conexas em um grafo não orientado.

Hopcroft e **Tarjan** (Even [Ev79], Gondran e Minoux [GM79]) utilizam uma versão do algoritmo na qual os vértices são numerados na ordem em que são encontrados. Esta versão corresponde ao formato típico da busca em profundidade (Szwarcfiter [Sw84]). Nesta última referência se encontra ainda uma versão recursiva do algoritmo.

3.8 Vértices peculiares em grafos não fortemente conexos

3.8.1 Base, antibase, raiz, antirraiz

A decomposição de um grafo orientado em componentes f-conexas indica a presença de sub-estruturas peculiares nos grafos de categorias C_1 e C_2. As ideias que surgem, relacionadas com vértices e conjuntos de vértices "privilegiados", necessitam certa organização para que se possa obter delas o devido proveito, tanto no que se refere às questões teóricas quanto à interpretação, feita através dos modelos, das peculiaridades das situações práticas examinadas. Com esse objetivo, discutimos aqui as noções duais direcionais de base e antibase, raiz e antirraiz e conjunto fundamental e antifundamental.

3.8.2 Uma *base*, em um grafo orientado **G** = (**V**,**E**), é um subconjunto **B** ⊂ **V** de vértices mutuamente não atingíveis, todo **w** ∈ **V** sendo atingível a partir de algum **v** ∈ **B** (isto é, $R^+(B) = V$).

Deve-se notar que **B**, nessas condições, é minimal em relação à inclusão: de fato, supondo que exista **B'** ⊂ **B** que seja uma base, verificaremos que nenhum **z** ∈ **B** – **B'** será atingível de **B'** (visto que teríamos **z** ∈ **B**) e a suposição, portanto, será infundada.

Uma *antibase*, em um grafo orientado **G** = (**V**,**E**), é um subconjunto **A** ⊂ **V** de vértices mutuamente não atingíveis, todo **v** ∈ **A** sendo sempre atingível de algum **w** ∈ **V** (isto é, $R^-(A) = V$).

Exemplo (Fig. 3.13):

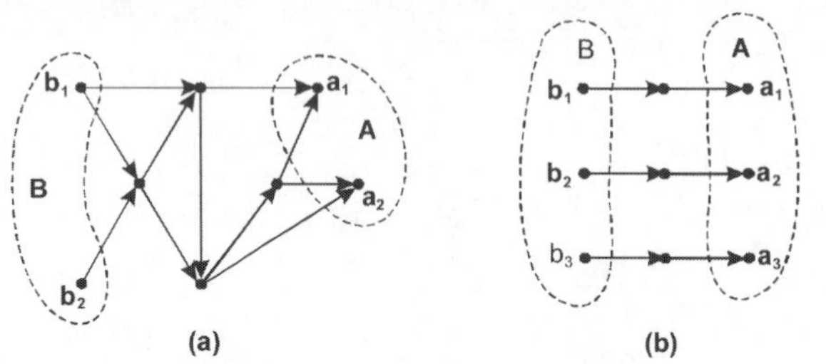

(a) (b)

Fig. 3.13: Bases e antibases

Teorema 3.9: *Sejam* **G** *= (***V***,***E***) um grafo orientado e* **H** *= (***S***,***W***) seu grafo reduzido, e seja B(***G***) o conjunto das bases de* **G***; então as seguintes afirmações são verdadeiras:*

a) todo grafo possui uma base, ou seja, $|B(G)| \geq 1$ *para qualquer* **G***;*

b) o conjunto das bases de um grafo é o produto cartesiano dos conjuntos de vértices das suas componentes f-conexas sem antecessores em G_r*. Se* $S' \subset S$ *é tal que* $N_H^-(S_k) = \varnothing$ (k = 1, ..., r) *para todo* $S_k \in S'$ *então, com* $S_k = (V_k, E_k)$ *teremos*

$$B(G) = \prod_{k=1}^{r} V^k .$$

Prova: Uma componente f-conexa de **G** não pode possuir dois vértices de uma mesma base **B** ∈ **B** (**G**), porque eles seriam mutuamente atingíveis, o que não é admissível por definição; logo, existe no máximo um vértice de uma dada base em uma componente f-conexa dada.

Se uma componente é antecessora de outra no grafo reduzido, basta que a primeira seja atingível de um vértice da base, visto que todos os vértices das duas componentes serão atingíveis a partir dele. Logo, uma componente f-conexa de **G** só poderá possuir um vértice de uma dada base se ela não tiver antecessores no grafo reduzido de **G**.

Sendo assim, poderemos nos limitar ao conjunto das componentes f-conexas sem antecessores no grafo reduzido; em vista da equivalência entre os vértices de uma componente, poderemos escolher um vértice qualquer da primeira, outro da segunda etc., até a última componente, obtendo-se assim uma r-upla orientada ($b_1, b_2, \ldots, b_r$) que é, exatamente, um elemento do produto cartesiano dos conjuntos de vértices correspondentes.

Enfim, todo grafo possui ao menos uma componente f-conexa; se existir apenas uma, ela fornecerá um vértice de uma base, **B** = {**v**}; logo, todo grafo possui ao menos uma base. ■

Obs.: Uma base pode, portanto, ser identificada como um elemento do produto cartesiano dos conjuntos de vértices que correspondem às componentes f-conexas <u>sem antecessores</u> no grafo reduzido. Uma implicação desse fato está em que todas as bases de um grafo possuem a mesma cardinalidade. Por dualidade direcional, todas as antibases de um grafo possuem a mesma cardinalidade.

Exemplo (Fig. 3.14):

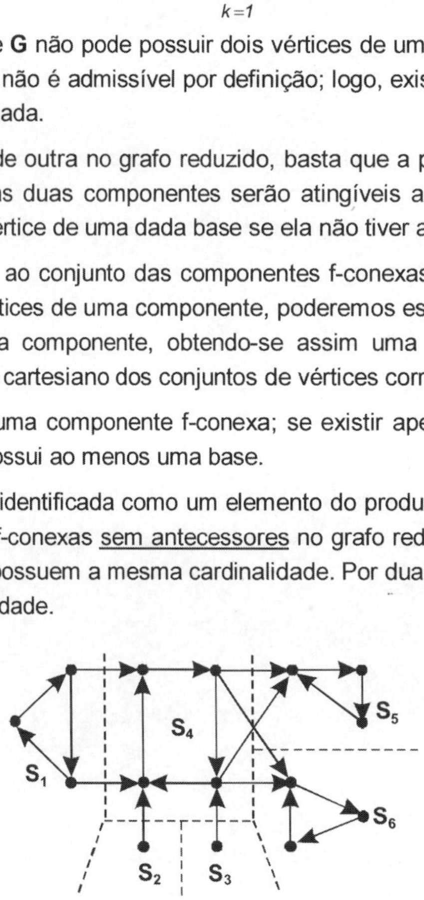

Fig. 3.14: Contagem de bases e antibases

O grafo representado na **Fig. 3.14** possui 3 bases de 3 elementos e 9 antibases de 2 elementos. (Verifique)

Sendo a f-conexidade uma propriedade desejável em muitos contextos aplicados, é interessante que se disponha de informação sobre as exigências de um grafo, em termos de adição de arcos, para que o resultado seja um grafo f-conexo. O teorema abaixo esclarece essa questão.

Teorema 3.10: *O número mínimo de arcos de um conjunto **F** a ser adicionado a um grafo orientado **G** = (**V**,**E**) não f-conexo para que o novo grafo **G'** = (**V**,**E** $\cup$ **F**) seja f-conexo, é igual a*

$$|F| = max(|\mathbf{A}|, |\mathbf{B}|)$$

onde $\mathbf{A}$ *e* $\mathbf{B}$ *são, respectivamente, uma antibase e uma base quaisquer de **G**.*

Prova: Sendo **G** = (**V**,**E**) não f-conexo, uma base $\mathbf{B}$ (uma antibase $\mathbf{A}$) de **G** será formada por um vértice de cada componente f-conexa sem antecessores (sem sucessores) de **G**. Para obter a partir de **G** um grafo **G'** f-conexo começaremos, portanto, por unir pares de vértices **a** $\in \mathbf{A}$ e **b** $\in \mathbf{B}$ por arcos da forma (**a**,**b**). Se as cardinalidades de $\mathbf{A}$ e de $\mathbf{B}$ forem iguais, o grafo obtido será f-conexo, visto que os vértices de $\mathbf{B}$ passarão a ser atingíveis de $\mathbf{A}$ e, mesmo que **G** não seja conexo, será sempre possível permutar os vértices $\mathbf{b}_j$ da base em relação aos vértices $\mathbf{a}_i$ da antibase de modo a que se obtenha uma permutação com um único ciclo (ver a **Fig. 3.15** abaixo). Se as cardinalidades de $\mathbf{A}$ e de $\mathbf{B}$ forem diferentes, bastará introduzir novos arcos da forma (**a**,**b**) em número correspondente aos vértices que ainda possuam, ou $d^-(\mathbf{b}) = 0$ ou $d^+(\mathbf{a}) = 0$. O número total de arcos será, portanto, igual ao máximo entre as duas cardinalidades. ■

Exemplo (**Fig. 3.15**):

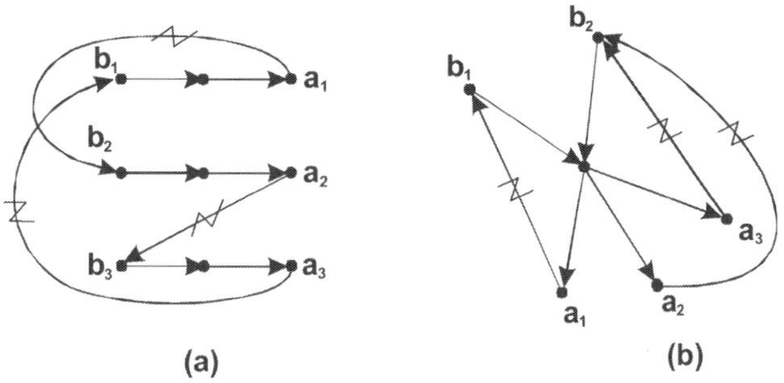

Fig. 3.15: Obtenção de um grafo f-conexo

3.8.3 Uma *raiz* (*antirraiz*) de um grafo é uma base (antibase) que possui um único vértice.

Teorema 3.11: *Um grafo **G** = (**V**,**E**) orientado possui uma raiz se e somente se seu grafo reduzido* $\mathbf{G}_r$ *possuir uma raiz única.*

Prova:

($\Rightarrow$) Se **G** possuir uma raiz então, pelo **Teorema 3.8, G** possuirá uma única componente f-conexa sem antecessores; logo, $\mathbf{G}_r$ possuirá uma única raiz, que será o vértice correspondente a essa componente.

($\Leftarrow$) Se $\mathbf{G}_r$ possuir uma raiz única, ela corresponderá a uma componente f-conexa sem antecessores, que será única em vista do **Teorema 3.8**; cada vértice dessa componente será uma base (logo, uma raiz) de **G**. ■

Das definições de raiz e de antirraiz conclui-se que, em um grafo f-conexo, todo vértice é ao mesmo tempo uma raiz e uma antirraiz.

3.8.4 Conjuntos fundamental e antifundamental

Um *conjunto fundamental* é o fecho transitivo direto de um vértice de uma base. Um vértice que define um conjunto fundamental **W** é uma raiz do subgrafo induzido pelos vértices desse conjunto (por abuso de linguagem, diremos que ele será uma *raiz* de **W**). Tal vértice pode não ser único, como se pode observar na **Fig. 3.16** abaixo, onde se ilustra ainda a noção dual direcional (*conjunto antifundamental*) que corresponde ao fecho transitivo inverso de um vértice de uma antibase, que será a sua *antirraiz.*

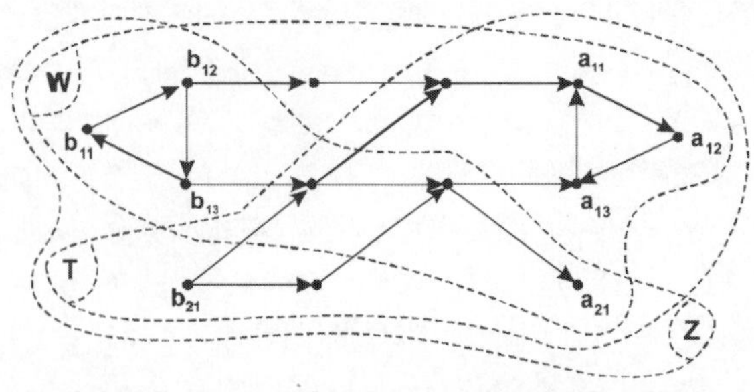

Fig. 3.16: Conjuntos fundamental e antifundamental

Na **Fig. 3.16** podemos observar que:

W é um conjunto fundamental de raízes $\mathbf{b}_{11}$, $\mathbf{b}_{12}$ e $\mathbf{b}_{13}$;

Z é um conjunto antifundamental de antirraiz $\mathbf{a}_{21}$;

T é um conjunto fundamental de raiz $\mathbf{b}_{21}$;

V – {$\mathbf{a}_{21}$} é um conjunto antifundamental de anti-raízes $\mathbf{a}_{11}$, $\mathbf{a}_{12}$ e $\mathbf{a}_{13}$.

Da definição se conclui que:

– *se* $r \in V$ *é uma raiz de um grafo orientado* $G = (V,E)$, *então* $V = R^+(r)$ *é um conjunto fundamental único;*

– *todas as raízes de um mesmo conjunto fundamental pertencem à mesma componente f-conexa;*

– *os conjuntos fundamentais de um grafo **G** não f-conexo determinam em **G** um recobrimento do conjunto de vértices por subgrafos que são componentes s- ou sf-conexas;*

– *um conjunto fundamental é maximal em relação à descendência* (ou seja, se **W** é fundamental, não existe $\mathbf{Z} \supset \mathbf{W}$ com $\mathbf{z} \in \mathbf{Z} - \mathbf{W}$ tal que $\mathbf{R}^+(\mathbf{z}) = \mathbf{Z}$).

3.9 Discussão sucinta sobre aplicações

3.9.1 Os diferentes tipos de conexidade caracterizam propriedades muito importantes das estruturas de grafo; em particular, o estudo das componentes f-conexas e da obtenção da conexidade forte em grafos orientados está relacionado à necessidade de que as estruturas sejam f-conexas em grande número de aplicações, especialmente em transportes e em comunicações. É normal, portanto, que a análise de uma estrutura orientada se inicie pela verificação do tipo de conexidade.

3.9.2 Por outro lado, se um grafo não for f-conexo, ele possuirá vértices "privilegiados" cujo conhecimento será importante para a compreensão do funcionamento da estrutura: em estruturas hierarquizadas, por exemplo, a noção de conjunto fundamental permite o esclarecimento de questões relacionadas com a influência de hierarquias formais e informais e pode ser usada para dirimir eventuais conflitos, por exemplo em áreas de conexão entre setores sujeitos a chefes diversos.

3.10 Conectividade e conjuntos de articulação

3.10.1 Discussão inicial

A discussão sobre conexidade em grafos não orientados nos coloca diante de duas possibilidades mutuamente exclusivas – ou um grafo é conexo, ou é não conexo – faltando, ao se tratar dos primeiros, alguma forma de quantificação que nos permita avaliar até que ponto um grafo é "mais conexo" que outro. Esta quantificação tem importância, tanto para a teoria como nas aplicações, dada a ampla gama de propriedades que pode ser colocada em relevo por uma discussão mais aprofundada. Esta avaliação pode ser feita através das exigências apresentadas por um dado grafo em termos da remoção de vértices (arestas) até o ponto em que o subgrafo (grafo parcial) obtido passe a ser não conexo. Referências importantes são Tutte [Tu66], Harary [Ha72], Berge [Be73], Behzad, Chartrand e Lesniak-Foster [BCLF79], Lopes [Lo80] e Hellwig e Volkmann [HV08].

3.10.2 Definições

A *conectividade* (ou *conectividade de vértices*) $\kappa(\mathbf{G})$ de um grafo $\mathbf{G} = (\mathbf{V},\mathbf{E})$ é o menor número de vértices cuja remoção desconecta **G** ou o reduz a um único vértice. Este último caso é o dos grafos completos, uma vez que todo subgrafo induzido de um deles é completo: teremos, ao final, $\kappa(\mathbf{K}_n) = n - 1$.

Se, ao contrário, **G** não for completo, haverá dois vértices **v** e **w** $\in$ **V** não adjacentes e se poderá obter um grafo não conexo pela remoção, no máximo, dos demais $n - 2$ vértices; logo,

$$\kappa(\mathbf{G}) \leq n-2 \qquad \forall\, \mathbf{G} \neq \mathbf{K}_n \qquad (3.4)$$

Diz-se que um grafo é *h-conexo*, se $\kappa(\mathbf{G}) \geq h$, $h \geq 1$. Logo, se $t \geq r$, um grafo *t*-conexo é também *r*-conexo. O limite inferior existe porque, embora se possa dizer que um grafo não conexo seria 0-conexo, essa notação não faria sentido em relação aos grafos conexos.

Um *subconjunto de articulação* (ou SCA) em um grafo **G** = (**V**,**E**) não orientado é um conjunto **S** de vértices cuja remoção de **G** resulta em um subgrafo não conexo, **G'** = (**W** $\cup$ **X**,**E'**). Diz-se que **S** *separa* **W** de **X** ou que, em particular, separa todo **v** $\in$ **W** de todo **w** $\in$ **X** (**Fig. 3.17**):

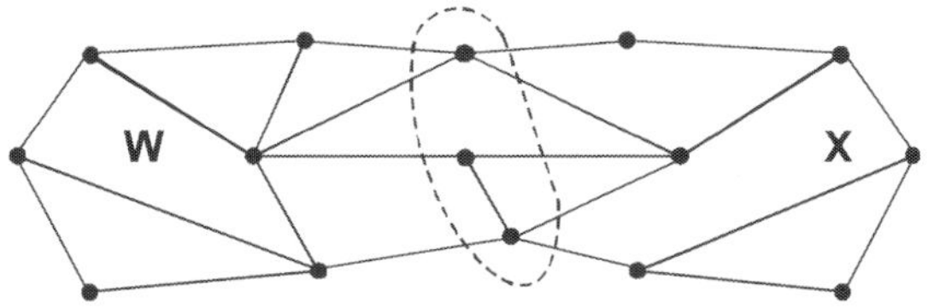

Fig. 3.17: Subconjunto de articulação

O interesse está, naturalmente, nos SCA minimais, que designaremos por SCAM. Das definições de conectividade e de SCAM se conclui imediatamente que

$$\kappa(\mathbf{G}) = \min_{\mathbf{S} \in \mathbf{S}} |\, \mathbf{S} \,|, \qquad (3.5)$$

onde ***SC*** é o conjunto dos SCAM de **G**.

O *problema dos vértices críticos* (em inglês, *critical node problem, k-CNP*) corresponde à busca de um conjunto de *k* vértices em um grafo, cuja supressão resulta na fragmentação máxima – ou seja, que produza um grafo com o maior número possível de componentes conexas. Ele tem grande importância no estudo das redes sociais, inclusive no que se refere ao controle de epidemias e ao estabelecimento de campanhas de vacinação. O controle da difusão de vírus informáticos e de redes criminosas tais como terrorismo e tráfico de drogas também se beneficia desse recurso.

Arulselvan *et al* [ACEP08] apresenta uma discussão do problema, acompanhada de um modelo de programação inteira, de uma heurística e de exemplos.

Uma noção importante associada à 2-conectividade é a de bloco. Um *bloco* em um grafo **G** é um subgrafo 2-conexo maximal. A noção de bloco aparece em vários capítulos da teoria dos grafos, especialmente no que se refere a grafos planares (ver o **Capítulo 10**).

A *conectividade de arestas* $\kappa'(\mathbf{G})$ de um grafo **G** = (**V**,**E**) é o menor número de arestas cuja remoção resulta em um grafo parcial não conexo. Um grafo **G** é *h-aresta conexo* se $\kappa'(\mathbf{G}) \geq h$.

Um *corte* em um grafo não orientado **G** = (**V**,**E**) é um conjunto de arestas cuja remoção resulta em um grafo não conexo **G''** = (**W'** $\cup$ **X'**, **E''**). Diz-se também que ele *separa* **W'** de **X'** ou, por extensão, todo **v** $\in$ **W'** de todo **w** $\in$ **X'**. Se um corte contiver uma única aresta, ele será denominado *ponte* e, se a aresta estiver ligada de um lado a um vértice pendente, *istmo*.

A discussão sobre cortes em grafos orientados, cuja definição não se prende à conectividade de arestas, pertence ao campo da teoria dos fluxos e será apresentada no **Capítulo 7**.

3.10.3 Resultados

a) Teorema 3.12: *Para todo grafo conexo não orientado* **G** *se tem, com* $\delta(\mathbf{G}) = d_{min}(\mathbf{G})$,

$$\kappa(\mathbf{G}) \leq \kappa'(\mathbf{G}) \leq \delta(\mathbf{G}) \qquad (3.6)$$

Prova: A remoção de arestas de um vértice de **G** com grau mínimo produz um grafo não conexo, o que prova a segunda desigualdade. Para provar a primeira, observamos de início que ela se verifica trivialmente para o valor zero; quando $\kappa'(\mathbf{G}) = 1$, o grafo contém uma ponte, que pode ser quebrada pela remoção de um de seus vértices, logo neste caso a igualdade também se verifica.

Para $\kappa'(\mathbf{G}) \geq 2$, podemos observar que a remoção de $\kappa'(\mathbf{G}) - 1$ arestas produzirá um grafo com uma ponte (**v**,**w**). Removemos então, de cada uma dessas arestas, um vértice diferente de **v** e de **w**. Se isso puder ser feito de modo que o grafo resultante seja não conexo, então $\kappa'(\mathbf{G}) > \kappa(\mathbf{G})$; caso contrário se cairá no caso anterior e o total de arestas removido será $\kappa'(\mathbf{G}) = \kappa(\mathbf{G})$. ■

A **Fig. 3.18** esclarece os dois casos.

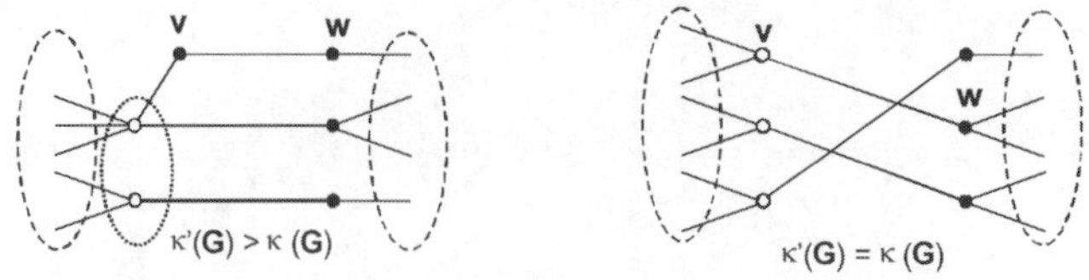

Fig. 3.18: Casos do Teorema 3.12

Um grafo que verificar as duas igualdades em (3.6) é dito ser *maximalmente conexo* e um grafo que verificar apenas a segunda igualdade é dito ser *maximalmente aresta-conexo.*

A conectividade não é um parâmetro de fácil determinação. Mesmo uma estimativa pode ser difícil se o grau mínimo for elevado. Há, portanto, interesse na obtenção de resultados aproximados, alguns dos quais aparecem a seguir, sem demonstração:

b) a conectividade de um grafo **G** com *n* vértices e *m* arestas, com $m \geq n - 1$, verifica (**Harary**)

$$\kappa(\mathbf{G}) \leq \lfloor 2m / n \rfloor \tag{3.7}$$

Harary [Ha72] definiu uma classe de grafos (grafos de **Harary**) para os quais ambas as conectividades são iguais ao limite dado por (3.7). Hakimi [Hk69] apresentou um algoritmo para a construção desses grafos, com valores dados de *n* e *m*. Ver também o **Capítulo 12**.

c) se $\delta(\mathbf{G}) \geq \lfloor n/2 \rfloor$, então $\kappa'(\mathbf{G}) = \delta(\mathbf{G})$.

d) seja **G** um grafo com ao menos dois vértices e seja *h* um inteiro tal que $1 \leq h \leq n - 1$. Se se verificar

$$d(\mathbf{v}) \geq \lceil (n + h - 2) / 2 \rceil \qquad \forall \mathbf{v} \in \mathbf{V} \tag{3.8}$$

(onde $\lceil x \rceil$ corresponde ao <u>teto</u> de x),

então **G** é *h*-conexo.

Obs.: Este resultado é útil na realização de um teste rápido para possíveis valores da conectividade.

e) em um grafo **G** *h*-conexo, com $h \geq 2$, todo conjunto de *h* vértices faz parte de um ciclo (**Dirac**).

f) pode-se mostrar (**Chartrand** e **Harary**, [HGT04]) que para todo conjunto {a, b, c} de inteiros positivos tais que $a \leq b \leq c$, existe um grafo **G** tal que $\kappa(\mathbf{G}) = a$, $\kappa'(\mathbf{G}) = b$ e $\delta(\mathbf{G}) = c$.

Um conjunto de resultados de grande importância, que aparecem sob diversas formas e em diferentes áreas da teoria, é devido a **Menger** (1926) e **Whitney** (1932). As provas dos teoremas podem ser encontradas em Berge [Be73] e Harary [Ha72]; este último apresenta ainda uma extensa discussão sobre as diferentes provas encontradas na literatura. Também Nash-Williams e Tutte [NwT77] discutem o tema e apresentam esquemas alternativos de prova.

Para melhor enunciar o teorema, convém definir <u>percursos internamente disjuntos</u>. Dois percursos unindo **v** e $\mathbf{w} \in \mathbf{V}$ em um grafo **G** = (**V**,**E**) são *internamente disjuntos* quando os únicos vértices que possuem em comum são **v** e **w**.

g) Teorema 3.13 (**Menger**): *O maior número de percursos internamente disjuntos unindo dois vértices não adjacentes* $\mathbf{v} \in \mathbf{F}$ *e* $\mathbf{w} \in \mathbf{H}$, **F** *e* $\mathbf{H} \subset \mathbf{V}$ *em um grafo* **G** *= (V,E), é igual à cardinalidade do menor SCAM de* **G** *que separa* **F** *de* **H**. ■

Um enunciado de **Whitney** faz apelo explícito à noção de conectividade, ao generalizar o teorema anterior:

h) Teorema 3.14 (**Whitney**): *Um grafo* **G** *= (V,E) é h-conexo se e somente se para todo par* **v**, $\mathbf{w} \in \mathbf{V}$, $\mathbf{v} \neq \mathbf{w}$, *existirem ao menos h percursos* μ_{vw} *internamente disjuntos em* **G**. ■

Em relação à conectividade de arestas, há resultados equivalentes a ambas as formas:

i) **Teorema 3.15:** *Para todo par **v**, **w** ∈ **V** em **G** = (**V**,**E**), o maior número de percursos μ_{vw} disjuntos dois a dois em relação às arestas é igual à cardinalidade do menor corte cuja remoção separa **v** de **w**.* ■

Este enunciado é uma forma não valorada do teorema de **Ford** e **Fulkerson** (ver o **Capítulo 7**).

j) **Teorema 3.16:** *Um grafo **G** = (**V**,**E**) é h-aresta conexo se e somente se todo par **v**, **w** ∈ **V** é unido por ao menos h percursos disjuntos em relação às arestas.* ■

Dois resultados referentes a pontes estão a seguir. As provas podem ser encontradas em [BR00].

k) **Teorema 3.17:** *Uma aresta **e** ∈ **E** é uma ponte em **G** = (**V**,**E**) se e somente se não pertencer a nenhum ciclo de **G**.* ■

l) **Teorema 3.18:** *Uma aresta **e** ∈ **E** é uma ponte em **G** = (**V**,**E**) se e somente se existirem **v** e **w** ∈ **V** tais que **e** pertença a todo caminho $\boldsymbol{\mu}_{vw}$ em **G**.* ■

Um resultado relativo à conectividade de arestas é o seguinte [BR00]:

m) **Teorema 3.19:** *Um grafo **G** não orientado é 3-aresta conexo se e somente se toda aresta de **G** for precisamente a interseção de dois ciclos de **G**.* ■

Um resultado envolvendo a construção de grafos 3-conexos especifica operações já discutidas no **Capítulo 2** e a noção de ***roda***. Uma *roda* $\mathbf{R}_n$ é um grafo tal que $\mathbf{R}_n = \mathbf{C}_{n-1} + \mathbf{K}_1$ (onde a operação é a soma de grafos, ver o **Capítulo 12**)..

n) **Teorema 3.20** (**Tutte**): Todo grafo 3-conexo pode ser obtido de uma roda por um número finito de adições de arestas e de desdobramentos de vértices feitos de modo que os novos vértices tenham grau 3 ou maior. ■

✱Em relação à conectividade de grafos bipartidos orientados e não orientados, Balbuena *et al* [BCFF97a] estudam a relação entre a conectividade de um grafo bipartido **G** e a sua ordem *n*, seus graus mínimo δ e máximo Δ e um novo parâmetro *l* relacionado ao número de caminhos mais curtos em **G**. Quando **G** é bipartido e não orientado, se tem $l = (g - 2)/2$, onde *g* é a cintura. Seja $n(\Delta, l) = 1 + \Delta + \Delta^2 + \ldots + \Delta^l$. Então se mostra que, se $n > (\delta - 1)\{n(\Delta, l) + n(\Delta, \Delta - l - 1) - 2\} + 2$, a conectividade de **G** bipartido orientado é máxima. Da mesma forma, se $n > (\delta - 1)\{ n(\Delta, l) + n(\Delta, \Delta - l - 2)\}$, a conectividade de arcos de **G** é máxima. O trabalho é extremamente rico em resultados. ✱

3.10.4 Aplicações

A ideia de corte mínimo está nas bases da teoria dos fluxos, onde é generalizada e aplicada, inclusive, a grafos orientados (ver o **Capítulo 7**).

A noção de conectividade, além do interesse teórico, é aplicada à determinação da *confiabilidade* de sistemas complexos (a probabilidade de ausência de falha num período dado), a partir das confiabilidades dos seus componentes, em particular ao se lidar com sistemas elétricos e eletrônicos. Ver, por exemplo, Jenssen e Bellmore [JB69], Rai e Aggarwal [RA78]. A influência da conectividade é discutida, ao lado da noção de persistência (ligada à noção de diâmetro – ver o **Capítulo 4**) por Boesch, Harary e Kabell [BHK81]. Ariyoshi [Ar73] estudou o problema da geração sistemática dos cortes de um grafo.

A noção aplicada de ***vulnerabilidade*** é oposta à de conectividade e é discutida (às vezes sem definição) por diversos autores, dos quais destacamos Amin e Hakimi [AH73]. Uma discussão mais aprofundada está em Lopes [Lo80]. Esta noção tem sido objeto da atenção dos pesquisadores em teoria espectral de grafos (ver o **Capítulo 12**).

3.10.5 Algoritmos para determinação de SCAM

Diversas estratégias podem ser utilizadas na determinação dos SCAM de um grafo e, portanto, da sua conectividade. Lopes [Lo80] apresenta diversos algoritmos, dentre os quais o de **Ford e Fulkerson** (que discutiremos no **Capítulo 7**), o de Frisch [Fr67] e o de Steiglitz e Bruno [SB71], baseados em fluxo.

Henzinger, Rao e Gabow [HRG00] discutem algoritmos determinísticos e probabilísticos para a determinação da conectividade em grafos orientados e não orientados.

Apresentaremos aqui, apenas, uma heurística simples, baseada na determinação dos percursos entre dois vértices **s** e **t**, a serem considerados para serem separados por um SCAM ([Lo80]).

Algoritmo SCAM

início SCAM; < dados **G** = (**V**,**E**); **s**; **t** >

1. **S** ← ∅; rot(i) = 0 (i = 1,..., *n*)

2. ***Determinar*** um percurso elementar entre **s** e **t**. Se ele não existir, ir para **4**;

3. ***Somar*** uma unidade aos rótulos (rot) dos vértices do percurso, à exceção de **s** e de **t**. Voltar a **2**.

4. ***Retirar*** um vértice de rótulo máximo e ***guardar*** em **S**.

Se o subgrafo restante for conexo, ***zerar*** os rótulos e voltar a **2**; caso contrário, **fim**.

fim.

Exemplo (**Fig. 3.19**): partimos do final da **Etapa 1**.

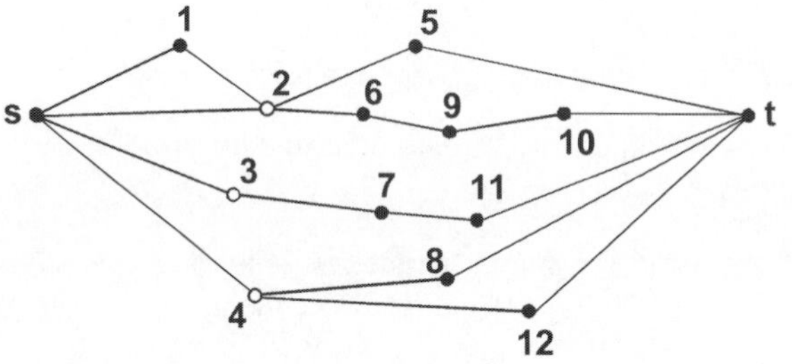

Fig. 3.19

Etapas 2 e 3

μ_{st} **(vértices intermediários)**	**Rótulos**
1,2,5	(1,1,0,0,1,0,0,0,0,0,0,0)
1,2,6,9,10	(2,2,0,0,1,1,0,0,1,1,0,0)
2,5	(2,3,0,0,2,1,0,0,1,1,0,0)
2,6,9,10	(2,4,0,0,2,2,0,0,2,2,0,0)
3,7,11	(2,4,1,0,2,2,1,0,2,2,1,0)
4,8	(2,4,1,1,2,2,1,1,2,2,1,0)
4,12	(2,4,1,2,2,2,1,1,2,2,1,1)

Etapa 4: o vértice **2** é retirado. O grafo continua conexo.

Etapas 2 e 3

μ_{st} **(vértices intermediários)**	**Rótulos**
3,7,11	(0,0,1,0,0,0,1,0,0,0,1,0)
4,8	(0,0,1,1,0,0,1,1,0,0,1,0)
4,12	(0,0,1,2,0,0,1,1,0,0,1,1)

Etapa 4: o vértice **4** é retirado. O grafo continua conexo.

Nas novas etapas **2** e **3** há apenas um percurso, que usa os vértices **3**, **7** e **11**. O vértice **3** será retirado por ser o primeiro em ordem numérica. O grafo vigente não é conexo e o algoritmo se encerra. Foi obtido o SCA {**2**,**3**,**4**}, que se encontra em destaque na figura. A verificação de que se trata de um SCAM, no caso, é simples, dada sua pequena cardinalidade; basta testar seus subconjuntos próprios, verificando que nenhum deles desconecta o grafo ao ser suprimido. Naturalmente, **3** poderia ser substituído por **7** ou **11**, obtendo-se novos SCAM.

Obs. 1: Pode ser utilizado aqui um algoritmo de busca (Szwarcfiter [Sw84]) ou um algoritmo para determinação dos *k*-melhores caminhos (Carvalho [Ca90]) ou, ainda, um algoritmo de caminho mínimo (ver o **Capítulo 4**), atribuindo-se o valor inicial 1 a cada aresta do grafo e somando uma constante adequada (como o valor do primeiro caminho obtido) às arestas de cada novo caminho, de modo a desviar o algoritmo para nova determinação. Ao final da Etapa 1, se ainda houver caminhos a determinar, retorna-se aos valores unitários. A ordem de determinação dos caminhos será, naturalmente, diferente da que foi usada acima (que é a lexicográfica).

Obs. 2: O problema é combinatório; havendo interesse, o algoritmo pode ser modificado para levar em conta os diversos empates. No exemplo acima, ocorre empate entre **3**, **7** e **11** na última passagem, o que permitiria considerar outros SCAM, como dito acima.

Obs. 3: Os SCAM achados pelo algoritmo são de cardinalidade mínima (ele ignora, por exemplo, {**4**,**5**,**6**,**7**} e {**5**,**6**,**7**,**8**,**12**} que também são SCAM). Esta limitação não será de fato restritiva se desejarmos conhecer apenas um SCAM como, por exemplo, ao se determinar a conectividade. O algoritmo é considerado heurístico porque não se pode garantir que uma dada ordem de escolha não forneça um SCA não minimal.

Obs. 4: A determinação de todos os SCAM que separam dois vértices pode ser feita pela técnica de Kaufmann e Malgrange, [Ka68] que utiliza a matriz de adjacência do grafo complementar **G** (ver 2.12), ou pela técnica de Locks [Loc78] que usa variáveis booleanas. Ambas são de complexidade elevada e de manejo computacional difícil.

Obs. 5: Para a determinação da conectividade será necessário envolver todos os pares de vértices não adjacentes, que são em número de $C_{n,2} - m$. É conveniente, portanto, que o algoritmo de busca de percursos a utilizar tenha a mais baixa complexidade possível.

✸3.10.6 Extensões da noção de conectividade

Balbuena *et al* [BCFF97b] definem a ***extraconectividade***, aplicando restrições de cardinalidade mínima aos subconjuntos de vértices das componentes conexas obtidas:

Extraconectividade $\kappa_r(\mathbf{G})$ de um grafo **G** é a menor cardinalidade de um SCA **S** tal que **G** – **S** tenha componentes conexas de cardinalidade maior que r.

A conectividade de vértices anteriormente definida corresponde a $\kappa_0(\mathbf{G})$; alguns autores definem ainda uma *superconectividade*, que corresponde a $\kappa_1(\mathbf{G})$.

3.10.7 Questões referentes ao aumento da conectividade

a. Aumentando a conectividade de arestas

Benczúr [Be99] discute a busca de um conjunto de arestas que aumente a conectividade de arestas de um dado grafo **G**, de um valor dado. Aproveita-se uma propriedade da conectividade de arestas referente à existência de uma sequência que realiza este aumento de maneira ótima e o fato que esta sequência pode ser dividida em $O(n)$ grupos, o que permite o uso de algoritmos paralelos.

Esta propriedade é também discutida por Cheng e Jordán [CJ99] que a estudam visando aplicações mais amplas, inclusive a grafos orientados.

b. Aumento de conectividade em grafos orientados

O problema de se encontrar o menor conjunto de arcos a ser adicionado a um grafo orientado para que o novo grafo seja h-conexo é polinomial (**Frank e Jordán**). O algoritmo dado, no entanto, era baseado no método do elipsoide.

Frank e Jordán [FJ99] apresentam um algoritmo combinatório polinomial para este problema.

c. Tornar um grafo 4-conexo

Györi e Jordán [GJ99] discutem duas versões extremais do problema do aumento da conectividade:

- todo grafo 2-conexo com n vértices pode dar origem a um grafo 4-conexo pela adição de n novas arestas;
- todo grafo 3-conexo e 3-regular com $n \geq 8$ vértices pode dar origem a um grafo 4-conexo pela adição de $n/2$ novas arestas.✸

3.10.8 Questões diversas relacionadas à conectividade

a. Arestas κ-contratíveis

Uma *aresta κ-contratível*, em um grafo **G** κ-conexo, é uma aresta cuja contração (ver o **Capítulo 2**) resulta em um novo grafo também κ-conexo.

Se **G** for não completo, sabe-se que um grau mínimo igual ou superior a $\lfloor 5\kappa/4 \rfloor$ é uma condição suficiente para a existência de tal aresta.

Kriesell [Kr01] prova que, em **G** não completo e κ-conexo, verificando

$$d(\mathbf{v}) + d(\mathbf{w}) \geq 2\lfloor 5\kappa/4 \rfloor - 1, \tag{3.9}$$

existe uma aresta κ-contratível.

b. Casos de igualdade entre conectividade de arestas e raio mínimo

Dankelmann e Volkmann [DV97], [DV00] discutem os casos em que esta igualdade se verifica, com o auxílio de outros parâmetros. Por exemplo, Chartrand (1966) a vincula a $\delta \geq \lfloor n/2 \rfloor$, enquanto Lesniak (1974) exige apenas que $d(\mathbf{v}) + d(\mathbf{w}) \geq n$ para todo par **v**, **w** de vértices não adjacentes. Os dois autores trabalham com a ausência de cliques de ordem dada e com propriedades de sequências de graus.

c. Conectividade, distâncias e número de vértices

Brass [Br95] prova que se em um grafo *r*-conexo **G** existirem *k* vértices cujas distâncias (ver o **Capítulo 4**) duas a duas sejam no mínimo iguais a *k*, então se tem

$$n \geq k\,(\,r\lfloor (d-1)/2 \rfloor + 1) + ((1 + (-1)^d\,)/2)\,r. \qquad (3.10)$$

d. Ciclos, conectividade e a conjetura de Lovász e Woodall

Dirac provou que, se **G** for *k*-conexo, todo conjunto de *k* vértices está contido em um ciclo.

Em relação às arestas, Lovász e Woodall conjeturaram que, em um grafo *k*-conexo **G**, todo conjunto **L** de *k* arestas independentes está contido em um ciclo se e somente se **L** não for um corte ímpar.

Sanders [Sa96] provou, para $k = 5$, que **G** possui um ciclo contendo as arestas de **L**, se e somente se **G** – **L** não for conexo (o que corresponde à conjetura, para o caso $k = 5$).

e. Os valores da circunferência em grafos 2-conexos regulares

Seja **G** um grafo 2-conexo *d*-regular, com $n \leq r\,d$ $(r \geq 3)$ vértices. Wei [We99] mostra que a circunferência $c(\mathbf{G})$ verifica

$$c(\mathbf{G}) \geq 2(n + r - 3)/(r - 1) \qquad (3.11)$$

para todo inteiro $r \geq 3$. Em particular, se $r = 3$, **G** é hamiltoniano (a expressão acima fornece $c(\mathbf{G}) = n$).

✱3.11 Pontos de articulação e anti-articulação

3.11.1 Discussão inicial

Dentro do que discutimos sobre grafos não orientados, um *ponto de articulação (PA)* é um SCAM de cardinalidade 1. A discussão que se segue diz respeito, apenas, a grafos orientados; embora os conceitos de ponto de articulação e ponto de anti-articulação possam ser associados a grafos não orientados, eles correspondem a situações bastante triviais. Apenas grafos 1-conexos não orientados podem possuir pontos de articulação; se forem usadas técnicas de fluxo na determinação da conectividade, elas poderão também localizá-los. Um resultado que tem a ver com essa possibilidade diz que, *se **z** for um PA em um grafo não orientado **G**, ele pertencerá a todo caminho μ_{vw} em **G**, com **v** e **w** $\neq$ **z**.*

Por outro lado, a própria representação esquemática permite localizar tais pontos com grande facilidade, como se pode observar na **Fig. 3.20** abaixo.

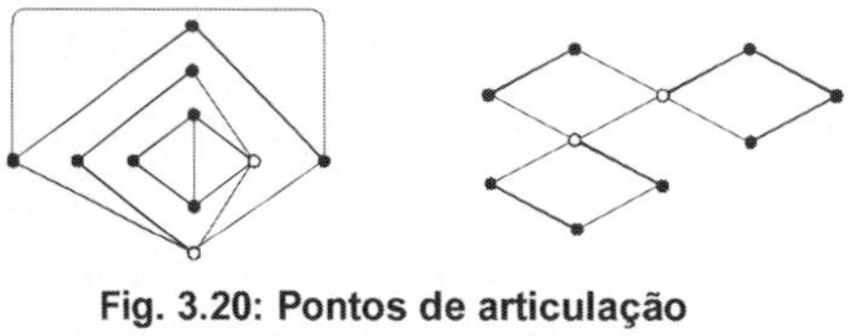

Fig. 3.20: Pontos de articulação

No contexto dos grafos orientados, as definições são vinculadas às categorias de conexidade. Diz-se que um vértice é um *ponto de articulação (PA)* (*anti-articulação,PAA*) (i,j) em um grafo **G** = (**V**,**E**) orientado, se e somente se $\mathbf{G} \in C_i$ e $\mathbf{G}' = (\mathbf{V} - \{\mathbf{v}\}, \mathbf{E}') \in C_j$, sendo $j < i$ $(j > i)$.

Obs.: De início, podemos observar que essas definições são válidas para $i, j \in \{0,3\}$, $i \neq j$, o que pode caracterizar seu uso em grafos não orientados (onde o tipo **conexo** equivale à categoria C_3 dos grafos orientados). A ideia de PA em grafos não orientados foi discutida acima; quanto à de PAA, faz sentido apenas para **G** não conexo com duas componentes conexas, das quais uma formada por apenas um vértice (que seria o PAA). A remoção deste vértice resultaria em um grafo conexo.

Em grafos orientados, podemos ter todos os casos dados por $i,j \in \{0,1,2,3\}$, à exceção de (1,3). Ver a **Fig. 3.21** abaixo, na

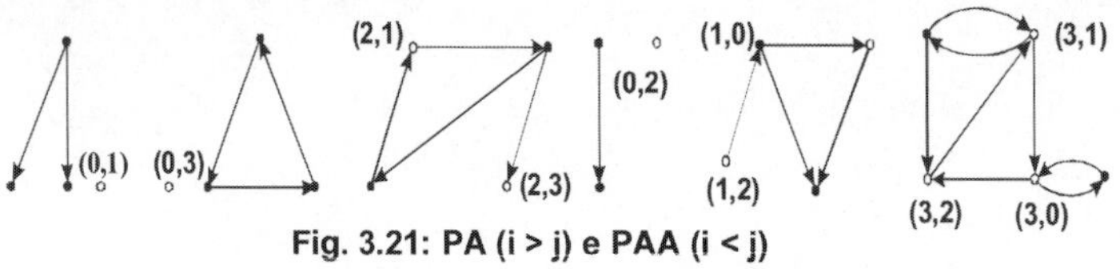

Fig. 3.21: PA (i > j) e PAA (i < j)

Diremos, aqui, que um par de vértices **v**, **w** $\in$ **V** em **G** = (**V**,**E**) orientado é *i-conexo* se sua situação de atingibilidade mútua corresponde à da categoria de conexidade C_i ; então, por exemplo, um par de vértices 2-conexo é ser unido por um caminho (porém não por dois caminhos de sentidos opostos). Esta noção *não deve* ser confundida com a de k-conexidade ligada à de conectividade, que é uma propriedade de grafos não orientados e não de pares de vértices em grafos orientados.

3.11.2 Resultados

Teorema 3.20: *Um vértice* **v** $\in$ **V** *de um grafo* **G** $\in C_i$ *é um PAA se e somente se os únicos pares i-conexos de* **G** *forem os que contêm* **v**.

Prova:

($\Rightarrow$) Se **G** $\in C_i$, nenhum par que não contenha **v** poderá ser *i*-conexo, porque a supressão de **v** não teria efeito sobre a categoria de conexidade e **V**, portanto, não seria PAA; todos os pares que não contiverem **v** deverão ser *j*-conexos, j > *i*.

($\Leftarrow$) Se **v** for um PAA (*i,j*), deverá existir ao menos um **w** $\in$ **V** tal que o par **v**,**w** seja *i*-conexo; a supressão de **v** eliminará, então, as únicas situações de atingibilidade mútua correspondentes a C_i que existam no grafo, o qual passará portanto a C_j – onde *j* é o nível mais baixo dentre as situações de atingibilidade mútua que permanecerem. ■

Corolário 1: *Nenhum PAA de um grafo* **G** *pertence a um circuito de* **G**.

Prova: Todo par de vértices em um circuito é 3-conexo. Pelo **Teorema 3.20**, se um vértice de um circuito fosse um PAA ele teria que ser (3, *j*) e deveriamos ter *j* > 3, o que é impossível por ser 3 o valor máximo. ■

Para o próximo corolário, necessitaremos da seguinte definição:

Uma ***fonte*** (***sumidouro***) em um grafo **G** $\in C_i$, *i* $\in$ {1,2}, é um vértice **s** $\in$ **V** (t $\in$ **V**) tal que d^-(**s**) = 0 e $\mathbf{R}^+$(**s**) = **V** (d^+(**t**) = 0 e $\mathbf{R}^-$(**t**) = **V**).

Obs.: Para algumas aplicações (ver o **Capítulo 7**) se relaxa a restrição de fecho transitivo, o que elimina a unicidade da fonte (sumidouro) no grafo. É importante observar que isso se faz, em alguns casos, ao se trabalhar com fluxos.

Corolário 2: *Todo PAA* **v** *de um grafo* **G** $\in C_2$ *é uma fonte ou um sumidouro.*

Prova: Se **v** não for fonte nem sumidouro, existirá um caminho μ_{wz} passando por **v**, com **w** $\neq$ **v** e **z** $\neq$ **v**. Sendo **v** um PAA, então teremos **G**'= (**V** – {**v**}, **E'**) $\in C_3$ e, pelo **Teorema 3.20**, existirá em **G'** um caminho μ_{vw}. Isto implica na existência de um caminho μ_{vw} em **G**, o que não é possível pelo **Corolário 1**. ■

Corolário 3: *Um grafo* **G** *pode possuir no máximo dois PAA.*

Prova: Sendo **G** $\in C_i$ e **v** sendo um PAA, deve existir **w** $\in$ **V** tal que (**v**,**w**) seja i-conexo; logo, se existir outro PAA este deverá ser **w**, visto que apenas **v** e **w** possuirão, nesse caso, as mesmas condições de atingibilidade mútua. Se existisse um terceiro ponto nessas condições ele não poderia ser um PAA e, neste caso, **v** e **w** também não o seriam. ■

Obs.: A supressão de um PAA pode levar ao aparecimento de outros PAA em outra categoria de conexidade, como mostra a **Fig. 3.22**:

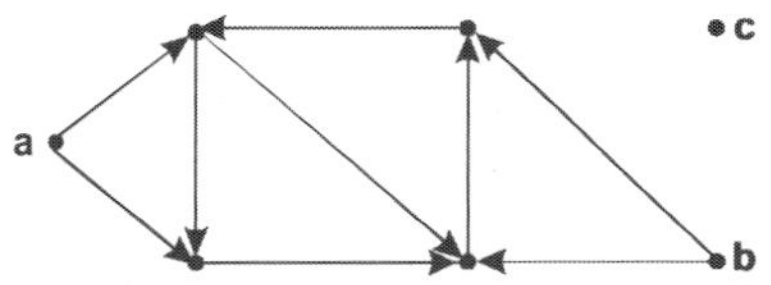

Fig. 3.22: Pontos sucessivos de anti-articulação

Podemos observar que **c** é PAA (0,1); suprimindo-o, aparecerão **a** e **b** como PAA (1,2). A supressão de um deles transforma o outro em um PAA (2,3).

3.11.3 Aplicações dos PA e PAA

Em grafos orientados, as principais aplicações da teoria dos PA e PAA estão nos campos da psicosociologia e da psicologia social e, como consequência, em administração de recursos humanos.

A verificação da existência de um PA pode levar a um melhor direcionamento de esforços, ou de recursos, em relação ao aperfeiçoamento e à promoção de determinadas pessoas; por outro lado, se uma pessoa funciona como PAA em um grupo ela pode ser transferida, receber treinamento que lhe permita obter melhor integração ou, até mesmo, afastada se nenhuma providência surtir efeito. A coleta de dados para construção de um modelo desse gênero é sempre um problema delicado; pode-se construir, por exemplo, um *sociograma*, que é um grafo representativo das relações sociais em um grupo, por um critério determinado (afeição, afinidade no trabalho, no lazer etc.). Ver Frujuelle [Fr90]. ✱

Exercícios – Capítulo 3

3.1 Considere o grafo **G** = (**V**,**E**), construído a partir da relação < **v** tem autoridade sobre **w** >; na situação que foi modelada, as pessoas **w** e **x** têm autoridade, respectivamente, sobre os subconjuntos **W** $\subset$ **V** e **X** $\subset$ **V**. Estude as diferentes situações que podem ocorrer, levando em conta a categoria de conexidade, as dimensões de **W** e de **X** e de sua interseção e outros fatores que julgar relevantes.

3.2 Prove, ou dê um contraexemplo: Se **G** = (**V**,**E**) possuir um só vértice **v** tal que $d^-(\mathbf{v}) = 0$, então **G** $\in C_1$.

3.3 Mostre que todo grafo **G** $\in C_2$ pode ser transformado em um grafo f-conexo pela adição de um único arco.

3.4 A qual condição deverá atender um grafo **G** $\in C_1$ para que a adição de um único arco produza um grafo **H** $\in C_2$?

3.5 Considere um grafo **G** no qual apenas uma das componentes f-conexas (com 2 vértices) possua antecessores e sucessores no grafo reduzido. Qual será o maior número possível de conjuntos de caminhos unindo vértices de bases a vértices de antibases em **G** ?

3.6 Observe bem o grafo abaixo e depois proponha uma técnica para determinar o número de caminhos entre a base **B** e a antibase **A**.

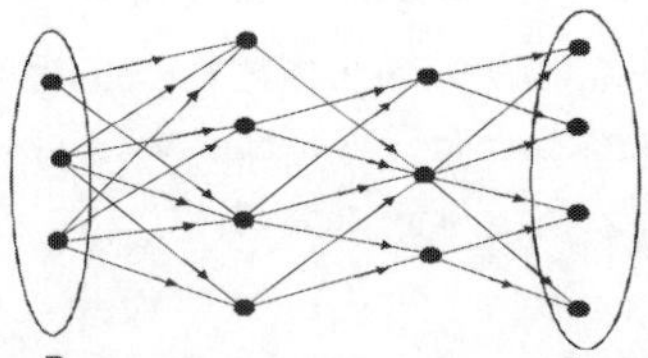

3.7 (**Lovász**)

(a) Mostre que, se for possível fazer com que um grafo caia de C_3 para outra categoria pela remoção de no máximo *k* arcos, então será possível fazê-lo invertendo no máximo *k* arcos.

(b) Mostre que, se um grafo **G** orientado for 2-conexo e for possível transformá-lo em um grafo f-conexo pela contração de no máximo *k* arcos, então será possível fazê-lo pela inversão de no máximo *k* arcos.

3.8 Mostre que um grafo não orientado poderá ser orientado, em sentido único, de modo a produzir um grafo f-conexo, se e somente se for 2-aresta conexo.

3.9 Considere uma rede de comunicações por pombo-correio montada conforme o grafo da **Fig. 3.7**, onde cada vértice é um pombal que possui um só pombo de cada pombal adjacente, ao qual o pombo voltará ao ser solto. Como ficarão a conexidade e a conectividade do grafo vigente, á medida em que os pombos forem sendo utilizados ?

3.10 Mostre que, se um grafo **G** não orientado for 1-aresta conexo, seu grafo adjunto L(**G**) será 1-conexo. Ilustre o raciocínio com um exemplo.

3.11 Dado um grafo **G** 2-conexo e 3 vértices distintos **a**, **b** e **c**, mostre que existe um percurso μ_{bc} em **G** que passa por **a** e outro percurso μ_{bc} que não passa por **a**.

3.12 Estude a possibilidade do aparecimento de um PAA (*i,j*) em um grafo **G**, que seja subgrafo de um grafo **H**, **G** sendo obtido de **H** pela remoção de um PA (*j,i*).

3.13 Estude o problema dos subconjuntos de articulação e de antiarticulação com mais de um vértice em grafos orientados.

3.14 Estude o comportamento de sequências do tipo $\mathbf{G}_0$, $\mathbf{G}_1 = \mathbf{G} - \{ \mathbf{v}_1 \}$, $\mathbf{G}_2 = \mathbf{G}_1 - \{ \mathbf{v}_2 \}$, ... , quando os $\mathbf{v}_{2k}$ forem PA e os $\mathbf{v}_{2k-1}$ forem PAA.

3.15 Estude as possíveis relações entre os PA e os PAA de um grafo orientado **G** e de seu adjunto L(**G**).

3.16 Prove, ou dê um contraexemplo: Em um grafo **G** conexo não orientado, **G** contém um PA se e somente se **G** possuir uma ponte.

3.17 Investigue as relações entre a conectividade, e a conectividade de arestas, de um grafo **G** e de seu adjunto L(**G**).

3.18 Seja o grafo $\mathbf{G}_k = (\mathbf{P}_k, \mathbf{E})$, onde $\mathbf{P}_k$ é o conjunto das permutações de ordem *k* e onde se tem $(p_i, p_j) \in \mathbf{E}$ se e somente se p_i e $p_j \in \mathbf{P}_k$ e p_i difere de p_j por uma única inversão (uma *inversão* é a troca de lugar de dois elementos vizinhos em uma permutação).

Mostre: (a) que $\mathbf{G}_k$ é conexo; (b) que $\mathbf{G}_k$ é regular de grau $k-1$; (c) que $g(\mathbf{G}_k) = 4 \ \forall\, k > 3$.

3.19 Mostre que o grafo **G** obtido de $\mathbf{K}_6$ pela supressão de três arestas não adjacentes duas a duas, é 4-conexo.

Capítulo 4

Distância, localização, caminhos

Caminante,
No hay camino
Se hace el camino al andar.
Antonio Machado

4.1 Conteúdo e importância

Dentre as subestruturas de grafo que oferecem solução para problemas aplicados, os caminhos (ver **2.13.2**) se destacam especialmente pelo potencial associado aos problemas de trânsito, transporte em geral e localização em sistemas discretos. A variedade de situações é muito grande e, consequentemente, os problemas podem ser mais ou menos complexos, inclusive do ponto de vista computacional. Em vista disso, há um grande número de algoritmos propostos para a determinação de caminhos nas situações as mais diversas, que vão desde problemas irrestritos até os que envolvem restrições as mais variadas, utilizando algoritmos exatos ou heurísticos. A noção de distância é definida e a ela são associadas operações algébricas que podem ser utilizadas na determinação de valores de caminhos.

Neste capítulo discutimos ainda problemas elementares de localização e noções a eles associadas, utilizadas ao se procurar localizar uma instalação de determinada natureza na posição correspondente a algum vértice do grafo representativo da rede estudada. Uma dessas noções – a de diâmetro – tem ainda aplicação no estudo de problemas relacionados com a operação de redes de telecomunicações.

Queremos iniciar a discussão, no entanto, com um importante teorema que relaciona a existência de caminhos entre pares de vértices de um grafo, com a estrutura da matriz de adjacência do grafo. Este é o primeiro exemplo das inúmeras aplicações de matrizes a grafos, das quais discutiremos algumas ao longo do livro.

4.2 Teorema de Festinger e aplicações

4.2.1 O problema da enumeração e da contagem dos caminhos de um dado comprimento em um grafo apresenta diversas aplicações e se torna mais ou menos complexo em dependência das exigências dessas aplicações. Na sua forma a mais simples (irrestrito e para grafos não valorados), ele é resolvido através da aplicação do teorema que se segue, Festinger [Fe49]:

Teorema 4.1 (**Festinger**): *Se* $\mathbf{G} = (\mathbf{V},\mathbf{E})$ *é um 1–grafo,* $\mathbf{A} = [a_{ij}]$ *é a sua matriz de adjacência e* $\mathbf{A}^k = [a_{ij}^{(k)}]$ *é a* k^a *potência de* **A**, *então o valor de* $a_{ij}^{(k)}$ *é igual ao número de caminhos de comprimento k entre* **i** *e* **j** $\in$ **V**.

Prova: por indução. O teorema é verdadeiro para p = 1. Suponhamos então que $a_{ij}^{(k-1)}$ seja igual ao número de caminhos de comprimento $k - 1$ entre **i** e **j** $\in$ **V**. Um elemento do produto $\mathbf{AA}^{k-1}$ é dado por

$$a_{ij}^{(k)} = \sum_{p=1}^{n} a_{ip} a_{pj}^{(k-1)} \qquad (4.1)$$

Para cada valor de p tal que $a_{ip}a_{pj}^{(k-1)} \neq 0$, teremos um arco a_{ip} que será adicionado, no início, a todos os caminhos indo do vértice **p** ao vértice **j**, com comprimento $k - 1$ (caminhos esses contados por $a_{pj}^{(k-1)}$ para um dado p). Logo, para esse valor de p teremos obtido todos os caminhos de **i** a **j** com comprimento k que usam o arco (**i**,**p**). Reunindo os conjuntos de caminhos referentes a todos os valores de p teremos, portanto, o conjunto de caminhos de comprimento k entre **i** e **j**, que será portanto contado por $a_{ij}^{(k)}$. ■

Obs.: A contagem segundo o teorema de **Festinger** inclui os caminhos não elementares, visto que a regra de concatenação não impõe qualquer restrição à formação de subestruturas, desde que sejam sequenciais. A contagem restrita a caminhos elementares é um problema de maior dificuldade: Evans *et al* [EHL67], Ross e Harary [RH52] e Parthasarathy [Pa64] apresentaram técnicas com essa finalidade.

O grafo associado a $\mathbf{A}^k$ é denotado habitualmente por $\mathbf{G}^k$ e se fala na *k^a^ potência* de um grafo. A potência citada no teorema pode ser efetuada pela aritmética comum, ou pela aritmética booleana, caso no qual $a_{ij}^{(k)}$ corresponderá à existência de ao menos um caminho de comprimento k entre **i** e **j**.

4.2.2 Composição latina

A potência pode ainda ser efetuada sobre a matriz figurativa de adjacência **F** (ver **2.8.5**). Neste último caso, se tem a chamada *composição latina* (Kaufmann [Ka68]); a k^a potência da matriz enumera os caminhos de comprimento k, (ou seja, especifica cada um deles). As operações utilizadas são a concatenação de caminhos e a união (esta, definida como habitualmente), associando-se os caminhos a cadeias de caracteres:

Concatenação: Dois caminhos podem ser concatenados se e somente se o vértice inicial do segundo for igual ao vértice final do primeiro. Representando por $\otimes$ a operação de concatenação, se tem que,

se

$$\mu_{ij_1} = (i_1, \ldots, j_1) \quad \text{e} \quad \mu_{j_2k} = (j_2, \ldots, k)$$

então

$$\mu_{ik} = \mu_{ij_1} \otimes \mu_{j_2k} = (i, \ldots, j, \ldots, k) \Leftrightarrow j_1 = j_2 = j$$

senão $\mu_{ik} = \varnothing$ (4.2)

União:

Sendo $\mathbf{V}_{ij}^{(k)}$ o conjunto de caminhos $\mu_{ij}^{(k)}$ de comprimento k entre i e j, teremos

$$\mathbf{V}_{rs}^{(k)} = \bigcup \left(\mu_{rp}^{(k_1)} \oplus \mu_{ps}^{(k_2)} \right) \qquad (k_1 + k_2 = k) \qquad (4.3)$$

Exemplo (Fig. 4.1):

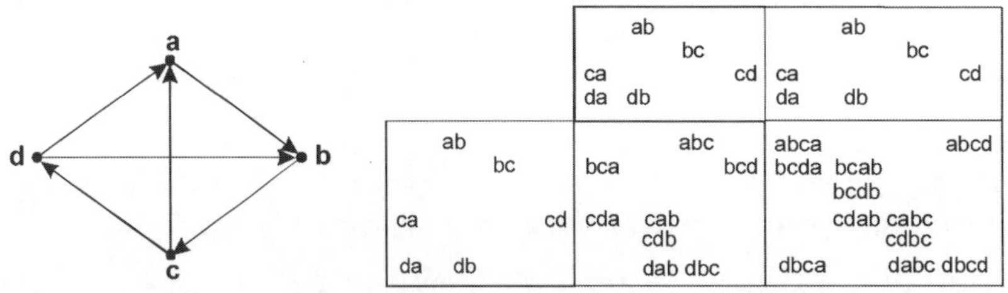

Fig. 4.1: Enumeração de caminhos

A diagonal principal de $\mathbf{F}^k$ contém os circuitos de comprimento k. Se um circuito aparecer em uma casa da diagonal, ele aparecerá em todas as casas correspondentes aos vértices que o constituem, as cadeias de caracteres que o descrevem sendo permutações circulares iniciadas pelo vértice correspondente à linha na qual a cadeia se encontra. Assim, temos no exemplo acima um circuito indicado por **bcab** na linha de **b**, por **cabc** na linha de **c** e por **abca** na linha de **a**; da mesma forma, **bcdb**, **cdbc** e **dbcd** são o mesmo circuito.

A enumeração de caminhos elementares pela composição latina exige precauções especiais, a começar pelo esvaziamento da diagonal principal a cada iteração (para eliminar circuitos), efetuando-se a potência unidade por unidade de expoente, ou seja, obtendo-se a potência k a partir da potência $k - 1$.

Assim se evitaria, por exemplo, concatenar **acfgb** com **bekfj** (obtendo-se **acfgbekfj**, que contém o circuito intermediário **fgbekf**). Este circuito não seria descoberto em um produto $\mathbf{F}^4$ x $\mathbf{F}^4$, porque estaria na posição *(a,j)* da matriz, fora da diagonal. Não se evitaria, porém, a formação de um circuito na concatenação de **ab...r...l** com (**l**, **r**). É claro que se pode sempre eliminar toda cadeia que apresente repetição de caracteres, mas isso exige um trabalho importante de computação. Observe-se que não estamos falando, aqui, do cálculo do número de caminhos elementares. Além das referências já citadas, Harary, Norman e Cartwright [HNC68] discute métodos a isso destinados.

Uma aplicação do teorema de **Festinger**, de caráter combinatório, é encontrada em Lopes [Lop83].

Um problema ainda em aberto questiona a existência, em todo grafo antissimétrico **G**, de um vértice cujo grau, em $\mathbf{G}^2$, seja igual ou maior que o dobro de seu valor em **G.** Para grafos de torneio (ver **2.11.4**) há uma prova disponível.

A literatura vem definindo a *raiz quadrada* de um grafo **G** como um grafo **H** tal que $\mathbf{G} = \mathbf{H}^2$. Adamaszek e Adamaszek, [AA11] provaram que, se dois grafos de cintura 6 ou mais tiverem quadrados isomorfos, eles serão isomorfos, resultado interessante do ponto de vista estrutural visto que, em princípio, as potências de grafos tendem a possuir cintura progressivamente menor (examinar o teorema de Festinger em relação ao que acontece com os ciclos). Já Lin *et al* [LRSS11] estudaram caracterizações para potências de ciclos e de caminhos e o problema do reconhecimento desses grafos.

✱4.2.3 Famílias fechadas em relação à potência

Chen e Chang [CC01] mostram diversas famílias de grafos como sendo fechadas em relação à potência, ou seja, para certa família F **(G)**, se tem

$$\mathbf{G}^k \in F(\mathbf{G}) \Rightarrow \mathbf{G}^{k+1} \in F(\mathbf{G}).$$

Uma das famílias estudadas por esses autores é a dos grafos de intervalo (ver 2.14.1).

4.2.4 Grafos de vizinhança

Seja **G = (V,E)** um grafo não orientado. $\mathbf{N(G) = (V,E_N)}$ é o *grafo de vizinhança* de **G**, Schiermeyer *et al* [SST10] se e somente se

$$\mathbf{E_N} = \{(\mathbf{a},\mathbf{b}) \mid \mathbf{a} \neq \mathbf{b} \wedge \exists \mathbf{x} \in \mathbf{V}: (\mathbf{x},\mathbf{a}) \in \mathbf{E} \wedge (\mathbf{x},\mathbf{b}) \in \mathbf{E}\}.$$

Vale observar que $\mathbf{E_N}$ é o conjunto de arestas de $\mathbf{G}^2$ (logo, $\mathbf{N(G) = G^2}$) . Alguns pontos interessantes são:

- Grafo-caminho $\mathbf{P_n}$, $\mathbf{N(P_n)} = \mathbf{P}_{\lceil n/2 \rceil} \cup \mathbf{P}_{\lfloor n/2 \rfloor}$;
- Ciclo $\mathbf{C_n}$, $\mathbf{N(C_{2n+1})} = \mathbf{C_{2n+1}}$, $\mathbf{N(C_{2n})} = \mathbf{C_n} \cup \mathbf{C_n}$;
- Grafo completo $\mathbf{K_n}$, $\mathbf{N(K_n)} = \mathbf{K_n}$ ($\mathbf{n} \neq 2$);
- Grafo bipartido completo $\mathbf{K_{m,n}}$, $\mathbf{N(K_{m,n})} = K_m \cup \mathbf{K_n}$.
- Em geral, se $d_G(\mathbf{x}) = r$, os vizinhos de **x** em **N(G)** formam uma clique $\mathbf{K_r}$. ✱

4.3 Distância em um grafo

4.3.1 Trataremos aqui de grafos valorados sobre as ligações, sendo os valores, em princípio, associados a custos ou a comprimentos, podendo no entanto ter outros significados. Dados tais valores e considerando-se um caminho (**i,j**) entre dois vértices de um grafo **G** =(**V**,**E**), o valor desse caminho será dado por

$$v(\mathbf{i},\mathbf{j}) = \underset{\mathbf{a} \in \mu_{ij}}{\Omega} v(\mathbf{a}) \tag{4.4}$$

onde **Ω** é uma operação associativa que pode ser, por exemplo, a soma, o produto, a maximização ou a minimização. A exigência dessa propriedade garante que se obtenha um único resultado, por exemplo, ao operar com três ligações **u**, **w** e **x**, visto que se terá $v(\mathbf{u})\ \Omega\ (v(\mathbf{w})\ \Omega\ v(\mathbf{x})) = (v(\mathbf{u})\ \Omega\ v(\mathbf{w}))\ \Omega\ v(\mathbf{x})$.

4.3.2 Podemos então definir a *distância* entre dois vértices **i**, **j** ∈ **V** como uma função d: **V** x **V** → ℝ (em grafos orientados) ou d: $\mathbf{P}_2(\mathbf{V})$ → ℝ (em grafos não orientados), $1 \leq i, j \leq n$, da seguinte forma:

$$\begin{aligned} d_{ij} &= 0 & i &= j \\ d_{ij} &= \min_{\mu_{ij} \in \mathbf{V}_{ij}} v(\mu_{ij}) & \mathbf{V}_{ij} &\neq \varnothing \\ d_{ij} &= \infty & \mathbf{V}_{ij} &= \varnothing \end{aligned} \tag{4.5}$$

onde $\mathbf{V}_{ij}$ é o conjunto dos caminhos indo de **i** para **j**.

Em grafos orientados não simétricos se tem, em geral, $d_{ij} \neq d_{ji}$; a distância em grafos orientados não é, portanto, uma distância no sentido exato do termo. A distância baseada na soma possui sempre, no entanto, uma importante propriedade em comum com a distância em espaços métricos: se existirem d_{ij} e d_{jk} finitos, então se terá sempre $d_{ik} \leq d_{ij} + d_{jk}$.

Levando em conta as distâncias associadas a todos os pares de vértices, pode-se definir uma *matriz de distâncias* **D** = $[d_{ij}]$. Como consequência da definição de distância, teremos d_{ij} finito para todo par **i,j** se e somente se o grafo for f-conexo.

Os algoritmos para determinação de **D** são discutidos, apenas, no final do capítulo; não obstante, a matriz de distâncias será utilizada, em exemplos, no estudo dos problemas elementares de localização, discutidos adiante.

✸Distâncias em um grafo e o índice de Wiener

Este parâmetro constitui uma das mais tradicionais aplicações da teoria dos grafos no campo da química. Ele é um *indicador de topologia molecular*, ou seja, um parâmetro baseado na estrutura de grafo (não orientado) associado à molécula de uma substância, cujo valor se procura correlacionar com alguma propriedade da substância através de modelos de regressão múltipla. O *índice de Wiener* original de uma substância é igual à *metade da soma das distâncias entre todos os pares de vértices* do grafo associado. Diversos aperfeiçoamentos foram propostos em sua definição, com a finalidade de incrementar a sua capacidade de previsão. Ver o **Capítulo 12**.

Algumas referências recentes sobre o assunto são [LJ03a], [LJ03b], [LLH03], [BSM03] e [DM05].

Um estudo das distâncias em grafos representativos de moléculas é desenvolvido em Katouda *et al*, [KKTTBG04], visando estabelecer uma numeração canônica dos vértices e discernir propriedades da estrutura.

Grafos distância-balanceados

Um grafo G é *distância-balanceado* se para toda aresta (u,v) de G, o número de vértices mais próximos de u que de v for igual ao número de vértices mais próximos de v que de u e é *fortemente distância-balanceado* se esta propriedade envolver as distâncias k e k + 1, para qualquer inteiro k, [KMMM06]. ✸

4.4 Centros, medianas, anticentros

4.4.1 Trataremos aqui de problemas de localização em grafos, a nível elementar, o que corresponde a problemas nos quais se deseja localizar **uma única** instalação, mediante um critério compatível com a natureza da sua utilização. (Os problemas de localização envolvendo conjuntos de vértices são bem mais complexos: é comum o uso de técnicas de programação mista e de algoritmos heurísticos. Ver, por exemplo, Minieka [Mi77] e Galvão [Ga80], [Ga81]).

Algumas das noções teóricas aqui definidas para atender às necessidades desses problemas são igualmente úteis em diversas questões teóricas e aplicadas, relacionadas a estruturas de grafo.

As definições que se seguem são válidas para grafos orientados e não orientados. Para evitar uma quase repetição desnecessária, os enunciados serão baseados nestes últimos. Ao se pensar em grafos orientados, deve-se levar em conta a existência de um par de noções correspondentes orientadas e duais direcionais (ver **2.2.8**) recíprocas que se distinguem, como habitualmente, pela simbologia: (+) para a direção de saída de um vértice (noção *exterior*) e (−) para a direção de entrada (noção *interior*). Este formato se encontra exemplificado na primeira destas definições, no item seguinte.

4.4.2 *Afastamento*, ou *excentricidade* e(**v**) de um vértice **v** ∈ **V** em um grafo **G** = (**V**,**E**) é a maior distância de **v** a algum **y** ∈ **V**. Em um grafo orientado, consideram-se o *afastamento exterior* e^+(**v**) e o seu dual direcional, o *afastamento interior* e^-(**v**).

Raio ρ(**G**) de um grafo **G** = (**V**,**E**) é o menor dos afastamentos existentes no grafo.

Centro de um grafo **G** = (**V**,**E**) é um vértice de afastamento igual ao raio. Alguns autores chamam *centro* ao conjunto de vértices nessas condições.

Diâmetro diam(**G**) de um grafo **G** = (**V**,**E**) é o maior dos afastamentos existentes no grafo (logo, a maior distância). (*Esta notação é usada em lugar do δ(G) usado por alguns autores, de modo a evitar confusão com a notação do grau mínimo aqui utilizada.*). A definição, ao contrário das demais, não distingue habitualmente o sentido de aplicação (i.é, habitualmente não se fala em diam^+(**G**) e diam^-(**G**)), visto que o interesse está na determinação de um valor máximo, que corresponde ao caso mais desfavorável em matéria de percurso mínimo.

Vértice periférico de um grafo é um vértice cujo afastamento é igual ao diâmetro. Alguns autores denominam *periferia* ao conjunto de vértices de afastamento máximo.

Estas definições são válidas para grafos valorados e não valorados, o que lhes confere grande aplicabilidade na análise de modelos; as principais implicações de caráter estrutural estão, no entanto, relacionadas com as aplicações a grafos não valorados, aos quais a maioria dos resultados teóricos é dedicada (porque a valoração deforma a estrutura). Abordaremos de início as questões práticas, passando depois a alguns desses resultados.

4.4.3 Com essa finalidade, apresentamos ainda duas definições:

Mediana ou *centroide* de um grafo **G** = (**V**,**E**) é um vértice para o qual a soma das distâncias aos demais vértices é mínima em relação a **V**.

Anticentro de um grafo **G** = (**V**,**E**) é um vértice cuja menor distância em relação a algum outro vértice é máxima.

As noções de centro, mediana e anticentro podem ser generalizadas para conjuntos de vértices; então diremos, por exemplo, que um *p-centro* **C** $\subset$ **V** é um conjunto de *p* vértices tal que a maior distância de algum **v** $\in$ **C** para todo **y** $\in$ **V** - **C** é mínima e que uma *p-mediana* **M** $\in$ **V** é um conjunto de p vértices tal que a soma das distâncias de algum **v** $\in$ **M** para todo **y** $\in$ **V** - **M** é mínima. Mladenović *et al* [MBHM-P07] é um survey de aplicações de metaheurísticas ao problema das p-medianas.

4.4.4 A mesma expressão pode ser utilizada para os três casos, com o auxílio de operadores generalizados; assim, poderemos dizer que um vértice **v** $\in$ **V** é um (***centro, mediana, anticentro***) se **v** verifica

$$\alpha_x = \underset{i \in X}{\Omega} \underset{j \in X, j \neq i}{\oplus} p_j d_{ij} \tag{4.6}$$

onde as operações são definidas conforme o critério utilizado:

Critério	Ω	$\oplus$
Centro	min	max
Mediana	min	soma
Anticentro	max	min

Os pesos p_j têm a finalidade, ao se processar um modelo, de levar em conta a importância relativa dos vértices (Christofides [Chr75]). Em todos os casos, pode haver interesse na definição de conceitos *bidirecionais* em grafos orientados, através da expressão

$$\alpha_x = \underset{i \in X}{\Omega} \underset{\substack{j \in X \\ j \neq i}}{\oplus} p_j (d_{ij} + d_{ji}) \tag{4.7}$$

4.4.5 As aplicações estão relacionadas com os critérios associados ao problema: a ideia de centro é associada à de um serviço de emergência, visto que se minimiza a maior distância; assim, um quartel de bombeiros deve ser localizado em um centro exterior (assim como uma delegacia de polícia), visto que o importante está em que o agente do serviço chegue rapidamente ao local onde é necessário. Um ambulatório ou posto médico deve ficar em um centro interior, visto que as pessoas que necessitam de tratamento devem poder ter a máxima facilidade de acesso. Já um hospital que disponha de ambulâncias deverá ficar em um centro bidirecional, visto que elas devem poder ir e voltar rapidamente.

Em um anticentro se localizará um serviço cuja proximidade seja incômoda, como um depósito de resíduos. As distâncias, neste exemplo, devem ser euclidianas e o grafo considerado não orientado, a menos que o modelo considere a ocorrência de vento predominante em uma direção.

Uma mediana é a solução para o problema de localização de um serviço comercial de entregas no qual apenas um local (cliente) seja atendido de cada vez (como a localização de um depósito de areia para construção, a ser entregue em caminhões, ou a de um serviço interurbano no qual cada cidade seja atendida por uma entrega separada). Trata-se de um caso extremo no que se refere ao *roteamento* do serviço, ou seja, à distribuição da programação de entregas pelas viagens a isso destinadas (ver o **Capítulo 12**). O outro caso extremo corresponderá ao caso em que o entregador percorra toda a praça antes de retornar à base; teremos um problema euleriano ou hamiltoniano (ver o **Capítulo 9**). Nos problemas de mediana não se incluem, habitualmente, conotações de urgência.

Exemplos (**Figs. 4.2 e 4.3**):

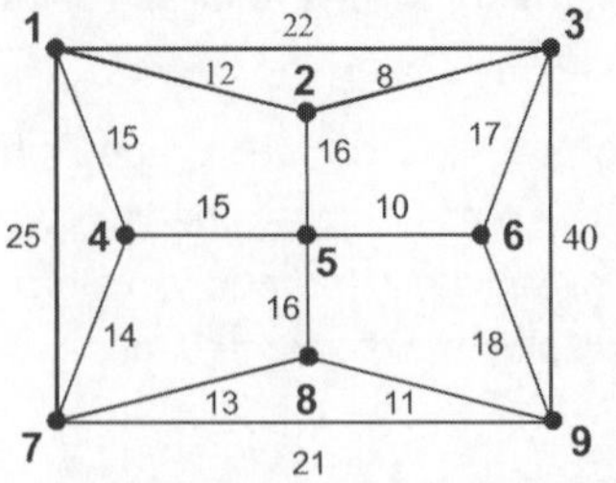

	1	2	3	4	5	6	7	8	9
1	0	12	20	15	28	37	25	38	46
2	12	0	8	27	16	25	37	32	43
3	20	8	0	35	24	17	45	40	35
4	15	27	35	0	15	25	14	17	35
5	28	16	24	15	0	10	29	16	27
6	37	25	17	25	10	0	39	26	18
7	25	37	45	14	29	39	0	13	21
8	38	32	40	27	16	26	13	0	11
9	46	43	35	35	27	18	21	11	0

max	Σ	min
46	221	12
43	200	8
45	224	8
35	193	14
29	165	10
39	197	10
45	223	13
40	203	11
46	236	11

Fig. 4.2: Centro, mediana e anticentro em grafo não orientado

No grafo acima representado (não orientado e com vértices de peso unitário) o vértice **5** é um centro e uma mediana e o vértice **4** é um anticentro. Já em um grafo orientado, as distâncias são as de saída ou de entrada, conforme o critério do problema; são lidas, respectivamente, nas linhas e nas colunas (**Fig. 4.3**):

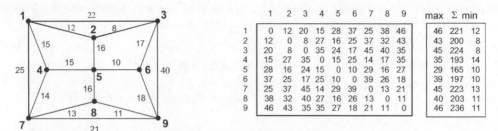

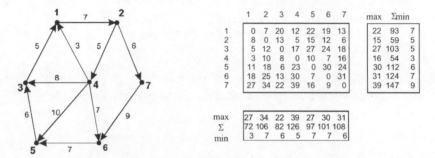

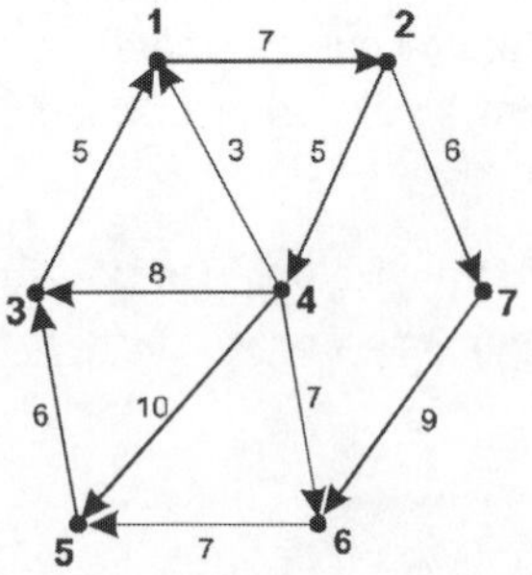

	1	2	3	4	5	6	7
1	0	7	20	12	22	19	13
2	8	0	13	5	15	12	6
3	5	12	0	17	27	24	18
4	3	10	8	0	10	7	16
5	11	18	6	23	0	30	24
6	18	25	13	30	7	0	31
7	27	34	22	39	16	9	0
max	27	34	22	39	27	30	31
Σ	72	106	82	126	97	101	108
min	3	7	6	5	7	7	6

max	Σ	min
22	93	7
15	59	5
27	103	5
16	54	3
30	112	6
31	124	7
39	147	9

Fig. 4.3: Centro, mediana e anticentro em grafo orientado

No grafo acima, a acentuada assimetria desconcentra os resultados: o vértice **1** é uma mediana interior, **2** é um centro exterior, **3** um centro interior, **4** uma mediana exterior, enquanto **2**, **5** e **6** são anticentros interiores e **7** é anticentro exterior.

Deixamos ao leitor o trabalho da verificação dos conceitos bidirecionais.

●4.5 Algumas generalizações e outras questões

4.5.1 A unificação dos problemas de p–centro e p–mediana

Tamir [Ta01] define o *problema do k–centro com p facilidades* como sendo o de achar um conjunto de p vértices em um grafo, que minimize as *k* maiores distâncias (*k* = 1,..., *n*) em relação aos pontos atendidos. Pode–se observar que, utilizando–se esta definição, o problema do p–centro corresponde ao caso em que *k* = 1, enquanto, para o problema da *p*–mediana, teremos *k* = *n*. O trabalho aborda as versões discreta e contínua do problema (esta última é conhecida na literatura como *absoluta*, admitindo a localização de pontos em meio às arestas). Este problema, como os que ele generaliza, é NP–árduo e o artigo apresenta algoritmos polinomiais para duas classes simples de grafos.

4.5.2 Centralidade

Esta noção contém os aspectos aqui abordados e outros que são definidos conforme a utilidade que apresentem, especialmente nos estudos sobre transportes. Um exemplo é a *centralidade de intermediação* (*betweenness centrality*) que relaciona o total de caminhos entre todos os pares **v**, **w** de vértices do grafo, com o número desses caminhos que passam por um vértice **x** dado:

$$C_B(\mathbf{v}) = \sum_{\mathbf{v},\mathbf{w} \in \mathbf{V}} \left[\sigma_{vw}(\mathbf{x}) / \sigma_{vw}\right] \qquad (4.8)$$

Dados os múltiplos recursos teóricos utilizados, o assunto é discutido, com algum detalhe, no **Capítulo 12**.

4.5.3 Algoritmos aproximados para p–centros e p–medianas

Panigrahy e Vishwanathan [PV98] propõem um algoritmo aproximado para o problema geral dos p–centros. Citam, ainda, diversos trabalhos publicados nessa direção. Considera–se aqui que as distâncias entre vértices obedecem a desigualdades triangulares.

Chiyoshi e Galvão [CG00] realizaram uma análise estatística do uso da metaheurística *simulated annealing* na busca de soluções para o problema das p–medianas, em instâncias da literatura (***OR–library***). O artigo cita, ainda, diversas referências sobre técnicas exatas e heurísticas, tanto específicas como gerais (metaheurísticas) usadas.

4.5.4 O problema da localização de uma origem

Em um grafo (orientado ou não) **G** = (**V**,**E**) com vértices valorados por custos não negativos, procura-se um subconjunto $\mathbf{S} \subseteq \mathbf{V}$ tal que todo $\mathbf{v} \in \mathbf{V} - \mathbf{S}$ seja atingido por *k* percursos iniciados em **S** e disjuntos em relação aos vértices.

Nagamochi, Ishii e Ito [NII01] apresentam um algoritmo guloso polinomial para a solução do problema e, ainda, do problema do retorno de **v** a **S** por *t* caminhos disjuntos em relação aos vértices.

4.5.5 A distância média em um grafo

Beezer, Riegsecker e Smith [BRS01] mostram que a distância média $\overline{D}(\mathbf{G})$ em um grafo conexo com *n* vértices, *m* arestas e grau mínimo δ verifica

$$\overline{D}(\mathbf{G}) \leq \lfloor [(n+1)n(n-1) - 2m]/(\delta+1) \rfloor / n(n-1).$$

Kouider e Winkler [KW97] mostram que, para um grafo **G** com grau mínimo δ, a distância média $\overline{D}(\mathbf{G})$ verifica

$$\overline{D}(\mathbf{G}) = n/(\delta+1) - 2.$$ ✱

4.6 Resultados relativos a raios e diâmetros

4.6.1 Estes resultados, ligados a questões estruturais, são válidos para grafos não valorados. Quando aplicáveis a grafos orientados é, como sempre, válido o princípio da dualidade direcional. Alguns deles têm interesse apenas teórico, mas outros podem ser utilizados para avaliar, com facilidade, limites de parâmetros de um grafos que podem ser úteis, p. ex., no projeto de redes de transportes e de comunicações. O diâmetro, em particular, é um indicador de grande importância na área de estudo conhecida como <u>vulnerabilidade de redes</u>.

4.6.2 Para **G** = (**V**,**E**) orientado e sem laços, definindo-se um *semigrau exterior máximo*,

$$\Delta^+ = \max_{x \in X} d^+(x) \tag{4.9}$$

se tem (Berge [Be73]):

$$\rho(\mathbf{G}) \geq \left\lfloor \frac{\log(n\Delta^+ - n + 1}{\log \Delta^+} \right\rfloor - 1 \tag{4.10}$$

(onde o termo $\lfloor x \rfloor$ é a parte inteira ou *piso* de x).

Obs.: O grafo extremal (que verifica a igualdade) possui uma raiz única **r**. Nele, se tem $|N^{+k}(\mathbf{r})| = (\Delta^+)^k$, para $k = 1,\ldots,\rho$. Cada nível de sucessores possui Δ^+ vezes o número de vértices do nível anterior, logo as suas cardinalidades estão em progressão geométrica. Ver **2.10.2**.

4.6.3 Para **G** = (**V**,**E)** f–conexo, se tem (**Goldberg**, Berge [Be73]):

$$\rho(\mathbf{G}) \geq \left\lceil \frac{n-1}{m-n+1} \right\rceil \tag{4.11}$$

onde $\lceil \alpha \rceil$ é o menor inteiro que contém α (o teto de α).

Obs.: Berge apresenta uma classe de grafos que verificam a igualdade para dados *m* e *n*; esses grafos se chamam *rosáceas* e são formados por $m - n + 1$ circuitos elementares que possuem um único vértice em comum. (Deixamos ao leitor a interpretação das implicações desse fato, necessária à construção de um desses grafos). Boaventura [Bo03] apresenta uma classe mais geral que verifica a igualdade em (4.11) e contém as rosáceas de **Berge**.

4.6.4 Em **G** = (**V**,**E**) orientado, completo e sem laços, todo vértice de grau máximo é um centro e o raio é, no máximo, igual a 2. Além disso (**Maghout**) todo vértice está ligado por um arco a pelo menos um centro e o número de centros é no mínimo 3, para $n \geq 3$ (Berge [Be73]).

4.6.5 Se **G** = (**V**,**E**) é orientado e não é apenas um circuito elementar, então (**Goldberg**, Berge [Be73])

$$\operatorname{diam}(\mathbf{G}) \geq \left\lceil \frac{2(n-1)}{m-n+1} \right\rceil \tag{4.12}$$

4.6.6 Se **G** = (**V**,**E**) é orientado, se tem

$$2\rho^-(\mathbf{G}) - (n-1) \le \rho^+(\mathbf{G}) \le \frac{\rho^-(\mathbf{G}) + (n-1)}{2} \qquad (4.13)$$

e, ao inverso,

$$n \ge \max\,(2\rho^+(\mathbf{G}) - \rho^-(\mathbf{G}) + 1,\ 2\rho^-(\mathbf{G}) - \rho^+(\mathbf{G}) + 1) \qquad (4.14)$$

(Harary, Norman e Cartwright [HNC68]).

4.6.7 Se **G** = (**V**,**E**) é não orientado, pode-se garantir [HNC68], que

$$\rho(\mathbf{G}) \le \text{diam}(\mathbf{G}) \le 2\rho(\mathbf{G}) \qquad (4.15)$$

resultado mais forte do que o dedutível de (4.11) e (4.12) para grafos orientados.

4.6.8 Se **G** = (**V**,**E**) é f-conexo e sem laços, se tem (Ghouila-Houri, Berge [Be73]):

$$\text{diam}(\mathbf{G}) \le n - 1 \qquad \text{se } n \le m \le k, \text{ sendo } k = (n^2 - n + 2)/2$$

$$\text{diam}(\mathbf{G}) \le \left\lfloor n + \frac{1}{2} - \sqrt{2m + n^2 - n + (17/4)} \right\rfloor \qquad \text{se } m > k$$

4.6.9 Se **G** = (**V**,**E**) é não orientado e $r = \rho(\mathbf{G})$, o maior número $f(n,r)$ de arestas, admissível em **G**, é dado por **Vizing** (Zemanian [Ze70]):

$$f(n,1) = n(n-1)/2; \qquad f(n,2) = [n(n-2)/2]$$

$$f(n,r) = (n^2 - 4nr + 5n + 4r^2 - 6r)/2 \quad \text{para } r \ge 3 \qquad (4.17)$$

4.6.10 Um resultado relativo a orientações dadas a grafos não orientados está em Chvátal e Thomassen [CT78]:

- Se **G** = (**V**,**E**) é não orientado de diâmetro ∂ = diam(**G**) e não contém uma ponte, então **G** admite uma orientação **G'** que produz um grafo com diâmetro diam(**G'**) $\le 2\partial^2 + 2\partial$.

Trata-se, pelo enunciado, de um resultado válido para grafos 2-conexos; ver o **Capítulo 3**.

4.6.11 Um resultado relacionando diâmetro e cintura é o seguinte (Diestel [Di97]):

- Todo grafo **G** que possua um ciclo satisfaz a g(**G**) $\le$ 2 diam(**G**) + 1.

4.6.12 Vacek, [V05] discute *grafos diâmetro-invariantes*, considerando 3 famílias:

- grafos *diâmetro-aresta invariantes*, nos quais se tem diam(**G** – **e**) = diam(**G**) $\forall$**e** $\in$ **E**;
- grafos *diâmetro-vértice invariantes*, nos quais se tem diam(**G** – **v**) = diam(**G**) $\forall$**v** $\in$ **V**;
- grafos *diâmetro-adição invariantes*, nos quais se tem diam(**G** + **e**) = diam(**G**) $\forall$**e** $\in$ **E.**

O trabalho discute propriedades, condições de exostência e limites para alguns parâmetros desses grafos.

✱ 4.7 Grafos extremais de problemas de diâmetro

4.7.1 Trata-se, aqui, de determinar valores extremos de um dos dois principais parâmetros de um grafo, o número de arestas ou o número de vértices, relacionados com um dado valor do diâmetro. São, também, problemas de interesse no projeto de redes de comunicações, em seus aspectos não valorados (relativos ao número de etapas ou seções a serem percorridas), o que é de interesse, por exemplo, no caso das redes de micro-ondas.

4.7.2 O menor número de arestas em um grafo não orientado de diâmetro dado

Seja um grafo **G** no qual se tenha diam(**G**) $\le k$ (chamado por alguns autores *k-acessível* (Murty [Mu68])), que tenha a propriedade de, após a supressão de *s* vértices ou *s* arestas, gerar um grafo **G**' de diâmetro diam(**G**') $\le \lambda$.. Um grafo extremal para esse problema é denotado $\mathbf{G_l}$ (n,k,λ,s), onde **l** é igual a **V** se se tratar da supressão de vértices ou a **E** no caso de arestas. Denotaremos por $M_v(n,k,\lambda,s)$ o número extremo de vértices associado ao primeiro caso e por $M_a(n,k,\lambda,s)$ o número extremo de arestas associado ao segundo.

Há resultados publicados para diâmetros iguais a 2, 3 e 4:

Para diam(**G**) = 2 (Murty [Mu68], Bollobás e Eldridge [BE76]):

$$M_v(n,2,\lambda,1) \le 2n - 5 \qquad \text{para } n \ge 5 \text{ e } \lambda \ge 3 \qquad (4.18)$$

$$M_a(n,2,\lambda,1) \le n - 1 + [n/2] \quad \text{para } n > 8 \text{ e } \lambda \ge 3 \tag{4.19}$$

$$M_a(n,2,k-1,2) = k(n-k) \quad \text{para } n \ge 2k \ge 2 \tag{4.20}$$

Para diam(**G**) = 3 (Bollobás [Bol68], Caccetta [Cac79]):

$$M_v(n,3,4,1) = [(3n-5)/2] \tag{4.21}$$

$$M_v(n,3,\lambda,1) = [(3n-6)/2] \quad \text{para } \lambda \ge 5 \tag{4.22}$$

$$M_a(n,3,4,1) = [(3n-4)/2] \quad \text{para } n \ge 4 \tag{4.23}$$

$$M_a(n,3,5,1) = [(3n-5)/2] \quad \text{para } n \ge 5 \tag{4.24}$$

Para diam(**G**) = 4 (Caccetta [Cac76]):

$$M_v(n,4,\lambda,1) = [(n-7)/3] \quad \text{para } n \ge 7 \text{ e } \lambda \ge 7 \tag{4.25}$$

$$M_v(n,4,6,1) = [(n-6)/3] \quad \text{para } n \ge 6 \tag{4.26}$$

Jarry e Laugier [JL01] mostram que, considerando-se grafos **G** com n vértices e m arestas, se tem, com $\partial = \text{diam}(\mathbf{G})$,

- $m \ge \lceil \{n\partial - (2\partial + 1)\}/(\partial - 1) \rceil$ para **G** 2-conexo, ou 2-aresta conexo com diâmetro ímpar;
- $m \ge \min\{\lceil \{n\partial - (2\partial + 1)\}/(\partial - 1) \rceil, \lceil \{(n-1)(\partial + 1)\}/\partial \rceil\}$, para **G** 2-aresta conexo com diâmetro par.

No sentido oposto, seja $f_\partial(\mathbf{G})$ o menor número de arestas a serem adicionadas a um grafo não orientado **G** para que o grafo resultante tenha diâmetro no máximo igual a ∂. Segundo Alon, Gyárfás e Ruszinkó [AGR00],

- para **G** com grau máximo Δ e $n > n_0(\Delta)$ vértices (onde $n_0(\Delta) = (D^2+D+1)(2D^3+5D^2+2D-1)+1$), se tem $f_2(\mathbf{G}) = n - \Delta - 1$ e $f_3(\mathbf{G}) \ge n - O(\Delta^3)$;
- em geral, o maior valor de $f_\delta(\mathbf{G})$ é $n / \lfloor \partial/2 \rfloor - O(1)$;
- para os ciclos $\mathbf{C}_n$, se tem $f_\delta(\mathbf{C}_n) = n/(2\lfloor \partial/2 \rfloor - 1) - O(1)$.

4.7.3 Diâmetro e afastamento

Mubayi e West [MW00] determinam limites máximo e mínimo para o número de vértices com afastamento $e(\mathbf{v})$ dado, para grafos com n vértices e diâmetro dado.

4.7.4 A vulnerabilidade do diâmetro em grafos adjuntos orientados iterados

Estes grafos possuem propriedades favoráveis para o uso como modelos de redes de interconexão. A vulnerabilidade do diâmetro em um grafo orientado **G** é o maior diâmetro de um grafo parcial ou subgrafo obtido pela supressão de um número dado de vértices ou arcos de **G**. Este parâmetro é relacionado à tolerância de rede a falhas. Ferrero e Padró [FP01] apresentam limites superiores para os dois casos.

4.7.5 O problema (Δ,∂)

O problema conhecido como (Δ,∂) consiste em se achar o maior número de vértices $n(\Delta,\partial)$ de um grafo **G** não orientado com grau máximo Δ e diâmetro $\partial = \text{diam}(\mathbf{G})$. Ele aparece em aplicações à modelagem de redes de interligação e de microprocessamento. Na verdade, basta que se pense nos grafos d-regulares, visto que a supressão de arestas, que pode ser considerada ao se pensar em d como o grau máximo Δ, poderia resultar apenas em um número igual ou menor de vértices para o grafo. As expressões que se seguem consideram, portanto, um grau único d.

Os grafos maximais para essas condições são chamados *grafos de Moore*; eles verificam a igualdade na expressão do *limite de Moore*, $n \le (d(d-1)^{\partial} - 2)/(d-2)$, (4.27)

Para $\partial = 2$, (4.27) implica em $n \le d^2 + 1$ em um grafo qualquer; então, é interessante verificar em que condições se terá $n = d^2 + 1 - k$, para $k = 0, 1, 2, \ldots$.etc..

O caso $k = 1$ foi resolvido em Erdös, Fajtlowicz e Hoffmann [EFH80], aparecendo como única solução o grafo $\mathbf{C}_4$. (Ver **2.13.1**)

O caso $k = 0$ é o dos *grafos de Moore* (Hoffmann e Singleton [HS60], Damerell [Da73], Alegre, Fiol e Yebra [AFY86]).

Os grafos de Moore $(d,1)$ são as cliques $\mathbf{K}_{d+1}$. Para $\partial = 2$ há os casos (3,2), (7,2) e, provavelmente, (57,2), respectivamente com 0, 50 e 3250 vértices.

O grafo de Moore (3,2) é chamado *grafo de Petersen*. Este grafo tem grande importância teórica, por diversos motivos; em particular, além de ser um grafo de Moore, ele tem cintura 5, é o grafo K(5,2) de Kneser (ver o **Capítulo 2**) e é não hamiltoniano e não planar (ver os **Capítulos 9 e 10**). O grafo de Petersen tem a peculiaridade de ser contraexemplo para numerosas conjeturas em diferentes temas da teoria dos grafos. A referência mais importante a seu respeito é Holton e Sheehan [HS93].

Vale a pena registrar que o grafo de Petersen (**Fig. 4.4**) é uma *gaiola* (um grafo regular de cintura dada, com um número mínimo de vértices). Uma gaiola é denotada por seus parâmetros como **c**(d,g) (onde o "c" vem do inglês *cage*). O estudo das gaiolas é um interessante tema das propriedades estruturais dos grafos. Ver, por exemplo, Behzad *et al* [BCLF79] e Meringen [Me99].

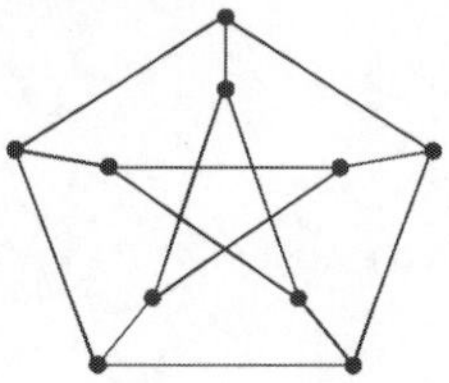

Fig. 4.4: Grafo de Petersen, c(3,5)

Dada a forte exigência estrutural, existem relativamente poucas gaiolas. Enquanto a única **c**(3,5) possui 10 vértices, há 3 **c**(3,10) com 70, uma **c**(3,12) com 126 e uma **c**(3,14) com 384 vértices. Estas gaiolas de cintura par são bipartidas e se conjetura que todas as gaiolas de cintura par o sejam.

Para $\partial = 3$, o único grafo de Moore é (2,3), correspondente ao ciclo $\mathbf{C}_7$. Em geral, (2, ∂) é o ciclo $\mathbf{C}_{2\partial+1}$.

Para $\partial = 4$, (4.27) fornece $n \le d^4 - 2d^3 + 2d^2 + 1$ o que, com $d = 3$, corresponde a $n \le 46$. Buset [Bu00] provou, no entanto, que não existe um grafo (3,4) com 40 vértices, o maior valor admissível sendo 38. Este resultado concorda com os de Alegre, Fiol e Yebra [AFY86], que apresentam grafos (3,4), (3,5), (3,8) e (5,3), respectivamente com 38, 70, 286 e 66 vértices. Não se verificando a igualdade em (4.27) não existem, portanto, grafos de Moore (3,4).

Diversas operações, algumas das quais aqui descritas (ver 2.9) e outras especialmente definidas, podem ser usadas para produzir grafos de grandes dimensões com d e ∂ dados. Bermond, Delorme e Quisquater [BDQ82] apresentam grafos com $3 \le d \le 15$ e com $2 \le \partial \le 10$, definidos dessa forma por diversos autores.

4.7.6 Uma questão importante, em particular no que se refere a segurança e a custo operacional em redes de comunicações, é a do aumento do diâmetro causado pela perda de ligações. Schoone, Bodlaender e van Leeuwen [SBL87] apresentam diversos resultados relativos ao parâmetro $f(k,\partial)$, definido como o maior diâmetro de um grafo parcial **G**' obtido pela eliminação de k ligações em um grafo **G** com diâmetro ∂. São apresentados resultados para grafos orientados e não orientados; para estes últimos se tem, para ∂ ímpar e $\partial \ge 3$,

$$f(k, \partial) \le (k + 1)\partial \quad (4.28)$$

e

$$f(k,\partial) \ge (k + 1)\partial - k \qquad \text{se } k \text{ par} \quad (4.29)$$

$$f(k,\delta) \ge (k + 1)\partial - 2k + 2 \qquad \text{se } k \text{ ímpar.} \quad (4.30)$$

São discutidos casos particulares para os quais se conhecem valores exatos.

Para grafos orientados, a referência apresenta alguns casos particulares para os quais se conhece o valor de $g(k, \partial)$, o maior diâmetro em um grafo parcial **G**' f–conexo, obtido pela eliminação de k arcos em um grafo **G** com diâmetro ∂: em particular, se tem

$$g(k,1) = \left\lceil \sqrt{2k + \frac{1}{4}} + \frac{1}{2} \right\rceil \quad \text{e} \quad g(k,2) = 2k + 2 \quad (4.31)$$

Os autores provam, ainda, que os problemas de obtenção de um grafo com diâmetro dado ∂, pela adição ou eliminação de k arestas em um grafo, são NP–completos (Szwarcfiter [Sw84]).

4.7.7 Grafo clique, raio e diâmetro

O *grafo clique* **K**(**G**) de um grafo não orientado **G** é o grafo de interseção das cliques maximais de **G**.

Dutton e Brigham [DB95] apresentam as relações

$$\text{diam}(\mathbf{G}) - 1 \le \text{diam}(\mathbf{K}(\mathbf{G})) \le \text{diam}(\mathbf{G}) + 1 \quad (4.32)$$

$$\rho(\mathbf{G}) - 1 \le \rho(\mathbf{K}(\mathbf{G})) \le \rho(\mathbf{G}) + 1 \quad (4.33)$$

e discutem, ainda os casos em que o raio e o diâmetro assumem cada um dos valores admissíveis. ✸

4.8 Problemas de caminho mínimo

4.8.1 Algumas considerações

A importância do caminho como subestrutura de grafo, por um lado, e a definição de distância associada ao valor mínimo de um caminho, por outro, conferem à classe de problemas de minimização de caminhos uma posição de relevo na teoria, tanto pela diversidade das situações nas quais esses problemas são encontrados, como pela sua colocação como etapa obrigatória em qualquer situação cujo estudo exija o conhecimento das distâncias em um grafo.

O problema pode ser restrito ou irrestrito, em relação ao uso dos arcos. Por exemplo, o chamado Problema das Remoções envolve a determinação de um circuito a ser percorrido por uma ambulância que deve realizar um certo número de transferências de pacientes entre determinados hospitais ao longo de um dia de trabalho. Sendo assim, a passagem por algum caminho unindo dois hospitais será obrigatória. Podem ainda ocorrer restrições quanto ao valor dos caminhos: p.ex., ver Minoux [Min75]. Nem todos os problemas envolvendo itinerários em grafos estão aqui: no **Capítulo 5** se trata de caminhos máximos em grafos sem circuito e, no **Capítulo 9**, de percursos abrangentes em relação a um, ou a outro, dos conjuntos que definem o grafo.

O modelo pode, em certos casos, ser um grafo sem circuitos, então é rentável o uso de um algoritmo próprio para esses grafos (ver o **Capítulo 5**). A valoração do grafo pode conter elementos negativos, o que acarreta problemas para certos algoritmos e, nesses casos, podem aparecer um ou mais circuitos de valor negativo (ver p.ex. **7.5.4**), caso em que se deixa de poder falar em caminhos mínimos no grafo. Neste caso, o algoritmo deverá ser capaz de registrar a sua presença e parar (ao invés de entrar em *loop*, como aconteceria em ausência das necessárias precauções).

Frequentemente se precisa determinar a subestrutura propriamente dita e não apenas o seu valor; para isso, todo algoritmo deve permitir o retraçamento dos caminhos (*backtrack*).

O problema pode precisar ser resolvido de forma repetitiva (p. ex., quando os dados mudam periodicamente) ou uma única vez, o que influi na escolha do algoritmo, em vista do nível de eficiência que pode ser necessário. A economia será muito importante, ainda, quando for exigido um volume elevado de cálculos acessórios relacionados à área de aplicação do problema, durante a execução do algoritmo. A ordem de grandeza do problema é, evidentemente, um dado importante.

Enfim, podem ser de interesse, também, o 2°, 3°,..., k^o caminhos mais curtos.

As aplicações envolvem, naturalmente, problemas relacionados com sequências de decisões – quer se trate, por exemplo, das escolhas de itinerário ao longo de uma viagem, ou do traçado de uma estratégia em um problema de investimentos. Trata-se aqui de decisões envolvendo alguma forma de custo, a ser minimizado. Problemas relacionados com decisões que não implicam em custo (ou modelos que não incluam o custo em determinada etapa do estudo) serão discutidos no item **4.10**.

4.8.2 Definições necessárias

Consideremos um grafo **G** = (**V**,**E**) sem laços, valorado sobre os arcos por uma função numérica $v(\mathbf{G}) \rightarrow R$.

O *valor* de um caminho μ_{ij} em **G** = (**V**,**E**) foi definido em 4.3.1:

$$v(\mu_{ij}) = \underset{\mathbf{u} \in \mu_{ij}}{\Omega} v(\mathbf{u}) \qquad (4.34)$$

A operação Ω, conforme foi dito, deve ser associativa para que se garanta a existência de um valor único.

O problema consiste na determinação dos ótimos μ^*_{ij} (ou de seus valores) se eles existirem. Sendo $\mathbf{V}_{ij}$ o conjunto dos caminhos entre i e j, teremos

$$v(\mu^*_{ij}) = \min_{\mu_{ij} \in \mathbf{V}_{ij}} v(\mu_{ij}) \qquad (4.35)$$

Ao se considerar a operação **soma**, se um caminho mínimo existir ele será elementar, visto que todo caminho não elementar contém um caminho elementar, que terá sempre valor menor se não existir um circuito de valor negativo. Se, ao contrário, existir um tal circuito, não será possível achar um caminho mínimo pelos recursos habituais, visto que se poderá construir uma sequência infinita de caminhos de valor decrescente, aumentando-se o número de voltas dadas no circuito. A procura de um caminho mínimo nessas condições se torna um problema bastante mais difícil (ver o **item 4.9.6** adiante), porque ele teria de excluir o circuito negativo (**Fig. 4.5**):

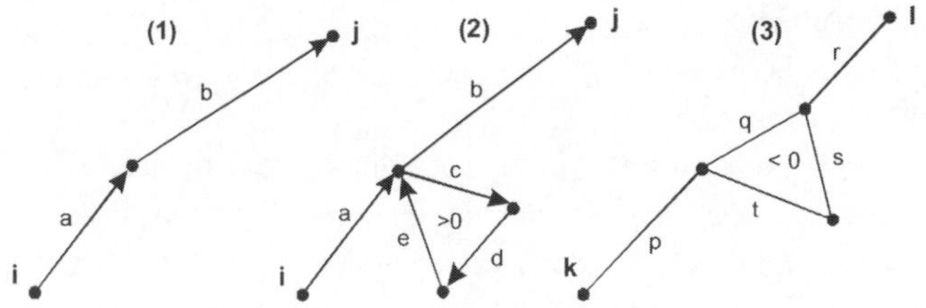

Fig. 4.5: Efeito dos circuitos

Nas Figs. **4.5 (1)** e **(2)**, o caminho mínimo de **i** para **j** é o mesmo, uma vez que $c + d + e > 0$; já na **Fig. 4.5 (3)**, onde se tem $q + s + t < 0$, não existe caminho mínimo entre **k** e **l**.

Obs.: Evidentemente, as mesmas afirmações podem ser feitas em relação a caminhos de valor máximo e a circuitos de valor positivo. Neste caso está o estudo de problemas de sequenciamento do tipo PERT, que são modelados por grafos sem circuitos (ver o **Capítulo 5**).

Em relação às operações, cabe observar que o escopo do problema pode ser grandemente ampliado, na medida em que estruturas análogas podem ser processadas com o uso, por exemplo, da soma, da multiplicação, da maximização ou da minimização. As álgebras de caminhos (Carré [Car71] e [Car79], Minoux [Min76], Gondran e Minoux [GM85]) permitem uma completa generalização da teoria para um grande número de operações e, consequentemente, de situações.

4.8.3 O problema dos *k*–melhores caminhos

Hadjiconstantinou e Christofides [HC99] discutem o problema e o caso mais geral dos algoritmos de caminho mínimo, apresentando um número significativo de referências. Apresentam uma implementação computacional eficiente para um algoritmo, visando obter os *k*–melhores caminhos unindo um par de vértices em um grafo não orientado valorado por custos não negativos. O trabalho apresenta um importante conjunto de resultados de testes.

O problema dos *k*–melhores caminhos tem aplicação como auxiliar no problema geral do roteamento e no projeto de sistemas de telecomunicações. Uma aplicação de interesse, no campo do roteamento em redes de correias transportadoras, está em Carvalho [Ca90].

4.9 Algoritmos de caminho mínimo

Na apresentação que se segue, os algoritmos levam em consideração a operação soma.

Há dois tipos básicos de problemas de caminho mínimo: os que envolvem a determinação de caminhos a partir de um vértice dado e os que exigem a determinação dos caminhos unindo todos os pares de vértices. Existem algoritmos para um e para outro tipo de problema, embora, naturalmente, sempre se possa aplicar *n* vezes um algoritmo do primeiro tipo para resolver um problema do segundo.

Por definição, somente existirão caminhos entre todos os pares de vértices se o grafo for f–conexo (ou conexo, se for não orientado). Estaremos, em princípio, considerando os algoritmos como elaborados para tratar desses grafos mas, em seguida, se discutirá o que ocorre nos demais casos.

4.9.1 Algoritmo 4.1: Algoritmo de Dijkstra

Este algoritmo, do primeiro tipo, trabalha apenas com grafos valorados com valores positivos (ver discussão adiante). Considera-se uma matriz de valores $V(G) = [v_{ij}]$.

O conjunto de vértices se encontra, a cada iteração. particionado em duas listas:

> F (fechado), contendo os vértices para os quais já se conhece um caminho mínimo;
>
> A (aberto), contendo os vértices para os quais ainda não se conhece um caminho mínimo.

Em cada iteração, um vértice será transferido de A para F.

Sem perda de generalidade, consideramos a inicialização feita dando–se o valor zero à origem **1** e fazendo–se estimativas pessimistas para as distâncias da origem aos demais vértices, $v_i = +\infty$, $\forall i > 1$. Desta forma, o algoritmo poderá encontrar as melhores opções, sempre que elas existirem.

Na k^a iteração, um vértice **r** acabou de entrar em **F** e se tem uma estimativa (pessimista) para o valor do caminho de **1** até $\mathbf{i} \in \mathbf{A} \cap \mathbf{N}^+(\mathbf{r})$; então se compara essa estimativa com o valor do caminho passando por **r** (**Fig. 4.6**):

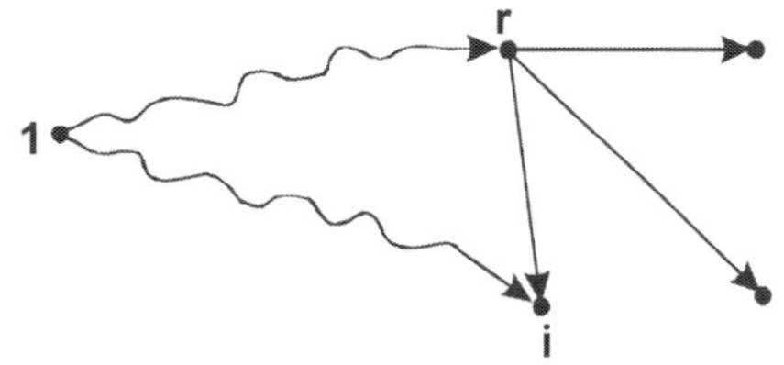

Fig. 4.6: Algoritmo de Dijkstra

A comparação é, então,

$$d_{1i}^{k} = \min[d_{1i}^{k-1}, (d_{1r} + v_{ri})]\ \forall \mathbf{i} \in \mathbf{S},\ \mathbf{S} = \mathbf{A} \cap \mathbf{N}^+(\mathbf{r}) \quad (4.36)$$

onde **S** é atualizado a cada iteração.

O vértice **r** usado como base foi obtido por

$$d_{1r}^{k} = \min_{i \in S^{k-1}} [d_{1i}^{k-1}] \quad (4.37)$$

dentre os elementos do conjunto **S** obtidos na iteração anterior.

O algoritmo aqui apresentado envolve a determinação de um rótulo rot(i) que indica o vértice de **F** responsável pelo valor ótimo de d_{1i} (ou seja, pela <u>distância</u> verdadeira). A inspeção do vetor **rot** permite, portanto, o retraçamento dos caminhos que unem a origem aos demais vértices.

O processo se encerra quando $\mathbf{A} = \varnothing$ ou, se o objetivo for a determinação do caminho mínimo da origem a um vértice **y** dado, quando $\mathbf{y} \in \mathbf{F}$. O algoritmo geral pode ser descrito como segue:

Algoritmo

```
início
  d11 ← 0; d1i ← +∞ ∀i ∈ V − {i}; S ← {1}; A ← V; F ← ∅;
  rot(i) ← 0 ∀i;
  enquanto A ≠ ∅ fazer
    início
      r ← v ∈ V | d1r = min [d1i ];
                        i∈A
      F ← F ∪ {r}; A ← A − {r}; S ← A ∩ N+(r)
      para i ∈ S fazer
        início
            p ← min [d1i^(k−1) ,(d1r + vri)];
            se p < d1i^(k−1) então
               início
                  d1i^k ← p;
                  rot(i) ← r;
               fim;
        fim;
    fim;
fim.
```

A complexidade é $O(n^2)$ mas, se o grafo for esparso e definido pela lista de adjacência, ela pode ser reduzida até $O(m \log n)$ mediante o uso de uma estrutura de dados adequada (Gondran e Minoux [GM85], Cormen *et al* [CLRS02]. Um exemplo de programação eficiente (detalhado nesta última referência) está no uso dos ***heaps de Fibonacci***.

No exemplo (**Fig. 4.7**), foi incluído um quadro de execução manual do algoritmo, no qual a primeira linha corresponde à inicialização e as demais às iterações do algoritmo. O fechamento dos vértices é indicado pelo encerramento da coluna, uma vez que um vértice fechado deixa de ser examinado pelo algoritmo.

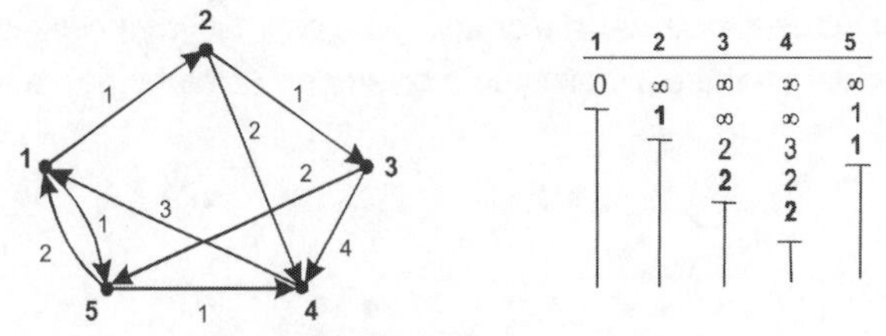

Fig. 4.7: Algoritmo de Dijkstra

Inicialização: $d_{11} \leftarrow 0$; $d_{1i} \leftarrow \infty\ \forall \mathbf{i} \in \mathbf{V} - \{1\}$; $\mathbf{S} \leftarrow \{1\}$; $\mathbf{A} \leftarrow \mathbf{V}$; $\mathbf{F} \leftarrow \varnothing$; rot(i) $\leftarrow 0\ \forall$i;

Para $k = 1$: **r** = **1**; $\mathbf{F} = \{1\}$; $\mathbf{A} = \{2, 3, 4, 5\}$; $\mathbf{S} = \mathbf{A} \cap \{2,5\} = \{2,5\}$

Para i $\in \{2,5\}$: $p = \min[\infty, (0 + 1)] = 1 < d_{12}^0$; $d_{12}^1 = 1$; rot(2) = 1

$p = \min[\infty, (0 + 1)] = 1 < d_{15}^0$; $d_{15}^1 = 1$; rot(5) = 1

Para $k = 2$: **r** = **2**; $\mathbf{F} = \{1,2\}$; $\mathbf{A} = \{3,4,5\}$; $\mathbf{S} = \mathbf{A} \cap \{3,4\} = \{3,4\}$

Para i $\in \{3,4\}$: $p = \min[\infty, (1 + 1)] = 2 < d_{13}^1$; $d_{13}^2 = 2$; rot(3) = 2

$p = \min[\infty, (1 + 2)] = 3 < d_{14}^1$; $d_{14}^2 = 3$; rot(4) = 2

Para $k = 3$: **r** = **5**; $\mathbf{F} = \{1,2,5\}$; $\mathbf{A} = \{3,4\}$; $\mathbf{S} = \mathbf{A} \cap \{1,4\} = \{4\}$

Para i $\in \{4\}$: $p = \min[3, (1 + 1)] = 2 < d_{14}^2$; $d_{14}^3 = 2$; rot(4) = 5

Para $k = 4$: **r** = **3**; $\mathbf{F} = \{1,2,3,5\}$; $\mathbf{A} = \{4\}$; $\mathbf{S} = \mathbf{A} \cap \{4,5\} = \{4\}$

Para i $\in \{4\}$: $p = \min[2, (2 + 4)] = 2 = d_{14}^3$; $d_{14}^4 = 2$; rot(4) = 5

Para $k = 5$; **r** = **4**; $\mathbf{F} = \{1,2,3,4,5\}$; $\mathbf{A} = \varnothing$; $\mathbf{S} = \varnothing$; fim.

O vetor **rot** final é, portanto, (0, 1, 2, 5, 1); logo,

- o caminho para **5** veio diretamente da origem **1**;
- o caminho para **4** veio de **5** e este de **1**;
- o caminho para **3** veio de **2** e este de **1**.

O algoritmo de **Dijkstra** deixa de garantir valores exatos em presença de arcos de valor negativo; basta observar que, se **i** e **j** $\in \mathbf{F}$ e **i** $\in \mathbf{N}^+(\mathbf{j})$ sendo **j** o último vértice fechado, se terá, segundo o funcionamento do algoritmo, $d_{1j} \geq d_{1i}$; no entanto, se existir um arco (**j**,**i**) $\in$ **E** tal que $v_{ji} < 0$, a distância d_{1i}, calculada em uma iteração anterior, poderá estar errada. O algoritmo não descobrirá o erro, visto que $\mathbf{i} \notin \mathbf{N}^+(\mathbf{j}) \cap \mathbf{E}$.

4.9.2 Algoritmo 4.2: Algoritmo de Bellmann-Ford

Este algoritmo não fecha vértices. Todos os valores podem, portanto, ser revistos até o final e, em vista disso, ele pode trabalhar com grafos contendo arcos de valor negativo (desde que não existam, como já foi dito, circuitos de valor negativo, Even [Ev79]). A estimativa vigente d_{1i} da distância d_{1i} será revista enquanto houver um arco (**j**,**i**) tal que $d_{1i} > d_{1j} + v_{ji}$. O algoritmo encontrará caminhos mínimos se não houver um circuito de valor negativo atingível a partir da origem **1**.

Algoritmo

início

<dados G = (**V**,**E**) >; $d_{11} \leftarrow 0$; $d_{1i} \leftarrow \infty\ \forall \mathbf{i} \in \mathbf{V} - \{1\}$; rot(i) $\leftarrow 0\ \forall$**i**

enquanto $\exists$ (**j**,**i**) $\in$ **E** | $d_{1i} > d_{1j} + v_{ji}$ **fazer**

início

$d_{1i} \leftarrow d_{1j} + v_{ji}$;

rot(i) $\leftarrow$ j;

fim;

fim.

Se os arcos forem inspecionados em uma ordem previamente definida (como, p.ex., a lexicográfica) a complexidade é O(*mn*). Se o algoritmo continuar a modificar valores após a n^a passagem pela lista de arcos, o grafo contém um circuito de valor negativo. Em grafos não orientados, o algoritmo fica geralmente limitado a valores não negativos, visto que uma aresta equivale a um circuito de 2 arcos em ida e volta; logo, uma aresta de valor negativo geraria um circuito de valor negativo, a menos que se associe um sinal diferente a cada sentido (ver, p.ex., a aplicação discutida no **Capítulo 7**).

Exemplo: Usando o mesmo grafo representado na **Fig. 4.7**, teremos:

$$d_{11} = 0;\ d_{12} = d_{13} = d_{14} = d_{15} = \infty;\ \text{rot}(i) = 0\ \forall i$$

Os arcos serão visitados em ordem lexicográfica. Os valores atuais dos δ_{ij} estão indicados.

(**1**,**2**): $d_{12}\,(\infty) > d_{11}\,(0) + v_{12}\,(1) \rightarrow d_{12} = 1$ rot(2) = 1
(**1**,**5**): $d_{15}\,(\infty) > d_{11}\,(0) + v_{15}\,(1) \rightarrow d_{15} = 1$ rot(5) = 1
(**2**,**3**): $d_{13}\,(\infty) > d_{12}\,(1) + v_{23}\,(1) \rightarrow d_{13} = 2$ rot(3) = 2
(**2**,**4**): $d_{14}\,(\infty) > d_{12}\,(1) + v_{24}\,(2) \rightarrow d_{14} = 3$ rot(4) = 2
(**3**,**4**): $d_{14}\,(3) < d_{13}\,(2) + v_{34}\,(4) \rightarrow$ sem modificação
(**3**,**5**): $d_{15}\,(1) < d_{13}\,(2) + v_{35}\,(2) \rightarrow$ sem modificação
(**4**,**1**): $d_{11}\,(0) < d_{14}\,(3) + v_{41}\,(3) \rightarrow$ sem modificação
(**5**,**1**): $d_{11}\,(0) < d_{15}\,(1) + v_{51}\,(2) \rightarrow$ sem modificação
(**5**,**4**): $d_{14}\,(3) > d_{15}\,(1) + v_{54}\,(1) \rightarrow \delta_{14} = 2$ rot(4) = 5

(**1**,**2**): $d_{12}\,(1) = d_{11}\,(0) + v_{12}\,(1) \rightarrow$ sem modificação
(**1**,**5**): $d_{15}\,(1) = d_{11}\,(0) + v_{15}\,(1) \rightarrow$ sem modificação
(**2**,**3**): $d_{13}\,(2) = d_{12}\,(1) + v_{23}\,(1) \rightarrow$ sem modificação
(**2**,**4**): $d_{14}\,(2) < d_{12}\,(1) + v_{24}\,(2) \rightarrow$ sem modificação
(**3**,**4**): $d_{14}\,(2) < d_{13}\,(2) + v_{34}\,(4) \rightarrow$ sem modificação
(**3**,**5**): $d_{15}\,(1) < d_{13}\,(2) + v_{35}\,(2) \rightarrow$ sem modificação
(**4**,**1**): $d_{11}\,(0) < d_{14}\,(3) + v_{41}\,(3) \rightarrow$ sem modificação
(**5**,**1**): $d_{11}\,(0) < d_{15}\,(1) + v_{51}\,(2) \rightarrow$ sem modificação
(**5**,**4**): $d_{14}\,(2) = d_{15}\,(1) + v_{54}\,(1) \rightarrow$ sem modificação

Não tendo havido novas modificações na segunda iteração, o algoritmo se encerra. O vetor **rot** de rótulos será novamente, ao final, (0,1,2,5,1), permitindo o retraçamento dos caminhos tal como antes.

O algoritmo de **Bellmann–Ford** pode ser acoplado ao de **Dijkstra**, usando como estimativas os valores encontrados por este último, em grafos com arcos de valor negativo. Neste caso, ele executará uma única iteração, desde que a ordem dos arcos (**j**,**i**) inspecionados seja dada pela ordem de fechamento dos vértices **i** no algoritmo de **Dijkstra** (Gondran e Minoux [GM85]).

Este algoritmo encontra o caminho mínimo para cada vértice a partir de uma origem, em $O(nm)$, o que corresponde a $O(n^3)$ para grafos densos. Kolliopoulos e Stein [KS98] propõem para ele (após 35 anos !) um melhoramento que funciona, com elevada probabilidade, em $O(n^2 \log n)$. Este algoritmo aplica algumas regras de exclusão, cuidadosamente definidas, à rotina de atualização dos valores. Os testes indicados no trabalho foram feitos em grafos completos com custos de arcos escolhidos aleatoriamente.

4.9.3 Algoritmo 4.3: Algoritmo de Dantzig

Este algoritmo constrói progressivamente um subconjunto de vértices para os quais se conhece o caminho mínimo a partir da origem **1**, utilizando a cada iteração o conjunto vigente como base múltipla para a busca de novos itinerários que levem aos sucessores externos. Em cada iteração, todos os vértices que apresentarem valores mínimos serão incluídos no conjunto.

Tem-se, portanto, um conjunto $\mathbf{W_k} \subset \mathbf{V}$ de vértices e se associa a cada $\mathbf{i} \in \mathbf{N}^-(\mathbf{V} - \mathbf{W_k})$ um

$$\mathbf{j} \mid v_{ij} = \min v_{ir} \mid \mathbf{r} \in \mathbf{N}^+(\mathbf{i}) \cap (\mathbf{V} - \mathbf{W_k}).$$

Enfim, procura-se um conjunto

$$\mathbf{P}_k = \{p \mid d_{1i} + v_{ip} = \min_{i,j}[d_{1i} + v_{ij}] \qquad (4.38)$$

sendo **i** e **j** definidos como acima. Os valores das distâncias d_{1p} para os vértices de $\mathbf{P_k}$ serão dados por

$$d_{1p} = d_{1i} + v_{ip} \tag{4.39}$$

sendo **i** o vértice ao qual **p** foi associado.

O processo se encerra quando se obtém $\mathbf{W}_q = \mathbf{V}$ em uma iteração q.

Algoritmo

início
  $\mathbf{W} = \{\mathbf{1}\}$; $\delta_{11} = 0$; rot(i) $\leftarrow$ 0 $\forall$**i**;
  enquanto V – W $\neq \varnothing$ **fazer**
   início
     para i $\in \mathbf{N}^-(\mathbf{V} - \mathbf{W})$ **fazer**
      início
        $\mathbf{J}_i = \{\mathbf{j} \mid v_{ij} = \min \{v_{ir} \mid \mathbf{r} \in \mathbf{N}^+(\mathbf{i}) \cap (\mathbf{V} - \mathbf{W})\}\}$;
        $d^i_{1j} = d_{1i} + v_{ij}$;
      fim;
      se $d_{1p} = \min d^i_{1j}$ **então**
        início
          $\mathbf{W} \leftarrow \mathbf{W} \cup \{\mathbf{p}\}$;
          rot(p) = i;
        fim;
   fim;
fim.

A complexidade é, também, $O(n^2)$; o algoritmo terá menos trabalho quando houver maior número de empates, que permitirão adicionar mais vértices a **W** a cada iteração.

O retraçamento é feito, também, pelo vetor de rótulos, que tem um valor definitivo anotado cada vez que se inclui um vértice em **W**, o valor sendo o índice do vértice antecessor **i** cujo $\mathbf{J}_i$ continha o vértice incluído, com o valor mínimo.

Exemplo: seja o grafo abaixo (**Fig. 4.8**):

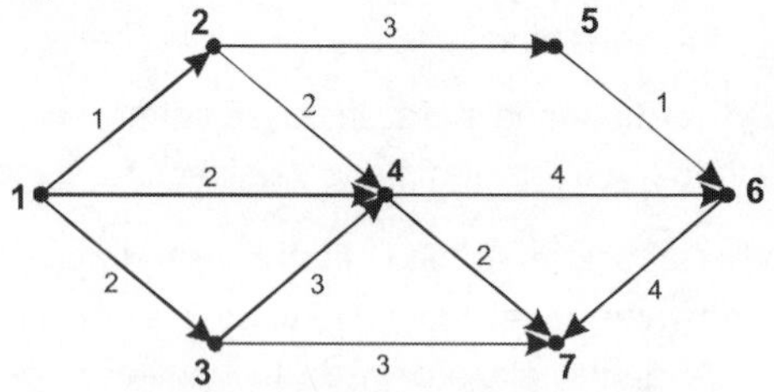

Fig. 4.8: Algoritmo de Dantzig

$\mathbf{W} = \{\mathbf{1}\}$; $\delta_{11} = 0$;

$\mathbf{N}^-(\mathbf{V} - \mathbf{W}) = \{\mathbf{1}\}$;

$\mathbf{J}_1 = \{ j \mid v_{1j} = \min(v_{12} = 1, v_{13} = 2, v_{14} = 2)\} \rightarrow \mathbf{J}_1 = \{\mathbf{2}\}$;

$d^i_{12} = 0 + 1 = 1$; $d^i_{12} = \min \delta_{ij} \mid j \in \mathbf{J}_1, \mathbf{i} \in \mathbf{N}^-(\mathbf{V} - \mathbf{W})$;

$\mathbf{W} \leftarrow \{\mathbf{1,2}\}$; rot(2) = 1;

$\mathbf{N}^-(\mathbf{V} - \mathbf{W}) = \{\mathbf{1,2}\}$;

$\mathbf{J}_1 = \{ j \mid v_{1j} = \min(v_{13} = 2, v_{14} = 2)\} \rightarrow \mathbf{J}_1 = \{\mathbf{3,4}\}$;

$\mathbf{J}_2 = \{ j \mid v_{2j} = \min(v_{25} = 3, v_{24} = 2)\} \rightarrow \mathbf{J}_2 = \{\mathbf{4}\}$;

$d^i_{13} = d^i_{14} = \min(d^i_{13}, d^i_{14}, d^2_{24})$;

$\mathbf{W} \leftarrow \{\mathbf{1,2,3,4}\}$; rot(3) = 1; rot(4) = 1;

$\mathbf{N}^-(\mathbf{V} - \mathbf{W}) = \{\mathbf{2,3,4}\}$;

$\mathbf{J}_2 = \{ j \mid v_{2j} = \min(v_{25} = 3)\} \rightarrow \mathbf{J}_2 = \{\mathbf{5}\}$; $d^2_{15} = 1 + 3 = 4$;

$\mathbf{J}_3 = \{ j \mid v_{3j} = \min(v_{37} = 3)\} \rightarrow \mathbf{J}_3 = \{\mathbf{7}\}$; $d^3_{17} = 2 + 3 = 5$;

$\mathbf{J}_4 = \{ j \mid v_{4j} = \min(v_{46} = 4, v_{47} = 2)\} \rightarrow \mathbf{J}_4 = \{\mathbf{7}\}$; $d^4_{17} = 2 + 2 = 4$;

$d^2_{15} = \delta^4_{17} = \min(d^2_{15}, d^3_{17}, d^4_{17})$;

W ← {**1,2,3,4,5,7**}; rot(5) = 2; rot(7) = 4;

$\mathbf{N}^-(\mathbf{V} - \mathbf{W}) = \{\mathbf{4,5}\}$;

$\mathbf{J}_4 = \{ j \mid v_{4j} = \min(v_{46} = 4)\} \rightarrow \mathbf{J}_4 = \{\mathbf{6}\}$; $d^4_{16} = 2 + 4 = 6$;

$\mathbf{J}_5 = \{ j \mid v_{5j} = \min(v_{56} = 1)\} \rightarrow \mathbf{J}_5 = \{\mathbf{6}\}$; $d^5_{16} = 4 + 1 = 5$;

$d^5_{16} = \min(d^5_{16}, d^4_{16})$; **W** ← {**1,2,3,4,5,6,7**};

rot(6) = 5; **V** – **W** = ∅;

O retraçamento é feito da forma já vista.

Determinação dos caminhos unindo todos os pares de vértices

Os algoritmos aqui utilizados são matriciais. Discutiremos dois deles, iniciando pelo algoritmo de Floyd, o mais utilizado pela sua excelente performance aliada a uma grande simplicidade.

4.9.4 Algoritmo 4.4: Algoritmo de Floyd

Este algoritmo utiliza um vértice base **k** para a construção de triplas com todos os pares (**i,j**), **i**, **j** ∈ **V**, a serem examinados por desigualdades triangulares. Da forma como o processo é conduzido, se os vértices forem rotulados em ordem numérica de 1 a *n*, o índice do vértice base usado em uma iteração corresponderá ao valor do contador de iterações e as desigualdades serão da forma

$$d^k_{ij} = \min\left(d^{k-1}_{ij}, \left(d^{k-1}_{ik} + d^{k-1}_{kj}\right)\right) \tag{4.40}$$

As modificações de valor são inscritas na própria matriz vigente $\mathbf{D}^{(k-1)}$, que se transformará em $\mathbf{D}^{(k)}$ ao final da iteração. Para registro das modificações correspondentes de itinerário é usada uma matriz auxiliar, que é a *matriz de roteamento* (Farbey, Land e Murchland [FLM67], Land e Stairs [LS67]). Esta matriz $\mathbf{R} = [r_{ij}]$, que é uma matriz de índices, é inicializada com

$$r_{ii} = i; \quad r_{ij} = j \;\text{ se } v_{ij} < \infty;\; r_{ij} = 0 \quad \text{em caso contrário.} \tag{4.41}$$

Os elementos desta matriz são os ***rótulos*** dos vértices. A operação indicada no algoritmo abaixo ($r_{ij} \leftarrow r_{ik}$), executada sempre que um caminho mais curto é encontrado, indica um vértice pelo qual este caminho passa, que poderá ser recuperado mais tarde por inspeção da matriz.. (Observe-se que o conteúdo de r_{ik} não é necessariamente o índice da coluna *k*, ele pode ter sido modificado em uma iteração anterior).

Algoritmo

início <dados **G** = (**V**,**E**); matriz de valores $\mathbb{V}$(**G**)

  $r_{ij} \leftarrow j$ ∀i; $\mathbf{D}^0 \leftarrow \mathbb{V}(\mathbf{G})$;

  para *k* = 1, ..., *n* **fazer**

    início

      para i, j = 1, ..., *n* **fazer**

        se $d_{ik} + d_{kj} < d_{ij}$ **então**

          início

            $d_{ij} \leftarrow d_{ik} + d_{kj}$;

            $r_{ij} \leftarrow r_{ik}$;

          fim;

    fim;

fim.

Exemplo: Usando ainda o grafo representado na **Fig.4.7**, teremos

$\mathbf{D}^0 =$

1	2	3	4	5
0	1	∞	∞	1
∞	0	1	2	∞
∞	∞	0	4	2
3	∞	∞	0	∞
2	∞	∞	1	0

$\mathbf{R}^0 =$

1	2	3	4	5
1	2	0	0	5
0	2	3	4	0
0	0	3	4	5
1	0	0	4	0
1	0	0	4	5

Na primeira iteração, com *k* = 1, obtém-se

$d_{41} + d_{12} = 3 + 1 < d_{42}$; $d_{42} = 4$; $r_{42} \leftarrow r_{41} = 1$

$d_{51} + d_{12} = 2 + 1 < d_{52}$; $d_{52} = 3$; $r_{52} \leftarrow r_{51} = 1$

$d_{41} + d_{15} = 3 + 1 < d_{45}$; $d_{45} = 4$; $r_{45} \leftarrow r_{41} = 1$

Obs.: Na execução manual, basta considerar as posições d_{ij} (para $i \neq j$) tais que se tenham, ao mesmo tempo, $d_{ik} < \infty$ e $d_{kj} < \infty$. A programação de todas as iterações por esse critério, no entanto, não é rentável.

O resultado da iteração é

$\mathbf{D}^1 =$

1	2	3	4	5
0	1	∞	∞	1
∞	0	1	2	∞
∞	∞	0	4	2
3	4	∞	0	4
2	3	∞	1	0

$\mathbf{R}^1 =$

1	2	3	4	5
1	2	0	0	5
0	2	3	4	0
0	0	3	4	5
1	1	0	4	1
1	1	0	4	5

As iterações seguintes são deixadas como exercício; as ***matrizes finais*** são:

$\mathbf{D}^5 =$

1	2	3	4	5
0	1	2	2	1
5	0	1	2	3
4	5	0	3	2
3	4	5	0	4
2	3	4	1	0

$\mathbf{R}^5 =$

1	2	3	4	5
1	2	2	5	5
4	2	3	4	3
5	5	3	5	5
1	1	1	4	1
1	1	1	4	5

Os valores dos caminhos mínimos para todos os pares (**i**,**j**) de vértices estão em $\mathbf{D}^5$ (que é **D**, matriz de distâncias). Para encontrarmos um caminho μ_{ij} (ou seja, executarmos o retraçamento), utilizaremos a matriz **R**; no caso, $r_{ij} = k_1$; se $k_1 = j$, o caminho mínimo será (**i**,**j**); senão, teremos $r_{k_1,j} = k_2$; se $k_2 = j$, o caminho mínimo será (**i**,$\mathbf{k}_1$, **j**); etc..

Para (**5**,**3**) teremos, por exemplo: $r_{53} = 1\ (\neq 3)$; $r_{13} = 2\ (\neq 3)$; $r_{23} = 3$, logo $\mu_{53} =$ (**5**,**1**,**2**,**3**).

Podemos notar que o grafo usado como exemplo é f-conexo, o que implica em $d_{ij} < \infty\ \forall \mathbf{i}\ \forall \mathbf{j}$ e em $r_{ij} > 0\ \forall \mathbf{i}\ \forall \mathbf{j}$. Com grafos de categorias inferiores de conexidade restarão posições infinitas em **D**, às quais corresponderão posições nulas em **R**, indicando a impossibilidade de se atingir, nesse caso, o segundo vértice a partir do primeiro.

A complexidade é $O(n^3)$.

O algoritmo de **Floyd** pode ser aplicado a grafos contendo arcos de valor negativo e, ainda, à localização de circuitos de valor negativo: basta que se observe algum $d_{ii} < 0$. O circuito poderá ser determinado por consulta a **R**.

Se definirmos $d_{ii} = \infty$ (modificando adequadamente a definição de r_{ii}) o algoritmo poderá ser usado para determinar o circuito de valor mínimo contendo um vértice qualquer (Hu [Hu70]). Aplicado a um grafo não orientado ele poderá, dessa forma, determinar o valor da cintura g(**G**) do grafo.

O problema da determinação dos circuitos de valor negativo e as dificuldades que os mesmos acarretam para o uso dos algoritmos de caminho mínimo são discutidos em detalhe em Celestino [Ce73].

4.9.5 Algoritmo 4.5: Algoritmo cascata

O algoritmo de **Floyd**, como pudemos observar, realiza as modificações referentes a uma iteração, constrói a nova matriz e a utiliza na iteração seguinte.

O conceito de algoritmo cascata envolve um mecanismo que admita o uso dos valores atualizados dentro da própria iteração na qual foram obtidos, sempre que isso se tornar necessário. Dessa forma, os "alongamentos" de caminhos (em número de arcos) trazidos pelo algoritmo podem ser acelerados, com o que se pode esperar obter o resultado final com menor esforço; isso, no entanto, não pode ser garantido, o que explica a pouca difusão do algoritmo, se comparado por exemplo com o de Floyd. A discussão básica pode ser encontrada em Farbey, Land e Murchland [FLM67] e Hu [Hu68].

A operação básica foi chamada por Hu de "minissoma" (ou seja, o mínimo de um conjunto de somas: termo também usado, na literatura, como denominação alternativa dos problemas de mediana, que usam o mesmo tipo de operação). A minissoma, tal como definida por Hu, é

$$d_{ij} = \min_k \left(d_{ik} + d_{kj}\right) \qquad (k = 1, \ldots, n) \qquad (4.42)$$

A operação de minimização envolve, portanto, n elementos (ao invés de apenas dois, como no algoritmo de **Floyd**). Em compensação, pode-se provar (ver referências) que a execução de apenas duas iterações é suficiente para fornecer uma resposta correta; há, no processo, a peculiaridade de que qualquer resultado parcial irá depender da ordem em que os cálculos forem feitos – e, para que o resultado final seja correto, as iterações devem ser feitas com a ordenação das linhas e colunas da matriz em sentido oposto ao anteriormente usado. Em Farbey, Land e Murchland [FLM67] há um contraexemplo para a exatidão do resultado do processo com duas iterações feitas na mesma ordem.

Algoritmo

```
início
    procedimento cascata (I, J)
        início
            para todo k = 1,..., n fazer
            se d_ik^(k-1) + d_kj^(k-1) < d_ij^(k-1) então
                        início
                            d_ij^k ← d_ik^(k-1) + d_kj^(k-1)
                            r_ij ← r_ik ;
                        fim;
        fim;
        I ← (n,n−1, ..., 2,1); J ← (n,n−1, ..., 2,1);
        para todo i ∈ I, j ∈ J fazer cascata (I,J);
        I ← (1,2, ...,n−1,n); J ← (1,2, ...,n−1,n);
        para todo i ∈ I, j ∈ J fazer cascata (I,J);
fim.
```

Exemplo: Utilizando a matriz do grafo representado na **Fig. 4.7**, relacionamos abaixo as somas linha−coluna referentes aos elementos que sofreram modificação: devem−se observar essas modificações, progressivamente introduzidas, ao acompanhar a execução. Não existindo valores negativos, trabalhamos com i ≠ j, deixando de lado a diagonal principal.

$D^0 =$

1	2	3	4	5
0	1	∞	∞	1
∞	0	1	2	∞
∞	∞	0	4	2
3	∞	∞	0	∞
2	∞	∞	1	0

$D =$

1	2	3	4	5
0	2	2	2	1
5	0	1	2	3
4	5	0	3	2
3	4	5	0	4
2	3	4	1	0

As modificações obtidas podem ser acompanhadas abaixo:

d_{2k}	∞	0	1	2	∞	d_{3k}	∞	∞	0	4	2	d_{3k}	4	∞	0	4	2
d_{k1}	0	∞	∞	3	2	d_{k1}	0	5	∞	3	2	d_{k2}	1	0	∞	∞	∞
Soma	∞	∞	∞	5	∞	Soma	∞	∞	∞	7	4	Soma	5	∞	∞	∞	∞
d_{4k}	3	∞	∞	0	∞	d_{5k}	2	∞	∞	1	0	d_{1k}	0	1	∞	∞	1
d_{k2}	1	0	5	∞	∞	d_{k2}	1	0	5	4	∞	d_{k3}	∞	1	0	∞	∞
Soma	4	∞	∞	∞	∞	Soma	3	∞	∞	5	∞	Soma	∞	2	∞	∞	∞
d_{4k}	3	4	∞	0	∞	d_{5k}	2	3	∞	1	∞	d_{1k}	0	1	2	∞	1
d_{k3}	2	1	0	∞	∞	d_{k3}	2	1	0	5	∞	d_{k4}	∞	2	4	0	1
Soma	5	5	∞	∞	∞	Soma	4	4	∞	6	∞	Soma	∞	3	6	∞	2
d_{3k}	4	5	0	4	2	d_{2k}	5	0	1	2	∞	d_{4k}	3	4	5	0	∞
d_{k4}	2	2	4	0	1	d_{k5}	1	∞	2	∞	0	d_{k5}	1	3	2	∞	0
Soma	6	7	4	4	3	Soma	6	∞	3	∞	∞	Soma	4	7	7	∞	∞

Neste ponto, a configuração final já foi atingida (comparar com a segunda matriz expressa acima). Infelizmente, isso não pode ser garantido em todos os casos; a iteração reversa, praticada "para a frente" sobre a matriz ordenada ao inverso, conforme recomendado por Marshall [Ma71] deve ainda ser feita. Não a acompanhamos, por não introduzir qualquer modificação neste exemplo.

A complexidade é também $O(n^3)$, embora seja de se esperar um maior tempo de computação do que com o algoritmo de Floyd, em vista das duas etapas necessárias. O retraçamento pode ser feito de modo semelhante ao usado neste último algoritmo, aproveitando−se as informações obtidas no momento de cada troca de valores.

4.9.6 Os circuitos de valor negativo

Cherkassky e Goldberg [CG99] discutem o problema da deteção de circuitos de valor negativo em grafos orientados, seguindo o processo habitual do uso de um algoritmo de caminho mínimo combinado com uma estratégia de deteção dos circuitos e examinando várias combinações para procurar a mais eficiente.

Yamada e Kinoshita [YK02] propõem um algoritmo para enumerar todos os circuitos de valor negativo em um grafo orientado onde os arcos podem receber valores negativos.

Ibrahim, Maculan e Minoux [IMM09] discutem uma formulação baseada em fluxo para a resolução do problema do caminho mínimo em grafos contendo circuitos negativos.

4.10 O problema do labirinto

Em certas situações, se procura achar um caminho entre dois vértices de um grafo, sem qualquer consideração quantitativa: o problema estará resolvido quando o caminho for encontrado. O grafo é, comumente, não orientado e representativo de um conjunto de decisões viáveis, a serem tomadas em uma certa sequência cuja determinação corresponde à solução do problema.

Esta é, de fato, a situação de quem se encontra perdido em um labirinto e que, em cada bifurcação, deve decidir sobre a direção a ser tomada: daí a designação habitual deste problema como o problema do labirinto. O algoritmo mais tradicionalmente usado pratica uma estratégia de busca em profundidade; é conhecido desde o século XIX como "algoritmo de **Trémaux**". Ele tem a peculiaridade de envolver apenas decisões baseadas em propriedades locais (ou seja, relativas ao último vértice atingido) não exigindo, de início, que se disponha de informações sobre todo o grafo (Even [Ev79], Berge [Be73]).

4.10.1 Algoritmo de Trémaux

O algoritmo, tal como seria usado por alguém perdido em um labirinto, pode ser expresso informalmente como segue:

1) Partir do ponto inicial **s** e seguir um caminho qualquer marcando cada aresta percorrida com uma seta que indique o sentido da passagem. Nunca utilizar uma aresta duas vezes no mesmo sentido.

2) Ao chegar a um beco sem saida (vértice pendente) ou a um vértice já explorado através de outra aresta, retroceder.

3) Após um retrocesso, dar preferência a uma aresta ainda não percorrida, se ela existir.

4) Parar ao atingir o ponto final **t** (saída do labirinto).

Pode-se demonstrar (Berge [Be73]) que, se existir um caminho μ_{st}, o algoritmo atingirá a saída **t**; além disso, é fácil concluir que ele, para isso, percorrerá no máximo duas vezes cada aresta do grafo.

Exemplo 1. No grafo abaixo (**Fig. 4.9**), verifique, pela ordem de percurso das arestas, que o algoritmo está sendo seguido (embora não se esteja, propositalmente, seguindo o caminho mais curto para a saída):

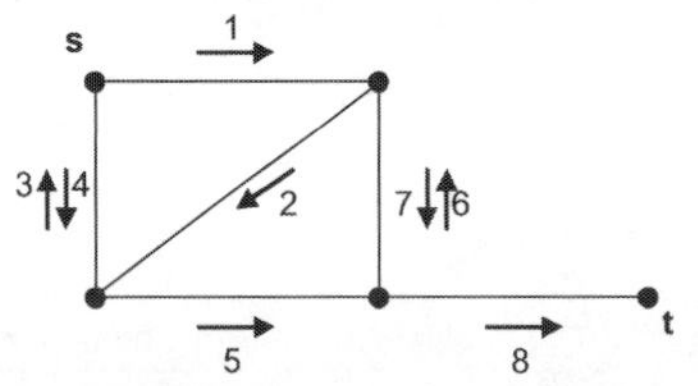

Fig. 4.9: Exemplo para o algoritmo de Trémaux

Exemplo 2 (percurso do cavalo): Usando a chamada "notação algébrica" do xadrez, pode-se enunciar o problema como o de encontrar um caminho que leve o cavalo de **g1** a **b1** sem cair em nenhuma casa sombreada (**Fig. 4.10**):

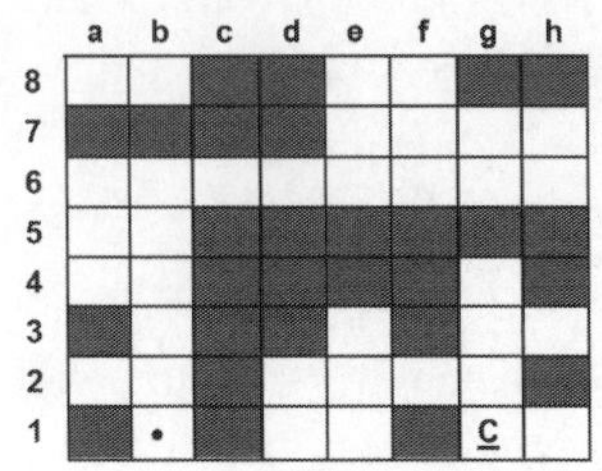

Fig. 4.10: Problema do cavalo

O modelo de grafo que leva em conta a forma de movimentação do cavalo e as restrições de passagem é o seguinte (**Fig. 4.11**):

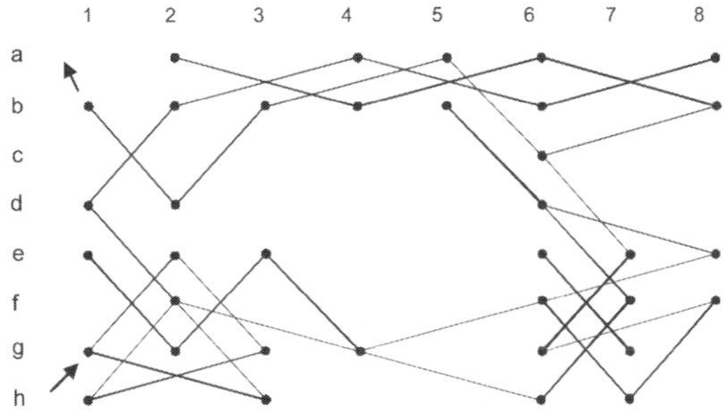

Fig. 4.11: Modelo do problema do cavalo

A aplicação do algoritmo é deixada como exercício. Observe, na figura, os pontos de entrada e saída.

4.10.2 Há casos nos quais os conjuntos de situações e de decisões viáveis precisam ser determinados através de uma análise do problema em um nível mais abstrato. O mais simples desses problemas é o chamado "problema da cabra, do lobo, da alface e do barqueiro" e envolve a travessia de um rio em um barco no qual cabem somente dois dentre os participantes. As restrições óbvias quanto à permanência na margem e quanto às possibilidades de travessia precisam ser convenientemente expressas no modelo de grafo, o qual pode ser definido da seguinte forma, para o problema em discussão:

Seja **G** = (**V**,**E**) o grafo e seja **Z** = { ***C,L,A,B*** } o conjunto de participantes. Levando-se em conta todas as alternativas viáveis de permanência em uma margem considerada como inicial, teremos evidentemente um conjunto **V** $\subset$ $\mathbf{P}$(**Z**), onde $\mathbf{P}$(**Z**) é o conjunto de partes de **Z**.

Por outro lado, as decisões admissíveis (travessias) comportam duas restrições, que são expressas pelas diferenças entre os conjuntos de elementos na margem inicial:

i) presença do barqueiro na diferença entre as situações anterior e posterior à travessia;

ii) cardinalidade máxima da diferença igual a 2.

O conjunto $\mathbf{P}$(**Z**) possui 16 elementos, dos quais são inviáveis {***CL***} (logo, {***AB***}), {***CA***} (logo, {***LB***}) e {***CLA***} (logo, {***B***}). O conjunto **V** será constituído pelos demais elementos. Se considerarmos como base a margem de partida, {***CLAB***} será o início do caminho e ∅ o seu final.

As restrições de travessia, necessárias à definição de **E**, podem ser assim expressas:

$$\mathbf{B} \in \mathbf{i} - \mathbf{j} \text{ ou } \mathbf{B} \in \mathbf{j} - \mathbf{i} \qquad \mathbf{i}, \mathbf{j} \in \mathbf{V} \tag{4.43a}$$

$$|\,|\mathbf{i}| - |\mathbf{j}|\,| \leq 2 \tag{4.43b}$$

O grafo **G** obtido receberá então uma orientação, dada pela busca de um caminho entre a situação inicial CLAB e a situação final ∅. O grafo que resulta é o seguinte (**Fig. 4.12**):

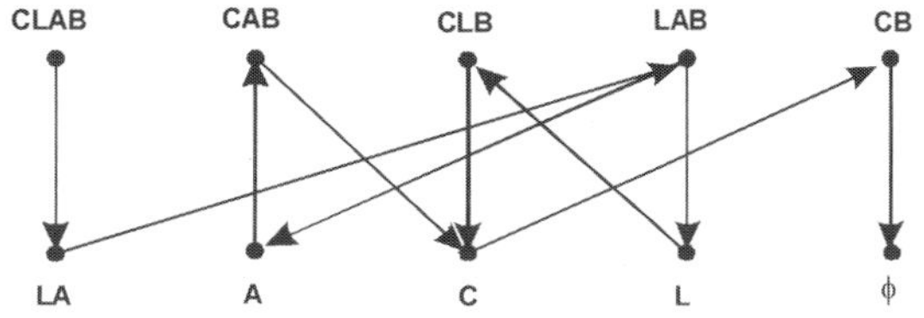

Fig. 4.12: Solução do problema

Análogos ao problema acima são os do tipo "*p* missionários e *p* canibais com um barco de capacidade *q*", nos quais a restrição de margem visa evitar o predomínio dos segundos sobre os primeiros e suas óbvias consequências. Há diversas variantes, conforme a distribuição das habilidades de remador pelos participantes e o número deles.

Pode-se mostrar que o problema (4,2) não tem solução. Uma discussão interessante é encontrada em Busacker e Saaty [BS65].

Outro problema do mesmo tipo, porém de construção diferente, é o problema dos 8 litros, que consiste em dividir ao meio o vinho contido em um garrafão cheio com essa capacidade, dispondo-se apenas de dois garrafões vazios de capacidades 5 e 3 litros para transvasar o vinho, podendo-se derramar vinho em um único garrafão em cada etapa. Aqui, o conjunto **V** de vértices é constituído de triplas (x, y, z) indicando as quantidades de vinho contidas nos 3 garrafões em cada etapa do processo. É claro que se deve ter sempre $x + y + z = 8$, $y \leq 5$ e $z \leq 3$. As restrições de transvasamento implicam em que uma dentre as diferenças $x_{i+1} - x_i$, $y_{i+1} - y_i$ e $z_{i+1} - z_i$ deve ser nula (a garrafa que não foi usada na etapa) e em que o valor de ao menos uma das restantes corresponda ao enchimento total ou ao esvaziamento de uma garrafa. O ponto inicial será, então, (8, 0, 0) e o final será (4, 4, 0). Boldi, Santini e Vigna [BSV02] discutem o problema geral de se saber que quantidades podem ser medidas usando-se um conjunto de recipientes de capacidades fixas e determinam limites inferiores e superiores para o número de passos necessários às medidas.

4.10.3 Outras técnicas de resolução do problema

Pode ser usado um algoritmo devido a **Riguet** (Berge [Be73]) que constrói uma arborescência (ver o **Capítulo 5**) contendo as opções do processo, sem repetir nenhum vértice sobre um mesmo caminho a partir da raiz. O vértice final do grafo original corresponderá, assim, a ao menos um dos vértices pendentes da arborescência que, no caso do "problema **CLAB**", será (**Fig. 4.13**):

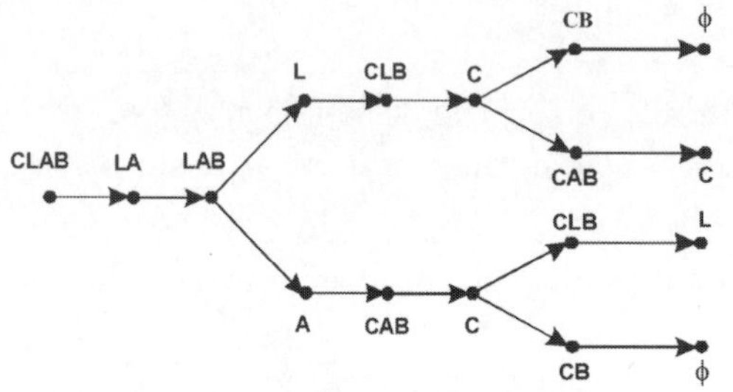

Fig. 4.13: Problema CLAB

Saaty propôs um método matricial para análise de alguns problemas de decisão sequencial. A matriz inicial **A** é a de um grafo orientado sem circuitos, correspondente às transições em um sentido único. Consideremos um problema tipo travessia: a matriz **A** representará, então, todas as possibilidades de ida da primeira para a segunda margem ***em uma única etapa***. Evidentemente, $\mathbf{A}^T$ corresponderá às transições em sentido contrário e, dentro da lógica do teorema de **Festinger** (ver o **item 4.3**), o produto booleano $\mathbf{AA}^T$ corresponderá a uma ida e uma volta. Se o problema tiver solução, ela exigirá *k* idas e voltas, a situação ao final delas sendo então descrita por $(\mathbf{AA}^T)^k$ e a solução completa (com a última travessia) será descrita por $(\mathbf{AA}^T)^k\mathbf{A}$. Se os vértices inicial **1** e final **p** forem respectivamente o inicial e o final do processo, obteremos um elemento não nulo a_{1p} em $(\mathbf{AA}^T)^k\mathbf{A}$ se o problema tiver solução para algum *k*, indicando a existência de um caminho entre 1 e p.

Vale a pena notar que a verificação da existência ou não de uma solução para o problema não exige os produtos matriciais: basta determinar o fecho transitivo direto de **1** no grafo associado a $\mathbf{AA}^T$; o subgrafo por ele definido conterá todos os caminhos de **1** até os antecessores de **p** (ou seja, as últimas situações possíveis antes da travessia final). Portanto, para que o problema tenha solução, devemos ter

$$\mathbf{R}^+_{\mathbf{AA}^T}(1) \cap \mathbf{N}^-_{\mathbf{A}}(p) \neq \varnothing \qquad (4.44)$$

✱ 4.11 O problema da exploração total

Este é o problema de um robô que deve construir um mapa de um ambiente desconhecido, representado por um grafo não orientado, o que deve ser feito com o mínimo de passagens pelas arestas. Panaite e Pelc [PP99] apresentam um algoritmo heurístico com essa finalidade, cuja *penalidade* (ou seja, o excesso de exploração de arestas em relação ao seu número total) é $O(n)$.

4.12 Partição de grafos em percursos

Um problema que tem atraido a atenção de diversos pesquisadores é o da partição de um grafo em percursos disjuntos em relação aos vértices.

Trata-se, naturalmente, de um caso particular do problema, mais geral, da partição de um grafo em subgrafos disjuntos, seja em relação aos vértices ou em relação às ligações.

Dois resultados, o segundo dos quais particulariza o primeiro, podem ser citados nesse contexto (Enomoto e Ota [EO00]):

a) Para **G** = (**V**,**E**) *k*-conexo de ordem

$$n = \sum_{i=1}^{k} a_i ,$$

considerando-se *k* vértices distintos $\mathbf{x}_1, ..., \mathbf{x}_k$, é possível particionar **V** em *k* conjuntos $\mathbf{X}_1, ..., \mathbf{X}_k$ tais que $| \mathbf{X}_i | = a_i$, $\mathbf{x}_i \in \mathbf{X}_i$ e os subgrafos induzidos por $\mathbf{X}_i$ são conexos para $1 \leq i \leq k$ (**Györni** e **Lovász**).

b) Para **G** = (**V**,**E**) de ordem

$$n = \sum_{i=1}^{k} a_i ,$$

com $a_i \leq 5$ para $1 \leq i \leq k - 2$, se $\sigma_2(\mathbf{G}) \geq n + k - 1$ (ver o **Capítulo 2**), para quaisquer *k* vértices distintos $\mathbf{x}_1, ..., \mathbf{x}_k$ existem percursos distintos em relação aos vértices $\mathbf{P}_1, ..., \mathbf{P}_k$, tais que $| \mathbf{P}_i | = a_i$ e $\mathbf{P}_i$ contém $\mathbf{x}_i$, $1 \leq i \leq k$.

Uma conjetura, em aberto, é que o resultado (b) seja válido para qualquer partição de **V**, sem restrição de tamanho das partes. ✸

Exercícios – Capítulo 4

4.1 Investigue a possibilidade do desenvolvimento de um algoritmo destinado à enumeração dos caminhos elementares em um grafo **G** = (**V**,**E**) orientado através da supressão dos circuitos que apareçam nas matrizes potência indicadas pelo teorema de **Festinger**.

4.2 Estude a possibilidade do uso do mesmo algoritmo, ou de outro de mesma base teórica, para enumerar os circuitos de um grafo orientado **G** = (**V**,**E**).

4.3 Mostre a validade da expressão (4.15) e dê exemplos de grafos que verifiquem a igualdade em cada um dos dois sentidos.

4.4 (**Roy**) Para cada item abaixo, construa um grafo que atenda às exigências feitas:

a) 15 vértices, maior semigrau exterior igual a 2 e raio mínimo;

b) o mesmo, com número mínimo de arcos;

c) o mesmo de (a), porém f–conexo e com 2 centros;

d) o mesmo de (c), com 3 centros;

e) o mesmo de (a), com 17 vértices;

f) o mesmo de (a), com 12 vértices.

4.5 Mostre que, se um grafo orientado possuir 2 centros, então eles pertencerão à mesma componente f–conexa.

4.6 (**Sachs**) Mostre que todo grafo **G** não orientado e autocomplementar possui diâmetro igual a 2 ou 3.

4.7 Investigue a possibilidade de se definir uma relação envolvendo o diâmetro de um grafo e a sua conectividade (além, eventualmente, de algum outro invariante).

4.8 Modifique o algoritmo de **Dijkstra** de modo que ele forneça resultados corretos mesmo em presença de arcos de custo negativo. Compare a complexidade da nova versão com a do algoritmo original.

4.9 O esquema abaixo representa os caminhos que ligam diversas localidades por onde devem passar o mosqueteiro D'Artagnan, e que está repleto de emboscadas. Os número representam a probabilidade (x/10) de sucesso de ultrapassar os trechos; por exemplo, entre os vértices 2 e 4 a probabilidade de sucesso é de 70%. Gostaria de calcular as probabilidades de sucesso de ir de 1 até os outros vértices.

É possível adaptar o algoritmo de Dijkstra para este fim? Justifique sua resposta. Caso seja possível, resolva o problema.

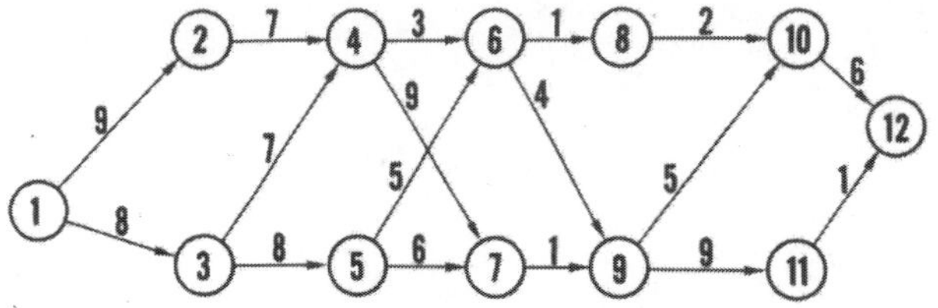

4.10 Mostre que, ao se aplicar o algoritmo de **Ford** a um grafo orientado valorado sem circuitos de valor negativo, se existir um caminho μ_{1x} com *k* vértices, então o vértice **v**, ao fim da k^a passagem pela lista de arcos, terá recebido seu valor final.

4.11 Como se poderá aplicar o algoritmo de **Ford** a um grafo orientado com valores positivos e negativos para os arcos, para achar um caminho entre dois vértices dados **s** e **t**, de modo a evitar que o algoritmo entre em *loop* se encontrar um circuito de custo negativo ?

4.12 Nossa fábrica pode enviar sua produção de enlatados **para uma das quatro** cidades: São Paulo, Belo Horizonte, Florianópolis e Salvador, com lucro (em milhares de reais) respectivamente de 550 (SP), 580(BH), 590(F) e 600(S). Estes lucros serão diminuídos pela passagem por diversas estradas e cidades..

O problema pode ser modelado pelo seguinte grafo (as taxas estão expressas nos arcos que chegam às cidades):

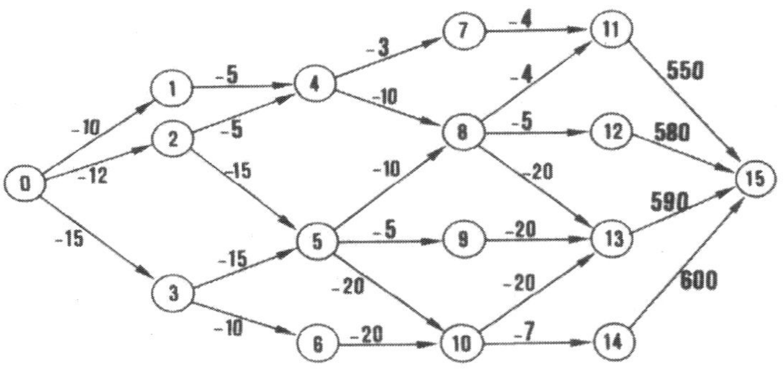

Como podemos usar este grafo para determinar para onde devemos mandar a mercadoria, e por qual caminho?

4.13 Deseja-se aplicar o algoritmo de **Floyd** a um grafo **G** que possui um único circuito de custo negativo. Como se poderá detetar a presença desse circuito e a partir de qual iteração, no mínimo, ele terá sido detetado ?

4.14 Compare a complexidade do algoritmo de **Floyd** com a do algoritmo cascata, levando em conta o número de operações aritméticas a serem aplicadas.

4.15. Considere a matriz abaixo como a matriz de distâncias de um grafo orientado :

	1	2	3	4	5	6	7	8	9	e^+	e^-	S^+
1	0	12	20	15	28	37	25	38	46			
2	12	0	8	27	16	25	37	32	43			
3	20	8	0	35	24	17	45	40	35			
4	15	27	35	0	15	25	14	17	35			
5	28	16	24	15	0	10	29	16	27			
6	37	25	17	25	10	0	39	26	18			
7	25	37	45	14	29	39	0	13	21			
8	38	32	40	17	16	26	13	0	11			
9	46	43	35	35	27	18	21	11	0			
	e^-											
	e^-											
	S^-											

Em que vértice você localizaria:

a) O armazem central de uma rede de supermercados que deve abastecer as outras unidades ?

b) Um posto de polícia ?

c) Uma coletoria de impostos (se por acaso voce desejasse facilitar a vida do contribuinte!) ?

d) Uma usina de lixo ? (Pense bem no critério a utilizar !!!)

e) Um quartel do Corpo de Bombeiros ?

4.16 A rede de metrô de uma cidade possui 8 linhas, especificadas abaixo pelas estações que delas participam, na ordem de sequência:.

Linha	Estações	Linha	Estações
1	1,6,9,13,14	5	3,7,9,11,15,24,21
2	1,5,6,7,8	6	4,5,6,7,8
3	2,6,11,16,22	7	4,10,15,16,17,18,19
4	2,7,13,23,18,22	8	8,13,12,16,24,20

a) Construa o grafo representativo da rede usando estas informações.

b) O grafo que você construiu está de acordo com a informação dada pela lista, ou falta alguma coisa ?

c) Cada trecho da linha é valorado pelo tempo de percurso e um passageiro consome um tempo dado para atravessar de uma linha para outra, se for o caso, dentro de uma estação que possua mais de uma linha. Que critérios de otimização poderiam ser usados, ao se resolverem problemas de caminho mínimo nesta situação ?

4.17 Resolva o problema do cavalo (**Figs. 4.10** e **4.11**) usando o conceito de busca em labirinto (ou seja, rotulando apenas os vértices atingidos, na ocasião em que forem atingidos, e incluindo e marcando direções de passagem nas arestas atravessadas, sem construir de início todo o grafo).

4.18 Resolva o "problema dos 8 litros", utilizando as indicações do texto.

4.19 Uma quadrilha de três ladrões tem sua fuga planejada, após um assalto: a ideia é utilizar um pequeno avião que comporta 170 kg. Apenas um dos ladrões (peso 60 kg) sabe pilotar. O segundo, que é o guarda–costas do chefe, pesa 100 kg e o chefe pesa 70 kg. O chefe e o piloto não confiam um no outro, cada um temendo que o outro fuja com a mala de dinheiro (peso 40 kg) se tiver oportunidade. Apenas o guarda–costas merece a confiança de ambos. Apesar de tudo isso, eles conseguem elaborar um plano de fuga que satisfaz a todos eles. Descubra qual foi esse plano e justifique–o teoricamente.

4.20 Prove, ou dê um contraexemplo: Se um grafo orientado **G** possuir uma base com 2 vértices, ambos serão centros de **G**.

Capítulo 5

Grafos sem circuitos e sem ciclos

La lune blanche
Luit dans les bois
De chaque branche
Part une voix
Dans la ramée ...

Paul Verlaine

5.1 Grafos sem circuitos

5.1.1 Discussão inicial

Neste capítulo, discutiremos inicialmente grafos orientados que não possuem circuitos e nos quais, portanto, não existe uma relação mútua de atingibilidade entre dois vértices quaisquer – o que permite concluir que um grafo sem circuitos pertencerá, no máximo, à categoria C_2. As relações que levam à definição de um grafo sem circuitos são, portanto, antireflexivas e antissimétricas; continuarão, porém, sendo transitivas visto que, uma vez construído o grafo, se terá **x *R* y** e **y *R* z** $\Rightarrow$ **x *R* z,** onde ***R*** é a relação de atingibilidade (**Fig. 5.1**):

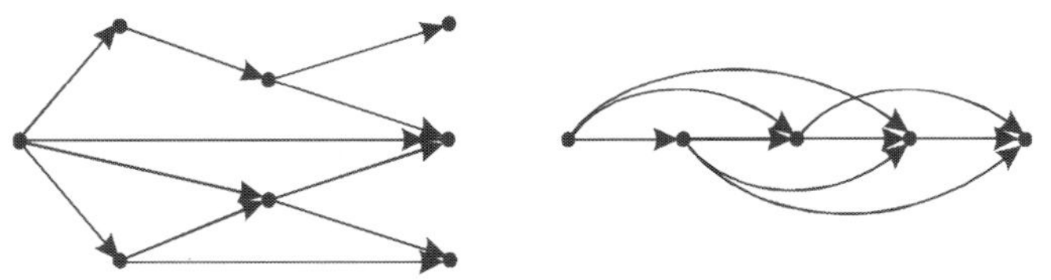

Fig. 5.1: Grafos sem circuito

Trata–se, portanto, de relações de ordem total ou parcial, conforme o grafo seja ou não completo (Harary, Norman e Cartwright [HNC68]).

5.1.2 Teorema 5.1: *Um grafo **G** = (**V**,**E**) sem circuitos possui ao menos um vértice **v** tal que* $d^+(\mathbf{v}) = 0$ *e ao menos um vértice **w** tal que* $d^-(\mathbf{w}) = 0$.

Prova: Suponhamos que não exista **v** tal que $d^+(\mathbf{v}) = 0$. Então poderemos construir caminhos de qualquer comprimento, visto que todo vértice terá sempre um arco disponível para a saída de um caminho. Mas estamos considerando grafos finitos: então, qualquer caminho de comprimento suficiente terminará por repetir um vértice, o que causará a formação de um circuito. Portanto a suposição é absurda.

Aplicando o princípio da dualidade direcional, pode–se validar a prova para o semigrau interior. ■

Teorema 5.2: *As seguintes propriedades são equivalentes para a definição de um grafo **G** = (**V**,**E**) sem circuitos:*

*1) **G** é sem circuitos.*

2) $\mathbf{G}_r$ *é isomorfo a **G**.*

*3) Todo caminho de **G** é elementar,*

*4) Existe um grafo isomorfo a **G**, cuja matriz de adjacência correspondente é triangular superior;*

*5) Existe uma valoração dos vértices de **G** tal que para todo* $\mathbf{v} \in \mathbf{V}$ *se tenha* $v(\mathbf{w}) > v(\mathbf{v})$ $\forall \mathbf{w} \in N^+(\mathbf{v})$.

Prova:

(1) ⇒ (2) : Seja **G** sem circuitos. Suponhamos que **G** possua uma componente f–conexa com dois vértices **v** e **w** ∈ **V**. Como consequência, existirão caminhos μ_{vw} e μ_{wv} em **G**. Mas esses dois caminhos formam um caminho fechado – e um caminho fechado, ou é um circuito, ou contém ao menos um circuito. Porém o grafo não possui circuito: logo, não existe em **G** uma componente f–conexa com mais de um vértice: todas elas terão um único vértice, o que implica em $\mathbf{G}_r$ isomorfo a **G** (e vice–versa).

(2) ⇒ (3) : Seja $\mathbf{G}_r$ isomorfo a **G** e suponhamos que exista em **G** um caminho não elementar: então esse caminho retornará a um vértice já percorrido e o trecho entre a primeira e a segunda passagem por esse vértice corresponderá a um circuito. Então todos esse vértices pertencerão a uma mesma componente f–conexa, o que implica em que corresponderão a um único vértice em $\mathbf{G}_r$: logo, este não poderá ser isomorfo a **G**. Portanto a suposição é absurda e todo caminho em **G** deverá ser elementar.

(3) ⇒ (4). Seja um grafo **G** onde todos os caminhos sejam elementares, com uma rotulação de **V** dada. Aplicando o **Teorema 5.1**, consideremos o subconjunto $\mathbf{N}_0 = \{\mathbf{v} \in \mathbf{V} \mid d^-(\mathbf{v}) = 0\}$ e iniciemos com ele uma nova rotulação de **V**. Removamos $\mathbf{N}_0$ e procuremos no subgrafo assim obtido um subconjunto $\mathbf{N}_1$ com a mesma propriedade, continuando a rotulação com os vértices de $\mathbf{N}_1$. Prosseguindo dessa forma até encontrarmos um subconjunto $\mathbf{N}_r = \{\mathbf{v} \in \mathbf{V} \mid d^+(\mathbf{v}) = 0\}$ (novamente aplicando o **Teorema 5.1**), teremos rotulado todos os vértices de tal forma que, ao longo de todo caminho em **G**, nenhum vértice receberá um arco de outro com rótulo maior que o seu. Isto é garantido pelo fato de todos os caminhos em **G** serem elementares. Em vista desta propriedade, a matriz de adjacência **A**(**G**) correspondente a esta rotulação será triangular superior. A nova rotulação, evidentemente, corresponderá a uma permutação dos rótulos da antiga, o que corresponde à definição de isomorfismo.

(4) ⇒ (5): Consideremos que tenha sido obtida uma rotulação dos vértices conforme definido acima. Então, a todo vértice **v** poderá ser atribuído um valor correspondente ao índice do subconjunto ao qual ele pertence. A valoração assim obtida possui a propriedade requerida, uma vez que para todo $a_{ij} = 1$ se terá $i < j$.

(5) ⇒ (1) Na rotulação acima definida, cada vértice de **G** tem associado um valor inferior aos valores dos seus sucessores. Logo, não poderá existir um circuito em **G**, ou existiria um caminho unindo $\mathbf{w} \in \mathbf{R}^+(\mathbf{v})$ a **v** e seria impossível obter–se uma ordenação com a propriedade requerida. ■

Uma valoração como a definida pelo teorema é conhecida como um *conjunto de potenciais no sentido estrito* sobre **G** (Harary, Norman e Cartwright [HNC68]). De acordo com o enunciado do teorema, esses valores podem ser diferentes para todos os vértices, o que não é, no entanto, obrigatório: em particular, é possível definir, sobre um grafo **G**, um conjunto $\mathbf{P} = \{0, 1, \ldots, p\}$ ($p \leq n$) de potenciais, pela relação de inclusão

$$\mathbf{N}_i = \{\mathbf{v}_j \mid \mathbf{N}^-(\mathbf{v}_j) \subseteq \bigcup_{k=0}^{i-1} \mathbf{N}_k\}, \qquad i \in \mathbf{P} \qquad (5.1)$$

Os conjuntos $\mathbf{N}_i$ são chamados *níveis* e formam uma partição de **V**. Um vértice pertencente a um nível só possui antecessores nos níveis anteriores – o que garante a obediência à condição que define um conjunto de potenciais.

A função $O(\mathbf{v}_i) = i$, definida sobre **V** para $\mathbf{v}_i$, é chamada *função ordinal* de um grafo sem circuito (**Fig. 5.2**):

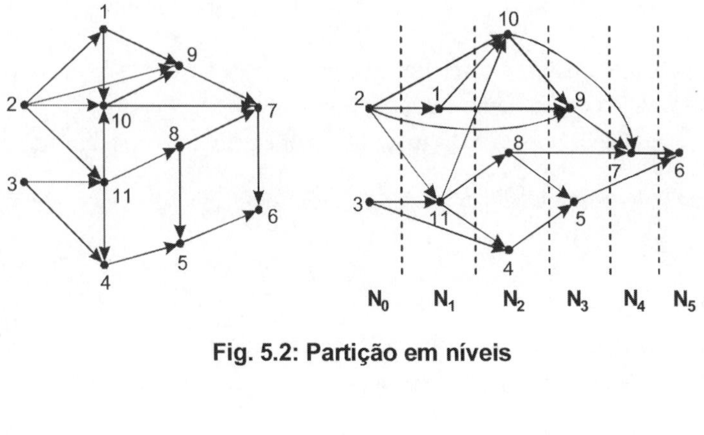

Fig. 5.2: Partição em níveis

5.1.3 Determinação dos níveis em um grafo sem circuitos

A determinação dos níveis em um grafo sem circuitos é um problema de fácil resolução e que apresenta um interesse imediato, que é o da verificação da correção de um modelo de grafo sem circuito (por exemplo, na construção de grafos PERT). Os algoritmos disponíveis são de complexidade O(m).

Algoritmo 5.1: Algoritmo de Demoucron

O algoritmo é baseado na prova do **Teorema 5.2** e consiste em sucessivas determinações dos semigraus interiores $d^{-}\mathbf{v}$), retirando–se ao final da iteração i o subconjunto $\mathbf{W}_i \subset \mathbf{V}$ para o qual $d^{-}(\mathbf{w}) = 0\ \forall \mathbf{w} \in \mathbf{W}_i$. Cada subconjunto retirado constitui um nível; se, em alguma iteração k, se obtiver $\mathbf{W}_k = \varnothing$, então o grafo possuirá algum circuito e o algoritmo não poderá prosseguir.

Exemplo: Com o grafo expresso pela **Fig. 5.2** teremos:

	1	2	3	4	5	6	7	8	9	10	11
1									1	1	
2	1								1	1	1
3				1							1
4					1						
5						1					
6											
7						1					
8					1		1				
9							1				
10							1		1		
11				1				1		1	

l_0	1	0	0	2	2	2	3	1	3	3	2	N_0 = {2,3}
l_1	0	–1	–1	1	2	2	3	1	2	2	0	N_1 = {1,11}
l_2	–2	–1	–1	0	2	2	3	0	1	0	–2	N_2 = {4,8,10}
l_3	–2	–1	–1	–3	0	2	1	–3	0	–3	–2	N_3 = {5,9}
l_4	–2	–1	–1	–3	–4	1	0	–3	–4	–3	–2	N_4 = {7}
l_5	–2	–1	–1	–3	–4	0	–5	–3	–4	–3	–2	N_5 = {6}

Ao final de cada iteração k ($k \geq 0$), as posições nulas são obliteradas. No algoritmo que se segue, isso é feito com o valor –(índice da linha), tal como mostrado acima. Desta forma, no vetor final $\mathbf{l}_r = (i_q)$, a expressão $-(i_q + 1)$ indicará o nível do vértice **q**. O algoritmo terminará quando não mais aparecerem posições não nulas. No exemplo acima, a última dessas posições (correspondente a $\mathbf{N}_5$) foi deixada sem obliteração.

Se existir um circuito, ele poderá ser determinado seguindo–se as relações de adjacência que envolvem os vértices não retirados, até que se volte, na sequência, a um vértice já explorado.

Exemplo (Roy):

	1	2	3	4	5	6	7	8
1		1		1				
2			1	1				
3				1			1	
4								
5	1						1	
6					1		1	
7	1							1
8		1						

2	2	1	3	1	0	3	1
2	2	1	3	0	–1	2	1
1	2	1	3	–2	–2	1	1

Na terceira iteração não aparecem zeros, o que indica a presença de um circuito. Pode–se então começar por **1**, que envia arcos para **2** e **4;** a partir de **2,** se tem **3** e **4;** a partir de **3, 4** e **7;** a partir de **7, 1** e **8**, o que fecha o circuito **(1,2,3,7,1).** A implementação pode ser feita como uma busca em profundidade (ver por exemplo Szwarcfiter (Sw84]).

Enfim, é importante observar que existe uma partição em níveis – e uma função ordinal – associada a $\mathbf{N}^{+}$ (que pode ser, portanto, determinada ao longo das linhas, ao invés das colunas, da matriz de adjacência).

Esta partição pode, ou não, ser igual à que corresponde a $\mathbf{N}^-$. Deixamos ao leitor o trabalho de verificar que, no exemplo da **Fig. 5.2**, a partição será **{{6},{5,7},{4,8,9},{10},{1,11}, {2,3}}**. Um algoritmo de busca em profundidade, recursivo, para determinação da partição de um grafo sem circuito em níveis, está em Markenzon [Mar83].

5.2 O método PERT

5.2.1 Discussão inicial

Trata–se de uma técnica de sequenciação de atividades em algum tipo de trabalho que possa ser dividido em etapas; ela permite não apenas a determinação do tempo total mínimo, mas também a realocação de recursos no sentido do melhor aproveitamento.

Do ponto de vista da teoria dos grafos, o problema envolve o uso de um algoritmo de determinação de um caminho de valor máximo em um grafo sem circuitos, onde os valores podem ser considerados determinísticos (CPM, *critical path method*) ou variáveis aleatórias (PERT propriamente dito). Não nos alongaremos nos detalhes da técnica, que tem diversas obras a ela dedicadas, como ITT [IT68], Magalhães Motta [Mag69] etc.. Diversas obras de grafos consagram trechos ao PERT como, por exemplo, Roy [Ro69], Faure, Roucairol e Tolla [FRT76] e Gondran e Minoux [GM85].

Aqui nos interessaremos pela técnica utilizada para a construção do grafo PERT a partir de uma tabela de dados e pela definição do algoritmo, além de discutir sucintamente os resultados que podem ser obtidos.

Na abordagem mais tradicional do PERT, os vértices são instantes no tempo (*eventos*) e as etapas do trabalho ou projeto (aqui chamadas de *atividades*) correspondem aos arcos do grafo. Esta forma de definir acarreta certa dificuldade para a construção do grafo, por estar associada ao uso de uma lista de adjacência de arcos (e não de vértices, como habitualmente). Há dois métodos para a construção do grafo, que serão apresentados com o auxílio de um exemplo.

Exemplo: Seja o trabalho de fabricação de uma estante fechada com prateleiras, descrito pelas atividades abaixo discriminadas e pelas atividades antecessoras a cada uma delas; a duração é expressa em dias de trabalho.

Atividade	Símbolo	Antecessoras	Duração
Corte da madeira p/ corpo	a	–	7
Idem, p/ prateleiras	b	–	5
Montagem do corpo	c	a	9
Preparar ajuste das portas	d	c	11
Fabricação das prateleiras	e	b	6
Ajuste das prateleiras	f	c,e	4
Acabamento do corpo	g	d	3
Acabamento das prateleiras	h	f	8
Lustro das prateleiras	i	g,h	6
Lustro do corpo	j	g,h	4
Entrega e montagem	*k*	i, j	7

A divisão do projeto em atividades é, em geral, feita por pessoas que o conheçam em detalhe, de modo a poderem especificar corretamente as relações de dependência. O nível de detalhe em que essa divisão é feita pode variar bastante, inclusive de uma etapa do estudo para outra, até que se tenha todo o detalhamento.

Há dois processos para a montagem do grafo: o processo americano, o mais tradicional, de construção direta do grafo PERT e o processo francês, que usa um grafo auxiliar como etapa intermediária. O primeiro admite, com facilidade, uma formulação como modelo de programação inteira.

5.2.2 Processo americano

Este processo parte de um evento inicial e procura associar as atividades uma a uma, concatenando–as pelos seus eventos inicial e final, com base na informação da lista. Em ausência de possíveis ambiguidades, o grafo estará construído; se elas ocorrerem, terão de ser dirimidas com o uso de um artifício, que é a inclusão das chamadas *atividades–fantasma*, que correspondem a arcos fictícios (representados habitualmente nos esquemas com o auxílio de linhas tracejadas) cuja duração é zero se eles unirem vértices correspondentes a um mesmo evento (ou seja, um mesmo instante de tempo) e diferente de zero em caso contrário. No momento, discutiremos o caso de duração zero (**Fig. 5.3**), deixando para mais adiante outras aplicações.

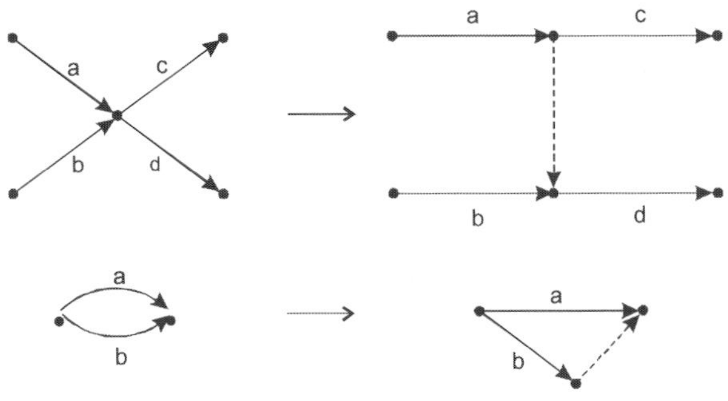

Fig. 5.3: Atividades–fantasma

Se, no primeiro caso, **a** e **b** forem antecessoras de **d,** mas apenas **a** seja antecessora de **c**, a dependência de **c** em relação a **b** será espúria e poderá ser eliminada pela inclusão da atividade–fantasma que aparece na figura à direita.

No segundo caso, as atividades paralelas constituiriam um 2–grafo, o que limita as estruturas de dados que podem ser utilizadas. O uso de uma atividade–fantasma permite quebrar o paralelismo, introduzindo–se assim um novo vértice no grafo e abrindo–se espaço para os dados sobre as atividades paralelas.

Estas duas utilizações de atividades–fantasma aparecem na construção do grafo PERT para o exemplo proposto o qual, após o uso do método americano, produzirá o seguinte resultado (**Fig. 5.4**):

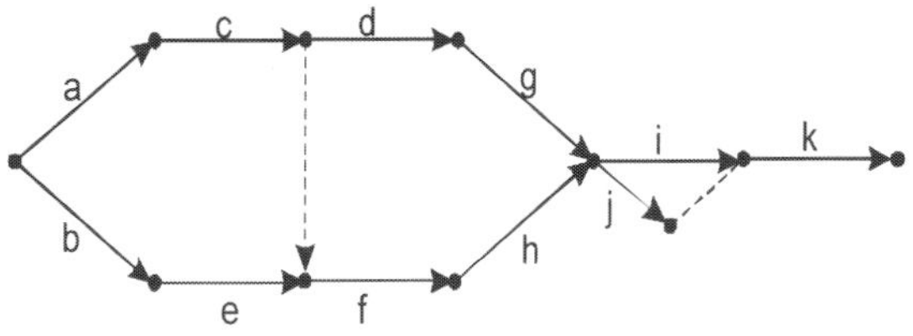

Fig. 5.4: Processo americano

5.2.3 Processo francês

Aqui se considera cada atividade com os seus dois *eventos* (vértices inicial e final) a ela associados, como um subgrafo; consideram–se dois eventos isolados **s** e **z** associados ao inicio e ao final do projeto e se fazem valer as relações de antecessão evento a evento (ou seja, se uma atividade é antecessora de outra, seu evento final é antecessor do evento inicial da última), obtendo–se um grafo auxiliar (**Fig. 5.5**):

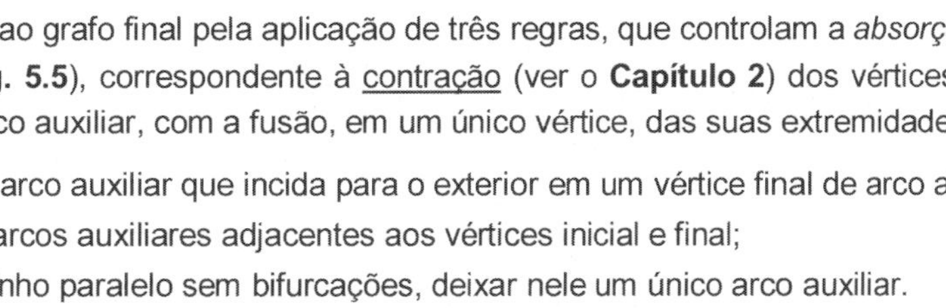

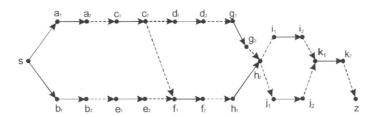

Fig. 5.5: Processo francês

Do grafo auxiliar, passa–se ao grafo final pela aplicação de três regras, que controlam a *absorção* dos arcos auxiliares (os arcos tracejados na **Fig. 5.5**), correspondente à contração (ver o **Capítulo 2**) dos vértices que os definem – ou seja, a eliminação de um arco auxiliar, com a fusão, em um único vértice, das suas extremidades:

1) absorver um único arco auxiliar que incida para o exterior em um vértice final de arco atividade;
2) absorver todos os arcos auxiliares adjacentes aos vértices inicial e final;
3) se houver um caminho paralelo sem bifurcações, deixar nele um único arco auxiliar.

Aplicando essas regras ao grafo acima (**Fig. 5.5**), efetuaremos as seguintes absorções:

$(\mathbf{s},\mathbf{a}_1)$ $(\mathbf{a}_2,\mathbf{c}_1)$ $(\mathbf{c}_2,\mathbf{d}_1)$ $(\mathbf{d}_2,\mathbf{g}_1)$ $(\mathbf{g}_2,\mathbf{h}_2)$

$(\mathbf{s},\mathbf{b}_1)$ $(\mathbf{b}_2,\mathbf{e}_1)$ $(\mathbf{e}_2,\mathbf{f}_1)$ $(\mathbf{f}_2,\mathbf{h}_1)$ $(\mathbf{h}_2,\mathbf{i}_1)$ $(\mathbf{i}_2,\mathbf{k}_1)$ $(\mathbf{k}_2,\mathbf{t})$

Observa–se que, uma vez absorvidos (c_2,d_1) e (h_2,i_1), pela ***Regra 1*** não poderão ser absorvidos (c_2,f_1) e (h_2,j_1). Por outro lado, restarão (h_2,j_1) e (j_2,k_1) em um caminho paralelo iniciado em h_2 e terminado em k_1; então, por exemplo, se pode eliminar (h_2,j_1), pela ***Regra 3***.

Ao se aplicar a ***Regra 1*** é preciso observar quais arcos auxiliares poderão ser absorvidos, de modo a manter válidas as relações de dependência; por exemplo, se (c_2,f_1) for absorvido, ao invés de (c_2,d_1), haverá um erro.

Feitas todas as absorções, o grafo terá o mesmo aspecto mostrado na **Fig. 5.4**.

5.2.4 Algoritmo 5.2: Algoritmo PERT

Trata–se do algoritmo a ser aplicado ao grafo eventos–atividades, construído por um dos dois métodos acima indicados. Ele envolve três etapas, nas quais se determinam, de início, dois conjuntos de rótulos para os eventos (vértices): as datas mais cedo, (t_i) e as datas mais tarde, (t'_i) e, em seguida, um caminho de comprimento máximo entre os eventos inicial e final (o qual pode existir aqui, por se tratar de um grafo sem circuitos): o *caminho crítico.*

Informalmente, o algoritmo pode ser assim descrito:

a) Partir do vértice inicial (rotulado com zero para a data mais cedo) e rotular cada vértice com o valor do maior caminho que o atinge, fazendo as comparações que forem necessárias – os valores obtidos são as datas mais cedo;

b) tomar o valor obtido para o vértice final como rótulo para a data mais tarde e voltar, subtraindo os valores dos arcos e ficando, em cada vértice, com o menor valor obtido após as comparações que forem necessárias – os valores obtidos são as datas mais tarde;

c) todo vértice para o qual as etapas (a) e (b) produzirem o mesmo valor faz parte do caminho mais longo.

Exemplo: O projeto representado pelo grafo da **Fig. 5.4** produz os resultados mostrados abaixo (**Fig. 5.6**); o primeiro valor do par associado a um vértice corresponde à data mais cedo e o segundo à data mais tarde. O caminho crítico se encontra assinalado com traços mais fortes.

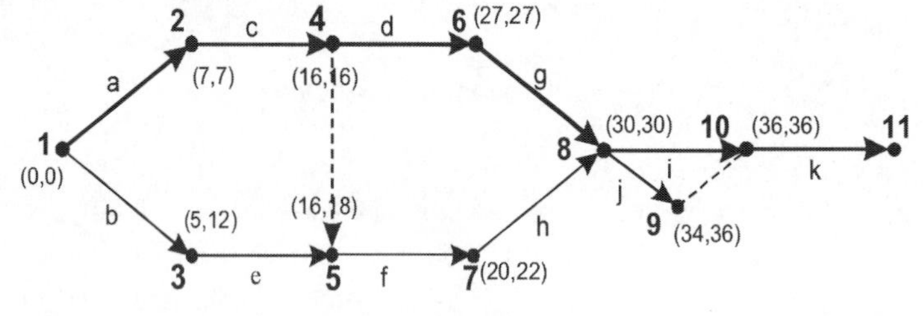

Fig. 5.6

Formalmente, a técnica pode ser descrita como segue:

Algoritmo

início

1 ← **s**; $f_i \leftarrow 0\ \forall i = 1, \ldots, n$; **crit** (i) ← 0 $\forall i = 1, \ldots, n$;

para todo i = 1,..., *n* **fazer**

início

$t_1 \leftarrow \max\limits_{j \in N^-(i)} (t_i + v_{ji})$;

$t'_i \leftarrow t_i$;

fim;

para todo i = *n*,..., 1 **fazer**

início

$t'_i \leftarrow \min\limits_{j \in N^+(i)} (t'_i - v_{ij})$; $f_i = t'_i - t_i$;

se $t_i = t'_i$ **então para todo** $j \in N^-(i)$ **fazer crit** (*i*) ← *j*;

fim;

fim.

No exemplo, o vetor **f** de folgas dos vértices será (0, 0, 7, 0, 2, 0, 2, 0, 2, 0, 0) e o vetor **crit** (sequência do caminho crítico) será (0, 1, 0, 2, 0, 4, 0, 6, 0, 8, 10).

5.2.5 Folgas

A *data mais cedo* para um evento é aquela antes da qual ele não pode ocorrer; a *data mais tarde* é aquela além da qual, se o evento ainda não tiver ocorrido, acarretará um atraso ao projeto como um todo (um evento somente ocorre quando todas as suas atividades antecessoras se completarem). A diferença entre a data mais tarde e a data mais cedo é a *folga do evento.*

Um *evento crítico* é um vértice do caminho crítico. Sua folga é nula: ele não pode sofrer atrasos.

Em relação às atividades, há a considerar três tipos de folgas:

a) folga total: é o maior atraso admissível para uma atividade (desde que ela não dure mais que o previsto) contado da data mais cedo do seu evento inicial à data mais tarde do seu evento final. Também é a folga máxima possível.

$$\varepsilon_t(i,j) = t'_j - t_i - v_{ij} \tag{5.2}$$

b) folga livre: é o maior atraso admissível para uma atividade, contado da data mais cedo do seu evento inicial à data mais cedo do seu evento final – logo, é a maior folga cujo uso não exige a redefinição das datas mais cedo das atividades que se seguem:

$$\varepsilon_l\,(i,j) = t_j - t_i - v_{ij} \tag{5.3}$$

c) *folga garantida:* é a folga de que uma atividade dispõe quando suas antecessoras começaram na data mais tarde e se deseja restabelecer a normalidade na sequência futura de atividades.

$$\varepsilon_g\,(i,j) = \max(0,\ t_j - t'_i - v_{ij}) \tag{5.4}$$

5.2.6 Restrições no PERT

Alguns tipos de restrições podem ser expressos através do uso de atividades–fantasma no grafo, como se segue:

i) quando uma dada atividade só deva começar quando outra dada atividade tiver terminado, ou após a consecução de um dado evento, ou após um prazo mínimo decorrido desde o início do projeto (**Fig. 5.7 (a)**, **(b)** e **(c)** respectivamente):

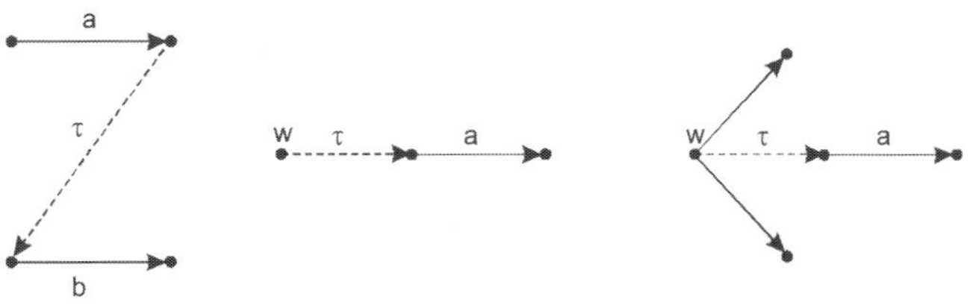

(a) **(b)** **(c)**

Fig. 5.7: Atividades–fantasma

Na **Fig. 5.7 (a)** a atividade–fantasma indica que **b** só poderá iniciada, no mínimo, τ unidades de tempo após o final de **a.** Na **Fig. 5.7 (b)**, a atividade **a** somente poderá ser iniciada, no mínimo, τ unidades após o evento **x** e, na **Fig. 5.7 (c)** o mesmo será válido em relação ao início **s** do projeto, ainda com τ unidades de tempo.

ii) De modo semelhante se podem tratar restrições *disjuntivas* – ou seja, duas atividades não podem ser executadas em paralelo (p. ex., porque ambas usam um mesmo recurso do qual não haja duplicata disponível (**Fig. 5.8**):

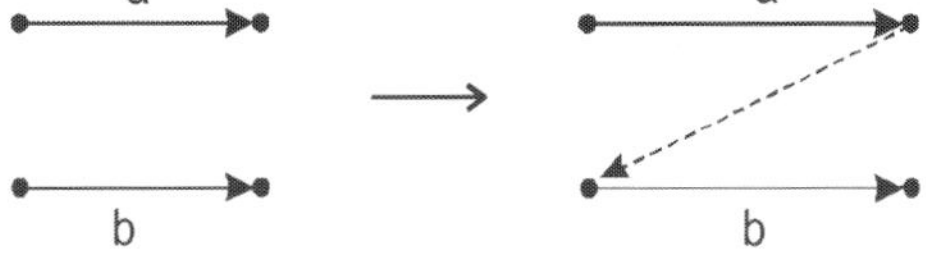

Fig. 5.8: Restrição disjuntiva

Aqui não há, em princípio, necessidade de se especificar uma duração para a atividade–fantasma, mas isso pode ser feito se, por exemplo, o recurso associado às duas atividades for uma máquina que tenha de ser revisada, ou modificada, antes da nova utilização. Convém notar que o uso do artifício exige que se decida com antecedência qual atividade deverá ser executada em primeiro lugar; o grafo PERT não comporta restrições disjuntivas sem essa consideração prévia.

O PERT pode ser usado como instrumento para avaliar o efeito de revisões no projeto, revisões essas feitas com base nos próprios resultados por ele apresentados. Sem entrar em maiores detalhes, que podem ser obtidos em obras especializadas, queremos discutir apenas um caso, que é o do aproveitamento das folgas de eventos. Na **Fig. 5.6**, podemos observar que o evento 3 (final da atividade **b**) tem uma folga de 7 dias. Numa análise dos meios de produção envolvidos podemos pensar, por exemplo, em deslocar parte do tempo de um marceneiro da atividade **b** para a atividade **a** – que é, em parte, concomitante com **b** – de modo a reduzir a duração de **a**. para 4 dias. O caminho crítico permanece o mesmo, mas a duração do projeto cai para 40 dias e a folga do evento 3 se reduz a uma unidade (Verifique).

5.3 O grafo potenciais–atividades

5.3.1 Uma alternativa para o método PERT é o método desenvolvido por Roy [GM85], baseado em um grafo no qual cada ***atividade*** é representada por um ***vértice***. Se uma atividade **i** tem uma duração t_i, então os arcos (**i**, **k**) $\in \omega^+$(**i**) (ver **2.10.4**) serão valorados com t_i. O grafo é evidentemente sem circuitos, visto que uma atividade não pode ser descendente de si própria. É necessária a inserção de um vértice fonte **s** e de um vértice sumidouro **t,** o primeiro garantindo uma origem única para o grafo (se ele não a possuir) e o segundo garantindo a representação das atividades finais, além de marcar o final do projeto.

Exemplo: O problema da fabricação da estante, apresentado no item **5.2.1**, dará origem ao seguinte grafo (**Fig. 5.9 (a)**):

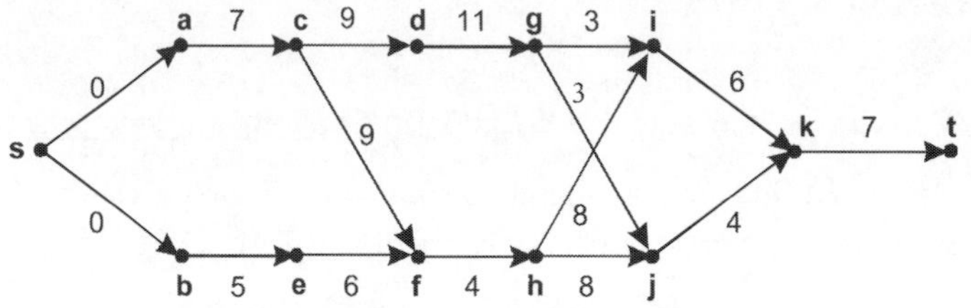

Fig. 5.9 (a): Grafo potenciais-atividades

Para encontrar as datas mais cedo, basta procurar, para um vértice **j**, o valor do maior caminho dentre os que passam pelos seus antecessores:

$$t_j = \max_{i \in \mathbf{N}^-(j)} [t_i + v_{ij}] \tag{5.5a}$$

Cabe notar que se pode escrever v_i ao invés de v_{ij} uma vez que, pela construção do grafo, v_{ij} é constante para todo j.

Para encontrar as datas mais tard, procura–se, para cada vértice **j**, o menor valor dentre os valores dos caminhos que passam pelos sucessores de **j**:

$$t'_j = \min_{i \in \mathbf{N}^+(j)} [t'_i - v_{ji}] \tag{5.5b}$$

O resultado está indicado na **Fig. 5.9 (b)** abaixo, onde o caminho crítico corresponde aos vértices (atividades) de folga nula:

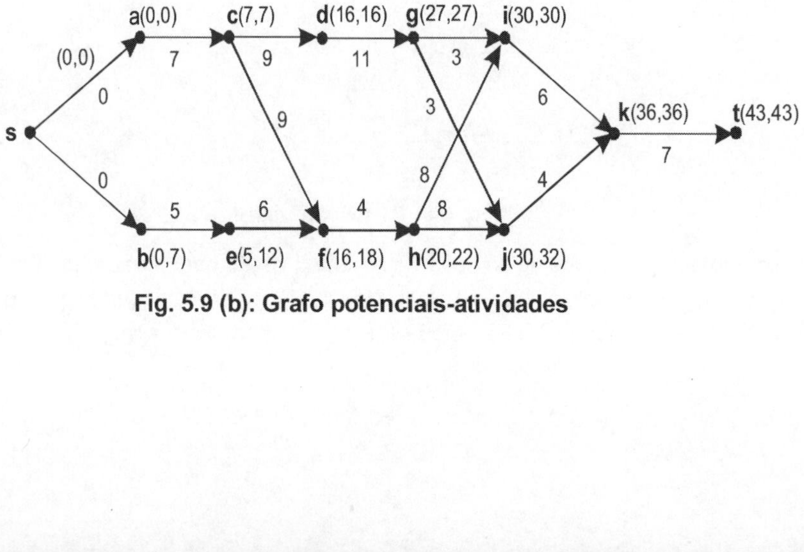

Fig. 5.9 (b): Grafo potenciais-atividades

Convém observar que os conjuntos de datas mais cedo e mais tarde são, neste caso, conjuntos de potenciais no sentido estrito sobre o conjunto de vértices, daí o nome dado ao grafo.

5.3.2 O algoritmo pode ser executado em quadros (Faure *et al*, [FLP00]), o que indica uma forma possível de programação. A parte referente às datas mais cedo segue as seguintes regras, cuja aplicação é acompanhada com o exemplo em uso:

1. A cada vértice (salvo a fonte **s**) se associa uma coluna .
2. Cada coluna possui duas subcolunas:
   - a da direita contém os predecessores do vértice com os valores das atividades a eles associadas;
   - a da esquerda recebe os valores dos caminhos mais longos até os predecessores registrados à direita.

Iniciamos o exemplo com as primeiras colunas do quadro:

a		b		c		d		etc.	
0	s:0	0	s:0		a:7		c:9		

3. Quando a coluna pertencente a um vértice está *completa* (suas duas subcolunas foram utilizadas) faz–se a soma dos valores da esquerda e da direita e se acha o máximo dentre os valores registrados em cada coluna completa na iteração.

Podemos ver, acima, que as colunas de **a** e **b** estão completas, cada uma com um único registro. Então

(a) : max (0 + 0) = 0, e (b) : max (0 + 0) = 0.

Os valores dos máximos são registrados na primeira linha da coluna e também onde os vértices correspondentes estão indicados como predecessores, como abaixo:

a	0	b	0	c		d		e	
0	s: 0	0	s: 0	0	a: 7		c: 9	0	b: 5

Com isso, a coluna de **c** ficou completa e se calcula

(b) : max (0 + 7) = 7.

Inscrevemos o valor de **c** em sua coluna e também nas de **d** e **f**, dos quais **c** é predecessor:

a	0	b	0	c	7	d		e		f	
0	s: 0	0	s: 0	0	a: 7	7	c: 9	0	b: 5	7	c: 9
											e: 6

As colunas (d) e (e) estão completas, calculamos

(d) : max (7 + 9) = 16 e (e) : max (0 + 5) = 5.

Passamos a representar o quadro completo e inscrevemos nele os valores correspondentes aos vértices **d** e **e**:

a	0	b	0	c	7	d	16	e	5	f		g		h		i		j		k		t	
0	s:0	0	s:0	0	a:7	7	c:9	0	b:5	7	c:9	16	d:11		f:4		g:3		g:3		i:6		k:7
										5	e:6						h:8		h:8		j:4		

Completamos agora (f) e (g), então

(f) : max [(7 + 9), (5 + 6)] = 16, e (g) : max (16 + 11) = 27.

O quadro agora é

a	0	b	0	c	7	d	16	e	5	f	16	g	27	h		i		j		k		t	
0	s:0	0	s:0	0	a:7	7	c:9	0	b:5	7	c:9	16	d:11	16	f:4	27	g:3	27	g:3		i:6		k:7
										5	e:6						h:8		h:8		j:4		

e completamos a coluna (h), logo

(h) : max (16 + 4) = 20 e o quadro fica

a	0	b	0	c	7	d	16	e	5	f	16	g	27	h	20	i		j		k		t	
0	s:0	0	s:0	0	a:7	7	c:9	0	b:5	7	c:9	16	d:11	16	f:4	27	g:3	27	g:3		i:6		k:7
										5	e:6					20	h:8	20	h:8		j:4		

logo, completamos (i) e (j), e teremos

(i) : max [(27 + 3), (20 + 8)] = 30 e (j) : max [(27 + 3), (20 + 8)] = 30,

o que completa (k), onde se obtém

(j) : max [(30 + 6), (30 + 4)] = 36,

completando (t), que por fim fornece

(t) : max (36 + 7) = 43.

O quadro final será, então:

a 0		**b** 0		**c** 7		**d** 16		**e** 5		**f** 16		**g** 27		**h** 20		**i** 30		**j** 30		**k** 36		**t** 43	
0	s:0	0	s:0	0	a:7	7	c:9	0	b:5	7	c:9	16	d:11	16	f:4	27	g:3	27	g:3	30	i:6	36	k:7
										5	e:6					20	h:8	20	h:8	30	j:4		

Para as datas mais tarde, utiliza–se um quadro semelhante, construido com os sucessores dos vértices. Como se viu anteriormente, o valor retido para cada vértice é o mínimo dos valores disponíveis. Começamos por **k** e teremos

(k) : min (43 – 7) = 36

(o que completa a coluna de **k**) e registramos o valor 36 nas colunas (i) e (j), o que as completa:

a		b		c		d		e		f		g		h		i		j		**k** 36		**t** 43	
	c:7		e:5		d:9		g:11		f:6		h:4		i:3		i:8	36	k:6	36	k:4	36	t:7		
					f:9								j:3		j:8								

Podemos então determinar os mínimos a partir desses vértices:

(i) : min (36 – 6) = 30 e (j) : min (36 –4) = 32.

Levamos esses valores a (g) e (h), que ficam completas e o quadro agora é

a		**b**		**c**		**d**		**e**		**f**		**g**		**h**		**i** 30		**j** 32		**k** 36		**t** 43	
	c:7		e:5		d:9		g:11		f:6		h:4	30	i:3	30	i:8	36	k:6	36	k:4	36	t:7		
					f:9							32	j:3	32	j:8								

Agora teremos

(h) : min [(30 – 8), (32 – 8)] = 22, e (g) : min [(30 – 3), (32 – 3)] = 27,

e podemos completar as colunas (f) e (d). Então fazemos

(f) : min (22 – 4) = 18, completando (e) e (c), e (d) : min (27 – 11) = 16, completando também (c), donde em primeiro lugar

(e) : min (22 – 6) = 16, completando (b). O quadro fica

a		**b**		**c**		**d**		**e** 12		**f** 18		**g** 27		**h** 22		**i** 30		**j** 32		**k** 36		**t** 43	
	c:7	12	e:5	16	d:9	27	g:11	18	f:6	22	h:4	30	i:3	30	i:8	36	k:6	36	k:4	36	t:7		
				18	f: 9							32	j:3	32	j:8								

Resta então trabalhar com **d**, **c** e **b**:

(d) : min (27 – 11) = 16; (c) : min [(16 – 9), (18 – 9)] = 7; (b) : min (12 – 5) = 7.

Com isso se completa (a) e o quadro fica

a		**b** 7		**c** 7		**d** 16		**e** 12		**f** 18		**g** 27		**h** 22		**i** 30		**j** 32		**k** 36		**t** 43	
7	c:7	12	e:5	16	d:9	27	g:11	18	f:6	22	h:4	30	i:3	30	i:8	36	k:6	36	k:4	36	t:7		
				18	f: 9							32	j:3	32	j:8								

Então teremos, por fim,

(a) : min (7 – 7) = 0, o que completa a coluna de **s** (não incluída no quadro) que é

s 0	
0	a:0
7	b:0

A atividade **b** tem, portanto, uma folga de 7 unidades.

As folgas das atividades podem ser determinadas de modo semelhante ao usado no PERT; ver Faure, Roucairol e Tolla [FRT76].

5.4 ✱Outras questões referentes a grafos sem circuito

5.4.1 Orientações acíclicas de um grafo

Trata–se de um problema que tem despertado a atenção de muitos pesquisadores. Esta denominação é utilizada pela literatura, mas convém ressaltar que se trata da escolha de uma orientação única, para cada aresta de um grafo não orientado, de modo que o grafo orientado que resulte não possua circuitos. É interessante observar que o número de orientações de um grafo é igual ao valor absoluto do seu polinômio cromático (ver o **Capítulo 11**), para o valor (–1) da sua variável.

Squire [Sq98] apresenta um algoritmo para a geração de todas as orientações acíclicas de um grafo, em tempo O(*n*) para cada orientação.

5.4.2 Arcos dependentes em orientações acíclicas

Um arco de uma orientação acíclica é dito ser *dependente* se a inversão de seu sentido criar um circuito. Sendo **G** um grafo não orientado com *n* vértices, *m* arestas, número cromático χ (ver o **Capítulo 6**) e cintura *g*, sabe–se que, se $\chi < g$, **G** possui uma orientação acíclica sem arcos dependentes e que, se **G** for conexo, toda orientação acíclica terá no máximo $m - n + 1$ arcos dependentes.

Fisher *et al* [FFLW97] mostram que, nessas condições, existirão orientações acíclicas com exatamente *k* arcos dependentes, para todos os valores de $k \leq m - n + 1$.

5.4.3 Caminhos em grafos sem circuitos

Stanley [St96] apresenta um método algébrico para a contagem dos caminhos de comprimento dado em um grafo sem circuitos. Para um grafo **G** sem circuitos, com uma rotulação dada por uma função ordinal e definindo–se $\mathbf{D} = \text{diag}(x_1, \ldots x_n)$, tem–se a função geradora

$$\det(\mathbf{I} + \mathbf{z}\mathbf{D}\overline{\mathbf{A}}) = \sum_{j=0}^{n} \left(\sum_{P} x_{k_1} \ldots x_{k_j} \right) z^j$$

onde $\overline{\mathbf{A}}$ é a matriz de adjacência do complemento de **G** e P envolve todos os caminhos de comprimento *j*. O polinômio em x_i ($i = 1, \ldots, n$) fornece, portanto, o número de caminhos de cada comprimento entre 1 e *n*.

5.4.4 O problema do conjunto de realimentação

Um *conjunto de realimentação* **S** em um grafo **G** é um subconjunto de vértices tal que a sua remoção de **G** produza um subgrafo sem circuitos (ou seja, tal que todo circuito de **G** passe por um vértice de **S**).

Pardalos, Qian e Resende [PQR99] apresentam um algoritmo baseado na metaheurística GRASP para a determinação do menor conjunto $\mathbf{S} \subset \mathbf{V}$ de realimentação. Na literatura em inglês este problema é conhecido como FVS (de *feedback vertex set*). Ele é NP–completo e tem diversas aplicações, inclusive projeto de circuitos VLSI e inferência estatística.

5.4.5 O problema das causas suficientes

VanderWeele e Robins [VR07] apresenta uma discussão sobre causalidade, utilizando um grafo sem circuito onde se incorporam causas suficientes para um problema e, eventualmernte, estabelecer independências condicionais. Um exemplo é a situação de um estudo no qual cada observação consiste em duas pessoas dentro da mesma família, para as quais se dispõem de dados sobre duas doenças: a doença bipolar, denotado por P, e a compulsão alimentar, denotada por B. Suponha ainda que P possa causar B, mas que B pode não causar P, ou seja, que o transtorno bipolar possa levar à compulsão alimentar, mas que seja implausível que esta leve ao transtorno bipolar. Procuram–se então fatores comuns à família que tendam a causar um dos dois problemas sem influir no outro, estas informações podendo não ser completamente disponíveis. Os autores discutem, ainda, as hipóteses a serem admitidas para aplicação da técnica em problemas epidemiológicos.✱

5.5 Grafos sem ciclos: florestas e árvores

5.5.1 Definições iniciais e caracterização

Um grafo sem ciclos (com $n \geq 2$) é conhecido também como *floresta*.

Uma *árvore* é um grafo sem ciclos conexo. Uma *folha* de uma árvore é um vértice de grau 1.

Concluímos logo que cada componente conexa de uma floresta é uma árvore. Estas definições independem da existência, ou não, de orientação no grafo (**Fig. 5.10 (a)** e **(b)**):

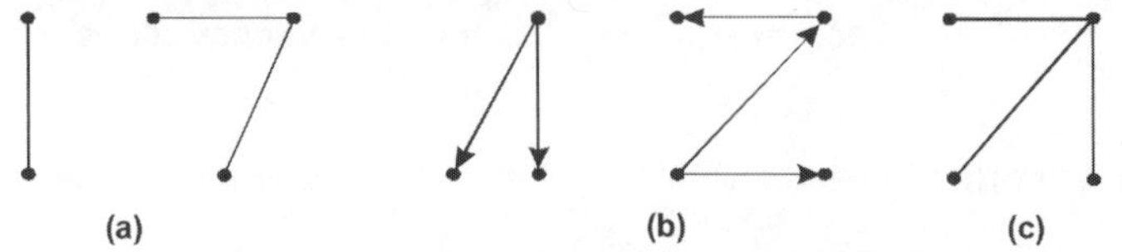

Fig. 5.10 (a): Florestas e árvores

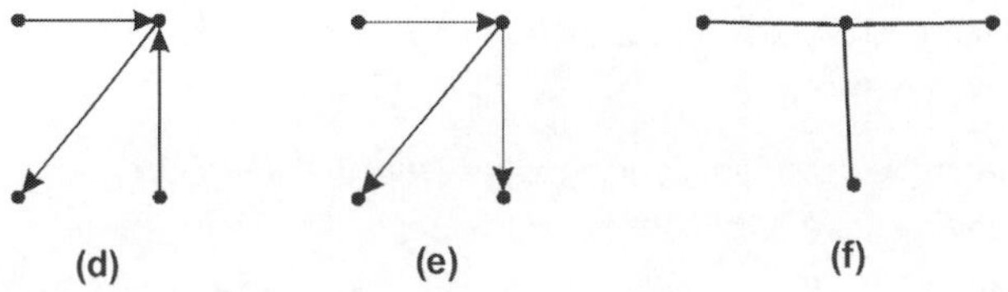

Fig. 5.10 (b): Árvores

Teorema 5.3*: Seja* ***G*** *= (V, E) um grafo, com n ≥ 2. As propriedades seguintes são equivalentes para caracterizar* ***G*** *como uma árvore:*

1) ***G*** *é sem ciclos e conexo.*

2) ***G*** *é sem ciclos e tem n – 1 arestas.*

3) ***G*** *é conexo e tem n – 1 arestas.*

*4)****G*** *é sem ciclos e a adição de uma aresta cria um ciclo único.*

5) ***G*** *é conexo, mas* ***G' = G – e*** *é não conexo,* $\forall$***e*** $\in$ ***E****.*

6) Todo par de vértices de ***G*** *é unido por uma cadeia única.*

Prova:

(1) $\Rightarrow$ (2): Se retirarmos uma aresta de **G,** teremos um grafo não conexo com duas componentes conexas (se assim não fosse, recolocando a aresta ela fecharia um ciclo). Retirando uma segunda aresta estaremos, portanto, dividindo em duas a componente à qual ela pertence e, assim, sucessivamente, até que para obter *n* componentes conexas devemos ter retirado ao todo $n - 1$ arestas. Com *n* componentes conexas, o último grafo será trivial; então o total de arestas nele existentes será $n - 1$.

(2) $\Rightarrow$ (3): Suponhamos, por absurdo, que **G** não seja conexo: então existirão dois vértices **v** e **w** não unidos por uma cadeia. Acrescentemos a **G** a aresta (**v**,**w**). O novo grafo não pode ter ciclos, porque **G** não os possuía. Repetindo o processo até que o grafo se torne conexo, teremos adicionado *k* arestas ao todo. O grafo resultante não pode ter ciclos, porque somente foram unidos vértices anteriormente não ligados. Mas (2) nos garante que o grafo possuía $n - 1$ arestas e (3) mantém essa afirmação; logo, $k = 0$, o que implica em que o grafo original era conexo.

(3) $\Rightarrow$ (4): Suponhamos, por absurdo, que **G** possua um ou mais ciclos. Retirando uma aresta de um ciclo, restarão por hipótese $n - 2$ arestas e o grafo continuará conexo. Repetindo–se o processo enquanto existir um ciclo, ter-se-ão retirado ao final *k* arestas e o grafo, neste momento, será uma árvore. Porém restarão apenas, nesse momento, $n - k - 1$ arestas, com $k > 0$; então se conclui que, de fato, $k = 0$ e o grafo original não possuía ciclos. Adicionemos a aresta (**v**,**w**) a **G**. Sendo **G** conexo, deveria existir nele uma cadeia $\mathbf{p}_{vw}$, logo a nova aresta formará um ciclo. Como **G** não possuía ciclos, $\mathbf{p}_{vw}$ era única, logo apenas um ciclo se formará.

(4) $\Rightarrow$ (5): Seja **G** de acordo com a hipótese. Então todo par de vértices de **G** será unido por um único percurso. Logo, retirando qualquer aresta **e** de **G** não haverá percurso entre algum par de vértices no novo grafo **G** – **e** o qual será, portanto, não conexo.

(5) $\Rightarrow$ (6): Suponhamos que dois vértices **v** e **w** em **G** estejam ligados por mais de uma cadeia: então, suprimindo-se uma aresta pertencente a uma delas, o grafo continuaria a ser conexo, o que contraria a hipótese.

(6) $\Rightarrow$ (1): Dizer que todo par de vértices de **G** é unido por uma cadeia equivale a dizer que **G** é conexo; por outro lado, se existisse mais de uma cadeia unindo dois vértices dados **v** e **w,** existiria ao menos um ciclo – logo, a cadeia existente é única e **G** é sem ciclos. ■

Teorema 5.4*: Existe uma árvore* ***H*** *= (V,F), subgrafo abrangente de* ***G*** *= (V,E), se e somente se* ***G*** *for conexo.*

Prova:

($\Rightarrow$) Se **G** não for conexo, nenhum de seus subgrafos abrangentes o será; logo, nenhum deles poderá ser uma árvore. Logo, **G** é conexo.

($\Leftarrow$) Seja **G** conexo. Procurando–se uma ligação cuja supressão não produza um subgrafo abrangente desconexo, teremos dois casos possíveis:

- não existe tal ligação: então, pelo **Teorema 5.3**, **G** é uma árvore;
- existe uma ligação que podemos suprimir sem desconectar **G;** então a suprimimos e repetimos o processo até cair no caso anterior. ■

Uma árvore que seja um subgrafo abrangente de outro grafo (*spanning tree* na literatura em inglês) é também chamada habitualmente uma *árvore parcial* do grafo.

O **Teorema 5.4** serve de base para a definição de um algoritmo capaz de determinar uma árvore parcial de um grafo conexo (já que a prova é construtiva) . Este algoritmo corresponde ao que, no contexto da otimização do valor da árvore, é conhecido na literatura como *Kruskal II;* não é, no entanto, muito rentável, a não ser para grafos esparsos (com poucas arestas) visto que se baseia na retirada de arestas.

5.5.2 O problema da árvore parcial de custo mínimo (APCM)

Este problema é o primeiro, e o mais tradicional, dos problemas de projeto de redes. Trata–se de um problema de interligação ótima em grafos não orientados que são, habitualmente, modelos de redes nas quais algum tipo de serviço é distribuído e o custo de cada elemento da rede não depende da maior ou menor distância até algum ponto–chave (como o centro de distribuição). Problemas que podem ser considerados com boa precisão, como sendo de APCM, são os das ligações elétricas em redes de pequena dimensão e os de redes telefônicas, rurais ou de escritórios, ou os de redes de micro–ondas.

Um caso no qual o modelo de APCM não se aplica é o de uma rede urbana de abastecimento de água, na qual o diâmetro das tubulações (e, portanto, seu custo unitário) aumenta na medida em que elas estejam mais próximas da estação de tratamento ou de distribuição, em vista dos maiores diâmetros utilizados.

Ao utilizar este modelo, convém observar algumas limitações:

a) a *confiabilidade* (probabilidade de falha no tempo) de uma árvore parcial tende a ser baixa em vista da ausência de redundância, correspondente à ausência de ciclos: havendo apenas um percurso entre dois pontos, a falha em alguma ligação acarreta a interrupção do serviço em toda a parte da rede após o local da falha;

b) comumente, o custo de operação da rede, para ligação entre dois pontos quaisquer, é função da distância entre eles – que não é, em geral, otimizada pelo critério de interligação a custo mínimo. A determinação de uma APCM corresponde à otimização do custo de construção da rede, o custo de operação sendo otimizado, em geral, através da determinação de um conjunto de caminhos mínimos. A solução ideal para os dois critérios será, então, um grafo parcial intermediário cuja definição exigirá considerações sobre a amortização da rede e outros dados econômicos. Um estudo desse tipo é Detroye [Det76].

c) dependendo do contexto, podem aparecer exigências adicionais em relação à estrutura da árvore, ou critérios variados em relação à otimização. Com isso, um número significativo de problemas de árvores parciais vem sendo abordado na literatura, a maioria deles relacionada a aplicações no campo das telecomunicações. Ao final do item consagrado às árvores, procuramos apresentar um resumo dessas questões.

Uma aplicação de APCM à análise de dados está no estudo da tendência para aglomeração (*clustering*) em conjuntos de dados que relacionem pares de propriedades. Para isso, associa–se um grafo aos pontos do gráfico relacionado aos dados, criando triângulos entre os pontos mais próximos (o que produz um grafo planar: ver o **Capítulo 10**). A eliminação das maiores arestas de uma APCM nesse grafo fornece uma base inicial para a definição dos *clusters*. Forina, Lanteri e Esteban Diez [FLD01] definem um *índice de tendência de aglomeração* baseado na distribuição de frequência dos comprimentos das arestas, comparado com a distribuição uniforme dos mesmos comprimentos.

5.5.3 Algoritmos para o problema da APCM

O funcionamento dos algoritmos para este problema está apoiado no seguinte lema:

Lema 5.1: Seja $\mathbf{X} \subseteq \mathbf{V}$ em um grafo $\mathbf{G} = (\mathbf{V},\mathbf{E})$ e seja $\mathbf{e} \in \mathbf{E}$ a aresta de menor custo entre **X** e **V** – **X**. Então **e** pertence a uma APCM.

Prova: Consideremos uma árvore parcial **T** que não contenha **e**. Seja **e** = (**v**,**w**), então teremos, por exemplo, $\mathbf{v} \in \mathbf{X}$, $\mathbf{w} \in \mathbf{V} - \mathbf{X}$. Como **T** é uma árvore, ela contém um único percurso entre **v** e **w**, que forma um ciclo com **e**. Como **T** não contém **e**, ela deve possuir ao menos uma aresta diferente de **e**, que una **X** a **V** – **X**. Seja **f** essa aresta. Então **T** + **e** – **f** também será uma árvore parcial e seu custo, por hipótese, será menor que o de **T** que, portanto, não era mínimo.■

- **Algoritmo 5.3: Algoritmo de Prim**

Este algoritmo (Roy [Ro69], Jarvis e Whited [JW83], Martel [Ma02]) pode ser descrito, informalmente, como o processo de construção de uma subárvore que se inicia unindo um vértice qualquer a seu vizinho mais próximo. No início cada vértice é uma subárvore, escolhendo–se um deles para iniciar o processo. Seja $\mathbf{T}_i \subset \mathbf{V}$ o conjunto de vértices da subárvore na iteração *i* e seja $(\mathbf{v}, \mathbf{w}) \mid \mathbf{v} \in \mathbf{T}_i, \mathbf{w} \in \mathbf{V} - \mathbf{T}_i$ a aresta de menor valor entre $\mathbf{V} - \mathbf{T}_i$ e $\mathbf{T}_i$. Unem–se o vértice **w** e a aresta (**v**, **w**) à subárvore vigente, cujo conjunto de vértices se torna

$$\mathbf{T}_{i+1} = \mathbf{T}_i \cup \{\mathbf{w}\} \qquad (5.6)$$

O processo termina quando atingirmos todos os vértices ($\mathbf{T}_n = \mathbf{V}$).

Na primeira iteração se obtém uma única aresta (que é uma árvore) e, a cada nova iteração, a nova aresta acrescenta um novo vértice à subárvore parcial, até que se obtenha uma árvore parcial. Portanto a estrutura obtida não terá ciclos.

Algoritmo

```
início          < dados G = (V,E) >; valor ← ∞; custo ← 0;
 T ← {1}; E' = ∅;
  procedimento PRIM (T);
   início
      para todo k ∈ T fazer
         início
           para todo i ∈ V – T fazer
              se v_ki < valor então
                 início
                    valor ← v_ki ; vint ← k; vext ← i;
                 fim;
         fim;
      custo ← custo + valor; T ← T ∪ {vext}; E' ← E' ∪ {(vext, vint)}; valor ← ∞;
  fim PRIM;
     se T ≠ V então PRIM (T);
fim.
```

Exemplo: Seja o grafo representado na **Fig. 5.11** a seguir:

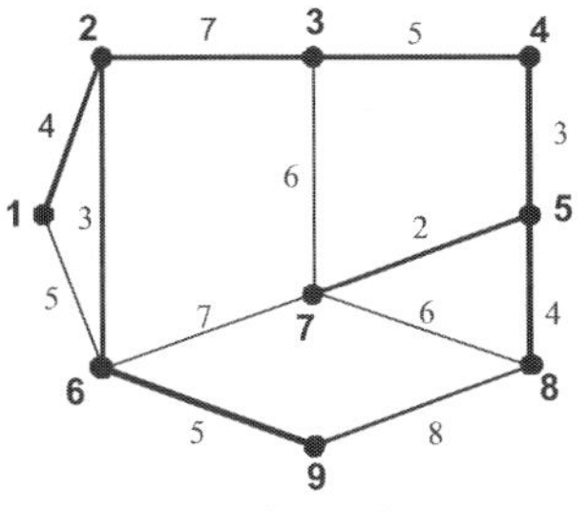

Fig. 5.11

A matriz de valores correspondente é a seguinte:

	1	2	3	4	5	6	7	8	9
1	∞	4	∞	∞	∞	5	∞	∞	∞
2	4	∞	7	∞	∞	3	∞	∞	∞
3	∞	7	∞	5	∞	∞	6	∞	∞
4	∞	∞	5	∞	3	∞	∞	∞	∞
5	∞	∞	∞	3	∞	∞	2	4	∞
6	5	3	∞	∞	∞	∞	7	∞	5
7	∞	∞	6	∞	2	7	∞	6	∞
8	∞	∞	∞	∞	4	∞	6	∞	8
9	∞	∞	∞	∞	∞	5	∞	8	∞

Inicialização: **T** = {**1**}; **E'** = ∅; valor = ∞; custo $\leftarrow$ 0;

Apresentaremos apenas as comparações <u>não triviais</u>:

k = 1; $v_{12} = 4 < \infty \Rightarrow$ valor = 4; vext = 2; vint = 1;

T = {**1**,**2**}; **E'** = {(**1**,**2**)}; valor = ∞; custo $\leftarrow$ 2;

---

k = 1; $v_{16} = 5 < \infty \Rightarrow$ valor = 5; vext = 6; vint = 1;

k = 2; $v_{23} = 7 >$ valor;

$v_{26} = 3 <$ valor $\Rightarrow$ valor = 3; vext = 6; vertint = 2;

T = {**1**,**2**,**6**}; **H** = {(**1**,**2**), {**2**,**6**)}; valor = ∞; custo $\leftarrow$ 2 + 3 = 5;

---

k = 2; $v_{23} = 7 < \infty \Rightarrow$ valor = 7; vext = 3; vint = 2;

k = 6; $v_{67} = 7 =$ valor;

$v_{69} = 5 < 7 \Rightarrow$ valor = 5; vext = 9; vint = 6;

T = {**1**, **2**, **6**, **9**}; **E'** = {(**1**, **2**),(**2**, **6**),(**6**, **9**)}; valor = ∞; custo $\leftarrow$ 5 + 5 = 10;

---

k = 2; $v_{23} = 7 < \infty \Rightarrow$ valor = 7; vext = 3; vint = 2;

k = 6; $v_{67} = 7 =$ valor;

k = 9; $v_{98} = 8 >$ valor;

T = {**1**, **2**, **3**, **6**, **9**}; **E'** = {(**1**,**2**),(**2**,**3**),(**2**,**6**),(**6**,**9**)}; valor = ∞; custo $\leftarrow$ 10 + 7 = 17;

Deixamos ao leitor o trabalho de completar o algoritmo; ao final, teremos **E'** correspondente às arestas reforçadas na **Figura 5.11** acima.

A complexidade é $O(n^2)$, mas pode ser melhorada (por exemplo, até $O(m + n \log n)$ com o uso de estruturas de dados apropriadas (Cheriton e Tarjan [CT76], Cormen *et al* [CRLS02]).

- **Algoritmo 5.4: Algoritmo de Kruskal**

Este algoritmo (Kruskal [Kr56]) pode ser informalmente descrito como sendo uma seleção de arestas que se inicia pela aresta de menor valor e prossegue em ordem não decrescente, de modo a não fechar ciclos com as arestas já selecionadas. O processo se encerra quando tiverem sido escolhidas $n-1$ arestas (o que, evidentemente, impede qualquer nova escolha). Pode ser entendido como o processo de construção de uma árvore a partir de um grafo trivial, com arestas retiradas do grafo em estudo. Neste sentido ele é um análogo do algoritmo suscitado pelo **Teorema 5.4**, funcionando em sentido oposto (escolhe–se o que pertence à árvore e não o contrário).

A verificação da presença ou não de ciclos pode ser feita com facilidade à vista do esquema do grafo, se o algoritmo for executado manualmente com grafos razoavelmente esparsos; no computador, convém usar uma estrutura de controle, como por exemplo um vetor **v** inicializado com v(i) ← i ∀i = 1, ..., *n*.

Se uma aresta (**i, j**), i < j, for adicionada à árvore **T** e se v(i) ≠ v(j), se fará v(*k*) ← i para todo *k* onde v(*k*) = j (o que indicará a presença de uma componente conexa à qual **i** estará sendo anexado). Se v(i) = v(j), **i** e **j** já pertencem à mesma componente, a adição de (**i, j**) fechará um ciclo e a aresta não poderá ser utilizada. Após a adição de *n* – 1 arestas sem fechamento de ciclo, teremos todos os v(i) com o mesmo valor.

Algoritmo

```
início < dados: G = (V,E) >
   para todo i = 1, ..., n fazer v(i) ← i; k ← 0; t ← 0; T ← ∅;  < T conjunto de arestas da APCM >
   procedimento de ordenação de E por valor não decrescente, gerando E = {eₖ }, eₖ = (i , j);
   procedimento KRUSKAL;
      início
         enquanto t < n – 1 fazer                    < t: contador de arestas da árvore >
           início                                    < uₖ = (i , j) >
             k ← k + 1;                              < k: contador de iterações >
             se v(i) ≠ v(j) então
                    início
                        para todo v(l) | v(l) = max(v(i),v(j)) fazer v(l) ← min (v(i),v(j));
                        T ← T ∪ {(i,j)} ;
                        t ← t + 1;
                    fim;
           fim;
      fim KRUSKAL;
fim.
```

Exemplo: o grafo representado na **Fig. 5.11** fornecerá, após uma ordenação das arestas por ordem não decrescente de valor:

Aresta e	**V(e)**	**1**	**2**	**3**	**4**	**5**	**6**	**7**	**8**	**9**
1. [**5,7**]	2	1	2	3	4	**5**	6	**5**	8	9
2. [**2,6**]	3	1	**2**	3	4	5	**2**	5	8	9
3. [**4,5**]	3	1	2	3	**4**	**4**	2	**4**	8	9
4. [**1,2**]	4	**1**	**1**	3	4	4	**1**	4	8	9
5. [**5,8**]	4	1	1	3	**4**	**4**	1	**4**	**4**	9
[**1,6**]	5	↑	(rejeitada)				↑			
6. [**3,4**]	5	1	1	**3**	**3**	**3**	1	**3**	**3**	9
7. [**6,9**]	5	1	1	3	3	3	**1**	3	3	**1**
[**3,7**]	6			↑	(rejeitada)			↑		
[**7,8**]	6				(rejeitada)			↑	↑	
8. [**2,3**]	7	1	**1**	**1**	**1**	**1**	1	**1**	**1**	1
[**6,7**]	7				(rejeitada)		↑	↑		

Nas colunas de índices, os números em negrito indicam componentes conexas que foram modificadas na última iteração. Dois índices iguais rejeitam uma aresta. O valor final dos v(i) pode ser 1 ou *n*, conforme a marcação usada (como foi feito, é 1). O valor final da árvore obtida é 33.

A complexidade pode ser levada a O(*m* log *m*) com tratamento adequado, o que torna o algoritmo mais rentável para grafos esparsos, enquanto o algoritmo de **Prim** tende a ser mais econômico com grafos densos. Uma desvantagem inicial, porém, é a necessidade do uso prévio de uma rotina de ordenação.

O trabalho com grafos de grande porte tem atraído a atenção para recursos mais sofisticados, apesar da eficiência destes algoritmos: por exemplo, Karger *et al* [KKT95] propõe um algoritmo probabilístico que encontra uma APCM em tempo esperado linear.

- **Verificando uma APCM**

Trata–se de verificar se uma dada árvore parcial é mínima. King [Ki97] faz um histórico do problema e apresenta um algoritmo linear com essa finalidade. A verificação faz uso do fato que uma árvore parcial é mínima se e somente se toda aresta externa entre dois vértices dados **u** e **v** tiver peso ao menos igual ao da aresta de maior peso no caminho entre **u** e **v** pertencente à árvore.

- **Uma discussão geral**

Tarjan [Ta83] apresenta uma discussão geral dos algoritmos de APCM, integrada em um principio básico, dado por um teorema enunciado por **Boruvka** (1926). Uma tradução para o inglês dos dois artigos de 1926 sobre o problema da APCM está em Nesetril, Milková e Nesetilová [NMN01].

Mateus [Mat80] discute esse teorema e estende a discussão, ainda para as estruturas conhecidas como ***matroides***. O algoritmo é, nesse contexto, conhecido como o *algoritmo guloso* geral para matroides; a partir dele, diversos algoritmos podem ser formulados, conforme o tipo de matroide ou a subestrutura correspondente à solução do problema. Oxley [Ox92] é uma boa referência inicial para o estudo da teoria dos matroides.

- **Algoritmos gulosos**

São algoritmos nos quais, a cada iteração, se escolhe o que ***parecer melhor***, sem preocupação com o que ocorrerá depois. A ideia de se usar o que parecer melhor é a origem do nome dado a esses algoritmos, cuja estratégia é eficiente na busca de ótimos locais. Se o ótimo local for também o global, então a solução será ótima; mas isso não pode ser garantido para qualquer problema. Muitos deles são heurísticos (quando os problemas correspondentes pertencem à classe NP), sendo habitualmente usados para a obtenção de uma solução inicial a ser posteriormente refinada (como pode ser feito, por exemplo, para se encontrar um ciclo hamiltoniano). No problema da APCM, porém, os algoritmos de **Prim** e **Kruskal** são gulosos e exatos.

- **O algoritmo de Boruvka**

A técnica original lembra a de **Prim**, mas é aplicada a todos os vértices ao invés de partir de um único.

```
início   < dados G = (V,E) >
  L ← V ;                                                    < L é um conjunto de subárvores T >
  enquanto | L | > 1 fazer
    início
      para todo T ∈ L fazer
         início
           encontrar a aresta de menor custo entre T to G –T;
           adicionar essas arestas aos elementos de L;                < | L | diminuirá >
         fim;
    fim;
fim.
```

Tal como no algoritmo de **Prim**, as arestas adicionadas serão obrigatoriamente da APCM. A complexidade é $O(m \log n)$.

O algoritmo de **Boruvka** pode ser utilizado de início e seu trabalho completado pelo algoritmo de **Prim** (ou seja, tomando–se em dado momento uma das árvores como base para ele): isto permite aproveitar vantagens dos dois algoritmos.

- **Um *survey* sobre algoritmos para APCM**

Bazlamaçci e Hindi [BH01] apresentam um *survey* no qual discutem os algoritmos tradicionais e os mais modernos, pontuando que estes fazem frequentemente uso de estruturas de dados mais sofisticadas e são, por isso, mais difíceis de implementar, o que faz com que muitos usuários se atenham aos algoritmos tradicionais, de implementação mais fácil. São apresentados testes com grafos entre 512 vértices e 1024 arestas e 16384 vértices e 524.288 arestas. Outros *surveys* são citados. Os testes são conclusivos ao indicarem o algoritmo de **Prim** (ver abaixo) como o mais eficaz.

Ozeki e Yamashita [OY11] apresentam um *survey* envolvendo propriedades de grafos relacionadas a suas árvores parciais, especialmente a hamiltonicidade (ver o **Capítulo 9**) e aplicações de árvores parciais em otimização e na solução de determinados problemas.

5.6 Outros problemas de árvores parciais

5.6.1 O problema de Steiner

O *problema de Steiner* (em grafos) envolve a determinação de uma subárvore mínima (não necessariamente parcial) em um grafo **G** = (**V**,**E**), que conecte todos os vértices de um dado subgrafo de **G** (Deo [De74]). Trata–se de um problema NP–árduo, originário da geometria euclidiana, onde tem um correspondente que é o problema da união dos pontos de um conjunto **P** por linhas, de modo que o comprimento total dessas linhas seja mínimo. Se duas linhas só podem convergir em um ponto de **P**, o problema se reduz ao de se achar uma APCM valorada pelas distâncias euclidianas; mas essa restrição pode ser relaxada, o que produz soluções de melhor qualidade, como se pode ver na **Fig. 5.12**, onde a introdução de dois novos pontos (pontos de **Steiner**) diminui o valor da árvore obtida:

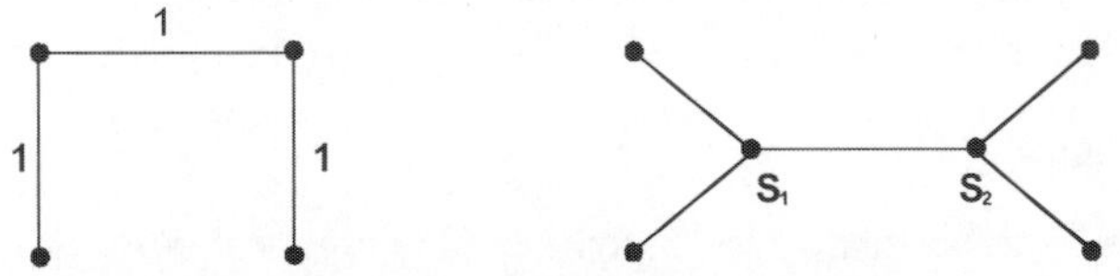

Fig. 5.12: Pontos de Steiner

Uma árvore assim obtida é uma *árvore de Steiner;* pode–se demonstrar que os pontos s_1 e s_2 devem ficar colocados de forma que as linhas a eles adjacentes tenham entre si ângulos de 120°. Nessas condições, a árvore de **Steiner** da **Fig. 5.12** tem um comprimento total aproximado de $1 + \sqrt{3} = 2{,}732$ ao invés do valor 3 obtido apenas com os pontos originais.

Pode–se demonstrar, ainda, que não é preciso introduzir mais de $n - 2$ pontos de **Steiner** para se conhecer a solução ótima; este ponto coloca em jogo uma questão combinatória que aponta para a complexidade exponencial, visto que

$$\sum_{i=1}^{n-2} \binom{n}{i} \rightarrow O(2^n)\,.$$

Em uma estrutura de grafo os ângulos não têm, evidentemente, significado, e devemos nos ater à ideia de uma árvore mínima, procurando determinar que outros vértices ela deve conter além dos que participam do subgrafo mencionado.

O problema tem recebido muita atenção: discussões introdutórias, atualizadas até a época, podem ser encontradas em Christofides [Chr75] e Fagundes [Fa85]. Melzak [Me61] e Cockayne [Co67], [Co70] tratam do problema no plano; Hakimi [Hak71] aborda o problema em grafos (não orientados). Chang [Ch72] propõe um algoritmo para esse caso. Aneja [An80] usou técnicas de programação inteira e Maculan [Ma87] tratou do problema em grafos orientados. Dentre as referências mais recentes temos [KM98], [PD01a], [PD01b], [LTL03], [PZJ04] e [CB04].

Gouveia, Simonetti e Uchôa, [GSU08] estudaram o problema da árvore parcial mínima com salto restrito (*hop–constrained minimum spanning tree problem*) e mostraram ser ele equivalemte a um problema de árvore de Steiner em um grafo auxiliar. O problema é de interesse das aplicações em telecomunicações.

5.6.2 O problema generalizado da árvore mínima

Dror, Haouari e Chaouachi [DHC00] propuseram o problema de se encontrar a subárvore parcial (SAP) de valor mínimo dentre todas as SAP que tocam ao menos um vértice de cada elemento de cada partição do conjunto de vértices de um grafo não orientado. Este problema (APCMG, ou GMSTP na literatura em inglês) é definido em um grafo não orientado e valorado **G** = (**V**,**E**) no qual **V** corresponde à união de K aglomerados $\mathbf{V}_k$ (k = 1, ..., K). Ele está relacionado à construção de redes de irrigação em regiões áridas, nas quais se tem um particionamento de uma área em parcelas e se deseja conectar ao menos um ponto de cada parcela à rede de irrigação, de modo que a rede passe sempre sobre as fronteiras das parcelas sem cruzar nenhuma. Ele é, naturalmente, de complexidade exponencial visto que o número de partições de um conjunto é uma função exponencial da ordem do conjunto. Os autores, efetivamente, provam que ele é NP–árduo, definindo um grafo modificado no qual o problema em questão equivale ao problema de Steiner. Discutem diversas heurísticas específicas e, ainda, a aplicação de uma metaheurística (algoritmo genético) a qual se mostrou consistentemente mais eficiente que as anteriores. Se a árvore que se procura deve conter exatamente um vértice por aglomerado, teremos o problema EGMSTP (onde E corresponde a *equal*).

5.6.3 O problema da árvore parcial de comunicação ótima

Este problema (abreviado OCT na literatura em inglês) aparece no campo das telecomunicações. Consideremos um grafo **G** = (**V**,**E**) representando uma rede telefônica interligando cidades, valorado por comprimentos das arestas e por pesos dos vértices. Dispomos ainda de um conjunto de valores $\lambda(\mathbf{v},\mathbf{w})$ associados a todos os pares de vértices e que representam o número de chamadas telefônicas entre os pares de pontos $\mathbf{v},\mathbf{w} \in \mathbf{V}$. Então, para toda árvore parcial **T** em **G**, o custo de comunicação entre duas cidades será dado pelo produto dos $\lambda(\mathbf{v},\mathbf{w})$ correspondentes pela distância entre **v** e **w** e o custo total corresponderá à soma desses produtos para todos os pares de vértices.

Este problema possui duas variantes, conforme se tenha $\lambda(\mathbf{v},\mathbf{w}) = r(\mathbf{v}) \,.\, r(\mathbf{w})$ ou $\lambda(\mathbf{v},\mathbf{w}) = r(\mathbf{v}) + r(\mathbf{w})$ (onde os r(.) são os pesos dos vértices). O primeiro (abreviado PROCT) corresponde ao critério de se dimensionar a demanda de telefonemas pelo produto do número de habitantes das duas cidades em questão. Já o segundo (SROCT) corresponde a uma mensagem individual enviada de uma cidade aos habitantes da outra.

Uma versão mais simples desse problema envolve a minimização da soma de todos os caminhos entre dois vértices, ao longo de suas arestas. O problema foi proposto por Hu em 1974, aparece no projeto de redes e, mais recentemente, em biologia computacional, e é NP–árduo (logo, os anteriormente apresentados também o são). Wu, Chao e Tang [WCT00a], [WCT00b] discutem diversos algoritmos aproximados.

5.6.4 O problema da APCM capacitada

Este problema é abreviado CSSTP na literatura em inglês. Ele aparece também no projeto de redes de telecomunicações e de energia e na determinação de limites inferiores para problema s de roteamento capacitado, corresponde à consideração de demandas q_i para todos os vértices $\mathbf{i} \in \mathbf{V} - \{\, \mathbf{r} \,\}$ em um grafo **G** = (**V**,**E**), onde **r** é um vértice designado como centro. Cada aresta (**i**, **j**) de **E** tem um comprimento c_{ij}. Dada uma árvore parcial **T** em **G**, define–se como *subárvore principal* (SAP) toda subárvore de **T** ligada ao centro **r** por exatamente uma aresta. O problema, que é NP–árduo, consiste em encontrar uma APCM de **G** tal que a demanda total de cada uma de suas SAPs não exceda um limite dado Q. Ver [SGLO97].

5.6.5 O problema do número de folhas

Lu e Ravi [LR98] apresentam um algoritmo guloso de baixa complexidade para o problema da árvore parcial com número máximo de folhas, já bastante discutido na literatura. A técnica determina, de início, uma floresta com número máximo de folhas e, em seguida, une suas componentes conexas de modo a manter esse número tanto quanto possível.

Fernandes e Gouveia [FG98] discutem um problema associado a redes de terminais de computadores, onde é necessário colocar uma restrição ao número de folhas (vértices de grau 1) da árvore, tendo–se em vista a disponibilidade de pacotes de *software* com e sem instrumental de roteamento (estes últimos são utilizados nas folhas). Os autores discutem uma formulação baseada em fluxo e apresentam uma heurística de transformação para obter inicialmente uma APCM com ao menos *k* folhas e em seguida uma APCM com exatamente *k* folhas.

Ding, Johnson e Seymour [DJS01] mostram que em um grafo conexo não orientado **G** para o qual se tenha $m \geq n + t(t-1)/2$, sendo $n \neq t + 2$, **G** possui uma árvore parcial com t folhas e que este resultado é o melhor possível.

5.6.6 Os problemas de graus dos vértices

- **O problema da AP de grau integral**

Este problema corresponde a se procurar em um grafo **G** uma árvore parcial que maximize o número de vértices que preservem o mesmo grau que em **G**. Trata–se de um problema NP–árduo que aparece em redes de distribuição de água, ao se procurar instalar instrumentos de medida de fluxo e de pressão.

Bhatia *et al* [BKPS00] apresentam algoritmos de aproximação quase ótima para a sua solução, bem como algoritmos ótimos para a resolução de pequenas instâncias.

- **O problema da APCM de graus limitados**

Este problema é NP-completo visto que, para grau máximo 2, se reduz ao do percurso hamiltoniano. Ele consiste, em termos gerais, em achar uma APCM cujos graus dos vértices são limitados a valores dados. As aplicações envolvem o projeto de circuitos VLSI e de redes em geral.

Fekete *et al* [FKKRY97] propõem uma técnica baseada em um novo algoritmo de fluxo para encontrar uma sequência de ***adoções*** de arestas que permita a satisfação das restrições de grau. Se a restrição de cada vértice corresponde a um grau mínimo 2, pode–se garantir que o algoritmo encontrará uma árvore com um peso máximo determinado por uma expressão dada. São apresentados exemplos envolvendo diversas classes de grafos.

Uma *adoção* corresponde a se considerar um par (**x**,**y**) de vértices (que estão ligados por uma cadeia sobre a árvore vigente

T_k) em uma clique K_n valorada e um terceiro vértice **z** adjacente a **y** em T_k, porém não pertencente a essa cadeia (**x**,**y**). Retira–se então a aresta (**y**,**z**) de T_k e coloca–se em T_k a aresta (x,**z**). O vértice **x** adotou, portanto, o vértice **z**. O grau de **y** diminuiu de uma unidade e o de **x** aumentou de uma unidade, a um custo w(**x**,**z**) – w(**x**,**y**). Há, naturalmente, interesse em se procurar otimizar a escolha, do ponto de vista do custo. O problema de se encontrar uma sequência de adoções que respeite as restrições e que seja viável se reduz a um problema de fluxo de custo mínimo (ver o **Capítulo 7**).

Ribeiro e Souza [RS02] apresentam uma busca heurística baseada em uma vizinhança variável para o problema. Krishnamoorty, Ernst, e Sharaiha [KES01] apresentam uma comparação de três heurísticas para o problema, assim como uma abordagem baseada na estrutura combinatória do problema, com vistas à obtenção de uma solução exata. Caccetta e Hill [CH01] apresentam uma significativa discussão do problema e de suas aplicações e um algoritmo *branch–and–cut*, com uma extensa série de testes.

Kaneko e Yoshimoto [KY00] apresenta condições para que um subconjunto de vértices de um grafo **G** receba limites inferiores para os seus graus em árvores parcais de **G**.

5.6.7 Árvores parciais com restrições sobre raio, diâmetro e distância

- **O problema da árvore parcial máxima de raio limitado**

Serjukov [Se01] apresenta um algoritmo aproximado de complexidade $O(n^2)$ para este problema NP–árduo.

- **O problema da árvore parcial de diâmetro mínimo**

Ho e colaboradores estudaram este problema em grafos não orientados cujos valores de arestas satisfazem a desigualdade triangular, em particular para grafos completos euclidianos (induzidos por um conjunto de pontos no plano euclidiano). Para estes casos, verificaram que as árvores de diâmetro mínimo eram, ou *monopolares* (estrelas), ou dipolares (possuindo dois vértices tais que cada um dos demais vértices seja conectado a apenas um deles). Apresentaram ainda um algoritmo $O(n^3)$ para resolver o problema.

Hassim e Tamir [HT95] estudaram o problema para grafos quaisquer, concluindo que ele é, de fato, idêntico ao problema do 1–centro absoluto, já estudado por Hakimi [Chr75]. Eles mostram que uma AP que contenha os menores caminhos para todos os vértices do grafo a partir de um 1–centro absoluto é uma AP de diâmetro mínimo.

Em redes de computadores é usual o envio de informações através de uma árvore parcial do grafo associado à rede. Frequentemente se procura minimizar o diâmetro dessa árvore e, quando alguma ligação falha ou é recuperada, é necessário mudar a árvore. Italiano e Ramaswami [IR98] apresentam algoritmos de complexidade linear para a determinação de uma troca de arestas que, nessas condições, minimize o diâmetro do grafo resultante.

Gouveia, Simonetti e Uchôa, [GSU08] utilizam a mesma abordagem baseada no problema de Steiner (ver acima) para estudar o problema da APCM de diâmetro limitado (*Diameter–Constrained Minimum Spanning Tree Problem, DMSTP*).

Könemann, Levin and Sinha, [KLS05] apresenta um algoritmo aproximado para o problema da árvore parcial mínima de grau limitado e diâmetro mínimo (*bounded degree minimum diameter spanning tree problem, BDST*). O problema é de interesse da área de telecomunicações.

- **Árvores parciais e distância média**

Dunkelmann e Entringer [DE00] provam que todo grafo conexo com grau mínimo δ possui uma árvore parcial **T** com distância média no máximo igual a $n/(\delta + 1) - 5$. Outros resultados são apresentados para dadas classes de grafos.

5.6.8 O problema da robustez da APCM

Dado um grafo não orientado **G** = (**V**,**E**) valorado sobre as arestas por uma função w de valores não negativos, o problema da robustez da APCM consiste em encontrar o maior aumento no valor de uma APCM de **G** que pode ser obtido através de uma dada modificação nos valores das arestas (envolvendo a remoção de arestas, que equivale a um valor infinito, ou o aumento do valor em geral). Frederickson e Solis–Oba [FS99] discutem o caso (discreto) da remoção de um conjunto de *k* arestas cuja remoção causa o maior aumento no valor da APCM do grafo que resulta e, ainda, o caso (contínuo) do incremento no valor de uma aresta, de um valor δ dado. É interessante notar que o primeiro problema é NP–árduo, enquanto o segundo é polinomial.

5.6.9 O problema inverso da APCM

Dado um grafo **G** = (**V**,**E**) com *n* vértices e *m* arcos e uma árvore parcial **T** de **G**, o problema inverso da APCM consiste em transformar **T** em uma APCM através de mudanças nos custos dos arcos de **G** que resultem na menor soma possível.

Ahuja e Orlin [AO00] apresentam um algoritmo que resolve o problema em $O(n^2 \log n)$ para o tempo.

5.6.10 O problema da AP de razão mínima

Trata–se do problema de achar uma árvore parcial em um grafo não orientado onde cada aresta u recebe dois valores a_u e b_u. O problema, conhecido na literatura em inglês como *minimum ratio spanning tree problem* (MRST), consiste em achar uma árvore parcial **T** em um grafo **G** não orientado, para a qual a razão ($\Sigma_{u\in T}$ a_i / $\Sigma_{u\in T}$ b_i) seja mínima. Este problema aparece no projeto de redes de comunicações, onde os a_i são os custos de construção das arestas e os b_i, os tempos necessários para a sua construção. A razão, portanto, é entre o custo total e o tempo de construção. Fernández–Baca e Slutzki [FS97] apresentam algoritmos de tempo linear para o MRST em grafos planares.

5.6.11 Encontrar as k arestas mais vitais em relação ao problema da APCM

Este problema consiste em encontrar um subconjunto **S** com *k* arestas em um grafo não orientado **G** = (**V**,**E**), tal que a sua remoção resulte no aumento máximo do valor da APCM do grafo **G**' = (**V**,**E** – **S**), em relação ao valor da APCM de **G**. O projeto de redes de telecomunicações mais robustas em relação a falhas se beneficia desta noção, definida há cerca de 20 anos. A bibliografia é bastante extensa, especialmente no que se refere ao caso *k* = 1. Liang [Li01] apresenta um algoritmo aproximado sequencial e outro paralelo, ambos polinomiais, para encontrar soluções para o problema.

5.6.12 O problema da eletrificação rural

Neste problema se tem frequentemente uma otimização a dois níveis, um referente ao arranjo ótimo dos transformadores, que são conectados entre si e à fonte principal de energia. O segundo é referente à otimização da rede de distribuição a partir de uma configuração dada de transformadores. Lambert e Hittle [LH99] descrevem o uso do « simulated annealing » para ambos os níveis, o segundo sendo inicializado por uma busca de uma APCM.

5.6.13 Árvores parciais no problema do p–centro absoluto

Bozkaya e Tansel [BT98] utilizam árvores parciais na resolução do problemas do p–centro absoluto, aproveitando o fato que este problema é NP–árduo para grafos em geral, mas é polinomial para árvores. Além disso, provam que todo grafo conexo possui uma árvore parcial cujo p–centro é o mesmo do grafo. Resta, evidentemente, encontrar esta árvore o que, evidentemente, é tão difícil quanto resolver o problema em geral. Os autores apresentam uma extensa lista de referências sobre o histórico do problema.

5.6.14 O problema do centro confiável

Santiváñeza e Melachrinoudisb [SM08] discutem o problema da busca de um centro confiável (*reliable 1–center problem*) em uma rede na qual existem arestas não confiáveis, de modo a obter uma performance razoável, o que equivale a maximizar a disponibilidade de serviço para o vértice de menor disponibilidade.

5.6.15 O problema da APCM de caminhos limitados

Oh, Pyo e Pedram, [OPP97] apresenta um algoritmo exato e uma heurística para o problema (*bounded path length minimum spanning tree*) , que é de interesse do projeto de circuitos VLSI.

5.6.16 O problema do *t-spanner* mínimo

Um *t-spanner* de um grafo G = (V,E) é um subgrafo abrangente H = (V,E(H)) tal que a distância entre quaisquer dois vértices de H é no máximo *t* vezes sua distância em G. Esta noção aparece no contexto da aproximação do grafo original por um subgrafo esparso e corresponde a uma generalização natural do problema da APCM. O valor t é conhecido como o *fator de elasticidade* (*stretch factor*) de H. Venkatesan *et al*, [VRMMR97] resolve o problema para diversas classes de grafos, como cordaos, *split* e bipartidos. O interesse aplicado aparece, por exemplo, em problemas de roteamento.✱

5.7 Bases de ciclos e de cociclos: coárvores

5.7.1 Representação de ciclos; cociclos

Toda subestrutura de um grafo **G** = (**V**,**E**) pode ser explicitada pela definição de uma *função de pertinência*, que indique quais ligações (ou vértices) a ela pertencem e quais a ela não pertencem. Podemos então indicar assim a pertinência de ligações a um ciclo; em um grafo orientado, usaremos uma função **f** → {0,1,–1} associando a um ciclo μ um vetor **f** assim definido:

$$\text{se } \mathbf{e}_i \in \mu^+ \Rightarrow f_\mu(i) = +1$$
$$\text{se } \mathbf{e}_i \in \mu^- \Rightarrow f_\mu(i) = -1$$
$$\text{se } \mathbf{e}_i \notin \mu \Rightarrow f_\mu(i) = 0 \qquad (5.7)$$

onde μ^+ e μ^- são os conjuntos de arcos de μ que têm, respectivamente, um dado sentido arbitrado (dentro do ciclo) e o sentido contrário. Podemos, então, definir para qualquer conjunto de ciclos de um grafo orientado **G** (ao qual se atribuíram sentidos coerentes no que se refere à orientação de arcos comuns), uma *matriz de ciclos* **F**, tal que

$$\mathbf{F} = [\, \mathbf{f}_\mu \,] \qquad (5.8)$$

ou seja, segundo a notação usada por Simonnard [Si66], cada coluna de **F** é um vetor associado a um ciclo do conjunto.

Exemplo (Fig. 5.13) –. Sejam os ciclos μ_1 = (1, 2, 4, 3) , μ_2 = (3,6,5) e μ_3, = (4,7,8,6).

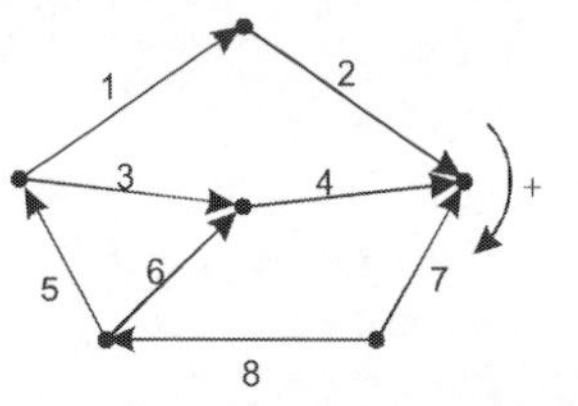

C =

	μ_1	μ_2	μ_3
1	+1	0	0
2	+1	0	0
3	-1	+1	0
4	-1	0	+1
5	0	+1	0
6	0	-1	+1
7	0	0	-1
8	0	0	+1

Fig. 5.13: Ciclos e sua matriz

Diremos que um conjunto de ciclos, expresso por uma matriz **C**, é *linearmente dependente*, se existir um vetor $\mathbf{r} \in \mathbf{Z}^n$, $\mathbf{r} \neq \mathbf{0}$, tal que se tenha o produto escalar

$$\mathbf{r}'\,\mathbf{C} = \mathbf{0}. \qquad (5.9)$$

Caso contrário, o conjunto será *linearmente independente*. O conjunto apresentado no exemplo da **Fig. 5.13** é linearmente independente: cada vetor–coluna de **C** possui ao menos uma componente não nula inexistente nos demais e que, portanto, não pode dar origem a uma componente nula no produto **r'C**, qualquer que seja **r**.

Um conjunto linearmente independente de ciclos em um grafo **G** = (**V**,**E**) é chamado uma *base de ciclos* se todo ciclo μ de **G** puder ser expresso, através de sua função de pertinência, por uma expressão do tipo

$$\mathbf{f}_\mu = \mathbf{r}'\,\mathbf{C} \qquad (5.10)$$

onde **C** é a matriz da base de ciclos.

Um *cociclo* em um grafo **G** = (**V**,**E**) corresponde à união dos conjuntos de arcos incidentes (ver **2.10.4**) para o exterior e para o interior, de um dado $\mathbf{X} \subset \mathbf{V}$:

$$\omega(\mathbf{X}) = \omega^+(\mathbf{X}) \cup \omega^-(\mathbf{X}) \qquad (5.11)$$

Um cociclo no qual se tenha $\omega^+(\mathbf{X}) = \varnothing$ ou $\omega^-(\mathbf{X}) = \varnothing$ é chamado um *cocircuito*.

Da mesma forma que para os ciclos, pode–se expressar cada cociclo como um vetor **w** (o qual, se necessário, será denotado $\omega(\mathbf{X})$, em referência ao subconjunto de vértices associado ao cociclo).

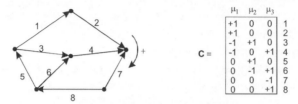

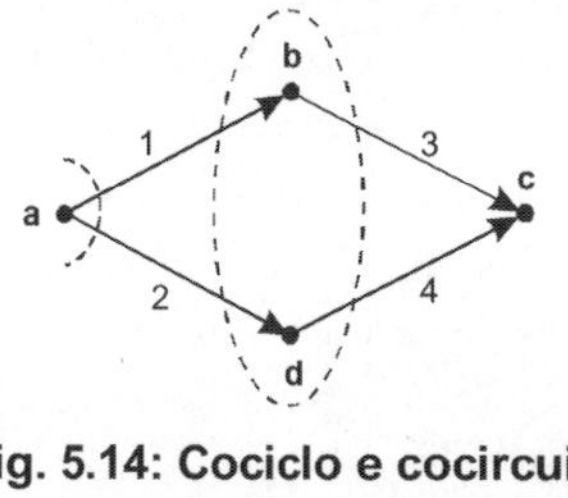

Fig. 5.14: Cociclo e cocircuito

Na **Fig. 5.14**, temos:

$\mathbf{X}_1$ = { **a** }, $\omega(\mathbf{X}_1)$ = {**1**,**2**}, ω_1 = (+1,+1, 0 , 0): $\mathbf{X}_1$ é um cocircuito

$\mathbf{X}_2$ = {**b**,**d**}, $\omega(\mathbf{X}_2)$ = {**1**,**2**,**3**,**4**}, ω_2 = (–1,–1,+1,+1): $\mathbf{X}_2$ é um cociclo comum.

Um cociclo de um grafo **G** = (**V**,**E**) é *elementar* se ele corresponder ao conjunto dos arcos que unem dois subgrafos conexos de **G** que particionem uma de suas componentes conexas.

Um cociclo é elementar se for minimal (ou seja, se não contiver outro cociclo). O cociclo $\omega(\mathbf{X}_2)$ da **Fig. 5.14** não é minimal: suprimindo–se, por exemplo, {**2**,**4**}, que é o cociclo ω(**d**), restará {**1**,**3**}, que é o cociclo ω(**b**). Pode–se, aliás, demonstrar que todo cociclo é a união de um conjunto de cociclos elementares disjuntos. Ver Berge [Be73].

A **Fig. 5.15** mostra um cociclo elementar, o feixe de arcos que une os subgrafos cujos conjuntos de vértices são $\mathbf{A}_1$ e $\mathbf{A}_2$; pode–se observar, por exemplo, que ele não contém o cociclo do vértice {**a**} (que envolve $\omega^-(\mathbf{a})$, não pertencente a $\omega(\mathbf{A}_1)$) , o mesmo se podendo dizer dos vértices **b**, **c** e **d**.

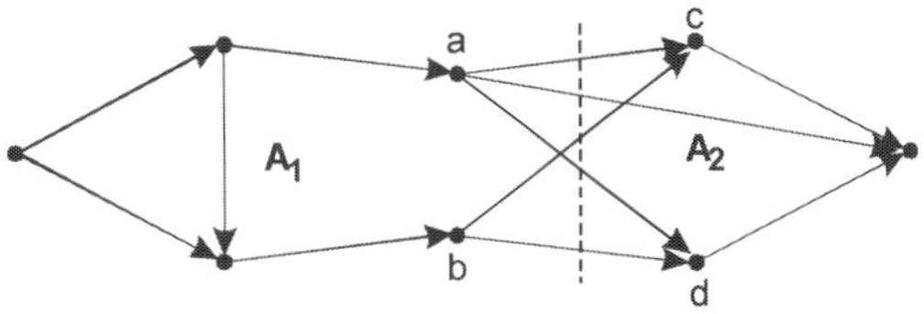

Fig. 5.15: Cociclo elementar

Podemos definir as noções de dependência e independência linear para cociclos e, a partir daí, definir uma *base de cociclos* de um grafo **G** como sendo um conjunto por meio do qual todo cociclo $\omega(\mathbf{X})$ de **G** possa ser expresso, através de sua função de pertinência, como

$$\mathbf{f}_\omega = \mathbf{f}_\omega(\mathbf{X}) = \mathbf{r'}\mathrm{C} \tag{5.12}$$

onde C é a matriz da base de cociclos e $\mathbf{X} \subset \mathbf{V}$ é associado ao cociclo $\omega(\mathbf{X})$.

A mesma discussão feita até agora com grafos orientados pode ser aplicada a grafos não orientados, bastando que se use uma função de pertinência adequada, no caso, $\mathbf{g} \to \{0,1\}$, não havendo evidentemente a necessidade de se especificar um sentido padrão. Como acontece com ciclos e circuitos, torna–se então impossível distinguir cociclos de cocircuitos; a noção de cociclo elementar, no entanto, se mantém, tal como ocorre com a de ciclo elementar.

5.7.2 Dimensões das bases de ciclos e cociclos

O teorema que se segue estabelece as dimensões das bases de ciclos e cociclos:

Teorema 5.5 (Berge [Be73]): *Seja $G = (V,E)$ um grafo (orientado ou não), com n vértices, m ligações e p componentes conexas. A dimensão da base de ciclos de $\mathbf{G}$ é $\nu(G) = m - n + p$ e a dimensão da base de cociclos de $\mathbf{G}$ é $\lambda(G) = n - p$.*

Prova:

1. Suponhamos que **G** seja conexo. Então $p = 1$. Podemos construir um conjunto de $n - 1$ cociclos independentes da seguinte forma:

a) Seja $\mathbf{a}_1 \in \mathbf{V}$ e $\mathbf{A}_1 = \{\mathbf{a}_1\}$; então o cociclo $\omega(\mathbf{A}_1)$ contém um cociclo elementar. Seja $(\mathbf{a}_1,\mathbf{a}_2)$ uma ligação desse cociclo, tal que $\mathbf{a}_1 \in \mathbf{A}_1$, $\mathbf{a}_2 \notin \mathbf{A}_2$;

b) seja $\mathbf{A}_2 = \mathbf{A}_1 \cup \{\mathbf{a}_2\}$; então $\omega(\mathbf{A}_2)$ contém um cociclo elementar. Seja $[\mathbf{x}, \mathbf{a}_3]$ uma ligação desse cociclo (onde $\mathbf{x} = \mathbf{a}_1$ ou $\mathbf{x} = \mathbf{a}_2$), tal que $\mathbf{x} \in \mathbf{A}_2$, $\mathbf{a}_3 \notin \mathbf{A}_2$;

etc., até que se tenham incluído todos os vértices, menos $\mathbf{a}_n$ (já que $\omega(\mathbf{V}) = \varnothing$).

Os cociclos elementares associados aos $\omega(\mathbf{A}_i)$ ($i = 1, \ldots, n-1$) são independentes, visto que cada um possui uma ligação que não figura nos subsequentes (a ligação envolvendo cada novo vértice incluído). Então existem $n - 1$ cociclos independentes.

c) se o grafo for não conexo, com componentes conexas de ordem n_i (i = 1, ... p) teremos, ao todo, um conjunto de cociclos de cardinalidade

$$\sum_{i=1}^{p}(n_i - 1) = n - p \tag{5.13}$$

2. Consideremos uma sucessão $\mathbf{G}_0, \mathbf{G}_1, \ldots \mathbf{G}_m$, de grafos parciais de **G**, onde $\mathbf{G}_0$ é trivial, $\mathbf{G}_m = \mathbf{G}$ e se obtém $\mathbf{G}_i$ a partir de $\mathbf{G}_{i-1}$ pela adição de uma ligação de **G** inexistente em $\mathbf{G}_{i-1}$. Consideremos $\nu(\mathbf{G}) = m - n + p$; então $\nu(\mathbf{G}_0) = 0$.

Se a última ligação adicionada a $\mathbf{G}_{i-1}$ fechar um ciclo, teremos

$$\nu(\mathbf{G}_i) = \nu(\mathbf{G}_{i-1}) + 1 \tag{5.14}$$

uma vez que m aumenta de uma unidade e p permanece constante (pois os dois vértices envolvidos estarão na mesma componente conexa).

Caso contrário, teremos

$$\nu(\mathbf{G}_i) = \nu(\mathbf{G}_{i-1}) \qquad (5.15)$$

visto que m aumenta de uma unidade e p diminui de uma unidade.

Em $\mathbf{G}_0$ teremos $p_0 = n$. Ao longo do processo, (5.15) se verificará $n - p$ vezes (visto que, no final, teremos p componentes conexas); logo, (5.14) se verificará $m - (n - p) = m - n + p = \nu(\mathbf{G})$ vezes.

Ao considerarmos a possibilidade de que exista **r** tal que **r'F = 0,** onde **F** é a matriz do conjunto de ciclos encontrado, concluiremos ser isso impossível, porque o último ciclo formado foi obtido com a adição de uma ligação que não figura nos demais. Logo, o conjunto de $\nu(\mathbf{G})$ ciclos é independente.

3. Não pode existir um número de ciclos independentes maior do que $\nu(\mathbf{G}) = m - n + p$ (um número de cociclos independentes maior do que $\lambda(\mathbf{G}) = n - p$).

Consideremos o produto escalar $\boldsymbol{\mu}'\boldsymbol{\omega}$, para um vetor $\boldsymbol{\mu}$ associado a um ciclo $\boldsymbol{\mu} \subset \mathbf{V}$ qualquer e um vetor $\boldsymbol{\omega}$ associado a um cociclo $\omega(\mathbf{A})$ qualquer. Teremos

$$\mathbf{f}_\mu'\mathbf{f}_\omega(\mathbf{A}) = \sum_{\mathbf{v}\in\mathbf{A}} \mathbf{f}_\mu'\mathbf{f}_\omega(\mathbf{v}) \qquad (5.16)$$

Há dois casos a considerar:

a) $\boldsymbol{\mu} \cap \mathbf{A} = \varnothing$; então $\mathbf{f}'_\mu\mathbf{f}_\omega\,(\mathbf{v}) = 0$ para todo $\mathbf{x} \in \mathbf{A}$;

b) $\boldsymbol{\mu} \cap \mathbf{A} \neq \varnothing$; então existe ao menos um vértice comum **v,** com um par de arcos $\mathbf{e}_i$, $\mathbf{e}_j$ comuns a $\boldsymbol{\mu}$ e a $\omega(\mathbf{v})$.

No cociclo, os sinais de $\mathbf{e}_i$ e $\mathbf{e}_j$ serão tais que $\omega_k = +1$ se $\mathbf{e}_k \in \omega^+(\mathbf{v})$ e $\omega_k = -1$ para $\mathbf{e}_k \in \omega^-(\mathbf{v})$ ($k = i$ ou j).

Todas essas situações, no entanto, levam a produtos nulos, visto que um dos ω_k terá sinal igual a um dos μ_k e o outro, sinal oposto ao outro μ_k. A **Fig. 5.16** mostra o comportamento dos sinais.

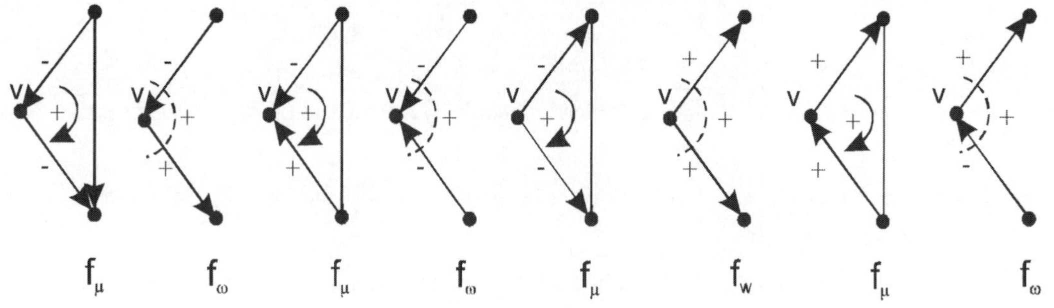

Fig. 5.16

Então, para todo $\mathbf{v} \in \boldsymbol{\mu} \cap \mathbf{A}$, se terá $\mu_i\omega_i + \mu_j\omega_j = 0$. Logo, $\mathbf{f}'_\mu\mathbf{f}_\omega(\mathbf{v}) = 0$ para todo **v** e os subespaços **M** e **Ω** gerados pelos ciclos e pelos cociclos são ortogonais.

Portanto,

$$\dim(\mathbf{M}) + \dim(\boldsymbol{\Omega}) \leq m \qquad (5.17)$$

Mas, de acordo com os itens (1) e (2) da prova, devemos ter

$$\dim(\mathbf{M}) + \dim(\boldsymbol{\Omega}) \geq (m - n + p) + (n - p) = m \qquad (5.18)$$

Logo, $\dim(\mathbf{M}) = m - n + p = \nu(\mathbf{G})$ e $\dim(\boldsymbol{\Omega}) = n - p = \lambda(\mathbf{G})$. ∎

Obs. $\nu(\mathbf{G})$ é conhecido como o *número ciclomático* e $\lambda(\mathbf{G})$ como o *número cociclomático* de **G** (Observar que em estudos sobre dominância, a notação λ é utilizada para outras noções. Ver o **Capítulo 6.**).

5.7.3 Ciclos, cociclos e coárvore

Os dois teoremas que se seguem permitem associar a teoria das árvores e as noções de base de cidos e base de cociclos.

Teorema 5.6: *Seja **G** = (**V**,**E**) um grafo conexo e **H** = (**V**,**F**) uma árvore parcial de **G**. Se uma ligação $\mathbf{e}_i \in$ **E** – **F** for acrescentada a **H**, teremos um ciclo μ_i; realizando–se, separadamente, essa operação com todas as ligações de **E** – **F**, os ciclos obtidos formarão uma base de ciclos de **G**.*

Prova: Cada ciclo do conjunto obtido possui uma ligação (a de **E** – **F**) que não figura em nenhum outro ciclo do conjunto. Logo, eles são linearmente independentes. Em um grafo conexo **G**, ν(**G**) = $m - n + 1$ e uma árvore parcial possui $n - 1$ ligações. Logo, |**E** – **F**| = $m - n + 1$, que é o número de ciclos obtidos. Portanto, eles constituem uma base de ciclos de **G**. ■

Estas beses de ciclos geradas com o auxílio de árvores parciais são conhecidas como *bases fundamentais de ciclos.* O grafo **H'** = (**V**,**L**), onde **L** = **E** – **F**, formado pelos vértices de um grafo **G** e pelas ligações que não figurarem na árvore parcial dada por **F** em **G**, é chamado uma *coárvore* de **G**.

Teorema 5.7: *Sejam **G** = (**V**,**E**) um grafo conexo e **H'** = (**V**,**L**) uma coárvore de **G**. Se uma ligação $\mathbf{e}_i \in$ **E** – **L** (= **F**) for acrescentada a **H'**, teremos um cociclo ω_i; realizando–se, separadamente, essa operação para todas as ligações de **E** – **L**, os cociclos obtidos formam uma base de cociclos de **G**.*

Prova: Por raciocínio análogo ao da prova do teorema anterior, levando–se em conta a igualdade entre a cardinalidade de **E** – **L** e o valor do número cociclomático λ(**G**). ■

Obs. : Ao retirarmos uma ligação de **F** (que é o conjunto de ligações de uma árvore parcial **H** de **G**, indicado no **Teorema 5.6**), estaremos dividindo **H** em duas componentes conexas, com conjuntos de vértices **W** e **V** – **W**. O cociclo obtido será o conjunto de ligações de **G** que une estas duas componentes (por definição, será um cociclo elementar). Ver a **Fig. 5.17** abaixo.

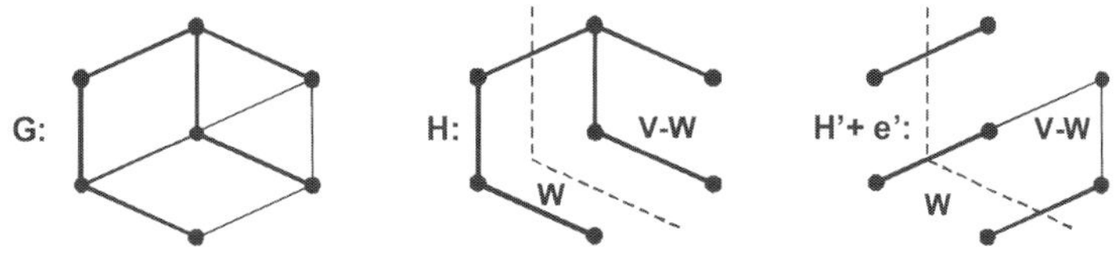

Fig. 5.17: Localizando um cociclo

Obs.: Conexão com modelos de programação linear

Ao se formular um modelo de programação linear envolvendo fluxos em um grafo (ver adiante), o conjunto de variáveis básicas em qualquer iteração tem cardinalidade ν(**G**), enquanto as variáveis básicas estão associadas às ligações de uma árvore parcial; uma vez que se tenham os valores das variáveis não básicas, as demais serão unicamente determinadas. Ver [Hu70].

5.7.4 O problema da base fundamental de custo mínimo

Amaldi *et al*, [ALMM09] propõe uma busca local, uma busca tabu e um VNS para a abordagem deste problema, de interesse no teste de circuitos elétricos, no projeto de compiladores, de horários e de sínteses em química orgânica.

✱ 5.8 Fatoração em árvores e arboricidade

Trata–se aqui de verificar a possibilidade da existência de k árvores parciais disjuntas em relação às arestas em um grafo G = (**V**,**E**). O problema foi resolvido por **Tutte** e **Nash–Williams**.

Teorema 5.8: *Um p–grafo **G** = (**V**,**E**) possui k árvores parciais disjuntas em relação às arestas se e somente se para cada partição de **V** em r subconjuntos, existirem ao menos k(r – 1) arestas unindo vértices pertencentes a subconjuntos diferentes.*
Prova: Diestel [Di97]. ■

O problema não é simples, como se pode depreender do enunciado do teorema. Um caso particular interessante, de caracterização mais simples, é dado pelo corolário que se segue:

Corolário 5.9: Todo grafo $2k$–aresta conexo possui k árvores parciais disjuntas em relação às arestas.

Prova: Diestel [Di10]. ■

Esta discussão conduz à noção de *arboricidade* (*de vértices*) a(**G**), que é o menor número de subconjuntos de vértices nos quais se pode particionar um grafo, de tal forma que cada um deles induza um grafo sem ciclos (uma floresta). Se **G** for sem ciclos, teremos a(**G**) = 1

Lin, Soulignac e Szwarcfiter [LSS10] utiliza a noção no desenvolvimento teórico de algoritmos dinâmicos.

Pode–se mostrar que

$$a(\mathbf{G}) \leq 1 + \lfloor \Delta(\mathbf{G})/2 \rfloor \tag{5.19}$$

Pode–se definir, em relação ao particionamento de **E**, uma *arboricidade de arestas* a'(**G**). Para maiores detalhes sobre ambos os conceitos, ver [BCLF79].

Um caso particular é o da fatoração de um grafo **G** em florestas de percursos mais curtos. Pode–se definir uma *arboricidade linear* la(**G**), correspondente ao menor número de florestas de percursos que particiona **E**.

Akiyama (Lindquester e Wormald, [LW98]) conjeturou que, para **G** d–regular,

$$la(\mathbf{G}) = \lceil (d+1)/2 \rceil \tag{5.20}$$

Para um grafo **G** cúbico, se tem la(**G**) = 2 (Akiyama, Exoo e Harary).

Para um grafo d–regular, existe c > 0 tal que [ATW01]

$$la(\mathbf{G}) \leq \frac{d}{2} + cd^{2/3}(\log d)^{1/3} \tag{5.21}$$

Um grafo é *série-paralelo* se não contiver um subgrafo homeomorfo a $\mathbf{K}_4$.

Wu [Wu00] mostra que a arboricidade linear de um grafo **G** série-paralelo é la(**G**) = $\lceil \Delta(\mathbf{G}) / 2 \rceil$, para todo **G** com grau máximo $\Delta(\mathbf{G}) \geq 3$. Pode–se observar que um grafo periplanar (ver o **Capítulo 10**) é série-paralelo, o que estende o resultado a essa classe de grafos.

Um pouco mais de detalhe foi fornecido ao problema com a definição de *floresta k–linear*, que é uma floresta cujas componentes conexas são percursos de comprimento máximo k. Define–se então uma *arboricidade k–linear* $la_k(\mathbf{G})$.

Chang *et al* [CCFH00] discutem a arboricidade k–linear em árvores e apresentam vários resultados e conjeturas a respeito desse invariante :

Se **H** for um subgrafo de um grafo **G** com n vértices e m arestas, se tem

$$la_k(\mathbf{G}) \geq la_k(\mathbf{H}) \text{ para } k \geq 1. \tag{5.22}$$

Além disso,

1. $la(\mathbf{G}) = la_{n-1}(\mathbf{G}) \leq la_{n-2}(\mathbf{G}) \leq \ldots \leq la_2(\mathbf{G}) \leq la_1(\mathbf{G}) = q(\mathbf{G})$, (5.23)
2. $la_k(\mathbf{G}) \geq \max \{\lceil \Delta(\mathbf{G})/2 \rceil, \lceil m/\lfloor kn/(k+1) \rfloor \rceil\}$. (5.24)

onde q(**G**) é o índice cromático de **G** (ver o **Capítulo 11**).

Conjetura (Habib e Peroche) : Se **G** é um grafo com n vértices e $k \geq 2$, então

$$la_k(\mathbf{G}) \leq \lceil \Delta(\mathbf{G})n + \alpha/2 \lfloor kn/(k+1) \rfloor \rceil \tag{5.25}$$

onde $\alpha = 1$ quando $\Delta(\mathbf{G}) < n - 1$ e $\alpha = 0$ quando $\Delta(\mathbf{G}) = n - 1$.

Para a arboricidade k–linear, um grafo d–regular verifica, para c > 0,

$$la_k(\mathbf{G}) \leq \frac{(k+1)d}{2k} + c\sqrt{k\, d\, \log d}\,, \tag{5.26}$$

Enfim, existem condições para que um grafo **G** não possa ter seus vértices cobertos por um conjunto de percursos disjuntos. O problema, porém, utiliza recursos da teoria de percursos hamiltonianos e será, portanto, discutido no **Capítulo 9**. ✸

5.9 Grafos sem ciclos: arborescências

5.9.1 Definições e caracterização

Uma *arborescência* é um grafo orientado conexo e sem ciclos, que possua uma raiz (ver **3.8.3**).

A dualidade direcional implica na definição de *antiarborescência,* associada a uma antirraiz. A literatura em inglês usa, respectivamente, as denominações *out–tree* e *in–tree*.

Ao se caracterizar uma arborescência, é interessante definir–se um tipo intermediário de conexidade em grafos orientados, que é a *conexidade quase–forte*. Diremos então que um grafo orientado **G** = (**V**,**E**) é *quase–fortemente conexo inferiormente* (*superiormente*) quando existir **x** ∈ **V** tal que

$$\{\mathbf{v},\mathbf{w}\} \in \mathbf{R}^{+}(\mathbf{x}) \qquad \forall \mathbf{v},\mathbf{w} \in \mathbf{V}$$
$$\{\mathbf{v},\mathbf{w}\} \in \mathbf{R}^{-}(\mathbf{x}) \qquad \forall \mathbf{v},\mathbf{w} \in \mathbf{V} \qquad (5.27)$$

ou seja, quando dois vértices quaisquer possuem sempre um ascendente (descendente) comum.

Um grafo que satisfaça a ambas as expressões (5.27) é denominado *quase–fortemente conexo.* Tal como foi feito com os demais tipos de conexidade, usam–se aqui as abreviaturas qfi–, qfs– e qf–conexo.

Na **Fig. 5.18** se encontram exemplos de grafos qfi–, qfs– e qf–conexos.

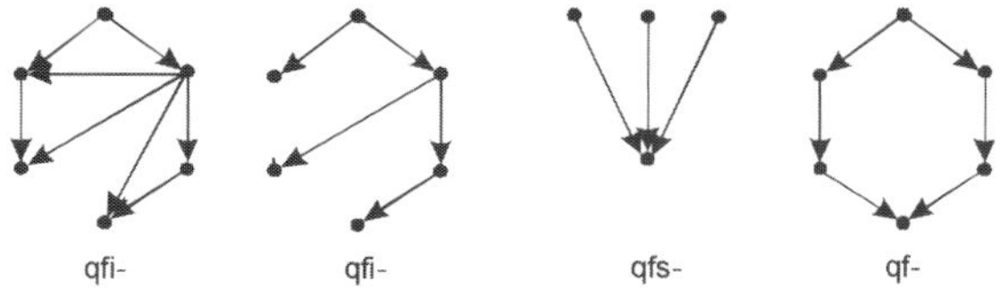

Fig. 5.18: qf–conexidade

Um teorema de definições equivalentes, semelhante ao **Teorema 5.3**, pode ser enunciado em relação às arborescências, baseado na qfi–conexidade (e, ainda, outro para as antiarborescências, baseado na qfs–conexidade). A demonstração do primeiro, cujo enunciado se segue, é deixada ao leitor.

Teorema 5.9 (Berge [Be73]: *Seja **G** = (**V**,**E**) um grafo com n ≥ 2. As propriedades seguintes são equivalentes para caracterizar **G** como uma arborescência:*

*1) **G** é qfi–conexo e sem ciclos.*
*2) **G** é qfi–conexo e admite n – 1 arcos.*
*3) **G** é uma árvore que possui uma raiz **x**.*
*4) **G** possui um vértice $\mathbf{x}_0$ ligado a cada um dos restantes vértices por um caminho e um só.*
*5) **G** é qfi–conexo, mas **G'** = (**V**,**E** –{**e**}) é não conexo ∀**e** ∈ **E**.*
*6) **G** é qfi–conexo e se tem $d^-(\mathbf{x}_0) = 0$, $d^-(\mathbf{x}_i) = 1$ $\forall i \neq 0$.*
***7)** **G** é sem ciclos e se tem $d^-(\mathbf{x}_0) = 0$, $d^-(\mathbf{x}_i) = 1$ $\forall i \neq 0$.* ■

Teorema 5.10: *Um grafo **G** = (**V**,**E**) admite um subgrafo abrangente que seja uma arborescência, se e somente se **G** for qfi–conexo.*

Prova: Análoga à do **Teorema 5.4**, substituindo–se o critério para escolha da ligação a suprimir por:

< *Procurando–se um arco cuja supressão não torne algum **x** ∈ **V** inatingível a partir de **x**, teremos dois casos possíveis: . . .* > ■

Obs. : Do ponto de vista dos tipos de conexidade, a qf–conexidade (em geral) está incluida na s–conexidade.

5.9.2 Estruturas arborescentes na prática

De modo geral, a ideia de arborescência está associada à de hierarquia, ou de classificação e, portanto, à presença de uma relação de ordem, dominada por um único elemento. Assim os organogramas, as classificações biológicas e biblioteconômicas e ainda as árvores genealógicas individuais (em ausência de consanguinidade) são arborescências, embora suas representações habituais não usem setas (**Fig. 5.19**):

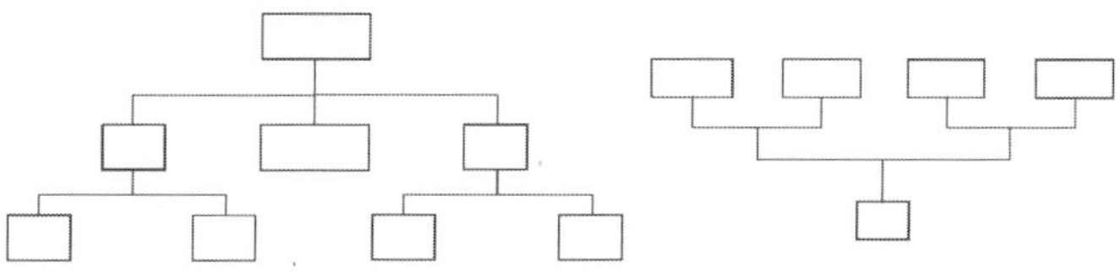

Fig. 5.19: Estruturas arborescentes

Do mesmo modo, ao se formular um algoritmo de busca ou de particionamento, como os do tipo branch–and–bound (ver adiante), faz–se apelo a estruturas arborescentes. Os algoritmos de ordenação baseados em heaps também fazem uso dessas estruturas. Ver Hu [Hu68], Szwarcfiter [Sw84] e Cormen [CLRS02].

5.9.3 O problema da arborescência parcial de custo mínimo

Este problema (ao qual chamaremos o *problema da ArPCM*) corresponde à procura de uma arborescência parcial de raiz **r** dada em um grafo **G** = (**V**,**E**) orientado que tenha o menor custo dentre todos os associados às arborescências parciais de **G** com raiz **r**. Ele difere do problema da APCM pela necessidade de se garantir um único caminho partindo de **r** para cada um dos demais vértices de **G** (Gondran e Minoux [GM85]). Ao contrário deste último problema, não é possível a adaptação direta do algoritmo associado ao teorema da subestrutura parcial (**5.4** para APCM, **5.9** para ArPCM) em vista da presença da restrição adicional de atingibilidade.

Para resolvê–lo, suponhamos de início que todos os custos dos arcos de **G** sejam diferentes; então, para todo $\mathbf{v} \in \mathbf{V}$, $\mathbf{v} \neq \mathbf{r}$, poderemos selecionar um único arco $\mathbf{e}_x \in \omega^-(\mathbf{v})$ de custo mínimo dentre os arcos incidentes interiormente em **v**. Teremos então um grafo **H** = (**V**,**F**) com $n - 1$ arcos.

Se **H** for conexo (logo, sem circuitos), então **H** será uma arborescência de raiz **r** e o problema estará resolvido. Caso contrário, ele terá um ***percurso fechado*** e esse percurso será necessariamente um ***circuito***, em vista da restrição de unicidade da seleção dos arcos (que implica em $d^-(v) = 1\ \forall \mathbf{v} \neq \mathbf{r}$, o que não é válido para todos os vértices de um ciclo que não seja um circuito). Então se aplicará o teorema seguinte:

Teorema 5.11: *Sejam **G** = (**V**,**E**) um grafo orientado, **r** uma raiz de **G** e **H** = (**V**,**F**) um grafo parcial de **G** (eventualmente não conexo) no qual se tenha $d^-(v) = 1\ \forall \mathbf{v} \neq \mathbf{r}$ e $d^-(r) = 0$. Se **H** possuir um circuito μ, então uma ArPCM **T** = (**V**,**L**) de **G** conterá necessariamente todos os arcos de μ menos um.*

Prova: Cabe observar de início que, para que se obtenha uma arborescência, μ deve ser aberto retirando–se um arco. Suponhamos, no entanto, que se possam retirar dois arcos (**a**,**b**) e (**c**,**d**) de μ, conforme indicado na **Fig. 5.20**.

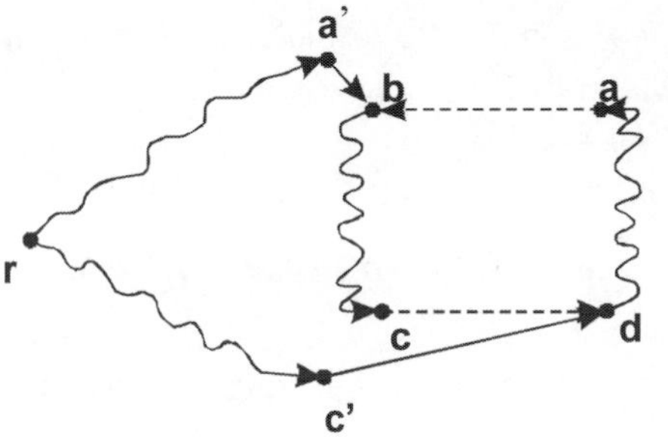

Fig. 5.20

O circuito será, então, dividido em dois caminhos originários, no caso, de **b** e de **d.** Consideremos a ArPCM **T**; nela, **r** não estará ligado a **b**, por hipótese, através de **a;** então essa ligação deverá ser feita por intermédio de $\mathbf{a'} \in \omega^-(\mathbf{b})$. Da mesma forma, **r** não estará ligado a **d**, por hipótese, através de **c**; então, essa ligação deverá se fazer por $\mathbf{c'} \in \omega^-(\mathbf{d})$. Mas o circuito μ foi construído com os arcos de menor custo que incidiam em seus vértices; logo, $c_{a'b} > c_{ab}$ e $c_{c'd} > c_{cd}$ (uma vez que se considerou que todos os custos eram diferentes). Então, se substituirmos (**a'**,**b**) por (**a**,**b**) por exemplo, em **T**, obteremos $\mathbf{T}_1$ que terá custo inferior a **T** – o que contradiz a hipótese de que **T** era uma ArPCM. O mesmo raciocínio é válido ao se pensar em retirar mais de dois arcos de μ. ∎

Não podem existir portanto, em **T**, dois caminhos μ_{ri} e μ_{rj} com **i** e $\mathbf{j} \in \mu$; então existirá um único caminho (p.ex. μ_{rj}) e, neste caso, o arco **e'** = (**k**,j) de μ não pertencerá a **T.**

Consideremos o grafo $\mathbf{G'} = (\mathbf{V'}, \mathbf{E'})$ resultante da contração (ver **2.9.1**) dos vértices de μ em um único vértice **m** (logo, teremos $\mathbf{V'} = (\mathbf{V} - \mu) \cup \{\mathbf{m}\}$ onde entendemos μ como expresso por seus ***vértices***). Consideremos o grafo parcial $\mathbf{T'} = (\mathbf{V'}, \mathbf{F'})$ de **G'**, onde $F' = L \cap E'$ é o conjunto dos arcos da arborescência **T** que não pertencem ao circuito. Como μ recebe um único caminho vindo de **r, T'** é uma arborescência parcial de **G'** (**Fig. 5.21**):

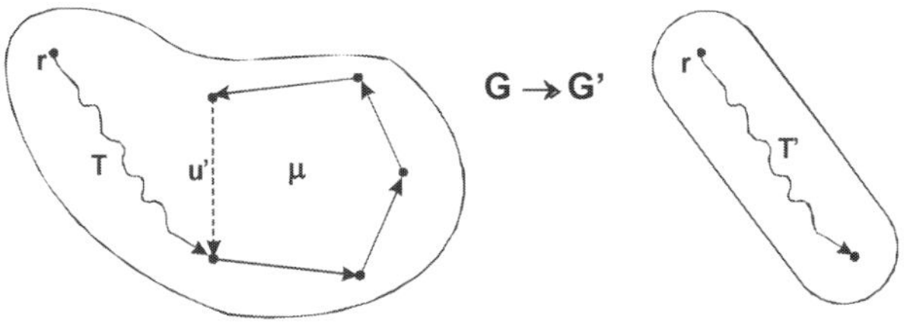

Fig. 5.21

Vale a pena observar que o custo de **T**' é dado por

$$c(\mathbf{T}') = c(\mathbf{T}) - [c(\boldsymbol{\mu}) - c(\boldsymbol{\mu}')] \qquad (5.28)$$

Teorema 5.12: ***T*** *será uma ArPCM de* ***G*** *se e somente se* ***T'*** *for uma ArPCM de* ***G'****, sendo os arcos de* ***G'*** *valorados da seguinte forma:*

$$c'(\mathbf{e}) = c(\mathbf{e}) \qquad \mathbf{e} \notin \omega^-(\mathbf{m}) \qquad (5.29a)$$

$$c'(\mathbf{e}) = c(\mathbf{e}) - c(\mathbf{e}') \qquad \mathbf{e} \in \omega^-(\mathbf{m}) \qquad (5.29b)$$

(onde **e**' = (**k**,**j**) conforme referenciado acima, é o arco que tem de ser retirado).

Prova: Dentre os arcos de **T**', um único pertencerá a $\omega^-(\mathbf{m})$; logo, teremos

$$c'(\mathbf{T}') = c(\mathbf{T}') - c(\mathbf{e}') \qquad (5.30)$$

o que, levando–se em conta (5.28), implica em

$$c(\mathbf{T}) = c'(\mathbf{T}') + c(\mu) \qquad (5.31)$$

expressão que envolve um vínculo recíproco entre as duas arborescências **T** e **T**', cada uma com seu próprio sistema de custos: se uma delas for uma ArPCM a outra também o será e vice–versa. ■

Pode–se então formular um algoritmo para determinação de uma ArPCM.

Algoritmo 5.5 (Gondran e Minoux [GM85])

Neste algoritmo não se considera a limitação dos custos diferentes para os arcos; isso implica, apenas, em que a solução encontrada pode não ser única. Os circuitos existentes (dados pelos vértices) serão contraídos, até que se obtenha uma primeira arborescência parcial, da qual se chega à final.

Algoritmo

início

  $\mathbf{G_k} = (\mathbf{V_k},\mathbf{E_k})$; $\mathbf{H_1} \leftarrow (\mathbf{V}, \varnothing)$; $\mathbf{F_k} \leftarrow \varnothing$; $c_1(\mathbf{e}) \leftarrow c(\mathbf{e})$ $\forall \mathbf{e} \in \mathbf{E}$; $k \leftarrow 1$;

  início

    para todo v $\in \mathbf{V_k}$ **fazer**

      se $c_k(\mathbf{e_x}) = \min_{\mathbf{e} \in \omega^-(\mathbf{v})} c_k(\mathbf{e})$ **então** $\mathbf{H_k} = (\mathbf{V_k},\mathbf{F_k})$: $\mathbf{F_k} \leftarrow \mathbf{F_k} \cup \{\mathbf{e_k}\}$;

      procedimento para determinação de circuitos; [C ← não achou circuito]

      se C = *verdadeiro*

        então fim; [$\mathbf{H_k}$ é uma ArPCM]

        senão [existem ciclos μ_s, para alguns valores de $s \leq k$]

         início

          contrair $\boldsymbol{\mu_k}$ em um vértice $\mathbf{m_k}$;

          $\mathbf{G_{k+l}} \leftarrow \mathbf{G_k}$; $\mathbf{V_{k+1}} \leftarrow (\mathbf{V_k} - \boldsymbol{\mu_k}) \cup \{\mathbf{m_k}\}$; $\mathbf{E_{k+1}} \leftarrow \mathbf{E_k} - \mathbf{E}(\boldsymbol{\mu_k})$;

          para todo e $\in \mathbf{E_{k+1}}$ **fazer**

            se e $\notin \omega^-(\mathbf{m_k})$ **então** $c_{k+1}(\mathbf{e}) \leftarrow c_k(\mathbf{e})$ [$\mathbf{e} = (\mathbf{i},\mathbf{j})$; $\mathbf{e_k} = (\mathbf{i},\mathbf{m_k})$; $\mathbf{e'_k} = (\mathbf{p},\mathbf{j}) \in \boldsymbol{\mu_k}$]

             senão $c_{k+1}(\mathbf{e}) \leftarrow \min[c_k(\mathbf{e}) - c_k(\mathbf{e'_k})]$;

         fim;

    $k \leftarrow k + 1$;

  fim;

fim.

Exemplo: Seja o grafo indicado na **Fig. 5.22**:

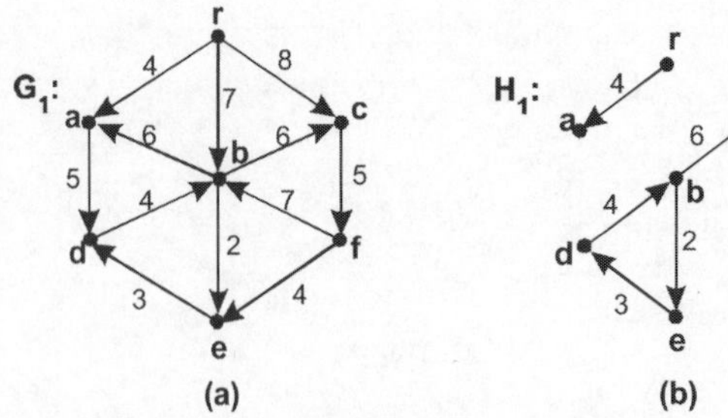

Fig. 5.22

Inicialização:

$\mathbf{G_1} = (\mathbf{V}, \mathbf{E})$; $\mathbf{H_1} = (\mathbf{V}, \varnothing)$; $c_1(\mathbf{E}) \leftarrow c(\mathbf{E})$ $\forall \mathbf{e} \in \mathbf{E}$; $k \leftarrow 1$;

Teremos, sucessivamente:

$\mathbf{H_1} = (\mathbf{V}, \mathrm{F_1})$; $\mathbf{F_1} = \{(\mathbf{r}, \mathbf{a}),(\mathbf{d}, \mathbf{b}),(\mathbf{b}, \mathbf{c}),(\mathbf{e}, \mathbf{d}),(\mathbf{b}, \mathbf{e}),(\mathbf{c}, \mathbf{f})\}$

Existe em $\mathbf{H_1}$ o circuito (**b**,**e**,**d**,**b**) ; então, com $\mathbf{m_1} \leftarrow \{\mathbf{b}, \mathbf{d}, \mathbf{e}\}$:

$\mathbf{G_2} = (\mathbf{V_2},\mathbf{E_2})$: $\mathbf{V_2} = (\mathbf{V} - \{\mathbf{b},\mathbf{d},\mathbf{e}\}) \cup \{\mathrm{m_1}\} = \{\mathbf{r}, \mathbf{a}, \mathbf{c}, \mathbf{f}, \mathbf{m_1}\}$

Novos custos (onde $\lambda = \mathbf{m_1}$):

$$c'_{a\lambda} = c_{ad} - c_{ed} = 2$$
$$c'_{r\lambda} = c_{rb} - c_{db} = 3$$
$$c'_{fe} = c_{fe} - c_{be} = 2$$
$$c'_{fb} = c_{fb} - c_{db} = 3$$

Ver a **Fig. 5.23** abaixo; comparar com a **Fig. 5.22**.

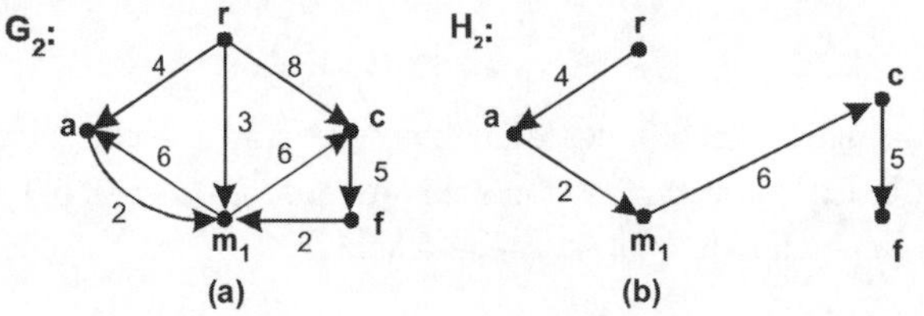

Fig. 5.23

$\mathbf{H_2}$ é uma ArPCM de $\mathbf{G_2}$; substituindo–se $\mathbf{m_1}$ pelo conjunto {**b**,**d**,**e**} teremos (**Fig. 5.24**):

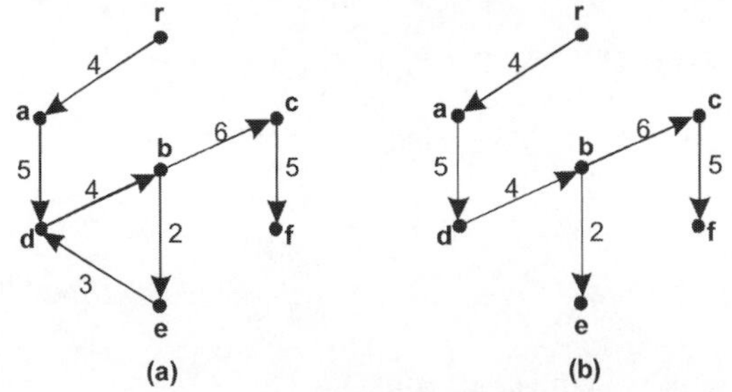

Fig. 5. 24

A eliminação do arco (**e**,**d**) se baseia na redução do valor do semigrau $d^-(\mathbf{d})$ de 2 a 1, de acordo com o **Teorema 5.11**.

5.10 Problemas de enumeração e contagem

5.10.1 Esta classe de problemas aparece em toda a teoria dos grafos e o seu estudo tem resultado, nas últimas décadas, em um frequente aparecimento de soluções para problemas em aberto, acompanhado por propostas de novos problemas (Harary [Ha72]). No caso das árvores e arborescências, a simplicidade das estruturas conduziu à obtenção de muitos resultados, alguns dos quais são apresentados a seguir.

5.10.2 Alguns desses resultados são baseados na chamada *fórmula multinomlal,* onde os coeficientes dos termos do somatório correspondem ao número de permutações simples de *n* elementos, dentre os quais n_1, n_2, ..., n_p são iguais entre si.

$$(x_1 + x_2 + \ldots + x_p)^n = \sum_{n_1 \geq 0} \binom{n}{n_1, n_2, \ldots, n_p} (x_1)^{n_1} (x_2)^{n_2} \ldots (x_p)^{n_p} \quad (5.32)$$

Alguns exemplos de contagem:

a) O número de árvores com *n* vértices é n^{n-2} (Cayley, 1887).

b) O número de árvores com *n* vértices de graus d, (i = i, ..., n) é dado por

$$T(n;\, d_1; d_2; \ldots; d_n) = \binom{n-2}{d_1-1; d_2-1; \ldots; d_n-1} \quad (5.33)$$

Aqui se deve observar que a soma dos graus deve ser igual a 2(n – 1), o dobro do número de arestas de uma árvore.

c) O número de árvores com *n* vértices, sendo um deles de grau especificado *k*, é igual a

$$T(n;\, d(\mathbf{x}) = k) = \binom{n-2}{k-1} (n-1)^{n-k+1} \quad (5.34)$$

Estes resultados, e diversos outros do mesmo gênero, podem ser encontrados em Berge [Be73].

d) Para os grafos *k*–partidos completos **K**(n_0, n_1, ...n_{k-1}) se tem (Lewis [Le99]):

$$T(n_0, n_1, \ldots, n_{k-1}; n) = n^{k-2} \prod_{0 \leq I \leq k} (n - n_i)^{n_i - 1} \quad (5.35)$$

e) Merris e Grone [MG88] mostraram que a *complexidade* (número de árvores parciais) *t*(**G**) de um grafo verifica

$$t(\mathbf{G}) \leq \left(\frac{n}{n-1} \right)^{n-1} \frac{\prod d_i}{\sum d_i} \quad (5.36)$$

f) Das [Da07], além do resultado acima, cita os seguintes:

$$T(\mathbf{G}) \leq \frac{1}{n} \left(\frac{2m}{n-1} \right)^{n-1} \quad \text{(Grimmett)} \quad (5.37a)$$

$$T(\mathbf{G}) \leq n^{n-2} \left(1 - \frac{2}{n} \right)^{m} \quad \text{(Kelmans)} \quad (5.37b)$$

e, para grafos d–regulares,

$$T(\mathbf{G}) \leq n^{n-2} \left(\frac{d}{n-1} \right)^{m} \quad \text{(Nosal)} \quad (5.38)$$

O artigo propõe ainda o seguintes limite, baseado nos autovalores λ_i (i = 1, ..., n) da matriz laplaciana L(**G**) (ver adiante e no Capítulo 11):

$$T(\mathbf{G}) \leq \frac{1}{n} \prod_{i=1}^{n} \lambda_i \quad (5.39)$$

e outro, que utiliza apenas o grau máximo:

$$T(\mathbf{G}) \leq \left(\frac{2m - \Delta - 1}{n-2} \right)^{n-2} \quad (5.40)$$

g) Kinkar [Kin07] estabelece que, para um grafo **G** com *n* vértices, *e* arestas e grau máximo Δ, se tem

$$T(\mathbf{G}) \leq \left[(2e - \Delta - 1)/(n-2) \right]^{n-2} \quad (5.41)$$

A igualdade se verifica apenas se **G** for um grafo–estrela ou completo.

Um teorema geral que traz uma visão inicial ao problema da contagem de árvores parciais é o seguinte:

Teorema 5.13: *Seja t(G) o número de árvores parciais de um grafo* **G** *= (V,E) não orientado. Então, para todo* **e** $\in$ ***E*** *se tem*

$$t(\mathbf{G}) = t(\mathbf{G} - \mathbf{e}) + t(\mathbf{G}.\mathbf{e})$$

*onde **G.e** é o grafo obtido pela* <u>contração</u> *de* **e** (ver o **Capítulo 2**).

Prova: As árvores parciais de **G** que não contém **e** são exatamente as árvores parciais de **G – e**. Por outro lado, a contração de uma aresta **e** em uma árvore parcial **T** de **G** que contenha **e** produz uma árvore parcial de **G.e.** Nenhuma outra aresta é afetada por esta operação, logo não é possível que ela, aplicada a duas árvores parciais de **G**, resulte na mesma árvore parcial de **G.e**; portanto, há uma bijeção entre as árvores parciais de **G.e** e as árvores parciais de **G** contendo **e**. ■

Obs.: Este teorema tem uma aplicação mais geral no que se refere a colorações em grafos. Ver Merris, [Me01].

5.10.3 Um resultado que conduz à contagem e à enumeração das arborescências e das árvores parciais de um grafo, é baseado em um teorema demonstrado por **Tutte** (Berge [Be73]) e conhecido na literatura em inglês como o matrix–tree theorem. Limitamo–nos, aqui, a apresentar o resultado.

Seja **G = (V,E)** um grafo orientado e seja **A(G)** a sua matriz de adjacência. Definiremos **D(G) =** $[d_{ii}]$ como a matriz diagonal dos semigraus interiores dos vértices de **G** (convém observar que eles correspondem à soma dos termos das colunas respectivas na matriz de adjacência).

Teorema 5.14: *Sendo **Q(G)** = **D(G)** – **A(G)** e sendo* $Q_k(G)$ *a submatriz obtida de **Q(G)** pela remoção da linha e da coluna k, então o número de arborescências parciais de **G** com raiz k é igual ao valor do determinante* $\Delta_k = |Q_k(G)|$.

Prova: [Be73]. ■

Obs.: A matriz **Q(G)** é conhecida como *laplaciana* do grafo **G**. Este termo é usado, em particular, pelos pesquisadores dedicados à teoria espectral de grafos (ver o **Capítulo 12**).

Exemplo: Sejam **A(G), D(G)** e **Q(G) = D(G) – A(G)** as matrizes representadas abaixo:

$$A(G) = \begin{bmatrix} 0 & 1 & 1 & 0 \\ 0 & 0 & 1 & 1 \\ 1 & 0 & 0 & 0 \\ 0 & 1 & 1 & 0 \end{bmatrix} \quad D(G) = \begin{bmatrix} 1 & 0 & 0 & 0 \\ 0 & 2 & 0 & 0 \\ 0 & 0 & 3 & 0 \\ 0 & 0 & 0 & 1 \end{bmatrix} \quad Q(G) = \begin{bmatrix} 1 & -1 & -1 & 0 \\ 0 & 2 & -1 & -1 \\ -1 & 0 & 3 & 0 \\ 0 & -1 & -1 & 1 \end{bmatrix} \qquad (5.42)$$

O grafo **G,** como se pode verificar, é f–conexo (logo todo vértice é raiz); as submatrizes $Q_1(G)$ e $Q_2(G)$ fornecem os determinantes

$$\Delta_1 = \begin{vmatrix} 2 & -1 & -1 \\ 0 & 3 & 0 \\ -1 & -1 & 1 \end{vmatrix} = 3 \quad \text{e} \quad \Delta_2 = \begin{vmatrix} 1 & -1 & 0 \\ -1 & 3 & 0 \\ 0 & -1 & 1 \end{vmatrix} = 2 \qquad (5.43)$$

Obs.: Se usarmos a matriz latina por arcos (ver **2.8.5**) em lugar da matriz de adjacência e trabalharmos com a soma de suas colunas, os determinantes obtidos serão *enumeradores* de arborescências parciais.

Seja então $A^l(G)$ a matriz latina de **G** por arcos e sejam $D^l(G)$ e $Q^l(G)$ as demais matrizes correspondentes; então teremos, para o mesmo grafo cuja matriz de adjacência processamos acima,

$$Q^l(G) = \begin{bmatrix} e & -a & -b & 0 \\ 0 & a+f & -c & -d \\ -e & 0 & b+c+g & 0 \\ 0 & -f & -g & d \end{bmatrix} \qquad (5.44)$$

e os determinantes correspondentes aos obtidos acima serão

$$|Q^l_1| = \begin{vmatrix} a+f & -c & -d \\ 0 & b+c+g & 0 \\ -f & -g & d \end{vmatrix} = abd + acd + adg, \quad |Q^l_2| = \begin{vmatrix} e & -b & 0 \\ -e & b+c+g & 0 \\ 0 & -g & d \end{vmatrix} = cde + deg \qquad (5.45)$$

A **Fig. 5.25** mostra o grafo **G** e suas arborescências parciais de raízes **1** e **2**:

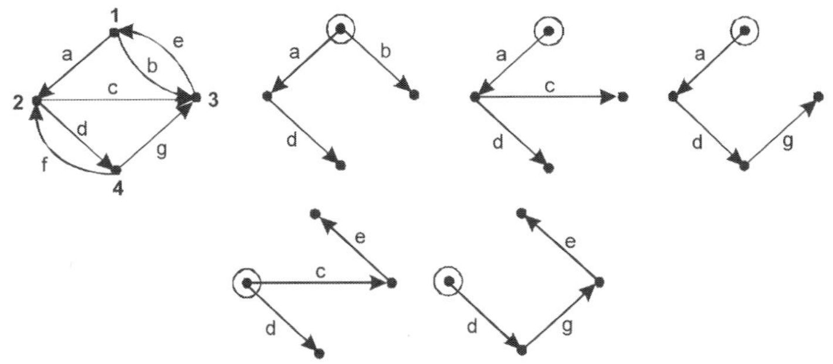

Fig. 5.25: Contagem e enumeração de arborescências parciais

É fácil verificar, na figura acima, que os arcos formadores das arborescências parciais correspondem aos indicados pelo enumerador.

5.10.4 Para grafos não orientados os mesmos resultados são válidos; apenas é necessário considerar que, de fato, uma aresta corresponde a dois arcos de sentidos opostos que terão, portanto, identificadores diferentes na matriz latina. A **Fig. 5.26** abaixo e as matrizes que a acompanham ilustram esta afirmação; a verificação da contagem e da enumeração das árvores parciais (que são 8) do grafo exemplo fica a cargo do leitor.

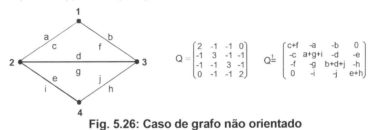

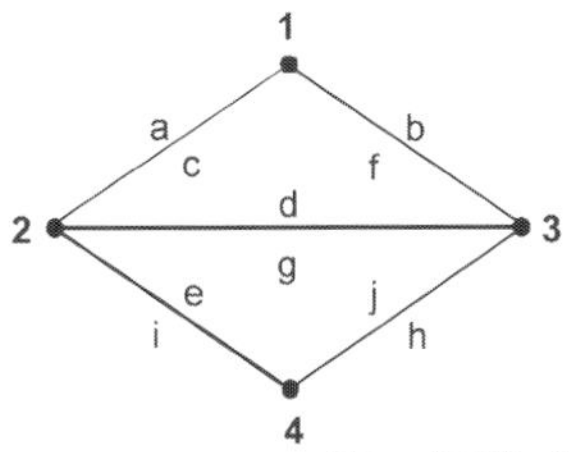

$$Q = \begin{pmatrix} 2 & -1 & -1 & 0 \\ -1 & 3 & -1 & -1 \\ -1 & -1 & 3 & -1 \\ 0 & -1 & -1 & 2 \end{pmatrix} \qquad Q^{1} = \begin{pmatrix} c+f & -a & -b & 0 \\ -c & a+g+i & -d & -e \\ -f & -g & b+d+j & -h \\ 0 & -i & -j & e+h \end{pmatrix}$$

Fig. 5.26: Caso de grafo não orientado

Colburn *et al* [CDN89] e [CMN96] apresentam algoritmos para gerar árvores e arborescências parciais em ordem lexicográfica das ligações.

5.10.5 A contagem de árvores parciais por peso

Broder e Mayr [BM97] apresentam uma técnica para a contagem das APCM de um grafo não orientado valorado sobre as arestas, através de uma função geradora baseada em uma laplaciana adequadamente definida, na qual o valor da posição correspondente à aresta (i,j), de peso w(i,j), é dado por $-x^{w(i,j)}$. A diagonal principal, como habitualmente, é o simétrico da soma das colunas da matriz.

O determinante da matriz $\mathbf{A}_k(\mathbf{G})$ obtida pela supressão da k^a linha e coluna (*k* qualquer) é a função geradora por peso das APCM's.

Exemplo: Seja **A**(**G**) a matriz de valores abaixo:

	1	2	3	4	5
1		2		3	1
2	2		1	1	
3		1		1	
4	3	1	1		3
5	1			3	

A sublaplaciana $\mathbf{A}_5(\mathbf{G})$ obtida, por exemplo, pela exclusão da linha e da coluna 5 é

$$\begin{array}{cccc} x^3 + x^2 + x & -x^2 & 0 & -x^3 \\ -x^2 & x^2 + 2x & -x & -x \\ 0 & -x & 2x & -x \\ -x^3 & -x & -x & 2x^3 + 2x \end{array}$$

de onde se obtém o determinante $|\mathbf{A}_5(\mathbf{G})| = 2x^9 + 3x^8 + 7x^7 + 6x^6 + 3x^5$.

Existem, portanto, 2 APCMs de peso 9, 3 de peso 8 etc..

5.10.6 Arborescências parciais contendo um arco dado

O efeito da adição de um novo arco, ou da eliminação de um arco existente, pode ser conhecido por uma técnica também baseada no teorema de **Tutte** (Boaventura [Bo84]). Pode–se assim dispor de um critério para a importância relativa dos arcos como elementos de interligação em um grafo.

A determinação tem apoio no seguinte teorema, onde se considera que uma arborescência parcial é *associada* a um par de vértices, se ela contém o arco correspondente:

Teorema 5.15: *Seja* $\mathbf{G} = (\mathbf{V},\mathbf{E})$ *um grafo orientado e seja* $\mathbf{Q(G)} = \mathbf{D(G)} - \mathbf{A(G)} = [q_{ij}]$ *a sua laplaciana. Consideremos um par* $\mathbf{e} = (\mathbf{v},\mathbf{w})$ *de vértices de* $\mathbf{G}$ *e sejam, então,*

$$G_1 = G - e \qquad \text{se } (v,w) \in E \ \ (\text{caso A}) \ \ e$$

$$G_2 = G \cup e \qquad \text{se } (v,w) \notin E \ \ (\text{caso B})$$

Então o número de arborescências parciais associadas a $(\mathbf{s},\mathbf{t})$ *em* $\mathbf{G}_1$ *(no caso A), ou em* $\mathbf{G}_2$ *(no caso B) é dado por*

$$b_{rt} = c_{tt} \tag{5.46a}$$

$$b_{st} = c_{tt} - c_{st} \qquad s \neq r \tag{5.46b}$$

onde os c_{ij} *são os elementos da matriz adjunta transposta* $(\mathbf{Q}_r^+)^T$ *– ou seja, os cofatores de* $\mathbf{Q}_r$*.*

Prova: Se dois grafos $\mathbf{G}_1$ e $\mathbf{G}_2$ diferem entre si por um único arco, suas matrizes $\mathbf{Q}_r(\mathbf{G}_1)$ e $\mathbf{Q}_r(\mathbf{G}_2)$ diferirão apenas em dois elementos, no máximo, em uma única coluna. Se $(\mathbf{s},\mathbf{t})$ é o par de vértices associado a esse arco (que pode, ou existir e ser suprimido, ou não existir e ser acrescentado (caso em que o par em questão seria não adjacente no grafo inicial), haverá uma modificação em q_{tt} (termo no qual cada unidade corresponde a um arco que termina em $\mathbf{t}$) e em q_{st} (igual a zero se o arco $(\mathbf{s},\mathbf{t})$ não existir no grafo, e a (-1), em caso contrário) . Se $\mathbf{s} = \mathbf{r}$, apenas q_{tt} muda, visto que q_{st} estaria em uma linha que não consta de $\mathbf{Q}_r$.

Seja $\mathbf{G}^*$ o grafo final (igual a $\mathbf{G}_1$ ou a $\mathbf{G}_2$) e seja $\mathbf{Q}_r^{st}$ a matriz associada a $\mathbf{G}^*$; examinemos as expansões por cofatores de $|\mathbf{Q}_r|$ e de $|\mathbf{Q}_r^{st}|$, introduzindo o coeficiente $k = (-1)^\alpha$ (onde $\alpha = a_{st}$ é um elemento da matriz de adjacência de $\mathbf{G}$: se $\alpha = 0$, $k = 1$ e estaremos adicionando o arco correspondente a a_{st}; caso contrário, $k = -1$ e o estaremos suprimindo).
Para facilitar a compreensão, separamos o termo correspondente a q_{tt} na expansão de $|\mathbf{Q}_r|$:

$$|\mathbf{Q}_r| = \sum_{i \neq r,t} q_{it}c_{it} + q_{tt}c_{tt} \tag{5.47}$$

A expansão envolvendo a modificação associada ao par $(\mathbf{s},\mathbf{t})$, como dissemos, depende de $\mathbf{s}$:

$$|\mathbf{Q}_r^{st}| = \sum_{i \neq r,t} q_{it}c_{it} + (q_{tt} + k)c_{tt} \qquad s = r \tag{5.48a}$$

$$|\mathbf{Q}_r^{st}| = \sum_{i \neq r,s,t} q_{it}c_{it} + (q_{tt} + k)\,c_{tt} + kc_{st} \qquad s \neq r \tag{5.48b}$$

O resultado da transformação de $\mathbf{G}$ em $\mathbf{G}^*$ corresponderá, então, para um dado arco $(\mathbf{s},\mathbf{t})$, à diferença entre os dois determinantes, afetada do sinal correspondente ao caso em exame:

$$b_{st} = k\left(\left|\mathbf{Q}_r^{st}\right| - \left|\mathbf{Q}_r\right|\right) \tag{5.49}$$

de onde, com as expansões correspondentes de $|\mathbf{Q}_r^{st}|$ e a expansão de $\mathbf{Q}_r$, se chega a (5.46). ■

Obs. 1: O caso correspondente a (5.46b) aparece em Colburn *et al* [CM96], mas não o de (5.46a).

Obs. 2: Curiosamente, Fard e Lee [FL01] apresentam, bem mais tarde, uma técnica para determinar a contribuição de uma nova aresta para o número de árvores parciais do novo grafo, baseada também no cálculo de determinantes da laplaciana reduzida, porém trabalhando aresta por aresta ao invés de utilizar a abordagem matricial.

A matriz $\mathbf{B} = [b_{ij}]$ obtida contém, pelo que foi visto, elementos correspondentes a arcos de $\mathbf{G}$ e a pares de vértices não adjacentes. Nela, é claro que, pela definição de arborescência, se terá $b_{ir} = 0$ $(i \neq r)$ e $b_{ii} = 0$ $(i = 1, \ldots, n)$.

Exemplo: Seja $\mathbf{G}$ o grafo representado na **Fig. 5.25**. Teremos

$$\mathbf{Q} = \begin{bmatrix} 1 & -1 & -1 & 0 \\ 0 & 2 & -1 & -1 \\ -1 & 0 & 3 & 0 \\ 0 & -1 & -1 & 1 \end{bmatrix} \quad \text{e } \mathbf{Q}_1 = \begin{bmatrix} 2 & -1 & -1 \\ 0 & 3 & 0 \\ -1 & -1 & 1 \end{bmatrix} \quad \text{logo } (\mathbf{Q}^+_1)^T = \begin{bmatrix} 3 & 0 & 3 \\ 2 & 1 & 3 \\ 3 & 0 & 6 \end{bmatrix}$$

Aplicando (5.46a–b), obteremos

$$\mathbf{B(G)} = \begin{bmatrix} 0 & 3 & 1 & 6^* \\ 0 & 0 & 1 & 3 \\ 0 & 1^* & 0 & 3^* \\ 0 & 0 & 1 & 0 \end{bmatrix}$$

Os elementos marcados com (*) correspondem ao efeito dos arcos inexistentes em **G**, ao serem ***individualmente*** acrescentados a **G**. Cabe observar que a supressão de (**4**,**2**) não elimina nenhuma arborescência, o que corresponde à sua ausência nas arborescências parciais de **G** de raiz **1** (ver **Fig. 5.25**) . Por outro lado, a adição de (**3**,**4**) cria 3 novas arborescências parciais que, como é fácil verificar, são as mostradas na **Fig. 5.27** abaixo.

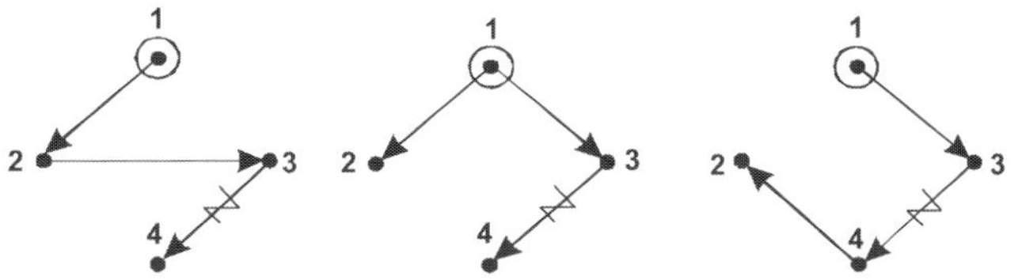

Fig. 5.27 – Efeito da adição de um arco

Se o grafo **G** for não orientado, a matriz **A(G)** será a mesma do grafo simétrico a ela associado. Como a contagem obtida se refere a subestruturas orientadas, a matriz obtida deve ser simetrizada, de modo a que se considerem as possibilidades oferecidas pelos dois sentidos de cada aresta.

Exemplo: O grafo não orientado da **Fig. 5.26** nos fornece

$$\mathbf{Q}^+_1(\mathbf{G}) = \begin{bmatrix} 5 & 3 & 4 \\ 3 & 5 & 4 \\ 4 & 4 & 8 \end{bmatrix} \quad \text{e } \mathbf{B} = \begin{bmatrix} 0 & 5 & 5 & 8 \\ 0 & 0 & 2 & 4 \\ 0 & 2 & 0 & 4 \\ 0 & 1 & 1 & 0 \end{bmatrix}$$

A matriz simetrizada $\mathbf{B}^* = \mathbf{B} + \mathbf{B}^T$ será, então,

$$\mathbf{B}^* = \begin{bmatrix} 0 & 5 & 5 & 8^* \\ 5 & 0 & 4 & 5 \\ 5 & 4 & 0 & 5 \\ 8^* & 5 & 5 & 0 \end{bmatrix}$$

Como mostra a matriz obtida, a adição da aresta (**1**,**4**) transforma o grafo em uma clique; de acordo com o resultado apresentado em **5.10.2**, $\mathbf{K}_4$ possui $4^{4-2} = 16$ árvores parciais, o que corresponde às 8 que existiam (ver **5.10.4**), somadas às 8 acrescentadas pela adição de (**1**,**4**).

O uso desta técnica em grafos não orientados possui um significado aplicado no campo da eletricidade: se um grafo **G** representar um circuito elétrico no qual toda ligação direta entre dois pontos possuir resistência elétrica unitária, a resistência em **G** + (**s**,**t**) entre dois pontos **s** e **t** inicialmente não adjacentes será dada por

$$\rho(\mathbf{s},\mathbf{t}) = \{ [T(\mathbf{G} + (\mathbf{s},\mathbf{t}))] / T(\mathbf{G}) \} - 1 \qquad (5.50)$$

✷5.11 Problemas e resultados correlacionados

5.11.1 Aumentando o número de árvores parciais

Kelmans [Ke97] discute longamente, com o auxílio da teoria espectral de grafos (ver o **Capítulo 12**) recursos para aumentar o número de árvores parciais por modificações em um dado grafo.

5.11.2 Uma laplaciana com pesos nos vértices

Chung e Langlands [CL96] generalizam a laplaciana de um grafo valorado ao considerarem uma valoração sobre os vértices, em grafos não orientados e orientados e procuram uma interpretação, para este caso geral, dos coeficientes do polinômio característico (ver o **Capítulo 12**) da laplaciana.

5.11.3 Árvores parciais e grafo complementar

Gilbert e Myrvold [GM97] definem, para grafos não orientados, uma laplaciana complementar **K**(**G**) onde a diagonal principal é dada por n – d(i) e o restante da matriz corresponde à de adjacência. Então o número de árvores parciais de **G** será

$$t(\mathbf{G}) = (1/n^2)\det(\mathbf{K}(\mathbf{G})). \qquad (5.51)$$

O trabalho estuda grafos cujos complementos são uma união de percursos abertos e de ciclos.

5.11.4 Grafos com número máximo de árvores parciais

Um grafo **G** = (**V**,**E**), com n vértices e m arestas, é dito *t–ótimo* quando possui o maior número possível de árvores parciais dentre todos os grafos de mesmos n e m. Petingi et al [PBS98] apresenta os seguintes casos:

a) $n = sp$, $m = p^2s(s-1)/2$, para s e p $\in$ **N**, s > 1; (5.52a)

b) $m \le n + 2$; (5.52b)

c) $m \ge n(n-1)/2 - n/2$. (5.52c)

Definindo–se $\Gamma(n,m)$ como a classe de grafos não orientados com n vértices e m arestas e sendo t(**G**) o número de árvores parciais de um grafo, diz–se que um grafo $\mathbf{G}_0$ é t–ótimo se $t(\mathbf{G}_0) \ge t(\mathbf{G})$ para todo $\mathbf{G} \in \Gamma(n,m)$. O problema geral de caracterizar um grafo como t–ótimo está ainda em aberto.

Petingi e Rodriguez [PR02] utilizam um limite superior para t(**G**) baseado na sequência de graus e no número de percursos induzidos de comprimento 2 do complemento de **G**, o que permite novas caracterizações.

5.11.5 Algoritmos para enumeração de árvores e arborescências parciais

Matsui [Ma97] descreve um algoritmo para gerar todas as árvores parciais de um grafo não orientado **G** = (**V**,**E**) com n vértices, m arestas e τ árvores parciais, em tempo $O(n + m + \tau n)$.

Kapoor e Ramesh [KR00] apresentam um algoritmo de troca de arcos para enumerar todas as arborescências parciais (com uma raiz dada) em um grafo orientado **G** de n vértices, m arestas e τarborescências parciais. A complexidade é $O(n\tau + n^3)$. Um processo de inclusão–exclusão é utilizado para evitar repetições de subestruturas.

5.11.6 Duas conjeturas importantes relativas a árvores

Estas conjeturas estão relacionadas à ocorrência de árvores como subgrafos parciais de um grafo.

Conjetura 5.16 (Erdös e Sós): *Todo grafo de ordem n com mais de n(k – 1)/2 arestas contém toda árvore de k arestas como subgrafo parcial.*

Brandt e Dobson [BD96] provam que a conjetura é válida para grafos **G** com cintura g(**G**) ≥ 5. Provaram ainda que, tendo–se g(**G**) ≥ 5, considerando–se uma árvore **T** com k arestas, se $d_{min}(\mathbf{G}) \ge k/2$ e $\Delta(\mathbf{G}) \ge \Delta(\mathbf{T})$, então **T** é um subgrafo parcial de **G**.

Saclé e Wozniak [SW97] provaram a conjetura para grafos que não contenham o ciclo C_4, resultado um pouco mais forte que o de Brandt e Dobson, que a provaram para grafos com cintura mínima 5.

Conjetura 5.17 (Komlós e Sós): Seja $k \in$ **N**. Se ao menos metade dos vértices de um grafo **G** possuir grau igual ou menor que k, então **G** possui como subgrafos todas as árvores com k arestas (Soffer [So00]).

5.11.7 Grafos universais para árvores parciais

Um grafo **G** = (**V**,**E**) *universal para árvores parciais* é um grafo que contém todas as possíveis árvores parciais (não isomorfas).

Um exemplo de grafos universais para árvores parciais é o dos grafos antirregulares, Chung e Graham [CG83]. Ver o **item 2.10.4.** ✷

Exercícios – Capítulo 5

5.1 Mostre que o teorema de **Festinger** pode ser utilizado para contar (e enumerar) exatamente, os caminhos ***elementares*** de um grafo sem circuitos.

5.2 Formule um algoritmo destinado ao teste e à eventual correção de um grafo PERT, no caso em que ele contenha um circuito.

5.3 Analise a solução do PERT representada na **Fig. 5.6** e observe:

(a) se todo o corte da madeira pode, ou não, ser feito pelos mesmos operários; caso positivo, modifique adequadamente o grafo para representar essa ocorrência;

(b) em qualquer caso, qual o efeito do deslocamento de recursos da atividade **e** para a atividade **d,** de modo a que a primeira dure 2 dias a mais e a segunda, 2 dias a menos ? Como ficam as diversas folgas e o caminho crítico, em todos os casos ?

5.4 Dada uma árvore qualquer, como se deveriam orientar suas arestas de modo a que se obtenha uma arborescência (a) de raio mínimo; (b) de raio máximo ?

5.5 Seja **G** um grafo conexo, a partir do qual se definirão florestas parciais com 2 , ..., *k* componentes conexas, pela remoção de arestas de **G**. Quantas arestas seriam removidas ao todo, quantas por exigência da conectividade de arestas κ' e quantas para eliminar ciclos nas componentes ?

5.6 Mostre que toda árvore com grau máximo $\Delta > 1$ possui ao menos Δ vértices de grau 1.

5.7 (Harary) Mostre que as afirmações a seguir são equivalentes:

(a) **G** é conexo e possui um único ciclo elementar;

(b) **G** é conexo e possui $n = m$;

(c) Para alguma aresta **e** de **G,** o grafo **G – e** é uma árvore;

(d) **G** é conexo e o conjunto de arestas que não sejam pontes forma um ciclo.

Mostre que, se não especificarmos o ciclo como elementar em (a), existe um contraexemplo.

5.8 Considere o **grafo de Petersen P** (**Fig. 4.4**) e a árvore parcial **T** de **P** formada por 4 das 5 arestas do polígono central e pelas arestas que unem os dois polígonos. Rotule os vértices, construa a base de ciclos associada a **T** e use–a para construir o ciclo de **P** correspondente ao polígono externo.

5.9 Estude o problema do registro de empates (encontro de arestas de mesmo valor) no algoritmo de **Kruskal**. Como poderia ele ser modificado para encontrar todas as APCMs de um grafo **G** dado ?

5.10 Faça o mesmo em relação ao algoritmo de **Prim**.

5.11 Faça o mesmo em relação ao algoritmo de **Boruvka**.

5.12 Como resultado dos **Exs. 5.9** a **5.11**, qual dos 3 algoritmos seria mais apropriado para o registro de empates ?

5.13 Desenvolva a prova do **Teorema 5.9** para arborescências parciais.

5.14 Estabeleça uma expressão que permita a contagem (a menos do isomorfismo) do número de grafos **G** com n vértices e $m = n + k$ arestas, que possuam ao menos um ciclo.

5.15 Seja uma árvore **H** = (**V**,**F**) cujas arestas desejamos orientar em sentido único, para assim obtermos um grafo orientado **H'** = (**V**,**F'**). Se há igual probabilidade de orientação de cada aresta em cada sentido e se considerarmos um vértice $\mathbf{x} \in \mathbf{V}$ dado, qual a probabilidade de que **H'** seja uma arborescência de raiz **x** ?

5.16 Mostre que a matriz laplaciana **Q** = **D – A** de **Tutte** (ver **5.6.3**) pode ser obtida a partir da expressão $\mathbf{Q} = \mathbf{BB}^T$, onde **B** é a matriz de incidência, para um grafo **G** não orientado.

5.17 Investigue a expressão correspondente $\mathbf{Q'} = \mathcal{B}\mathcal{B}^T$ onde $\mathcal{B} = [b_{ik}]$ é a matriz figurativa de incidência (onde $b_{ik} = \mathbf{i}$ e $b_{jk} = \mathbf{j}$ se a aresta $\mathbf{e}_k = (\mathbf{i},\mathbf{j})$). Observe que os elementos da matriz são os vértices (ou seus identificadores) e não números.

5.18 Mostre que o número de arborescências parciais de um grafo orientado simétrico é livre da raiz considerada.

Capítulo 6

Alguns problemas de subconjuntos de vértices

O horizonte azul e verde
vai sendo roxo e amaranto
e as nuvens todas se acabam
e uma estrela vai chegando

Cecília Meireles

6.1 Introdução

O presente capítulo é dedicado ao estudo de alguns tipos de subconjuntos de vértices, definidos por certas peculiaridades de suas relações de adjacência. Tais características, como é natural, fornecem uma limitação ao escopo do estudo, por comparação ao que ele seria se fosse irrestrito; mesmo assim, trata–se de um dos grandes capítulos da teoria.

Apesar dessa limitação a alguns tipos dados de subconjuntos, não convém esperar que os problemas a abordar sejam simples, seja em termos teóricos ou computacionais. Em particular, nada conseguimos que diminua a complexidade, que continua a ser exponencial no pior caso, como se estudássemos a totalidade do conjunto de partes de **V** em um grafo **G** = (**V**,**E**): apenas como lembrança, a cardinalidade de $\mathbb{P}$(**V**) é 2^n. A própria contagem combinatória das estruturas é um problema bastante complicado: no **Capítulo 12** citamos um caso de interesse das aplicações em química. Aqui, limitamo–nos ao caso dos ciclos (ver adiante).

O primeiro caso de interesse é aquele em que os vértices de um subconjunto não apresentam relações de adjacência entre si. Um conjunto com essa propriedade é chamado *independente* ou *estável*. Não estando envolvidas relações de adjacência, trata–se de noção válida tanto para grafos orientados como para não orientados.

Este tópico suscita o interesse no estudo das partições do conjunto de vértices em conjuntos independentes (*partições cromáticas*). Esta ideia, por sua vez, deu lugar a um número considerável de extensões, resultados e aplicações, a ponto de deixarmos aqui, em maior detalhe, apenas a ideia inicial e reservarmos o **Capítulo 11** para uma apresentação e discussão sucinta de mais alguns tópicos.

Em seguida, discutem-se subconjuntos possuindo relações de adjacência com todos os vértices externos a eles. Conforme o tipo dessas relações, os problemas podem ser orientados ou não e se deve ter cuidado ao se considerar quais resultados teóricos e quais algoritmos são válidos para uma dada aplicação. Teremos então um subconjunto *dominante* ou *absorvente*. Estas duas denominações são duais direcionais quando associadas a grafos orientados, mas a primeira é, além disso, de uso habitual em problemas não orientados. A literatura registra diversas variantes desse conceito e aqui discutimos, sucintamente, algumas delas.

O capítulo se completa com a utilização das noções de estabilidade interna e externa na definição de núcleo e com uma rápida discussão sobre a noção de irredundância. O estudo de todas essas noções tem produzido grande número de resultados e procuramos conduzir o leitor a algumas de suas fontes recentes.

6.2 Conjuntos independentes

6.2.1 Definição

Um subconjunto $\mathbf{S} \subset \mathbf{V}$ em um grafo $\mathbf{G} = (\mathbf{V},\mathbf{E})$ é dito ser *independente* ou *estável* se, para todo par $\{\mathbf{i}, \mathbf{j}\} \subset \mathbf{S}$ se tem $(\mathbf{i}, \mathbf{j}) \notin \mathbf{E}$ ou, o que é equivalente, $\mathbf{S} \cap \mathbf{N}(\mathbf{S}) = \varnothing$. Ao longo deste texto, utilizaremos as duas denominações.

Um conjunto independente **S** *é maximal* se não existir **S'** independente que verifique $\mathbf{S'} \supset \mathbf{S}$. Isto equivale a dizer que, se **S** é maximal, então $\mathbf{S} \cup \mathbf{N}(\mathbf{S}) = \mathbf{V}$.

Exemplo (Fig. 6.1):

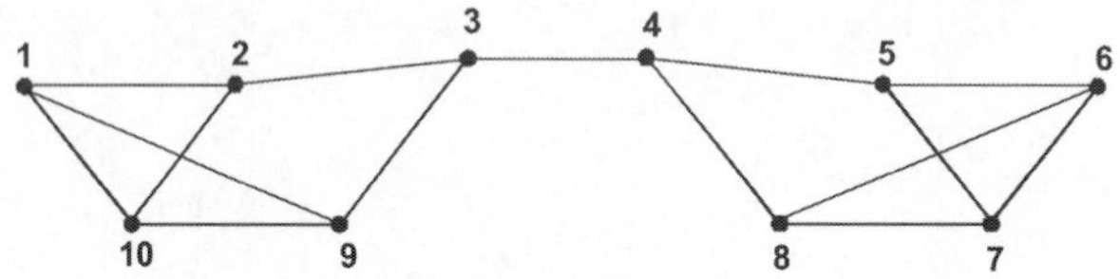

Fig. 6.1

Podemos ver que {**2**, **5**, **8**, **9**} é um conjunto independente maximal, assim como {**1**, **4**, **6**} e {**3**, **6**, **10**}; já {**3**, **5**, **8**} não é maximal, por fazer parte de {**1**, **3**, **5**, **8**}, que o é.

Chamando **S**(**G**) o conjunto dos conjuntos independentes de um grafo **G** e considerando $\varnothing \in \mathbf{S}(\mathbf{G})$, podemos escrever a proposição lógica, baseada na relação de inclusão,

$$< \mathbf{S} \in \mathbf{S}(\mathbf{G}) > \vee < \mathbf{A} \subset \mathbf{S} > \Rightarrow < \mathbf{A} \in \mathbf{S}(\mathbf{G}) >.$$

Podemos ainda definir

$$\alpha(\mathbf{G}) = \max_{\mathbf{S} \in \mathbf{S}(\mathbf{G})} |\, \mathbf{S} \,| \qquad (6.1)$$

como a cardinalidade máxima em **S**(**G**); α(**G**) – que denotaremos como α, a menos que haja dubiedade – é *o número de estabilidade interna,* ou de *independência,* de **G**.

No exemplo acima, podemos ver que $\alpha = 4$. A determinação de α não é uma questão trivial para um grafo qualquer, razão pela qual se faz uso da teoria extremal para obter valores–limite para este invariante.

Deve–se observar que existe uma correspondência biunívoca entre **S**(**G**) e $\mathbf{C}(\overline{\mathbf{G}})$, onde $\mathbf{C}(\overline{\mathbf{G}})$ é o conjunto das cliques do grafo complementar de **G**. Em vista disso, todo problema de conjuntos independentes pode ser formulado como um problema de cliques e vice–versa (na literatura de algoritmos é mais frequente que se encontrem referências a este último e formulações de acordo com ele, do que o contrário). Como vimos no **Capítulo 2**, o número de clique ω(**G**) de um grafo **G** é a cardinalidade máxima em $\mathcal{C}$(**G**): teremos, evidentemente

$$\alpha(\mathbf{G}) = \omega(\overline{\mathbf{G}}) \;. \qquad (6.2)$$

Outra associação interessante deste conceito com outro capítulo da teoria se faz através do grafo adjunto não orientado (ver **2.14.1**) . É fácil notar que um conjunto independente em L(**G**) corresponde a um acoplamento em **G** (ver o **Capítulo 8**).

6.2.2 Método de Maghout

O problema da determinação de todos os conjuntos independentes se reduz ao da determinação dos maximais. Ele pode, evidentemente, ser tratado pela verificação direta da não adjacência, mas isso é pouco rentável tanto em termos de memória como de processamento, comparativamente a técnicas mais sofisticadas, que permitem soluções exatas até uma ordem mais elevada, embora o resultado dependa sempre da estrutura do grafo em exame.

Um processo associado ao de verificação direta, que faz uso de álgebra booleana, é o de **Maghout** (Kaufmann [Ka68], Ivanescu e Rudeanu [IR68]), que desenvolvemos mais aqui pelo interesse trazido pela técnica usada, que pode ser útil quando aplicada com um programa de álgebra em computador.

Para utilizá–lo, definimos de início a variável booleana α_{ij} associada ao conteúdo da matriz de adjacência de **G = (V,E)**: $\alpha_{ij} = 1$ se $\exists$ **(i , j)** $\in$ **E** e $\alpha_{ij} = 0$ em caso contrário.

Considerando–se um conjunto independente **S** $\in \mathbb{S}$**(G)** qualquer, definimos variáveis booleanas x_i ($i = 1, ..., n$) como $x_i = 1$ se **i** $\in$ **S** e $x_i = 0$ em caso contrário.

Dado, então, um conjunto **S** e considerando–se um par de vértices **i** e **j**, podemos construir a sentença lógica

$$<< \exists\ (\mathbf{i}, \mathbf{j}) > \wedge < \mathbf{i} \in \mathbf{S} > \wedge < \mathbf{j} \in \mathbf{S} >> = F.$$

Ela deve ser falsa, por contrariar a definição de independência. Usando as variáveis previamente definidas e considerando o significado do produto booleano, vemos que esta sentença corresponde a

$$\alpha_{ij} x_i x_j = 0 \qquad (6.3)$$

o que exige a nulidade de alguma das variáveis (ou não existe a aresta, ou algum dos dois vértices não pertence a **S**).

Estendendo a verificação a todos os pares de vértices, teremos

$$\sum_i \sum_j \alpha_{ij} x_i x_j = 0 \qquad (6.4)$$

Efetuando a complementação, lembrando que $\overline{abc} = \bar{a} + \bar{b} + \bar{c}$ e que $\overline{(a + b)} = \bar{a}\,\bar{b}$, teremos

$$\prod_i \prod_j \left(\bar{\alpha}_{ij} + \bar{x}_i + \bar{x}_j\right) = 1 \qquad (6.5)$$

Embora o produtório tenha n^2 termos, teremos que considerar apenas os que correspondem a arcos existentes no grafo, visto que se $\alpha_{ij} = 0$ teremos $\bar{\alpha}_{ij} = 1$ e não haverá dúvidas quanto ao valor do termo. Restarão, portanto, m termos, que constituirão um *enumerador*, ou *função geradora* de conjuntos independentes (Riordan [Ri68], Kaufmann [Ka68]).

O produtório é formado por variáveis associadas ao grafo complementar do grafo **G** considerado. Por isso, cada termo corresponde ao subconjunto de vértices que não pertence a um dado conjunto. Para chegar ao resultado final aplicam–se, enquanto isso for possível, as *propriedades de absorção* da álgebra booleana, $a + ab = a$ e $a + a = a$; os termos finais terão a menor cardinalidade possível e, portanto, seus complementos serão maximais. No exemplo que se segue (**Fig. 6.2**), foi utilizada rotulação alfabética, para aumentar a legibilidade das equações booleanas:

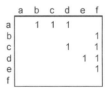

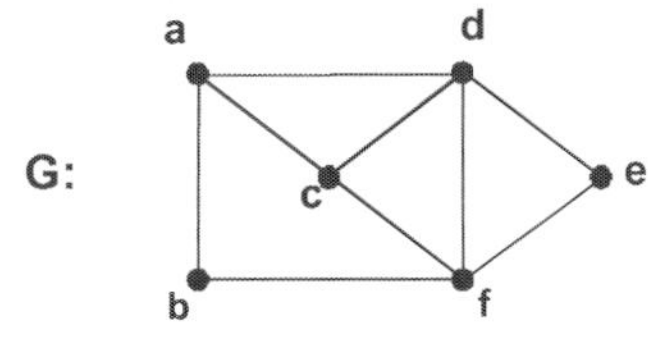

	a	b	c	d	e	f
a		1	1	1		
b						1
c				1		1
d					1	1
e						1
f						

Fig. 6.2

Os conjuntos independentes maximais de **G** são {**b**,**c**,**e**}, {**a**,**e**}, {**a**,**f**} e {**b**,**d**}. Trabalhando com a matriz triangular superior, para que cada aresta seja levada em conta uma única vez, teremos o produtório

$$(\bar{a} + \bar{b})(\bar{a} + \bar{c})(\bar{a} + \bar{d})(\bar{c} + \bar{d})(\bar{b} + \bar{f})(\bar{c} + \bar{f})(\bar{d} + \bar{e})(\bar{d} + \bar{f})(\bar{e} + \bar{f}) = 1 \qquad (6.6)$$

que fornece, por absorção,

$$(\bar{a} + \bar{b}\bar{c})(\bar{f} + \bar{b}\bar{c})(\bar{d} + \bar{a}\bar{c})(\bar{d} + \bar{e}\bar{f})(\bar{e} + \bar{f}) = 1, \qquad (6.7)$$

$$(\bar{a}\bar{f} + \bar{b}\bar{c})(\bar{d} + \bar{a}\bar{c}\bar{d} + \bar{a}\bar{c}\bar{e}\bar{f}) = 1 \qquad (6.8)$$

e, enfim,

$$(\bar{a}\bar{d}\bar{f}) + (\bar{a}\bar{c}\bar{e}\bar{f}) + (\bar{b}\bar{c}\bar{d}\bar{e}) + (\bar{b}\bar{c}\bar{d}\bar{f}) = 1 \qquad (6.9)$$

cujo complemento resulta nos conjuntos indicados acima.

Embora seja interessante do ponto de vista teórico, esta técnica envolve dificuldades consideráveis para implementação computacional, tanto pela localização e execução de todas as absorções possíveis (até que o produtório se reduza a uma soma de monômios) como pela dificuldade em se resolver o problema de alocação de memória, visto não se saber, a priori, quantos termos serão obtidos. O limite superior para o número deles é exponencial em relação ao número de arestas do grafo (e, portanto, em relação ao número de vértices). Uma possibilidade para o uso do método está, como foi dito, no recurso a programas de álgebra em computador que tenham capacidade de uso de álgebra booleana (o que não elimina, é claro, a questão da complexidade).

6.2.3 Heurísticas

Zverovich [Zv04] propõe dois algoritmos para grafos que não contenham uma subclasse proibida. O primeiro deles é como segue:

1: **S** $\leftarrow \emptyset$; **V** $\leftarrow$ **V**(**G**);

2: **se V** = $\emptyset$ **então retorna S**; **fim**;.

3: **escolher u** $\in$ **V** | d(**u**) $\leq$ d(**v**) $\forall$**v** $\in$ **V** (**G**);

4: **S** $\leftarrow$ **S** $\cup$ {**u**}; **V**(**G**) $\leftarrow$ **V**(**G**) – **N**[**u**]; **go to** 2.

Butenko [Bu03] discute diversas heurísticas em sua tese. Andrade, Resende e Werneck [ARW10] apresenta uma busca local rápida para o problema.

Halldorsson e Radhakrishnan [HR97] apresentam uma análise detalhada da performance de um algoritmo guloso já conhecido, baseado na procura prioritária de vértices de grau mínimo, eliminando a cada iteração um desses vértices e a sua vizinhança.

Wood [Wo97] propõe um algoritmo para achar a maior clique em um grafo, utilizando heurísticas para cliques e para coloração, procurando determinar limites inferiores e superiores para o número de clique.

6.2.4 Os algoritmos exponenciais

De modo geral estes algoritmos, quando aplicados ao problema da determinação de conjuntos independentes maximais, constroem uma arborescência onde os nós são conjuntos de vértices do grafo. É comum o particionamento dos conjuntos pela pertinência ou não de um vértice, como no algoritmo descrito por **Read** (Wilson e Beineke [WB79]), ou pela continência ou não de um dado conjunto, como no algoritmo de **Demoucron** e **Herz** (Roy [Ro69]) . Um algoritmo mais simples, baseado na introdução de vértices um a um, com recursos para podar a arborescência obtida, é descrito em Reingold, Nievergelt e Deo [RND77]. O algoritmo de **Bron e Kersbosch** [BK73] é, provavelmente, o mais utilizado. Outros algoritmos conhecidos são o "dos 4 japoneses", Tsukiyama, Ide, Ariyoshi e Shirakawa [TIAS77] e o de Tarjan e Trojanowski [TT77] o qual, embora seja também de complexidade exponencial, ultrapassa aos demais em performance.

Em geral, o tempo exigido por esses algoritmos é uma função polinomial do número de conjuntos maximais presentes no grafo, o que mostra sua possibilidade de resolver muitos problemas aplicados, uma vez que muitos grafos de dimensões razoavelmente grandes (p.ex., n = 100) não possuem um número exageradamente grande desses conjuntos. A complexidade no pior caso, porém, pode ser obtida aproveitando–se a relação de complementaridade com as cliques maximais, através dos chamados *grafos de Moon e Moser,* que são grafos k–partidos completos (ver 2.7 e 2.11.4) tais que $\mathbf{M_k}$ possui 3k vértices e 3^k cliques maximais (de k vértices cada). Pode–se mostrar que esses grafos têm a mais alta relação possível entre o número de cliques maximais e o número de vértices (**Fig. 6.3**):

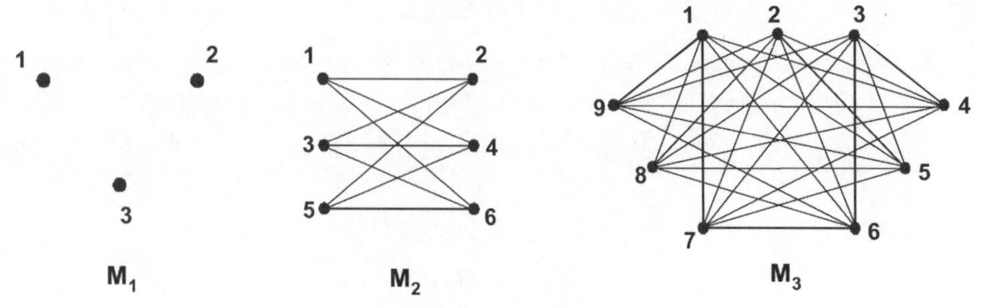

Fig. 6.3: Grafos de Moon e Moser

Ao se pensar em conjuntos independentes, deve–se evidentemente considerar os complementos $\overline{\mathbf{M}}_k$, que são grafos não conexos onde cada componente conexa é uma clique.

O problema da determinação de todos os conjuntos maximais, ou de todas as cliques maximais de um grafo é, portanto, NP e se pode mostrar que é NP–completo (Even [Ev79]).

No extremo oposto, encontramos a contagem dos conjuntos independentes de *k* vértices no ciclo $\mathbf{C}_n$ de *n* vértices (**Kaplanski**, Forbes e Ycart [FY98]):

$$|S_k| = \frac{n}{n-k}\binom{n-k}{k} \qquad (6.10)$$

Neste texto nos limitaremos a descrever o algoritmo de **Demoucron** e **Herz** (Roy [Ro69]) . Ele permite trabalhar com uma valoração sobre os vértices, o que pode ser útil tanto porque o modelo pode trazer alguma informação nesse sentido como porque se pode impor um limite inferior para o valor dos conjuntos encontrados, o que poderá limitar a busca, evitando um tempo excessivo de processamento.

Algoritmo de Demoucron e Herz

Este algoritmo determina todos os conjuntos independentes de um grafo valorado pelos vértices, cujo valor total respeite um limite inferior dado; os valores dos vértices podem ter um significado prático, ou então podem ser adotados de modo a permitir um controle de funcionamento do algoritmo. Os valores por falta são, naturalmente, unitários. A uma rotulação feita em ordem crescente corresponderá uma enumeração de conjuntos em ordem lexicográfica. Isto é facultado pelo uso de uma pilha π, utilizada para a armazenagem dos conjuntos examinados.

Trata–se de uma busca em uma estrutura de arborescência constituída por subconjuntos do conjunto **S**(**G**) de conjuntos independentes do grafo (que denotaremos apenas por **S**). Considerando–se uma rotulação de **V,** pode–se particionar **S** definindo um subconjunto $\mathbf{S}_1$ de conjuntos possuindo o vértice **1** e outro subconjunto $\mathbf{S}^1$, dos que não o possuem. É claro que um conjuntos pertencente a $\mathbf{S}_1$ não pode possuir vértices de **N**(**1**); então, na subdivisão de $\mathbf{S}_1$, o vértice a ser considerado será o primeiro vértice de **V** – **N**(**1**) – {**1**} (pela ordem de rotulação), enquanto na subdivisão de $\mathbf{S}^1$ consideraremos o vértice seguinte **2.**

Em geral, um vértice qualquer da arborescência corresponderá a um conjunto de conjuntos independentes ***contendo*** um conjunto $\mathbf{A}_p \subset \mathbf{V}$ de vértices do grafo (onde *p* é o índice da iteração) e ***não contendo*** um conjunto $\mathbf{A}^p \subset \mathbf{V}$ de vértices. Naturalmente $\mathbf{A}_p \cap \mathbf{A}^p = \varnothing$ (observar que estes dois conjuntos não são, em princípio, complementares).

Ao efetuarmos uma subdivisão teremos, de um lado, $\mathbf{A}_{p+1} = \mathbf{A}_p \cup \{\, \mathbf{i}_p \,\}$ e $\mathbf{A}^{p+1} = \mathbf{A}_p \cup \mathbf{N}(\mathbf{i}_p)$, enquanto de outro lado teremos $\mathbf{A}_{p+1} = \mathbf{A}_p$ (ou seja, não se inclui $\mathbf{i}_p$) e $\mathbf{A}^{p+1} = \mathbf{A}_p \cup \{\, \mathbf{i}_p \,\}$ ($\mathbf{i}_p$ entra onde $\mathbf{A}_p$ não está). Na **Fig. 6.4** abaixo, mostramos as duas primeiras etapas da construção da arborescência, $\mathbf{r} = \mathbf{i}_p$ com o primeiro vértice de **V** – **N**(**1**) – {**1**}:

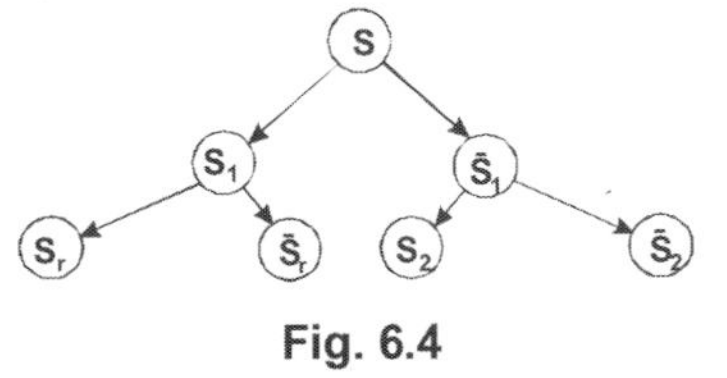

Fig. 6.4

Teorema 6.1: *Sejam **A** e **A*** dois conjuntos disjuntos de vértices em um grafo **G** = (**V**,**E**). Então um conjunto independente maximal **S** somente poderá conter **A** e ser disjunto de **A*** se*

$$\forall \mathbf{v} \in \mathbf{B} = \mathbf{A}^* - \mathbf{N}(\mathbf{A}):\ \mathbf{N}(\mathbf{v}) \cap [\mathbf{V} - \mathbf{A}^* - \mathbf{N}(\mathbf{A})] \neq \varnothing. \qquad (6.11)$$

Prova: Por absurdo, suponhamos que exista $\mathbf{w} \in \mathbf{A}^* - \mathbf{N}(\mathbf{A})$ tal que $\mathbf{N}(\mathbf{w}) \cap [\mathbf{V} - \mathbf{A}^* - \mathbf{N}(\mathbf{A})] = \varnothing$; então se terá $\mathbf{N}(\mathbf{w}) \subset \mathbf{A}^* \cup \mathbf{N}(\mathbf{A})$. Isso implica em $\mathbf{N}(\mathbf{w}) \cap \mathbf{S} = \varnothing$ já que, por hipótese, $\mathbf{A} \subset \mathbf{S}$ e $\mathbf{A} \cap \overline{\mathrm{S}} = \varnothing$ e, como **A** é independente, $\mathbf{A} \cap \mathbf{N}(\mathbf{A}) = \varnothing$. Então **S** não será maximal, por estar contido em $\mathbf{S} \cup \{\mathbf{w}\}$. ■

Algoritmo

início

  início < inicialização; $P_0 \leftarrow$ limite inferior do peso dos conjuntos independentes >

    $\mathbf{A}_0 \leftarrow \mathbf{B}_0 \leftarrow \varnothing$; $\mathbf{i}_0 \leftarrow$ **1**;

    $\Pi \leftarrow (\mathbf{A}_0, \mathbf{B}_0, \mathbf{i}_0)$;

    se $P(\mathbf{V} - \Gamma(\mathbf{i}_0) \geq P_0$

    então se $\mathbf{V} - \{\mathbf{i}_0\} - \mathbf{N}(\mathbf{i}_0) = \varnothing$

```
            então EPSILON;
            senão A₁ ← {i₀}; B₁ ← ∅; GAMMA;
      senão BETALIN;
  fim;
  procedimento BETA  < (Aₚ, Bₚ) é o par vigente >
    início
       se Y = V – Aₚ – N(Aₚ) = ∅ então EPSILON;
       senão início
              π ← (Aₚ, Bₚ, iₚ);  < iₚ é o primeiro elemento de Y >
              Aₚ₊₁ ← Aₚ ∪ {iₚ};
              Bₚ₊₁ ← Bₚ – N( Aₚ₊₁);
              GAMMA;
             fim;
    fim;
  procedimento BETALIN;
     início
       se π ← (∅,∅,∅) então fim;
       senão retirar (A_q, B_q, i_q) de π;        < q: índice da última tripla de π >
              A ₚ₊₁ ← A_q;
              B ₚ₊₁ ← B_q ∪ { i_q };
            GAMMA;
       fim;
  procedimento GAMMA;                          < (Aₚ₊₁, Bₚ₊₁) é o par vigente >
    início
      Y ← V – N(Aₚ₊₁) – Bₚ₊₁
      se P(Y) ≥ P₀ e [(∀v ∈ Bₚ₊₁ | N (v) ∩ Y ≠ ∅) ou Bₚ₊₁ = ∅)
      então BETA;
      senão BETALIN;
    fim;
  procedimento EPSILON;
    início
      saida A ₚ₊₁                          <resposta: é um conjunto independente maximal>
      BETALIN;
    fim;
fim.
```

Exemplo: Seja **G** = (**V**,**E**) o grafo representado na **Fig. 6.5** e sejam p = (1,1,1,1,1) e P_0 = 3. Podemos observar que {**4**},{**2,5**} e {**1,3,5**} são os únicos maximais, o último sendo o único de peso igual ou superior a 3.

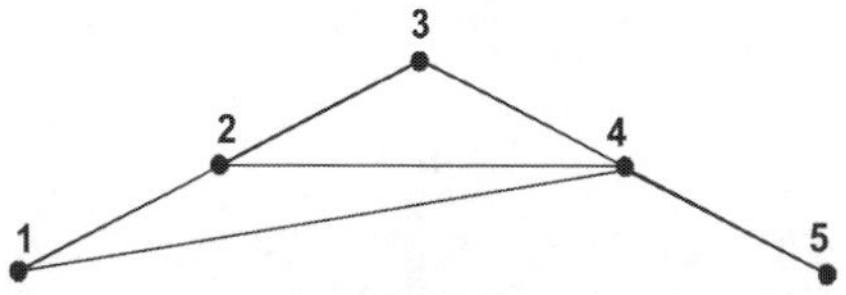

Fig. 6.5

Etapas do algoritmo:

(α): $A_0 \leftarrow B_0 \leftarrow \varnothing$; $i_0 \leftarrow 1$; $\pi \leftarrow (\varnothing, \varnothing, 1)$;
$P(V - N(1)) = P(\{1,3,5\}) = 3 = P_0$
$V - \{1\} - N(1) = \{3, 5\} \neq \varnothing \rightarrow A_1 \leftarrow \{1\}; B_1 \leftarrow \varnothing;$ $\rightarrow (\gamma)$

(γ): $Y \leftarrow V - N(1) - \varnothing = \{1,3,5\}$, $P(Y) = P_0$, $B_1 = \varnothing$ $\rightarrow (\beta)$

(β): $Y \leftarrow V - \{1\} - N(1) - \varnothing = \{3,5\} \neq \varnothing \rightarrow \pi \leftarrow \{\{1\}, \varnothing, \{3\}\}$;
$A_2 \leftarrow \{1\} \cup \{3\} = \{1,3\}$; $B_2 = \varnothing$; $\rightarrow (\gamma)$

(γ): $Y \leftarrow V - N(1,3) - \varnothing = \{1,3,5\}$; $P(Y) > 2$, $B_2 = \varnothing$; $\rightarrow (\beta)$

(β): $Y \leftarrow V - \{1,3\} - N(1,3) - \varnothing = \{5\} \neq \varnothing \rightarrow \pi \leftarrow \{\{1,3\}, \varnothing, \{5\}\}$;
$A_3 \leftarrow \{1,3\} \cup \{5\} = \{1,3,5\}$; $B_3 = \varnothing$; $\rightarrow (\gamma)$

(γ): $Y \leftarrow V - N(1,3,5) - \varnothing = \{1,3,5\}$; $P(Y) > 2$; $B_3 = \varnothing$; $\rightarrow (\beta)$

(β): $\mathbf{Y} \leftarrow \mathbf{V} - \{\mathbf{1,3,5}\} - \mathbf{N}(\mathbf{1,3,5}) - \varnothing = \varnothing$ $\rightarrow$ (ε)

(ε): < $\mathbf{A}_3 = \{\mathbf{1,3,5}\}$ é maximal > $\rightarrow$ (β')

(β'): $\pi \neq (\varnothing, \varnothing, \varnothing)$; p = 3, q = 2; < sai $\{\{\mathbf{1,3}\}, \varnothing, \{\mathbf{5}\}\}$ >;

$\mathbf{A}_4 \leftarrow \{\mathbf{1,3}\}$: $\mathbf{B}_4 \leftarrow \{\mathbf{5}\}$; $\rightarrow$ (γ)

(γ): $\mathbf{Y} \leftarrow \mathbf{V} - \{\mathbf{1,3}\} - \{\mathbf{5}\} = \{\mathbf{1,3}\}$; P(**Y**) < 3 $\rightarrow$ (β')

(β'): $\pi \neq (\varnothing, \varnothing, \varnothing)$; p = 4, q = 1; < sai $\{\{\mathbf{1}\}, \varnothing, \{\mathbf{3}\}\}$ >;

$\mathbf{A}_5 \leftarrow \{\mathbf{1}\}$; $\mathbf{B}_5 \leftarrow \{\mathbf{3}\}$; $\rightarrow$ (γ)

(γ): $\mathbf{Y} \leftarrow \mathbf{V} - \{\mathbf{1}\} - \{\mathbf{3}\} = \{\mathbf{5}\}$; P(**Y**) < 3 $\rightarrow$ (β')

(β'): $\pi \neq (\varnothing, \varnothing, \varnothing)$; p = 5, q = 0; < sai $\{\varnothing, \varnothing, \{\mathbf{1}\}\}$ >;

$\mathbf{A}_6 \leftarrow \varnothing$; $\mathbf{B}_6 \leftarrow \{\mathbf{1}\}$; $\rightarrow$ (γ)

(γ): $\mathbf{Y} \leftarrow \mathbf{V} - \varnothing - \{\mathbf{1}\} = \{\mathbf{2,3,4,5}\}$; P(**Y**) > 3; $\mathbf{N}(\mathbf{1}) \cap \mathbf{Y} \neq \varnothing$ $\rightarrow$ (β)

(β): $\mathbf{Y} \leftarrow \mathbf{V} - \varnothing - \varnothing - \{\mathbf{1}\} = \{\mathbf{2,3,4,5}\} \neq \varnothing$ $\rightarrow$ $\pi \leftarrow \{\varnothing, \{\mathbf{1}\}, \{\mathbf{2}\}\}$;

$\mathbf{A}_7 \leftarrow \{\mathbf{2}\}$; $\mathbf{B}_7 \leftarrow \{\mathbf{1}\} - \mathbf{N}(\mathbf{2}) = \varnothing$ $\rightarrow$ (γ)

(γ): $\mathbf{Y} \leftarrow \mathbf{V} - \mathbf{N}(\mathbf{2}) - \mathbf{1} = \{\mathbf{2,5}\}$; P(**Y**) < 3 $\rightarrow$ (β')

O restante da execução do algoritmo é deixado como exercício; cabe notar que a fase **7** recusou o ingresso de {**2,5**} por seu peso insuficiente e que, então, reduz a pilha para permitir o teste de um novo vértice como origem para os conjuntos.

6.2.5 Aplicações

Tratando de conjuntos de vértices não adjacentes dois a dois, a teoria da estabilidade pode ser aplicada ao estudo de modelos cuja solução dependa da ***não adjacência*** ou, se passarmos ao complementar, da ***adjacência total***. Tais problemas envolvem habitualmente situações de comparação, semelhança, comunicação ou as negativas desses critérios. Como em qualquer outra situação de modelagem, o conhecimento prévio da existência de recursos teóricos pode auxiliar na orientação da construção do modelo.

Exemplo 1: *Rotação de tripulações em uma companhia aérea*

Este problema é discutido por Roy [Ro69, vol. II] e envolve a partição da rede aérea da empresa em um conjunto **Y** de "circuitos" que, neste contexto, são na realidade percursos fechados, elementares ou não, a serem operados por uma tripulação. Esses "circuitos" devem atender a restrições técnicas, contratuais e de legislação relacionadas, por exemplo, ao número máximo de horas de trabalho contínuo, ao tempo de repouso entre viagens, ao local de residência da tripulação etc. Uma solução corresponderá a um subconjunto de **Y** que seja uma partição do conjunto de arcos do grafo; com isso, nenhum trecho (arco) deixará de ser operado e nenhum trecho terá alocada a ele mais de uma tripulação.

Dispondo–se do grafo **G** = (**V**,**E**) representativo da rede e do conjunto **Y** de circuitos viáveis, constrói–se então um grafo auxiliar **H** = (**Y**,**W**) onde existirá uma aresta (**w**,**x**) $\in$ **W** se **w**, **x** $\in$ **V** e se os circuitos **w** e **x** possuírem ao menos um trecho em comum.

Como se deseja evitar a superposição de circuitos, é claro que qualquer solução para o problema deverá estar associada a um estável **S** $\subset$ **V** de **H**; por outro lado, este estável deverá verificar

$$\bigcup_{y \in \mathbf{S}} y = \mathbf{E} \qquad (6.12)$$

o que garante que **S** será uma partição de **E**. Naturalmente essa condição implica em que **S** seja um estável maximal, mas isto não é suficiente e o problema, portanto, pode não ter solução.

Para ilustração, consideremos a rede cujo grafo **G** = (**V**,**E**) está representado na **Fig. 6.6**:

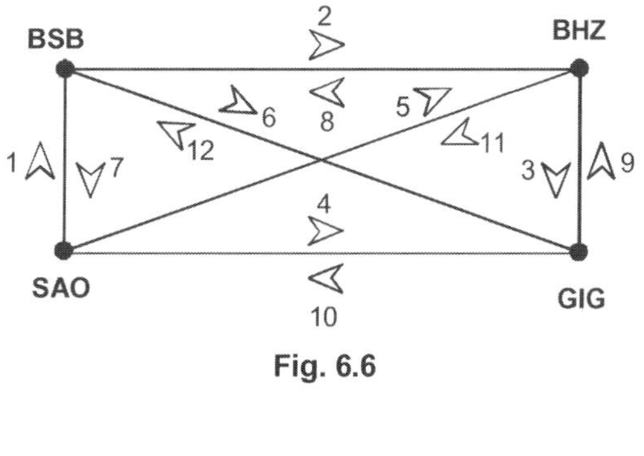

Fig. 6.6

Suponhamos que a empresa tenha definido, como circuitos viáveis, os seguintes:

$y_1 = \{1,2,11\}$ $y_2 = \{1,6,10\}$ $y_3 = \{2,3,12\}$ $y_4 = \{3,10,5\}$

$y_5 = \{4,9,3,10\}$ $y_6 = \{5,3,10\}$ $y_7 = \{6,12\}$ $y_8 = \{7,5,8\}$

O grafo **H** = (**Y**,**W**) está na **Fig. 6.7**. O conjunto $\{y_1,y_5,y_7,y_8\}$ é uma solução do problema, visto que todo trecho da rede está contido em algum de seus elementos.

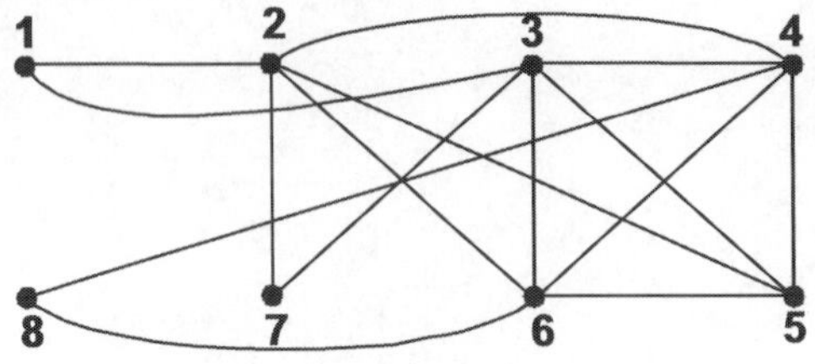

Fig. 6.7

Exemplo 2: ***Problema de Shannon*** (Ore [Or62])

Trata–se de um problema de comunicação codificada: ao se criar um código destinado à transmissão e à interpretação não automatizadas, existe a preocupação de se evitarem confusões entre sinais por parte de quem os recebe. Um conjunto **V** de sinais candidatos é testado e se observam, então, as possibilidades de confusão existentes, que definirão as arestas de um grafo **G** = (**V**,**E**). O número máximo de sinais utilizáveis será então α(**G**) (**Fig. 6.8**):

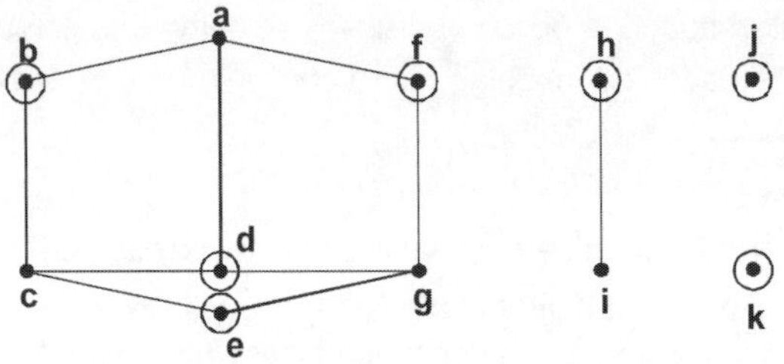

Fig. 6.8: Problema de Shannon

A *capacidade de Shannon* é o limite $\lim_{n\to\infty} [\alpha(\mathbf{G}^n)]^{1/n}$ (onde $\mathbf{G}^n$ é a n^a potência de **G** – ver **item 4.2**), motivado por questões de teoria da informação. Diversas aplicações se relacionam com modelos de problemas combinatórios nos quais cada vértice é uma parte de um conjunto dado e cada aresta corresponde à pertinência de ao menos um mesmo elemento às duas partes associadas aos vértices que a definem (aliás, este é o caso do **Exemplo 1**).

Podemos citar ainda, como curiosidade, o chamado problema das 8 damas, que corresponde a achar conjuntos de posições no tabuleiro de xadrez, nas quais as damas possam ser colocadas sem que nenhuma delas ataque outra. O grafo terá 64 vértices correspondentes às casas do tabuleiro e existirá uma aresta entre dois vértices desde que eles correspondam a casas em uma mesma linha, coluna ou diagonal. Temos, evidentemente, $\alpha \leq 8$ e é fácil obter–se uma solução, que mostra que $\alpha = 8$; há 23 estáveis com essa cardinalidade. Para maiores detalhes ver Berge [Be73].

Existem ainda aplicações relacionadas com os problemas correlacionados de coloração e de núcleos, que serão discutidos mais adiante neste capítulo.

6.2.6 Resultados

A maioria dos resultados disponíveis envolve estimativas para o valor de α através de expressões envolvendo outros parâmetros; isto tem interesse em vista da complexidade do problema da determinação dos conjuntos independentes maximais. (De fato, Loukakis e Tsouros [LT82] apresentam um algoritmo de busca em árvore para determinação do conjunto de maior cardinalidade – e, portanto, de α – mas não conseguem contornar a questão da complexidade).

Teorema 6.2 (Berge [Be73])

*Em um grafo não orientado **G** = (**V**,**E**) de grau máximo Δ, a cardinalidade de todo estável maximal **S** $\subset$ **V** verifica*

$$|\mathbf{S}| \geq p = \left\lceil \frac{n}{\Delta + 1} \right\rceil \qquad \forall \mathbf{S} \in \mathbf{S}(\mathbf{G}) \qquad (6.13)$$

Prova: Com a notação $\lceil x \rceil$ correspondendo ao teto de x (menor inteiro maior ou igual a x), teremos

$$p - 1 < \frac{n}{\Delta + 1} \qquad (6.14)$$

ou

$$\Delta < \frac{n - p + 1}{p - 1} \qquad (6.15)$$

o que implica em

$$d(v) < \frac{n - p + 1}{p - 1} \qquad \forall \mathbf{v} \in \mathbf{V} \qquad (6.16)$$

Mas p deve ser a cardinalidade mínima de um estável maximal de **G**, de acordo com o teorema; logo, todo estável com menos de p elementos deverá estar contido em outro que possua p elementos (que poderá ser maximal ou não).

Se $p = 2$, (6.16) se reduz a $d(\mathbf{v}) < n - 1$; todo vértice de um grafo com grau máximo $n - 2$ estará contido em um estável de dois vértices, o que é verdade.

Consideremos a propriedade válida para $p = k$ elementos e examinemos o que ocorrerá com $p = k + 1$ elementos; então, (6.15) nos dará

$$\Delta < \frac{n - k}{k} \qquad (6.17)$$

Seja então um estável **S** de k elementos ou menos; considerando a sua vizinhança poderemos escrever, para um grafo possuindo um estável de $k + 1$ elementos,

$$\left| \bigcup_{\mathbf{v} \in \mathbf{S}} \mathbf{N}(\mathbf{V}) \right| = \sum_{\mathbf{v} \in \mathbf{S}} d(\mathbf{v}) < k\frac{n - k}{k} = n - k = |\mathbf{V} - \mathbf{S}| \qquad (6.18)$$

Sendo a cardinalidade da vizinhança de **S** estritamente menor que o número de vértices não pertencentes a **S** é claro que, entre estes, haverá algum vértice não adjacente a **S**; logo, **S** não será maximal e estará contido em um estável de $k + 1$ elementos. ■

Teorema 6.3 (Turán)

Sendo n e k inteiros positivos e definindo–se

$$q = \lceil n/k \rceil, \qquad (6.19)$$

donde se tem

$$n = k(q - 1) + r \qquad 0 < r \leq k \qquad (6.20)$$

então, o grafo $\mathbf{G}_{n,k}$ *não orientado, formado por k cliques disjuntas, das quais r com q vértices e k – r com q – 1 vértices, é o grafo com n vértices e* $\alpha \leq k$ *que possui o menor número de arestas.*

Prova: Pode ser encontrada em Ore [Or62] ou Berge [Be73]. ■

O teorema tem interesse por motivos estruturais (a observar, inclusive, a semelhança estrutural com os complementares dos grafos de Moon–Moser, ver **6.2.3**). Os corolários que podem ser dele extraídos, além disso, fornecem relações envolvendo α, n e m.

Corolário 1: Definindo–se q conforme o enunciado do teorema, tem–se

$$m \geq (q - 1)\left\lceil n - \frac{\alpha q}{2} \right\rceil, \qquad (6.21)$$

a igualdade se verificando para os grafos extremais do teorema.

Corolário 2: Para $m \leq n/2$ ou $m \geq n$, o menor valor de α é

$$\alpha \geq \frac{n^2}{2m + n} \qquad (6.22)$$

Corolário 3: Para $n/2 \leq m \leq n$, o menor valor de α é dado por

$$\alpha \geq \frac{2n-m}{3} \tag{6.23}$$

Corolário 4: Sendo Δ o grau máximo em um grafo não orientado, e definindo–se

$$k = \left\lceil \frac{n}{\Delta+1} \right\rceil \tag{6.24}$$

então $\alpha \geq k$, verificando–se a igualdade para grafos nos quais todas as componentes conexas sejam isomorfas a $\mathbf{K}_{n/k}$.

Provas: Berge [Be73]. ■

Outros resultados envolvendo α estão a seguir.

a) *Sendo υ a cardinalidade mínima de um estável maximal em um grafo não orientado, teremos*

$$\alpha \leq 2n - \upsilon - 2\sqrt{\delta} \tag{6.25}$$

(Cockayne *et al* [CFPT81]).

b) *Sendo **G** = (V,E) um grafo 3–regular não orientado com m arestas e sendo **B** = (V,W) um subgrafo bipartido de **G** com número máximo de arestas, definimos*

$$b = |\mathbf{W}| / m \tag{6.26}$$

Então, teremos (Locke (Lo86])

$$\alpha \geq n(3b-1)/4 \tag{6.27}$$

c) *Sendo $\overline{D}$ a média das distâncias entre todos os pares de vértices diferentes em um grafo conexo não orientado, se tem* (Chung [Ch88])

$$\alpha \geq \overline{D} \tag{6.28}$$

d) *Em um grafo **G** = (V,E) orientado existem α caminhos elementares, disjuntos dois a dois, que particionam o conjunto de vértices* (**Gallai** e **Milgram,** Berge [Be73]) . *Para grafos completos, este resultado corresponde ao teorema de **Rédei,** que garante neles a existência de um caminho hamiltoniano.*

e) um resultado relacionado com o teorema de **Brooks** (ver adiante em **6.3.4**) é o citado por Catlin [Ca79]:

*Com as exceções $\mathbf{G}_1$ e $\mathbf{G}_2$ indicadas a seguir, todo grafo **G** com grau máximo Δ que não possua $\mathbf{K}_h$ como subgrafo, verifica*

$$\alpha > n/\Delta \tag{6.29}$$

$\mathbf{G}_1(\mathbf{V}_1,\mathbf{E}_1)$ é tal que $\mathbf{V}_1 = \{\mathbf{v} \in \mathbb{Z}, \mathbf{w} \in \mathbb{Z} \mid \mathbf{v} \equiv \mathbf{w} \pmod 8\}$ e $\mathbf{E}_1 = \{(\mathbf{v},\mathbf{w}) \mid \mathbf{v}, \mathbf{w} \in \mathbf{V}, \mathbf{v} - \mathbf{w} \equiv 1,2,6,7 \pmod 8\}$. Ver a **Fig. 6.9** abaixo.

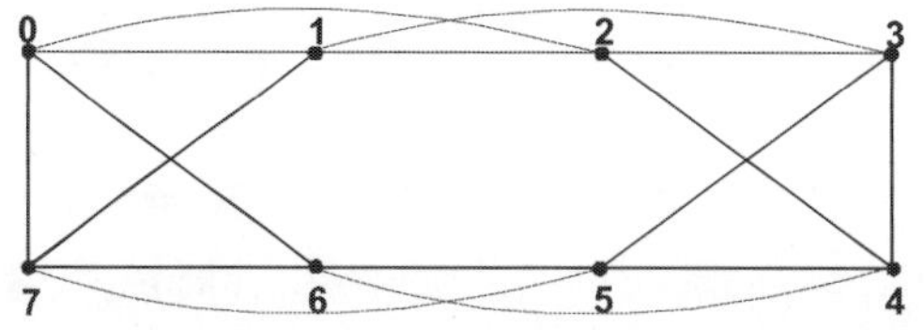

Fig. 6.9

Pode–se observar que, para este grafo, se tem $\alpha = 2$.

A outra exceção é $\mathbf{G}_2 = (\mathbf{V}_2, \mathbf{E}_2)$, no qual $\mathbf{V}_2 = \{\mathbf{v} \in \mathbb{Z}, \mathbf{w} \in \mathbb{Z} \mid \mathbf{v} \equiv \mathbf{w} \pmod{10}\}$ e $\mathbf{E}_2 = \{(\mathbf{v},\mathbf{w}) \mid \mathbf{v}, \mathbf{w} \in \mathbf{V}, \mathbf{v} - \mathbf{w} \equiv 1,4,5,6,9 \pmod{10}\}$. Deixamos ao leitor a construção do grafo e a verificação do valor de α.

f) *Para todo grafo **G** se tem, conhecidos os graus d_i de seus vértices,*

$$\alpha(\mathbf{G}) \geq \sum_{i=1}^{n} \frac{1}{1+d_i} \tag{6.30}$$

(**Caro** e **Wei**, Harant [Ha98]).

*Chamando CW(**G**) ao segundo membro de (6.30), teremos ainda*

$$\alpha(G) \geq CW(G) + \frac{CW(G) - 1}{\Delta(G)(\Delta(G) + 1)} \qquad (6.31)$$

A referência apresenta diversos outros limites inferiores para o número de estabilidade interna.

g) Harant e Schiermeyer [HS01] determinam o seguinte limite inferior para o número de estabilidade interna:

$$\alpha(\mathbf{G}) \geq \frac{1}{2}\left[(2m + n + 1) - \sqrt{(2m + n + 1)^2 - 4n^2}\right] \qquad (6.32)$$

e discutem ainda uma realização algorítmica.

h) Para ε positivo e arbitrariamente pequeno, se tem (Feofiloff et al [FKW04]):

$$\alpha(\mathbf{G}) < (2 + \varepsilon) \log_2 n \qquad (6.33)$$

i) Lauer e Wormwald [LW07] utilizaram uma argumentação probabilística para estimar o valor de α em grafos d–regulares de cintura g elevada, obtendo

$$\alpha(\mathbf{G}) \geq \frac{1}{2}(1 - (d - 1)^{-2/(d-2)} - \varepsilon(g))n \qquad (6.34)$$

onde $\varepsilon(\mathbf{G}) \to 0$ quando $g \to \infty$.

6.2.7 Questões de estrutura

- **Ciclos, conectividade e estabilidade interna**

Kouider [Ko94] prova uma conjetura de *Amar et al*, segundo a qual o conjunto de vértices de um grafo *k*–conexo com número de estabilidade interna α podem ser cobertos com $\lceil \alpha/k \rceil$ ciclos.

- **Grafos frágeis**

Um grafo é *frágil* se ele contiver um SCAM (ver o **Capítulo 3**) que seja independente.

Chen e Yu [CY02] mostram que todo grafo não orientado com no máximo $2n - 4$ arestas é frágil.

- **Grafos particionáveis em um ou dois conjuntos independentes e/ou cliques**

Uma classe de grafos que contém os grafos bipartidos é aquela constituída pelos grafos $\mathbf{G} = (\mathbf{V},\mathbf{E})$ tais que $\mathbf{V} = \mathbf{A} \cup \mathbf{B}$, onde **A** e **B** são cliques ou conjuntos independentes: se ambos são independentes, temos um grafo bipartido e se um for independente e o outro clique, um grafo *split*.

Brandstädt [Br96] apresenta algoritmos que permitem reconhecer em tempo polinomial se um dado grafo **G** pertence a essa classe.

- **Sobre a conjetura de Thomassen**

Thomassen conjeturou que, se um grafo *k*-conexo **G** possuir $\alpha \geq k$, então **G** possuirá um ciclo contendo *k* vértices independentes e todos os seus vizinhos.

Li [Li01] prova que todo ciclo de maior comprimento em um grafo *k*–conexo **G** com número de estabilidade interna α contém *k* vértices independentes e todos os seus vizinhos. Apresenta ainda diversos resultados e conjeturas sobre o tema.

- **Vértices pertencentes a todo conjunto independente**

Boros, Golumbic e Levit [BGL02] mostram que, dado um grafo não orientado **G** e sendo $\alpha(\mathbf{G})$ o número de estabilidade, $\sigma(\mathbf{G})$ a maior cardinalidade de um acoplamento e $\xi(\mathbf{G})$ o número de vértices de **G** pertencentes a todo estável maximal, então se tem

$$\xi(\mathbf{G}) \geq 1 + \alpha(\mathbf{G}) - \sigma(\mathbf{G}). \qquad (6.35)$$

6.3 Partição cromática e número cromático

6.3.1 Introdução

Tratamos aqui de partições do conjunto de vértices de um grafo em conjuntos independentes. Como todo vértice é um deles, uma partição deste tipo existirá sempre e, se ela contiver $k \leq n$ elementos, será chamada uma *k-coloração (própria)* e se dirá que o grafo correspondente é *k-cromático* ou *k-colorível.* A denominação própria indica que não se aceitam dois vértices adjacentes com a mesma cor.

O valor mínimo de k, para um dado grafo **G**, é o seu *número cromático* χ(**G**) que é, portanto, a cardinalidade de uma partição mínima dos vértices de um grafo em estáveis. Trata–se de um invariante de grande importância para a teoria. Um dos mais famosos problemas da teoria dos grafos é o chamado problema das 4 cores, que consiste em provar que todo grafo planar (ver o **Capítulo 10**) é 4–cromático. Um rápido histórico desse problema foi apresentado no **Capítulo 1**.

6.3.2 Aplicações

As aplicações mais comuns a questões práticas estão habitualmente relacionadas com partições combinatórias. Uma classe importante de problemas é a conhecida em inglês pelo termo ***timetabling***, da qual um exemplo conhecido é o chamado *problema dos exames,* que consiste em determinar o menor número de dias necessários à realização de um exame (como um vestibular) ao qual concorre um conjunto **Y** de candidatos, cada um deles devendo realizar determinadas provas pertencentes a um conjunto **V,** sendo uma por dia no máximo.

Sendo $\mathbf{S(v)} \subset \mathbf{Y}$ o conjunto de candidatos que deve fazer uma dada prova $\mathbf{v} \in \mathbf{V}$, definimos o grafo $\mathbf{G} = (\mathbf{V},\mathbf{E})$, no qual $(\mathbf{v},\mathbf{w}) \in \mathbf{E} \Leftrightarrow \mathbf{S(v)} \cap \mathbf{S(w)} \neq \varnothing$. Existe uma aresta em **G**, portanto, sempre que existirem alunos que devam fazer ambas as provas **v** e **w** ($\mathbf{v}, \mathbf{w} \in \mathbf{V}$). Cada k–coloração ($k \leq n$) do grafo fornece uma solução viável para o problema, enquanto o menor número possível de dias, bem como a distribuição das provas por esses dias, será dado por uma χ–coloração.

O mesmo modelo pode ser usado na programação de reuniões de subcomissões, levando em conta a pertinência de cada membro a uma ou mais delas.

Outros tipos de incompatibilidades podem ser resolvidos como problemas de coloração: por exemplo, a alocação de canais de FM de rádio ou televisão a diferentes cidades ou, em particular, a alocação de canais FM a pontos de redes de alta tensão (onde a rede funciona como meio de transmissão) para comunicação interna das empresas de geração de energia (Fonseca [Fo83]). Ver também o **Capítulo 11**.

Enfim, uma aplicação ao problema da arrumação de *containers* em um navio porta-*container* é descrita por Avriel, Penn e Shpirer, [APS00]. O objetivo é obter uma arrumação que minimize o custo do deslocamento das unidades, uma vez que, o acesso sendo apenas por cima, algum deslocamento será necessário sempre que se precisar retirar uma unidade que esteja mais para o fundo. O problema, que é NP–completo, está associado ao problema de coloração de *grafos circulares* (grafos de interseção das cordas, ou diagonais, de um ciclo).

6.3.3 Determinação de partições cromáticas

O problema da determinação de uma partição cromática mínima é NP–completo. Um algoritmo exato é, portanto, exponencial, sendo importante que se disponha de técnicas heurísticas eficientes para resolver o problema de forma satisfatória. Há diversos critérios possíveis nos quais uma dessas técnicas pode ser baseada.
Discutiremos em seguida dois desses critérios.

1) Coloração sequencial

Este tipo de técnica corresponde à inicialização sucessiva de classes de cores, pela introdução de vértices um a um e pela abertura de uma nova classe, apenas, quando não se consegue colocar um novo vértice nas classes já abertas (Matula *et al* [MMI72], Santos [Sa79]).

Procura–se então, para um novo vértice, qual a classe de menor ordem cuja interseção com o conjunto de vizinhos do vértice seja vazia. Se essa classe não existir, o algoritmo abrirá um novo conjunto, o de ordem $r \leq n$.

Algoritmo de coloração sequencial

1. **início** <dados: grafo **G** = (**V**,**E**) >
2. $C_i \leftarrow \varnothing$ ($i = 1, \ldots n$); $k \leftarrow 1$;
3. **para** $i \leftarrow 1$ **até** n **fazer**
4. **início**
5. **se** $\mathbf{N}(i) \cap \mathbf{C}_k = \varnothing$ **então** $\mathbf{C}_k \leftarrow \mathbf{C}_k \cup \{\mathbf{i}\}$;
6. **senão** $k \leftarrow k + 1$; voltar a (5);
7. **fim;**
8. $k \leftarrow 1$;
9. **fim.**

A complexidade é $O(n + m)$.

Exemplo (**Fig. 6.10**):

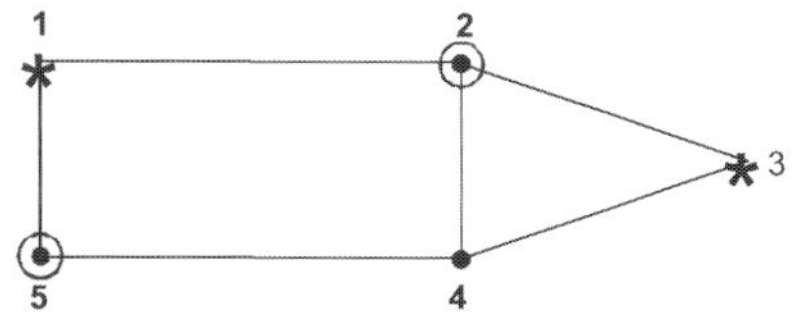

Fig. 6.10

Uso do algoritmo

$\boldsymbol{k \leftarrow 1}$;

$i \leftarrow 1$	$N(1) \cap C_1 = \varnothing$	$C_1 \leftarrow \{1\}$	$k \leftarrow 1$	
$i \leftarrow 2$	$N(2) \cap C_1 \neq \varnothing$		$k \leftarrow 2$	$\Rightarrow$ (5)
	$N(2) \cap C_2 = \varnothing$	$C_2 \leftarrow \{2\}$	$k \leftarrow 1$	
$i \leftarrow 3$	$N(3) \cap C_1 = \varnothing$	$C_1 \leftarrow \{1,3\}$	$k \leftarrow 1$	
$i \leftarrow 4$	$N(4) \cap C_1 \neq \varnothing$		$k \leftarrow 2$	$\Rightarrow$ (5)
	$N(4) \cap C_2 \neq \varnothing$		$k \leftarrow 3$	$\Rightarrow$ (5)
	$N(4) \cap C_3 = \varnothing$	$C_3 \leftarrow \{4\}$	$k \leftarrow 1$	
$i \leftarrow 5$	$N(5) \cap C_1 \neq \varnothing$		$k \leftarrow 2$	$\Rightarrow$ (5)
	$N(5) \cap C_2 = \varnothing$	$C_2 \leftarrow \{2,5\}$	**fim**.	

A cor 1 é, portanto, atribuída a **1** e **3**, enquanto **2** e **5** recebem a cor 2 e, finalmente, **4** recebe a cor 3.

Tal como ocorre com outros algoritmos heurísticos, o resultado obtido depende da rotulação adotada; por exemplo, com a primeira rotulação da **Fig. 6.11** abaixo se obtém uma 4-coloração, enquanto com a segunda se chega a uma 3-coloração (mínima):

É claro que, por sucessivas rotulações de vértices, acabaremos por obter sempre uma coloração mínima; mas existem *n*! possíveis rotulações, o que implica, de novo, em um tempo exponencial. Uma solução intermediária está em se rotular o grafo em ordem não–crescente dos graus dos vértices, o que aumenta o número de incompatibilidades registradas a cada etapa e, portanto, tende a reduzir a cardinalidade da coloração obtida.

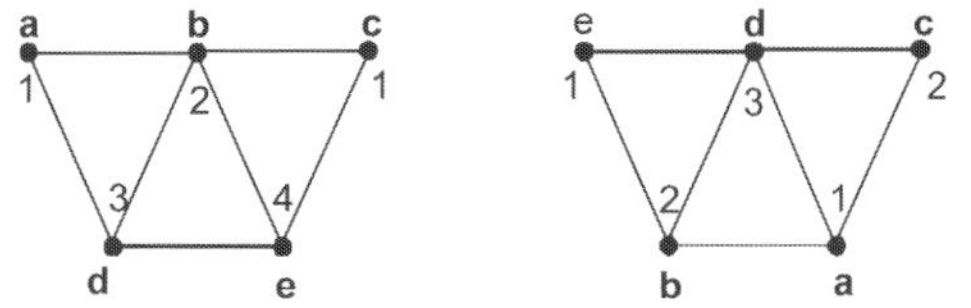

Fig. 6.11: Efeito da rotulação

2) coloração por classe

Aqui, cada classe de cor é formada de uma vez, procurando–se introduzir a cada etapa um novo vértice nessa classe. Os que forem recusados serão candidatos à formação da classe seguinte.

Algoritmo 1 de coloração por classe (Welsh e Powell [WP67])

início < dados: grafo **G** = (**V**,**N**) >

$C_i \leftarrow \varnothing$ ($i = 1, \ldots, n$) $W \leftarrow V$; $k \leftarrow 1$;

enquanto $W \neq \varnothing$ **fazer**

início

para $i \in W$ **fazer**

início

se $C_k \cap N(i) = \varnothing$ **então**

início

$C_k \leftarrow C_k \cup \{i\}$;

$W \leftarrow W - \{i\}$;

fim;

fim;

$k \leftarrow k + 1$;

fim;

fim.

Exemplo: com o grafo representado na **Fig. 6.10**, obtemos:

$k \leftarrow 1$	$i \leftarrow 1$	$N(1) \cap C_1 = \varnothing$	$C_1 = \{1\}$	$W \leftarrow W - \{1\} = \{2, 3, 4, 5\}$
	$i \leftarrow 2$	$N(2) \cap C_1 \neq \varnothing$		
	$i \leftarrow 3$	$N(3) \cap C_1 = \varnothing$	$C_1 = \{1,3\}$	$W \leftarrow W - \{3\} = \{2,4,5\}$
	$i \leftarrow 4$	$N(4) \cap C_1 \neq \varnothing$		
	$i \leftarrow 5$	$N(5) \cap C_1 \neq \varnothing$		
$k \leftarrow 2$	$i \leftarrow 2$	$N(2) \cap C_2 = \varnothing$	$C_2 = \{2\}$	$W \leftarrow W - \{2\} = \{4, 5\}$
	$i \leftarrow 4$	$N(4) \cap C_2 \neq \varnothing$		
	$i \leftarrow 5$	$N(5) \cap C_2 = \varnothing$	$C_2 = \{2,5\}$	$W \leftarrow W - \{5\} = \{4\}$
$k \leftarrow 3$	$i \leftarrow 4$	$N(4) \cap C_3 = \varnothing$	$C_3 = \{4\}$	$W \leftarrow W - \{4\} = \varnothing$ **fim**

A complexidade é, também, $O(n + m)$.

Outra técnica de coloração por classe consiste em utilizar um algoritmo de determinação de estáveis (como o de **Demoucron** e **Herz,** apresentado neste capítulo) para procurar um único estável maximal, cada iteração sendo executada com o subgrafo obtido através da supressão dos vértices do último estável obtido.

Algoritmo 2 de coloração por classe

início < grafo inicial $G_1 = (V_1, E_1)$ >
  para $k = 1$ **a** n **fazer**
    início
      $G_k \leftarrow (V_k, E_k)$
      DEMOUCRONHERZ (G_k) < obtenção de um estável S_k >
      $E_{k+1} \leftarrow E_k - \omega(S_k)$; $V_{k+1} \leftarrow V_k - S_k$;
      se $V_{k+1} = \varnothing$ **então fim;**
    fim;
fim.

Exemplificaremos apenas com a **Fig. 6.12** abaixo:

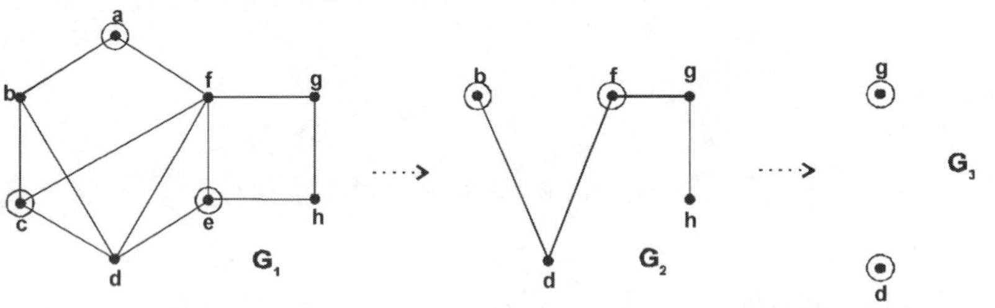

Fig. 6.12: Coloração de classes por algoritmo de estáveis

Estas duas classes de algoritmos são essencialmente equivalentes, no que tange os resultados produzidos. Por outro lado, é possível construir grafos com os quais elas produzam resultados arbitrariamente ruins (Mitchem [Mi76]), ou seja, grafos para os quais se pode especificar um $p > \chi$ e obter uma coloração com no mínimo p cores.

6.3.4 Técnicas exatas

Algumas técnicas disponíveis são baseadas na obtenção de partições minimais em conjuntos independentes, seja através de equações booleanas ou de programação inteira (Ivanescu e Rudeanu [IR68], Christofides [Chr75]). Todas são de complexidade exponencial.

Discutiremos aqui outro tipo de algoritmo, baseado em uma estrutura conhecida como *árvore de Zykov* (Berge [Be73]), que exemplificaremos apenas graficamente. A construção dessa "árvore" – na verdade, uma arborescência – é baseada em duas operações, aplicadas iterativamente a pares de vértices não adjacentes, produzindo grafos *homomorfos* do grafo original, ou seja, grafos que podem ter, eventualmente, ordens diferentes, porém que preservam as relações de adjacência anteriormente existentes (Pimenta [Pi00]). Estas operações são a *adição de arestas* (que **Berge** chama de *religação*) e a *contração.*

Uma *religação* R é a adição de uma aresta:

$$R_{vw}(G) = G'_{vw} = (V, E \cup (v, w)). \qquad (6.36)$$

Uma *contração* ***C*** é uma identificação de dois vértices (ver também o **Capítulo 2**):

$$C_{vw}(\mathbf{G}) = \mathbf{G}''_{vw} = (\mathbf{V} \cup \{\ \mathbf{vw}\ \} - \{\ \mathbf{v}\ \} - \{\ \mathbf{w}\ \},\ \mathbf{E}''_{vw}) \qquad (6.37)$$

Uma religação mantém o número de vértices, enquanto uma contração o reduz em uma unidade. Uma religação aumenta em uma unidade o número de arestas, enquanto uma contração reduz a uma única aresta todo par de arestas (**v**, **x**) , (**w**, **x**) onde $\mathbf{x} \in \mathbf{N}(\mathbf{v}) \cap \mathbf{N}(\mathbf{w})$.

A árvore de **Zykov** de um grafo com *m* arestas é uma arborescência binária, uma vez que todo vértice não pendente (ou seja, com semigrau exterior não nulo) tem semigrau exterior igual a 2. O número de níveis da arborescência é igual a $p = C_{n,2} - m$. É fácil verificar que o número máximo de vértices da arborescência, correspondendo ao grafo original mais os grafos gerados pelo algoritmo, é de $2^{p+1} - 1$.

Eventualmente uma operação pode resultar em uma clique, que será um vértice pendente. Cada clique $\mathbf{K}_k$ obtida corresponderá a uma *k*–coloração, a de menor cardinalidade sendo evidentemente $\mathbf{K}_\chi$. A iteração de ordem *p* somente produzirá cliques, o que encerra o processo. A **Fig. 6.13** abaixo, portanto, mostra que cabe ainda uma iteração a partir do grafo resultante da sequência (R, C, R). O resultado será K_3, já obtida com a sequência (R, C, C).

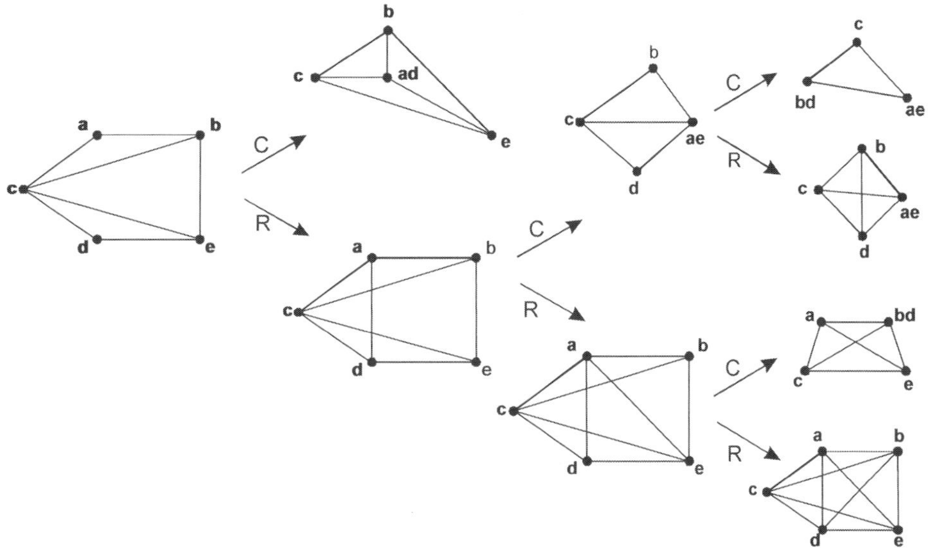

Fig. 6.13: Árvore de Zykov

Algoritmo

início <dado: grafo vigente **G** = (**V**,**E**) >; p ← $C_{n,2}$ – *m*; q ← *n*; *k* ← *n*;
  procedimento RELCONT (**G**,p,q,*k*);
    início
      k ← min(q,*k*);
      se | **E** | < $C_{q,2}$ **então**
       início
        se (v,w) ∉ **E então**
         início
          G'$_{vw}$ ← ***R*** $_{vw}$ (**G**);
          G"$_{vw}$ ← ***C***$_{vw}$ (**G**);   [ver Eqs. (6.36) e (6.37)]
          RELCONT(**G'**$_{xy}$,p – 1,q,*k*);
          RELCONT(**G"**$_{xy}$,p – 1,q – 1,*k*);
         fim;
       fim;
    fim RELCONT;
  RELCONT(**G**,p,q,*k*);   [*k* traz o valor de χ(**G**)]
fim.

A árvore pode ser podada observando–se que, se em alguma iteração obtivermos uma clique K_k, teremos k como limite superior para χ. Daí em diante, não será preciso operar com um grafo que contenha K_k. porque ele somente produzirá r–colorações com $r \geq k$.

Na **Fig. 6.13**, isto pode ser observado com o grafo inferior do penúltimo nível, que contém K_4 (clique já obtida na iteração anterior). Naturalmente, a determinação da presença de cliques maximais é um problema NP–completo, mas não se trata aqui de achar todas.

Coloração a partir de uma clique maximal

Caramia e Dell'Olmo [CD01] apresentam um algoritmo *branch–and–bound* para o problema de coloração de vértices, que procura estender a coloração de uma clique maximal a seus vértices adjacentes, com estratégias para os casos de sucesso e de fracasso dessa extensão.

Apresentam ainda uma discussão do estado da arte do problema.

Uma ampla discussão sobre os algoritmos disponíveis para coloração de grafos, até a data da publicação, pode ser encontrada em Santos [Sa79]; uma referência mais atualizada é Gouvêa [Go93].

Coloração de grafos arcocirculares

Um grafo *arcocircular* é o grafo de interseção de um conjunto de arcos de um mesmo círculo. (ver o **Capítulo 2**). O problema de coloração de grafos arcocirculares é polinomial se o conjunto for próprio (se nenhum arco de círculo for contido em outro); em caso contrário ele é NP-completo. Kumar [Ku01] apresenta um algoritmo aproximativo para o caso geral.

6.3.5 Resultados

Um dos resultados mais conhecidos e clássicos relaciona o número cromático com o número de independência:

a) Sendo $\mathbf{G} = (\mathbf{V},\mathbf{E})$, $|\mathbf{V}| = n$, temos

$$\alpha(\mathbf{G}).\chi(\mathbf{G}) \geq n \qquad \alpha(\mathbf{G}) + \chi(\mathbf{G}) \leq n+1 \tag{6.38}$$

b) Em relação ao grafo complementar $\overline{\mathbf{G}}$, temos (**Gaddum e Nordhaus**):

$$2\sqrt{n} \leq \chi(\mathbf{G}) + \chi(\overline{\mathbf{G}}) \leq n+1 \qquad n \leq \chi(\mathbf{G}).\chi(\overline{\mathbf{G}}) \leq (n+1)^2/4. \tag{6.39}$$

A demonstração pode ser encontrada em Ore[Or62] ou Harary [Ha72].

c) Sendo $\mathbf{G} = (\mathbf{V},\mathbf{E})$, $|\mathbf{V}| = n$, $|\mathbf{E}| = m$, temos

$$n^2/(n^2 - 2m) \leq \chi(\mathbf{G}) \leq 1 + \sqrt{2m(n-1)/n} \tag{6.40}$$

A igualdade com o limite superior se verifica quando o grafo for q–partido completo, com q subconjuntos de mesma cardinalidade n/q. As demonstrações podem ser encontradas em Berge [Be73] e Behzad, Chartrand e Lesniak–Foster [BCLF79].

d) Teorema 6.4 (Welsh e Powell): *Se, em um grafo* $\mathbf{G} = (\mathbf{V},\mathbf{E})$, *se conhece uma q–coloração* $\mathbf{S} = \{\mathbf{S}_1, \ldots, \mathbf{S}_q\}$, *e definindo–se*

$$d_k = \max_{v \in S_k} d_G(v) \tag{6.41}$$

então se tem

$$\chi(\mathbf{G}) \leq \max_{k \leq q} \min(k, d_k + 1) \tag{6.42}$$

Prova: Os $\mathbf{S}_i$ são independentes: se $\mathbf{S}_1$ não for maximal, poderemos acrescentar–lhe vértices até obtermos $\mathbf{S}_1'$ maximal; se $\mathbf{S}_2 - \mathbf{S}_1$ não for maximal em $\mathbf{V} - \mathbf{S}_1'$ poderemos acrescentar–lhe vértices etc., etc., até obtermos uma nova partição

$$\mathbf{S}' = \{\mathbf{S}_1', \ldots, \mathbf{S}_r'\} \tag{6.43}$$

com $r \leq q$ e, em vista da construção adotada, verificando

$$S_k = \bigcup_{i=1}^{\min(k,r)} S_i' \qquad (6.44)$$

Diremos que um vértice **v** tem um *índice* i (**v**) = *i*, se $\mathbf{v} \in \mathbf{S}_i'$; seja então **w** com *i*(**w**) = *k*. Então teremos $\mathbf{N}(\mathbf{w}) \cap \mathbf{S}_j' \neq \varnothing$ para todo $j \leq k-1$ (ou **w** teria sido selecionado para algum desses conjuntos). Logo, teremos

$$d_G(\mathbf{w}) \geq k-1 \qquad (6.45)$$

e, portanto,

$$i(\mathbf{w}) \leq d_G(\mathbf{w}) + 1 \qquad (6.46)$$

Seja $\mathbf{v}_o \in \mathbf{S}_k$; então, pela forma de construção dos $\mathbf{S}_i'$, teremos $i(\mathbf{v}_o) \leq k$ e portanto, com (6.41) e (6.46),

$$i(v_0) \leq \max_{v \in S_k} i(v) \leq \max_{v \in S_k} (d_G(v)+1) = d_k + 1 \qquad (6.47)$$

$$i(\mathbf{v}_o) \leq \min(k, d_k + 1) \qquad (6.48)$$

enfim, o número cromátíco será limitado superiormente por *r* (cardinal da partição **S'**); ora, o domínio de $i(\mathbf{v}_o)$ é exatamente $\{1, ..., r\}$; logo, como $r \leq q$, teremos

$$\chi(G) \leq \max i(v_0) \leq \max_{k \leq q} \min(k, d_k + 1) \qquad ■ \qquad (6.49)$$

Este teorema permite que se aproveite uma coloração obtida por meio de estáveis maximais (algoritmo 2 de coloração por classes) para obter uma estimativa de χ, em particular se a construção começar pelos vértices de graus mais elevados.

e) Um corolário do teorema acima (baseado em uma *n*–coloração) indica que, se os vértices de um grafo forem rotulados em ordem não crescente de seus graus e, sendo *k* o índice do último vértice que verificar

$$k \leq d_k + 1, \qquad (6.50)$$

então

$$\chi(\mathbf{G}) \leq k \qquad (6.51)$$

Além disso, se **G** tiver grau máximo Δ, se terá

$$\chi(\mathbf{G}) \leq \Delta + 1 \qquad (6.52)$$

f) Com base neste último resultado, temos ainda (**Brooks**):

*Se **G** é conexo de grau máximo Δ e não é isomorfo a $\mathbf{C}_n$ nem a $\mathbf{K}_n$, então*

$$\chi(\mathbf{G}) \leq \Delta \qquad (6.53)$$

g) *Consideremos o conjunto de diferentes valores de graus de um grafo **G** e sua cardinalidade*

$$\xi = |\{ d_G(\mathbf{v}) \mid \mathbf{v} \in \mathbf{V}\}| \qquad (6.54)$$

Então

$$\lfloor_\xi /2\rfloor \frac{1}{n-_\xi} + 1 \leq \chi(\mathbf{G}) \leq n - \lfloor_\xi /2\rfloor \qquad (6.55)$$

(Melnikov, Dirac).

h) *Para todo grafo **G**,*

$$\chi(\mathbf{G}) \leq 1 + m(\mathbf{G}) \qquad (6.56)$$

onde *m*(**G**) é o comprimento da maior cadeia elementar em **G** (**Gallai**). Uma demonstração pode ser encontrada em Behzad, Chartrand e Lesniak–Foster [BCLF79].

i) Se uma orientação de **G** contém um caminho de comprimento *l*, então

$$\chi(\mathbf{G}) \leq l \qquad (6.57)$$

Além disso, a igualdade se verifica para alguma orientação de **G** (**Gallai**, **Roy**, **Vitaver**, West [We96]).

j) Para todo grafo **G**, se tem

$$\chi(\mathbf{G}) \leq \omega(\mathbf{G}) \qquad (6.58)$$

onde ω(**G**), como lembrado em **6.2.1**, é o número de clique de **G**.

Os grafos que verificam a igualdade em (6.58) são chamados *grafos perfeitos*. Uma rápida introdução ao seu estudo é feita no **Capítulo 11**.

k) Um resultado de Larson [La79] limita a 3 o valor do número cromático, para a classe de grafos que não contenham, como subgrafos, nem $\mathbf{K}_4$ nem um ciclo de comprimento ímpar com uma diagonal.

l) Stacho [St01] mostra que $\chi(\mathbf{G}) \leq \Delta_2(\mathbf{G}) + 1$, onde $\Delta_2(\mathbf{G})$ é o maior grau entre os vértices adjacentes a outros vértices de grau igual ou maior que o seu.

m) Para todo grafo **G**, se tem [FKW04]

$$\chi(\mathbf{G}) \leq ½ + (2m + ¼)^{1/2} \qquad (6.59)$$

n) Enfim, um resultado de **Ershov** e **Kozhukhin** (Zemanian [Ze70]) impressionante pelo nível de sofisticação, é o seguinte:

$$-\left\lfloor -\frac{n}{(n^2-2m)/n} \left(1 - \frac{\{(n^2-2m)/n\}}{1+(n^2-2m)/n} \right) \right\rfloor \leq \chi(\mathbf{G}) \leq \left\lfloor \frac{3+\sqrt{9+8(m-n)}}{2} \right\rfloor \qquad (6.60)$$

Aqui, $\{x\}$ (no numerador da segunda fração do primeiro membro) indica a parcela fracionária de x.

6.3.6 Grafos unicamente coloríveis

Se toda coloração minimal em um grafo **G** = (**V**,**E**) induzir a mesma partição em **V**, **G** será *unicamente colorível* ou *χ-único*. Alguns resultados sobre estes grafos estão expostos a seguir.

a) *Uma condição necessária para que um grafo **G** seja χ-único é que o subgrafo induzido pela união de duas quaisquer de suas classes de coloração seja conexo.* A recíproca não é verdadeira: é possível observar-se esta propriedade em grafos com mais de uma coloração minimal (Pimenta [Pi00]).

b) A recíproca de (a) exige uma condição adicional: *se **G** for k-colorível (k ≥ 2), com ordem n – k e o subgrafo definido pela união de quaisquer duas classes de cor for conexo, e se*

$$\delta > (1 - (1/(k-1)))n \qquad (6.61)$$

*(onde δ é o grau mínimo) então **G** será unicamente k–colorível* (Bollobás [Bo78]).

c) *Se **G** for k-colorível (k ≥ 2), de grau mínimo δ, e se*

$$\delta > ((3k-5)/(3k-2))n \qquad (6.62)$$

*então **G** será unicamente k-colorível* (Bollobás [Bo78]).

Obs.: Este resultado indica que os grafos unicamente *k*-coloríveis tendem a ser densos: mesmo para $k = 3$, (6.62) indica $\delta = 0{,}25\, n$ e, para $k = 4$, $\delta = 0{,}7\, n$.

d) Dong e Liu [DL98] provaram que toda *roda* $\mathbf{R}_n$ ($\mathbf{R}_n = \mathbf{C}_{n-1} + \mathbf{K}_1$), *com n ≥ 6, na qual se tenham retirado dois raios consecutivos, é unicamente colorível* (ver soma de grafos, no **Capítulo 12**).

e) Bielak ([Bi97]) definiu uma família de grafos unicamente coloríveis a partir da família $\mathbf{S}_n = \mathbf{P}_{n-1} + \mathbf{K}_1$ (onde $\mathbf{P}_{n-1}$ é o percurso aberto com $n - 1$ vértices). É fácil observar que todo grafo pertencente a $\mathbf{S}_n$ tem exatamente dois vértices de grau 2: os que formavam os extremos de $\mathbf{P}_{n-1}$, antes da soma. Estes grafos são conhecidos como *grafos leque*: ver o **Capítulo 10**.

Então se define $\mathbf{F}_{n,k}$ como o grafo de ordem $n + k$, obtido de $\mathbf{S}_n$ pela adição de k vértices, cada um deles unido aos dois vértices de grau 2 de $\mathbf{S}_n$. A **Fig. 6.14** mostra o grafo $\mathbf{F}_{5,3}$.

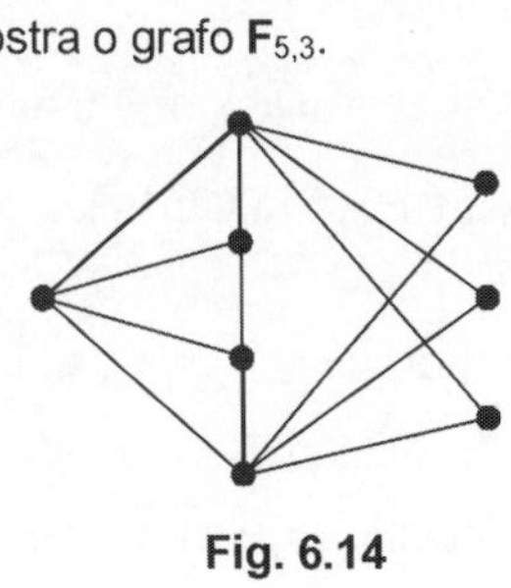

Fig. 6.14

Um resumo de grande parte da pesquisa sobre o assunto é Koh e Teo [KT90], [KT97]. Liu e Zhao [LZ97] discutem um novo método de prova para a unicidade de coloração.

6.3.7 Número cromático de produtos de grafos

Klavzar [Kl96] apresenta um "survey" de resultados referentes aos principais produtos de grafos (direto, cartesiano, forte e lexicográfico – no que concerne a relação entre o número cromático de cada produto e de seus fatores. Ver também o **Capítulo 12**.

6.3.8 Grafos críticos

Um grafo **G** é *crítico* (no sentido da coloração de vértices) se $\chi(\mathbf{H}) < \chi(\mathbf{G})$ para todo subgrafo induzido $\mathbf{H} \subset \mathbf{G}$ e é *k*-crítico se for crítico e $\chi(\mathbf{G}) = k$.

Gallai conjeturou que, para $k \geq 4$, um grafo *k*-crítico verifica $m \geq n(k-1)/2 + (k-3)(n-k)/2(k-1)$. Farzad e Molloy [FM09] provaram a conjetura para k = 4, o que fornece $m \geq (5n-2)/3$ para o número mínimo de arestas.

6.4 Dominância

6.4.1 Esta noção se refere, como adiantamos em **6.1**, à propriedade de determinados subconjuntos de vértices de um grafo, correspondente à existência de relações de adjacência com todos os vértices externos a eles.

6.4.2 Se, para $\mathbf{T} \subset \mathbf{V}$ em um grafo **G = (V,E)** não orientado, se verifica

$$\mathbf{T} \cap \mathbf{N}(\mathbf{v}) \neq \varnothing \qquad \forall \mathbf{v} \notin \mathbf{T} \qquad (6.63)$$

ou, o que equivale,

$$\mathbf{T} \cup \mathbf{N}(\mathbf{T}) = \mathbf{V} \qquad (6.64)$$

então **T** é um *conjunto dominante* de **G**.

A maior parte dos resultados teóricos existentes sobre conjuntos dominantes se refere ao caso não orientado; no entanto, existem duas possibilidades de definição (duais direcionais recíprocas) em grafos orientados, ou seja, poderemos dizer, como Kaufmann [Ka68] e Berge [Be73], que um conjunto de vértices **T** *absorve* **V** se todo vértice externo a **T** possuir ao menos um sucessor em **T** (*critério de absorção*):

$$\mathbf{T} \cap \mathbf{N}^{+}(\mathbf{v}) \neq \varnothing \qquad \forall \mathbf{v} \notin \mathbf{T} \qquad (6.65)$$

ou, então,

$$\mathbf{T} \cup \mathbf{N}^{-}(\mathbf{T}) = \mathbf{V} \qquad (6.66)$$

Seguindo Roy [Ro69], podemos utilizar a outra definição (*critério de dominância*):

$$\mathbf{T} \cap \mathbf{N}^{-}(\mathbf{v}) \neq \varnothing \qquad \forall \mathbf{v} \notin \mathbf{T} \qquad (6.67)$$

ou, então,

$$\mathbf{T} \cup \mathbf{N}^{+}(\mathbf{T}) = \mathbf{V}. \qquad (6.68)$$

A primeira definição, (6.65/6), permite que se use a denominação *conjunto absorvente* e a segunda, (6.67/8), *conjunto dominante*. Como foi adiantado pela definição, a tendência da nomenclatura é usar o termo dominante associado ao caso não orientado, embora ele possa, em princípio, ser entendido das duas formas observadas no caso orientado.

6.4.3 O caso não orientado é intimamente relacionado com a noção de estável visto que, em um grafo não orientado, um estável maximal é também dominante. Se isso não fosse verdade, então haveria um vértice externo não adjacente ao conjunto e ele não seria um estável maximal. A denominação *conjunto externamente estável*, usada por **Berge**, provavelmente tem a ver com esta propriedade.

Em geral, no entanto, um estável apresenta uma propriedade intrínseca ao conjunto considerado (a não adjacência mútua dos vértices deste) enquanto um dominante possui uma propriedade extrínseca, por depender das relações de adjacência com os demais vértices.

6.4.4 A determinação de um conjunto dominante em um grafo associado a um modelo que dele necessite está, habitualmente, relacionada a alguma forma de controle, supervisão, vigilância etc. O interesse costuma estar na determinação de um dominante minimal (ou seja, que não contenha outro de menor cardinalidade) dada a associação habitual de um custo aos recursos a serem localizados nos vértices de um conjunto dominante. Aliás, o próprio conjunto **V** de vértices de um grafo atende (trivialmente) à definição de dominância.

Exemplos (Fig. 6.15):

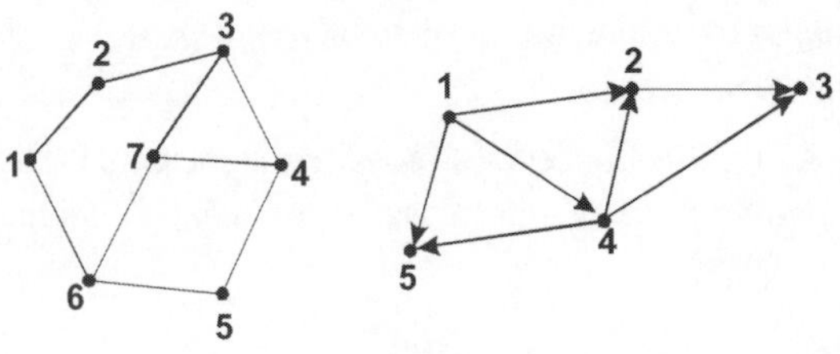

Fig. 6.15

No grafo à esquerda pode–se observar que **{2,5,7}**, **{1,3,5}** e **{1,6,7}** são conjuntos dominantes minimais (os dois primeiros são também estáveis, mas o último não o é) enquanto no da direita **{1,4}** – que não é estável – é dominante minimal pelo critério de dominância, enquanto **{3,5}** que é também estável, é um dominante minimal pelo critério de absorção.

6.4.5 Em geral, temos considerado neste trabalho grafos sem laços, mas no que se refere à existência de dominantes em grafos orientados, a presença ou não de laços não interfere.

O menor número de vértices que forma um dominante em um dado grafo é *o número de dominância,* ou *de absorção* aqui denotado γ(**G**) no caso não orientado e γ^+(**G**) (γ^-(**G**)) no caso orientado, segundo o critério de dominância (absorção). É importante observar que a maior parte dos resultados apresentados na literatura corresponde ao caso não orientado, apesar da noção implicar em orientação. Não há, evidentemente, garantia de que o valor do número de dominância se mantenha ao se atribuir uma orientação arbitrária a um grafo não orientado, como se pode ver no exemplo abaixo (**Fig. 6.16**):

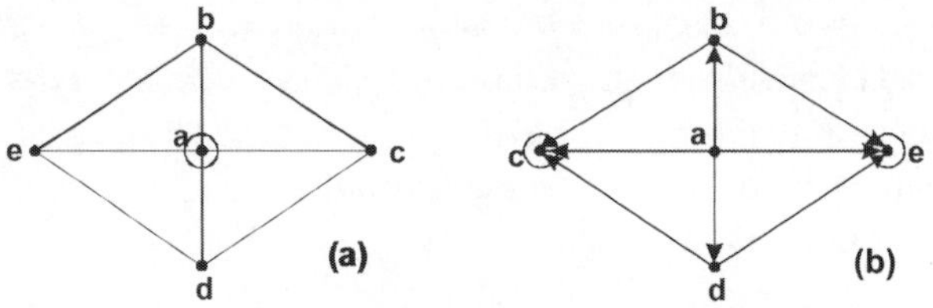

Fig. 6.16: Orientação e estabilidade externa

No grafo (a) podemos ver que $\gamma = 1$, enquanto em (b) temos $\gamma^+ = 1$ (dominância, correspondente ao dominante {**a**} do primeiro grafo) e $\gamma^- = 2$ (absorção), conforme indicado pelo conjunto {**c**,**e**}, no segundo.

É importante notar que, em grafos orientados, todo vértice de semigrau exterior (interior) nulo pertence a todo dominante do grafo, pelo critério de absorção (dominância). Em grafos não orientados, esta vinculação ao sentido, naturalmente, não existe.

6.4.6 Maghout (Kaufmann [Ka68], Ivanescu e Rudeanu [IR68]) propôs um método booleano de enumeração, também, para conjuntos dominantes minimais.

Podemos dizer que é verdadeira a proposição, válida para o caso não orientado:

$$\forall \mathbf{i} \in \mathbf{T}:\ \mathbf{<<i \in T>} \vee \mathbf{<\exists j \mid <j \notin T>>} \wedge \mathbf{<j \in N(i)>>}$$

e definimos então $\alpha_{ij} = 1$ se $\mathbf{j} \in \mathbf{N(i)}$, $\alpha_{ii} = 1$, x_i, $x_j = 1$ se $\mathbf{i} \in \mathbf{T}$ e nulos em contrário; então teremos a seguinte expressão referente a um dado vértice **i**:

$$x_i + \sum_j \alpha_{ij} x_j = 1 \tag{6.69}$$

e, generalizando,

$$\prod_i \left(x_i + \sum_j \alpha_{ij} x_j \right) = 1 \tag{6.70}$$

Com $\alpha_{ii} = 1$ podemos fazer

$$\prod_i \sum_j \alpha_{ij} x_j = 1 \tag{6.71}$$

que é um enumerador de dominantes, no qual cada fator corresponde à soma dos elementos não nulos (**i,j**) em cada linha (incluindo–se a diagonal principal), cada um designado pelo rótulo correspondente. Para o grafo da **Fig. 6.16 (a)**, correspondente à lista de adjacência assimétrica { a, (b,c,d,e); b, (c,e); c, (d); d, (e) } teremos, simetrizando,

$$(a + b + c + d + e)(a + b + c + e)(a + b + c + d)(a + c + d + e)(a + b + d + e) = 1 \qquad (6.72)$$

expressão que, após executados os produtos e as absorções possíveis, fornecerá os dominantes minimais **a, bc, bd, be, cd, ce** e **de**. Poderemos aplicar o mesmo método ao grafo orientado da **Fig. 6.16 (b)**, seja com o critério de dominância, seja com o de absorção. Com este último, bastará utilizar a matriz de adjacência do grafo orientado, enquanto o outro (que é seu dual direcional) exigirá o uso da matriz transposta. Obteremos apenas **a** como dominante minimal e **bd** e **ac** como absorventes minimais.

Roy [Ro69] apresenta uma técnica semelhante ao algoritmo de **Demoucron** e **Herz** (discutido em **6.2.4**) para a determinação de dominantes minimais. Já Christofides [Chr75] considera que encontrar um dominante minimal em um grafo **G** corresponde a determinar um conjunto minimal **L** de linhas da matriz **A**(**G**) **+ I** tal que toda coluna tenha ao menos um elemento não nulo em alguma linha de **L**. Se a matriz for simétrica, estaremos seguindo o critério não orientado; em caso contrário, como foi visto, trabalharemos com **A** ou com $\mathbf{A}^T$, conforme o critério usado. Este problema, em termos gerais, pode considerar qualquer matriz e constitui o *problema da cobertura* (*set covering problem* ou SCP). Na referência é apresentado um algoritmo de busca para este problema, algoritmo esse que pode ser usado para encontrar os dominantes minimais de um grafo.

Por outro lado, Sanchis [Sa02] apresenta os resultados de testes de algoritmos para a determinação do menor dominante minimal em um grafo não orientado. São testadas diversas variações da heurística gulosa correspondente à escolha sucessiva de vértices que cubram o maior número possível de vértices ainda não cobertos.

6.4.7 Resultados

O tema tem sido objeto de intensa investigação, talvez mais do que a independência, em tempos recentes. Este interesse tem sido motivado, ao menos em parte, pelas aplicações no campo das telecomunicações. Como adiantamos em **6.1**, há diversas noções que se originaram da noção básica de dominação e apresentaremos aqui uma discussão sucinta de algumas delas, iniciando com resultados para o próprio número de dominação.

De início, em um grafo não orientado, todo dominante que seja um conjunto independente (ver **6.1**) é um dominante minimal e um estável maximal (ver **6.2**).

a) *Em um grafo orientado* ***G*** *sem laços, se tem* (Berge [Be73]):

$$\gamma^-(\mathbf{G}) \le n - \max_{\mathbf{v} \in \mathbf{V}} d^-(\mathbf{v}) \qquad (6.73)$$

b) Chartrand, Harary e Yuc [CHY99] mostram que, em um grafo orientado **G**, se tem

$$\gamma^+(\mathbf{G}) + \gamma^-(\mathbf{G}) \le 4n/3 \qquad (6.74)$$

onde $\gamma^+(\mathbf{G})$ e $\gamma^-(\mathbf{G})$ são respectivamente os números de dominância e de absorção de **G**.

c) Baogen *et al* [BCHHS00] caracterizam grafos que verificam a igualdade $\gamma(\mathbf{G}) = \lfloor n/2 \rfloor$ para o número de dominância. A partir desse resultado, caracterizam grafos extremais para desigualdades que limitam a soma de dois parâmetros de dominância em grafos sem vértices isolados.

b) *Se* ***G*** *é não orientado e* $\gamma \ge 2$*, se tem*

$$m \le \left\lfloor \frac{1}{2}(n - \gamma(\mathbf{G}))(n - \gamma(\mathbf{G}) - 2) \right\rfloor \qquad (6.75)$$

Para quaisquer n e γ a igualdade é verificada por um grafo do tipo $\mathbf{G}_{n,\gamma}$ (ver o teorema de Turán em **6.2.6**).

Podemos explicitar γ, obtendo então

$$\gamma(\mathbf{G}) \le n + 1 - \sqrt{1 + 2m} \qquad (6.76)$$

c) Também *para* ***G*** *não orientado e seu complemento* $\overline{\mathbf{G}}$ *, se tem* (**Jaeger** e **Payan**)

$$\gamma(\mathbf{G}) \,.\, \gamma(\overline{\mathbf{G}}) \le n \qquad (6.77a)$$

$$\gamma(\mathbf{G}) + \gamma(\overline{\mathbf{G}}) \le n + 1 \qquad (6.77b)$$

A igualdade somente se verifica para $\mathbf{G} = \mathbf{K}_n$ ou ao seu complemento. Além disso, se ambos os grafos forem conexos, o limite em (6.77) passa a ser *n*, com igualdade apenas para $\mathbf{G} = \mathbf{P}_4$ (percurso de 4 vértices, **Laskar** e **Peters**) e, se eles não tiverem vértices isolados, $\lfloor n/2 \rfloor + 2$ (**Bollobás** e **Cockayne**).

Uma importante referência no assunto é Cockayne e Hedetniemi [CH77], onde se mostram resultados envolvendo diversos parâmetros relacionados com estabilidade interna e externa e com coloração de grafos. Temos, por exemplo:

d) *Para um grafo **G** não orientado,*

$$\gamma(\mathbf{G}) \leq \Delta(\mathbf{G}) + 1 \qquad (6.78)$$

Chen e Zhou [CZ99] apresentam diversos resultados para γ, em particular vinculados aos valores dos graus máximo e mínimo:

e) *Para um grafo **G** com n vértices, nenhum deles isolado e $\gamma \geq 3$, se tem* (**Sanchis**)

$$2m \leq (n - \gamma(\mathbf{G}))(n - \gamma(\mathbf{G}) + 1) \qquad (6.79)$$

f) *Para um grafo **G** com n vértices e grau máximo Δ, se tem* (**Fulman**)

$$2m \leq (n - \gamma(\mathbf{G}))(n - \gamma(\mathbf{G}) + 2) - \Delta(n - \gamma(\mathbf{G}) - \Delta) \qquad (6.80)$$

g) *Para um grafo **G** com n vértices, grau máximo Δ e grau mínimo δ, se tem* (**Payan**)

$$\gamma(\mathbf{G}) \leq \frac{1}{2}(n + 2 - \delta) \qquad (6.81)$$

e

$$\gamma(\mathbf{G}) \leq \frac{(n - 1 - \Delta)(n - 2 - \delta)}{n - 1} + 2 \qquad (6.82)$$

h) Entre diversos outros resultados, **Flach** e **Volkmann** mostraram que

$$\gamma(\mathbf{G}) \leq \frac{1}{2}\left(n + 1 - \frac{\Delta(\delta - 1)}{\delta} \right) \qquad (6.83)$$

i) Enfim, um resultado une *dominância e conectividade de vértices:*

$$\gamma(\mathbf{G}) + \gamma(\overline{\mathbf{G}}) \leq \kappa(\mathbf{G}) + 3 \qquad para \quad \gamma \geq 3 \qquad (6.84)$$

Rautenbach [Ra99a] mostrou que, para um grafo não orientado com *m* arestas, número de dominância γ e grau máximo $\Delta \geq 3$, se tem

$$m \leq \Delta n - (\Delta + 1)\gamma. \qquad (6.85)$$

Zverovich [Zw98] prova uma conjetura de **Sampathkumar** segundo a qual, em um grafo **G** com *n* vértices ($n \geq 2$), se tem

$$\gamma(\mathbf{G}) \leq 3n / 5 \qquad (6.86)$$

k) Fomin *et al* [FGPS05] provaram que o número de dominantes minimais de um grafo qualquer de ordem *n* é limitado superiormente por $1{,}7697^n$.

O número de vínculo de um grafo

Wang [Wa96] discute este invariante, que corresponde à menor cardinalidade b(**G**) de um conjunto de arestas de um grafo não orientado $\mathbf{G} = (\mathbf{V},\mathbf{E})$, cuja remoção aumente o valor do número de dominação $\gamma(\mathbf{G})$. Apresenta diversos limites superiores para o parâmetro, a partir de

$$b(\mathbf{G}) \leq \min_{(a,b)\in E} (d(a) + d(b) - 1) \qquad (6.87)$$

(**Bauer e Fink**).

✱6.5 Outros critérios para dominância; irredundância

6.5.1 Um conjunto dominante é dito *conexo* (Bo e Liu [BL96]) ou SCDC, se o subgrafo por ele induzido for conexo. A cardinalidade do menor conjunto dominante conexo é o *número de dominância conexa* γ_C. O interesse por tais conjuntos aparece em testes de redes e em comunicações sem fio. Corresponde ainda ao chamado *problema do turista*, no qual se procura o menor itinerário que leve um turista, seja a ver um dado monumento, seja a atingir a vizinhança de um. No caso, o

SCDC deverá conter um caminho hamiltoniano. Guha e Khuller [GK98a] apresentam algoritmos aproximativos polinomiais para este problema, que é NP–árduo.

Um conjunto dominante $\mathbf{R} \subseteq \mathbf{V}$ é dito *restrito* (Domke *et al* [DHHLM99]) se todo $\mathbf{v} \in \mathbf{V} - \mathbf{R}$ for adjacente a um $\mathbf{w} \in \mathbf{R}$ e a um $\mathbf{z} \in \mathbf{V} - \mathbf{R}$. O *número de dominância restrita*, γ_r, é a cardinalidade do menor conjunto dominante restrito em um grafo.

Um *conjunto dominante total* é um conjunto $\mathbf{F} \subseteq \mathbf{V}$ que verifica a relação de dominância para a vizinhança fechada:

$$\mathbf{F} \cap \mathbf{N}[\mathbf{v}] \neq \varnothing \qquad \forall \mathbf{v} \in \mathbf{V} \tag{6.88}$$

Define–se assim $\gamma_t(\mathbf{G})$, o número de dominação fechada. Um conjunto dominante fechado induz um subgrafo sem vértices isolados.

Em um grafo **G**, o *número de dominância superior,* $\Gamma(\mathbf{G})$, é a cardinalidade do maior dominante minimal.

Um conjunto de vértices $\mathbf{S} \subseteq \mathbf{V}$ em um grafo **G** é *irredundante* ou *SCI* se a vizinhança fechada de qualquer um de seus vértices não estiver contida na união das vizinhanças fechadas dos vértices restantes de **S**:

$$\forall \mathbf{v} \in \mathbf{S}: \ \mathbf{N}[\mathbf{v}] \not\subset \bigcup_{w \in S - \{v\}} \mathbf{N}[\mathbf{w}] \tag{6.89}$$

Há interesse tanto na mínima como na máxima cardinalidade de um SCI: definem–se então os *números de irredundância inferior*, ir(**G**), e *superior*, IR(**G**). A **Fig. 6.17** abaixo mostra conjuntos de vértices com e sem a propriedade de irredundância; nela, pode–se observar por exemplo que $\mathbf{N}[\mathbf{g}] \subset \mathbf{N}[\mathbf{h}]$, o que caracteriza {**f**, **g**, **h**} como não irredundante. Por outro lado vemos que $\mathbf{N}[\mathbf{c}] \not\subset \mathbf{N}[\{\mathbf{a},\mathbf{b}\}]$, logo {**a**,**b**,**c**} é irredundante.

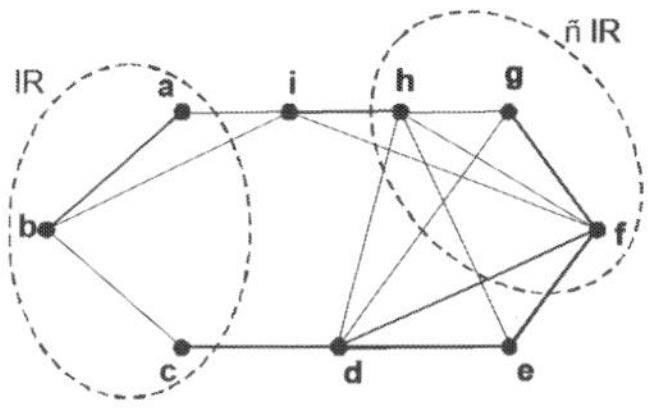

Fig. 6.17: Irredundância

O *número de dominância independente*, i(**G**), de um grafo **G**, é a menor cardinalidade de um estável que seja também dominante. Esta noção é aparentada com a de núcleo, definida para grafos orientados.

Um conjunto de vértices $\mathbf{D} \subseteq \mathbf{V}$ em um grafo **G** é *duplamente dominante* se todo $\mathbf{v} \in \mathbf{V}$ é dominado por ao menos dois vértices de **D**. O *número de dupla dominância*, dd(**G**), é a cardinalidade do menor conjunto duplamente dominante em **G**.

O *número domático* $\hat{\delta}$(**G**) de um grafo **G** é o cardinal da maior partição de **V** em dominantes (***Não confundir com a notação δ para o grau mínimo*** !)

6.5.2 Resultados envolvendo os invariantes de dominância e irredundância

a) Bo e Liu [BL96] apresentam os seguintes resultados para o número de dominância conexa:

$$\gamma_c(\mathbf{G}) \leq 3\mathrm{ir}(\mathbf{G}) - 2 \tag{6.90}$$

Citam ainda(**Duchet** e **Meyniel**).

$$\gamma_c(\mathbf{G}) \leq 3\gamma(\mathbf{G}) - 2 \tag{6.91}$$

b) Tem–se ainda, para o número de dominância simples:

$$\gamma(\mathbf{G}) \leq 2\,\mathrm{ir}(\mathbf{G}) - 1 \tag{6.92}$$

(**Allan** e **Laskar**, 1978 e **Bollobás** e **Cockayne**, 1979), e

$$2\gamma(\mathbf{T}) < 3\,\mathrm{ir}(\mathbf{T}) \tag{6.93}$$

onde **T** é uma árvore (**Damaschke**, 1991).

Volkmann [Vo98] mostra que, para todo bloco e para todo grafo com número ciclomático $\mu(\mathbf{G}) \leq 2$, se tem $2\gamma(\mathbf{T}) \leq 3\,\mathrm{ir}(\mathbf{T})$, mas isso não é válido para maiores valores do número ciclomático.

c) Sanchis [Sa00] mostra que um grafo **G** não orientado possui no máximo $C_{n-k+1,\,2} + (\gamma_c - 1)$ arestas, para $\gamma_c \geq 3$. Especifica ainda as formas possíveis dos grafos extremais para esta propriedade.

d) Em [DHHLM99] encontramos os seguintes resultados para o número de dominância restrita:

$$\gamma_r(\mathbf{K}_n) = 1 \qquad n \neq 2 \tag{6.94}$$

$$\gamma_r(\mathbf{K}_{1,n-1}) = n \qquad n \geq 2 \tag{6.95}$$

$$\gamma_t(\mathbf{K}_{n',n''}) = 2 \qquad \min(n',n'') \geq 2 \qquad (6.96)$$

e) Da definição, resulta que o número de dominância verifica

$$\gamma(\mathbf{G}) \leq \gamma_t(\mathbf{G}) \qquad (6.97)$$

Além disso, pode–se provar que a diferença entre esses dois invariantes pode ser arbitrariamente grande para um grafo **G** dado.

f) Tem–se, ainda,

$$\gamma_t(\mathbf{C}_n) = n - 2\lfloor n/3 \rfloor \qquad (6.98)$$

$$\hat{\delta}(\mathbf{G}) \leq \Delta(\mathbf{G}) + 1 \qquad (6.99)$$

de onde se pode deduzir

$$\hat{\delta}(\mathbf{G}) + \hat{\delta}(\overline{\mathbf{G}}) \leq n + 1 \qquad (6.100)$$

g) Além disso, podemos provar que

$$\hat{\delta}(\mathbf{G}) + \gamma(\mathbf{G}) \leq n + 1 \qquad (6.101)$$

Nestes resultados, a igualdade se verifica apenas se **G** for igual a $\mathbf{K}_n$ ou a $\overline{\mathbf{K}_n}$.

h) Em relação ao número de dominância independente, há limites superiores expressos em termos do número de vértices e do grau mínimo δ:

$$i(n,1) \leq n + 2 - 2\sqrt{n} \qquad (6.102)$$

(**Bollobás** e **Cockayne**)

$$i(n,\delta) \leq n + 3\delta - 2\sqrt{\delta(n + 2\delta - 4)} - 2 \qquad (6.103)$$

(Glebov e Kostochka, [GK98b]}.

Sun e Wang [SW99] mostram que, para um grafo **G** não orientado de grau mínimo δ, se tem

$$i(\mathbf{G}) \leq n + \frac{2}{\delta} - 2\sqrt{\frac{n}{\delta}} \qquad (6.104)$$

Haviland [Ha95] mostra que, para um grafo não orientado regular **G** e seu complemento $\overline{\mathbf{G}}$, se tem

$$i(\mathbf{G}).i(\overline{\mathbf{G}}) < (n+14)^2 / 12{,}68 \qquad (6.105)$$

Por outro lado, Cockayne, Fricke e Mynhardt [CFM95] mostraram que

$$\lim_{n\to\infty}\left[\max_{\mathbf{G}} i(\mathbf{G}).i(\overline{\mathbf{G}})/n^2\right] = 1/16 \qquad (6.106)$$

i) A expressão abaixo reúne seis invariantes:

$$ir(\mathbf{G}) \leq \gamma(\mathbf{G}) \leq i(\mathbf{G}) \leq \alpha(\mathbf{G}) \leq \Gamma(\mathbf{G}) \leq IR(\mathbf{G}) \qquad (6.107)$$

(**Cockayne** e **Hedetniemi**). Ela apresenta diversas possibilidades desses invariantes serem provados iguais para determinadas classes de grafos; por exemplo, se $|\mathbf{S}| = ir(\mathbf{G})$ e **S** for independente, então se terá $ir(\mathbf{G}) = \gamma(\mathbf{G}) = i(\mathbf{G})$.

j) Harary e Haynes [HH96] apresentam diversas desigualdades do tipo **Gaddum–Nordhaus** (**GN**), ou seja, unindo valores de um invariante de um grafo ao mesmo invariante associado ao seu complemento, como apareceu em (6.74) e (6.75).

k) Para o número de dominância conexa, com ambos os grafos conexos, se tem

$$\gamma_c(\mathbf{G}) + \bar{\gamma}_c(\mathbf{G}) \leq n + 1 \qquad (6.108)$$

(**Hedetniemi** e **Laskar**).

l) Pode ser definida uma *dominância de arestas* e se terá então um *número de dominância de arestas* γ', que será a cardinalidade do menor conjunto de arestas que domina **E**.
Então se tem, também, desigualdades do tipo GN:

$$\lfloor n/2 \rfloor \leq \gamma'(\mathbf{G}) + \bar{\gamma}'(\mathbf{G}) \leq n + 1 \qquad (6.109a)$$

$$0 \leq \gamma'(\mathbf{G}).\bar{\gamma}'(\mathbf{G}) \leq \lfloor n/2 \rfloor^2 \qquad (6.109b)$$

Se $n \equiv 2 (\text{mod } 4)$ se tem (**Schuster**)

$$\frac{n}{2} \leq \gamma'(\mathbf{G}) + \bar{\gamma}'(\mathbf{G}) \leq n - 1 \qquad (6.110a)$$

$$0 \leq \gamma(\mathbf{G})'.\bar{\gamma}'(\mathbf{G}) \leq \frac{n}{4}(n-2) \qquad (6.110b)$$

m) Considerando–se o número de estabilidade interna α, obtemos (Rautenbach [Ra99b]):

$$IR(\mathbf{G}) - \alpha(\mathbf{G}) \leq \max(0, |(n-4)/2| \tag{6.111a}$$

$$\Gamma(\mathbf{G}) - \alpha(\mathbf{G}) \leq \max\{\{0, \lfloor(n-4)/2\rfloor\} \tag{6.111b}$$

$$IR(\mathbf{G}) - \Gamma(\mathbf{G}) \leq \max.\{0, \lfloor (n-6)/2 \rfloor\} \tag{6.111c}$$

O trabalho estabelece ainda condições de estrutura para que a igualdade se verifique.

n) Domke, Dunbar e Markus [DDM97] caracterizam grafos bipartidos que verificam o *limite de Berge* para grafos não orientados, $\gamma(\mathbf{G}) \leq n - \Delta(\mathbf{G})$.

Além disso, estudam grafos que verificam condições semelhantes para o número de dominância independente i(**G**) e para o número de irredundância ir(**G**). Além de mostrar que $i(\mathbf{G}) \leq n - \Delta$, caracterizam grafos bipartidos que verificam a igualdade. Enfim, mostram que $IR(\mathbf{G}) \leq n - \delta(\mathbf{G})$, onde IR é o número de irredundância superior.

o) Jiang [Ji03] mostra que o número de dominação total $\gamma_t(\mathbf{G})$ verifica, para um grafo de raio mínimo δ,

$$\gamma_t(\mathbf{G}) \leq [\,1 + \ln(2\delta)]\; n \,/\, \delta \tag{6.112}$$

p) Cockayne e Mynhardt [CM97] mostram que para todo inteiro positivo *k* existe um grafo cúbico (ver **2.10.4**) conexo $\mathbf{H}_k$ satisfazendo $IR(\mathbf{H}_k) - \Gamma(\mathbf{H}_k) \geq k$, onde $IR(\mathbf{H}_k)$ é o número de irredundância superior e $\Gamma(\mathbf{H}_k)$ é o número de dominância superior, conforme definidos acima. Mostram ainda que, em um grafo **G** regular, se tem $IR(\mathbf{G}) \leq n/2$.

Para completar esta rápida visão dos invariantes de irredundância e dominância, apresentaremos alguns resultados para a dupla dominância. Para este invariante, [HH96] apresenta diversas desigualdades, dentre as quais, desigualdades tipo Gaddum–Nordhaus:

Se **G** não tiver vértices isolados,

$$2 \leq dd(\mathbf{G}) \leq n \tag{6.113}$$

$$dd(\mathbf{G}) \geq 2n \,/\, (\Delta + 1) \tag{6.114}$$

Se $\delta(\mathbf{G}) \geq 2$, então

$$dd(\mathbf{G}) \leq \lfloor n/2 \rfloor + \gamma(\mathbf{G}) \quad \text{se } n = 3 \text{ ou } 5 \tag{6.115a}$$

$$dd(\mathbf{G}) \leq \lfloor n/2 \rfloor + \gamma(\mathbf{G}) - 1 \quad \text{senão} \tag{6.115b}$$

Se nem **G**, nem $\overline{\mathbf{G}}$ tiverem vértices isolados (o que exige $n \geq 4$), se tem

$$6 \leq dd + \overline{dd} \leq 2n \tag{6.116a}$$

$$9 \leq dd\,.\,\overline{dd} \leq n^2 \tag{6.116b}$$

A igualdade no sentido superior é verificada apenas para $\mathbf{G} = \mathbf{P}_4$.

Nas mesmas condições,

$$dd + \overline{dd} \geq \frac{2n(n - \delta + \Delta + 1)}{(n - \delta)(\Delta + 1)} \tag{6.117}$$

Um tratamento conjunto da dominação, da independência e da irredundância é dado por Michalak [Mi04].

6.5.3 Dominação romana

Um *conjunto de dominação romana* pode ser definido através de uma função $f : \mathbf{V} \rightarrow \{0; 1; 2\}$ sobre os vértices de **G** =(**V**,**E**) de modo que todo vértice **v** para o qual f(**v**) = 0 seja adjacente a pelo menos um vértice **w** para o qual f(**w**) = 2. Este conceito se prende a uma situação histórica envolvendo a estratégia de defesa do Império Romano no tempo de Constantino, quando uma região que não dispusesse de tropas era considerada bem defendida se abrigasse um exército ou se uma região sua vizinha abrigasse dois exércitos, um dos quais poderia ser deslocado em caso de necessidade. O *peso* da função f corresponde à soma de seus valores para o conjunto **V** (corresponde ao número total de exércitos). Algumas referências sobre o tema são [HH03], [He03], [Lo03] e [CDHH04].

6.5.4 Dominação eterna

Este critério de dominação é mais facilmente entendido ao se pensar em "guardas" que devem responder a "ataques". Um dominante comum é um conjunto tal que cada vértice ou pertence a ele ou lhe é adjacente. Sendo assim, se um "guarda" se deslocar para atender a um vértice vizinho, a dominação poderá ser invalidada porque ele deixará eventualmente de estar vigiando seus outros vizinhos.

Na dominação eterna, considera–se que essa possibilidade não poderá existir. Para isso, o problema se torna dinâmico, um "guarda" pode atender a um ataque por vez e não volta ao vértice anterior. Há poucos trabalhos publicados: podemos citar [Lo08], [BCGMVW04] e [GHH05]. ✸

6.6 Aplicações da dominância simples

Como foi adiantado em **6.4.4**, as aplicações da dominância se relacionam, na maioria dos casos, a questões de vigilância, de controle ou de supervisão. O problema clássico de dominância simples, mais comumente não orientado, é o chamado problema dos radares (ou das torres de vigia) que corresponde à localização de um certo número de pontos de vigilância que devem cobrir uma área determinada, cada ponto correspondendo a um vértice de um grafo e dois vértices sendo ligados por uma aresta se um puder ser vigiado a partir do outro. Cada dominante minimal do grafo é uma solução para o problema; o grafo pode ser valorado com custos dos vértices, a que permitirá a determinação de uma solução de menor custo, a qual pode ser ou não a de menor cardinalidade (**Fig. 6.18**):

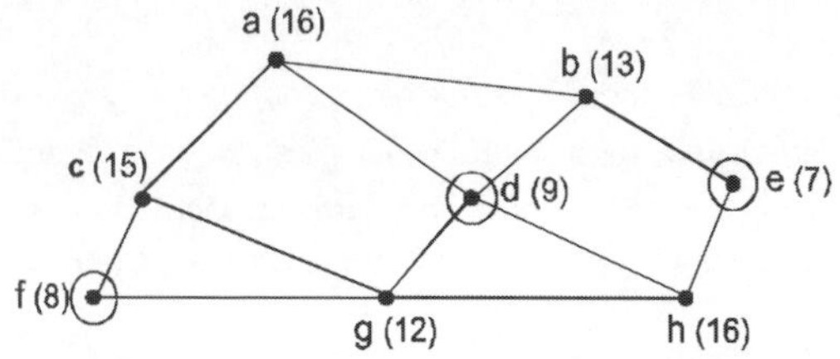

Fig. 6.18: Dominante em um grafo valorado pelos vértices

Uma aplicação deste tipo, porém modelada por um grafo orientado, pode ser encontrada em [SBB94].

O "problema das 8 damas" (de conjuntos independentes) tem sua contrapartida no "problema das 5 damas", que envolve a determinação do menor número dessas peças capaz de controlar todas as casas de um tabuleiro de xadrez. O mesmo número de damas controla até um tabuleiro de 11 x 11 casas, ver Berge [Be73]. É uma medida do poder relativo das peças o fato que seriam necessários 8 bispos, ou 12 cavalos, para obter o controle do tabuleiro (de 8 x 8 casas).

Uma aplicação no campo social, citada por Harary, Norman e Cartwright [HNC68], é a da eleição de uma comissão representativa de um colegiado. Estabelecendo–se como regra que cada membro do colegiado deva votar em um número mínimo de pessoas (p.ex., 3) e, por exemplo, que não possa votar em si mesmo. A determinação de um dominante minimal (pelo critério de absorção) permitirá a obtenção de subconjuntos de pessoas tais que todo membro do colegiado não pertencente à comissão se encontra representado nela por ao menos uma pessoa de sua escolha. As regras sugeridas são importantes, porque evitam que um dado eleitor garanta sua participação na comissão votando apenas em si mesmo.

A vantagem sobre o sufrágio universal, neste caso, está em que neste último uma comissão pode ser escolhida sem contemplar as preferências de parte dos eleitores. Em contrapartida, não se pode estabelecer previamente a cardinalidade dela, apenas garantir um valor mínimo (que será, evidentemente, $\gamma(\mathbf{G})$).

Uma aplicação prática recente está em Vianna [Vi04], onde se descreve o uso da teoria da dominação simples para dimensionar e localizar um conjunto de detetores de gás em uma plataforma de exploração de petróleo.

6.7 Núcleo de um grafo

6.7.1 Um *núcleo*, em um grafo $\mathbf{G} = (\mathbf{V},\mathbf{E})$, é um subconjunto $\mathbf{K} \in \mathbf{V}$ que seja ao mesmo tempo independente e dominante. Para grafos não orientados teremos, portanto,

$$\mathbf{K} \cap \mathbf{N}(\mathbf{K}) = \varnothing \qquad (6.118a)$$

$$\mathbf{K} \cup \mathbf{N}(\mathbf{K}) = \mathbf{V} \qquad (6.118b)$$

A definição, tal como a de dominante, pode ser estendida a grafos orientados; cabe observar que, neste caso, não se pode garantir a existência de um núcleo, enquanto em grafos não orientados todo estável maximal é um núcleo. O interesse maior está portanto no caso orientado, em particular na identificação de classes de grafos que possuam núcleo.

Aqui é importante que se considerem grafos sem laços, visto que a presença de laços não é compatível com a definição de estável tal como foi apresentada (ou, então, seria necessário modificá–la para aceitar laços). Por outro lado, todo vértice isolado pertence a todo núcleo do grafo.

6.7.2 Determinação dos núcleos de um grafo

Roy [Ro69] discute a adaptação de um algoritmo de dominância para a determinação de núcleos e apresenta, ainda, um algoritmo destinado a grafos sem circuito. Este algoritmo pode, em alguns casos, ser utilizado em outros grafos que possuam um único núcleo, mas não oferece garantias, e não se saberá, então, se o grafo possui ou não um núcleo.

Este algoritmo trabalha com a lista de adjacência (de $\mathbf{N}^+$ para o critério de absorção, de $\mathbf{N}^-$ para o de dominância). Vamos apresentá–lo apenas informalmente, utilizando duas operações denominadas *marcar* (aplicável a linhas da lista) e *barrar* (aplicável tanto a linhas como a elementos isoladamente).

Algoritmo

1. ***Marcar*** toda linha vazia da lista de adjacência.
2. ***Barrar*** toda linha que possua um índice de uma linha marcada.
3. ***Barrar*** os índices das linhas barradas sobre as não barradas.
4. ***Voltar*** a **1** enquanto existirem linhas vazias (toda linha cujos índices estiverem todos barrados é considerada vazia).

Se todas as linhas, ao final deste processo, estiverem ***marcadas*** ou ***barradas***, o grafo admite um núcleo único que corresponde aos vértices cujas linhas foram ***marcadas***. **Fim.**

Exemplo (Fig. 6.19):

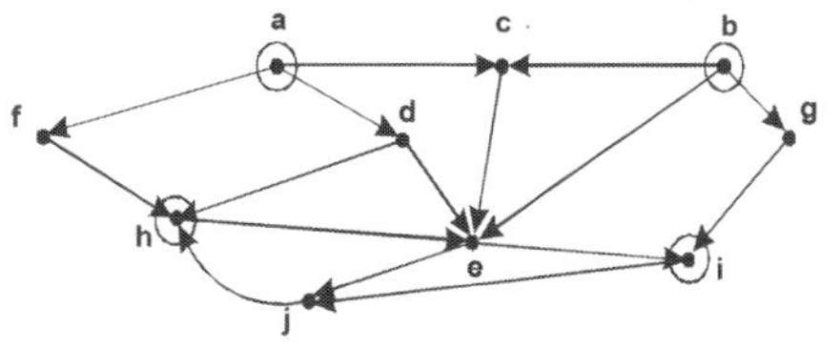

Fig. 6.19

A lista de adjacência baseada em $\mathbf{N}^-$ é a seguinte:

a	∅	**e**	**b, c, d, h**	**h**	**d, f, j**
b	∅	**f**	**a**	**i**	**g, e**
c	**a, b**	**g**	**b**	**j**	**e, i**
d	**a**				

O item **1** permite marcar **a** e **b;** como consequência, **c**, **d**, **e**, **f** e **g** são barradas de acordo com o item **2**. **A** aplicação de **3** resulta no corte dos dois índices de **i** (que se torna vazia e é marcada na volta a **1**) . Então, **j** deverá ser barrada (possui o índice i) e o índice j será barrado em **h,** tornando–a vazia e permitindo sua marcação. O núcleo é, então, {**a**, **b**, **h**, **i**}. Convém observar que o grafo possui o circuito (**e**, **j**, **h**, **e**) que, <u>neste caso</u>, não prejudica a execução do algoritmo.

Em qualquer caso se podem combinar os dois métodos de **Maghout** já discutidos para estáveis e dominantes (isto é facilitado por um teorema a ser discutido no item seguinte). As expressões booleanas correspondentes podem ser multiplicadas, atendendo a que um núcleo deve ser estável e dominante, ou então se podem comparar as listas produzidas pelos dois métodos, à procura de elementos comuns. Se o produto for usado, todo monômio que contiver produtos de uma variável por seu complemento é nulo, o que facilita a simplificação.

Enfim, um algoritmo de estáveis pode ser usado (ver adiante).

6.7.3 Resultados

Teorema 6.5: *Todo núcleo é, ao mesmo tempo, um estável maximal e um dominante minimal.*

Prova: Seja um grafo **G** = (**V**,**E**) sem laços e um núcleo **K** em **G.** Todo vértice exterior a **K** deve estar ligado a pelo menos um vértice de **K**, visto que **K** é dominante. Então não pode existir um estável **K'** ⊃ **K** e, portanto, **K** será estável maximal.

Por outro lado, nenhum **K"** ⊂ **K** poderá ser dominante, porque os vértices de **K** – **K"** teriam que ser ligados a **K"** – o que não é possível, visto que **K** é estável. Logo **K** é dominante minimal. ■

Corolário 1: Se **G** = (**V**,**E**) possui um núcleo, então

$$\alpha(\mathbf{G}) \geq \gamma(\mathbf{G}) \qquad (6.119)$$

Prova: Se **G** possuir um núcleo **K**, sua cardinalidade |**K**| verificará, por ser **K** independente,

$$|\mathbf{K}| \leq \alpha(\mathbf{G}) \qquad (6.120a)$$

e, por ser **K** dominante,

$$|\mathbf{K}| \geq \gamma(\mathbf{G}) \qquad (6.120b)$$

de onde decorre imediatamente (6.119). ■

Obs. : Esta condição não é suficiente, porque pode se verificar para grafos orientados que não possuam núcleo. Além disso, não se garante que o conjunto obtido seja um estável de cardinalidade máxima (α), ou um dominante de cardinalidade mínima (γ). Um exemplo é dado pelo grafo formado por 2 $\mathbf{K}_{1,3}$ unidos pelo vértice de maior grau (Verifique).

Corolário 2: Em um grafo **G** = (**V**,**N**) simétrico, onde ***S* *é*** o conjunto dos estáveis maximais e ***K*** o conjunto dos núcleos, se tem

$$S = K \qquad (6.121)$$

Prova: Um grafo simétrico equivale a um grafo não orientado e neste se tem, para todo estável maximal **S**,

$$\mathbf{S} \cap \mathbf{N}(\mathbf{S}) = \mathbf{V} \qquad (6.122)$$

visto que, se $\mathbf{V} - \mathbf{S} - \mathbf{N}(\mathbf{S}) \neq \varnothing$, **S** não seria maximal. Mas (6.122) é uma condição de dominância; então todo estável maximal de **G** é também dominante e é, portanto, um núcleo. Pelo **Teorema 6.5**, a minimalidade desses dominantes é garantida. ■

Obs.: Este teorema permite que se use um algoritmo de estáveis como o de **Demoucron** e **Herz** (ver **6.2.4**) para enumerar os núcleos de um grafo simétrico. Um grafo não simétrico pode ser simetrizado, testando–se em seguida os estáveis obtidos de acordo com a condição (6.122) para verificar se são de fato dominantes.

As provas dos 3 resultados que se seguem podem ser encontradas em Berge [Be73].

Teorema 6.6: *Todo grafo sem circuitos possui um núcleo único.* ■

Teorema 6.7 (Richardson): *Todo grafo sem circuitos de comprimento ímpar possui um núcleo.* ■

Obs.: Esta é, também, uma condição necessária e suficiente para que um grafo seja bipartido; logo, o teorema acima implica em que todo grafo bipartido possui um núcleo.

O resultado abaixo diz respeito a *grafos transitivos,* ou seja grafos orientados nos quais se tenha

$$\exists\,(\mathbf{i},\mathbf{j}) \wedge \exists\,(\mathbf{j},\mathbf{k}) \Rightarrow \exists\,(\mathbf{i},\mathbf{k}) \quad \forall\,\mathbf{i},\mathbf{j},\mathbf{k} \in \mathbf{V} \qquad (6.123)$$

Teorema 6.8: *Todo grafo transitivo possui um núcleo e todos os seus núcleos tem a mesma cardinalidade.* ■

Galeana–Sánchez e Li [GL98] mostram que, em grafos orientados que possam ser particionados em 3 ou menos subgrafos completos, nos quais todo triângulo corresponda a um subgrafo simétrico, existe um núcleo se uma das duas condições seguintes for satisfeita:

- todo circuito de comprimento 5 possui 3 arcos simétricos;
- todo circuito de comprimento 5 possui duas diagonais.

6.7.4 Aplicações

Uma aplicação prática de interesse se refere a *situações de jogo* – ou seja, atividades externas envolvendo oponentes inteligentes, tais como jogos propriamente ditos nos quais haja possibilidades de escolha consciente, ou situações de concorrência de qualquer natureza. Se a noção de núcleo pode ou não ser utilizada, isso dependerá da possibilidade de se definir um conjunto de situações associado ao jogo, cada jogador podendo selecionar alguma delas em uma determinada etapa. Se o conjunto de situações é **V** e se define uma relação de preferência entre pares de situações (p.ex., < ser pior que >) então teremos um grafo **G** = (**V**,**E**) onde **E** é gerado pela relação de preferência.

Nessas condições, um núcleo **K** de **G** (pelo critério de absorção) é uma *solução* do jogo para quem escolher um de seus vértices – visto que, sendo o núcleo estável, uma situação $\mathbf{v} \in \mathbf{K}$ não pode ser pior que outra situação $\mathbf{w} \in \mathbf{K}$; e, por outro lado, sendo dominante, qualquer situação $\mathbf{v} \in \mathbf{K}$ não poderá ser pior que qualquer situação $\mathbf{z} \notin \mathbf{K}$. Logo, um jogador que escolher um elemento de **K** não terá como perder a rodada.

Observe–se que a existência de um núcleo em um grafo como esse é garantida pelo **Teorema 6.8**, visto que a relação < ser pior que > é transitiva.

Uma aplicação de difícil uso, mas de interesse conceitual, é a que se refere à formulação de uma teoria (por exemplo, a geometria euclidiana). Podemos definir uma *teoria* como um conjunto **V** de proposições e construir um grafo **G** = (**V**,**E**) no qual a relação que define **E** seja < ser dedutível de >. Cabe notar que essa relação é também transitiva.

Neste modelo, determinar um núcleo de **G,** pelo critério de absorção, equivale a escolher uma *base de axiomas* da teoria, ou seja, obter um subconjunto de proposições tal que:

- toda proposição que não seja um axioma pode ser deduzida de um axioma (estabilidade externa);
- nenhum axioma pode ser deduzido de outro (estabilidade interna).

O **Teorema 6.8** não apenas garante que uma base de axiomas pode ser sempre encontrada, como também que todas as bases de axiomas de uma dada teoria possuem a mesma cardinalidade, duas questões que, ao lado do estudo da estrutura do grafo relacionado à teoria, podem ser de grande interesse na discussão conceitual associada à formulação de uma teoria qualquer. Temos aqui, portanto, uma aplicação da teoria dos grafos à metodologia de pesquisa.

Exercícios – Capítulo 6

6.1 Desenvolva a base teórica e descreva um método destinado à determinação dos estáveis maximais e do número de estabilidade de uma árvore, aproveitando as peculiaridades desse tipo de estrutura de grafo.

6.2 Investigue como ficariam o teorema de **Turán** e seus corolários se fosse incluída, em relação ao grafo extremal, a restrição de (a) conexidade; (b) 2–conexidade.

6.3 Mostre que, se um grafo não orientado possuir $\alpha > n/2$, ele não será hamiltoniano.

6.4 Lúcia, Mariana e Júlia possuem um canário, um boxer e um gato siamês, porém não necessariamente nessa ordem. Uma delas é secretária, outra é decoradora e outra engenheira.

Monte um modelo de grafo que identifique, em paralelo, as pessoas com suas profissões e seus animais de estimação, com base nas seguintes informações:

(a) Lúcia não é decoradora.
(b) Mariana não tem canário.
(c) A secretária não tem cachorro.
(d) Quando Júlia visita a secretária, nunca leva seu animal de estimação.
(e) A decoradora e a dona do boxer gostam muito de filmes franceses.
(f) A engenheira e a dona do canário visitam Júlia aos sábados.

6.5 Alberto, Carlos, Jorge e Mário moram perto uns dos outros, em uma casa, um palacete, um apartamento e um *trailer* (não necessariamente nessa ordem). Um deles cria passarinhos, outro, gatos, outro, cachorros e outro, peixes. Cada um deles fala apenas uma língua estrangeira, dentre o francês, o inglês, o alemão e o italiano.

Monte um modelo de coloração que identifique as pessoas com suas residências, seus animais de estimação e a língua estrangeira que cada uma fala, com base nas seguintes informações:

1. Alberto mora em uma casa.
2. Quando Jorge e Mário se visitam, não levam seus animais de estimação porque eles brigam.
3. O dono do apartamento não cria passarinho.
4. O dono do palacete fala francês e não tem peixes.
5. O dono do trailer não fala italiano.
6. Jorge não fala nem francês nem inglês.
7. Alberto e Jorge não têm gatos.
8. Alberto, Jorge e Carlos vão jogar pôquer no palacete aos domingos.

6.6 Depois de resolver estes dois enigmas, pense no seguinte:

Um enigma deste tipo pode estar <u>correto</u> (ter uma só solução), ou então ser <u>inconsistente</u> (se tiver mais de uma solução), ou estar <u>errado</u> (há dados conflitantes). Agora, então:

1. Eles estão corretos, ou são inconsistentes, ou estão errados ?
2. A qual característica do grafo representativo de um desses enigmas corresponde a sua exatidão ?
3. Por que se pode garantir de antemão que o número cromático do grafo representativo do problema não é menor do que *k*, onde *k* é o número de diferentes categorias de vértices ?
4. O que significaria um número cromático maior que *k* ?
5. Experimente, criando novas restrições, ou modificando as existentes.

6.7 Mostre que, em um grafo **G** com *n* vértices e *m* arestas, se tem

$$m \geq C_{n,2} - \Sigma_{\mathbf{S} \in \mathbf{S}} C_{|\mathbf{S}|,2}$$

onde **S** é o conjunto dos estáveis maximais de **G.** A qual condição deve satisfazer **S**, para que se verifique a igualdade estrita ?

6.8 Interprete o significado dos estáveis maximais e aplique os teoremas de **Berge** e de **Turán**, em relação ao grafo representativo do conjunto de números naturais de 2 a $k + 1$ ($k \in \mathbf{N}$) , munido da relação de divisibilidade.

6.9 Estude as relações de adjacência das cliques dos grafos de **Moon–Moser** $\mathbf{M_2}$ e $\mathbf{M_3}$ e procure tirar conclusões sobre o diâmetro dos ***grafos–clique*** desses grafos (o *grafo–clique* de um grafo **G** é o grafo **K(G)** no qual cada clique maximal de **G** corresponde a um vértice e onde existe uma aresta entre dois vértices quando as cliques maximais correspondentes possuem ao menos um vértice em comum).

6.10 Sendo **G** um grafo não orientado com número de clique ω(**G**), número cromático χ(**G**) e grau máximo Δ(**G**), então se tem

$$\omega(\mathbf{G}) \leq \chi(\mathbf{G}) \leq \Delta(\mathbf{G}) + 1$$

(a) Discuta o número cromático dos grafos da classe $\mathbf{C}_n$ (ciclos) quanto aos limites da expressão acima;

(b) Procure generalizar a discussão para um grafo qualquer.

6.11 Determine o número cromático do dodecaedro e apresente uma coloração mínima.

6.12 Construa um grafo com n e χ dados que tenha o maior valor possível de α.

6.13 Quantas arestas, no mínimo, deverão ser retiradas de uma clique $\mathbf{K}_n$, para que o número de estabilidade interna do grafo parcial que resulta passe de 1 a 2, ... k ? Como evoluirá o valor de χ ao longo desse processo ?

6.14 Investigue a relação entre os parâmetros de um grafo não orientado e de seu grafo adjunto, no que se refere aos conjuntos independentes e às partições cromáticas de ambos.

6.15 Discuta o uso da função ordinal de um grafo **G** sem circuito no estabelecimento das relações entre α(**G**) e χ(**G**).

6.16 Considere um grafo **G** não orientado e seus estáveis maximais. Que conclusões poderiam ser tiradas em relação à possibilidade de orientação das arestas de **G** em sentido único para transformá-lo em um grafo orientado **G**, que possua um núcleo ?

6.17 Procure estabelecer limites superior e inferior para o diâmetro δ(**G**) de um grafo **G**, em função do número de estabilidade α(**G**).

6.18 Construa um grafo orientado que satisfaça às condições de Galeana-Sánchez e Li (ver **6.7.3**) e determine, por inspeção, um núcleo nesse grafo.

6.19 Encontre uma solução para o "problema das 5 damas" com tabuleiros de 8 x 8 e de 10 x 10 casas.

6.20 (**Jurkiewicz**) Seja t um inteiro positivo. Definiremos $\mathbf{H}_t = (\mathbf{X}_t, \mathbf{U}_t)$ como o grafo orientado no qual

$\mathbf{X}_t = \{1, ..., \lfloor t/2 \rfloor\}$

e, para todo $\mathbf{v} \in \mathbf{X}_t$, existem os arcos (**v**,**2x**) se $2x \leq \lfloor t/2 \rfloor$ e (**v**,(**t – 2x**)) se $2x > \lfloor t/2 \rfloor$.

a) Construa $\mathbf{H}_{15}$;

b) Construa $\mathbf{H}_{12}$;

c) Mostre que, se t for ímpar, $\mathbf{H}_t$ é formado por circuitos e laços;

d) Mostre que, se t for par, os vértices ímpares serão fontes, e que para os vértices pares , vale $d^-(\mathbf{v}) - d^+(\mathbf{v}) = 1$.

e) Verifique se um grafo $\mathbf{H}_t$, com t par, possui ou não um núcleo.

f) Examine a estrutura dos grafos $\mathbf{H}_t$ para t primo, $7 \leq t \leq 23$.

Obs.: Neste exercício, considere que um vértice com laço ***pode*** pertencer a um estável.

6.21 Determine o número cromático da roda $\mathbf{R}_5$ e mostre que ela é unicamente colorível (a menos de isomorfismo).

6.22 Estude os diversos invariantes de dominância e irredundância no grafo correspondente ao dodecaedro.

6.23 Todo grafo simétrico possui um núcleo ou mais: o que acontecerá com ele(s), se começarmos a quebrar a simetria do grafo, retirando arcos ? Examine o problema.

Capítulo 7

Fluxos em grafos

Teorias são redes: somente aqueles que as lançam pescarão alguma coisa.

Noralis (cit. por Rubem Alves)

7.1 Introdução

7.1.1 Neste capítulo abordaremos problemas que envolvem a transferência, dentro de uma estrutura de grafo, de algum tipo de recurso quantificável e sujeito a restrições de equilíbrio; logo, de algo em relação a que se pode dizer quanto foi transferido e, em seguida, que uma quantidade transferida de um ponto para outro deixa de estar no primeiro para passar a existir no segundo. Parece óbvio que seja sempre assim, mas basta pensar na transmissão de informações para que se levantem dúvidas: uma informação é recebida pelo destinatário, mas permanece no conhecimento de quem a enviou; mesmo assim, no que concerne a ocupação da estrutura (por exemplo, com remessa de dados), faz sentido pensar nesse tipo de problema.

7.1.2 Do ponto de vista da teoria dos grafos, teremos que definir uma valoração sobre as ligações (sujeita a certas regras) a qual indicará quanto do recurso em questão está sendo transferido através de cada ligação do grafo, possivelmente com base em alguma escala de tempo, que pode ser explícita ou não. A essa valoração chamaremos um *fluxo* no grafo. É interessante observar que, ao contrário da maioria dos problemas de grafos, as soluções estão aqui associadas a valorações de um mesmo grafo e não a subestruturas dele.

7.1.3 As valorações aqui consideradas envolvem apenas números inteiros, o que não acarreta perda de generalidade em relação a valores racionais e, do ponto de vista prático, não acarreta qualquer perda de generalidade, visto não haver interesse aplicado, nem questões teóricas, que envolvam fluxos irracionais.

7.1.4 O recurso ao qual o fluxo se refere é habitualmente associado a aplicações em transportes (inclusive tráfego), comunicações ou administração. Do ponto de vista da teoria, as técnicas de fluxo podem ainda ser utilizadas em contextos abstratos. Ao se falar de transportes é habitual que se pense em veículos, unidades de massa ou de volume; tratando-se de comunicações, pode-se falar em número de ligações telefônicas, ou em *bauds* (medidas de ocupação das linhas), e não do conteúdo que é enviado. Nas aplicações a problemas administrativos pode-se lidar com fluxos financeiros, ou de documentos ("fluxo de papéis"), ou com atribuições (credenciais, nomeações, escolhas etc.): por este lado, problemas de alocação de recursos podem, em muitos casos, ser resolvidos por técnicas de fluxo.

7.1.5 Antes de iniciarmos qualquer formalização é importante delimitarmos nossa área de trabalho, por serem os problemas de fluxo uma área muito vasta e em constante elaboração, em seus aspectos mais sofisticados, sob a pressão das necessidades da prática.

De início, é conveniente ressaltar que parte das situações de tráfego urbano, especialmente as que envolvem tráfego em situações mais críticas, como passagem em túneis ou engarrafamentos – não se encaixa nas hipóteses apresentadas adiante, o que exige prudência no uso da teoria face a possibilidade do aparecimento desses casos.

Estaremos lidando aqui, apenas, com fluxos lineares independentes do tempo (estáticos, ou constantes) ou linearizáveis no tempo (dinâmicos, ou θ-fluxos, onde o fluxo varia com o tempo e se considera a possibilidade de estacionamento) Em princípio, os fluxos serão *conservativos* (não há criação, nem desaparecimento de fluxo), deixando-se de lado o caso em que os fluxos apresentam valores proporcionais (*k*-fluxo) como, por exemplo, quando se trata de transições granel-embalagem (com ganho de peso, ou de volume) ou beneficiamento (p. ex. de cereais, com perda de peso) ou, ainda, em problemas mais amplos de economia, ou de circuitos elétricos e eletrônicos. Enfim, trataremos de fluxos sem imposição de condições de vínculo entre arcos do grafo – *fluxos não condicionais*.

Por outro lado, estudaremos apenas problemas de *unifluxo*, nos quais apenas um tipo de recurso é considerado (embora possam haver citações ocasionais a problemas de *multifluxo* os quais, no entanto, são habitualmente solucionados através de modelos de programação matemática). Excluem-se, dessa forma, situações como a do fluxo de um conjunto de mercadorias em uma rede de transportes, ou do fluxo de telefonemas interurbanos (que é um multifluxo, porque as ligações têm de ser diferenciadas por pares origem-destino).

7.1.6 Em termos de objetivo do estudo, há essencialmente o caso em que se deseja obter o máximo proveito do grafo associado ao problema (maximização de fluxo) e o caso no qual, concomitantemente ou não, se deseja minimizar o custo associado.

7.1.7 As referências básicas para o capítulo são as obras de Ford e Fulkerson [FF74], Hu [Hu70], Roy [Ro69], Syslo et al [SDK83], Lovász e Plummer [LP86], Roseaux [Ros91] e Ahuja *et al* [AMO93]. Na maioria das obras, fala-se de fluxos em redes, provavelmente por influência do título da obra básica de **Ford** e **Fulkerson**, "Flows in Networks". Aqui falaremos de fluxos em grafos, por entendermos não haver diferença, de um ponto de vista intuitivo, entre grafo (esquema) e rede, o primeiro conceito tendo a vantagem de ter sido aqui formalizado. Aceitaremos, no máximo, uma relação de contexto problema-modelo, respectivamente, para rede e grafo.

7.1.8 A exemplificação dos algoritmos utilizada no capítulo envolve um volume grande de texto e figuras. Evitando desequilibrar o texto do livro, optamos por apresentar apenas as técnicas mais tradicionais e enviando o leitor, já provido da necessária base, a referências adequadas. Além das já indicadas, queremos registrar, ainda, Ahuja *et al* [AKMO97], onde se faz uma detalhada avaliação dos algoritmos de fluxo máximo disponíveis, e [JM93], coletânea de trabalhos de implementação de algoritmos.

7.2 O modelo linear de fluxo

7.2.1 Um grafo com fluxo será aqui representado por uma tripla **G** = (**V**,**E**,**f**) na qual, à notação habitual de um grafo, se acrescenta um vetor **f** de dimensão $m + 1$:

$$\mathbf{f} = (f_0, f_1, ..., f_m) \qquad (7.1)$$

Este vetor é o *fluxo* no grafo **G** e cada uma de suas componentes (*fluxos elementares*) indica o valor do fluxo em uma ligação de **G**. O grafo **G** é aqui considerado como orientado e, pelo menos, qf-conexo (ver **5.9.1**). Desta forma, **G** possuirá uma raiz **s** que, por abuso de linguagem, chamaremos aqui de *fonte* (com a única restrição $\mathbf{N}^-(\mathbf{s}) = \varnothing$) e uma antirraiz **t** que, também por abuso de linguagem, chamaremos de *sumidouro* (com a única restrição $\mathbf{N}^+(\mathbf{t}) = \varnothing$). Ver o **Capítulo 3** para as definições correspondentes, que exigem unicidade: aqui, podemos ter mais de uma fonte, ou mais de um sumidouro, embora se use um artifício para obter essa unicidade, como explicaremos logo a seguir. Feito isto, acrescentamos ao grafo um arco $\mathbf{e}_0$ = (**t**,**s**) que garantirá a f-conexidade do novo grafo, além de reservar uma componente f_0 para o registro do fluxo total no grafo. Este arco (**t**,**s**) é conhecido como *arco de retorno* (**Fig. 7.1**). Um grafo levado a esse formato (esquematizado na figura) é dito estar na *forma canônica*.

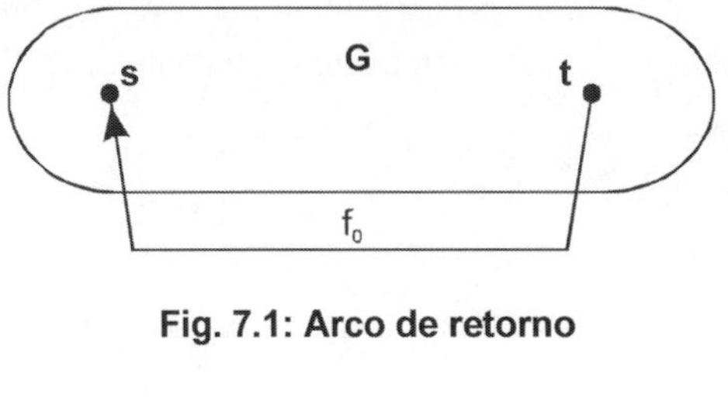

Fig. 7.1: Arco de retorno

7.2.2 Ao se identificar uma fonte **s** e um sumidouro **t**, torna-se possível pensar em percursos μ_{st} através dos quais se pode pensar em encaminhar fluxo, o que constitui um meio importante para a solução dos problemas. Eventualmente um desses percursos pode conter arcos de sentido oposto (ou seja, de **t** para **s**). A formalização a ser discutida permite tratar adequadamente desses casos.

7.2.3 Em muitos problemas é importante a consideração de *limites* [**b**,**c**] de *capacidade* para os arcos do grafo: escreveremos então, para um arco **e** = (**i**,**j**) qualquer, $b_e = b_{ij} = b(\mathbf{i},\mathbf{j})$ e $c_e = c_{ij} = c(\mathbf{i}, \mathbf{j})$, conforme seja mais interessante especificar os arcos por meio de rótulos próprios ou dos pares de vértices a eles associados:

$$b_e \leq f_e \leq c_e \qquad \forall \mathbf{e} \in \mathbf{E} \qquad (7.2a)$$

$$b_{ij} \leq f_{ij} \leq c_{ij} \qquad \forall \mathbf{i}, \mathbf{j} \in \mathbf{V} \qquad (7.2b)$$

que são as chamadas *restrições de canalização* (Roy [Ro69]). Um fluxo que obedeça a essas restrições é dito *viável.*

Por outro lado, ao considerarmos o fluxo como conversativo, teremos que indicar que a quantidade de fluxo que sai de um vértice deve ser a mesma que chegou a ele *(lei da conservação do fluxo):*

$$\sum_{e \in \omega_i^-} f_e = \sum_{e \in \omega_i^+} f_e \qquad (7.3)$$

A definição do arco de retorno permite que (7.3) seja aplicável a todo $\mathbf{i} \in \mathbf{V}$.

O problema do fluxo estático máximo consiste apenas em maximizar o valor total do fluxo (ou seja, f_0) considerando-se (7.2) e (7.3). Ele pode ser expresso como um programa linear, com auxílio da matriz de incidência do grafo **G,** (Hu [Hu70]).

7.2.4 Pode ocorrer que o problema envolva mais de uma fonte (sumidouro). Nesses casos, será necessário criar uma fonte (sumidouro) fictícia e ligá-la a todas as fontes (sumidouros) existentes por meio de arcos de saída (entrada). Os limites para esses arcos são habitualmente [0, ∞] (assim como para o arco de retorno) o que evita que se introduzam erros no modelo (**Fig. 7.2**): Este é o artifício que permite colocar o grafo na forma canônica.

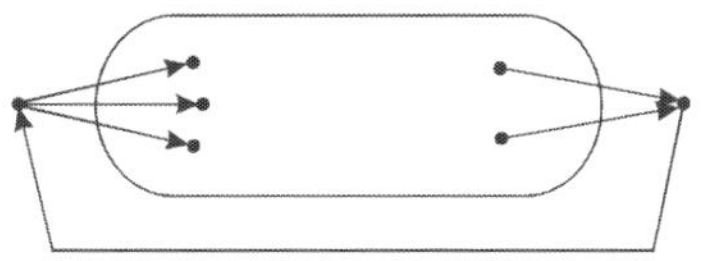

Fig. 7.2: Fontes e sumidouros múltiplos

Como está indicado na figura, o arco de retorno será sempre adjacente a fontes ou sumidouros fictícios, se eles existirem. O problema pode apresentar ligações paralelas, o que resultaria em um p-grafo ao se construir o modelo. Nessas condições, essas ligações são condensadas em uma só ou, se isso não for representativo, quebram-se todas, menos uma, por meio de vértices fictícios (**Fig. 7.3**):

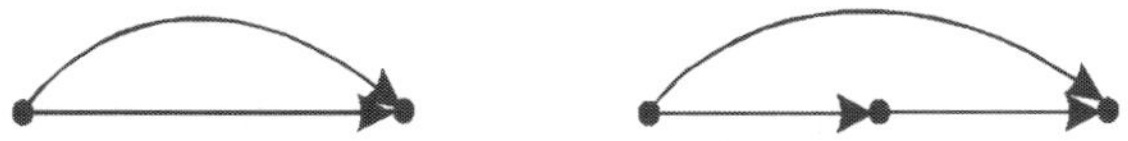

Fig. 7.3: Ligações paralelas

Finalmente, se um dado vértice $\mathbf{w} \in \mathbf{V}$ possuir apenas um arco (**v**, **w**) incidente para o interior e apenas um arco (**w**,**x**) incidente para o exterior, ele poderá ser suprimido e os dois arcos assim eliminados substituídos por um arco único (**v**, **x**), para o qual teremos $b_{vx} = \max(b_{vw}, b_{wx})$, $c_{vx} = \min(c_{vw}, c_{wx})$ e, se existirem custos γ_e associados, teremos $\gamma_{vx} = \gamma_{vw} + \gamma_{wx}$. (No entanto, por conveniência didática, servimo-nos de vértices com arcos assim associados, em alguns exemplos).

7.2.5 Ford e **Fulkerson** [FF62] definem uma notação simplificada que facilita a expressão de fluxos envolvendo conjuntos de vértices. Ela considera dois conjuntos disjuntos $\mathbf{A} \subset \mathbf{V}$ e $\mathbf{B} \subset \mathbf{V}$, chamando-se de **K** o conjunto dos índices dos arcos que possuem a extremidade inicial em **A** e a final em **B**.

Então se diz que

$$f(\mathbf{A},\mathbf{B}) = \sum_{i \in \mathbf{K}} f_i \qquad (7.4)$$

é o *fluxo total* de **A** para **B**.

Considerando-se grafos sem laços e usando-se a simplificação f(**a**, **B**) = f({**a**}, **B**) pode-se abrir mão da disjunção e escrever a lei da conservação do fluxo como

$$f(\mathbf{v}, \mathbf{V}) = f(\mathbf{V}, \mathbf{v}). \qquad (7.5)$$

7.3 O problema do fluxo máximo

7.3.1 Para a base teórica da resolução deste problema é fundamental a noção de ***corte*** (ver os **Capítulos 3** e **5** para discussões anteriores relacionadas com ela).

Def. 7.1: Seja **G** = (**V**,**E**,**f**) um grafo com fluxo e seja $\mathbf{A} \subset \mathbf{V}$ tal que $\mathbf{s} \in \mathbf{A}$ e $\mathbf{t} \notin \mathbf{A}$. Então um *corte* (**A**, **V** − **A**) em **G** é o conjunto dos arcos de **G** com início em **A** e fim em **V** − **A** (complemento de **A** em relação a **V**).

Obs.: Pela definição, um corte é um cocircuito.

Sendo **V** − **A** = $\overline{\mathbf{A}}$, pode-se designar o corte associado a **A** como (**A**, $\overline{\mathbf{A}}$).

Nota-se que todo fluxo que atravessa o grafo, indo da fonte para o sumidouro, deve atravessar todo corte. Interessa, portanto, definir limites de capacidade b(**A**, $\overline{\mathbf{A}}$).e c(**A**, $\overline{\mathbf{A}}$).para um corte (**A**, $\overline{\mathbf{A}}$).

$$b(\mathbf{A}, \overline{\mathbf{A}}) .= \sum_{i \in \mathbf{K}} b_i \qquad (7.6a)$$

$$c(\mathbf{A}, \overline{\mathbf{A}}) .= \sum_{i \in \mathbf{K}} c_i \qquad (7.6b)$$

onde **K** tem o mesmo significado que em (7.4), em relação aos conjuntos aqui envolvidos.

Da mesma forma se podem definir limites para um corte ($\overline{\mathbf{A}}$,**A**). O arco de retorno, porém, deve ser excluído, por se tratar de um artifício e não de dado do problema.

Def. 7.2: As diferenças f(**A**,$\overline{\mathbf{A}}$) − f($\overline{\mathbf{A}}$,**A**) e c(**A**,$\overline{\mathbf{A}}$) − b($\overline{\mathbf{A}}$,**A**) são chamadas, respectivamente, *fluxo líquido* e *capacidade líquida* do corte (**A**,$\overline{\mathbf{A}}$). Correspondem respectivamente, como se pode observar, ao fluxo que de fato atravessa o corte, logo, o grafo, e ao seu valor máximo.

Lema 7.1: *Em um grafo com fluxo **G** = (**V**,**E**,**f**), para todo corte (**A**, $\overline{\mathbf{A}}$) se tem*

$$f_0 \le c(\mathbf{A},\overline{\mathbf{A}}) - b(\overline{\mathbf{A}},\mathbf{A}). \qquad (7.7)$$

Prova:

$$f_0 = f(\mathbf{A},\overline{\mathbf{A}}) - f(\overline{\mathbf{A}},\mathbf{A}) \le c(\mathbf{A},\overline{\mathbf{A}}) - f(\overline{\mathbf{A}},\mathbf{A}) \le c(\mathbf{A},\overline{\mathbf{A}}) - b(\overline{\mathbf{A}},\mathbf{A}) \quad \blacksquare \quad (7.8)$$

Obs.: Neste ponto, é de se esperar que a igualdade se verifique para ***algum*** corte; é claro que este será o de capacidade líquida mínima e, por outro lado, nenhum fluxo poderá ter maior valor que aquele que verifica essa igualdade. é exatamente o que estabelece o teorema conhecido como "máximo fluxo / corte mínimo".

Teorema 7.2 (**Ford** e **Fulkerson**)*:Em todo grafo **G** = (**V**,**E**,**f**) com fluxo, o valor do fluxo máximo líquido entre a fonte **s** e o sumidouro **t** é igual à capacidade mínima líquida dentre todos os cortes de **G**.*

Prova: Podemos verificar a igualdade em (7.8) tomando

$$\begin{aligned} f(\mathbf{A}, \overline{\mathbf{A}}) &= c(\mathbf{A}, \overline{\mathbf{A}}) \\ f(\overline{\mathbf{A}},\mathbf{A}) &= b(\overline{\mathbf{A}},\mathbf{A}) \end{aligned} \qquad (7.9)$$

Resta apenas mostrar que existe um corte (**A**, $\overline{\mathbf{A}}$) satisfazendo (7.9). Para isso define-se **A**, relativamente a um fluxo **f** máximo, da seguinte forma:

(i) $\mathbf{s} \in \mathbf{A}$;

(ii) se $\mathbf{v} \in \mathbf{A}$ e $f_{vw} < c_{vw}$, então $\mathbf{w} \in \mathbf{A}$;

(iii) se $\mathbf{v} \in \mathbf{A}$ e $f_{vw} > b_{vw}$, então $\mathbf{w} \in \mathbf{A}$.

Observe-se que, aqui, os fluxos estão estritamente entre os limites.

Dessa definição se conclui que $\mathbf{t} \notin \mathbf{A}$; se isso não fosse verdade, existiria um percurso μ_{st} tal que todos os arcos de sentido $\mathbf{s} \to \mathbf{t}$ satisfariam a (ii) e todos os arcos de sentido $\mathbf{t} \to \mathbf{s}$ satisfariam a (iii). Mas nesse caso se poderia definir um valor ε_1 correspondente ao mínimo dentre todas as diferenças $c - f$ nos arcos de sentido $\mathbf{s} \to \mathbf{t}$, um valor ε_2 correspondente ao mínimo das diferenças $f - b$ nos arcos de sentido $\mathbf{t} \to \mathbf{s}$ e, finalmente, definir $\varepsilon = \min(\varepsilon_1, \varepsilon_2)$. Poder-se-ia então modificar o fluxo, fazendo-se $f' = f + \varepsilon$ nos arcos de sentido $\mathbf{s} \to \mathbf{t}$ e $f' = f - \varepsilon$ nos arcos de sentido $\mathbf{t} \to \mathbf{s}$. É fácil verificar que a lei da conservação do fluxo seria respeitada em todos os vértices e, evidentemente, os fluxos elementares seriam mantidos (embora talvez não estritamente) dentro de seus limites. Mas o novo fluxo total teria valor maior que o antigo: isto se pode concluir, porque o primeiro e o último arcos do percurso são necessariamente de sentido $\mathbf{s} \to \mathbf{t}$, logo sairiam mais ε unidades por $\mathbf{t}$, o que contraria a hipótese de que o fluxo anterior era máximo.

Então o processo de construção descrito em (i) – (iii) se interromperá em um dado corte $(\mathbf{A}, \overline{\mathbf{A}})$ e, portanto, $(\mathbf{A}, \overline{\mathbf{A}})$ e $(\overline{\mathbf{A}}, \mathbf{A})$ verificarão, para todo $\mathbf{v} \in \mathbf{A}$ e para todo $\overline{\mathbf{x}} \in \overline{\mathbf{A}}$,

$$f(\mathbf{v}, \overline{\mathbf{v}}) = c(\mathbf{v}, \overline{\mathbf{v}})$$
$$f(\overline{\mathbf{v}}, \mathbf{v}) = b(\overline{\mathbf{v}}, \mathbf{v}) \tag{7.10}$$

logo esses cortes satisfazem as igualdades em (7.9); a capacidade de $(\mathbf{A}, \overline{\mathbf{A}})$ é mínima e igual ao valor do fluxo **f**, máximo por hipótese. ■

Def. 7.3: Um *percurso de aumento de fluxo* em $\mathbf{G} = (\mathbf{V}, \mathbf{E}, \mathbf{f})$ é um percurso μ_{st} tal que para todo arco $\mathbf{e} \in \mu_{st}$ com sentido $\mathbf{s} \to \mathbf{t}$ se tenha $f_e < c_e$ e para todo arco $\mathbf{e} \in \mu_{st}$ com sentido $\mathbf{t} \to \mathbf{s}$ se tenha $f_e > b_e$.

Um corte de capacidade mínima é um "gargalo" do grafo que foi saturado com fluxo, conclusão que confere uma visão prática à ideia da passagem de fluxo por caminhos no grafo, conforme indica o **Corolário 1** abaixo:

Corolário 1: *Um fluxo **f** será máximo para G= (**V**,**E**,**f**) se e somente se não existir um percurso de aumento de fluxo em G= (**V**,**E**,**f**).*

Prova:

($\Rightarrow$) Evidente.

($\Leftarrow$) Suponhamos que não exista um percurso de aumento de fluxo em **G**. Sendo assim, a definição de **A** dada por (i) – (iii) não poderá abranger **t**. Logo, haverá um corte de capacidade igual ao valor de **f**, o qual portanto será máximo. ■

Um ponto interessante é que se pode pensar em definir cortes sobre o grafo dual direcional de **G**. **Ford** e **Fulkerson** provaram que, se as capacidades forem estritamente positivas e $b_u = 0 \ \forall \mathbf{e} \in \mathbf{E}$, então um corte mínimo é único se e somente se for o resultado das operações (i) – (iii) com os dois grafos.

Ainda cabe citar que a noção de corte tem utilidade em outras áreas, utilizando-se o teorema de **Ford** e **Fulkerson**. Lewis [Le92] desenvolve uma aplicação no campo da epidemiologia genética, reduzindo genealogias complicadas a pares de componentes menores e de análise mais simples.

7.3.2 Grafo de aumento de fluxo, ou grafo de folgas

Trata-se de um grafo auxiliar associado a $\mathbf{G} = (\mathbf{V}, \mathbf{E}, \mathbf{f})$, construído para ser usado na resolução de problemas de maximização de fluxo. O grafo, $\mathbf{G}^f = (\mathbf{V}, \mathbf{E}^f)$ é construído da seguinte forma:

Se $\mathbf{e} = (\mathbf{v}, \mathbf{w}) \in \mathbf{E}$, teremos

$$\text{(i) } \mathbf{e} = (\mathbf{v}, \mathbf{w}) \in \mathbf{E}_f, \text{ se } f_{vw} < c_{vw}$$
$$\text{(ii) } \overline{\mathbf{e}} = (\mathbf{v}, \mathbf{w}) \in \mathbf{E}_f, \text{ se } f_{vw} > b_{vw} \tag{7.11}$$

Os arcos **e** e $\overline{\mathbf{e}}$ serão valorados pelas respectivas *folgas* $\varepsilon_{vw} = c_{vw} - f_{vw}$ e $\overline{\boldsymbol{\varepsilon}}_{wv} = f_{vw} - b_{vw}$. Portanto $\mathbf{G}^f$ poderá ter dois arcos associados a um arco de **G** (no caso em que o fluxo esteja estritamente entre seus limites). Em vista disso, convém que **G** seja considerado antissimétrico, de modo a evitar que $\mathbf{G}^f$ seja um 2-grafo. A inserção de vértices fictícios permite que isso seja obtido quando necessário.

Exemplo (Fig. 7.4):

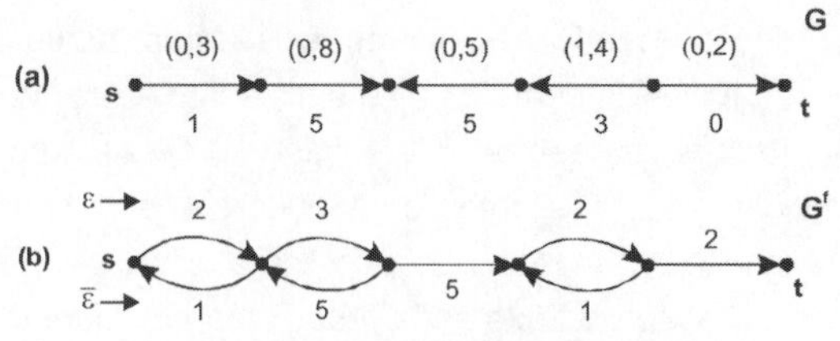

Fig. 7.4: Grafo de aumento de fluxo

Na **Fig. 7.4 (a)** está representado um percurso de aumento de fluxo destacado do grafo **G**. Os valores sob os arcos são os fluxos elementares respectivos. Na **Fig. 7.4 (b)** os arcos correspondentes às folgas ε têm os valores das folgas escritos acima deles, e os das folgas ‾, abaixo deles; pode-se então observar, nesta última figura, a presença de um caminho μ_{st} em $\mathbf{G}^f$, tendo-se então

$$\varepsilon_{st} = \min_{e \in \mu_{st}} \hat{\varepsilon}_e \qquad (7.12)$$

onde $\hat{\varepsilon}_e = \varepsilon_e$ ou $\hat{\varepsilon}_e = \bar{\varepsilon}_u$ conforme o caso. No exemplo, temos $\varepsilon_{st} = 2$. Aumentando desse valor o fluxo nos arcos de sentido **s** → **t** e diminuindo do mesmo valor o fluxo nos arcos de sentido **t** → **s** (tal como discutido na prova do **Teorema 7.2**), aumentaremos de 2 unidades o valor total do fluxo. Voltando então ao grafo **G**, teremos (**Fig. 7.5**):

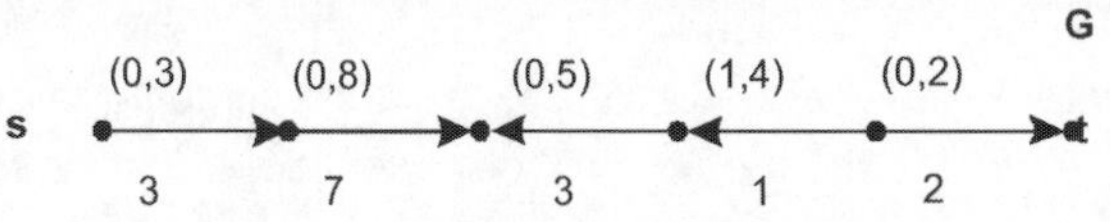

Fig. 7.5: Aumento do valor do fluxo usando uma cadeia

Pode-se observar que o primeiro e o último arcos passaram a ter fluxos iguais a seus limites superiores, o que já mostra a impossibilidade de se ir adiante sem procurar novo percurso de aumento de fluxo. Além disso, o penúltimo arco está em seu limite inferior – e, como seu sentido é inverso, não poderá ser novamente usado para equilibrar o balanço em torno de seu vértice destino porque, para isso, o valor do fluxo teria que ser diminuído. O processo, portanto, fecha um percurso de aumento de fluxo em cada iteração.

7.3.3 Algoritmos de fluxo máximo

Discutiremos aqui o algoritmo de **Ford** e **Fulkerson** baseado no grafo de aumento de fluxo, que reúne as ideias até aqui expostas. Em seguida, abordaremos o algoritmo de rotulação de **Ford** e **Fulkerson**, para completar a discussão de algoritmos com as técnicas de **Dinic**, **Malhotra et al**. (algoritmo DMKM).

Na discussão que se segue, estaremos considerando o caso em que os limites inferiores são nulos *(rede capacitada)*; isso facilita o trabalho porque se tem a solução inicial **f** = **0**, não se perdendo generalidade porque é possível obter uma solução inicial para o caso **b** ≠ **0**, o que será discutido mais adiante.

O algoritmo tem apenas interesse teórico, dada a existência de técnicas de menor complexidade. É apresentado aqui de maneira informal.

Algoritmo 7.1

1. Gerar um fluxo inicial viável (que pode ser **f** = **0**).
2. Seja $\mathbf{f}^k$ o fluxo vigente. Construir o grafo $\mathbf{G}^f$ correspondente.
3. Determinar o fecho transitivo $\mathbf{R_f}^+(\mathbf{s})$ em $\mathbf{G}^f$, excluindo da determinação o arco (**s**,**t**) (que sempre existirá em $\mathbf{G}^f$, por ser a capacidade do arco de retorno de **G** tomada como infinita).
   Se $t \notin \mathbf{R_f}^+(\mathbf{s})$, o fluxo é máximo. **Fim** (gargalo saturado).
4. Caso contrário, tomar um caminho μ^f_{st} em $\mathbf{G}^f$ e o correspondente percurso μ_{st} em **G**. Seja ε_{st} a folga de μ^f_{st};

   Se **e** ∈ μ_{st} corresponde a **e** ∈ μ^f_{st}, fazer $f^{k+1}_e = f^k_e + \varepsilon_{st}$;

   Se **e** ∈ μ_{st} corresponde a $\bar{\mathbf{e}}$ ∈ μ^f_{st}, fazer $f^{k+1}_e = f^k_e - \varepsilon_{st}$

Fazer $f_0^{k+1} = f_0^k - \varepsilon_{st}$.

5. Voltar para **2**.

Trata-se, exatamente, do processo que foi mostrado com o auxílio das **Figs. 7.4** e **7.5**. Segue-se um exemplo envolvendo todo um grafo.

Exemplo (Fig. 7.6): Consideremos um grafo **G** com uma solução inicial, conforme indicado em (a). As capacidades estão indicadas por números entre parênteses. O grafo de aumento de fluxo correspondente está em (b).

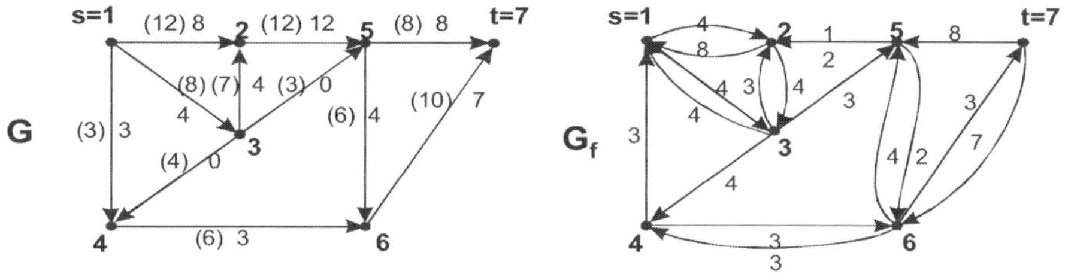

(a) **(b)**

Figs. 7.6 (a) e (b)

Em $\mathbf{G}^f$ se tem $\mathbf{t} \in \mathbf{R}_f^+(\mathbf{s})$, logo o fluxo não é máximo. Em ordem lexicográfica, o primeiro caminho de aumento de fluxo encontrado em $\mathbf{G}^f$ é (**1**,**2**,**3**,**4**,**6**,**7**), de onde se obtém ε_{st} = 3. Aplicando então a ***etapa 4*** do algoritmo ao grafo **G**, teremos (**Fig. 7.7**):

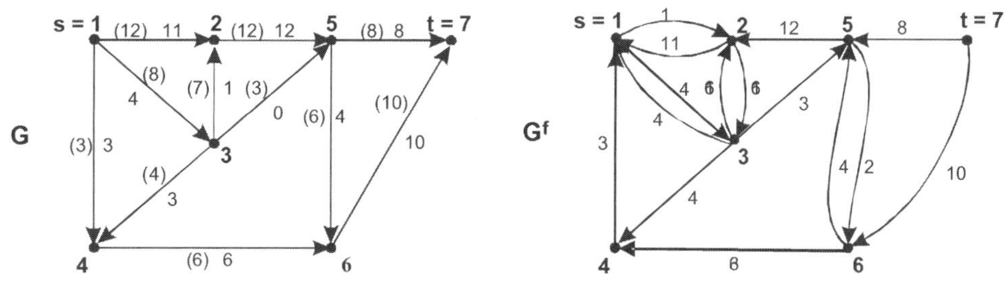

(a) **(b)**

Figs. 7.7 (a) e (b)

De (b) se tem $\mathbf{R}_f^+(\mathbf{s})$ = {**1**,**2**,**3**,**4**,**5**,**6**}, $\mathbf{t} \notin \mathbf{R}_f^+(\mathbf{s})$, logo o fluxo é máximo; temos **A** = {**1**,**2**,**3**,**4**,**5**,**6**} e $(\mathbf{A}, \overline{\mathbf{A}})$ = { (**5**,**7**),(**6**,**7**)} com capacidade 18 (igual ao fluxo máximo).

Algoritmo de rotulação de Ford e Fulkerson

Aqui se substitui a construção do grafo de aumento de fluxo por uma <u>rotulação dos vértices</u> por um par $(\pm i, \varepsilon_j)$ onde i é o índice do vértice anterior na sequência de rotulação e ε_j é a folga vigente, igual ao mínimo entre a folga anterior e a do último arco considerado (ε ou $\overline{\varepsilon}$, conforme o sentido em que o arco foi abordado).

Algoritmo 7.2

1. Marcar **s** com $(0, +\infty)$.

2. Se **i** é marcado, marcar com:

$(+i, \varepsilon_j)$ todo $\mathbf{j} \in \mathbf{N}^+(\mathbf{i})$ não marcado tal que $f_{ij} < c_{ij}$;

$(-i, \overline{\varepsilon}_j)$ todo $\mathbf{j} \in \mathbf{N}^-(\mathbf{i})$ não marcado tal que $f_{ij} > 0$.

3. Se **t** foi marcado, <u>fazer o retraçamento</u> do percurso de aumento de fluxo correspondente, <u>somar</u> a folga ε_t ao fluxo dos arcos de sentido $\mathbf{s} \rightarrow \mathbf{t}$ sobre esse percurso e <u>subtraí-la</u> do fluxo dos arcos de sentido $\mathbf{t} \rightarrow \mathbf{s}$ sobre o mesmo percurso. Voltar a **2**.

4. Se **t** não foi marcado, considerar o conjunto **A** de vértices marcados. Então o fluxo é máximo, $(\mathbf{A}, \overline{\mathbf{A}})$ é o corte de capacidade mínima e se terá $f_{ts} = c(\mathbf{A}, \overline{\mathbf{A}})$. **Fim**.

Exemplo (Figs. 7.8 (a) e (b)): O problema é semelhante ao da **Fig. 7.6**. A rotulação da solução inicial está na **Fig. 7.8 (a)**. O rótulo de **t** é (+6, 3) e o retraçamento indica o percurso (**1**,**2**,**3**,**4**,**6**,**7**), marcado com setas reforçadas. Somando a folga a (**1**,**2**), (**3**,**4**), (**4**,**6**) e (**6**,**7**) e subtraindo-a de (**3**,**2**) obteremos o resultado indicado na **Fig. 7.8 (b)**.

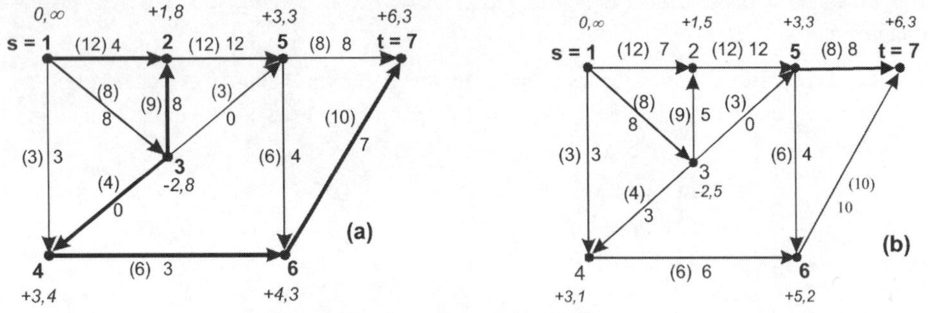

Figs. 7.8 (a) e (b)

Como **t** não foi rotulado, o fluxo é máximo; os mesmos comentários feitos após a **Fig. 7.7** são válidos aqui. A rotulação foi feita procurando-se o primeiro percurso em ordem lexicográfica, que é o mesmo já encontrado antes. As duas formas do algoritmo são equivalentes.

Obs.: O algoritmo de **Ford** e **Fulkerson**, tal como enunciado, não é polinomial. Edmonds e Karp [EK72] apresentam o exemplo abaixo, no qual M é um número arbitrariamente grande (**Fig. 7.9**):

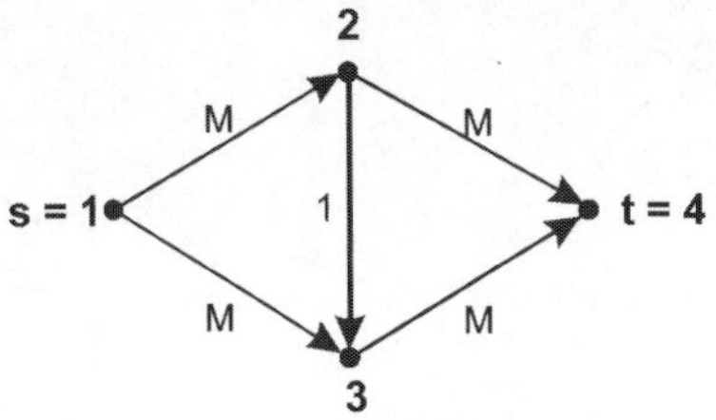

Fig. 7.9: Um contraexemplo

O critério de maior folga, desempatando pela ordem lexicográfica, fará o algoritmo oscilar entre os percursos (**1**,**2**,**3**,**4**) e (**1**,**3**,**2**,**4**), aumentando o fluxo de uma unidade a cada iteração até o valor final 2M.

Edmonds e **Karp** mostram ainda que, se o algoritmo for modificado de modo a procurar o percurso de aumento de fluxo com o menor número possível de arcos, a execução terminará no máximo em $n^3/2$ iterações e a complexidade será $O(n^5)$ (no exemplo acima, o algoritmo terminará em apenas duas iterações).

O problema é discutido, de forma bastante detalhada, por Lovász e Plummer [LP86], onde se encontra, ainda, uma tabela indicativa da complexidade dos algoritmos disponíveis até 1983. Even [Ev79] apresenta também uma discussão detalhada.

Algoritmo de Dinic

Este algoritmo é baseado nas ideias de **Edmonds** e **Karp** sobre a otimização dos percursos de aumento de fluxo, suscitadas pelo exemplo acima. Para implementá-las, trabalha-se com um subgrafo parcial de **G**, correspondente aos caminhos com número mínimo de arcos entre **s** e **t**, conhecido como *referencial* ou *grafo escalonado* (*layered network* em inglês), $\mathbf{R}^f = (\mathbf{W}, \mathbf{E}_r)$, onde $\mathbf{W} \subseteq \mathbf{V}$. A descrição aqui apresentada é baseada em Syslo *et al* [SDK83] e Roseaux [Ros91].

Seja *k* o menor número de arcos de um caminho entre **s** e **t** em **G.** Então, todos os caminhos entre **s** e **t** em $\mathbf{R}^f$ tendo o mesmo comprimento *k*, o referencial será um grafo sem circuitos (ver o **Capítulo 5**) com *k* + 1 níveis, o primeiro e o último formados respectivamente por {**s**} e {**t**} (pode-se ainda considerar a inclusão posterior de um arco de retorno).

Um referencial pode ser obtido, com uma complexidade $O(m)$, por um algoritmo proposto também por **Dinic** (Even [Ev79]):

Algoritmo 7.3: Algoritmo para obtenção de um referencial

1. $\mathbf{N}_0 \leftarrow \{\mathbf{s}\}$; $i \leftarrow 0$; < Os $\mathbf{N}_i$ são níveis (ver o **Capítulo 5**) e não conjuntos de vizinhos >

2. $\mathbf{T} \leftarrow \{\mathbf{w} \mid \mathbf{w} \notin \mathbf{N}_j,\ j \leq i, \exists(\mathbf{v},\mathbf{w}) \mid 0 \leq f_{vw} < c_{vw},\ \mathbf{v} \in \mathbf{N}_j\}$;

Se $\mathbf{T} = \varnothing$ **então fim;**

Se $\mathbf{t} \in \mathbf{T}$, $l \leftarrow i + 1$, $\mathbf{N}_l \leftarrow \{\mathbf{t}\}$ **então fim**;

3. $\mathbf{N}_{i+1} \leftarrow \mathbf{T}$; $i \leftarrow i + 1$; **ir para 2.**

Observa-se que o algoritmo lida apenas com os vértices; os arcos a incluir, em seguida, serão apenas os arcos de $\mathbf{G}^f$ entre vértices de níveis diferentes: $\mathbf{E}_r = \{\mathbf{e} \in \mathbf{E} \mid \mathbf{e} = (\mathbf{i}, \mathbf{j}),\ \mathbf{i} \in \mathbf{N}_p,\ \mathbf{j} \in \mathbf{N}_{p+1},\ p = 0, 1, \ldots, k\}$. Em $\mathbf{R}^f$ se define $c_e = \varepsilon_e$ ou $c_u = \bar{\varepsilon}_e$ (as folgas em $\mathbf{G}^f$). Há dois pontos a observar, a partir da presente discussão:

- se não existirem caminhos entre **s** e **t** em $\mathbf{G}^f$, não será possível construir um referencial e o fluxo será máximo, o que está de acordo com a discussão sobre $\mathbf{G}^f$ já apresentada;
- como todo caminho de um referencial tem um número k, mínimo, de arcos, na iteração seguinte o novo referencial será constituído de caminhos com $k + 1$ arcos. Logo, sendo o grafo finito, o algoritmo convergirá em um número finito de iterações, sendo apenas necessário que se obtenha em cada uma um *fluxo completo* (ou seja, um fluxo no qual todo caminho μ_{st} em $\mathbf{R}^f$ possua um arco saturado, com o qual o caminho se torna incapaz de receber novos aumentos de fluxo). O mesmo grafo da **Fig. 7.6**, com fluxo de menor valor, é apresentado abaixo (**Fig. 7.10(a)**). Na **Fig. 7.10(b)** está representado o grafo de aumento de fluxo correspondente.

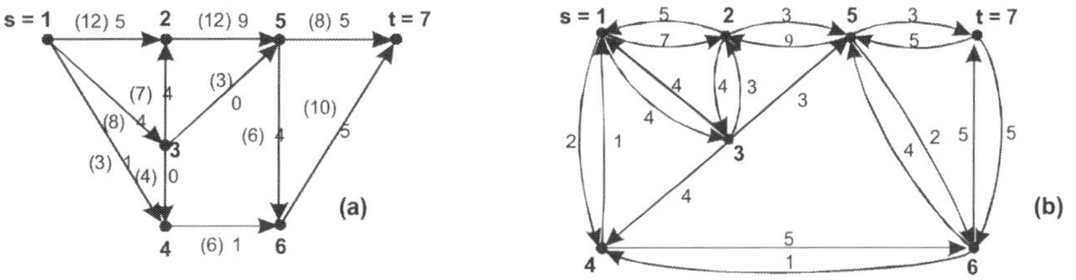

Figs. 7.10(a) e (b)

Aplicando o algoritmo, teremos

1. $\mathbf{N}_o \leftarrow \{\mathbf{1}\}$; $i \leftarrow 0$;
2. $\mathbf{T} = \{\mathbf{2},\mathbf{3},\mathbf{4}\} \neq \varnothing$; $\mathbf{t} = \mathbf{7} \notin \mathbf{T}$;
3. $\mathbf{N}_1 \leftarrow \mathbf{T}$; $i \leftarrow 1$;
2. $\mathbf{T} = \{\mathbf{5},\mathbf{6}\} \neq \varnothing$; $\mathbf{t} = \mathbf{7} \notin \mathbf{T}$;
3. $\mathbf{N}_2 \leftarrow \mathbf{T}$; $i \leftarrow 2$;
2. $\mathbf{T} = \{\mathbf{7}\} \neq \varnothing$; $\mathbf{t} = \mathbf{7} \in \mathbf{T}$ **fim.**

O referencial $\mathbf{R}^f$, que contém os arcos (**1**,**2**),(**1**,**3**),(**1**,**4**),(**2**,**5**),(**3**,**5**),(**4**,**6**),(**5**,**7**) e (**6**,**7**), está indicado na **Fig. 7.11** abaixo.

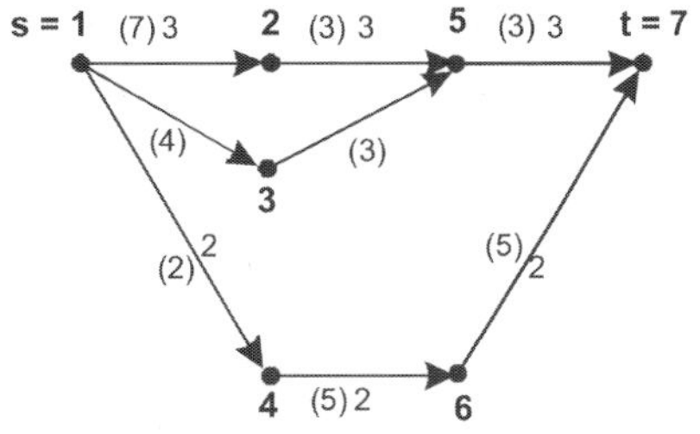

Fig. 7.11: Referencial de ordem 3

No referencial está indicado um fluxo completo obtido pela saturação dos caminhos em ordem lexicográfica. Os fluxos nulos não estão indicados. Adicionando este fluxo ao da **Fig. 7.10(a)** (lembrar que as capacidades em $\mathbf{R}^f$ são folgas em **G**), obteremos o fluxo indicado na **Fig. 7.6(a)**, cujo grafo de aumento de fluxo está na **Fig. 7.6(b)** e cujo referencial (de ordem 4) está indicado a seguir (**Fig. 7.12**) com um novo fluxo completo.

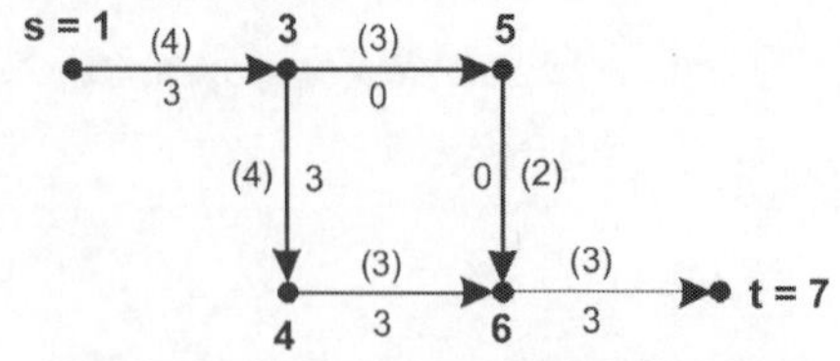

Fig. 7.12: Referencial de ordem 4

Observe-se que o vértice **2** foi excluído, por não ser parte de qualquer caminho mínimo **s** $\rightarrow$ **t** viável em **G**. Adicionando-se este novo fluxo ao da **Fig. 7.6(a)**, teremos o da **Fig. 7.7(a)**, onde o grafo de aumento de fluxo, como já visto, não possui caminho de **s** para **t**. Logo não existe um referencial de ordem 5 e o fluxo é máximo.

Nota 1: Um fluxo completo em um referencial não é necessariamente máximo para o mesmo referencial. Para exemplificar, podemos considerar o referencial mostrado na **Fig. 7.11** com as folgas dos arcos (**3**,**5**) e (**5**,**7**) aumentadas para 4 unidades: então, com os caminhos (**1**,**2**,**5**,**7**) e (**1**,**4**,**6**,**7**) obteremos um fluxo adicional de 5 unidades, enquanto com (**1**,**3**,**5**,**7**) e (**1**,**4**,**6**,**7**) teremos 6 unidades a mais. No entanto, ambos os fluxos são completos.

Nota 2: Embora se volte aqui ao grafo original para facilitar o acompanhamento dos resultados obtidos pelo algoritmo, isso não é de fato necessário: basta que se considere $\mathbf{G}^f$ simétrico (com eventuais valores nulos para alguns arcos) e que se modifique a valoração de $\mathbf{G}^f$, diminuindo de ε_{st} as capacidades dos arcos de sentido **s** $\rightarrow$ **t** do caminho considerado e aumentando do mesmo valor as capacidades dos arcos de sentido oposto. Dessa forma se pode trabalhar apenas com $\mathbf{G}^f$ (o que é também válido para o algoritmo de **Ford** e **Fulkerson** baseado em $\mathbf{G}^f$). O algoritmo de **Dinic** está expresso, abaixo, dessa forma.

Algoritmo 7.4: Algoritmo de Dinic

1. Gerar um fluxo inicial viável.
2. Seja $\mathbf{f}^k$ o fluxo vigente. Construir o grafo $\mathbf{G}^f$ correspondente.
3. Construir o referencial $\mathbf{R}^f$ de $\mathbf{G}^f$. Se $\mathbf{R}^f$ não existir, o fluxo é máximo: **fim**.
   Caso contrário, determinar um fluxo completo em $\mathbf{R}^f$.
4. Para todo arco (**i**,**j**) $\in \mathbf{E}^f$, subtrair de c_{ij} em $\mathbf{G}^f$ o valor do fluxo f_{ij} em $\mathbf{R}^f$ se o arco (**i**,**j**) tiver sentido **s** $\rightarrow$ **t** e somá-lo se o seu sentido for **t** $\leftarrow$ **s**; voltar a **3**.

A construção do exemplo completo, envolvendo todas as considerações e todos os instrumentos já descritos, é deixada como exercício.

Dinic (Even [Ev79]) apresenta um algoritmo auxiliar para a obtenção de um fluxo completo em um referencial; a partir dele, **Karzanov** e depois Malhotra, Kumar e Maheshwari [MKM78] formularam um algoritmo mais simples (que confere ao processo de obtenção de um fluxo máximo, no conjunto, uma complexidade $O(n^3)$, contra $O(n^2m)$ do algoritmo original). Esta técnica é baseada em duas noções que passamos a definir.

Def. 7.4: Um *pré-fluxo* é um conjunto de fluxos elementares viáveis, não obrigatoriamente vinculados à lei de conservação do fluxo (a noção pode ser estendida ao se falar do pré-fluxo em um vértice dado como o conjunto dos fluxos elementares nos arcos a ele adjacentes).

Def. 7.5: *Potencial de saída* t_v^+ (*de entrada* t_v^-) de um vértice **v** é a soma das folgas nos arcos exteriormente (interiormente) incidentes em **v**. *Potencial* de um vértice **v** é o número $t_v = \min(t_v^+, t_v^-)$ que é, portanto, a folga do vértice.

Se $\mathbf{N}^+(\mathbf{v}) = \emptyset$ ou $\mathbf{N}^-(\mathbf{v}) = \emptyset$, considera-se $t_v = \infty$.

Para **s** se considera apenas $\omega^+(\mathbf{s})$ e, para **t**, $\omega^-(\mathbf{t})$, o que equivale a não levar em conta um arco de retorno visto que este tem folga infinita.

O algoritmo utiliza, a cada iteração, um vértice **v** de potencial mínimo e determina a passagem de um fluxo igual a esse potencial, de **s** para **t** através de **v**. Isto será sempre possível dada a minimalidade de t_x. A iteração se completa pela eliminação de todo vértice **v** que tenha $\omega^+(\mathbf{v})$ ou $\omega^-(\mathbf{v})$ saturado (e dos arcos que formam esses conjuntos) e, em geral, pela eliminação de todo arco saturado e de todo vértice que seja excluído de $\mathbf{R}^+(\mathbf{s})$ ou de $\mathbf{R}^-(\mathbf{t})$. Isto poderá acarretar modificações nos potenciais dos vértices restantes, que deverão ser atualizados.

O subgrafo parcial restante é utilizado na iteração seguinte; como ao menos um vértice (o de potencial mínimo) é eliminado a cada iteração, o algoritmo utiliza no máximo *n* iterações.

Exemplo: consideremos o referencial da **Fig. 7.11**, sem os fluxos nele indicados. O quadro de potenciais será o seguinte (note-se que as capacidades em $\mathbf{R}^f$ são folgas):

v	1	2	3	4	5	6	7
t_v^+	13	3	3	5	3	5	∞
t_v^-	∞	7	4	2	6	5	8
t_v	13	3	3	2	3	5	8

O potencial mínimo corresponde à entrada do vértice **4**. Vamos então fazer passar pelo arco (**1**,**4**) um fluxo de 2 unidades, o qual transitará por (**4**,**6**) e (**6**,**7**) para atingir o sumidouro **t**. O vértice **4** será eliminado, visto que sua entrada se saturou, o que acarreta a eliminação de (**4**,**6**) e do vértice **6** visto que agora se tem $\mathbf{N}^-(\mathbf{6}) = \varnothing$. O referencial fica como abaixo (**Fig. 7.13**):

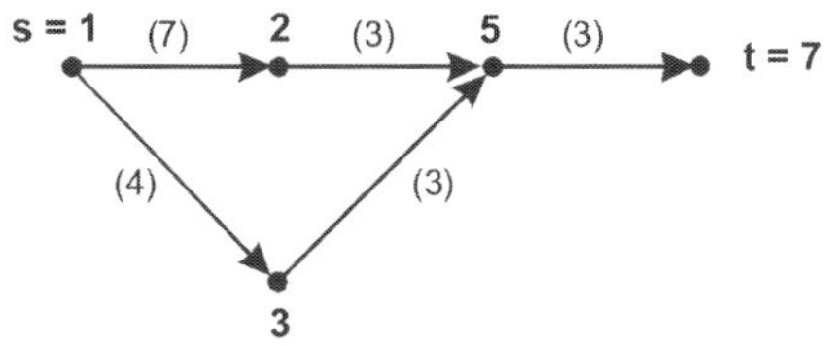

Fig. 7.13

O novo quadro de potenciais (abreviado) é o seguinte:

v	1	2	3	4	5	6	7
t_v	11	3	3	-	3	-	3

Há diversos potenciais mínimos; aqui, escolhemos desempatar pelo vértice **5** porque isso permite o aparecimento de alternativas para alocação de fluxo. Alocamos 3 unidades de fluxo a (**5**,**7**) o que exige, para reequilibrar **5**, que o conjunto {(**2**,**5**),(**3**,**5**)} receba 3 unidades; escolhemos alocá-las a (**2**,**5**), o que acarreta 3 unidades em (**1**,**2**) e se conseguiu atravessar o grafo. O vértice **5** é eliminado, o que acarreta a eliminação de **2** e de **7**. Deixa de existir um referencial de ordem 3, o que indica a obtenção de um fluxo completo; este, adicionado ao fluxo indicado na **Fig. 7.10(a)**, produz o fluxo da **Fig. 7.6(a)**, cujo referencial (de ordem 4) está na **Fig. 7.12**.

O quadro dos potenciais para este novo referencial é:

v	1	2	3	4	5	6	7
t_v	4	-	4	3	2	3	3

o que implica em um fluxo de 2 unidades na saída de **5** e, na sequência, a eliminação de **5** (observar o subgrafo parcial que resta) e os novos potenciais abaixo:

v	1	2	3	4	5	6	7
t_v	2	-	2	3	-	1	1

Um fluxo adicional de 1 unidade na saída de **6** satura (**6**,**7**); a eliminação desse arco e dos vértices **6** e **7** encerra o processo e se tem um novo fluxo completo. Adicionando este fluxo ao da **Fig. 7.6 (a)**, obtemos o da **Fig. 7.14** abaixo:

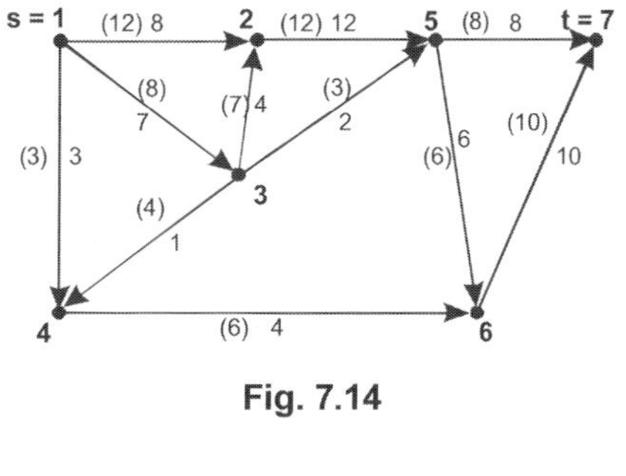

Fig. 7.14

Deixamos ao leitor a verificação da maximalidade do fluxo acima (que é diferente do apresentado na **Fig. 7.7 (a)**, obtido através do algoritmo de **Ford** e **Fulkerson**).

O algoritmo completo, conhecido como ***DMKM*** (de **Dinic**, **Malhotra** *et al*), se encontra formalizado em Syslo *et al* [SDK83]. Apresentamos aqui uma versão informal completa, baseada no material já discutido neste capítulo. No que se segue, **f** é um pré-fluxo.

Algoritmo 7.5 (Algoritmo DMKM)

1. < ***inicialização:*** grafo **G**; solução inicial >

2. procedimento $\mathbf{G}^f$; *(não detalhado no capítulo)*

3. procedimento DINIC; se $\neg\exists$ $\mathbf{R}^f$ então **fim**. *(algoritmos 7.3 e 7.4)*

4. $\mathbf{f} \leftarrow \mathbf{0}$; *(inicialização* $\mathbf{R}^f$*)*

5. Determinar os potenciais **t**;

6. Determinar o vértice **v** de potencial mínimo;

7. Aumentar de t(**v**) o fluxo através de **v**.

Reequilibrar os vértices que tiverem ficado desequilibrados.

Atualizar os potenciais dos vértices envolvidos no processo.

8. Eliminar todo $\mathbf{v} \in \mathbf{V}|$ t(**v**) = 0; eliminar $\omega(\mathbf{v})$;

Atualizar os potenciais dos vértices que tiverem arcos eliminados; repetir enquanto houver vértices **v** com t(**v**) = 0;

Se s ou **t** forem eliminados, **ir para 2**;

Senão, **ir para 5**.

7.4 ✹Temas relacionados à maximização do fluxo

7.4.1 Performance dos algoritmos para determinação do corte mínimo

Junger et al [JRT00] discutem os progressos na determinação de cortes de capacidade mínima em grafos não orientados e apresentam os principais algoritmos, comparando-os através de testes com instâncias da literatura.

7.4.2 Roteamento de fluxo através de um grafo f-conexo

Erlebach e Hagerup [EH02] mostram que se pode rotear, em tempo $O(n + m)$, um fluxo de um conjunto de vértices fonte a um conjunto de vértices sumidouro, desde que a soma das ofertas seja igual à soma das demandas. Um algoritmo é apresentado que realiza essa performance.

7.4.3 Um algoritmo de fluxo máximo com complexidade $O(nm \log(c_{max}/n))$

Sedeño-Noda e González-Martin [SG00] propõem um algoritmo para o problema do fluxo máximo de complexidade $O(nm \log(c_{max}/n))$, onde c_{max} é a maior capacidade de arco em um grafo orientado **G** = (**V**,**E**,**f**). O trabalho apresenta um resumo dos resultados obtidos com algoritmos anteriores. ✹

7.5 Fluxos em grafos com limites inferiores quaisquer

O problema da obtenção de uma solução viável aparece aqui, associado à questão mais geral de se saber se, de fato, existe algum fluxo viável em um dado grafo **G** = (**V**,**E**,**f**) com vetores limite de capacidade $\mathbf{b} \neq \mathbf{0}$ e $\mathbf{c} \geq \mathbf{b}$. Não sendo **f** = **0**, em geral, uma solução viável, é preciso que se disponha de uma técnica capaz de encontrar um fluxo viável, se este existir.

Para isso utilizaremos (Roy [Ro69]) um grafo auxiliar $\mathbf{G}^* = (\mathbf{V}^*,\mathbf{E}^*,\mathbf{f}^*)$ no qual se procuram levar os limites a zero, definindo-se

$$f^*_e = f_e - b_e \qquad \forall \mathbf{e} \in \mathbf{E} \tag{7.13}$$

Em geral não se pode garantir que o novo "fluxo" **f** satisfaça à lei da conservação; teremos que incluir nele uma correção para cada vértice,

$$\sum_{e_j \in \omega_i^-} f_j^* - \sum_{e_j \in \omega_i^+} f_j^* + \varepsilon_i = 0 \qquad \forall \mathbf{i} \in \mathbf{V} \tag{7.14}$$

onde

$$\varepsilon_i = \sum_{e_j \in \omega_i^-} b_j - \sum_{e_j \in \omega_i^+} b_j \qquad \forall \mathbf{i} \in \mathbf{V} \qquad (7.15)$$

Para satisfazermos à lei de conservação, precisaremos então de um arco auxiliar para cada vértice com ε_i não nulo, através do qual se possa:

- ***introduzir*** essa diferença de fluxo, se $\varepsilon_i > 0$ (caso em que teremos subtraído uma quantidade maior do fluxo na entrada do que na saída do vértice, logo ***faltará*** fluxo), ou
- ***retirar*** essa diferença, se $\varepsilon_i < 0$ (caso em que, ao contrário, teremos subtraído uma quantidade maior na saída do que na entrada, logo ***sobrará*** fluxo).

Estes arcos, de capacidade ε_i, que deverão ser adjacentes a uma fonte fictícia $\mathbf{s}^*$ (no primeiro caso) ou a um sumidouro fictício $\mathbf{t}^*$ (no segundo caso), são chamados *arcos terminais*. Consideraremos, no processo, um arco de retorno $(\mathbf{t}^*,\mathbf{s}^*)$.

Evidentemente um fluxo viável somente poderá existir se os arcos terminais forem saturados, visto que as diferenças ε_i terão sido satisfeitas e o novo fluxo obedecerá à lei da conservação.

O grafo $\mathbf{G}^* = (\mathbf{V}^*,\mathbf{E}^*,\mathbf{f}^*)$ será então definido como

$$\mathbf{V}^* = \mathbf{V} \cup \{\mathbf{s}, \mathbf{t}\} \qquad (7.16)$$

$$\mathbf{E}^* = \mathbf{E} \cup \mathbf{H} \cup \{(\mathbf{t}^*, \mathbf{s}^*)\} \qquad (7.17)$$

onde $\mathbf{H} = \{\mathbf{h}_i\}$, sendo os $\mathbf{h}_i$ da forma $(\mathbf{s}^*,\mathbf{i})$ ou $(\mathbf{i},\mathbf{t}^*)$ conforme o sinal de ε_i. As capacidades dos $\mathbf{h}_i$ são iguais a ε_i e as capacidades dos $\mathbf{e}_i$ (arcos originais) a $c_i - b_i$. Todos os limites inferiores são nulos.

Uma vez obtido um fluxo **f**, a solução inicial será obtida explicitando-se os f_k em (7.13):

$$f_k^* = f_k + b_k \qquad (7.18)$$

Exemplo (Fig. 7.15): No grafo abaixo, teremos

$\varepsilon_1 = 0 - (3 + 2 + 1) = -6$ $\qquad \varepsilon_2 = (2 + 1) - 3 = 0$ $\qquad \varepsilon_3 = 3 - (1 + 1) = 1$

$\varepsilon_4 = 1 - 2 = -1$ $\qquad \varepsilon_5 = (3 + 1 + 2) - 0 = 6$

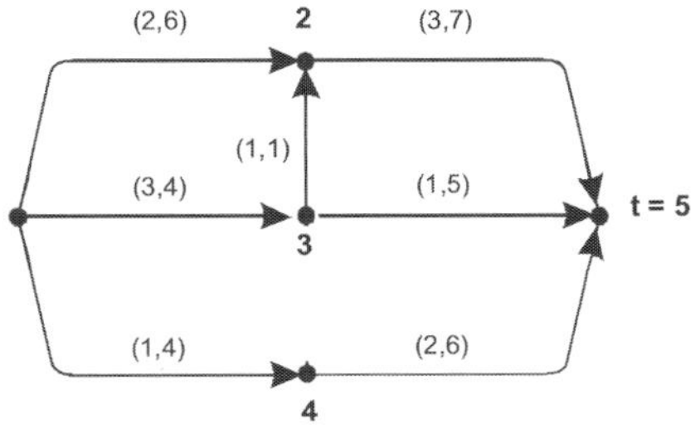

Fig. 7.15

Os vértices **1** e **4** terão arcos de saída (para $\mathbf{t}^*$) e os vértices **3** e **5**, de entrada (de $\mathbf{s}^*$). O vértice **2** permanece equilibrado, não necessitando de arco terminal.

O grafo auxiliar $\mathbf{G}^*$, para o qual se obteve um fluxo que satura os arcos terminais, está representado na **Fig. 7.16** abaixo:

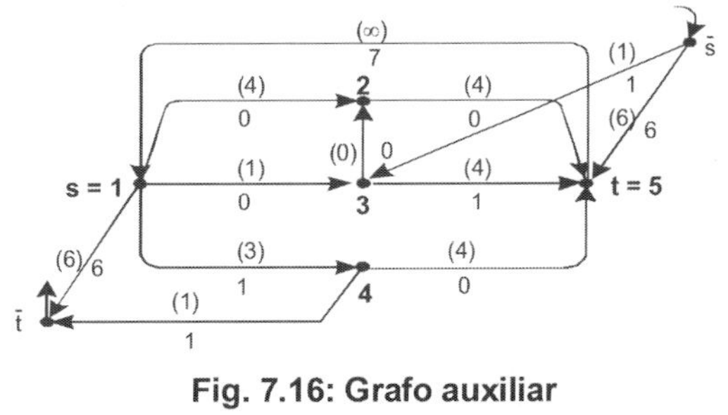

Fig. 7.16: Grafo auxiliar

Somando os respectivos limites aos fluxos obtidos nos arcos originais, teremos um fluxo viável (**Fig. 7.17**):

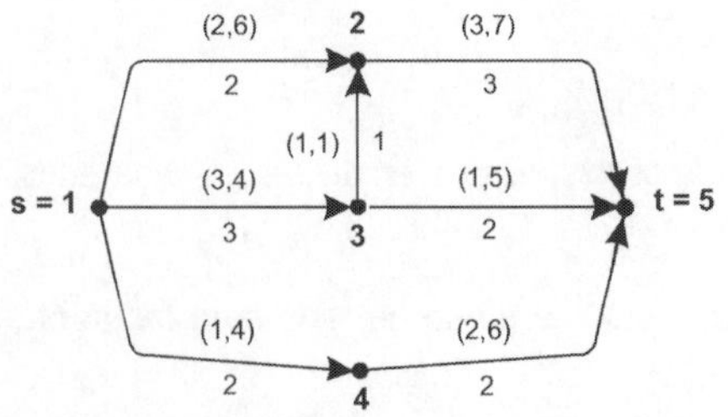

Fig. 7.17: Retomada dos valores dos fluxos

É importante observar que o total dos ε_i positivos será sempre igual ao total dos ε_i negativos, visto que o fluxo adicional introduzido terá que ser sempre igual ao que é retirado. O problema está em se saturar os arcos terminais, o que não se consegue, por exemplo, com o grafo da **Fig. 7.18** abaixo, para o qual se pode notar com facilidade que não existe uma solução viável.

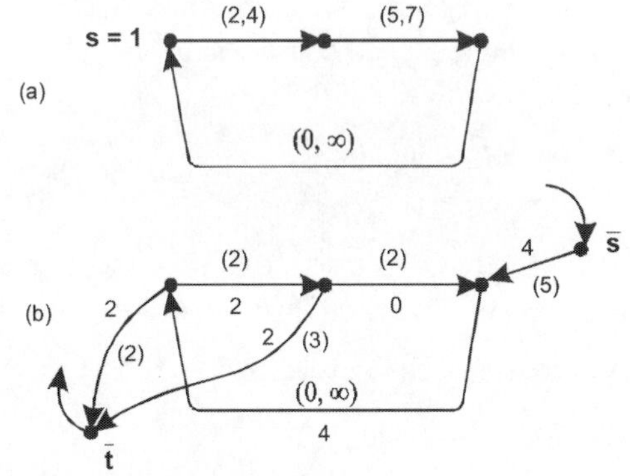

Fig. 7.18: Problema sem solução viável

7.6 O problema do fluxo de custo mínimo

7.6.1 Neste problema se utiliza o custo, sob qualquer forma racional e quantificada, como critério de otimalidade; os dados disponíveis são apenas custos unitários e se considera que eles incidam linearmente: não estaremos considerando, por exemplo, a possibilidade de abatimentos para maiores quantidades transportadas (o que pode ocorrer na prática e é de utilidade, mas tal estudo fica fora dos limites estabelecidos para este capítulo). Ao menos em princípio, não há uma relação especificada entre a quantidade transportada e a quantidade máxima possível (ou seja, o fluxo máximo). Portanto, estaremos falando de início em minimizar o custo da passagem de ***uma dada quantidade*** de fluxo através do grafo. Isto tem um sentido prático: pode-se imaginar uma situação na qual se queira trabalhar com o ***menor*** fluxo possível (por exemplo, para manter em operação uma rede deficitária sujeita a restrições contratuais). No entanto, a absoluta maioria das situações práticas acarreta o interesse em que se use ao máximo a capacidade disponível, o que nos faz pensar em minimizar o custo dentre os fluxos ***máximos*** existentes, ou então se deseja saber quanto fluxo pode ser transportado com um orçamento dado. A discussão que se segue, envolvendo algoritmos de grafos, tem este objetivo.

7.6.2 Estamos falando de um problema linear e é, portanto, interessante mostrar sua formulação no âmbito da programação linear, tal com fizemos em parte com o problema do fluxo máximo (através de suas restrições (7.2) e (7.3)). Estaremos considerando um dado valor φ de fluxo, para o qual queremos minimizar o custo de passagem no grafo. Além dos dados já discutidos no problema do fluxo máximo, a presente formulação envolverá *custos unitários* γ_k, correspondentes à passagem de uma unidade de fluxo pelo arco $\mathbf{e}_k \in \mathbf{E}$.

A formulação pode então ser expressa como

$$\min \sum_{e \in E} \gamma_e f_e \qquad (7.19a)$$

$$\text{s. a} \quad b_e \leq f_e \leq c_e \qquad (7.19b)$$

$$\sum_{e \in \omega_i^-} f_e - \sum_{e \in \omega_i^+} f_e = \delta \qquad (7.19c)$$

onde se tem $\delta = \varphi$ se **i** = **s**, $\delta = -\varphi$ se **i** = **t** e $\delta = 0$ em qualquer outro caso.

Esta formulação, que não considera o arco de retorno, apresenta a vantagem de permitir a especificação do valor δ do fluxo envolvido. Se δ tiver valor maior que o fluxo máximo admissível pelo grafo, o problema não terá solução.

7.6.3 Tal como no problema do fluxo máximo, poderemos utilizar aqui o grafo $\mathbf{G}^f$ de aumento de fluxo, incluindo agora para cada arco **e** do grafo um custo $\gamma_f(\mathbf{e})$; assim $\mathbf{G}^f = (\mathbf{X}, \mathbf{E}^f)$ será tal que

$$\text{(i) } \mathbf{e} \in \mathbf{E}^f \text{ se } f_e < c_e,\ \gamma_f(\mathbf{e}) = \gamma(\mathbf{e}),\ \varepsilon_e = c_e - f_e \qquad (7.20a)$$

$$\text{(ii) } \mathbf{e} \in \mathbf{E}^f \text{ se } f_e > b_e,\ \gamma_f(\mathbf{e}) = -\gamma(\mathbf{e}),\ \varepsilon_e = f_e - b_e \qquad (7.20b)$$

Pode-se pensar em resolver o problema partindo de uma solução inicial a partir da qual se procuraria aumentar o valor do fluxo da forma a mais econômica, até atingir o fluxo máximo − que seria, então, de custo mínimo. Esta abordagem se beneficia naturalmente dos algoritmos de caminho mínimo existentes, os quais são aplicados ao grafo de aumento de fluxo; o único cuidado está em que se devem usar algoritmos que admitam trabalhar com arcos de valor negativo, como o de **Bellmann-Ford** (ver **4.9.2**, **Algoritmo 4.2**). O algoritmo de **Dijkstra**, tal como apresentado no mesmo capítulo, não pode ser utilizado.

Um exemplo de técnica que segue essa abordagem é o algoritmo de **Roy**, **Busacker** e **Gowen** (Syslo *et al* [SDK83], Roseaux [Ros91]).

Outra possibilidade está em se partir de um fluxo máximo e procurar modificá-lo para diminuir seu custo. Um exemplo dessa técnica é dado pelo algoritmo de **Bennington** (Roseaux [Ros91]).

Enfim, uma terceira abordagem abandona o grafo de aumento de fluxo para se apoiar na teoria da programação linear. O algoritmo de **Fulkerson**, conhecido como *out-of-kilter* (Fulkerson [Fu61]), é o exemplo clássico desse tipo de técnica.

7.6.4 Os algoritmos que utilizam o grafo de aumento de fluxo se baseiam no seguinte teorema:

Teorema 7.3: *Um fluxo **f** em um grafo **G** será de custo mínimo dentre os fluxos de valor f_0 se e somente se o grafo de aumento de fluxo associado a **f** não contiver um circuito de custo negativo que exclua o arco de retorno $(\bar{\mathbf{t}}, \bar{\mathbf{s}})$ de $\mathbf{G}^f$.*

Prova: O circuito não pode conter $(\bar{\mathbf{t}}, \bar{\mathbf{s}})$ porque se o utilizarmos para modificar o fluxo este aumentará de valor, o que não queremos. Suponhamos que o fluxo vigente seja mínimo. Se, por absurdo, existir um circuito μ atendendo a essa condição e que tenha um custo negativo $\bar{\gamma}$, poderemos determinar sua folga ε_μ, somá-la ao fluxo (em **G**) dos arcos correspondentes aos de folga ε e subtraí-la do fluxo (em **G**) dos arcos correspondentes aos de folga $\bar{\varepsilon}$. O custo do novo fluxo será inferior em $\varepsilon_\mu . |\bar{\gamma}|$ ao custo original, o qual, portanto, não poderia ser mínimo. ■

Exemplo (Fig. 7.19): A figura **(a)** representa um grafo **G** no qual temos, associados aos arcos, pares (c/γ) correspondentes a capacidade/custo elementar. Na figura **(b)**, encontramos associados aos arcos, pares (ε/γ), ou seja, folga/custo elementar. Os limites inferiores são nulos. Os valores fora dos parênteses em (a) representam os fluxos elementares.

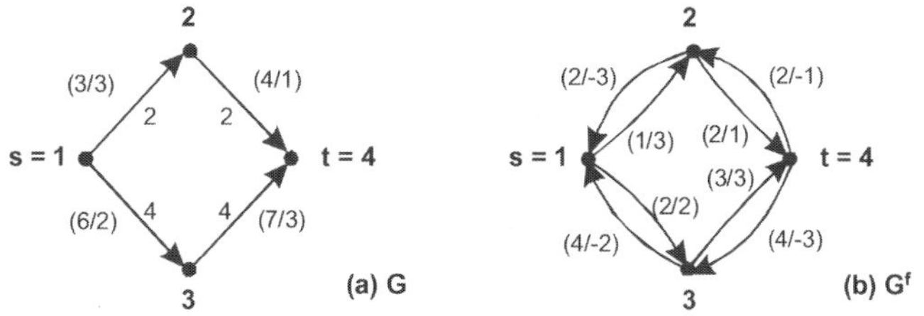

Fig. 7.19

O custo total do fluxo representado em **G** (a) é 28.

O custo do circuito (**1**,**2**,**4**,**3**,**1**) é 3 + 1 – 3 – 2 = -1. A folga ε_μ do circuito é min (1,2,4,4) = 1. Adicionando a **G** 1 unidade ao fluxo em (**1**,**2**) e (**2**,**4**) e subtraindo 1 unidade dos fluxos em (**1**,**3**) e (**3**,**4**), teremos um novo fluxo de 6 unidades (tal como o anterior) porém de custo 27. Este fluxo será de custo mínimo, pois com a saturação de (**1**,**2**) desaparece o circuito de custo negativo e o único que resta tem custo positivo.

7.6.5 Algoritmo 7.6: Algoritmo de Roy, Busacker e Gowen

Este algoritmo considera o conjunto **P** de caminhos de menor custo entre $\bar{\mathbf{s}}$ e $\bar{\mathbf{t}}$ em $\mathbf{G}^f$ e utiliza um deles para incrementar o valor do fluxo. A forma aqui apresentada visa a obtenção do fluxo máximo, embora ele possa ser também construido para um valor dado de fluxo.

Algoritmo

início < dado **G** >

    procedimento $\mathbf{G}^f$; < se **f** = **0** basta $\mathbf{G}^f \leftarrow \mathbf{G}$ >

    enquanto P $\neq \emptyset$ **fazer**

        início

            procedimento caminho μ_{st} de menor custo em $\mathbf{G}^f$;

            procedimento incremento de fluxo através de μ_{st};

            procedimento $\mathbf{G}^f$;

        fim;

fim.

Exemplo (**Fig. 7.20**): Os limites inferiores são nulos; os pares indicados são (capacidade/custo). No grafo de aumento de fluxo, o sentido do arco associado a cada par está indicado junto ao par de valores a ele relacionado.

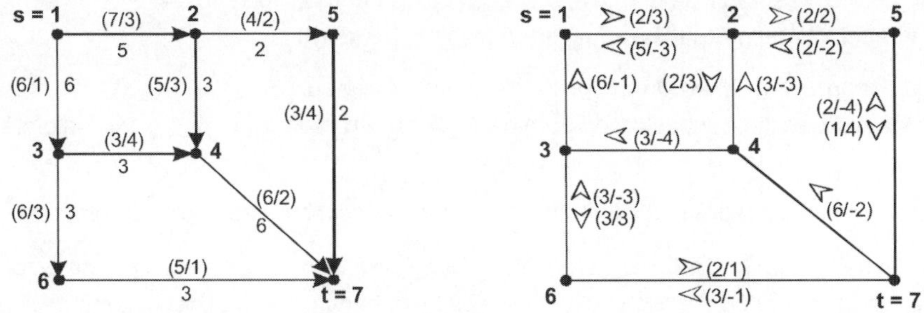

Fig. 7.20

O caminho μ_{st} de menor custo em $\mathbf{G}^f$ é (**1**,**2**,**4**,**3**,**6**,**7**), de custo 6 e folga 2. Após o incremento do fluxo através de μ_{st} e de atualização do grafo de aumento de fluxo, obtemos (**Fig. 7.21**):

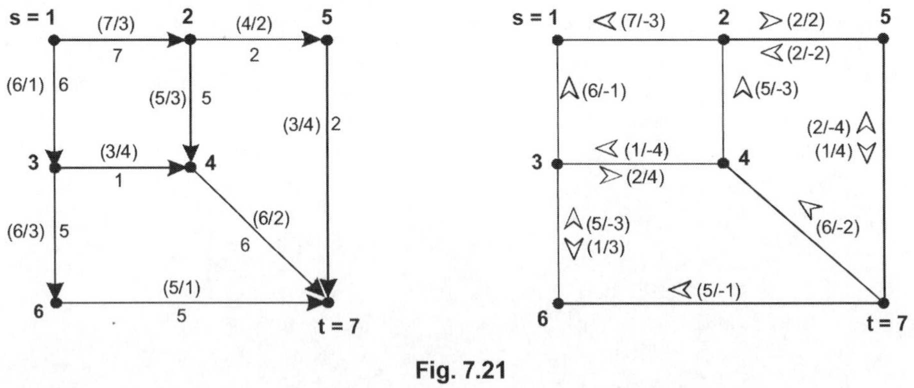

Fig. 7.21

Como se pode observar na figura, não há caminhos de **s** para **t** em $\mathbf{G}^f$, o que finaliza o algoritmo.

Obs.: Cabe notar que não se partiu de uma solução inicial dada pelo próprio algoritmo; o grafo $\mathbf{G}^f$ da **Fig. 7.20** apresenta dois circuitos de custo negativo, (**3**,**6**,**7**,**4**,**3**) e (**2**,**4**,**3**,**6**,**7**,**5**,**2**), o que indica que o fluxo vigente (de 11 unidades) não era de custo mínimo. Já o fluxo da **Fig. 7.21** (de 13 unidades) não apresenta circuitos de custo negativo em $\mathbf{G}^f$ e, portanto, é de custo mínimo.

O algoritmo não produz circuitos de custo negativo, mas também não garante a sua eliminação, se for inicializado com uma solução que os contenha: para verificar isso, basta processar a solução da **Fig. 7.20** modificada com $f_{25} = 3$, $f_{57} = 3$, $f_{24} = 2$ e $f_{47} = 5$: o circuito **(2,4,**7,**5,2)** em $\mathbf{G}^f$ tem custo (-1) e o fluxo não é máximo. Logo, ao se trabalhar com grafos com limites inferiores não nulos, ele deve ser usado desde a fase de saturação dos arcos terminais (com custos zero para estes). Somente com esta condição a declaração **procedimento** $\mathbf{G}^f$ do início será válida.

7.6.6 Algoritmo 7.7: Algoritmo de Bennington

Este algoritmo (Bennington [Ben73]) busca circuitos de custo negativo no grafo de aumento de fluxo correspondente a um fluxo máximo e os elimina através de modificações no fluxo feitas sobre os circuitos (que, como já foi discutido, não alteram o valor total do fluxo). A busca de circuitos é feita com o auxílio de arborescências parciais de raiz **t** em $\mathbf{G}^f$; pode-se mostrar (o que não faremos aqui) que **t** será sempre uma raiz de $\mathbf{G}^f$ se o fluxo for máximo e o grafo, sem o arco de retorno, for qf-conexo, hipótese já admitida antes.

Obtendo-se uma arborescência parcial **T** = (**V**,**F**) de raiz **t**, valora-se cada vértice **v** $\in$ **V** pelo custo γ_v do (único) caminho μ^T_{tv} sobre **T**. O passo seguinte é a procura de arcos externos a **T**, capazes de diminuir esses custos; se existir (**v**,**w**) $\in \mathbf{G}^f$, (**v**,**w**) $\notin$ **F**, tal que $\gamma_v + \gamma_{vw} < \gamma_w$, há duas possibilidades:

- **w** $\notin \mu^T_{tv}$: então se obtém uma nova arborescência, adicionando-se a **T** o arco (**v**,**w**) e retirando-se o arco (**x**,**w**) $\in$ **V** (onde $\{ \mathbf{x} \} = \mathbf{N}^-_T(\mathbf{w})$);
- **w** $\in \mu^T_{tv}$: então (**v**,**w**) e o subcaminho μ^T_{tv} formam um circuito μ_{vw} de custo negativo. Neste caso se utiliza a folga desse circuito para modificar o fluxo e, dessa forma, diminuir o custo total do fluxo. Feita essa operação, suprime-se então o arco (**w**,**z**) $\in$ **T** (onde $\{\mathbf{z}\} = \{\mathbf{N}^+(\mathbf{w}) \cap \mu_{vw}\}$) e substituem-se os demais arcos do circuito pelos seus simétricos no novo **G**.

Se não existir, associado a uma arborescência em uma iteração qualquer, um arco (**v**,**w**) $\in$ **F** tal que $\gamma_x + \gamma_{xy} < \gamma_y$, o fluxo vigente será de custo mínimo.

A **Fig. 7.22** indica em (a) o procedimento a adotar no primeiro caso; em (b), a identificação do segundo caso e, em (c), a nova arborescência no segundo caso.

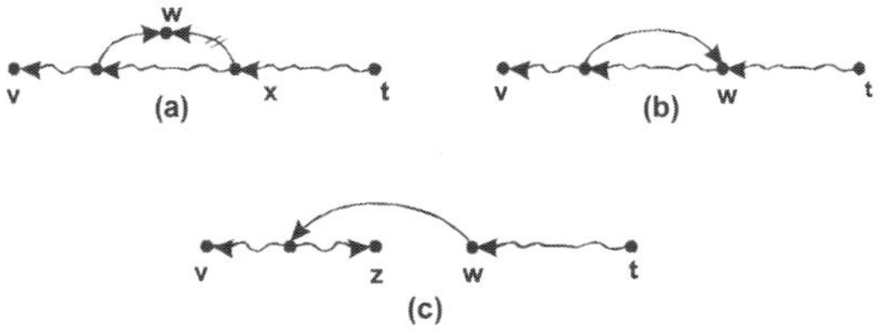

Fig. 7.22

Algoritmo

início < dados **G** >
  procedimento fluxo máximo; < aqui se gera $\mathbf{G}^f$ >
  procedimento arborescência parcial **T** = (**V**,**F**) de raiz **t**;
  procedimento custo de vértices sobre **T**;
  para todo e = (**v**,**w**) $\notin$ **F fazer**
   início
    se $\gamma_v + \gamma_{vw} < \gamma_w$ **então**
      se w $\notin \mu^T_{tv}$ **então F** $\leftarrow$ **F** − {(**x**,**w**)} $\cup$ {(**v**,**w**)}; < $\{ \mathbf{x} \} = \mathbf{N}^-_T(\mathbf{w})$ >
     senão
      início < $\exists$ circuito de custo negativo >
       procedimento saturar folga de circuito;
       procedimento gerar $\mathbf{G}^f$;
       F $\leftarrow$ **F** − {(**w**,**z**)} − $\mu_{zw} \cup \mu_{wz}$; < $\{\mathbf{z}\} = \{\mathbf{N}^+(\mathbf{w}) \cap \mu_{vw}\}$ >
      fim;
   fim;
fim.

Exemplo (**Fig. 7.23**): O grafo é o mesmo da **Fig. 7.20**, porém com um fluxo máximo:

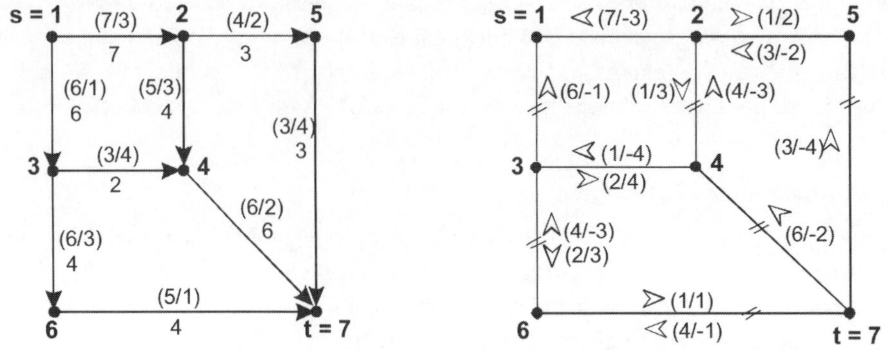

Fig. 7.23

O algoritmo foi inicializado com uma arborescência parcial **T** de raiz **t** em $\mathbf{G}^{f}$ obtida usando-se a ordem lexicográfica inversa dos vértices (um critério facilmente programável). A tabela abaixo mostra as modificações feitas na arborescência, até o momento em que se encontra um circuito de custo negativo.

Arco	Diminui de	Custo vértice	$w \in \mu^{T}_{tv}$?	Extrai arco	Inclui arco	Atualiza outros ?
(2,1)	$-5 \rightarrow -8$	**1**	não	**(3,1)**	**(2,1)**	Não
(4,3)	$-4 \rightarrow -6$	**3**	não	**(6,3)**	**(4,3)**	Não
(5,2)	$-5 \rightarrow -6$	**2**	não	**(4,2)**	**(5,2)**	1 (-9)
(2,4)	$-2 \rightarrow -3$	**4**	não	**(7,4)**	**(2,4)**	3 (-7)
(3,6)	$-1 \rightarrow -4$	**6**	não	**(7,6)**	**(3,6)**	-----
(6,7)	$0 \rightarrow -3$	**7**	não	**-----**	**-----**	-----

Examinamos até aqui, portanto, 6 dos 8 arcos disponíveis para inclusão na arborescência. O último deles produz um circuito de custo negativo. Neste momento, a arborescência estará como indicada na **Fig. 7.24** abaixo:

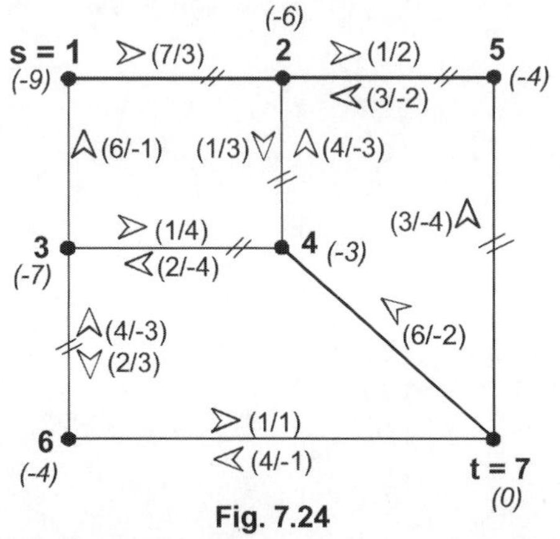

Fig. 7.24

O arco (**6**,**7**) forma um circuito de custo negativo sobre **T**; este circuito é (**7**,**5**,**2**,**4**,**3**,**6**,**7**); aliás, o seu aparecimento já havia sido prenunciado pela possível indicação de atualização do custo de **7** (que é a raiz da arborescência e tem portanto custo nulo; o caso é que, aqui, temos **w** = **t**). A folga do circuito é 1 e a modificação de fluxo produz $f_{75} = 2$, $f_{52} = 2$, $f_{24} = 5$, $f_{34} = 1$, $f_{36} = 5$, $f_{67} = 5$, custo total 90 (tal como a solução obtida pelo algoritmo anterior). Deixamos ao leitor o trabalho de modificar a arborescência (suprimindo (**7**,**5**) e usando os demais arcos no sentido inverso) para, enfim, concluir pela inexistência de novo circuito de valor negativo.

7.6.7 Algoritmo 7.8: Algoritmo "out-of-kilter"

Este algoritmo foi formulado por **Fulkerson** com base na teoria da programação linear, utilizando o teorema das folgas complementares (ver, por exemplo, Simmonard [Si66]) para estabelecer as condições de otimalidade.

Podemos escrever o modelo de minimização com indexação baseada nos vértices, considerando-se o arco de retorno:

$$\text{(P)} \qquad \min\ z = \sum_{i \in V} \sum_{j \in V} \gamma_{ij} f_{ij} \qquad (7.21a)$$

$$\text{s. a} \qquad \sum_{j \in V} f_{kj} - \sum_{j \in V} f_{jk} = 0 \qquad (7.21b)$$

$$b_{ij} \leq f_{ij} \leq c_{ij} \qquad \forall i, j \in V \qquad (7.21c)$$

Cada variável fluxo figura em duas restrições do tipo (7.21b), correspondentes aos dois vértices que são extremidades do arco associado – e em outras duas do tipo (7.21c), uma de limite superior e outra de limite inferior. Ao se passar ao dual se terá, portanto, duas variáveis irrestritas em sinal e duas não-negativas, este último par sendo afetado de um sinal positivo e outro negativo:

$$\text{(D)} \qquad \max\ u = \sum_{i \in V} \sum_{j \in V} b_{ij} y'_{ij} - c'_{ij} y''_{ij} \qquad (7.22a)$$

$$\text{s. a} \qquad y_i - y_j + y'_{ij} - y''_{ij} \leq \gamma_{ij} \qquad \forall i, j \in V;\ \forall (i, j) \in E \qquad (7.22b)$$

$$y_i,\ y_j \text{ irrestritas};\ y'_{ij}, y''_{ij} \geq 0 \qquad (7.22c)$$

Observe-se que a função objetivo não possui termos associados às restrições (7.21b), em vista dos termos independentes nulos.

De acordo com o teorema das folgas complementares, para que um par (**x**,**y**) de vetores solução de dois problemas lineares (P) $\mathbf{Ax} \leq \mathbf{b}$ e (D) $\mathbf{yA} \geq \mathbf{c}$ seja ótimo, deve-se ter, segundo a notação de Simonnard [Si66]:

$$\mathbf{y}(\mathbf{Ax} - \mathbf{b}) = \mathbf{0} \qquad (7.23a)$$

$$(\mathbf{c} - \mathbf{yA})\mathbf{x} = \mathbf{0} \qquad (7.23b)$$

onde **A** é a matriz do problema primal (no caso de um grafo, é a sua matriz de incidência), **b** é o termo independente do problema primal e **c** o vetor de custos; os termos entre parênteses correspondem aos conjuntos de folgas das restrições (daí o nome do teorema).

Passando-se à notação aqui utilizada, temos

$$y'_{ij}\ (f_{ij} - b_{ij}) = 0 \qquad (7.24a)$$

$$y''_{ij}\ (c_{ij} - f_{ij}) = 0 \qquad (7.24b)$$

$$f_{ij}(\gamma_{ij} - y_i + y_j - (y'_{ij} - y''_{ij})) = 0 \qquad (7.24c)$$

As duas primeiras equações são do tipo (7.23a) e a terceira do tipo (7.23b).

Há 3 possibilidades mutuamente exclusivas de anular o primeiro membro das equações (7.24):

a) $f_{ij} = b_{ij}$ (anula (7.24a)): logo $f_{ij} \neq c_{ij}$ e, portanto,
devemos ter $y''_{ij} = 0$ para podermos anular (7.24b);
então, por (7.24c) teremos $y'_{ij} = \gamma_{ij} - y_i + y_j$;

b) $b_{ij} < f_{ij} < c_{ij}$: para anular (7.24a) e (7.24b)
devemos ter $y'_{ij} = y''_{ij} = 0$
e daí, por (7.24c), $\gamma_{ij} - y_i + y_j = 0$;

c) $f_{ij} = c_{ij}$ (anula (7.24b)): logo $f_{ij} \neq b_{ij}$ e,
para anular (7.24a), devemos ter $y'_{ij} = 0$;
então, $y''_{ij} = -(\gamma_{ij} - y_i + y_j)$.

Se conseguirmos colocar em cada arco um fluxo compatível, poderemos então resumir a discussão acima no atendimento às expressões

$$y'_{ij} = \max(0, \bar{\gamma}_{ij}) \qquad (7.25a)$$

$$y''_{ij} = \max(0, -\bar{\gamma}_{ij}) \qquad (7.25b)$$

onde $\bar{\gamma}_{ij} = \gamma_{ij} - y_i + y_j$ é o *potencial* ou *custo reduzido* do arco.

Nessas condições, poderemos dizer que um arco está "*em condição*" ("*in kilter*") de otimalidade se verificar uma das 3 condições abaixo, mutuamente exclusivas:

$$\bar{\gamma}_{ij} > 0 \iff f_{ij} = b_{ij} \qquad (7.26a)$$

$$\bar{\gamma}_{ij} = 0 \iff b_{ij} < f_{ij} < c_{ij} \qquad (7.26b)$$

$$\bar{\gamma}_{ij} < 0 \iff f_{ij} = c_{ij} \qquad (7.26c)$$

Se todos os arcos estiverem "em condição", a solução é ótima. Caso contrário, o algoritmo é projetado para processar um arco e levá-lo a entrar "em condição".

O algoritmo *out-of-kilter* trabalha com variáveis primais e duais, não tendo portanto que se limitar a uma solução inicial primal-viável (ou seja, um fluxo compatível). Sendo assim, algumas das situações "fora de condição" podem corresponder a fluxos não compatíveis: o algoritmo é capaz de processá-las, naturalmente à custa de maior tempo de computação. Há seis situações possíveis e, para cada uma delas, é possível a definição de um indicador (*número kilter*) que se anulará quando o arco entrar em condição. A caracterização das situações é feita de acordo com as equações (7.26) e está indicada na tabela abaixo:

Caso	**Caracterização**		**Transições (7.26_)**	**N° *kilter***
1	$\bar{\gamma}_{ij} > 0$	$f_{ij} < b_{ij}$	(a)	$b_{ij} - f_{ij}$
2		$f_{ij} > b_{ij}$	(a) ou (b)	$\bar{\gamma}_{ij}\,(f_{ij} - b_{ij})$
3	$\bar{\gamma}_{ij} = 0$	$f_{ij} < b_{ij}$	(b)	$b_{ij} - f_{ij}$
4		$f_{ij} > c_{ij}$	(b)	$f_{ij} - c_{ij}$
5	$\bar{\gamma}_{ij} < 0$	$f_{ij} < c_{ij}$	(b) ou (c)	$\bar{\gamma}_{ij}\,(f_{ij} - c_{ij})$
6		$f_{ij} > c_{ij}$	(c)	$f_{ij} - c_{ij}$

Pode-se observar que apenas os casos 2 e 5 correspondem a fluxos compatíveis; alguns autores, de fato, limitam a estes os casos possíveis, ao considerarem apenas o trabalho com soluções primal-viáveis. Adotamos aqui a apresentação mais ampla dada a possível ocorrência de limites inferiores não nulos (desta forma a solução inicial **f** = **0** pode ser usada, mesmo se inviável).

Os números *kilter* são medidas de distância para as situações *in-kilter* acessíveis em cada caso; a convergência do algoritmo (com valores inteiros) está relacionada ao fato que eles nunca aumentam de uma iteração para outra e, de fato, diminuem (em intervalos finitos).

O algoritmo tem uma fase primal, na qual ele trabalhará com os valores dos fluxos elementares f_{ij} e uma fase dual na qual ele procurará modificar os valores das variáveis duais y_i ou y_{ij} (variáveis vértice ou arco).

Toda a estratégia pode ser mais bem visualizada em um diagrama fluxo-tensão (onde a *tensão* $\theta_e = \theta_{ij}$ é uma propriedade de arco). A **Fig.7.25** mostra esse diagrama.

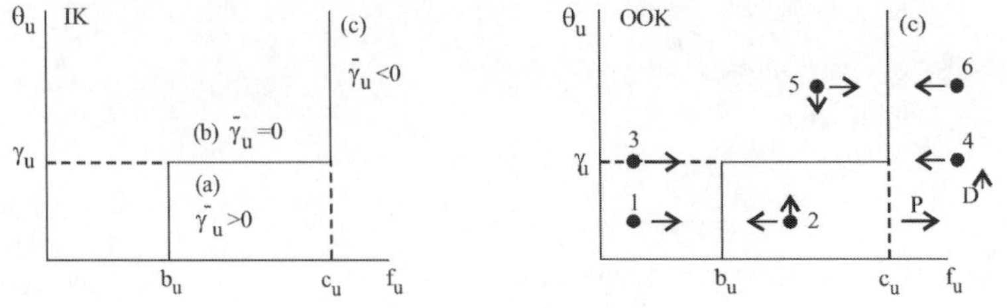

Fig. 7.25: Diagrama *kilter*

O diagrama da esquerda mostra as 3 situações *in-kilter* (IK) correspondentes às Eqs. 7.26; elas se referem aos 3 trechos da linha contínua do diagrama.

O diagrama da direita mostra as regiões que correspondem às situações *out-of-kilter* (OOK) e as trajetórias a serem utilizadas para colocar os arcos em condição. Pode-se observar que a fase primal aparece em qualquer situação; já a fase dual somente faz sentido nas situações primal-viáveis 2 e 5.

O algoritmo se inicia com um fluxo conservativo, não necessariamente viável, e com um conjunto arbitrário de variáveis duais; (por exemplo, **f** = **0** e **y** = **0** são satisfatórias).

O primeiro passo é a determinação dos números *kilter* k_{xy}. Se um arco (**v**,**w**) não está em condição, teremos $k_{vw} > 0$ e o algoritmo procurará determinar a necessidade de um aumento, ou de uma diminuição do fluxo elementar no arco, para colocá-lo em condição (fase primal). Esta mudança no fluxo é feita ao longo de um ciclo (o que, como sabemos, não afeta o valor total do fluxo, a menos que o arco de retorno participe do ciclo). É preciso, na busca de um ciclo, observar certas restrições relacionadas aos casos *out-of-kilter* de modo a que se possa garantir que nenhum arco do ciclo terá seu número "kilter" aumentado.

Se um dado ciclo não foi suficiente para colocar o arco em condição, o processo se repetirá até que isso seja conseguido ou que não exista novo ciclo disponível. Neste último caso se mudam os valores das variáveis duais (fase dual) e se volta a procurar novos ciclos que, possivelmente, tenham passado a satisfazer as restrições de entrada em condição.

Eventualmente, todos os arcos entrarão em condição ou, como alternativa, o algoritmo poderá evidenciar a inexistência de um fluxo viável.

O algoritmo otimiza ***custos*** (ver Eq. 7.2a) e, em vista disso, ele achará o menor custo para a passagem de um certo fluxo (que será, então, dado pela capacidade do arco de retorno), o qual poderá ser aumentado por meio de tentativas até que se encontre o fluxo máximo (que, então, será de custo mínimo) ou, se for usado de início o algoritmo de fluxo máximo, poder-se-á partir da solução assim obtida (caso em que se trabalhará apenas com soluções viáveis).

Algoritmo

1. (**inicialização**) Considerar **f** compatível e **y** arbitrário.

2. Determinar $\bar{\gamma}_{ij}$ e k_{ij} para todo arco (**i**,**j**) $\in$ **E**.

  se $k_{ij} = 0\ \forall$(**i**,**j**) $\in$ **E**, **fim.** (solução ótima)

3. (classificação) **Definir** conjuntos **A** e **D** de arcos cujo fluxo deve ser respectivamente aumentado ou diminuído:

  $\mathbf{A} = \{(\mathbf{i},\mathbf{j}) \mid (\bar{\gamma}_{ij} \geq 0,\ f_{ij} < b_{ij})$ e/ou $(\bar{\gamma}_{ij} \leq 0,\ f_{ij} < c_{ij})\}$

  $\mathbf{D} = \{(\mathbf{i},\mathbf{j}) \mid (\bar{\gamma}_{ij} \geq 0,\ f_{ij} > b_{ij})$ e/ou $(\bar{\gamma}_{ij} \leq 0,\ f_{ij} > c_{ij})\}$

  Se (**i**,**j**) $\in$ **A**, **então**

  $\varphi_{ij} \leftarrow b_{ij} - f_{ij}\ (>0)$ se $\bar{\gamma}_{ij} \geq 0$

  $\varphi_{ij} \leftarrow f_{ij} - c_{ij}\ (>0)$ se $\bar{\gamma}_{ij} < 0$

  Se (**i**,**j**) $\in$ **D**, **então**

  $\varphi_{ij} \leftarrow b_{ij} - f_{ij}\ (<0)$ se $\bar{\gamma}_{ij} \geq 0$

  $\varphi_{ij} \leftarrow c_{ij} - f_{ij}\ (<0)$ se $\bar{\gamma}_{ij} \leq 0$

  Selecionar (**v**,**w**) | $k_{xy} > 0$ e **fazer**:

  Se (**v**,**w**) $\in$ **A**, **i** $\leftarrow$ **w**, **j** $\leftarrow$ **v**;

  Se (**v**,**w**) $\in$ **D**, **i** $\leftarrow$ **v**, **j** $\leftarrow$ **w**;

4. (fase primal) **Rotular i** com $(-,\infty)$;

  Se (**k**,**l**) $\in$ **E**: **k** recebe rótulo (h,α_k), **l** receberá rótulo (k,α_1), onde $\alpha_1 \leftarrow \min(\alpha_k, |\varphi_{kl}|)$;

  < observar que $\alpha_1 = \infty$ >

  Se (**k**,**l**) $\in$ **D**: **l** recebe rótulo (h,α_l), **k** receberá rótulo (k,α_k), onde $\alpha_k \leftarrow \min(\alpha_l, |\varphi_{kl}|)$;

  < mesma observação >

  Ao final:

  Se j foi rotulado, fazer $\alpha_\mu \leftarrow \min(\alpha_j, |\varphi_{xy}|)$.

 Modificar o valor do fluxo no ciclo μ: $f_e \leftarrow f_e + \varphi_e \quad \forall \mathbf{e} \in \mu$.

  $\alpha_l = \min(\alpha_k, \varphi_{kl})$;

  Se o arco entrou em condição, **voltar a 2**.

  Caso contrário, zerar os rótulos e **voltar a 3**.

  Se j não foi rotulado, **ir para 5**.

5. (fase dual) Sejam **Y** o conjunto dos vértices rotulados na última iteração e $\overline{\mathbf{Y}} = \mathbf{X} - \mathbf{Y}$.

Determinar:

$S_1 = \{(i,j) \mid i \in Y, j \in \overline{Y}, \overline{\gamma}_{ij} > 0, f_{ij} \le c_{ij}\}$;

$S_2 = \{(i,j) \mid i \in \overline{Y}, j \in Y, \overline{\gamma}_{ij} < 0, f_{ij} \le b_{ij}\}$;

Determinar

$$\overline{\gamma} = \min_{(i,j)\in S_1 \cup S_2} \{ |\overline{\gamma}_j|, \infty\}$$

Se $\overline{\gamma} = \infty$, **fim**. (não há solução viável).

Se $\overline{\gamma} < \infty$, **fazer** $y'_i = y'_i + \overline{\gamma}$ para todo $i \in Y$.

Voltar para 3.

Comentários:

Ao se procurar um ciclo, um arco (**k,l**) $\in$ **A** somente pode ser tomado no sentido **k** $\rightarrow$ **l**, enquanto um arco de **D** somente pode ser tomado no sentido **l** $\rightarrow$ **k**, como se pode observar pela rotulação dos vértices **k** e **l** na etapa **4**.

Os casos de **A** são os casos *in-kilter* (7.26b) e *out-of-kilter* 1, 3 e 5.

Os casos de **D** são os casos *in-kilter* (7.26b) e *out-of-kilter* 2, 4 e 6.

Evidentemente, como o caso (7.26b), no contexto do algoritmo, implica em que o fluxo está estritamente entre os limites, ele tanto pode ser aumentado como diminuído. Por outro lado, os casos (7.26a) e (7.26c) são inflexíveis na fase primal, por estarem relacionados a igualdades estritas.

Exemplo: o exemplo que se segue utiliza um fluxo máximo como solução de partida; esse fluxo é inviável, o que permite que se demonstre a capacidade do algoritmo lidar com soluções primal-inviáveis (evidentemente, uma tal situação não se encontra na prática visto que um fluxo máximo terá, em princípio, sido obtido pelo algoritmo apropriado: a maior vantagem em se lidar com soluções inviáveis está nos problemas com limites inferiores).

Na **Fig. 7.26** abaixo, estão indicados apenas os limites de capacidade (pares de números) e os fluxos (expressos pelos números isolados). Os custos estão indicados no texto, para não comprometer a clareza da figura com um excesso de números:

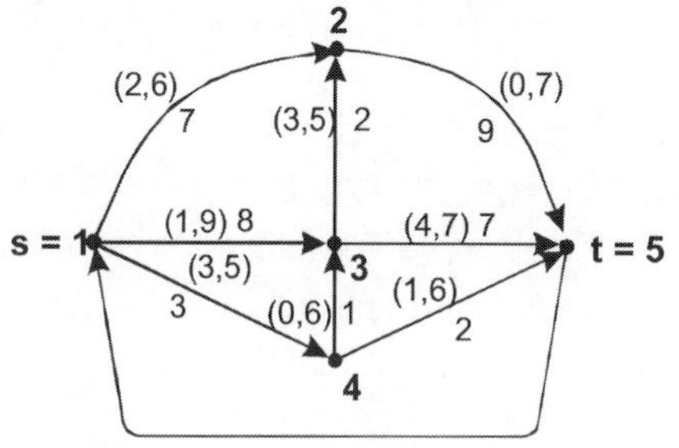

Fig. 7.26

Os custos correspondentes aos arcos, em ordem lexicográfica, são $\gamma = (2,2,3,5,1,2,2,3,0)$. Adotamos como conjunto inicial de variáveis duais, $\mathbf{y} = (9,6,2,1,0)$ e, com γ e $\mathbf{y}$, calculamos os custos reduzidos $\overline{\gamma} = (-1,-5,-5,-4,5,0,3,2,9)$. A situação inicial está resumida no quadro abaixo, onde foram incluídas constantes do problema, para facilitar o acompanhamento:

Arco	$\overline{\gamma}_{ij}$	k_{ij}	b_{ij}	f_{ij}	c_{ij}	D/A	φ_{ij}	Caso OOK	Caso IK
(1,2)	-1	1	2	7	6	**D**	1	6	-
(1,3)	-5	5	1	8	9	**A**	1	5	-
(1,4)	-5	10	3	3	5	**A**	2	5	-
(2,5)	-4	2	0	9	7	**D**	2	6	-
(3,2)	5	1	3	2	5	**A**	1	1	-
(3,5)	0	0	4	7	7	**D**	3	-	b
(4,3)	3	3	0	1	6	**D**	1	2	-
(4,5)	2	4	1	2	6	**D**	1	2	-
(5,1)	9	0	18	18	18	-	-	-	a

(1) Arco escolhido: **(1,2)** $\in$ **D**, logo **i** $\leftarrow$ **1**; **j** $\leftarrow$ **2**;

Rótulos: **1** (-,∞); **3** (1,1); **2** (3,1) (j rotulado, ∃ ciclo)

Folga final: $\alpha = \min(1,1) = 1$.

Diminui f_{12} de 7 para 6.

Aumentam f_{13} de 8 para 9 e f_{32} de 2 para 3.

Os 3 arcos do circuito entraram em condição:

Arco	$\bar{\gamma}_{ij}$	k_{ij}	b_{ij}	f_{ij}	c_{ij}	D/A	φ_{ij}	Caso OOK	Caso IK
(1,2)	-1	0	2	6	6	-	-	-	c
(1,3)	-5	0	1	9	9	-	-	-	c
(1,4)	-5	10	3	3	5	A	2	5	-
(2,5)	-4	2	0	9	7	D	2	6	-
(3,2)	5	0	3	3	5	-	-	-	a
(3,5)	0	0	4	7	7	D	3	-	b
(4,3)	3	3	0	1	6	D	1	2	-
(4,5)	2	4	1	2	6	D	1	2	-
(5,1)	9	0	18	18	18	-	-	-	a

(2) Arco escolhido: (**1**,**4**) $\in$ **A**, logo **i** $\leftarrow$ **4**; **j** $\leftarrow$ **1**;

Rótulo: **4** (-,∞). Como (**4**,**3**) e (**4**,**5**) $\in$ **D**, eles somente poderiam ser utilizados no sentido oposto. Não existe ciclo viável.

Fase dual: $\mathbf{S}_1 = \{(\mathbf{4},\mathbf{3}),(\mathbf{4},\mathbf{5})\}$; $\mathbf{S}_2 = \varnothing$;

$\bar{\gamma} = \min(3,2,\infty) = 2$; $\mathbf{y}_4 = 1 + 2 = 3$,

logo $\bar{\gamma}_{14} = -3$, $\bar{\gamma}_{43} = 1$, $\bar{\gamma}_{45} = 0$.

Não houve qualquer outra alteração no quadro; (**1**,**4**) continua fora de condição, pelo que voltamos a examiná-lo:

(3) Arco escolhido: (**1**,**4**) $\in$ **A**, logo **i** $\leftarrow$ **4**, **j** $\leftarrow$ **1**;

Rótulos: **4**(-,∞); **5**(4,4); **2**(5,2); **1**(2,2) (j rotulado, $\exists$ ciclo), **3**(5,3)

Folga final: $\alpha = \min(2,2) = 2$.

Diminuem: f_{25} de 9 para 7 e f_{12} de 6 para 4.

Aumentam: f_{14} de 3 para 5 e f_{45} de 2 para 4.

Arco	$\bar{\gamma}_{ij}$	k_{ij}	b_{ij}	f_{ij}	c_{ij}	D/A	φ_{ij}	Caso OOK	Caso IK
(1,2)	-1	0	2	6	6	-	-	-	c
(1,3)	-5	0	1	9	9	-	-	-	c
(1,4)	-3	0	3	3	5	-	-	-	c
(2,5)	-4	0	0	9	7	-	-	-	c
(3,2)	5	0	3	3	5	-	-	-	a
(3,5)	0	0	4	7	7	D	3	-	b
(4,3)	1	1	0	1	6	D	1	2	-
(4,5)	0	0	1	2	6	D/A	-	-	b
(5,1)	9	0	18	18	18	-	-	-	a

Resta apenas um arco fora de condição, que é (**4**,**3**) $\in$ **D**, onde **i** $\leftarrow$ **4** e j $\leftarrow$ **3**.

Rótulos: **4**(-,∞); **5**(4,1); **3**(5,1) (j rotulado, $\exists$ ciclo)

Folga final: $\alpha = \min(1,1) = 1$

Diminuem f_{43} de 1 para 0 e f_{35} de 7 para 6.

Aumenta f_{45} de 4 para 5.

Observamos que (**4**,**3**), o último arco *out-of-kilter*, entrou em condição, com seu fluxo no limite inferior, caso (a). A solução é, portanto, ótima.

7.6.8 Não discutiremos aqui questões relacionadas à complexidade dos algoritmos discutidos. Em relação aos dois primeiros, fica evidente o seu vínculo com as rotinas auxiliares utilizadas, o que facilita bastante a análise. Já no que diz respeito ao algoritmo *out-of-kilter*, remetemos o leitor à discussão detalhada de Lawler [La76]. Discussões correlacionadas podem ser encontradas em Minieka [Mi78], Syslo *et al* [SDK83] e Derigs [De88]. ●

7.6.9 Um algoritmo polinomial de cancelamento de ciclos para um fluxo de custo mínimo

Sokkalingam, Ahuja, e Orlin [SAO00] apresentam um algoritmo com a mesma estratégia do de Bennington, porém de maior eficiência e mostram ainda que um tal algoritmo tem diversas capacidades adicionais em relação a problemas relacionados ao do fluxo de custo mínimo.

7.6.10 Algoritmos duais para fluxo de custo mínimo

Vygen [Vy02] apresenta um algoritmo dual para o problema do fluxo de mínimo custo, com a mesma complexidade do mais eficiente algoritmo conhecido, de autoria de Orlin, O(mlog *m*(*m* + nlog *n*)). O novo algoritmo, ao contrário do anterior, trabalha diretamente sobre a rede de fluxo ao invés de exigir um grafo auxiliar.

7.6.11 Goldberg e os algoritmos de fluxo

Goldberg [Go97] tem seu nome associado a diversos trabalhos envolvendo algoritmos de fluxo, a partir de 1987, com sua tese de doutorado dedicada a um algoritmo de fluxo máximo. O trabalho que referenciamos é dedicado a um algoritmo de fluxo de custo mínimo.

7.7 Fluxo dinâmico ou θ-fluxo

7.7.1 Introdução

As discussões sobre fluxo apresentadas até o momento se referiam a descrições *estáticas* – ou seja, os fluxos se apresentavam como fotografias de situações que, obviamente, não são imutáveis no tempo. Se é possível esperar uma certa regularidade dos transportes sujeitos a horários, como linhas de ônibus interurbanos ou de transporte aéreo, fica evidente que mesmo nestes casos o fluxo estará sujeito a diversas influências externas relacionadas ao próprio uso da rede de transportes e, ainda, da infraestrutura a ela associada (estacionamentos, aeroportos etc.). No caso das telecomunicações, os problemas podem ser ainda mais complicados.

Para melhor fixar ideias, basta pensar no dia-a-dia de uma cidade de porte médio, ou na partida para um fim de semana em direção a uma região turística (como a Região dos Lagos no Rio de Janeiro, ou a Baixada Santista em São Paulo). Em ambos os casos se registram variações sensíveis nos fluxos ao longo do dia, além do uso das áreas de estacionamento disponíveis ao longo do caminho, para repouso, refeições etc.. Este último tipo de recurso não pode ser levado em conta, evidentemente, nos modelos estáticos.

Enfim, outro tipo de aplicação se refere a problemas de estocagem de bens ou mercadorias.

Em vista da excessiva extensão que assume qualquer discussão referente aos algoritmos para fluxos dinâmicos, a apresentação que se segue é limitada a algumas questões de modelagem e a uma introdução aos algoritmos mais conhecidos. Maiores detalhes podem ser encontrados em Roy [Ro69] e Minieka [Mi78], além das referências específicas dadas adiante.

7.7.2 θ-fluxo com estacionamento

Este é o modelo habitual em problemas de tráfego, especialmente o interurbano. Para esclarecer melhor o que ocorre, seguimos a apresentação de Berge [Be73], que dá ao problema o título de problema da batalha do Marne e utiliza um grafo auxiliar para a construção do modelo.

A **Fig. 7.27** abaixo mostra um grafo (no qual indicamos o sumidouro por τ, para evitar a confusão com o tempo t), valorado pela duração, em horas, da passagem em seus arcos. Podemos considerá-lo, por exemplo, como o problema do controle por uma polícia rodoviária, da rede de rodovias que leva a uma cidade turística, durante o dia de partida para um feriado prolongado.

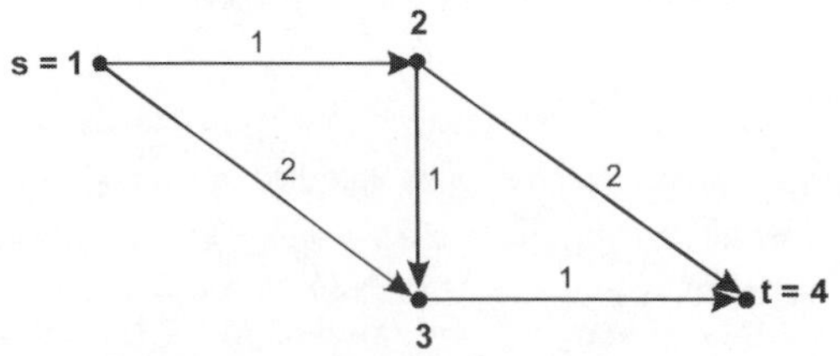

Fig. 7.27

A **Fig. 7.28** mostra o grafo auxiliar correspondente, no qual o tempo foi discretizado em intervalos unitários, cada coluna de vértices correspondendo a um instante dado. Os arcos horizontais (ao longo das linhas) correspondem, então, a períodos unitários de estacionamento.

As transições de um ponto a outro levam em conta a duração da passagem no arco: por exemplo, a transição de **2** para **4** consome **2** unidades de tempo, portanto haverá um arco entre os vértices **2**(t) e **4**(t+2). Utilizam-se fonte e sumidouro fictícios $\overline{\mathbf{s}}$ e $\overline{\tau}$ para colocar o grafo na forma canônica.

Não há, em princípio, limites inferiores diferentes de zero.

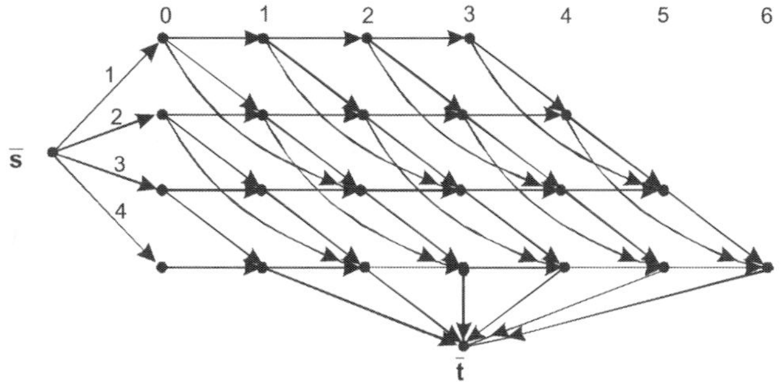

Fig. 7.28

A valoração é a seguinte:

Arcos (**k**(t),**k**(t +1)): capacidades c_k , estacionamento;

Arcos (**k**(t),**l**(t + t_{kl})): capacidades c_{kl} , relativas aos trechos;

Arcos ($\overline{\mathbf{s}}$,**k**(0)): capacidades s_k , número de veículos em *k* no tempo zero do modelo;

Arcos ($\tau(k), \overline{\tau}$): capacidades infinitas.

O problema pode ser resolvido sobre o grafo auxiliar, através dos algoritmos já discutidos neste capítulo, ou se pode utilizar o grafo original, mediante o uso de uma programação mais complicada. De fato, alguns dos algoritmos específicos fazem uso deste grafo; isto depende do algoritmo, do tamanho do problema e do número de intervalos de tempo que sejam considerados. Uma discussão mais aprofundada será apresentada adiante.

7.7.3 Problema do entreposto

Este problema envolve, em um caso típico, um entreposto no qual se pode estocar uma dada mercadoria até que ela seja vendida. Uma situação semelhante pode ser encontrada no mercado financeiro, ao se considerarem aplicações e desaplicações em um certo investimento (p. ex., fundo de ações, caderneta etc.). Trata-se de um modelo de previsão de estratégia com base nos dados disponíveis. Por ser de unifluxo, o modelo se limita a um único tipo de recurso. A **Fig. 7.29** mostra a estrutura do modelo:

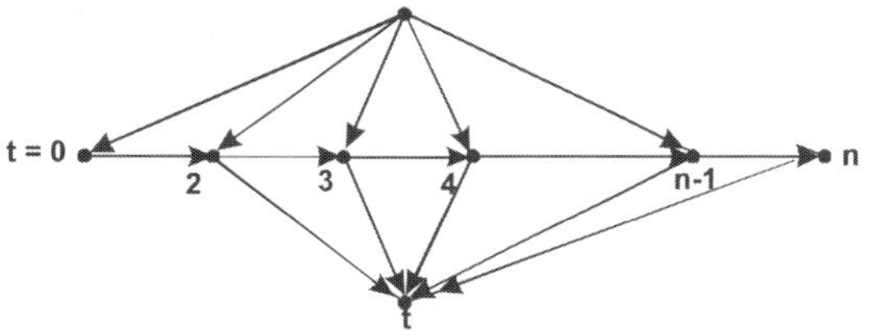

Fig. 7.29

Os dados do problema são os seguintes:

- intervalo de tempo considerado, discretizado em períodos não necessariamente iguais;
- limites superiores c_i para as quantidades compradas (capacidades dos arcos (**s**,**i**)) e custos unitários γ_i correspondentes (i = 1,..., *n*);
- capacidades de estoque (arcos (**i**,**i+1**)) e custos unitários σ_i correspondentes (i = 1,..., *n* − 1);
- quantidades q_i mínimas previstas para venda (limites inferiores dos arcos (**i**,**t**) (que terão limites superiores infinitos) e preços ($-p_i$) de venda correspondentes (i = 1,..., *n*);

Considera-se o entreposto vazio no final do período. Um fluxo de custo mínimo corresponde a uma solução ótima para o total movimentado visto que, com os dados apresentados, minimizará os custos e maximizará os lucros.

7.7.4 Algoritmos

Diversos algoritmos podem ser encontrados na literatura, a começar por Ford e Fulkerson [FF58]; em seguida, Wilkinson [Wi69], Minieka [Mi73], Minieka [Mi74] e Halpern [Ha79]. Iemini [Ie94] mostra a influência das ideias de **Ford** e **Fulkerson** sobre os algoritmos posteriormente formulados.

O algoritmo de **Ford** e **Fulkerson** para θ-fluxos é uma extensão do caso estático, utilizando rotulações e percursos de aumento de fluxo em T períodos de tempo. Não garante, porém, que o fluxo obtido até uma certa etapa seja máximo; Gale [Ga59] sugeriu um aperfeiçoamento que permitisse a obtenção do que chamou *fluxo máximo universal* – ou seja, um fluxo tal que para todo tempo $t < T$ a quantidade já enviada seja máxima. **Wilkinson** e **Minieka** implementaram essa modificação em seus algoritmos.

Minieka apresentou um segundo algoritmo que permite a aplicação a grafos com arcos temporários, ou seja, grafos que podem ser modificados durante o período estudado (permitindo, por exemplo, o estudo do efeito de trocas de sentido de tráfego, ou da abertura e do fechamento de passagens). Esta ideia foi ampliada por **Halpern** em seu algoritmo, que considera a capacidade de cada arco como podendo ser função do tempo.

Nestes dois últimos algoritmos, o uso da rede expandida no tempo (**Fig. 7.28**) pode ser conveniente, se o número de arcos sujeitos a alteração for grande; se isso ocorrer, é claro que a resolução computacional se tornará mais demorada.

Não havendo problemas de troca de arcos ou de capacidades, o algoritmo de **Wilkinson** pode ser considerado o de mais simples aplicação.

7.8 Algumas aplicações

7.8.1 Discutiremos aqui aplicações não relacionadas a temas apresentados em capítulos anteriores; estes serão colocados na medida em que isso se tornar necessário.

A atribuição de fluxo a uma estrutura de grafo, após eventuais modificações necessárias para colocá-la na forma canônica, pode resolver diversos problemas relacionados a caminhos e ao inter-relacionamento de elementos do grafo. Assim podem ser resolvidos problemas de acoplamento (objeto do **Capítulo 8**, a seguir) e, mais genericamente, problemas como o da obtenção de sistemas de representantes distintos (SRD).

7.8.2 Dados um conjunto **V** e uma família $\mathbf{W} = \{\mathbf{w}_k\}$ de partes de **V**, um *SRD* é um conjunto $\mathbf{R} = \{i_1, ..., i_q\}$, onde $i_k \in \mathbf{V}$ ($k = 1,...,q$), é tal que $i_k \in \mathbf{w}_k \in \mathbf{W}$ para todo k. O problema da existência ou não de um SRD aparece quando **W** recobre **V** (logo, quando a união dos $\mathbf{w}_k$ é igual a **V**). Um teorema devido a **Hall** estabelece que uma família de q partes de um conjunto **V** possui um SRD se e somente se toda subfamília de k partes ($1 \le k \le q$) contém ao menos k elementos distintos de **V**.

Exemplo: a escolha de representantes de associações de classe ou comunitárias, de modo a assegurar o equilíbrio das tendências políticas. Neste caso, teremos uma população **V** de ativistas, cujos membros pertencem a um conjunto **S** de associações, cada pessoa sendo ainda filiada a um determinado partido político. O conjunto de associações forma um recobrimento de **V** (porque uma pessoa pode pertencer a mais de uma associação), enquanto o conjunto **P** de partidos forma uma partição de **V** (porque uma pessoa não pode ser filiada a mais de um partido).

Ao se escolher um SRD de associações, procura-se que o conjunto **R** de representantes verifique

$$b_j \le |\mathbf{R} \cap \mathbf{P}_j| \le c_j \quad (j = 1,..., q) \tag{7.27}$$

para as q associações, sendo $\mathbf{P}_j \subset \mathbf{P}$ o conjunto de representantes filiados ao partido j.

O grafo correspondente, indicando as filiações a associações e partidos, é o seguinte (**Fig. 7.30**):

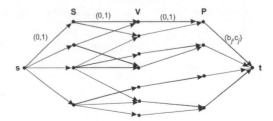

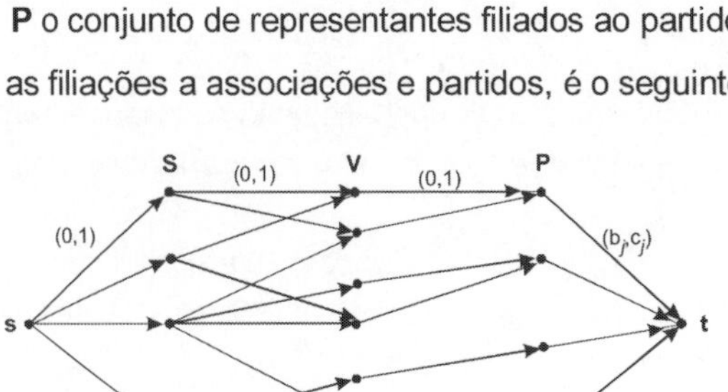

Fig. 7.30 : Modelo para SRD

A resposta será dada pelos valores unitários dos fluxos elementares atribuídos aos arcos (σ,**v**) (onde $\sigma \in$ **S** e **v** $\in$**V**) e (**v**,**p**) (onde **p** $\in$ **P**).

7.8.3 Um problema interessante, relacionado a estruturas de grafos, é o apresentado por Roy [Ro69], relativo à determinação de um grafo parcial **G'** = (**V**,**E'**) de um grafo **G** = (**V**,**E**), tal que $d^+_{G'}(i) = d'_i$ e $d^-_{G'}(i) = d''_i$. Pode-se mostrar que **G'** existirá se e somente se

$$\sum_{i \in V} d'_i = \sum_{i \in V} d''_i \tag{7.28a}$$

$$\forall S \in V: \quad \sum_{i \in V} \min(d''_i, |N(i) \cap S|) \geq \sum_{i \in S} d'_i \tag{7.28b}$$

Se **G** for completo simétrico e sem laços, se tem

$$\forall S \in V: \sum_{i \in S} \min(d''_i, |S|-1) + \sum_{i \in S} \min(d''_i, |S|) \geq \sum_{i \in S} d'_i \tag{7.28c}$$

O grafo auxiliar ao qual se aplica o fluxo é o grafo bipartido **H** = (**V** $\cup$ **V'**,**E"**) associado a **G**, no qual se tem

$$(v,w) \in E \Leftrightarrow (v,w) \in E'' \mid v \in V, w \in V' \tag{7.29}$$

O grafo **H** é levado à forma canônica pela adição de uma fonte **s**, de um sumidouro **t** e de um arco de retorno, na forma habitual; os arcos terão capacidade 1.

Se os números d'_i e d''_i satisfizerem às condições (7.28), a todo **G'** verificando as condições de semigrau corresponderá um fluxo viável no qual os arcos de **E'** serão assinalados por fluxos elementares unitários.

7.8.4 O leque de aplicações de fluxo a problemas de alocação e de estrutura é notavelmente amplo: preferimos referenciar o leitor a Gondran e Minoux [GM85] e Roseaux [Ros91], que apresentam uma extensa série de exemplos. Neste texto, apresentaremos algumas aplicações sob forma de exercícios (tal como se faz na referência acima), deixando de lado, no entanto, as questões teóricas relacionadas a essas aplicações.

Exercícios – Capítulo 7

7.1 A demanda de transporte de arroz no Rio Grande do Sul, após a colheita (em milhares de toneladas/dia), é de 15 a partir da região de Pelotas (Pe), 18 a partir de Santa Maria (SM) e 12 a partir de São Borja (SB). Em Porto Alegre (PA) e em Caxias do Sul (Cx) há duas estações de beneficiamento que podem processar até 30.000 e 20.000 ton/dia respectivamente.

O arroz é adquirido por: Florianópolis (Flo), 4.000 ton/dia; Curitiba (Cur), 7.000; São Paulo (SP), 19.000 e Rio de Janeiro (Rio), 15.000. Considera-se que o beneficiamento não acarreta perdas. O transporte pode ser feito, nos diversos itinerários, até os seguintes limites (em 1.000 ton/dia):

De	Para	Até	De	Para	Até	De	Para	Até
Pe	PA	15	Pe	Cx	5	SM	PA	10
SM	Cx	5	SB	PA	10	SB	Cx	3
PA	Flo	3	PA	Cur	5	PA	SP	10
PA	Rio	10	Cx	Flo	3	Cx	Cur	8
Cx	SP	7	Cx	Rio	7	PA	Cx	10

Ache o fluxo máximo e procure verificar onde haveria oportunidades para ingresso de novos caminhoneiros no transporte de arroz.

7.2 No **Exercício 7.1**, se a colheita de Pelotas aumentar para 20.000 ton/dia e a demanda do Rio de Janeiro subir para 20.000 ton/dia, o que deverá ser ampliado no sistema ?

7.3 No chamado *problema do entreposto*, se tem um estoque de mercadoria, com entradas e saídas em tempos discretos. Para cada tempo i (i = 0,..., $n - 1$), se tem uma quantidade máxima de compra a_i a um custo unitário α_i. Para o intervalo (i,i + 1), se tem uma quantidade máxima de estocagem s_i e um custo de estocagem σ_i. Em cada período, se prevê uma quantidade para venda q_i a um preço estimado de venda p_i (i = 1, ..., n). O entreposto deve estar vazio no tempo $n + 1$.

Considere os seguintes valores:

$n = 6$;

$\mathbf{a} = (a_i) = (500, 350, 400, 500, 600, 200)$;

$\alpha = (\alpha_i) = (13, 16, 14, 12, 15, 17)$;

$\mathbf{s} = (s_i) = (550, 300, 350, 550, 550, 300)$;

$\sigma = (\sigma_i) = (2, 2, 2, 3, 3, 2)$;

$\mathbf{q} = (q_i) = (370, 120, 400, 450, 550, 600)$;

$\mathbf{p} = (p_i) = (19, 20, 19, 18, 20, 20)$.

Monte um modelo de fluxo e aplique um algoritmo que permita a maximização do lucro total com a operação.

7.4 A conectividade κ(**G**) de um grafo **G** = (**V**,**E**) (ver o **Capítulo 3**) pode ser determinada através de um algoritmo de fluxo máximo, selecionando-se um vértice **s** como fonte e outro **t** como sumidouro e construindo-se um grafo auxiliar **G'** = (**V'**,**E'**) orientado cujos arcos tenham o sentido de **s** para **t** e no qual cada vértice de **V** corresponda a um par de vértices unido por um arco; as capacidades desses arcos devem ser iguais a 1 e as demais infinitas. Ao se aplicar o algoritmo, o valor do fluxo máximo será a cardinalidade do SCAM de **G** correspondente ao corte de capacidade mínima obtido em **G'**. A conectividade será o menor valor obtido por esse processo, dentre os pares **s**,**t** de vértices não adjacentes. Experimente a técnica com o grafo da **Fig. 3.19**.

7.5 O chamado *problema de alocação linear* corresponde, por exemplo, à escolha de n pessoas a serem contratadas para executar n serviços, levando-se em conta que a pessoa i cobra um preço c_{ij} para executar o serviço j, de tal modo que o custo total seja mínimo. Ele pode ser resolvido considerando-se o grafo bipartido **G** = (**P** $\cup$ **S**, **E**), onde **P** = {pessoas}, **S** = {serviços} e onde o arco ($\mathbf{p_i,s_j}$) tem custo c_{ij} e capacidade 1. Adiciona-se então uma fonte fictícia **s** ligada aos vértices de **P** e um sumidouro fictício **t** ligado aos vértices de **S**, todos os novos arcos tendo custo zero e capacidade 1. Um fluxo máximo de custo mínimo fornecerá, então, uma alocação de custo mínimo e o seu valor respectivo. Experimente, usando os dados a seguir.

	1	*2*	*3*	*4*	*5*
1	18	11	7	9	13
2	7	4	9	15	14
3	6	12	13	17	18
4	13	10	12	14	17
5	12	9	9	14	14

7.6 No grafo abaixo, os pares indicados correspondem a (capacidade, custo). Os limites inferiores são nulos. Exiba o maior fluxo possível que tenha custo total inferior a 28. Qual o valor do fluxo total ?

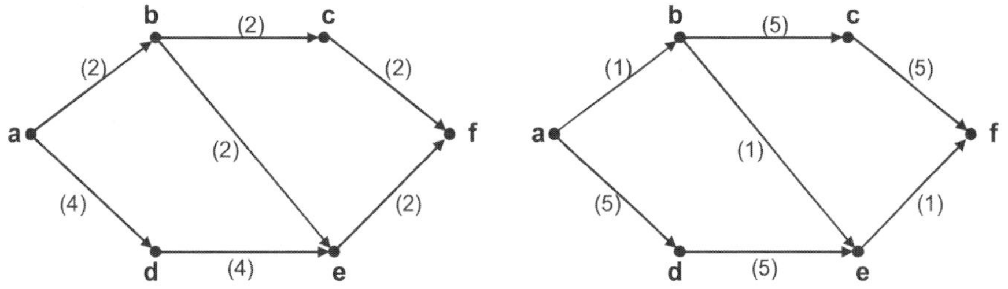

7.7 O grafo a seguir representa as estradas em uma área de um município do interior, onde estão ocorrendo problemas de tráfego em vista do movimento conjunto de carros e de caminhões. Embora as pistas estejam longe de estar saturadas, o número de acidentes tem aumentado e se pensa em melhorar o aproveitamento das pistas. A prefeitura tem um esquema de mão segundo indicado pelo grafo; as capacidades dos arcos são de 600 veículos por hora (v/h), à exceção do arco adjacente ao sumidouro (traçado grosso) que suporta 1.200 v/h. Os arcos duplos, tracejados, correspondem a trechos de pista com duas faixas seperadas de tráfego, com a capacidade de 600 veículos por hora em cada uma.

A ideia da prefeitura é instituir mão única nestes trechos, considerando em separado os trechos de pista adjacentes ao mesmo vértice (ou seja, há duas estradas a serem examinadas para se ver em que sentido será a mão única, se será introduzida em uma delas, nas duas, ou em nenhuma).

Experimente as diversas opções e especifique qual a melhor solução.

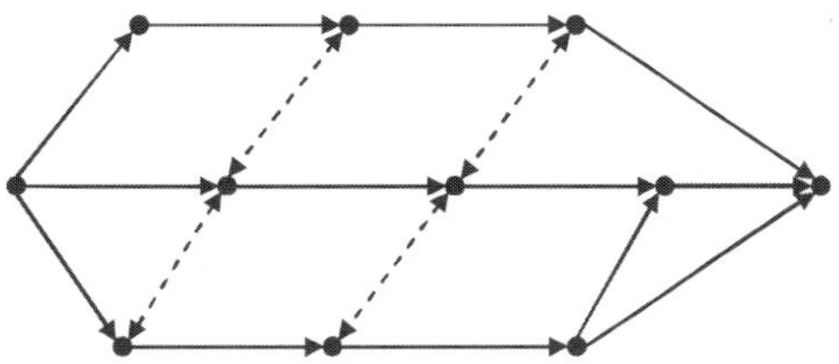

7.8 Um empresário possuidor de um armazém de produtos a serem entregues em domicílio está preocupado com o número de infrações de excesso de velocidade que seus motoristas têm cometido, desde a instalação de barreiras eletrônicas em alguns trechos de estrada onde eles costumam trafegar. A sede da empresa fica no local correspondente ao vértice **s** do grafo a seguir e as entregas vão no máximo até a cidade representada por **t**.

Os trechos de estrada têm aproximadamente 20 km, com exceção dos indicados no grafo como tendo 50 km. Nos trechos tracejados, há barreiras eletrônicas que limitam a velocidade em 50 km/h e no trecho marcado com ponto-traço esse limite é de 30 km/h, enquanto a velocidade máxima permitida nos demais trechos é de 80 km/h.

Analisando os dados das multas, o empresário chegou à conclusão que um motorista, ao passar em um desses trechos, tem 15% de chances de estar andando depressa demais quando o limite é de 50 km/h e 30% de chances quando o limite é de 30 km/h. Os negócios da empresa envolvem o uso dos trechos de estrada por 100 veículos/mês e o custo/km de um veículo é de R$ 0,30. As multas por excesso de velocidade custam R$ 150,00 cada uma.

Verifique se o empresário deve, ou não, ordenar a seus motoristas que passem pelos trechos de 50 km, de modo a evitar os trechos com controle de velocidade.

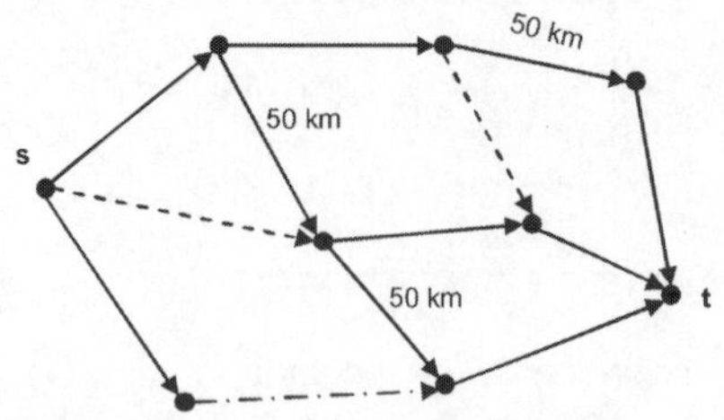

7.9 Considere o grafo formado pelas estradas unindo Rio, São Paulo, Belo Horizonte e Vitória (figura abaixo), onde os valores são distâncias em quilômetros. Agora pense no problema de uma empresa que deve transportar para as demais cidades os *notebooks* que monta em São Paulo. O transporte é feito em vans que carregam 100 máquinas cada, a um custo de R$ 5,00 por quilômetro, aí incluídos o combustível e o pagamento do motorista.

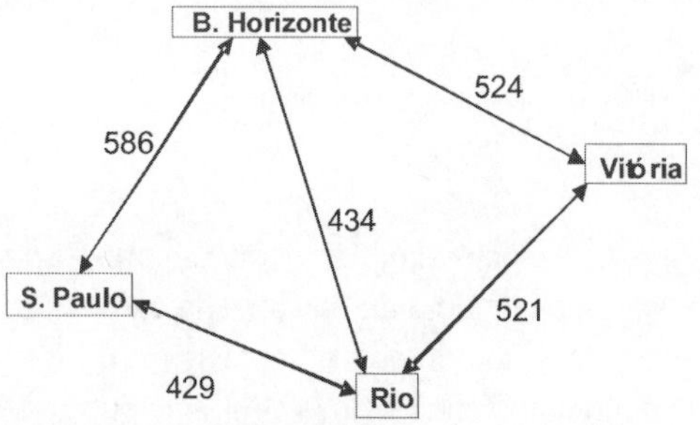

O seguro da carga custa, por máquina, R$ 40,00 na Rio-São Paulo e na Rio-Belo Horizonte, R$ 60,00 na São Paulo-Belo Horizonte e R$ 75,00 na Belo-Horizonte-Vitória e na Rio-Vitória.

Na Rio-São Paulo há 4 pedágios que custam R$ 10,00 cada, por veículo. Na Rio-Belo Horizonte há 3 desses pedágios, ao mesmo custo.

A empresa faz 15 entregas por mês para o Rio, 10 para Belo Horizonte e 5 para Vitória.

Modifique o grafo adequadamente, para obter o modelo associado ao problema, e determine o fluxo total de custo mínimo e o custo de entrega de uma máquina em cada uma das 3 cidades. (Reflita sobre como considerar as capacidades dos arcos).

Uma primeira estimativa feita pela empresa prevê gastos mensais de R$ 300.000,00 com as entregas.

Esta estimativa está correta ?

7.10 Reveja a noção de conectividade (***Capítulo 3***), levando em conta o ***Teorema 3.14***. Então, dado um par de vértices *v,w* quaisquer em um grafo G *h*-conexo, teremos ao menos *h* caminhos internamente disjuntos entre eles.

Atribuindo capacidade unitária a todos os arcos de G e procurando um fluxo máximo entre *v* e *w*, observe que ele deverá ser pelo menos igual a *h*.

Agora, como escolher pares de vértices para este exame ?

a) Você precisará examinar todos eles ?

b) Caso contrário, que critério você usaria para esolher um conjunto de pares cujo resultado, pelo processo acima, garanta o valor da conectividade ?

c) Procure visualizar a situação nos seguintes grafos, para achar sua conectividade κ:

- Um caminho com *n* vértices (denotado por $\mathbf{P}_n$);
- Uma roda $\mathbf{R}_n$ com n vértices (veja a **pág. 45**);
- O grafo representado na **Fig. 3.17**;
- O grafo de Petersen (veja **Fig. 4.4**).

Capítulo 8

Acoplamentos

Compadre, quiero cambiar
mi caballo por su casa
mi montura por su espejo
mi cuchillo por su manta ...

García Lorca

8.1 Introdução

O mais importante dos problemas de subconjuntos de arestas é o ***Problema do Acoplamento***, ou ***do Emparelhamento***. Este problema e suas variantes e extensões fazem parte tanto do domínio da teoria dos grafos como do escopo da otimização combinatória, face o interesse despertado pelos modelos de programação matemática a ele associados. A denominação aqui adotada corresponde aos termos *matching* em inglês e *couplage* em francês. Há muitas aplicações teóricas e práticas, sendo a mais comum a alocação de recursos a demandas quando uns e outros são unitários, caso particular importante relacionado aos acoplamentos em grafos bipartidos; o estudo destes é, de fato, o destaque tanto teórico quanto aplicado, no que diz respeito a acoplamentos. Um exemplo de aplicação é dado pelo chamado problema do alojamento, que corresponde a alojar $n = 2k$ pessoas em quartos para duas pessoas cada, atendendo a um conjunto dado de relações de conhecimento mútuo e outras questões, como idade, sexo etc.. Outro problema aplicado é o problema da admissão à universidade, no qual cada candidato pode escolher entre um certo número de instituições, das quais reterá a matrícula em uma apenas. O problema linear de alocação (com custos) e o problema do casamento (sem custos), de estrutura análoga, são estudados por Eriksson e Karlander [EK00], procurando encontrar uma descrição teórica comum, o que é feito sobre a noção de acoplamento estável. Em geral se procura obter o maior acoplamento possível. Galil [Ga86] discute algoritmos sequenciais e paralelos para os problemas de acoplamento de maior cardinalidade em grafos bipartidos e grafos quaisquer e também os problemas de acoplamento de valor máximo em grafos valorados bipartidos e grafos valorados quaisquer.

Um survey recente dos diversos problemas de acoplamento é Pentico, [Pe07].

O chamado problema do b-acoplamento é uma generalização natural que corresponde à escolha de mais de uma opção. A extensão mais difícil – e com diversas linhas de pesquisa em aberto – é a que conduz ao universo dos grafos em geral.

No campo teórico, o conceito de acoplamento é usado em diversos tipos de problemas, em particular na resolução de problemas eulerianos e hamiltonianos (ver o **Capítulo 9**).

8.2 O problema do acoplamento máximo

8.2.1 Acoplamento

Def. 8.1: Um *acoplamento* é um subconjunto de arestas $\mathbf{M} \subset \mathbf{E}$ em um grafo $\mathbf{G} = (\mathbf{V},\mathbf{E})$ tal que nenhum vértice seja incidente a mais de uma aresta de **M**. A cardinalidade do maior acoplamento (máximo) em **G** é denotada $\sigma(\mathbf{G})$. Se um acoplamento envolver todos os vértices do grafo, ele é chamado um *acoplamento perfeito* ou *1-fator*.

Obs.: É evidente que apenas um grafo com ordem par poderá ter (ou não) um acoplamento perfeito.

A **Fig. 8.1** mostra dois acoplamentos em um mesmo grafo: o da esquerda é maximal, porque não está contido em outro acoplamento, enquanto o da direita é, além disso, máximo, sua cardinalidade $\sigma(\mathbf{G})$ sendo igual a 4.

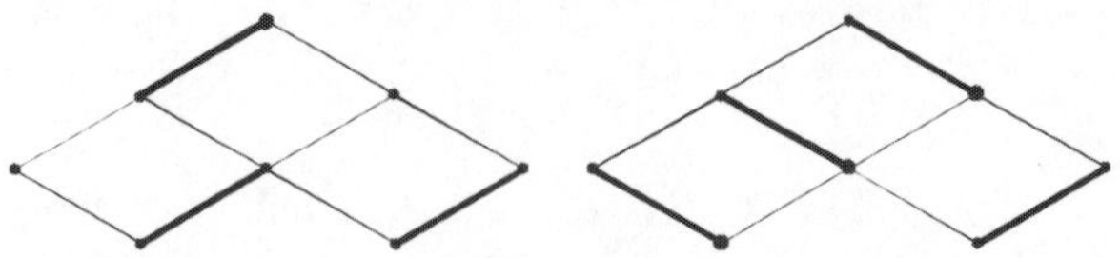

Fig. 8.1: Acoplamento maximal e acoplamento de cardinalidade máxima

8.2.2 Formulações por programação matemática

Este problema pode ser facilmente formulado por um modelo de programação matemática: se **B** é a matriz de incidência de **G** e **p** é o vetor de custos das arestas de **E**, teremos

$$\textbf{PA:} \quad \max \mathbf{px} \qquad (8.1a)$$

$$\text{s.a} \quad \mathbf{Bx} \leq \mathbf{1} \qquad (8.1b)$$

$$x_j \in \{0,1\} \quad \forall j,\ 1 \leq j \leq m \qquad (8.1c)$$

É fácil verificar que (8.1b) garante que nenhum vértice será usado mais de uma vez na solução, logo o subgrafo parcial obtido será um acoplamento.

Trata-se de um dos mais antigos problemas de otimização combinatória, sua formulação antecedendo de muito as modernas técnicas de resolução. De fato **Petersen**, em 1891, formulou o modelo mais geral correspondente ao *problema do b-acoplamento*, que na linguagem atual, pode ser escrito

$$\textbf{Pb-A:} \quad \max \mathbf{px} \qquad (8.2a)$$

$$\text{s.a} \quad \mathbf{Bx} \leq \mathbf{b} \qquad (8.2b)$$

$$x_j \in \{0,1\} \quad \forall j,\ 1 \leq j \leq m \qquad (8.2c)$$

onde **b** é um vetor inteiro positivo. Um *b*-acoplamento é dito ser *perfeito* se todas as restrições (8.2b) verificarem a igualdade.

As principais referências utilizadas neste item são Lovász e Plummer [LP86], Goldbarg [Go88], B. Hall [Ha89], Boaventura e Jurkiewicz [BJ09] e Chaves [Ch92]. O problema generalizado recebe uma discussão teórica bastante detalhada em Baïou e Balinski [BB00], envolvendo como casos particulares o problema do acoplamento simples e o problema do b-acoplamento.

8.2.3 Problemas correlacionados e base teórica

É claro que $\mathbf{x} = \mathbf{0}$ é uma solução viável (trivial) para o PA; para um vetor-solução viável qualquer teremos

$$\mathbf{M} = \{\mathbf{e} \in \mathbf{E} \mid x_i = 1\} \qquad (8.3)$$

Se $\mathbf{p} = \mathbf{1}$, o valor da função objetivo é a cardinalidade do acoplamento e teremos então *o Problema da Cardinalidade do Acoplamento (PCA)* cuja resolução faz parte de diversos algoritmos para resolução do PA.

Se limitarmos (8.1b) apenas à igualdade, teremos o *problema do acoplamento perfeito (PAP).* Um ponto importante, que se pode demonstrar, é que todo algoritmo que resolver o PA poderá ser usado para resolver o PAP, mesmo que seja para constatar a inexistência de solução viável.

Antes de prosseguir na discussão, é importante a apresentação de algumas noções e resultados básicos.

Def. 8.2: Um conjunto $\mathbf{P} \subset \mathbf{V}$ em um grafo $\mathbf{G} = (\mathbf{V},\mathbf{E})$ é chamado uma *cobertura de vértices* se todo $\mathbf{e} \in \mathbf{E}$ tiver ao menos uma extremidade em **P**. A cardinalidade da menor cobertura de vértices em um grafo **G** é o *número de cobertura de vértices* $\tau(\mathbf{G})$.

A **Fig. 8.2** ilustra a definição; trata-se de um conceito paralelo ao de dominância, porém esta se refere às ***arestas*** (em um conjunto dominante, para um grafo não orientado, cada ***vértice*** externo deve ter ao menos uma aresta em comum com um vértice do dominante).

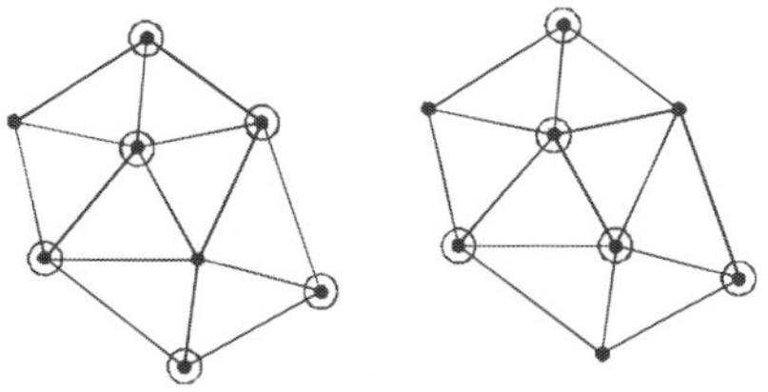

Fig. 8.2: Cobertura de vértices e cobertura minimal de vértices

Lema 8.1 (Gallai): *Para todo grafo **G** com n vértices, se tem*

$$\alpha(\mathbf{G}) + \tau(\mathbf{G}) = n \qquad (8.4)$$

onde $\alpha(\mathbf{G})$ é o número de estabilidade (ver o **Capítulo 6**).

Prova: Seja $\mathbf{S} \subset \mathbf{V}$ um estável com $|\ \mathbf{S}\ | = \alpha(\mathbf{G})$. Pela definição de estável, toda aresta de **G** terá no máximo uma extremidade em **S**; logo, **V** − **S** é uma cobertura de vértices (não necessariamente mínima). Logo,

$$\alpha(\mathbf{G}) + \tau(\mathbf{G}) \leq |\ \mathbf{S}\ | + |\ \mathbf{V} - \mathbf{S}\ | = n$$

Seja agora $\mathbf{T} \subset \mathbf{V}$ uma cobertura de vértices com $|\ \mathbf{T}\ | = \tau(\mathbf{G})$. Cada aresta tem pelo menos uma extremidade em **T**, logo dois vértices de **V** − **T** não podem ser adjacentes. Portanto **V** − **T** é um estável (não necessariamente de cardinalidade máxima). Logo,

$$\alpha(\mathbf{G}) + \tau(\mathbf{G}) \geq |\ \mathbf{T}\ | + |\ \mathbf{V} - \mathbf{T}\ | = n,$$

o que prova (8.4). ■

Def. 8.3: Uma *cobertura de arestas* em um grafo **G** = (**V**,**E**) é um conjunto $\mathbf{V} \subset \mathbf{E}$ de arestas incidente a todo $\mathbf{v} \in \mathbf{V}$. A cardinalidade da menor cobertura de arestas é o número de cobertura de arestas $\zeta(\mathbf{G})$ (**Fig. 8.3**):

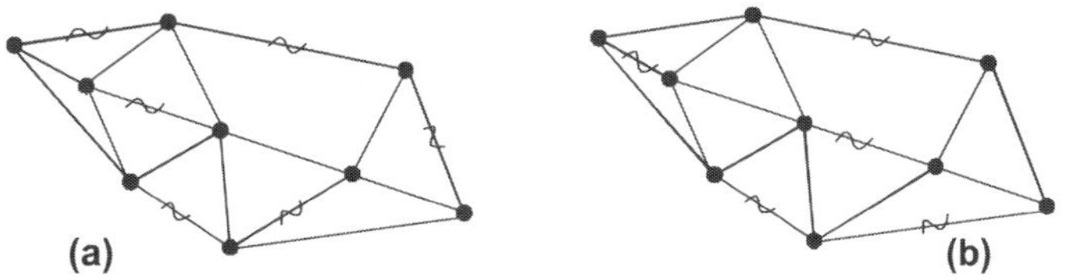

Fig. 8.3: Cobertura de arestas e cobertura minimal de arestas

Lema 8.2: *Para todo grafo **G** = (V,E) sem vértices isolados, se tem*

$$\sigma(\mathbf{G}) + \zeta(\mathbf{G}) = n. \qquad (8.5)$$

Prova: Seja $\mathbf{F} \subset \mathbf{E}$ uma cobertura mínima em **G**. Seja **G'** = (**V**,**F**) o grafo parcial formado pelas arestas de **F**. **G'** deverá ser formado por um conjunto de *estrelas* disjuntas (ou seja, grafos bipartidos com um único vértice de grau *k* e os demais com grau 1) visto que, se **G'** contivesse um percurso com mais de duas arestas, seria possível retirar arestas de **F** e ele não seria mínimo. Seja *p* o número dessas estrelas; cada uma delas sendo também uma árvore, possuirá um vértice a mais que seu número de arestas, logo $p = n - \zeta(\mathbf{G})$. Além disso, cada estrela possui ao menos uma aresta, logo se pode construir um acoplamento com uma aresta de cada estrela. Então se tem $\sigma(\mathbf{G}) \geq n - \zeta(\mathbf{G})$, ou

$$\sigma(\mathbf{G}) + \zeta(\mathbf{G}) \geq n. \qquad (8.6)$$

Por outro lado, seja **M** um acoplamento máximo em **G** e seja **Z** o conjunto dos $n - 2\sigma$ vértices não atingidos por **M**. **Z** é um estável (se houvesse uma aresta entre dois vértices de **Z**, ela faria parte de um acoplamento contendo **M** e este não seria maximal). Como **G** não possui vértices isolados, podemos selecionar um conjunto de arestas **T** tal que cada uma delas cubra um vértice de **Z**. Então $\mathbf{M} \cup \mathbf{T}$ é uma cobertura de arestas de **G**, logo, $\zeta(\mathbf{G}) \leq \sigma(\mathbf{G}) + (n - 2\sigma(\mathbf{G})) = n - \sigma(\mathbf{G})$, ou

$$\sigma(\mathbf{G}) + \zeta(\mathbf{G}) \leq n. \qquad (8.7)$$

Combinando (8.6) e (8.7), temos a prova do lema. ■

Obs.: A argumentação pode ser acompanhada com auxílio da **Fig. 8.3 (b)**.

Lema 8.3: *Para qualquer grafo* ***G****, se tem*

$$\sigma(\mathbf{G}) \leq \tau(\mathbf{G}). \tag{8.8}$$

Prova: Sejam **M** um acoplamento máximo em **G** (logo | **M** | = σ(**G**)) e **T** uma cobertura de vértices mínima (logo | **T** | = τ(**G**)). Cada aresta de **M** tem como extremidade pelo menos um vértice de **T**. Entretanto, um vértice de **T** só pode ser extremidade de uma aresta de **M**, o que prova o lema. ■

Def. 8.4: Em um grafo **G** = (**V**,**E**) no qual se considera um acoplamento **M**, uma *cadeia M-alternante* é uma cadeia cujas arestas pertencem alternadamente a **M** e a **E** – **M**. Ver a **Fig. 8.4** abaixo: em ambos os grafos, as arestas do acoplamento são 1, 3 e 5. As cadeias M-alternantes se iniciam em 1.

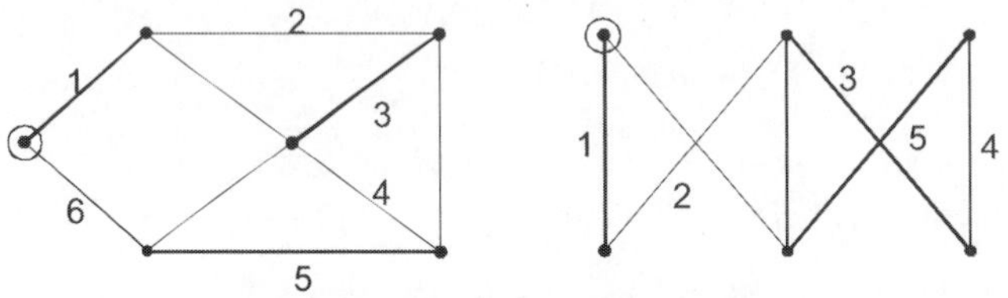

Fig. 8.4: Cadeias M-alternantes

No que se segue, um vértice de um grafo **G** no qual se considera um acoplamento **M** é dito ***M****-saturado* (***M****-isolado*) se ele for adjacente (não adjacente) a uma aresta de **M**. No que se segue, consideraremos implícita a indicação do acoplamento ao qual uma cadeia é associada, deixando assim de incluir a indicação "M-", a menos que ela seja estritamente exigida pela clareza do texto.

Uma cadeia alternante fechada é um *ciclo alternante*.

Se os vértices extremos de uma cadeia alternante (aberta) forem isolados, a cadeia é dita *aumentante*. Em uma cadeia aumentante se pode definir uma operação de troca (que também pode ser aplicada a ciclos). Por uma troca, se obtém um acoplamento **M'** a partir de **M** com auxílio de uma cadeia **C**, retirando de **M** as arestas que pertencem a **C** e adicionando-se ao acoplamento restante as arestas de **C** que não pertenciam a **M**, ou seja, obtendo a diferença simétrica entre **M** e **C** (por isso é necessário que os vértices extremos não estejam acoplados a outros vértices exteriores à cadeia). Designando a operação diferença simétrica por $\oplus$, teremos

$$\mathbf{M}' = \mathbf{M} \oplus \mathbf{C} = (\mathbf{M} - \mathbf{C}) \cup (\mathbf{C} - \mathbf{M}) \tag{8.9}$$

A **Fig. 8.5** abaixo esclarece o transcurso da operação.

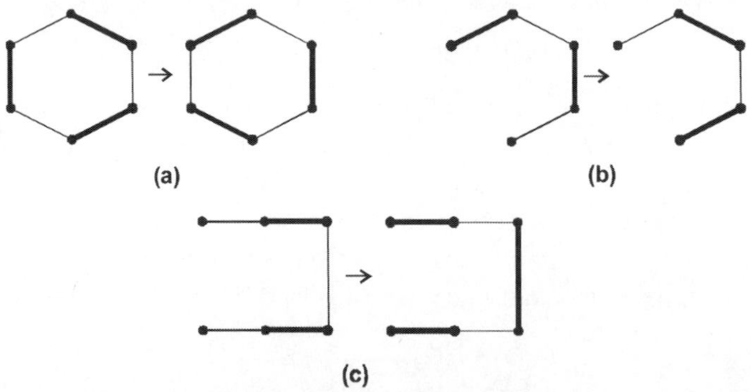

Fig. 8.5: Operação de troca

É claro que uma troca pode ser usada como etapa de um algoritmo destinado à obtenção de um acoplamento máximo; a **Fig. 8.5(c)**, em particular, sugere essa ideia.

Do ponto de vista teórico se obtém, através dessas ideias, uma condição necessária e suficiente:

Teorema 8.4 (Berge): *Um acoplamento* ***M****, em um grafo* ***G****, é máximo se e somente se não existir uma cadeia aumentante em* ***G****.*

Prova: Berge [Be73]. ■

Do ponto de vista algorítmico, no entanto, os resultados do processo não são animadores para grafos quaisquer: no pior caso, a complexidade seria equivalente à da verificação de todos os acoplamentos do grafo. No caso de grafos bipartidos, no entanto, o teorema deu origem a algoritmos eficientes (ver adiante).

8.3 Acoplamentos em grafos bipartidos

8.3.1 Discussão inicial

Trata-se de um subproblema importante, tanto do ponto de vista aplicado como do teórico; o "problema linear de alocação" *(linear assignment problem)*, caso particular dentre os problemas lineares, pode ser entendido como o da busca de um acoplamento máximo de valor mínimo em um grafo bipartido valorado.

A resolução deste problema leva em conta que a matriz de incidência de um grafo bipartido é *totalmente unimodular (TU)*: em uma matriz TU, os determinantes de todas as suas submatrizes têm valor igual a +1, 0 ou –1. Uma matriz TU possui, necessariamente, apenas elementos iguais a esses mesmos valores. Embora não haja uma forma simples de caracterizar uma matriz qualquer formada desses elementos como sendo TU ou não, um teorema devido a **Hoffman** e **Kruskal** estabelece uma condição suficiente que corresponde, para grafos não orientados, exatamente ao caso dos grafos bipartidos. (Convém acrescentar que se pode mostrar que a matriz de incidência de qualquer grafo orientado é TU). Para maiores detalhes, ver Hu [Hu70] e Marshall [Ma71].

A importância desta propriedade está em que os pontos extremos do politopo convexo definido por um programa linear cuja matriz seja TU possuem coordenadas inteiras para todo **B** inteiro; logo, se existir uma solução ótima, existirá uma solução ótima com valores inteiros e o problema poderá ser resolvido por algoritmos de programação linear, relaxando-se a restrição de integridade. Ver, por exemplo, [Hu70].

8.3.2 Teorema fundamental

O teorema de maior importância, no que se refere a grafos bipartidos, é devido a **König**. Para simplificar a sua demonstração, utilizaremos de início um lema acessório.

Lema 8.5: *Sejam **M** um acoplamento e **K** uma cobertura de vértices em um grafo **G**, tais que* $|\mathbf{M}| = |\mathbf{K}|$. *Então **M** é um acoplamento máximo e **K** é uma cobertura mínima.*

Prova: Pelo **Lema 8.3**, teremos

$$|\mathbf{M}| \leq \sigma(\mathbf{G}) \leq \tau(\mathbf{G}) \leq |\mathbf{K}| \qquad (8.10)$$

Por hipótese, se tem $|\mathbf{M}| = |\mathbf{K}|$; então se terá $|\mathbf{M}| = \sigma(\mathbf{G})$ e $|\mathbf{K}| = \tau(\mathbf{G})$. ■

Este lema deixa em aberto o problema da obtenção de um par (**M**,**K**) que valide a sua hipótese. Se este problema não existisse, a proposição do teorema de **König** (a seguir) já estaria provada.

Para a demonstração que se segue, precisaremos definir a estrutura conhecida como *árvore alternante* (***M**-alternante*):

Def. 8.5: Seja **M** um acoplamento em **G** = (**V**,**E**) e **T** = ($\mathbf{V},\mathbf{E_T}$) uma subárvore parcial de **G**. Então **T** é uma *árvore alternante* em relação a **M**, se e somente se:

a) **V** contém um único vértice isolado **u** (chamado por alguns autores a *raiz* de **T**);
b) Toda cadeia em **T** unindo **u** e qualquer outro **v** ∈ **V** é alternante;
c) **T** contém todas as arestas de **M** incidentes em vértices de **V**.

Exemplo: Fig. 8.6 abaixo. Nela, **M** é indicado pelos traços espessos e **T** contém, ainda, as arestas pontilhadas. O vértice **u** é isolado e a aresta (**u**,**w**), portanto, não faz parte de **M** (adiante se encontra uma descrição mais detalhada da estrutura, na qual ela será utilizada).

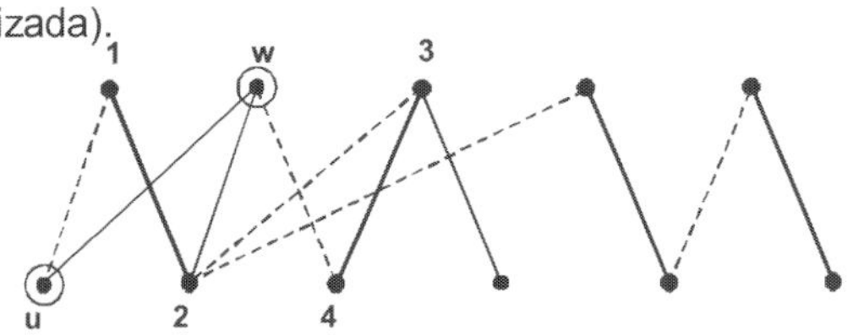

Fig. 8.6: Árvore alternante

Teorema 8.6 (König; "teorema de König-Egerváry"): *Em um grafo bipartido, se tem*

$$\sigma(\mathbf{G}) = \tau(\mathbf{G}). \qquad (8.11)$$

Prova: Seja $\mathbf{G} = (\mathbf{V} \cup \mathbf{W}, \mathbf{E})$ um grafo bipartido com $|\mathbf{V}| = a \leq b = |\mathbf{W}|$ e seja $\mathbf{M}^*$ um acoplamento máximo de **G**.

- Se $\sigma(\mathbf{G}) = a$, $\tau(\mathbf{G}) = a$ porque, pelo **Lema 8.5**, **V** será uma cobertura mínima de vértices.
- Se $\sigma(\mathbf{G}) < a$, consideremos as árvores alternantes com raízes em cada vértice isolado. Elas poderão se iniciar em vértices de **V** (tipo **V**), ou de **W** (tipo **W**). Ver a **Fig. 8.7** abaixo, onde $\mathbf{V'} \in \mathbf{V}$ e $\mathbf{T} \in \mathbf{W}$ são os conjuntos das raízes das árvores alternantes tipo **V** e tipo **W**, respectivamente.

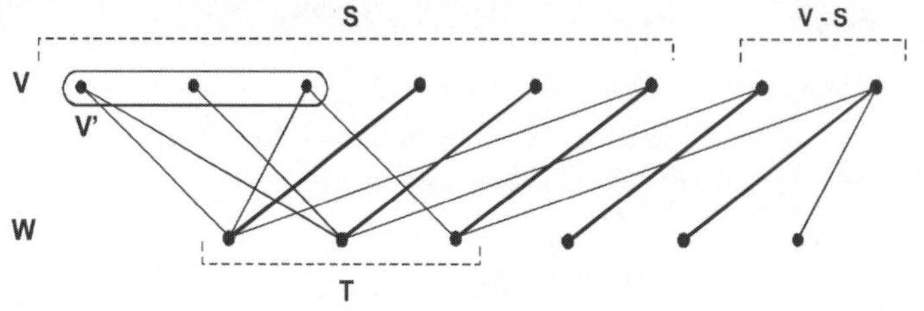

Fig. 8.7

Cada aresta de **M** somente poderá pertencer a um dos dois tipos (**V** ou **W**); se uma delas pertencesse a ambos, haveria uma cadeia aumentante e **M** não seria máximo.

Construímos, então, uma cobertura de vértices **K**, usando:

- os vértices de **W** das arestas de **M** nas árvores tipo **V**;
- os vértices de **V** das arestas de **M** nas árvores tipo **W**.

Então teremos

$$\tau(\mathbf{G}) \leq |\mathbf{K}| = |\mathbf{M}| = \sigma(\mathbf{G}) \qquad (8.12)$$

o que, pelo **Lema 8.5**, implica na tese. ■

Rizzi [Ri00] apresenta uma nova prova, extremamente concisa, para este teorema.

Dois resultados que podem ser vistos como corolários sucessivos do **Teorema 8.6** são os seguintes:

Corolário 8.7: Em um grafo bipartido $\mathbf{G} = (\mathbf{V} \cup \mathbf{W}, \mathbf{E})$ existe um acoplamento que satura todo vértice de **V**, se e somente se $|\mathbf{N(A)}| \geq |\mathbf{A}|$ para todo $\mathbf{A} \subset \mathbf{V}$ (teorema de **Hall**).

Obs.: Esta condição implica em $\sigma(\mathbf{G}) = |\mathbf{V}|$.

Acrescentando uma condição de igual cardinalidade, teremos o segundo resultado:

Corolário 8.8: Em um grafo bipartido $\mathbf{G} = (\mathbf{V} \cup \mathbf{W}, \mathbf{E})$ existe um acoplamento perfeito se e somente se $|\mathbf{V}| = |\mathbf{W}|$ e $|\mathbf{N(A)}| \geq |\mathbf{A}|$ para todo $\mathbf{A} \subset \mathbf{V}$ (teorema de **Frobenius**).

As provas podem ser encontradas em Lovász e Plummer [LP86] e Bondy e Murty [BM78]. ■

A **Fig. 8.8** mostra grafos bipartidos que <u>não satisfazem</u> a essas condições:

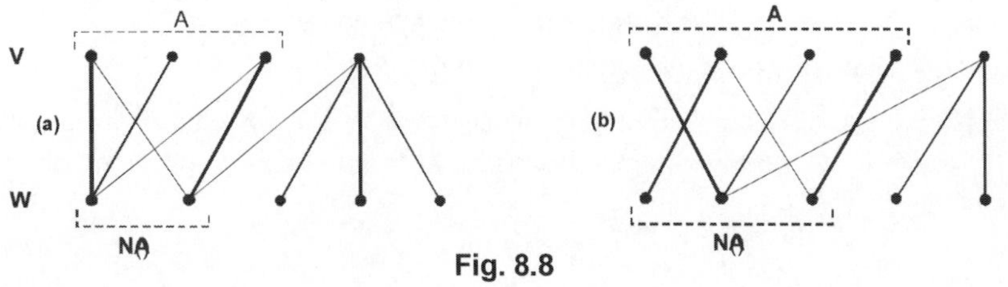

Fig. 8.8

Pode-se notar que a presença de um subconjunto com um conjunto de vizinhos de cardinalidade menor que a sua própria "desequilibra" o grafo, impedindo a obtenção de um acoplamento que sature **V** (ou de um acoplamento perfeito, no caso (b)).

Voltando à ideia de árvore alternante, observamos que o conjunto **X** de vértices de uma árvore alternante **T** pode ser particionado por um critério de paridade: diremos que um vértice **x** ∈ **X** é *par* (*ímpar*) e pertence a um subconjunto **P** (**I**) se o comprimento da cadeia μ_{ux} em **T**, medido em número de arestas, for par (ímpar). Teremos então **X** = **P** ∪ **I**. O conceito é geral, mas se **G** for bipartido, com **G** = (**V** ∪ **W**,**E**) e **u** ∈ **X**, teremos **P** ⊆ **V** e **I** ⊂ **W**. Uma árvore alternante **T** pode ser utilizada para achar cadeias aumentantes em relação a **M**; por isso se inicializa **T** com um vértice isolado **u** (que, na inicialização, atende trivialmente à **Def. 8.5**).

Consideremos então uma árvore alternante **T** = (**X**,E_T), um vértice **x** ∈ **P** e uma aresta (**x**,**y**) ∈ **E** – E_T ; há, então, quatro possibilidades:

1) **y** é isolado em relação a **M**: obtivemos uma cadeia aumentante (exemplo: (**u**,**1**,**2**,**3**,**4**,**y**) na **Fig. 8.6**);

2) **y** é acoplado a **v** ∉ **X**: então poderemos fazer "crescer" **T**, adicionando a ela as arestas (**y**,**w**) e (**w**,**v**) e, evidentemente, os vértices **y** e **v**;

3) **y** ∈ **I**: a aresta (**x**,**y**) não permite a geração de uma cadeia aumentante;

4) **y** ∈ **P**: este caso somente pode ocorrer se **G** não for bipartido (**Fig. 8.9**):

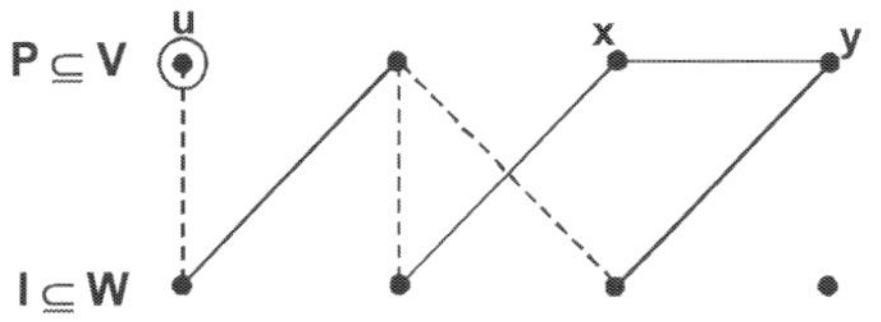

Fig. 8.9

Se apenas o caso 3 ocorrer, não haverá cadeias aumentantes com extremidade em **u**, devendo-se passar a utilizar outro vértice como raiz para novas árvores alternantes. Uma árvore na qual somente ocorreu o caso 3 é chamada *árvore húngara*. Sobre esta base teórica se podem construir diversos algoritmos, como o formulado em Hopcroft e Karp [HK73], pelo qual se procura um conjunto de percursos aumentantes com menor número de arestas.

8.3.3 O algoritmo húngaro

Esta técnica, elaborada por Kuhn [Ku55], visa encontrar um acoplamento de cardinalidade máxima e valor mínimo, em um grafo bipartido valorado, com custos habitualmente não negativos; resolve-se assim o chamado *problema de alocação* (ou de *designação*) *linear* (*linear assignment problem*). Trata-se de um programa linear no qual todas as soluções são degeneradas, no sentido da teoria da programação linear – o que tornaria muito incerta a possibilidade da sua resolução pelo método simplex. Ver, por exemplo, Spivey e Thrall [ST70].

O nome dado ao algoritmo vem da sua vinculação ao **Teorema 8.6**. O algoritmo trabalha com a *matriz de biadjacência* (para um grafo **G** = (**V** ∪ **W**, **E**), é a submatriz (**V**,**W**) de valores, onde cada linha corresponde a um vértice de **V** e cada coluna a um vértice de **W**), procurando obter um conjunto de valores nulos independentes através da subtração de constantes de cada linha e coluna. Pode-se provar que o conjunto de soluções ótimas é o mesmo, para a matriz original e para todas as matrizes dela obtidas por esse processo.

Um conjunto de posições independentes na matriz (**V**,**W**) corresponde a um acoplamento; a maior cardinalidade possível será, portanto, σ(**G**). O algoritmo procura o menor número de linhas e colunas que contenha todos os zeros obtidos pelas subtrações, o que equivale a obter uma cobertura de vértices para o grafo parcial correspondente às arestas zeradas. Se o acoplamento não for perfeito, torna-se possível zerar ao menos uma nova aresta, o que permitirá aumentá-lo. A última cobertura, correspondente à solução ótima, terá τ(**G**) vértices.

A **Fig. 8.10** mostra duas possíveis etapas do processo:

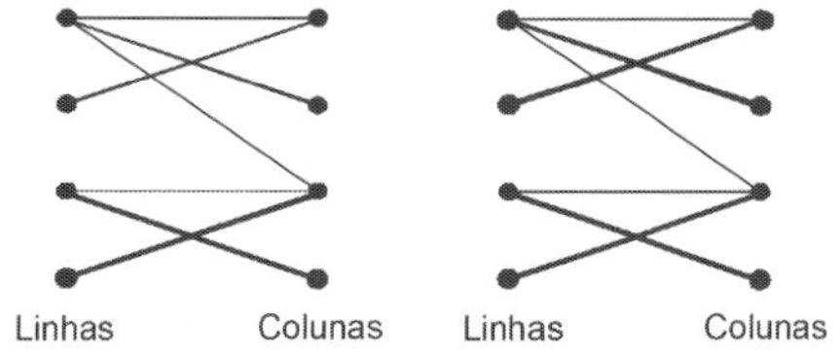

Fig. 8.10

Pelo **Teorema 8.6** esses valores são iguais, o que justifica a técnica de **Kuhn**.

Primeira fase do algoritmo

1. ***Subtrair*** de todos os elementos de cada linha o mínimo da linha.

2. Se um zero foi obtido em cada coluna, ***ir para 4***; se foi obtido exatamente um zero em cada coluna, ***fim*** (solução ótima).

3. ***Subtrair*** de todos os elementos de cada coluna sem zeros o mínimo da coluna; ***ir para 2***.

4. ***Marcar*** um zero na primeira linha (fazendo assim uma alocação) e ***inabilitar*** a linha e a coluna desse zero; ***repetir*** para as demais linhas, até que não haja mais zeros disponíveis.

5. ***Se*** um acoplamento perfeito foi obtido, ***fim*** (solução ótima); ***senão***, passar à segunda fase, a qual deve ser iniciada com um acoplamento maximal.

A segunda fase do algoritmo determina uma cobertura de vértices para os zeros e procura obter ao menos um zero dentre os elementos não cobertos. Utilizam-se duas operações: ***marcar*** e ***riscar***. A segunda corresponde à construção de uma cobertura de vértices (ver [BJ09] para maiores detalhes).

Segunda fase do algoritmo

1. ***Marcar*** as linhas que não receberam alocações na **etapa 4** da primeira fase.

2. ***Marcar*** as colunas não marcadas que possuem zeros em linhas marcadas.

3. ***Marcar*** as linhas não marcadas que receberam alocações em colunas marcadas.

4. ***Repetir*** as ***etapas 2 e 3*** até que não ocorram novas marcações.

5. ***Riscar*** todas as linhas não marcadas e todas as colunas marcadas.

6. ***Subtrair*** de todos os elementos não riscados o menor deles e somá-lo aos elementos que tiverem sido riscados duas vezes (em linha e coluna).

7. ***Voltar*** à ***etapa 4*** da primeira fase.

Discussão da segunda fase

Uma linha não marcada sem alocações é riscada no final, o que equivale a cobrir seus zeros não utilizados com o vértice de **V** a ela associado.

Do mesmo modo, uma coluna marcada é riscada e, portanto, todos os seus zeros são cobertos por vértices de **W**.
Logo, o processo gera uma cobertura de vértices para todas as arestas zeradas.

Marca-se cada linha não marcada possuindo uma alocação em uma coluna marcada (esta linha, portanto, não é marcada pela Regra 1), logo a aresta alocada será coberta por um vértice de **V**.
Os zeros em linhas marcadas têm suas colunas marcadas (logo, riscadas: cobertas por vértices de **W**).
Portanto, cada alocação é coberta por um só vértice, de **V** ou de **W**.

A ***etapa 6*** gera ao menos um novo zero. Ela equivale, de fato, a subtrair o menor elemento não riscado de toda a matriz e voltar a somá-lo a cada linha e cada coluna riscadas.
A ***etapa 7*** remete à criação de um novo acoplamento.

Se a segunda fase resultar em um número de linhas maior do que o número de alocações obtidas, deve existir um acoplamento de maior cardinalidade que o já construído (ver o exemplo abaixo).

Exemplo (Fig. 8.11):

V \ W	1	2	3	4	5	
1	18	11	7	9	13	*(-7)*
2	7	4	9	15	14	*(-4)*
3	6	12	13	17	18	*(-6)*
4	13	10	12	14	17	*(-10)*
5	12	9	9	14	14	*(-9)*

➔

11	4	**0**	0	1
3	**0**	5	9	5
0	6	7	9	7
3	0	2	2	2
3	0	0	3	**0**
			(-2)	*(-5)*

Fig. 8.11: Resultado da primeira fase

A primeira fase, executada acima, não produz um acoplamento perfeito, visto que a coluna 4 não possui um zero independente. O acoplamento maximal obtido (a um custo total de 43) aparece na **Fig. 8.12** abaixo, os zeros nele utilizados correspondendo às arestas cheias e os demais zeros às arestas pontilhadas.

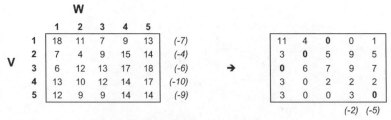

Na marcação da segunda fase, os números utilizados correspondem às etapas do algoritmo. Não há necessidade da etapa 4 (repetição). As posições não riscadas (4,3) e (4,4) indicam o mínimo (2) a ser subtraído de todas as posições não riscadas e somado aos cruzamentos que aparecem na coluna 2.

V \ W	1	2 (↓ 2)	3	4	5	
1	11	4	**0**	0	1	
2	3	**0**	5	9	5	← 3
3	**0**	6	7	9	7	
4	3	0	2	2	2	← 1
5	3	0	0	3	**0**	

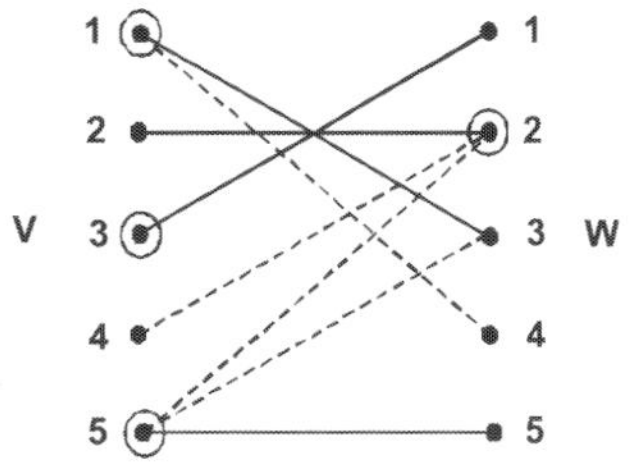

Fig. 8.12: Marcação da segunda fase

Após a execução da segunda fase, obtém-se a matriz representada abaixo, já com um acoplamento perfeito (de custo 45) obtido por nova primeira fase, etapas 4 e 5 (**Fig. 8.13**):

V \ W	1	2	3	4	5	
1	11	6	0	**0**	1	
2	1	**0**	3	7	3	← 3
3	**0**	8	7	9	7	
4	1	0	0	0	**0**	← 1
5	3	2	**0**	3	0	

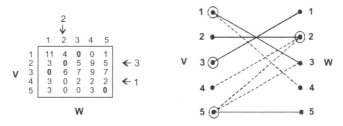

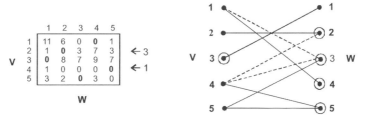

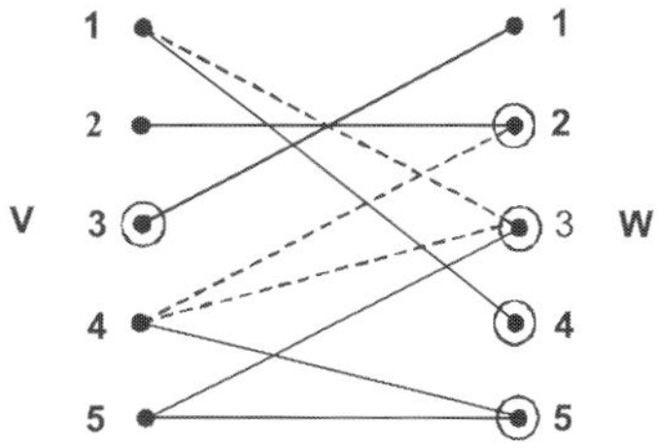

Fig. 8.13: Resultado da segunda fase

A cobertura de vértices tem cardinalidade 5; logo, deve existir um acoplamento de cardinalidade 5. De fato, podemos encontrar {(**1**,**3**),(**2**,**2**),(**3**,**1**),(**4**,**4**),(**5**,**5**)}, indicado pelos zeros em negrito na matriz e, também, pelos vértices marcados com um círculo no grafo ao lado. Observando a matriz original, podemos conferir o valor do custo como sendo de fato igual a 45. O custo da solução corresponde à soma dos valores subtraídos de todas as matrizes.

8.3.4 Algumas questões adicionais

O problema pode ser também de maximização, multiplicando-se os custos por (-1). Todos os valores negativos desaparecerão após a **etapa 1** da primeira fase.

O algoritmo pode ser usado mesmo quando | **V** | ≠ | **W** |; para isso, completa-se com vértices fictícios o conjunto de menor cardinalidade, unindo esses vértices aos do outro conjunto com arestas de custo nulo. Neste caso, é claro que não existe um acoplamento perfeito para o grafo original, onde pelo menos um vértice não participará do acoplamento maximal a ser obtido. Ele pode ser ampliado para o caso em que se tem mais de um elemento a ser alocado (como no chamado *problema da transferência de gerentes*). Neste caso, abre-se mais de uma linha e coluna para cada posição que envolver mais de uma transferência, os custos podendo ser iguais ou diferentes. Bokal, Brešar e Jerebic [BBJ12] discutem uma generalização do algoritmo aplicada a redes de sensores sem fio.

Uma discussão detalhada do significado das marcações feitas pelo algoritmo húngaro está em [BJ09].

8.4 Acoplamentos em grafos quaisquer

8.4.1 A primeira dificuldade que aparece no problema geral do 1-acoplamento está em que a matriz de incidência de um grafo não orientado qualquer não é, em geral, TU (ver **8.3.1**), o que torna obrigatória a inclusão da restrição de integralidade na formulação, ao se considerar a resolução por meio da programação matemática.

Do ponto de vista estrutural, cabe observar que o teorema de **König-Egerváry** não é válido para qualquer grafo (embora haja uma caracterização para os grafos não bipartidos que o seguem); por outro lado, o **Teorema 8.4** é de validade geral, mas já não se dispõe de um critério (como o dado pelo **Teorema 8.5**) que permita interromper a busca de novas cadeias aumentantes − que, em princípio, são em número exponencial em relação à ordem do grafo.

O problema foi resolvido por **Edmonds** através da redução de ciclos ímpares (que não podem existir em grafos bipartidos) em percursos aumentantes.

O algoritmo original (Edmonds [Ed65]) era bastante complicado; versões aperfeiçoadas (mas, assim mesmo, de acompanhamento demorado) podem ser encontradas em Lawler [La76] e Ball e Derigs [BD83]. Em vista da extensão excessiva do material, em relação aos limites deste trabalho, não apresentaremos aqui o algoritmo; as ideias básicas, no entanto, são discutidas a seguir, visando um preparo inicial para quem precise consultar as referências.

8.4.2 Estratégia generalizada para aumento de acoplamentos

Edmonds utilizou subestruturas baseadas em ciclos alternantes ímpares, que chamou de *brotos* (blossoms em inglês). Com eles, o processo de crescimento de uma árvore alternante é o seguinte:

Seja **u** um vértice isolado a ser utilizado como raiz de uma árvore alternante **t**. Os vértices de **t** pertencerão a **P** ou a **I**, conforme a paridade do número de arestas da cadeia em **t** que os une a **u** (ver **8.2.3**). Em grafos não bipartidos pode ocorrer o quarto caso já descrito: dada uma aresta **(v,w)** $\in$ **E** − $\mathbf{E_T}$ temos **v** $\in$ **P** e **w** $\in$ **P**. Existem portanto duas cadeias (pares) unindo **u** a **v** e a **w**, o que caracteriza a existência de um ciclo contendo (**v**,**w**). Dado que os vértices de **t** pertencem alternadamente a **I** e a **P** ao longo de toda cadeia iniciada em **u**, se chamarmos **x** ao primeiro vértice comum a μ_{vu} e a μ_{wu}, as cadeias μ_{vu} e μ_{wu} terão de ser ambas pares (logo, **x** $\in$ **P**) de modo que as arestas de **t** adjacentes a **v** e a **w** pertençam a **M**, o que garante que o ciclo será alternante (**Fig. 8.14**):

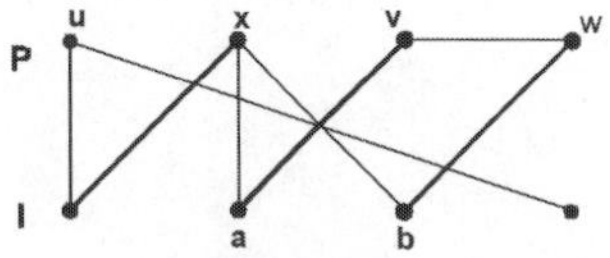

Fig. 8.14

Na figura, o ciclo (**x**,**a**,**v**,**w**,**b**,**x**) é um broto da árvore alternante com raiz em **u**; o vértice **x** é chamado a *base* do broto e a cadeia alternante μ_{ux} é o *talo.*

Mais geralmente, um broto é definido, em relação a um acoplamento **M**, como um conjunto **B** de arestas cujos pares de vértices pertencem a um conjunto $\mathbf{V_B} \subset \mathbf{V}$ de vértices de um grafo **G** = (**V**,**E**), sendo | $\mathbf{V_B}$ | = 2*k* + 1 (*k* ≥ 1), **B** sendo tal que | **M** $\cap$ **B** | = *k* (logo, **M** é maximal no interior de **B**). O único vértice isolado em **M** $\cap$ **B** é **x**.

Um broto pode ser formado por um ou mais ciclos ímpares (**Fig. 8.15**):

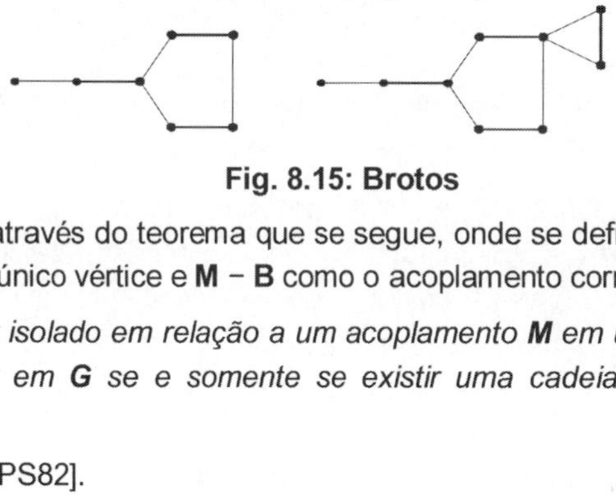

Fig. 8.15: Brotos

A utilidade dos brotos fica clara através do teorema que se segue, onde se define **G** − **B** como o grafo que resulta da contração de um broto **B** em um único vértice e **M** − **B** como o acoplamento correspondente a **M** em **G** − **B**:

Teorema 8.9: *Dado um vértice **x** isolado em relação a um acoplamento **M** em um grafo **G** = (**V**,**E**), existe uma cadeia **M**-aumentante com início em **u** em **G** se e somente se existir uma cadeia (**M** − **B**)-aumentante com início em **u** $\in$ **G** − **B**.*

Prova: Papadimitriou e Steiglitz [PS82]. ■

Por outro lado, um broto é um inconveniente para a técnica de determinação de percursos aumentantes, visto que a sua presença pode levar uma aresta a ser considerada mais de uma vez. A contração de um broto, apoiada no **Teorema 8.9**, permite que se prossiga na busca de percursos aumentantes sem esse inconveniente.

A **Fig. 8.16** abaixo mostra a aplicação da técnica, no que se refere à identificação de um broto **B**, a busca de um percurso aumentante no grafo **G** − **B** enquanto essas etapas são possíveis e, finalmente, a obtenção de um acoplamento no último grafo e a reexpansão dos brotos com a definição do novo acoplamento (maximal).

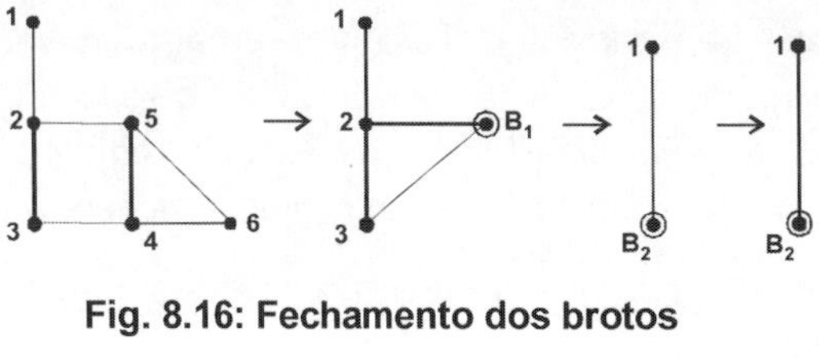

Fig. 8.16: Fechamento dos brotos

A reabertura dos brotos, ao final, deve ser feita ao inverso (**Fig. 8.17**):

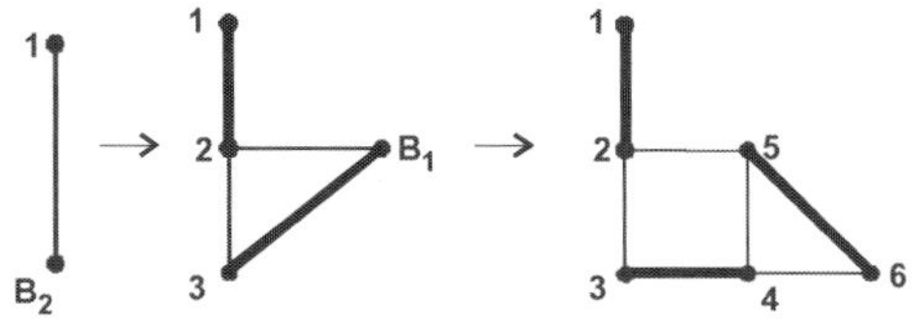

Fig. 8.17: Reabertura dos brotos

Ao utilizar um algoritmo, estaremos rotulando os vértices de uma árvore alternante como pertencentes a **P** ou a **I**, como já foi visto. Em grafos quaisquer, no entanto, os vértices de uma dada aresta podem pertencer, ambos, a um ou outro desses conjuntos − o que caracteriza a presença de um broto, que pode então ser contraído. **Lawler**, no entanto, formulou um algoritmo de menor complexidade identificando os brotos por meio de seus vértices-base; a complexidade é $O(n^3)$.

8.4.3 A unicidade do acoplamento máximo

Gabow, Kaplan e Tarjan [GKT01] estudam o problema de se determinar se um dado grafo possui ou não um acoplamento máximo único. Dado um grafo com *n* vértices e *m* arestas, o teste pode ser feito em tempo $O(m \log^4 n)$ e, para grafos planares, em $O(n \log n)$. Dado um acoplamento perfeito, é possível verificar-se se ele é ou não único em tempo linear. Os algoritmos que realizam esses testes podem ser generalizados para trabalhar com f-fatores.

8.4.4 Acoplamentos de valor mínimo em grafos quaisquer

Este problema tem sido abordado através de técnicas derivadas da programação linear (Edmonds [Ed65]) e, mais recentemente, por meio da busca de percursos aumentantes mais curtos (Derigs [De81] e [De88]). Esta última técnica utiliza uma rotulação semelhante à do algoritmo de **Dijkstra**; os detalhes podem ser encontrados nas referências.

8.5 Uso de técnicas de fluxo

Em um grafo bipartido **G** = (**V** ∪ **W**, **E**), um acoplamento máximo pode ser obtido facilmente pela transformação do grafo em um modelo de fluxo. Para isso, basta acrescentar a **G** uma fonte e um sumidouro e unir a fonte **s** aos vértices de **V** por arcos de capacidade unitária, além de unir os vértices de **W** ao sumidouro **t**, também por arcos de capacidade unitária. As ligações de **E** são substituídas por arcos de **V** para **W**, com capacidade unitária. Nessas condições, todo fluxo máximo corresponderá a um acoplamento máximo em **G** (**Fig. 8.18**):

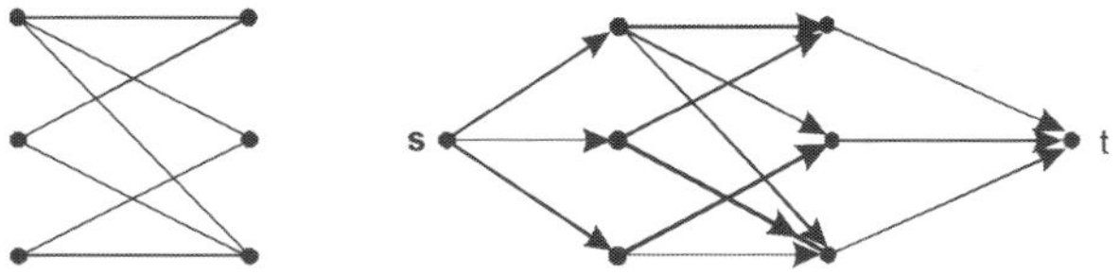

Fig. 8.18

De forma semelhante se pode obter um acoplamento de valor mínimo em um grafo bipartido; neste caso, os arcos de **V** para **W** terão como custos os valores originais, os demais arcos terão custo nulo e se usará uma técnica de custo mínimo. As capacidades são definidas da mesma forma que no caso anterior.

Fremuth-Paeger e Jungnickel [FJ99a], [FJ99b], [FJ99c] apresentam uma extensa discussão sobre algoritmos de fluxo para determinação de fatores, em particular de acoplamentos e, reciprocamente, um algoritmo para fluxos balanceados baseado em um algoritmo de acoplamentos.

8.6 O problema do b-acoplamento

8.6.1 Em termos de estruturas de grafo, o problema do b-acoplamento (que já vimos em **8.2.1** formulado por um modelo de programação matemática) pode ser definido como o problema de se encontrar um conjunto **K** ⊂ **E** de arestas tal que no grafo parcial **G'** = (**V**,**K**) se tenha

$$0 \leq d_{G'}(\mathbf{i}) \leq b_i \qquad (8.13)$$

onde

$$0 \leq b_i \leq d_G(\mathbf{i}) \qquad (8.14)$$

Se $d_{G'}(\mathbf{i}) = b_i$ para todo i, o b-acoplamento é dito *perfeito*. Um b-acoplamento perfeito é *maximal* se for de cardinalidade máxima. Se cada aresta tiver um valor, teremos um problema de otimização que consiste em obter o b-acoplamento de valor máximo.

8.6.2 Equivalência entre 1-acoplamentos e b-acoplamentos

O problema do b-acoplamento pode ser resolvido pela obtenção de um 1-acoplamento em um grafo auxiliar associado ao grafo original. Este grafo **G*** é obtido de **G** = (**V**,**E**) da seguinte forma:

Para cada vértice $\mathbf{i} \in \mathbf{V}$ são gerados dois subconjuntos de vértices de **G*** = (**V***,**E***):

- um conjunto $\mathbf{A}_i$, de cardinalidade $d_G(\mathbf{i})$, no qual cada elemento $\mathbf{a}_{ik}$ ($k = 1, \ldots, d_G(\mathbf{i})$) corresponde a uma aresta incidente a **i** em **G**;
- um conjunto $\mathbf{B}_i$, de cardinalidade $d_G(\mathbf{i}) - b_i$.

Então temos

$$\mathbf{V}^* = \left(\bigcup_{\mathbf{i}\in\mathbf{V}} \mathbf{A}_i\right) \cup \left(\bigcup_{\mathbf{i}\in\mathbf{V}} \mathbf{B}_i\right) \tag{8.15}$$

Por outro lado, **E*** contém todos os pares $(\mathbf{a}_{ik}, \mathbf{b}_i)$ ($\mathbf{a}_{ik} \in \mathbf{A}_i$, $\mathbf{b}_i \in \mathbf{B}_i$, $\mathbf{i} \in \mathbf{V}$, $1 \le k \le d_G(\mathbf{i})$) e, ainda, as arestas $(\mathbf{a}_{ik}, \mathbf{a}_{jl})$ correspondentes às arestas (**i**, **j**) de **E**.

O uso de **G*** está baseado no seguinte teorema:

Teorema 8.10 (Berge): *Todo acoplamento do grafo* **G*** *que saturar todos os vértices dos* **B** *(*$\mathbf{i} \in \mathbf{V}$*) corresponde a um b-acoplamento em* **G** *e reciprocamente.*

Prova: Ao se construir um grafo **G*** conforme definido acima, observa-se que pela forma de construção dos **B**, um acoplamento que os sature deixará disponíveis para as arestas $(\mathbf{a}_i, \mathbf{a}_j)$ exatamente as arestas que correspondem a um b-acoplamento em **G**.

Ao inverso, um b-acoplamento em **G** induz sobre **G*** um acoplamento com no máximo b arestas incidentes a cada **A**; restam, portanto, ao menos $d_G(\mathbf{i}) - b$ vértices não saturados em cada **A** e estes vértices poderão ser acoplados aos vértices dos **B**, que ficarão também saturados. ■

A **Fig. 8.19** ilustra a situação, com um grafo no qual se considera **B** = (2,1,1,2,2):

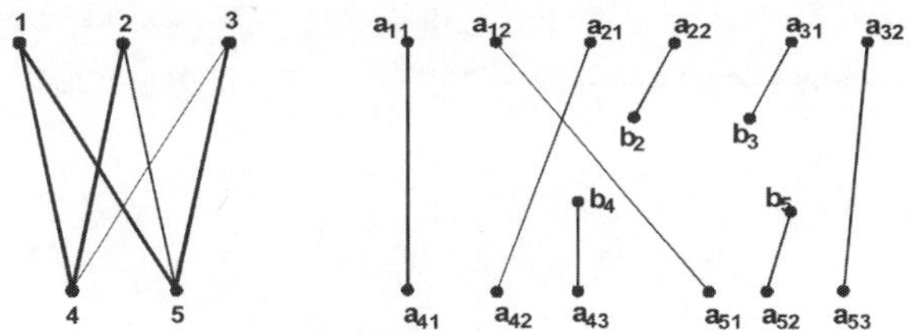

Fig. 8.19

O problema do b-acoplamento pode, portanto, ser resolvido com o mesmo instrumental já examinado. Para maiores detalhes ver Gondran e Minoux [GM85].

8.7 Existência de um acoplamento perfeito

O problema da existência de um acoplamento perfeito em um grafo (de ordem par) tem sido estudado, tanto em grafos bipartidos como em grafos quaisquer. Neste último caso ele é, evidentemente, muito mais difícil e se tem utilizado instrumentos teóricos bastante sofisticados no seu estudo.

Ando *et al* [AKN99] estudaram o problema da existência de um acoplamento perfeito no par formado por um grafo **G** e seu complemento. Para **G** regular, a questão é trivial como consequência do teorema de **Dirac** para ciclos hamiltonianos (ver o **Capítulo 9**), visto que **G** ou $\overline{\mathbf{G}}$ possuirá um ciclo hamiltoniano, ao qual corresponderão dois acoplamentos perfeitos, correspondentes aos dois conjuntos de arestas não adjacentes do ciclo. Para **G** não regular, a referência usa uma definição de *irregularidade* que é a diferença entre os seus graus máximo e mínimo,

$$\beta(\mathbf{G}) = \Delta(\mathbf{G}) - \delta(\mathbf{G}). \tag{8.16}$$

Os autores provam que um grafo **G** não regular, ou seu complemento, contém um acoplamento perfeito sempre que

$$\beta(\mathbf{G}) \le \lceil (n/4) + 1 \rceil \tag{8.17}$$

Porteous e **Aldred** definiram a *propriedade E(r,s)* como sendo a propriedade de um grafo com $n \geq 2(r + s + 1)$ vértices possuir, para todo par de acoplamentos disjuntos $\mathbf{R,S} \subseteq \mathbf{E}$ com $|\mathbf{R}| = r$ e $|\mathbf{S}| = s$, um acoplamento perfeito **F** tal que $\mathbf{F} \supseteq \mathbf{R}$ e $\mathbf{F} \cap \mathbf{S} = \varnothing$. Esta propriedade é a extensão de E(r,0), mais estudada, que é a *r-extensibilidade* [LP86], na qual se considera apenas o conjunto **R** (logo $\mathbf{S} = \varnothing$).

Chen (Aldred e Plummer [AP99]) mostrou que um grafo **G** de ordem par, (2r + t – 2)-conexo, livre de $\mathbf{K}_{1,t}$ e com $n \geq 2r + 2$, é E(r,0). O resultado principal de [AP99] mostra que um grafo **G** de ordem par, (2r + s + t – 2)-conexo, livre de $\mathbf{K}_{1,t}$ e com $n \geq 2r + 2s + 2$, é E(r,s). O nível de exigência em relação à conectividade, acrescentado ao subgrafo proibido, dá uma ideia da dificuldade do problema geral.

8.8 Aplicações

No campo dos problemas de organização, os modelos de acoplamento são utilizados em diversas situações relacionadas à conjugação de recursos, do mesmo modo que ocorre com algumas aplicações dos grafos adjuntos (observar que um acoplamento em um grafo corresponde a um estável em seu grafo adjunto). Este é o caso dos problemas do tipo "problema do alojamento" (ver **8.1**). Da mesma natureza é o "problema dos policiais" (Gondran e Minoux [GM85]), que corresponde a determinar a localização de um grupo de policiais em um bairro, cada um devendo patrulhar uma dada rua, de modo que todas as esquinas do bairro sejam cobertas.

Ao se estender as aplicações para grafos valorados têm-se problemas de otimização, tais como o problema de alocação linear (ver **8.3.4**). As conexões da teoria dos acoplamentos com os problemas eulerianos e hamiltonianos, embora importantes, não são abordadas no presente trabalho.

Para finalizar, apresentamos rapidamente duas aplicações interessantes, respectivamente nos campos da química e da física, que são a determinação da propriedade conhecida como energia topológica de ressonância em hidrocarbonetos aromáticos policíclicos (onde o interesse está relacionado ao número de acoplamentos perfeitos do grafo associado) e um modelo para o estudo de materiais ferromagnéticos (modelo de **Ising**). Ver Lovász e Plummer [LP86].

✱ 8.9 Alguns resultados

8.9.1 Grafos quase complementares

Um *quase complemento* de um grafo **G** é um grafo $\overline{\mathbf{G}} - \mathbf{M}$, onde $\overline{\mathbf{G}}$ é o complemento de **G** e **M** é um acoplamento perfeito em $\overline{\mathbf{G}}$. Um grafo é *quase autocomplementar* se for isomorfo a um de seus quase complementos, Potočnik e Šajna [PS06]. O artigo estabelece condições para que um grafo seja quase autocomplementar e discute a sua construção, em particular de algumas classes de grafos, como regulares e vértice-transitivos.

8.9.2 Os resultados de interesse mais imediato se referem à contagem de acoplamentos perfeitos. As dificuldades são de nível elevado. Já em um grafo bipartido, pode-se mostrar que o número $\phi(\mathbf{G})$ de acoplamentos perfeitos de um grafo **G** é igual ao ***permanente*** da matriz *de* biadjacência do grafo (ver **pág. 185**). O *permanente* de uma matriz é, tal como o determinante, uma função das permutações dos índices de suas colunas. Os seus termos não são, no entanto, afetados de sinais relacionados com a posição do termo na matriz, como ocorre com os determinantes. A definição de permanente é, portanto:

Def. 8.6: Dada uma matriz quadrada **A** e o conjunto **S** das permutações de ordem *n*, teremos

$$\text{per}\,\mathbf{A} = \sum_{\rho \in \mathbf{S}} a_{1\rho(1)}\, a_{2\rho(2)} \ldots a_{n\rho(n)} \qquad (8.18)$$

Conforme enunciado acima, tem-se para **G** bipartido

$$\phi(\mathbf{G}) = \text{per}\,\mathbf{A}_{\mathbf{G}}(\mathbf{V},\mathbf{W}) \qquad (8.19)$$

onde $\mathbf{A}_{\mathbf{G}}(\mathbf{V},\mathbf{W})$ é a matriz de biadjacência de **G**. Nela teremos $a_{ij} = 1$ se existir (**i**, **j**) – com $\mathbf{i} \in \mathbf{V}$ e $\mathbf{j} \in \mathbf{W}$, visto ser **G** bipartido – e $a_{ij} = 0$ em caso contrário. (A matriz de valores correspondente, em um grafo valorado, é a utilizada pelo algoritmo húngaro). Evidentemente, cada termo não nulo do permanente corresponde a um acoplamento perfeito.

As dificuldades da teoria dos permanentes e, também, o desejo de se conseguir resultados para grafos quaisquer, levaram à procura de limites superiores ou inferiores para $\phi(\mathbf{G})$. Os resultados abaixo são citados por Lovász e Plummer [LP86]:

8.9.3 Se **G** é bipartido e k-regular, com 2n vértices, se tem

$$\phi(\mathbf{G}) \geq n!\left(\frac{k}{n}\right)^n \qquad (8.20)$$

8.9.4 Se **G** é um 1-grafo bipartido k-regular com 2n vértices, se tem

$$\phi(\mathbf{G}) \leq (k!)^{n/k} \qquad (8.21)$$

(A observar que (8.19) não se limita a 1-grafos).

8.9.5 Um resultado derivado de (8.20) e (8.21) é

$$\lim_{n,k\to\infty} \frac{1}{k}\phi(\mathbf{G})^{1/n} = \frac{1}{e} \qquad (8.22)$$

8.9.6 Enfim, se **G** é um grafo bipartido de grau 3 com 2n vértices, se tem

$$\phi(\mathbf{G}) \geq \left(\frac{4}{3}\right)^n \qquad (8.23)$$

Outros resultados mais recentes podem ser citados:

8.9.7 Schrijver [Sch98] mostra que, par um grafo **G** bipartido e k-regular se tem

$$\phi(\mathbf{G}) \geq \left(\frac{(k-1)^{k-1}}{k^{k-2}}\right)^n. \qquad (8.24)$$

8.9.8 Henning e Yeo [HY07] obtiveram limites inferiores estritos para a cardinalidade de um acoplamento máximo em um grafo conexo k-regular, para $k \geq 3$.

$$\sigma(G) \geq \min\left[\left(\frac{k^2+4}{k^2+k+2}\right)\frac{n}{2}, \frac{n-1}{2}\right] \quad (k \text{ par}) \qquad (8.25)$$

$$\sigma(G) \geq \frac{(k^3-k^2-2)n-2k+2}{2(k^3-3k)} \quad (k \text{ ímpar}) \qquad (8.26)$$

8.9.9 O polinômio de acoplamentos de um grafo

O número de acoplamentos de um grafo pode ser obtido através de seu *polinômio de acoplamentos* (PA) (**Farrell**, 1979). Beezer e Farrell [BF95] mostram casos em que um grafo é *acoplamento-único*, ou seja, pode ser caracterizado pelo seu PA. Mostram ainda que, sabendo-se o número de acoplamentos com k arestas para cada valor possível de k em um grafo regular **G**, pode-se saber a ordem, o grau, a circunferência e o número de circuitos minimais de **G**. ❋

Exercícios – Capítulo 8

8.1 Mostre que uma árvore possui no máximo um acoplamento perfeito.

8.2 Quais dos grafos abaixo poderão, eventualmente, ter um acoplamento perfeito ?

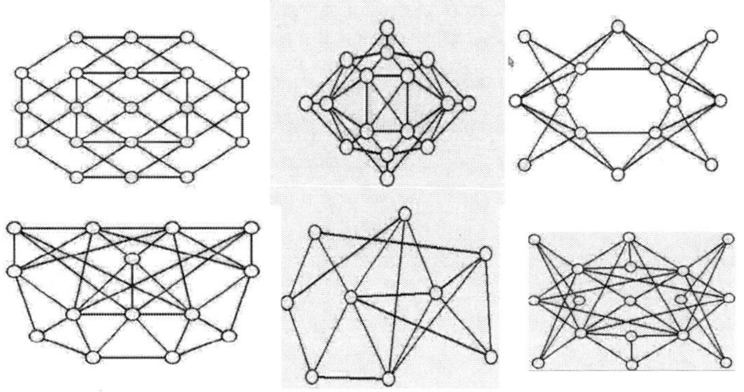

8.3 Seja um grafo **G** e seu adjunto L(**G**) (ver o **Capítulo 2**). Mostre que um estável de L(**G**) corresponde a um acoplamento em **G** e vice-versa. Procure utilizar, através dessa relação, os resultados disponíveis relativos ao número de estabilidade α(**G**) (ver o **Capítulo 6**) para obter resultados referentes à cardinalidade máxima de acoplamentos, para **G** qualquer e para **G** bipartido.

8.4 (**Lovász** e **Plummer**) Seja **S** = { 1, 2 , ..., *n* } e seja $0 \leq k \leq n/2$. Construa o grafo bipartido **G** = (P_k(**S**) $\cup$ P_{k+1}(**S**), **E**), onde os vértices correspondem a subconjuntos de **S** e onde existe uma aresta (**i**,**j**) $\in$**E** se e somente se **i** $\subseteq$ **j**. Mostre que **G** possui um acoplamento envolvendo todos os elementos de P_k(**S**).

8.5 (**Berge**) Seja **G** = (**V**,**E**) 2-conexo e 3-regular e seja um acoplamento máximo **M** em **G**. Mostre que **G** possui uma cadeia fechada alternante em relação a **M**, que usa cada aresta de **E** – **M** exatamente uma vez e cada aresta de **M** exatamente duas vezes.

8.6 (***Problema generalizado de alocação linear***) Uma empresa deseja fazer rotação dos seus gerentes em diversas cidades onde possui instalações industriais. A distribuição dos cargos é: Rio de Janeiro (3 gerentes), São Paulo (3 gerentes), Belo Horizonte (2 gerentes) e Vitória (1 gerente). Um gerente de uma cidade deverá ir sempre para outra cidade. Os custos das transferências são estimados conforme a tabela abaixo, em milhares de reais:

Rio/SP: 9,0	SP/Rio: 7,6	Rio/BH: 5,0	BH/Rio: 7,8
SP/BH: 6,8	BH/SP: 9,4	Rio/Vit: 4,6	Vit/Rio: 6,6
SP/Vit: 7,4	Vit/SP: 9,4	BH/Vit: 4,2	Vit/BH: 4,6

Modifique adequadamente a definição da matriz de custos para permitir o uso do algoritmo húngaro.

8.7 Interprete o problema anterior como um problema de b-acoplamento e resolva-o utilizando o grafo auxiliar apresentado em **8.6.2**.

8.8 Considere o *problema de transporte*, problema linear dado por uma matriz de custos A(*n* x *m*) e por vetores de oferta **b**(*n*) e de demanda **c**(*m*), em sua forma canônica, para a qual se verifica

$$\sum_{i=1}^{n} b_i = \sum_{j=1}^{m} c_j .$$

Mostre que ele pode ser resolvido como um problema generalizado de alocação linear. Generalize a solução para um problema que não esteja na forma canônica (Christofides [Chr75], Simonnard [Si66]).

8.9 Seja um grafo **G** e um acoplamento maximal **M** em **G**. Mostre que os vértices de **G** não adjacentes às arestas de **M** formam um conjunto independente.

8.10 Seja **I** o grafo correspondente ao icosaedro (veja a figura).

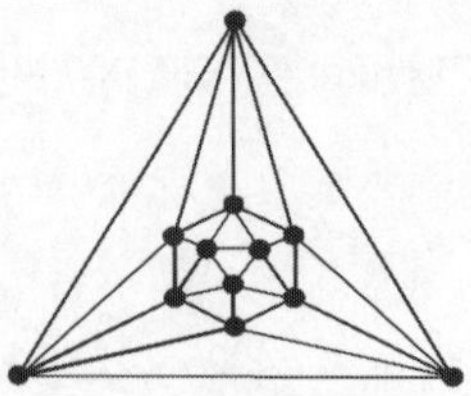

- Mostre que **I** não possui um acoplamento maximal com 4 arestas.
- Apresente um acoplamento maximal de **I** com 5 arestas.
- Apresente uma cadeia aumentante desse acoplamento e produza um acoplamento máximo.

8.11 Seja **P** o grafo de **Petersen** (veja **Fig. 4.4**).

- Quais as cardinalidades possíveis para os acoplamentos maximais de **P** ? Justifique a resposta com um argumento teórico.
- Para cada cardinalidade apresente um exemplo e, quando possível, apresente uma cadeia aumentante.
- Procure determinar os valores dos invariantes relacionados aos teoremas sobre acoplamentos.

Capítulo 9

Percursos abrangentes

E continua a viagem
No meio dessa paisagem
Onde tudo me fascina...

Roberto e Erasmo Carlos, Seu Corpo

9.1 Introdução

Estritamente falando, o presente capítulo é dedicado a um caso bastante particular dentre os problemas envolvendo percursos em grafos: aqueles onde um percurso utiliza a totalidade de um dos conjuntos que definem um grafo. Usar um capítulo inteiro para isso pareceria indicar um desequilíbrio no planejamento do conteúdo da obra, talvez por uma preferência declarada do autor pelo tema. Na verdade, o capítulo se justifica não apenas pela extrema riqueza dos trabalhos teóricos, como também pelas aplicações já desenvolvidas e por sua forte ligação com o campo da pesquisa operacional: os problemas de percursos abrangentes se incluem entre os temas os mais importantes na teoria dos grafos.

Chamamos aqui de *percurso abrangente* a um percurso, de qualquer tipo (aberto ou fechado, com ou sem repetição de elementos), que utilize todas as ligações ou todos os vértices de um grafo, sendo de particular interesse os que utilizam uma única vez uma ligação ou um vértice: falamos, portanto, dos percursos eulerianos e hamiltonianos já definidos no **Capítulo 2** e, também, dos percursos pré-eulerianos (que agora definimos como percursos abrangentes de arestas) e dos percursos pré-hamiltonianos, já definidos no **Capítulo 3**, ambos sem a restrição de unicidade.

As **Figs. 9.1 e 9.2** mostram grafos possuindo estes percursos.

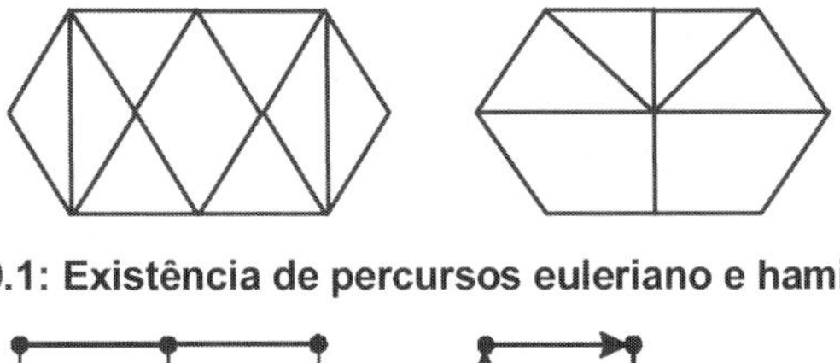

Fig. 9.1: Existência de percursos euleriano e hamiltoniano

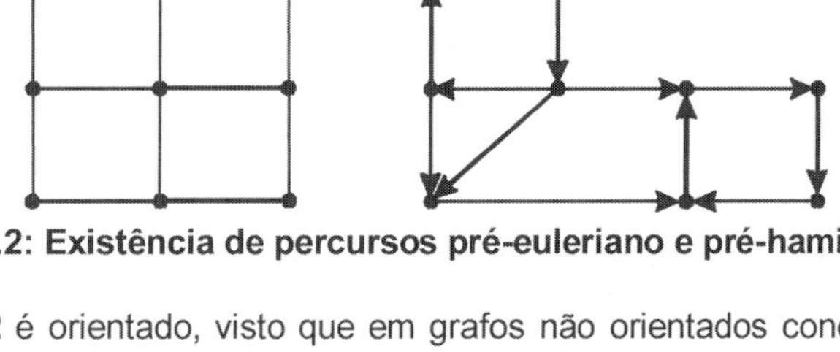

Fig. 9.2: Existência de percursos pré-euleriano e pré-hamiltoniano

O segundo exemplo da **Fig. 9.2** é orientado, visto que em grafos não orientados conexos a existência de um ciclo pré-hamiltoniano é trivial (já que eles estão associados aos grafos orientados f-conexos; ver o **Capítulo 3**).

A analogia entre percursos abrangentes de vértices e de arestas é imediata, e também ilusória. Vimos no **Capítulo 1** que **Euler** resolveu o primeiro problema de grafos ao demonstrar a inexistência de um percurso que utilizasse todas as sete pontes de **Königsberg** uma única vez – o que resultou, ao fim, em um teorema de existência para os percursos mais tarde chamados eulerianos. Por contraste, a procura de um teorema correspondente para o caso dos percursos hamiltonianos continua a ser um dos grandes objetivos dos teóricos em grafos, embora alguns deles cheguem ao ponto de duvidar que seja possível formulá-lo. Enfim, do ponto de vista da complexidade, caracterizar a existência ou não de um percurso euleriano é um problema polinomial na maioria dos casos, enquanto caracterizar a *hamiltonicidade* – existência, ou não, de um percurso hamiltoniano, é um problema NP-completo, na maioria dos casos.

As aplicações dos percursos eulerianos se relacionam, em sua maioria, a problemas de atendimento sequencial a um conjunto de usuários de um serviço oferecido no interior de uma malha urbana, tais como entrega de correio, coleta de lixo, vendas a domicílio etc.; esta classe de problemas tem a denominação de *Problema do Carteiro Chinês*, em vista do trabalho de Kwan Mei-Ko (Meigu Guan, na leitura atual) [Kw62] (como referência básica, ver ainda Goodman e Hedetniemi [GH73]). Uma aplicação em grafos orientados está em [SD99].

Já os problemas hamiltonianos aplicados se relacionam a atendimentos sequenciais em locais relativamente distantes uns dos outros ou, em geral, em pontos caracterizados por sua posição e não pela sequência do atendimento (o que implica na procura de elementos viáveis no conjunto de permutações dos vértices de um grafo). O nome genérico é o de *Problema do Caixeiro-Viajante (PCV)* e envolve não apenas viagens entre cidades (como sugere) mas ainda outros problemas de otimização, como o do percurso de perfuratrizes automáticas em trabalhos pré-programados, ou o da programação de uma linha de produção para uma série de produtos análogos, levando em conta as exigências de modificações intermediárias relacionadas à troca de um produto por outro de características (p.ex. dimensões, forma ou peso) diferentes.

9.2 Existência de percursos abrangentes para ligações

9.2.1 O teorema de Euler

O problema estudado por **Euler** em 1736 (ver o **Capítulo 1**), com a prova no sentido inverso por **Hierholzer**, resultou em um teorema de existência para um percurso abrangente em relação às arestas de um grafo não orientado, utilizando cada aresta uma única vez. Tal percurso, se existir, é chamado *euleriano* e pode ser fechado (caso em que o grafo respectivo é também chamado *euleriano*) ou aberto (caso em que alguns autores chamam ao grafo *unicursal*).

Obs.: Alguns autores chamam *eulerianos* aos grafos que chamamos de unicursais e *supereulerianos* aos que chamamos de eulerianos.

Generalizando o problema, pode-se caracterizar a existência de um número determinado de percursos que particionam o conjunto de arestas em grafos não orientados quaisquer e, enfim, teoria semelhante pode ser desenvolvida para grafos orientados. Nesses resultados se considera, em geral, o grafo como conexo: a inexistência de um percurso abrangente em um grafo não conexo é evidentemente trivial.

Teorema 9.1 (Euler-Hierholzer): *Um grafo* **G** *= (***V***,***E***) conexo e não orientado possui um ciclo euleriano se e somente se não possuir vértices de grau ímpar.*

Prova:

($\Rightarrow$) Seja **G** = (**V**,**E**) euleriano. Ao procurarmos percorrer nele um ciclo euleriano, poderemos escolher um vértice e daí prosseguir atravessando os demais vértices, apagando as arestas utilizadas. Logo, ao atravessarmos um vértice **v**, seu grau *d*(**v**) diminuirá de duas unidades, correspondentes às arestas de entrada e de saída; portanto todos os vértices intermediários no percurso deverão ter grau par, ou será impossível anular os seus graus ao final deste processo (o que indicará que restarão arestas a percorrer). O vértice inicial também deverá ter grau par, visto que o uso de uma de suas arestas adjacentes ao início o deixará com grau vigente ímpar, o que permitirá a anulação do grau ao final do processo.

($\Leftarrow$) Seja **G** = (**V**,**E**) um grafo com todos os vértices de grau par. Consideremos uma aresta (**v**,**w**) cuja supressão mantenha a conexidade de **G** (logo, que não seja uma ponte de **G**) e procuremos um percurso μ_{vw} que não a utilize, eliminando suas arestas à medida em que forem percorridas. Há dois casos possíveis:

(a) o percurso utiliza todas as arestas restantes do grafo: então ele, juntamente com (**v**,**w**), formará um ciclo euleriano;

(b) o percurso não utiliza todas as arestas do grafo; então, pelo mesmo raciocínio anterior, os graus finais não nulos dos vértices intermediários serão pares, o que permitirá a definição de ciclos secundários saindo e voltando para μ_{vw}, que podem ser percorridos com eliminação de arestas até que todos os graus sejam anulados. Ao chegar a **w**, atravessa-se (**v**,**w**), o que anula os graus desses vértices; tem-se assim um ciclo euleriano. ■

A **Fig. 9.3** ilustra a situação descrita neste último caso.

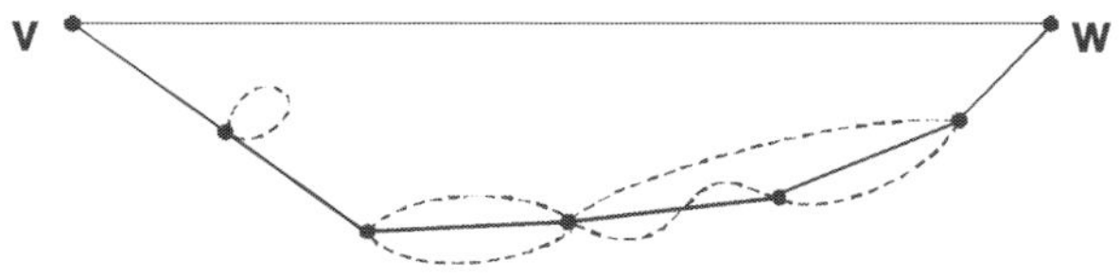

Fig. 9.3: Construção de um percurso euleriano

Obs.: Na segunda parte da prova, não se parte do conhecimento de que o grafo seja euleriano, logo não se pode supor, *a priori*, que ele seja 2-conexo. Portanto, faz sentido a especificação de uma aresta que não seja ponte do grafo.

A generalização para grafos com vértices de graus quaisquer é dada pelo seguinte teorema:

Teorema 9.2: *O número mínimo de percursos que particionam o conjunto de arestas de um grafo* **G** = *(**V**,**E**) não orientado com 2k vértices de grau ímpar é k* ($k \in \mathbf{N} - \{0\}$).

Prova: Consideremos um grafo euleriano **G** e um ciclo euleriano em **G**. Para obtermos $2k$ vértices de grau ímpar, bastará retirarmos do grafo k arestas não adjacentes duas a duas. Após esta retirada, o ciclo ficará subdividido em k percursos e eles particionarão o conjunto de arestas, uma vez que o ciclo assim subdividido era euleriano. Poderemos obter uma partição com mais de k percursos, bastando para isso subdividir um ou mais dos já obtidos sem eliminar arestas, mas não poderemos obter o resultado desejado com menos de k percursos; logo, k é mínimo. ■

Obs.: Convém lembrar que o número de vértices de grau ímpar em um grafo é sempre par, visto ser a soma dos graus igual ao dobro do número das arestas.

Em grafos orientados, a consideração de circuitos e caminhos eulerianos envolve uma nova definição, que é a de grafo <u>pseudossimétrico</u>:

Def. 9.1: Um grafo orientado **G** = (**V**,**E**) é *pseudossimétrico* se e somente se verificar

$$d^+(\mathbf{x}) = d^-(\mathbf{x}) \qquad \forall \mathbf{x} \in \mathbf{V} \tag{9.1}$$

Teorema 9.3: *Um grafo orientado conexo admite um circuito euleriano se e somente se for pseudossimétrico.*

Prova: semelhante à do teorema de **Euler**, particularizando os percursos como caminhos. ■

Obs.: Todo grafo simétrico é pseudossimétrico e todo grafo simétrico corresponde a um grafo não orientado; logo, o **Teorema 9.1** pode ser visto como um corolário do **Teorema 9.3**.

Um teorema análogo ao **Teorema 9.2**, válido para grafos orientados, é o seguinte:

Teorema 9.4: *Em um grafo orientado conexo não pseudossimétrico, o número mínimo de caminhos que particionam o conjunto de arcos é igual a*

$$k = \sum_{\mathbf{v} \in \mathbf{S}} (d^+(\mathbf{v}) - d^-(\mathbf{v})) = \sum_{\mathbf{v} \in \mathbf{T}} (d^-(\mathbf{v}) - d^+(\mathbf{v})) \tag{9.2}$$

onde

$$\mathbf{S} = \{ \mathbf{v} \in \mathbf{V} \mid d^+(\mathbf{v}) > d^-(\mathbf{v}) \}$$

$$\mathbf{T} = \{ \mathbf{v} \in \mathbf{V} \mid d^-(\mathbf{v}) > d^+(\mathbf{v}) \}.$$

Prova: Seja um grafo **G** orientado não euleriano. Inicialmente precisamos provar a validade de (9.2). Para isso, basta observar que em relação a um grafo orientado podemos escrever:

$$\sum_{v \in V} d^+(v) = \sum_{v \in S} d^+(v) + \sum_{v \in T} d^+(v) + \sum_{v \in V-(S \cup T)} d^+(v) \quad (9.3a)$$

e

$$\sum_{v \in V} d^-(v) = \sum_{v \in S} d^-(v) + \sum_{v \in T} d^-(v) + \sum_{v \in V-(S \cup T)} d^-(v) \quad (9.3b)$$

Subtraindo (9.3b) de (9.3a) teremos

$$\sum_{v \in S} (d^+(v) - d^-(v)) - \sum_{v \in T} (d^-(v) - d^+(v)) = 0 \quad (9.3c)$$

de onde, dadas as definições de **S** e de **T**, se segue (9.2).

Em seguida, observamos que, pelo **Teorema 9.3**, para transformar **G** = (**V**,**E**) em um grafo **H** euleriano, devemos adicionar a **E** um total de *k* arcos da forma (**T**,**S**), o que permitirá igualar os semigraus interior e exterior em todos os vértices. O novo grafo possuirá, portanto, um circuito euleriano. Removendo, a seguir, os *k* arcos adicionados teremos de novo **E**, agora particionado em *k* caminhos. Por um raciocínio análogo ao do **Teorema 9.2**, concluímos que *k* é mínimo. ■

Obs.: O valor *k* em (9.2) é conhecido como a *irregularidade total* do grafo e as suas parcelas,

$$b(\mathbf{v}) = d^+(\mathbf{v}) - d^-(\mathbf{v}) \qquad \forall \mathbf{v} \in \mathbf{V} \qquad (9.4)$$

formam a *sequência de desbalanceamento* do grafo. Mubayi, Will e West [MWW01] caracterizam as listas de inteiros que podem ocorrer como sequências de desbalanceamento de grafos, determinam o maior número de arcos que pode ter um grafo com uma sequência viável dada e fornecem um algoritmo guloso que constrói realizações da seqüência com o número mínimo de arcos.

9.3 O Problema do Carteiro Chinês

9.3.1 Introdução

No item anterior foram examinadas condições de existência para percursos eulerianos e condições referentes a grafos quaisquer, tanto orientados como não orientados. Este material nos permite agora abordar o Problema do Carteiro Chinês (PCC), o que envolve o desenvolvimento de instrumentos que permitam a aplicação da teoria dos percursos eulerianos a problemas práticos, onde não se pode esperar deparar em cada caso com um grafo euleriano.

Em uma situação aplicada se tem geralmente um grafo valorado e o interesse estará na repetição de itinerários parciais, de modo a gerar um itinerário único, que será então um percurso pré-euleriano. Por exemplo, se o problema é de coleta de lixo, será necessário determinar em quais ruas o caminhão deverá passar novamente (sem nova coleta) para retomar seu trabalho mais adiante. Isto pode ser feito através de um grafo auxiliar euleriano, no qual o grafo original se transforma, com base no que discutimos acima.

Devemos registrar uma importante diferença entre os problemas eulerianos baseados em grafos não orientados e em grafos orientados. Nos primeiros, a passagem por uma aresta a inabilita para nova passagem; logo, ao final se terão percorrido as *m* arestas e o itinerário se fecha, tendo-se percorrido um ciclo euleriano. Já em grafos orientados, uma dificuldade aparece: caso existam arcos nos dois sentidos, o uso de um deles não impedirá um algoritmo de busca de considerar mais adiante o outro para uso, tal como o exige a própria lógica do problema.

Teremos então um itinerário inutilmente longo, visto que bastaria ao agente do serviço, em princípio, uma única passagem pelo trecho de mão dupla (ao menos pela necessidade de prestar o serviço). A primeira ideia para se procurar solucionar essa dificuldade seria a de procurar determinar *a priori* em cada par de arcos simétricos um sentido a ser usado, abandonando-se o outro; mas isso não é admissível porque modifica o grafo sem uma razão coerente. Resta ainda o fato que, assim procedendo, teríamos ao final escolhido *r* arcos em ordem lexicográfica de vértices, de um total de *k* pares (ou seja, do vértice **i** para o vértice **j**, com $i < j$) e, então, $k - r$ no sentido oposto. Como não há, no pior caso, critérios para essa escolha, para um dado r teremos $C_{2k,r}$ possibilidades de escolha e, somando-se para todos os valores de *r*, um total de 2*k* possibilidades; logo, o problema é exponencial em *k*. Ver Minieka [Mi79].

A **Fig. 9.4** esquematiza a situação.

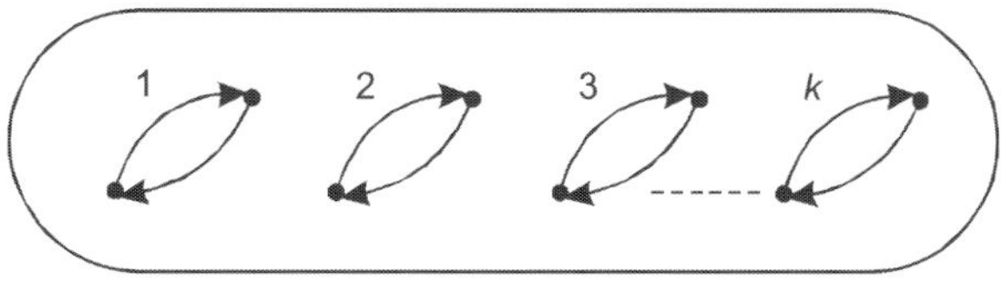

Fig. 9.4

Obs.: Evidentemente, se os *k* pares de arcos simétricos corresponderem a uma só rua de mão dupla, poderemos pensar em escolher um único sentido ao longo da mesma; mesmo assim será preciso intervir no algoritmo para impedir a volta do percurso (**Fig. 9.5**):

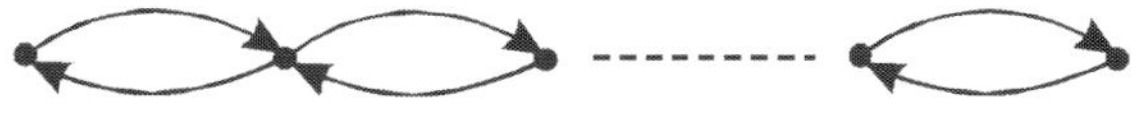

Fig. 9.5

Este problema é conhecido na literatura como o *problema do carteiro chinês em grafos mistos*, para o qual apresentamos uma rápida discussão adiante.

9.3.2 A técnica de resolução

A sequência a ser adotada para a resolução do PCC em um grafo **G** não orientado é a seguinte:

1. Verificar se **G** é euleriano; caso positivo, **ir para 6**.

2. Determinar o conjunto **I** de vértices de grau ímpar em **G**.

3. Determinar as distâncias d_{ij} para **i**, **j** $\in$ **I**, $i < j$ (p.ex., pelo algoritmo de **Dijkstra**: ver o **Capítulo 4**).

4. Seja **D**(**I**) = [d_{ij}] a matriz assim obtida. Fazer $d_{ii} = \infty$ e aplicar a **D**(**I**) assim modificada o algoritmo húngaro (ver o **Capítulo 8**).

5. Acrescentar a **G** uma aresta (**k**,**l**) para cada alocação recíproca **k**,**l** feita pelo algoritmo húngaro e atribuir a essa aresta o valor d_{kl}.

6. Aplicar um algoritmo de busca de percursos eulerianos (ver adiante).

Para maiores detalhes, ver Gondran e Minoux [GM85] e Boaventura [Bo86].

As arestas acrescentadas no **item 5** correspondem às repetições de percursos necessárias à conexão dos percursos parciais aos quais se refere o **Teorema 9.2**. O processo está esquematizado na **Fig. 9.6** abaixo, onde as linhas em zigue-zague correspondem aos percursos do teorema e as demais linhas às repetições necessárias à interconexão desses percursos.

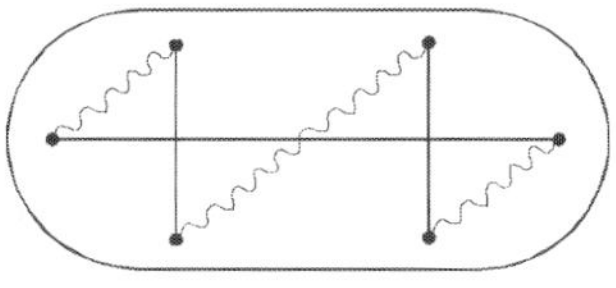

Fig. 9.6

Para o trabalho com grafos orientados, as seguintes modificações deverão ser feitas:

No ***item 2***, procuram-se os vértices **v** $\in$ **V** para os quais $d^+(\mathbf{v}) \neq d^-(\mathbf{v})$, construindo-se os conjuntos **S** e **T**.

No ***item 3***, os pares considerados para determinação das distâncias são os pares **v**, **w** | **v** $\in$ **T**, **w** $\in$ **S**.

No ***item 4***, a matriz do algoritmo húngaro é tal que cada vértice **v** $\in$ **T** possui $d_{\mathbf{v}}^{T} = d^-(\mathbf{v}) - d^+(\mathbf{v})$ linhas de igual conteúdo e cada vértice **w** $\in$ **S** possui $d_{\mathbf{w}}^{S} = d^+(\mathbf{w}) - d^-(\mathbf{w})$ colunas de igual conteúdo.

O ***item 5*** passa a tratar, evidentemente, de arcos e não de arestas.

O algoritmo de busca do ***item 6*** deve ser adequado a grafos orientados.

Obs.: O algoritmo de alocação assim montado é generalizado (ver o **Exercício 8.5**), visto deixar de ser obrigatória a unicidade das alocações (logo, o caso em que ela ocorre se torna um caso particular). Em grafos orientados podemos, portanto, ter mais de um arco adicionado à entrada ou à saída de um vértice.

9.3.3 Algoritmos de busca

Há dois algoritmos bastante simples, aplicáveis a grafos eulerianos não orientados. O primeiro deles (Gondran e Minoux [GM85]) procura um ciclo parcial e, em seguida, ciclos menores que são incluídos no inicial após serem percorridos, até que se esgotem todas as arestas (**Fig. 9.7**):

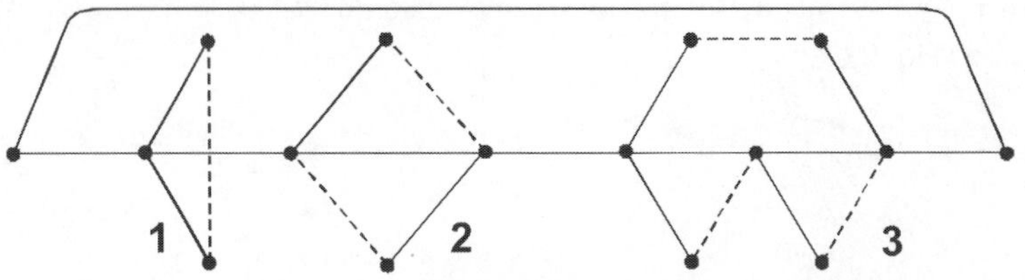

Fig. 9.7

Diversos casos podem ocorrer: por exemplo, o ciclo 1 envolve apenas um vértice do ciclo inicial, enquanto o ciclo 2 utiliza dois deles e o ciclo 3 utiliza 3. Deve-se observar que nenhum desses ciclos poderá utilizar qualquer ***aresta*** do ciclo inicial, ou de qualquer dos outros (basta apagar as arestas à medida em que são percorridas para evitar que isso aconteça). A continuidade do algoritmo é assegurada pela manutenção de grau par em todos os vértices atravessados e ele se encerra quando todas as arestas tiverem sido percorridas.

Algoritmo

```
início G = (V,E); G ← G0 = (V,E0);          < a ∈ X, ponto de partida; G = (V,Ek) grafo vigente >
  procedimento CICLO(ciclo)                  < ciclo e cic: vetores de m + 1 elementos >
    início
      v ← a;
      ciclo(1) ← v;
      w ← w' ∈ NG (v);
      enquanto w ≠ a fazer
        início
          Ek+1 ← Ek − {(v,w)};
          ciclo(k) ← w;
          v ← w;
          w ← w' ∈ NG(v);
        fim;
    fim;
  v ← a;
  CICLO(ciclo);                              < ciclo inicial construido, última aresta r = (z,a) >
  para ciclo (k) de 1 a r fazer
    início
      enquanto ∃ v ∈ ciclo | dG(v) > 0 fazer
        início
          CICLO (cic);
          incluir vértices de cic em ciclo;  < a partir da posição de entrada >
          se ciclo(m + 1) ≠ 0 então fim;
        fim;
    fim;
fim.
```

O segundo algoritmo é o de **Fleury** (Berge [Be73]), que pode ser assim resumido, informalmente:

1. Dados: $\mathbf{G_0} = (\mathbf{V},\mathbf{E_0})$; $k \leftarrow 0$; $\mathbf{G_k} \leftarrow \mathbf{G_0}$; < $\mathbf{v} \in \mathbf{V}$: vértice de partida >

< $\mathbf{u_w}$: aresta incidente em $\mathbf{w}$ em $\mathbf{G_{k+1}}$, cuja remoção desconecte $\mathbf{G_{k+1}}$ >

$\mathbf{F_v} \leftarrow \varnothing$;

2. **Escolher** uma aresta $\mathbf{e_k} \in \omega^-(\mathbf{v}) - \mathbf{u_v}$, que leva a um vértice $\mathbf{w}$.
3. **Se** $\mathbf{w} = \mathbf{v}$ e $\mathbf{E_{k+1}} = \mathbf{E_k} - \{\mathbf{e_k}\} = \varnothing$, **fim**. < não há arestas não percorridas >

   Senão, fazer $\mathbf{G_{k+1}} = \mathbf{G_k} - \mathbf{e_k}$ e $\mathbf{v} \leftarrow \mathbf{w}$.

   Determinar $\mathbf{u_v}$ < usar algoritmo para conexidade >.

   Fazer $k \leftarrow k + 1$.

   Voltar a **2**.

Obs.: Na primeira passagem do algoritmo não é necessário testar a conexidade do grafo vigente, uma vez que ele somente poderia ser não conexo se o vértice inicial fosse pendente – o que não é admissível em um grafo euleriano.

Exemplo completo (Fig. 9.8):

Neste exemplo, utilizaremos o algoritmo de geração de ciclos: as etapas indicadas se referem ao preparo do grafo para a utilização do algoritmo, que constitui a última etapa.

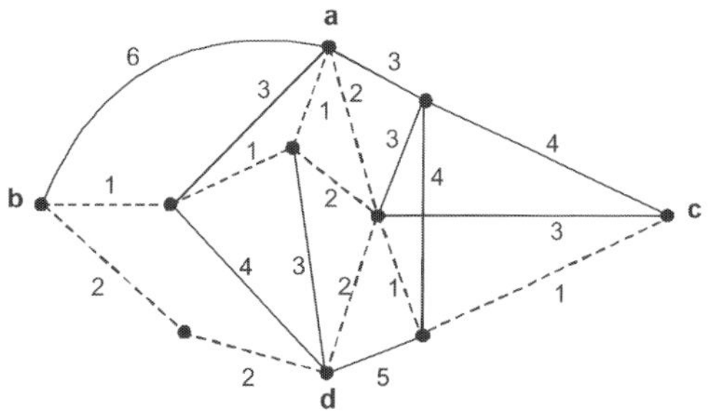

Fig. 9.8

Etapa 1: **G** não é euleriano (possui vértices de grau ímpar).

Etapa 2: **I** = { **a**,**b**,**c**,**d** }.

Etapa 3: caminhos mínimos entre vértices de grau ímpar.

O algoritmo de **Dijkstra**, como já observado, pode ser utilizado. Aqui procederemos por inspeção, observando que os caminhos (que podem ser seguidos ao longo das linhas tracejadas na figura) possuem os seguintes valores:

$v(\mu_{ab}) = 3$ $\quad v(\mu_{bc}) = 6$ $\quad v(\mu_{ac}) = 4$ $\quad v(\mu_{bd}) = 4$ $\quad v(\mu_{ad}) = 4$ $\quad v(\mu_{cd}) = 4$

Etapa 4: alocação.

Com os valores acima se constrói a matriz

	a	b	c	d
a	∞	3	4	4
b	3	∞	6	4
c	4	6	∞	4
d	4	4	4	∞

da qual o algoritmo húngaro (ver o **Capítulo 8**) obtém, na primeira iteração:

	a	b	c	d
a	∞	0	1	1
b	0	∞	3	1
c	0	2	∞	0
d	0	0	0	∞

Obtemos, então, a alocação {**a** ⇔ **b**, **c** ⇔ **d**} de custo mínimo 7. Podemos, por inspeção, verificar que as duas outras alocações possíveis tem custos 8 e 10.

Etapa 5: adição de arestas.

O novo grafo (**Fig. 9.9**), obtido pela adição das arestas (**a**,**b**) e (**c**,**d**), é euleriano (observe-se que se trata de um 2-grafo, detalhe a ser levado em conta na programação):

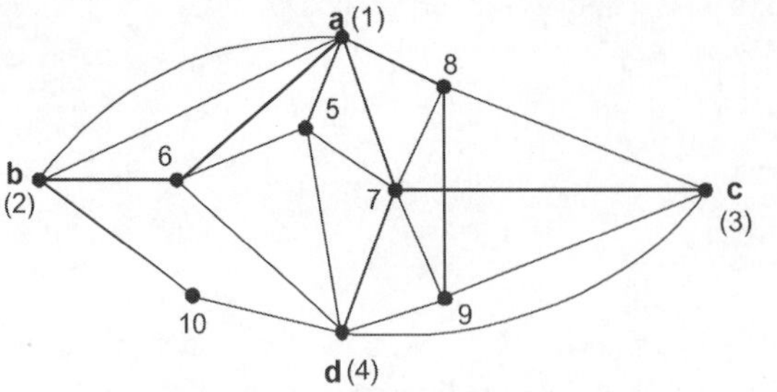

Fig. 9.9

Na figura, os vértices receberam índices, de modo a que se possa acompanhar a execução do algoritmo de busca.

Etapa 6: algoritmo de busca.

Início: **v** $\leftarrow$ **1**; ciclo(1) $\leftarrow$ 1; $\mathbf{N_G}$ (**1**) = { **2,5,6,7,8** }; **w** $\leftarrow$ **2**;

$\mathbf{E}_1 \leftarrow \mathbf{E}_0$ − {(**1,2**)}; ciclo(2) $\leftarrow$ 2; **v** $\leftarrow$ **2**; $\mathbf{N_G}$ (**2**) = { **6,10** }; **w** $\leftarrow$ **6**;

$\mathbf{E}_2 \leftarrow \mathbf{E}_1$ − {(**2,6**)}; ciclo(3) $\leftarrow$ 6; **v** $\leftarrow$ **6**; $\mathbf{N_G}$ (**6**) = { **4,5** }; **w** $\leftarrow$ **4**;

$\mathbf{E}_3 \leftarrow \mathbf{E}_2$ − {(**6,4**)}; ciclo(4) $\leftarrow$ 4; **v** $\leftarrow$ **4**; $\mathbf{N_G}$ (**4**) = { **5,7,9,10** }; **w** $\leftarrow$ **5**;

$\mathbf{E}_4 \leftarrow \mathbf{E}_3$ − {(**4,5**)}; ciclo(5) $\leftarrow$ 5; **v** $\leftarrow$ **5**; $\mathbf{N_G}$ (**5**) = { **1,6,7** }; **w** $\leftarrow$ **1**;

Fim do *loop*: obtivemos o ciclo base (**1**,**2**,**6**,**4**,**5**,**1**), indicado na **Fig. 9.10** abaixo.

A segunda fase do algoritmo transcorre ao longo do ciclo assim determinado.

v $\leftarrow$ **1**;

$d_{G'}$(**1**) > 0 $\Rightarrow$ aciona-se CICLO com o vetor auxiliar cic.

O vetor auxiliar recebe o ciclo (***1***,***2***,***10***,***4***,***3***,***7***,***1***) (deixamos como exercício a verificação desse conteúdo). O grafo, com as arestas desse ciclo e as do ciclo-base tracejadas (em dois estilos diferentes), aparece como na **Fig. 9.10**:

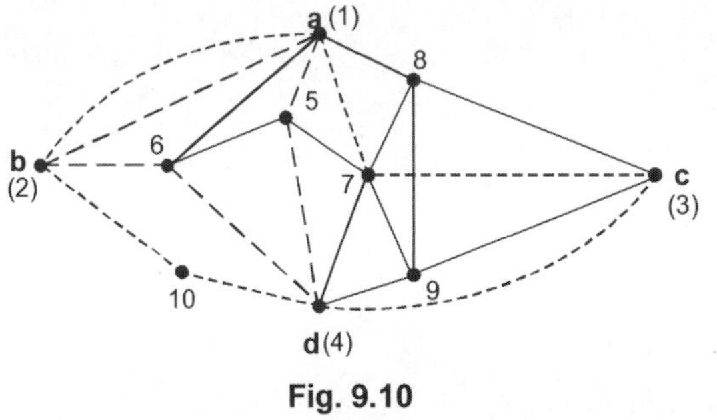

Fig. 9.10

A operação de inclusão se dá na saída do vértice **1**: logo, transformaremos o ciclo-base (**1**,**2**,**6**,**4**,**5**,**1**) em (**1**,***2***,***10***,***4***,***3***,***7***,***1***,**2**,**6**,**4**,**5**,**1**). Continuamos a ter $d_{G'}$(**1**) > 0, logo repetimos o procedimento obtendo desta vez (**1**,**6**,**5**,**7**,**4**,**9**,**3**,**8**,**1**). A nova inclusão produz (**1**,**2**,**10**,**4**,**3**,**7**,**1**,***6***,***5***,***7***,***4***,***9***,***3***,***8***,***1***,**2**,**6**,**4**,**5**,**1**).

Os graus atualizados dos vértices do ciclo vigente são nulos, à exceção dos de **7**, **8** e **9**. O primeiro deles é **7**, que produz o ciclo parcial (**7**,**8**,**9**,**7**).

Uma nova inclusão produz (**1**,**2**,**10**,**4**,**3**,**7**,***8***,***9***,***7***,**1**,**6**,**5**,**7**,**4**,**9**,**3**,**8**,**1**,**2**,**6**,**4**,**5**,**1**). O vetor contém agora 23 componentes não nulas, o que corresponde ao uso das 22 arestas do grafo; logo, ele contém um ciclo euleriano.

Obs.: a inclusão de um ciclo parcial pode ser feita em qualquer posição na qual apareça um vértice a ele pertencente, produzindo-se em cada caso um ciclo diferente.

Um ponto a considerar

Quando se tem 4 ou 6 vértices de grau ímpar, o problema pode ser facilmente resolvido por enumeração total; tem-se, respectivamente, 3 e 15 possibilidades de combinação de itinerários a repetir. Para $2k$ vértices de grau ímpar, em geral, o número r de combinações de itinerários a repetir é dado por

$$r = \frac{(2k)!}{2^k.k!} = (2k-1)(2k-3)...3.1, \quad (9.5)$$

(Abreu [Ab94]) o que fornece, para os primeiros valores,

2*k*	4	6	8	10	12	14
r	3	15	105	945	10395	135135

a enumeração total se tornando, portanto, rapidamente inviável. O valor r é, às vezes, chamado *fatorial ímpar* de $2k$.

9.3.4 ✷Outros problemas relacionados com o PCC

- **O problema do carteiro chinês com *k* pessoas**

Este problema é uma generalização do PCC, na qual se consideram k pessoas, cada uma devendo partir do ponto inicial e percorrer um circuito, atendendo aos clientes do mesmo, voltando depois ao ponto inicial, de modo que o custo total seja mínimo. Pearn [Pe94] discute os casos polinomiais do problema e cita outras referências.

- **O problema do carteiro chinês em grafos mistos (PMCC)**

Este problema, de que falamos acima (ver **item 9.3.1**), corresponde a uma descrição de grafos como estruturas possuindo arcos e arestas no conjunto de ligações (cada aresta sendo equivalente a um par de arcos simétricos). Enquanto o PCC é polinomial, o PMCC é NP-completo. Pearn e Liu [PL95] e Pearn e Chou [PC99] discutem heurísticas formuladas por **Edmonds** e **Johnson** e por **Frederikson**. Corberán, Martí e Sanchis [CMS02] aplicam ao problema um algoritmo baseado na metaheurística GRASP.

Cabe observar que este problema se aproxima, em muitos casos, da situação real dos itinerários abrangentes a serem planejados nas cidades, tais como veículos de entrega de correio ou de coleta de lixo.

- **O problema do carteiro rural não orientado (PCR)**

Dado um grafo **G** não orientado, este problema exige que todas as arestas de um dado subgrafo **H** de **G** sejam percorridas, com o auxílio eventual de arestas adicionais de **G**, a custo mínimo, para que o subgrafo de arestas percorridas seja euleriano. Pearn e Wu [PW95] discutem a heurística formulada por **Christofides** e apresentam dois aperfeiçoamentos para ela. Ghiani e Laporte [GL00] discutem o problema e sua relação com outros problemas e apresentam uma nova formulação e um algoritmo *branch-and-cut* associado com ela.

Este problema corresponde à situação existente em áreas rurais, onde existe uma rede de vias mas nem todas utilizam um determinado serviço.

- **O problema misto do carteiro rural (PMCR)**

Este problema NP-árduo é, na verdade, uma generalização que envolve, como casos particulares, os dois problemas acima referenciados. Consequentemente, a sua aderência a situações do mundo real é maior. Em Corberán, Martí e Romero [CMR00], o problema é formalizado e são discutidas heurísticas para a obtenção de soluções.

- **O PCC genérico com janelas de tempo (PCCT)**

Uma discussão ampla do caso em que se consideram limites de tempo para a execução do percurso é feita por Wang e Wen [WW02].

- **O PCC de máximo benefício (PCCMB)**

Neste problema se considera um custo para a travessia de uma ligação onde se prestam serviços, um custo morto para uma ligação onde não se prestam serviços e um benefício relacionada à travessia de cada ligação. O objetivo é encontrar um conjunto de ligações cuja travessia maximize o benefício líquido. Pearn e Wang [PW03] apresentam uma condição suficiente para a existência de uma solução que cubra todo o grafo e apresentam uma heurística destinada a processar grafos que satisfaçam a essa condição.

- **Problemas eulerianos de localização**

  Trata-se de uma classe de problemas relacionados à localização de um conjunto de depósitos no contexto de um roteamento irrestrito por arestas, no qual existe um dado subconjunto de arestas a serem atendidas. No caso de um depósito, o problema pode ser transformado em um Problema do Carteiro Rural, e da mesma forma para mais de um depósito se não houver limites para o número de depósitos.

  Ghiani e Laporte [GL99] utilizam um algoritmo *branch-and-cut* na resolução ótima de problemas aplicados e teóricos com até 200 vértices. ✸

9.3.5 O caso orientado e a resolução interativa

Em grafos orientados, a resolução envolve um problema de alocação linear generalizado (visto que um vértice pode receber mais de um arco de entrada, ou de saída) e se deve usar um algoritmo de busca adequado para grafos orientados. Para maiores detalhes ver Boaventura *et alii* [BCMMC88], onde o algoritmo de busca é apresentado em forma interativa, o que permite a um usuário escolher a etapa seguinte do percurso, segundo sua preferência, dentre as admissíveis pelo algoritmo.

A resolução interativa do problema apresenta grande interesse em vista da transparência, para o usuário não informado, da teoria envolvida; por exemplo, pessoal ligado a coleta de lixo, ou a distribuição de correio, pode ser levado a interagir diretamente com o algoritmo, o que permite a aplicação direta de restrições não quantificáveis. Um trabalho que tende a facilitar esse contato, integrando o problema pré-euleriano no ambiente de um sistema de informação geográfica (SIG) de modo a poder apresentar as opções de percurso sobre um mapa, é Perin, Ferreira e Taube [PFT92].

9.3.6 Resultados

A disponibilidade de teoremas de existência, tanto para grafos não orientados como para orientados, tem levado a teoria dos percursos eulerianos na direção do estudo de exigências adicionais e de problemas de contagem. Apresentaremos apenas um exemplo de cada tipo de resultado.

a) Grafos aleatoriamente eulerianos

Diz-se que um grafo é *aleatoriamente euleriano a partir de um vértice* **v** quando todo caminho iniciado em **v** pode ser estendido até formar um percurso euleriano fechado. Nessas condições não é, evidentemente, necessário um algoritmo específico de busca para a construção do percurso. Alguns resultados sobre o tema são (Chartrand e Lick [CL71]):

- *Um grafo* $\mathbf{G} = (\mathbf{V},\mathbf{E})$ *(orientado ou não) é aleatoriamente euleriano a partir de* $\mathbf{v} \in \mathbf{V}$*, se e somente se todo ciclo de* **G** *contém* **v**.
- *Um grafo aleatoriamente euleriano a partir de todo* $\mathbf{v} \in \mathbf{V}$ *é obrigatoriamente da classe* $\mathbf{C}_n$*, devendo ser f-conexo se for orientado.*
- *Se* **G** *é aleatoriamente euleriano a partir de* $\mathbf{v} \in \mathbf{V}$*, então* **v** *tem grau máximo e, se* **G** *for orientado,* **v** *tem semigrau exterior máximo.*
- Enfim, *se* $\mathbf{G} = (\mathbf{V},\mathbf{E})$ *orientado for aleatoriamente euleriano para exatamente p vértices, então ou* $0 \le p \le \lfloor n/2 \rfloor$ *ou* $p = n$.

b) Grafos eulerianos e árvores parciais

Jaeger (1979) provou que se um grafo não orientado **G** possuir duas árvores parciais disjuntas em relação às arestes, então **G** será euleriano. Catlin (1988) mostrou que se a interseção de duas árvores parciais de **G** se limitar a uma aresta, então **G** terá uma ponte ou será euleriano. Ele conjeturou, ainda, que se essa interseção possuir no máximo duas arestas, então ou **G** será euleriano ou então será contratível a $\mathbf{K}_2$ ou a $\mathbf{K}_{2,t}$ para algum *t* ímpar e maior do que 1. Catlin, Han e Lai [CHL96] provam esta conjetura em um contexto mais amplo.

c) Dois resultados de contagem

1. Berge [Be73] cita o seguinte resultado: *Se e(G) é o número de circuitos eulerianos distintos e* τ_i *é o número de arborescências parciais com uma raiz dada* ***i*** *em um grafo* **G** *pseudossimétrico e conexo, então*

$$e(\mathbf{G}) = \tau_i \prod_{k=1}^{n} (r_k - 1)! \tag{9.6}$$

onde r_k *é* o semigrau (valor único !) *do vértice k* (**Aardenne-Ehrenfest e de Bruijn**). Dois circuitos são *distintos* quando um não for uma permutação circular do outro.

Como consequência, em um grafo pseudossimétrico o número de arborescências parciais é o mesmo para qualquer vértice raiz.

2. Um caso particular de contagem é o dos grafos *2-pseudossimétricos*, ou seja, grafos nos quais se tenham todos os semigraus iguais a 2. Lauri [La97] apresenta uma prova combinatória para uma expressão devida a Macris e Pulé [MP96]:

$$|\, e(\mathbf{G}) \,| = \det(\mathbf{I} + \mathbf{I}_\mu) \tag{9.7}$$

onde $\mathbf{I}_\mu$ é a *matriz de interseção* de um circuito euleriano, assim definida:

Percorre-se um circuito euleriano μ em um grafo 2-pseudossimétrico, rotulando os vértices em ordem numérica correspondente ao seu primeiro aparecimento em μ. Reproduz-se a sequência marcando $2n$ pontos sobre uma circunferência e rotulando-os com os rótulos dos vértices, na ordem em que aparecem. A seguir se une por uma corda (*corda i*) o par de pontos de rótulo i (i = 1, ... , *n*). Teremos então *n* cordas, das quais algumas se intercedem duas a duas e outras não.

A matriz de interseção $\mathbf{I}_\mu = [(\mathbf{I}_\mu)_{ij}]$ é uma matriz antissimétrica na qual se tem

- $(\mathbf{I}_\mu)_{ij} = 1$ se as cordas i e j se intercedem, i < j;
- $(\mathbf{I}_\mu)_{ij} = 0$ caso contrário.
- enfim, $(\mathbf{I}_\mu)_{ij} = -(\mathbf{I}_\mu)_{ji}$ e $(\mathbf{I}_\mu)_{ii} = 0$.

Exemplo (Fig. 9.11):

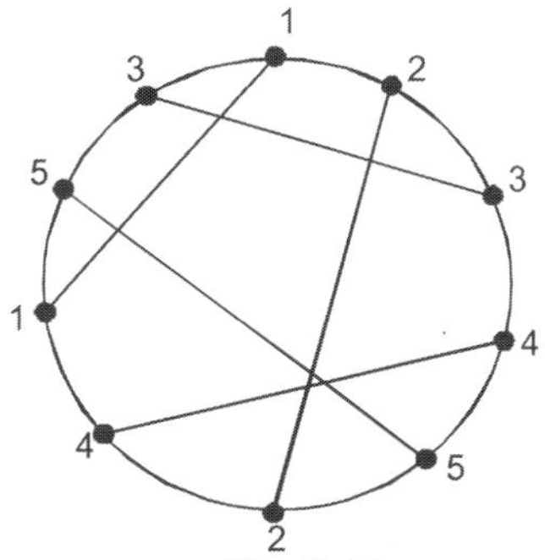

Fig. 9.11

O percurso usado foi (**1**,**2**,**3**,**4**,**5**,**2**,**4**,**1**,**5**,**3**,**1**) e a matriz $\mathbf{I} + \mathbf{I}_\mu$ correspondente é

	1	2	3	4	5
1	1	0	1	0	1
2	0	1	1	1	1
3	-1	-1	1	0	0
4	0	-1	0	1	1
5	-1	-1	0	-1	1

Podemos verificar que $\det(\mathbf{I} + \mathbf{I}_\mu) = 5$.

Uma aplicação recente, e até surpreendente, do estudo de grafos 2-pseudossimétricos é a sequenciação de cadeias de DNA por *hibridização.* Na bioquímica molecular, aparece o problema da reconstrução dessas cadeias, ou seja, estabelecer a sequência correta de nucleotídios que formam a cadeia, a partir de pedaços dela. Nem sempre existe uma única reconstrução possível e há interesse em se procurar conhecer o número de reconstruções possíveis em um caso dado. A situação conduz a um modelo de grafo pseudossimétrico no qual o número de reconstruções possíveis é igual ao número de circuitos eulerianos. Arratia *et al* [ABCS00], em um estudo bastante abrangente, apresentam os recursos teóricos associados ao modelo e determinam o nível de ambiguidade do problema.

Enfim, Fleischner [Fl01] discute as conexões entre os problemas eulerianos e diversas outras áreas da teoria, tais como hamiltonicidade, fluxos e problemas de ciclos.

9.4 Problemas hamiltonianos

9.4.1 Introdução

Ao contrário do que ocorre com os problemas eulerianos, nenhum teorema geral de existência foi associado ao jogo do dodecaedro (ou jogo icosiano) de **Hamilton**, do qual falamos no **Capítulo 1**: até hoje, não foi possível caracterizar em um grafo qualquer a existência de um percurso abrangente em relação aos vértices que utilize cada um deles uma única vez. O abandono da restrição de unicidade simplifica o problema de forma considerável, reduzindo-o (para grafos orientados) ao da f-conexidade (ver o **Capítulo 3**). Para o problema de **Hamilton**, mais de um século não bastou para que se encontrasse uma solução e muitos pesquisadores, de fato, duvidam que ela exista. O número de teoremas já demonstrados é enorme; algumas classes de grafos possuem condições de existência, mas a maior parte dos resultados é de condições suficientes – as mais procuradas e as de maior utilidade – havendo, também, diversas condições necessárias.

É significativo, porém, o fato do próprio grafo de **Hamilton** não atender a qualquer dos teoremas não específicos de maior importância; igualmente significativo é o número de contraexemplos da necessidade nas condições de suficiência mais importantes, bem como a simplicidade e a clareza dos contraexemplos de suficiência nas condições de necessidade.

O restante do item foi, então, dedicado a alguns dos resultados teóricos disponíveis e, em separado, apresentamos a discussão do Problema do Caixeiro-Viajante (PCV) já referenciado no início do capítulo, por se tratar da área aplicada de maior importância relativa ao assunto.

9.4.2 Resultados

O problema da existência de um percurso hamiltoniano fechado em um dado grafo pode sempre ser resolvido, como qualquer outro problema de grafos finitos, pela enumeração total das possibilidades – ou seja, das permutações de vértices – em busca daquelas que, eventualmente, correspondam a ciclos ou a circuitos elementares. Esta técnica é, no entanto, de complexidade exponencial (ver Campello e Maculan [CM94]) e não se pode ter certeza de sucesso; daí a importância de se procurarem resultados como os referenciados no item anterior. Uma referência geral importante é Behzad, Chartrand e Lesniak-Foster [BCLF79]. Gould [Go03] é um *survey* dos avanços conseguidos até a época.

9.4.3 Condições suficientes em grafos não orientados

a) *Seja* $G = (V,E)$ *um grafo com* $n \geq 3$, *no qual se tenha* $d(v) \geq n/2 \ \forall v \in V$. *Então* G *é hamiltoniano.* (Dirac [Di52]).

b) *Seja* $G = (V,E)$ *um grafo com* $n \geq 3$, *no qual se tenha, para todo par* v, w *de vértices não adjacentes,* $d(v) + d(w) \geq n$. *Então* G *é hamiltoniano* (Ore [Or60]).

Obs.: Não é difícil concluir que estes resultados exigem uma elevada densidade de arestas: por exemplo, o resultado de **Dirac** implica em que o grafo possua no mínimo $n^2/4$ arestas, ou seja, mais da metade do máximo $n(n-1)/2$). Já o resultado de **Ore** abre caminho para condições mais potentes, conforme veremos adiante.

Os três resultados que se seguem utilizam o conceito de sequência gráfica, assim definido:

Def. 9.2: *Sequência gráfica* é uma sequência finita (aqui considerada não decrescente) de números inteiros positivos, que tenha uma correspondência biunívoca com a sequência dos graus dos vértices de um grafo não orientado **G** (não necessariamente único). **G** é, então, uma *representação gráfica* da sequência. Ver também o **Capítulo 2** (item **2.10.4**), onde apresentamos mais alguns detalhes.

Uma particularidade de algumas sequências gráficas é a seguinte:

Def. 9.3: *Sequência forçosamente hamiltoniana* é aquela para a qual todas as representações gráficas (conexas) são grafos hamiltonianos.

A **Fig. 9.12** mostra exemplos de grafos e suas respectivas sequências gráficas:

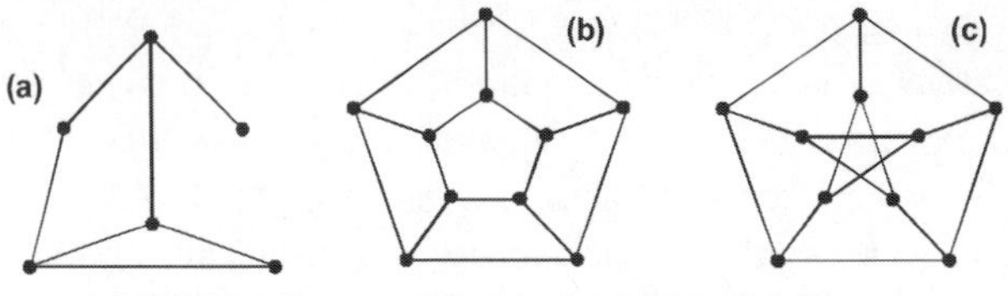

(a) (1,2,2,3,3,3) (b) e (c) (3,3,3,3,3,3,3,3,3,3)

Fig. 9.12: Grafos e sequências gráficas

A segunda sequência não é forçosamente hamiltoniana, porque o grafo (c) – grafo de **Petersen** – é não hamiltoniano. Um exemplo simples de seqüência forçosamente hamiltoniana é [2,2,...,2] (que gera $\mathbf{C}_n$).

As condições baseadas na noção de sequência gráfica são as seguintes:

c) *Uma sequência gráfica com mais de dois termos, tal que para todo j, $1 \leq j \leq n/2$, o número de termos menores que j seja menor que j, é forçosamente hamiltoniana* (Pósa [Po62]).

Um exemplo de sequência que verifica (c) é (2, 2, 2, 2, 3, 3, 4, 4, 5, 5).

d) *Uma sequência gráfica D=[d_i] com mais de dois termos, tal que*

$$d_j \leq j,\ d_k \leq k \ \Rightarrow\ d_j + d_k \geq n, \tag{9.8}$$

é forçosamente hamiltoniana (Bondy [Bon69]).

e) *Uma sequência gráfica D=[d_i] com mais de dois termos, tal que*

$$d_j \leq j \leq n/2 \ \Rightarrow\ d_{n-j} \geq n - j \tag{9.9}$$

é forçosamente hamiltoniana (Chvátal [Chv72]).

Com base no resultado (b), de **Ore**, chegamos à noção de fecho hamiltoniano.

Def. 9.4: O *fecho hamiltoniano* $\Phi(\mathbf{G})$ de um grafo **G** é o grafo obtido pela adição iterativa de uma aresta a todo par de vértices **v**,**w** não adjacentes, para o qual se tenha $d(\mathbf{v}) + d(\mathbf{w}) \geq n$.

O fecho de um grafo

A noção geral de fecho tem a ver com uma dada propriedade **P**, para a qual se considera uma *condição* associada a dois vértices não adjacentes **v** e **w**. Então se adicionam iterativamente arestas (**v**,**w**) a **G**, enquanto se obtiver

$$< \mathbf{G} + (\mathbf{v},\mathbf{w}) \text{ verifica } \mathbf{P} \Leftrightarrow \mathbf{G} \text{ verifica } \mathbf{P} >$$

Na construção do fecho transitivo (ver o **Capítulo 2**), **v** e **w** recebem um arco se e somente se existir um caminho de **v** para **w** em **G**. Na construção do fecho hamiltoniano (Bondy e Chvátal), **v** e **w** recebem um arco se e somente se $d(\mathbf{v}) + d(\mathbf{w}) \geq n$.

Outros autores desenvolveram outros conceitos de fecho com base em outras propriedades, ou utilizaram técnicas de fecho para obter condições suficientes mais fortes referentes a essas propriedades. Broersma, Ryjacék e Scjermeyer [BRS00] apresentam um survey referente aos conceitos de fecho e sua utilização nos últimos vinte anos.

O fecho hamiltoniano pode ser obtido por um algoritmo polinomial, assim como um ciclo hamiltoniano em $\Phi(\mathbf{G})$ pode ser transformado em um ciclo hamiltoniano em **G** por um algoritmo polinomial (Bondy e Chvátal). Logo, se $\Phi(\mathbf{G}) = \mathbf{K}_n$ para um dado **G**, o problema do ciclo hamiltoniano será polinomial para ele, visto que em $\mathbf{K}_n$ o problema é polinomial.

f) *Dado **G** com $n \geq 3$ vértices, se $\Phi(G) = K_n$, então **G** é hamiltoniano* (Bondy e Chvátal [BC76]).

Estes seis resultados, de (a) a (f), são progressivamente mais fortes: Capobianco e Molluzzo [CM77] apresentam uma série de grafos hamiltonianos que ilustra a maior capacidade de discernimento, progressiva, dos teoremas:

- (a) não é satisfeito pelo primeiro grafo, mas (b) o é;
- (b) não é satisfeito pelo segundo grafo, mas (c) o é;
- etc.,...;
- (e) não é satisfeita pelo quinto grafo, mas (f) o é.

Cada teorema, portanto, é capaz de identificar a hamiltonicidade onde os anteriores fracassaram. Pode ocorrer, no entanto, que nenhum deles funcione para um dado grafo.

g) *Dado **G** com $n \geq 3$ vértices, se $\kappa(G) \geq \alpha(G)$, então **G** é hamiltoniano* (Chvátal e Erdös [CE72]). Neste resultado, κ é a conectividade de vértices (ver o **Capítulo 3**) e α é o número de estabilidade interna (ver o **Capítulo 6**).

h) *O grafo adjunto de um grafo euleriano é hamiltoniano.*

Obs.: Esta condição é imediata, dada a definição de grafo adjunto; a dificuldade está no seu aproveitamento no sentido inverso, ou seja, na determinação do grafo original (caso ele exista, uma vez que nem todo grafo é o adjunto de outro grafo).

i) *Um grafo **G** de conectividade $\kappa \geq 2$ e de grau mínimo δ(**G**), tal que*

$$\delta(\mathbf{G}) \geq (n + \kappa) / 3 \tag{9.10}$$

é hamiltoniano (**Haggkvist** e **Micoghossian**,1981). Este resultado, ao lado de muitos outros, é citado na excelente revisão de Gould [Go91].

9.4.4 Condições necessárias em grafos não orientados

Conforme observa Jurkiewicz [Ju90], as condições necessárias são, ou demasiadamente simples, ou de verificação excessivamente complexa. No primeiro caso estão os três resultados a seguir:

a) *Todo grafo hamiltoniano é 2-conexo.*

O segundo resultado envolve a noção de *k*-circularidade. Um grafo é *k-circulável* se *k* vértices quaisquer pertencem a um mesmo ciclo.

b) *Todo grafo hamiltoniano é 3-circulável.*

Como pensamos sempre em grafos com no mínimo 3 vértices (visto que trabalhamos com 1-grafos), o enunciado é óbvio.

O terceiro resultado utiliza a noção de *k*-fator; conforme definido no **Capítulo 2**, um *k*-fator é um subgrafo abrangente de **G** que seja regular de grau *k*.

c) *Todo grafo hamiltoniano tem um 2-fator.*

Outro resultado imediato: se o grafo for hamiltoniano: o próprio ciclo hamiltoniano será um 2-fator; por outro lado, um 2-fator pode envolver mais de um ciclo.

Gould [Go01] discute o problema geral do uso das sequências de graus para determinar a estrutura dos 2-fatores, em particular sobre a influência do grau mínimo no número e no tamanho dos ciclos.

O resultado que se segue, ao contrário dos anteriores, é de verificação tão complexa que pouco ou nada acrescenta ao esclarecimento do problema:

d) *Em um grafo hamiltoniano **G** = (**V**,**E**) não existe uma partição de **V** em 3 conjuntos **R**, **S** e **T** tais que*

$$2|\mathbf{S}| + |\mathbf{E}_T| + \frac{|\mathbf{R}|}{2} + \frac{1}{2}|\mathbf{E}_{RT}| < n \tag{9.11}$$

(**Tutte**), *onde $\mathbf{E}_T$ e $\mathbf{E}_{RT}$ são respectivamente os conjuntos de arestas unindo vértices de **T** entre si e vértices de **R** a vértices de **T**.*

9.4.5 Ciclos em grafos valorados

Em um grafo **G** = (**V**,**E**) valorado sobre as arestas, pode ser definido um *grau ponderado* $d^p(\mathbf{v})$, para todo $\mathbf{v} \in \mathbf{V}$:

$$d^p(\mathbf{v}) = \sum_{\mathbf{w} \in N(\mathbf{v})} p(\mathbf{v}, \mathbf{w}) \tag{9.12}$$

Define-se, levando em conta todo par de vértices **v**, **w** não adjacentes, um parâmetro análogo ao grau generalizado (ver o **Capítulo 2**):

$$\sigma_2(\mathbf{G}) = \min\{d^p(\mathbf{v}) + d^p(\mathbf{w}) \mid (\mathbf{v}, \mathbf{w}) \notin \mathbf{E}\} \tag{9.13}$$

(Para **G** completo se considera σ_2(**G**) infinito).

Então se tem, para um grafo **G** 2-conexo e considerando-se um número real $d > 0$, os seguintes resultados:

(a) Se $d_p(\mathbf{v}) \geq d$ para todo $\mathbf{v} \in \mathbf{V}$, ou **G** possui um ciclo de valor no mínimo igual a 2*d*, ou todo ciclo de maior valor em **G** é hamiltoniano (**Bondy** e **Fan**).

Este resultado generaliza, naturalmente, o de **Dirac** já discutido neste **Capítulo**.

Um resultado que se aproxima do teorema de **Ore** é o seguinte:

(b) Se $\max\{d^p(\mathbf{v}) + d^p(\mathbf{w})\} \geq d$ para todo par **v**,**w** tal que $(\mathbf{v},\mathbf{w}) \notin \mathbf{E}$, então ou **G** possui um ciclo de valor no mínimo igual a 2*d*, ou **G** é hamiltoniano (Fujisawa [Fu05]).

A referência apresenta outros resultados relacionados a grafos valorados.

9.4.5 Resistência em grafos

A condição a seguir usa a noção de t-resistência. Dizemos que um grafo **G** = (**V**,**E**) é *t-resistente* (*t-tough*) se

$$c(\mathbf{G} - \mathbf{S}) \leq |\mathbf{S}| / t \qquad \forall \mathbf{S} \subset \mathbf{V} \tag{9.14}$$

onde c(**G** − **S**) é o número de componentes conexas de **G** − **S**, sendo $t \geq 0$ real e **S** um subconjunto de articulação (logo, c(**G** − **S**) > 1, ver o **Capítulo 3**) (Chvátal [Chv73], Broersma *et al* [BET99]).

Alguns resultados que envolvem a noção de resistência

- *Se **G** é hamiltoniano, então **G** é 1-resistente* (condição necessária).
- **Chvátal** conjeturou que todo grafo 2-resistente seria hamiltoniano, suavizando sua conjetura depois que Enomoto *et al* [EJKS85] apresentou uma sequência de grafos não hamiltonianos com resistência tendendo para 2. Bauer *et al* [BBS02] mostra, enfim, que nem todo grafo 2-resistente é hamiltoniano, invalidando assim a conjetura.
- Para os grafos *split* (ver **2.11.4**) é possível provar que o limite é 3/2, ou seja, todo grafo *split* 3/2-resistente é hamiltoniano (Kratsch *et al* [KLM96]). Em geral, determinar a resistência de um grafo é um problema NP-árduo [BHS90], mas para grafos *split* essa determinação é polinomial [Wo98].
- Hoang [Ho95] mostra que, se um grafo **G** é *t*-resistente com uma sequência de graus (d_1, d_2, ..., d_n), com $t \leq 3$ e se para todo i se tem $t \leq i < n/2$, $d_i \leq i \Rightarrow d_{n-i+t} \geq n - i$, então **G** é hamiltoniano. Este teorema generaliza um resultado de Chvátal (1972), referente a $t = 1$.
- Jung e Wittmann [JW99] mostraram que, em um grafo **G** 2-conexo de grau mínimo δ e resistência t, se tem para a circunferência de **G**,

$$c(\mathbf{G}) \geq \min((t + 1)^{\delta} + t, n). \tag{9.15}$$

- Goddard, Plummer e Swart [GPS97] mostram que, para um grafo **G** conexo, de gênero ι (**G**) (ver o **Capítulo 10**) e conectividade κ(**G**), se tem para a resistência t(**G**),

$$t(\mathbf{G}) > \kappa/2 - 1 \qquad \text{para } \iota(\mathbf{G}) = 0, \tag{9.16a}$$

$$t(\mathbf{G}) \geq \kappa(\kappa - 2)/2(\kappa - 2 + 2\iota) \qquad \text{para } \iota(\mathbf{G}) \geq 1. \tag{9.16b}$$

  que é significativo para $\kappa \geq 3$, uma vez que para $\kappa = 1$ ou 2 as desigualdades se verificam trivialmente.

- **Li**, além de citar resultados anteriores para o valor da circunferência em grafos 1-resistentes, mostra que para eles se tem, com **G** de raio mínimo r,

$$c(\mathbf{G}) \geq \min\{n, (2n + 1 + 2r)/3, (3n + 2r - 2)/4\} \geq \min\{(8n + 3)/9, (11n - 6)/12\}. \tag{9.17}$$

- Broersma, Engbers e Trommel [BET99] apresentam diversos resultados envolvendo a t-resistência, especialmente a forma como se relaciona o invariante de subgrafos com o do grafo original.

9.4.6 Resultados sobre k-fatores

Enomoto [En98] apresenta os seguintes resultados sobre existência de *k*-fatores, que podem ser particularizados para estudos sobre hamiltonicidade:

- *Se **G** tem n vértices e $n \geq k + 1$, sendo kn par e t(**G**) $\geq k$, então **G** possui um k-fator.*
- *Se **G** tem n vértices e $n \geq k + 1$, sendo kn par e | **S** | $\geq k.w(\mathbf{G} - \mathbf{S}) - 7k/8$, para $w(\mathbf{G} - \mathbf{S}) \geq 2$, então **G** possui um k-fator.*

A referência expõe, ainda, resultados para $k = 1$ e 2, com uma definição modificada de resistência.

9.4.7 Condições diversas baseadas em soma de graus

Alguns resultados disponíveis, relacionados à conectividade, são os seguintes:

a) *Se **G** é 2-conexo com $n \geq 3$ e tal que max (d(**v**),d(**w**)) $\geq n/2$ $\forall$**v**,**w** $\in$ **V** com d(**v**,**w**) = 2, então **G** é hamiltoniano* (**Fan**).

b) *Se **G** é k-conexo com n vértices e tal que*

$$\sum_{x \in S} d(x) > (k+1)(n-1)/2 \qquad (9.18)$$

para todo estável ***S*** *com k + 1 vértices, então* ***G*** *é hamiltoniano* (**Bondy**).

Liu e Wei [LW97] definem um *estável essencial* como um estável no qual existe um par de vértices à distância 2 um do outro. Apresentam então o seguinte resultado:

c) *Se* ***G*** *é k-conexo, $k \geq 2$, com $n \geq 3$ vértices e tal que max* $\{d(\mathbf{x}) \mid \mathbf{x} \in \mathbf{S}\} \geq n/2$ *para todo estável essencial* ***S*** *com k vértices, então* ***G*** *é hamiltoniano* (**Chen**).

9.4.8 Condições relacionadas a outras estruturas e propriedades

a) Broersma e Tuinstra [BT98] formularam uma condição baseada no conceito de *árvore independente*, que é uma árvore parcial do grafo, tal que suas folhas (vértices pendentes) formam um conjunto independente no grafo. A maior cardinalidade de um estável associado a uma árvore é designada por $\alpha_t(\mathbf{G})$; é claro que $\alpha_t(\mathbf{G}) \leq \alpha(\mathbf{G})$.

Então, se ***G*** *possui uma árvore independente e* $\alpha_t(\mathbf{G}) \leq \kappa(\mathbf{G})$, ***G*** *é hamiltoniano.*

b) Resultados sobre a circunferência (ver o **Capítulo 2**) de um grafo **G** podem ser obtidos através da noção de ciclo dominante (Bauer *et al*, [BSV96]):

Um ciclo **C** em um grafo **G** é *dominante* se toda aresta de **G** possuir ao menos uma extremidade sobre **C**. Neste estudo se usa a noção de grau generalizado, $\sigma_k(\mathbf{G})$ (ver também o **Capítulo 2**), com uma extensão:

para $k \leq \alpha(\mathbf{G})$, $\quad \sigma_k(\mathbf{G}) = \min \sum_{i=1}^{k} d(v_i) \mid \{v_1, v_2, \ldots, v_k\}$ onde $\{\mathbf{v}_1, \mathbf{v}_2, \ldots, \mathbf{v}_k\}$ é um estável.

para $k > \alpha(\mathbf{G})$, $\quad \sigma_k(\mathbf{G}) = k(n - \alpha(\mathbf{G}))$

- *Então, se* ***G*** *for 2-conexo com n vértices, se tem* (**Bondy**, **Bermond**, **Linial**, 1971, 1976):

$$c(\mathbf{G}) \geq \min(n, \sigma_2). \qquad (9.19)$$

- *Se* ***G*** *for 1-resistente com $n \geq 3$ vértices, se tem* (**Tian** e **Zhao**, 1988):

$$c(\mathbf{G}) \geq \min(n, \sigma_2 + 2). \qquad (9.20)$$

- Enfim, *se* ***G*** *for 1-resistente com $n \geq 11$ vértices e $\sigma_2 \geq n - 4$, então* ***G*** *é hamiltoniano* (**Jung**).

c) Sarazin [Sa98] usa o conceito de *índice hamiltoniano*, que é baseado na noção de grafo adjunto:

$$\text{ham}(\mathbf{G}) = \min k \mid L^k(\mathbf{G}) \text{ é hamiltoniano},$$

onde $L^k(\mathbf{G})$ é o k^0 *grafo adjunto iterado* ($L^0(\mathbf{G}) = \mathbf{G}$, $L^n(\mathbf{G}) = L(L^{n-1}(\mathbf{G}))$. É claro que, se **G** for hamiltoniano, ham(**G**) = 0. O trabalho vincula o índice hamiltoniano e o raio do grafo, caracterizando os grafos para os quais ham(**G**) > $\rho(\mathbf{G})$.

- **Harary** e **Nash-Williams** provam que ***G*** *contém um ciclo dominante se e somente se ham(**G**) = 1.*
- Xiong [Xi01] mostra que o índice hamiltoniano de um grafo não orientado conexo **G** verifica

$$\text{ham}(\mathbf{G}) \leq \delta(\mathbf{G}) - 1. \qquad (9.21)$$

Outros resultados sobre este invariante são apresentados.

- Para um grafo **G**, orientado e f-conexo, $\mathbf{G}^k$ é hamiltoniano para todo $k \geq n/2$ (Ghouila-Houri). Marczyk [Ma00] caracteriza os grafos **G** de ordem ímpar, para os quais $\mathbf{G}^k$ é hamiltoniano para $k = (n/2) - 1$.

d) Allabdulatif e Walker [AW99] enunciaram uma condição baseada em hamiltonicidade para que um grafo possa ser particionado em *r* percursos disjuntos em relação aos vértices. Para isso, a partir de um grafo **G** e do valor de *r*, definem um grafo $\mathbf{G}^* = \mathbf{G} + \mathbf{K}_r$ (ver o **Capítulo 12**, para a soma de grafos). Então, ***G*** *poderá ser particionado em r percursos disjuntos em relação aos vértices, se e somente se* $\mathbf{G}^*$ *for hamiltoniano.*

Desta forma, os resultados válidos para grafos hamiltonianos podem ser convertidos em resultados válidos para grafos particionáveis nessas condições.

9.4.9 Resultados referentes a grafos k-partidos

Chen e Jacobson [CJ97] apresentam os seguintes resultados, para grafos *k-partidos balanceados* (ou seja, grafos nos quais todos os subconjuntos de vértices são da mesma cardinalidade):

a) *Para **G** k-partido balanceado de ordem kn, sendo $\delta(G)$ o grau mínimo, se*

$$\delta(\mathbf{G}) > ((k/2) - (1/k + 1))n \quad \textit{para k ímpar, ou} \qquad (9.22a)$$

$$\delta(\mathbf{G}) > ((k/2) - (2/k + 2))n \quad \textit{para k par,} \qquad (9.22b)$$

*então **G** é hamiltoniano.*

b) *Para **G** = **(V,E)** k-partido balanceado de ordem kn e para todo **v**, **w** $\in$ **V**, se*

$$d(\mathbf{v}) + d(\mathbf{w}) > (k - (2/(k + 1)))n \quad \textit{para k ímpar, ou} \qquad (9.23a)$$

$$d(\mathbf{v}) + d(\mathbf{w}) > (k - (4/(k + 2)))n \quad \textit{para k par,} \qquad (9.23b)$$

*então **G** é hamiltoniano.*

c) Bondy e **Chvátal** definem o *fecho hamiltoniano bipartido $b\Phi(G)$*, como o grafo obtido de um grafo bipartido **G** pela adição de uma aresta entre dois vértices **v** e **w** não adjacentes, de conjuntos diferentes, sempre que $d(\mathbf{v}) + d(\mathbf{w}) \geq n + 1$.

Então, *se $b\Phi(G)$ for hamiltoniano, **G** também será hamiltoniano.*

d) Yokomura [Yo98] apresenta resultados conhecidos sobre hamiltoneidade de grafos *k*-partidos balanceados e prova que um grafo tripartido balanceado $\mathbf{G} = (\mathbf{V}_1, \mathbf{V}_2, \mathbf{V}_3, \mathbf{E})$ com *n* vértices é hamiltoniano se para todo par de vértices não adjacentes $\mathbf{p} \in \mathbf{V}_i$ e $\mathbf{q} \in \mathbf{V}_j$ se tem

$$|\,\mathbf{N}(\mathbf{p}) \cap \mathbf{V}_j\,| + |\,\mathbf{N}(\mathbf{q}) \cap \mathbf{V}_i\,| \geq n + 1.$$

e) Amar *et al* [ABBO98] discutem questões ligadas à hamiltonicidade e à vizinhança de subconjuntos e, em particular, de conjuntos independentes, em grafos bipartidos.

9.4.10 Resultados referentes a grafos regulares

a) *Todo grafo k-regular com 2k + 1 vértices é hamiltoniano* (**Nash-Williams**)

Obs.: O teorema garante, como novidade, a ordem $2k + 1$; grafos *k*-regulares com menos vértices já são garantidos pelo teorema de **Dirac**.

b) *Todo grafo k-regular, 2-conexo, onde se tenha $k \geq (n - cn^{1/2})/2$, onde $c = 2^{1/2}$ se n for par e c = 1 se n for ímpar, é hamiltoniano* (Erdös e Hobbs, [EH78]).

c) *Todo grafo k-regular, 2-conexo, com no máximo 3d + 1 vértices e não isomorfo ao grafo de Petersen é hamiltoniano* (**Bondy** e **Kuider**).

Hilbig (cit. por Broersma, [Br02]) definiu grafos $\mathbf{P}_\Delta$ obtidos do grafo de Petersen **P**, substituindo um de seus vértices por um triângulo e mantendo a 3-regularidade: seu resultado é

d) Um grafo **G** (*n*,*d*)-regular e 2-conexo, com no máximo 3*d* + 3 vértices, é hamiltoniano se e somente se $\mathbf{G} \notin \{\mathbf{P}, \mathbf{P}_\Delta\}$.

Além disso,

e) *Todo grafo bipartido balanceado k-regular com k > n/4 é hamiltoniano* (**Moon e Moser**).

f) *Um grafo bipartido 3-regular tem um número par de ciclos hamiltonianos* (**Bosák**).

g) Haggkvist *conjeturou que todo grafo bipartido, balanceado, 2-conexo e k-regular com no máximo 6k vértices seria hamiltoniano.*

h) Jackson e Li [JL94] mostraram que todo grafo 2-conexo bipartido *k*-regular com 6*k* – 38 vértices é hamiltoniano.

i) Zhu *et al* [ZLY85] mostraram que todo grafo 2-conexo *k*-regular com no máximo 3*k* + 1 vértices é hamiltoniano (ou 3*k* + 3, se $k \geq 6$).

Outros resultados podem ser encontrados em Costa [Co00].

9.4.11 Conceitos e resultados diversos em grafos não orientados

Uma condição necessária e suficiente que, na verdade, remete o problema a outro problema semelhante é a seguinte:

a) *Um grafo é hamiltoniano se e somente se seu fecho hamiltoniano for hamiltoniano.*

Trata-se, de fato, de uma forma alternativa do teorema de **Bondy** e **Chvátal**.

Def. 9.5: Um grafo **G** = (**V**,**E**) é *hamiltoniano-conexo* se todo par **v**,**w** $\in$ **V**, **v** $\neq$ **w**, é unido por uma cadeia hamiltoniana.

b) *O cubo* G^3 *de todo grafo* **G** *conexo com* $n \geq 3$ *é hamiltoniano-conexo* (**Sekanina**, **Karaganis**).

c) *O quadrado* G^2 *de todo grafo* **G** *2-conexo é hamiltoniano* (Fleischner [Fl74]).

d) *Se* **G** *for 4-conexo, seu grafo adjunto L(G) será hamiltoniano-conexo* (Lai *et al*, [LSYZ09].

e) Define-se o *miolo* de um grafo **G** como um grafo G_0 obtido pela retirada de todos os vértices pendentes e pela contração dos pares de arestas adjacentes aos vértices de grau 2 (ver o **Capítulo 2**). Então, para um grafo **G** conexo com 4 ou mais arestas e $\kappa(L(G)) \geq 3$, se todo 3-corte de G_0 tiver ao menos uma aresta em um ciclo de comprimento 3 ou maior, então L(**G**) é hamiltoniano-conexo ([LSYZ09]).

f) *As seguintes afirmações são equivalentes para* **G** = *(V,E) 2-conexo* (Hoede e Veldman [HV78]):

(i) **G** *é hamiltoniano;*

(ii) Para todo par de ciclos de **G** *existe um ciclo que contém todos os vértices do par;*

(iii) Sejam C_1 *e* C_2 *dois ciclos de* **G** *e* v_1, $v_2 \in V$ *dois vértices tais que* v_1 *pertença apenas a* C_1 *e* v_2 *pertença apenas a* C_2. *Então existe um ciclo que contém* v_1, v_2 *e os vértices de* $C_1 \cap C_2$.

Obs.: A relação entre (i), (ii) e (iii) é necessária e suficiente, mas sua verificação é de complexidade exponencial no pior caso, dado o número de ciclos em um grafo qualquer.

g) Shen e Tian [ST95] mostram que, em um grafo **G** não orientado 3-conexo, se para todo par de vértices **u**,**v** de **G** tal que dist(u,v) = 2 se tem $|N(u) \cup N(v)| \geq (n + 3)/2$, então **G** é hamiltoniano. Diversos outros resultados são citados, inclusive para grafos 2-conexos, onde o teorema é também válido se **G** não for um grafo parcial de algum grafo pertencente a uma dentre três famílias dadas.

h) Grafos pancíclicos e fracamente pancíclicos

Def. 9.6: Um grafo é *pancíclico* se possuir ciclos de todos os comprimentos possíveis a partir de 3 e é vértice (aresta)-pancíclico se cada vértice (aresta) pertencer a um ciclo de cada tamanho. Um grafo pancíclico é, naturalmente, hamiltoniano.

Def. 9.7: Um grafo é *fracamente pancíclico* se possuir ciclos de todos os comprimentos entre sua cintura (que pode ser, então, superior a 3) e sua circunferência (que pode ser, então, menor que *n*).

- Schmeichel e Hakimi [SH88] mostraram que, em um grafo hamiltoniano **G**, se para dois vértices **x** e **y** consecutivos em algum ciclo hamiltoniano, se tenha $d(x) + d(y) \geq n$, então ou **G** é pancíclico, ou faltam apenas os ciclos C_{n-1}, ou **G** é isomorfo a um grafo bipartido completo.
- *Um grafo fracamente pancíclico hamiltoniano pode ter uma cintura de até*

$$2\sqrt{n/\log_2 n}$$

- (Bollobás e Thomason [BT97]). *Além disso, a existência de dois ciclos, de comprimentos n e n – 1, implica em* $n \geq \lceil (g(G) + 1)^2/4 \rceil$ *e na existência de um ciclo de comprimento máximo* $2\sqrt{n} - 1$. *Enfim, todo grafo com n + k arestas terá cintura máxima (n/k)log k.*
- Broersma [Br97] mostra que m_n *(menor número de arestas em um grafo vértice-pancíclico com n vértices) é tal que*

$$m_3 = 3,\ m_4 = 5,\ m_5 = 7,\ m_6 = 9 \text{ e } 3n/2 \leq m_n \leq \lfloor 5n/3 \rfloor \text{ para } n \geq 7.$$

Uma questão mais ampla é levantada por Balbuena *et al* [BCDG08], a dos grafos de ordem *n*, de tamanho máximo, que não possuem ciclos de comprimento maior ou igual a *k*. O artigo discute a existência , ou não, de um ciclo de comprimento k + 1 nesses grafos, concluindo que g(**G**) = k + 1 se (i) n ≥ k+5, diâmetro n-1 e grau mínimo pelo menos 3; (ii) n ≥ 12, n $\notin$ {15, 80, 170} e k = 6. (iii) se n ≥ 2k-3 e k ≥ 7 se tem g(**G**) ≤ 2k-5. Enfim, g(**G**) ≠ k+1 para $n \leq k+1+\lfloor (k-2)/2 \rfloor$.

i) Grafos hamiltoniano-saturados

Def. 9.8: Um grafo G é hamiltoniano-saturado (HPS em inglês) se G não possuir um caminho hamiltoniano, mas qualquer adição de aresta a G resultar na criação de um.

- Dudek *et al* [DKW06] definem sat(n,HP) como o menor número de arestas de um grafo HPS de ordem n e prova que sat(n,HP) $\geq \lfloor (3n-1)/2 \rfloor - 2$ e, para n ≥ 54, sat(n,HP) $\geq \lfloor (3n-1)/2 \rfloor$. Esta última expressão também é válida para diversos valores de n entre 22 e 51 inclusive.

j) Vértices distribuídos em um ciclo hamiltoniano

- Brandt *et al* [BCFGL97] generalizaram o teorema de Dirac, estabelecendo que um grafo **G** = (**V**,**E**) que obedeça à condição de Dirac ($d(\mathbf{v}) \geq n/2\ \forall \mathbf{v} \in \mathbf{V}$) possui um 2-fator com *k* componentes, para $k \leq n/4$.

- Kaneko e Yoshimoto [KY01] mostram que para todo $\mathbf{W} \subset \mathbf{V}$, $|\mathbf{W}| \leq n/2k$ (onde $k \leq n/4$), existe um ciclo hamiltoniano **C** para o qual $dist_C(\mathbf{v},\mathbf{w}) \geq k$, onde $\mathbf{v},\mathbf{w} \in \mathbf{W}$.

k) Grafos sem garra

Os resultados deste item dizem respeito à classe de grafos conhecida como *livre de* $K_{1,3}$ ou *sem garra* ($K_{1,3}$*-free,* ou *claw-free*). Um grafo pertence a esta classe quando não possuir $K_{1,3}$ como subgrafo induzido. A não existência desse subgrafo suaviza bastante as condições de hamiltonicidade, como se pode depreender dos resultados abaixo, dados a título de exemplo:

- Se **G** *for conexo e livre de* $K_{1,3}$, *então* **G** *será vértice-pancíclico* (Matthews e Sumner [MS84]).

- Se **G** *for k-regular, 3-conexo e livre de* $K_{1,3}$, *com* $n \leq 7k - 19$, *então* **G** *será hamiltoniano* [Li96].

- *Se* **G** *for 3-conexo, livre de* $K_{1,3}$ *e localmente conexo (o subgrafo induzido por* $N(\mathbf{x})$ *é conexo* $\forall \mathbf{x} \in \mathbf{X}$*), então* **G** *será hamiltoniano-conexo* (Asratian [As96]).

- *Se* **G** *for 3-conexo e livre de* $K_{1,3}$ *com n vértices e grau mínimo* δ, *então* **G** *possui um ciclo de comprimento igual ou maior a* $\min\{n, 6\delta - 17\}$ (Li e Xiong, [LX05]). Os autores conjeturam, ainda, que o limite mínimo pode ser levado a $\min\{n, 9\delta - 6\}$.

A pesquisa dedicada a grafos livres de $K_{1,3}$ tem sido intensa: Faudree *et al* [FFR97] apresentam um *survey* analítico com 199 referências sobre o assunto, a maior parte das décadas de 70 a 90.

Por outro lado, Broersma [Br02] apresenta um *survey* envolvendo 3 classes de grafos: grafos regulares, grafos t-resistentes e grafos sem garra. Um número significativo de resultados recentes é discutido, ao lado de algumas conjeturas.

l) O número máximo de ciclos hamiltonianos

Teunter e van der Poort [TP00] determinam limites superiores para o número de ciclos hamiltonianos em um grafo não orientado com *n* vértices e *m* arestas.

m) O número de complementação hamiltoniana

Trata-se do menor número de arestas que, adicionadas a um grafo **G** não hamiltoniano, resultam em um grafo **G'** hamiltoniano. Detti, Meloni e Pranzo, [DMP07] apresentam uma busca local para a determinação desse valor, no caso em que **G** é o grafo adjunto de outro grafo.

n) Uma condição para grafos unicamente hamiltonianos

Um grafo **G** = (**V**,**E**) é *unicamente hamiltoniano* se possuir um único ciclo hamiltoniano.

Abbasi e Jamshed [AJ06] mostraram que se um grafo for unicamente hamiltoniano, então

$$\sum_{v \in V} \left(\frac{2}{3}\right)^{d(v) - \#(G)} \geq 1, \qquad (9.24)$$

onde #(G) = 1 se *n* for par e 0 caso contrário.

o) **Erdös** mostrou que um grafo de ordem $n \geq 3$ e grau mínimo $\delta \geq r$, com $1 \leq r \leq n/2$, será hamiltoniano se

$$m = \max\left\{ C^2_{n-r} + r^2, C^2_{n-\left\lfloor \frac{n-1}{2} \right\rfloor} + \left\lfloor \frac{n-1}{2} \right\rfloor^2 \right\} \quad (9.25)$$

(Adamus e Adamus, [AA09]). A referência apresenta ainda diversos resultados, em particular para grafos bipartidos balanceados.

p) Ainouche [Ai09] apresenta um grande número de condições suficientes para que um grafo **G** seja hamiltoniano ou seja pancíclico.

9.4.12 Condições suficientes em grafos orientados

O problema da caracterização de grafos hamiltonianos é ainda mais difícil quando se trata de grafos orientados; em geral, os resultados disponíveis envolvem propriedades dos graus dos vértices. A f-conexidade é uma condição evidentemente necessária.

a) *Seja **G** = (**V**,**E**) um grafo orientado f-conexo no qual*

$$d(\mathbf{v}) + d(\mathbf{w}) \geq 2n - 1 \qquad \forall\, \mathbf{v}, \mathbf{w} \in \mathbf{V}, (\mathbf{v},\mathbf{w}) \notin \mathbf{E}. \quad (9.26)$$

*Então **G** é hamiltoniano* (Meyniel [Mey73]).

b) *Seja **G** = (**V**,**E**) um grafo orientado f-conexo no qual*

$$d^+(\mathbf{v}) + d^-(\mathbf{w}) \geq n \qquad \forall\, \mathbf{v}, \mathbf{w} \in \mathbf{V}, (\mathbf{v},\mathbf{w}) \notin \mathbf{E}. \quad (9.27)$$

Então G é hamiltoniano (Woodall [Wo72]).

c) *Seja **G** = (**V**,**E**) um grafo orientado f-conexo no qual*

$$d(\mathbf{v}) \geq n \qquad \forall\, \mathbf{v} \in \mathbf{V} \quad (9.28)$$

*Então **G** é hamiltoniano* (**Ghouila-Houri**).

d) *Seja **G** = (**V**,**E**) um grafo orientado f-conexo no qual para toda tripla **v**, **w**, **x** $\in$ **V**, sendo **v** e **w** não adjacentes, se tenha*

$$d(\mathbf{v}) + d(\mathbf{w}) + d^-(\mathbf{v}) + d^+(\mathbf{z}) \geq 3n - 2 \text{ se } (\mathbf{z},\mathbf{v}) \notin \mathbf{E} \quad (9.29a)$$

$$d(\mathbf{x}) + d(\mathbf{y}) + d^+(\mathbf{v}) + d^-(\mathbf{z}) \geq 3n - 2 \text{ se } (\mathbf{v},\mathbf{z}) \notin \mathbf{E} \quad (9.29b)$$

Então G é hamiltoniano (Manoussakis [Man92]).

Def. 9.9: Um grafo orientado **G** = (**V**,**E**) é *hamiltoniano-conexo* se todo par de vértices é unido por um caminho hamiltoniano.

e) *Seja **G** = (**V**,**E**) um grafo orientado no qual todo par de vértices **v**, **w** não adjacentes verifique*

$$d^+(\mathbf{v}) + d^-(\mathbf{w}) \geq n + 1 \quad (9.30)$$

*Então **G** é hamiltoniano-conexo* (Overbeck-Larish [Ov76]).

Obs.: Este teorema corresponde ao de **Ore**, para grafos orientados.

f) Schaar e Wojda [SW97] usaram os conceitos de *expoente hamiltoniano* e *expoente hamiltoniano-conexo*:

$$e_H(\mathbf{G}) = \min k \mid \mathbf{G}^k \text{ é hamiltoniano}$$

$$e_{HC}(\mathbf{G}) = \min k \mid \mathbf{G}^k \text{ é hamiltoniano-conexo}$$

Então, *se **G** for f-conexo e κ-conexo, de ordem n, teremos*

$$e_H(\mathbf{G}) = \lceil n/2\kappa \rceil \qquad n \geq 2 \quad (9.31a)$$

$$e_{HC}(\mathbf{G}) = \lceil (n+1)/2\kappa \rceil \qquad n \geq 3 \quad (9.31b)$$

Obs.: Estes últimos resultados mostram a importância da conectividade em relação à hamiltonicidade em grafos orientados.

g) Uma classe de grafos orientados que tem despertado muito interesse é a dos grafos *semicompletos multipartidos* (que abreviamos por GSCMP). Um GSCMP é obtido pela substituição de cada aresta de um grafo multipartido por um arco ou por dois arcos de sentidos opostos. Se apenas um arco for usado na substituição, o grafo será um *torneio multipartido* (Guo *et al* [GTVY00].

Definimos um *fator 1-regular* como um grafo parcial formado de circuitos disjuntos.

Definimos ainda a seguinte função:

$$F(\mathbf{G},k) = \sum_{\mathbf{v}\in\mathbf{V},d^+(\mathbf{v})>k}(d^+(\mathbf{v})-k) + \sum_{\mathbf{v}\in\mathbf{V},d^-(\mathbf{v})<k}(k-d^-(\mathbf{v})) \qquad (9.32)$$

- **Ore** mostrou que, *se $F(\mathbf{G},k) \le k-1$ para algum inteiro k, então **G** contém um fator 1-regular.*
- **Gutin**, **Häggkvist** e **Manoussakis** provaram que *um GSCMP é hamiltoniano se e somente se for conexo e possuir um fator 1-regular.*
- Enfim, **Yeo** provou que *todo GSCMP pseudossimétrico é hamiltoniano.*

Parte do interesse por esta classe de grafos certamente advém do fato que, nela, a verificação da presença de um ciclo hamiltoniano é polinomial. Jensen *et al* [JGY98] apresentam um algoritmo com essa finalidade, de complexidade $O(n^2 + M(n))$, onde $M(n)$ é o tempo necessário para verificação da existência de um acoplamento completo e encontrar um se ele existir.

9.5 O Problema do Caixeiro-Viajante (PCV)

9.5.1 Aplicações e importância

Conforme foi anteriormente apresentado, este é o problema da determinação de um percurso hamiltoniano fechado de valor mínimo. Trata-se de um problema de otimização combinatória de grande importância: de início, pelo aspecto prático ligado às viagens do tipo caixeiro-viajante, sejam elas entre cidades ou, como citado, entre furos de placas de circuitos impressos ou chapas sujeitas ao trabalho de rebitadeiras automáticas, ou ainda pela sua aplicabilidade à programação de produções cíclicas com minimização de custo de trocas de linha.

O PCV tem, ainda, grande importância teórica, dada sua relação com outros problemas de otimização combinatória, como o Problema Quadrático de Alocação (problema de alocação de serviços a posições aos pares) e problemas de percursos com restrições (como por exemplo os expostos nos Exercícios 9.14 a 9.16). Em vista de tudo isso, a pesquisa de algoritmos para a busca de soluções de boa qualidade tem sido uma linha de pesquisa de grande difusão e sucesso.

O PCV é um problema NP-árduo (ver Campello e Maculan [CM94]) – o que exige o uso de algoritmos heurísticos, se se deseja abordar problemas de dimensões importantes. A referência histórica para a discussão do problema é Lawler, Lenstra, Rinnooy Kan e Shmoys (eds.) [LLRS85], coletânea da qual o primeiro artigo contém um bom histórico do problema e das diferentes questões e abordagens encontradas na literatura. Em relação a algoritmos, uma referência importante é Syslo *et al* [SDK83]. Letchford e Lodi [LL07] é um *review* de 6 livros publicados sobre o assunto entre 1985 e 2002. Até mesmo a performance humana na sua resolução foi estudada em [MY11].

Os algoritmos são habitualmente aplicados a grafos completos simétricos ou a cliques, em vista da constatação de que, do ponto de vista teórico, resolver um PCV equivale a achar um percurso hamiltoniano fechado em um grafo qualquer. Isto se conclui com facilidade, ao se considerar um grafo $\mathbf{G} = (\mathbf{V},\mathbf{E})$ e seu correspondente grafo completo simétrico **H**, aos arcos do qual se atribua uma valoração que indique a pertinência a **G** de modo a satisfazer a um critério de otimização, por exemplo

$$v_{ij} = 1 \Leftrightarrow (\mathbf{i},\mathbf{j}) \in \mathbf{E} \qquad (9.33a)$$

$$v_{ij} = 2 \Leftrightarrow (\mathbf{i},\mathbf{j}) \notin \mathbf{E} \qquad (9.33b)$$

Se o valor do percurso encontrado for igual a *n*, o grafo será hamiltoniano.

Obs.: Neste tipo de construção é importante notar que os valores atribuidos aos arcos não podem ser arbitrários, ou se poderá obter um percurso pré-hamiltoniano de custo menor que o de um percurso hamiltoniano, como mostra o exemplo dado por **Syslo et al** (**Fig. 9.15**).

Como se pode observar na figura, o percurso fechado de menor custo tem valor 60, enquanto o ciclo hamiltoniano (que usa a aresta de valor 100) tem valor 140. A modelagem do problema poderia, se convenientemente feita, acrescentar uma aresta (**a**,**b**) ao grafo (a qual corresponderia de fato a um percurso (**a**,**c**,**b**)). De qualquer forma, se a desigualdade triangular $c_{ij} \leq c_{ik} + c_{kj}$ se verificar para todas as triplas de custos de arestas, esta dificuldade não ocorrerá.

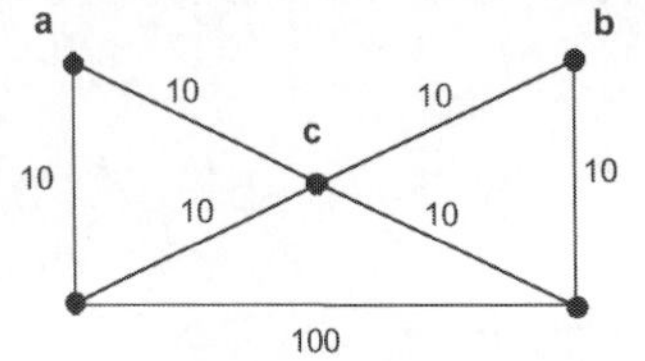

Fig. 9.15

9.5.2 Um algoritmo exato: o *branch-and-bound (B&B)*

Os algoritmos exatos mais frequentemente utilizados são habitualmente da classe branch-and-bound. Trata-se de buscas em árvore, caracterizadas pelo particionamento do conjunto de soluções pelo atendimento, ou não, de um critério dado (***branching***). Em seguida, determinam-se limites inferiores (***bounds***) para os valores das soluções de cada subconjunto e se opta, a cada iteração, pelo conjunto que ofereceu o menor limite inferior até o momento (que pode ser um dos últimos obtidos, ou não). Dessa forma se deixa de examinar grande parte das soluções. Este processo é, por isso, denominado *enumeração implícita*. Ele contribui para acelerar a obtenção da solução ótima; embora não tenha como reduzir a complexidade: o tempo de computação para obtenção de um ótimo cresce rapidamente com a ordem do problema. O B&B pode, também, ser usado como heurística: em muitos casos, ele atinge rapidamente um valor ótimo, porém consome muito mais tempo para comprovar a otimalidade da solução.

A formulação do problema é bastante antiga e os esforços prosseguem: **Held** e **Karp** desenvolveram um limite inferior para o TSP, já em 1962, dentro de sua resolução por programação dinâmica. O algoritmo que aqui discutimos é de 1963. Por outro lado, Froushani e Yusuff [FY09] apresentam também um B&B.

O algoritmo exato que apresentamos, visando principalmente exemplificar o método, é inicializado com o algoritmo de alocação (ver o **Capítulo 8**), usado como rotina, uma vez que cada percurso hamiltoniano corresponde, na matriz de custos, a um conjunto de posições independentes. O problema está em que a solução ótima dada pelo algoritmo de alocação nem sempre corresponde a um ciclo ou circuito único (que seria então hamiltoniano); é comum que se obtenha um 2-fator com um ou mais ciclos ou circuitos. Se isto acontecer, o valor correspondente obtido será o primeiro limite inferior (LI) e se usa um critério de *branching* para escolher uma ligação que possa ser substituída (a um custo adicional) por outra deixada de lado. O arco base da iteração é selecionado por um critério heurístico; existem vários desses critérios e exemplificaremos com o mais tradicional, o de Little *et al* [LMSK63], baseado no maior custo da não utilização de um arco.

Ao se considerar um subproblema para efetuar o *branching*, um arco (**i**,**j**) será usado como base. O conjunto de soluções que o usam será investigado com o auxílio de uma matriz de valores reduzida pela eliminação da linha *i* e da coluna *j* correspondentes ao arco, já que elas não mais poderão ser utilizadas. Por outro lado, o conjunto das soluções que não usam (**i**,**j**) será investigado com o auxílio da matriz vigente, na qual apenas se considera infinito o custo de (**i**,**j**) para garantir que o arco, de fato, não seja usado.

- se (**i**,**j**) não for usado, precisaremos usar outro zero, seja na linha *i*, seja na coluna *j*. Ao se pensar em fazer $c_{ij} = \infty$ (como dito acima) poderá ser necessário subtrair valores adicionais, que serão os menores valores na linha *i* e na coluna j de cada zero obtido. Como não sabemos ainda qual zero será deixado de lado, teremos de executar o processo com todas as posições nulas. Achamos então, para cada uma, os valores

$$p_{ir} = \min_{r \neq j} \bar{c}^{d}_{ir} \quad \text{e} \quad p_{sj} = \min_{s \neq i} \bar{c}^{d}_{sj} \qquad (9.34)$$

onde os elementos examinados são os da matriz vigente que corresponde ao lado direito da árvore de busca, entendido como o lado do não uso do arco base.

Calculamos então uma penalidade para o não uso de cada arco, somando os dois valores obtidos. O arco base (**u**,**v**) deverá ser aquele para o qual se tenha a maior penalidade,

$$p_{uv} = \max_{(i,j)\in \mathbf{F}} (p_{ik} + p_{kj}) \qquad (9.35)$$

onde **F** é o 2-fator vigente. Este critério procura favorecer o uso dos arcos, de modo a reduzir rapidamente a matriz.

Exemplo: Seja a matriz de valores abaixo, na qual os $c_{ii} = \infty$ indicam um grafo completo simétrico:

	1	2	3	4	5	
1	∞	7	15	23	18	-7
2	9	∞	23	16	30	-9
3	27	40	∞	52	12	-12
4	21	28	10	∞	43	-10
5	27	40	35	12	∞	-12

O algoritmo produz a seguinte matriz, na qual se acha indicada uma alocação ótima inicial de custo 7 + 9 + 12 + 10 + 12 = 50.

	1	2	3	4	5	p
1	∞	***0***	8	16	11	**26**
2	***0***	∞	14	7	21	**18**
3	15	28	∞	40	***0***	**26**
4	11	18	***0***	∞	33	**19**
5	15	28	23	***0***	∞	**22**

Apenas cinco zeros são produzidos e eles formam uma alocação completa. O problema não está resolvido, porque esta solução corresponde a um 2-fator formado pelos circuitos (**1**,**2**,**1**) e (**3**,**5**,**4**,**3**). Não se encontrou um circuito hamiltoniano e devemos, portanto, substituir ao menos dois zeros de modo a obter um deles.

Exemplificamos o cálculo das penalidades com o zero de (1,2): $p_{1k} = \min(\infty,8,16,11) = 8$ e $p_{k2} = \min(\infty,28,18,28) = 18$, logo $p_{12} = 8 + 18 = 26$.

Dividiremos então o conjunto irrestrito de soluções (que chamaremos de $\mathbf{S}_\phi$) em dois subconjuntos:

- $\mathbf{S}_{ij}$, de matriz V_{ij}, onde as soluções contêm o arco base (**i**,**j**);
- $\mathbf{S}_{\bar{i}\bar{j}}$, de matriz $\mathbf{V}_{\bar{i}\bar{j}}$, onde as soluções não o contêm.

O critério de seleção (ver coluna à direita da matriz), para esta iteração, aponta (**1**,**2**) e (**3**,**5**), cuja penalidade (máxima) é 15 + 11 = 26. Escolhemos (**3**,**5**).

$\mathbf{S}_\phi$ (LI = 50)

$\mathbf{S}_{35}$ (LI = 50)

	1	2	3	4	p
1	∞	0	8	16	**26**
2	0	∞	14	7	**18**
4	11	18	0	∞	**19**
5	15	28	∞	0	**22**

$\mathbf{S}_{\overline{35}}$ (LI = 76)

	1	2	3	4	5
1	∞	0	8	16	0
2	0	∞	14	7	10
3	0	13	∞	25	∞
4	11	18	0	∞	22
5	15	28	23	0	∞

Nesta iteração, as matrizes foram obtidas da matriz original **V** pelas seguintes modificações:

- $\mathbf{V}_{35}$ foi obtida pela supressão da linha 3 e da coluna 5 de **V**, fazendo-se ainda $c_{53} = \infty$, dado que este arco não mais poderá ser usado, porque foi usado o simétrico (**3**,**5**);
- $\mathbf{V}_{\overline{35}}$ recebeu $c_{35} = \infty$, visto que o arco não será usado. Foi subtraído o mínimo da linha 3 (que é 15) e o da coluna 5 (que é 11) de modo a gerar ao menos um zero novo. O LI passa então a 50 + 15 + 11 = 76 e a opção para continuação é através de $\mathbf{S}_{35}$, que possui o menor LI (observar que o valor de 26 acrescentado à direita é o da penalidade).

Em $\mathbf{V}_{35}$, a maior penalidade (na coluna à direita da matriz) é agora a do zero localizado em (**1**,**2**): 8 + 18 = 26. A matriz $\mathbf{V}_{12}$ será obtida a partir de uma série de modificações: ao se fazer $c_{21} = \infty$ torna-se necessária a obtenção de um novo conjunto de zeros independentes e, neste caso, teremos de aplicar as duas fases do algoritmo húngaro (ver o **Capítulo 8**), para obter

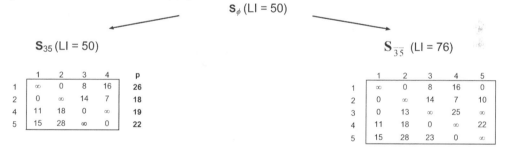

	1	3	4	
2	∞	14	**7**	-7
4	**11**	0	∞	
5	15	∞	0	
	-11			

	1	3	<u>4</u>	
2	∞	7	**0**	← 3
<u>4</u>	**0**	0	∞	- 4 (2ª fase)
5	<u>*4*</u>	∞	0	← 1
			↑ 2	

	1	3	4
2	∞	3	0
4	0	0	∞
5	0	∞	0

A Fase 1 do algoritmo húngaro exigiu o desconto de 18 unidades (matriz à esquerda), obtendo-se a matriz do meio, onde a Fase 2 termina pela marcação da linha 4 e da coluna 4. O menor elemento fora delas tem valor 4 e o seu desconto cria um novo zero em (5,1), a um custo total de 11 + 7 + 4 = 22 unidades, que se somam às 50 do LI inicial. Uma coluna e uma linha foram marcadas pelos critérios da Fase 2 (sombreadas). Teremos então

S_{35} (LI = 50)

S_{12} (LI = 72)

	1	3	4	p
2	∞	3	**0**	3
4	0	**0**	∞	3
5	**0**	∞	0	0

$S_{\overline{12}}$ (LI = 76)

	1	2	3	4
1	∞	∞	0	8
2	0	∞	14	7
4	11	0	0	∞
5	15	10	∞	0

O LI direito aumentou, como visto acima, do valor da sua penalidade: 8 + 18 = 26. O menor LI continua a ser o esquerdo e as maiores penalidades em **V_{12}** são as dos zeros (**2**,**4**) e (**4**,**3**), iguais a 0 + 3 = 3 (empate que resolvemos pela coluna de menor índice).

S_{12} (LI = 72)

S_{43} (LI = 72)

	1	4
2	∞	0
5	0	0

$S_{\overline{43}}$ (LI = 75)

	1	3	4
2	∞	0	0
4	0	∞	∞
5	0	∞	0

O limite inferior esquerdo permanece, visto que c_{34} já não fazia parte da matriz. O limite direito passa a 72 + 3 = 75.

Neste ponto, o processo se interrompe pela falta de opções para **S_{43}** (que seria a utilizada): teremos que incluir (**2**,**4**) e (**5**,**1**), obtendo o circuito hamiltoniano (**1**,**2**,**4**,**3**,**5**,**1**) de custo 72.

A árvore de busca completa, com os limites inferiores, é a seguinte (**Fig. 9.16**):

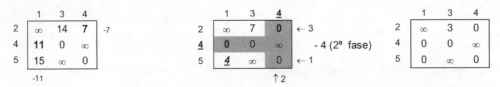

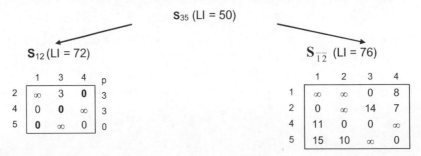

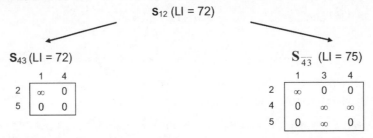

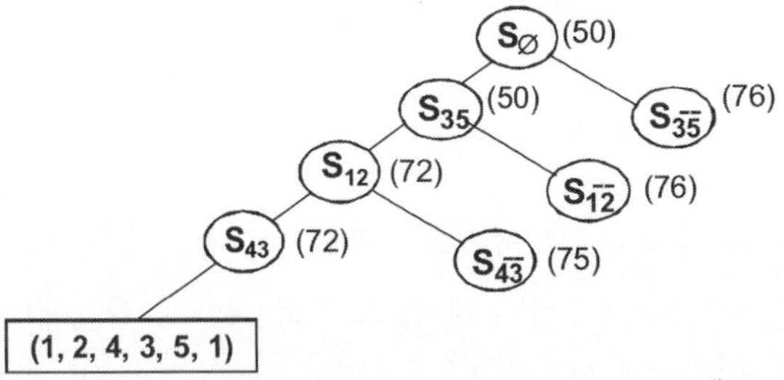

Fig. 9.16

Cabe ainda observar que é necessário guardar informações sobre o conjunto dos limites inferiores já obtidos e consultá-la a cada iteração, para desenvolver sempre o ramo de menor LI. Se, por exemplo, o LI de **$S_{\overline{35}}$** fosse 70, ao se obter o de **S_{12}** (72), ele deveria ser deixado de lado e o ramo **$S_{\overline{35}}$** passaria a ser desenvolvido.

Em grafos não orientados, o algoritmo pode ainda admitir algumas simplificações por conta da simetria da matriz de valores.

O algoritmo examinou apenas 7 nós da árvore de busca para encontrar o circuito hamiltoniano de menor custo, dentre os 24 possíveis, o que é uma economia sensível, embora a complexidade contitue alta.

9.5.3 Uma heurística

A literatura apresenta muitas referências sobre o uso de heurísticas e metaheurísticas com o TSP, [GP10]. Dentre as diversas heurísticas disponíveis apresentaremos aqui, a título de exemplo, o algoritmo conhecido como FITSP (de ***Farthest Insertion for Travelling Salesman Problem***), como representativo das chamadas *heurísticas de inserção*, ou seja, estratégias baseadas no crescimento progressivo de um ciclo pela inserção de vértices. O critério para seleção do vértice a ser inserido determina a heurística: no caso do FITSP, procura-se o vértice ***mais distante*** do circuito já construído até o momento (sendo essa distância a do vértice em questão até o vértice do circuito que esteja mais próximo). Escolhido assim um vértice $\mathbf{r} \in \mathbf{X}$, procura-se o par de vértices do circuito entre os quais ele será inserido, através da minimização do custo

$$c_{ij} = v_{ir} + v_{rj} - v_{ij} \,. \tag{9.36}$$

O algoritmo correspondente está formalizado abaixo.

Algoritmo

início
  $\mathbf{H} \leftarrow \{\mathbf{s}\}$; $\mathbf{E} \leftarrow \{(\mathbf{s},\mathbf{s})\}$; $v_{ss} \leftarrow 0$; custo $\leftarrow 0$; dist($\mathbf{x}$) $\leftarrow v_{sx}$ $\forall \mathbf{x} \in \mathbf{X}$;
  enquanto | **H** | < *n* **fazer**
    início
      $\mathbf{r} \leftarrow \mathbf{x} \in \mathbf{X} - \mathbf{H} \mid \text{dist}(\mathbf{r}) = \max[\text{dist}(\mathbf{x})]$;
      < Seja $c_{kl} = \min_{(i,j) \in E} [v_{ir} + v_{rj} - v_{ij}]$ >
      $\mathbf{E} \leftarrow \mathbf{E} \cup \{(\mathbf{k},\mathbf{l})\}$;
      $\mathbf{H} \leftarrow \mathbf{H} \cup \{\mathbf{r}\}$;
      custo $\leftarrow$ custo + c_{kl} ;
      para todo $\mathbf{x} \in \mathbf{X} - \mathbf{H}$ **fazer** dist($\mathbf{x}$) $\leftarrow$ min (dist($\mathbf{x}$), c_{rx});
    fim;
fim.

A sequência dos vértices no circuito é controlada por um vetor **circ** no qual

circ(i) = 0 se o vértice **i** $\in$ **X** não está no circuito;
circ(i) = j se o arco (**i**,**j**) está no circuito.

A inicialização se faz com circ (i) $\leftarrow$ i.

Exemplo: Retomando o problema já estudado (desta vez, com os c_{ii} = 0) teremos

V =

0	7	15	23	18
9	0	23	16	30
27	40	0	52	12
21	28	10	0	43
27	40	35	12	0

Iniciando pelo vértice **1**, teremos

dist = (0, 7, 15, 23, 18)
circ = (1, 0, 0, 0, 0)

O maior valor é dist(4), logo, o circuito inicial é (**1**,**4**,**1**) e o custo é $c_{14} + c_{41} = 23 + 21 = 44$. Teremos agora

dist = (0, 7, 10, 0, 18)
circ = (4, 0, 0, 1, 0)

O maior valor é agora 18, correspondente à inserção do vértice **5**. Temos a examinar as opções de inclusão

$c_{14} = v_{15} + v_{54} - v_{14} = 18 + 12 - 23 = 7$

$c_{41} = v_{45} + v_{51} - v_{41} = 43 + 27 - 21 = 49$

A inserção, portanto, será feita entre os vértices **1** e **4**, obtendo-se o circuito (**1**,**5**,**4**,**1**), com um custo 44 + 7 = 51; teremos

dist = (0, 7, 10, 0, 0)
circ = (5, 0, 0, 1, 4)

O valor 10 para dist(3) aponta **3** como o vértice a ser inserido; as opções de inclusão são

$$c_{15} = v_{13} + v_{35} - v_{15} = 15 + 12 - 18 = 9$$
$$c_{54} = v_{53} + v_{34} - v_{54} = 35 + 52 - 12 = 75$$
$$c_{41} = v_{43} + v_{31} - v_{41} = 10 + 27 - 21 = 16$$

o que indica a inserção entre **1** e **5**; o novo circuito é, então, (**1**,**3**,**5**,**4**,**1**) e o custo é 51 + 9 = 60. Agora temos

dist = (0, 7, 0, 0, 0)

circ = (3, 0, 5, 1, 4)

Finalmente, procuramos a posição de inserção para o vértice **2**, examinando

$$c_{13} = v_{12} + v_{23} - v_{13} = 7 + 23 - 15 = 15$$
$$c_{35} = v_{32} + v_{25} - v_{35} = 40 + 30 - 12 = 58$$
$$c_{54} = v_{52} + v_{24} - v_{54} = 40 + 16 - 12 = 44$$
$$c_{41} = v_{42} + v_{21} - v_{41} = 28 + 9 - 21 = 16,$$

o que indica a inserção entre **1** e **3**; o circuito hamiltoniano obtido é (**1**,**2**,**3**,**5**,**4**,**1**), de custo 60 + 15 = 75. Como determinamos antes, o valor ótimo é igual a 72, o que indica a solução obtida como sendo de boa qualidade.

9.5.4 Heurísticas de troca

Trata-se de estratégias de troca de arcos que podem ser usadas, ou isoladamente, ou para aperfeiçoar soluções obtidas por heurísticas de inserção tais como a FITSP (Altschuller *et al* [AVVS90]) e outras. Em uma *k-heurística* deste tipo se eliminam *k* arcos não adjacentes do circuito hamiltoniano vigente (fracionando-o, portanto, em *k* caminhos) e se reconectam esses *k* caminhos em ordem diferente através de outros *k* arcos. A experiência disponível é maior com *k* = 2 e *k* = 3 (conhecidas na literatura como *twoopt* e *threeopt*); quanto maior o valor de *k*, melhores as soluções, mas o trabalho computacional aumenta significativamente. Ver Lin [Li65].

Uma discussão mais ampla, envolvendo estas e outras heurísticas, pode ser encontrada em Campello e Maculan [CM94]. Mais recentemente Okano, Misuno e Iwano [OMI99] estudam o papel da 2-opt em relação às soluções dadas por heurísticas de construção para o PCV e propõem uma nova heurística de construção denominada *seleção recursiva com preferência por arestas longas.*

9.5.5 Outras situações e abordagens do PCV

- **Heurísticas de separação para o B & C na solução do PCV**

Naddef e Thienel [NT02a-b] desenvolvem heurísticas de separação para desigualdades violadas no contexto da resolução ótima de instâncias do PCV por *branch-and-cut*. O primeiro artigo é dedicado às ideias básicas e o segundo a um instrumental mais complexo.

- **PCV em armazéns: janelas de tempo, ou *on-line***

Ascheuer, Fischetti e Grötschel [AFG01] implementaram 3 formulações alternativas do PCV por programação inteira e mais de dez heurísticas, visando o controle de um guindaste-empilhadeira em um armazém. Neste problema se tem uma janela de tempo para cada vértice, dentro da qual o guindaste deve começar a estar disponível, mas é admitida também a chegada antecipada com espera. Foram testadas instâncias de até 233 vértices.

Ascheuer, Grötschel e Abdel-Hamid [AGA99] estudaram o mesmo problema *on-line*, ou seja, uma vez que uma tarefa seja determinada, ela terá de ser executada, mesmo que eventualmente se obtenha uma piora na performance global. O trabalho faz a comparação entre diversas heurísticas. A melhoria em relação ao sistema vigente foi da ordem de 40%.

Exercícios – Capítulo 9

9.1 Mostre que, se um grafo **G** não orientado for euleriano, seu adjunto L(**G**) será hamiltoniano. Encontre um contraexemplo para a recíproca (que não é verdadeira).

9.2 Mostre que, se um grafo **G** não orientado for euleriano, seu conjunto de arestas poderá ser particionado em ciclos disjuntos.

9.3 Construa um grafo **G** orientado no qual cada vértice esteja associado a uma sequência de $k - 1$ *bits* a_i com valores 0 ou 1, dele saindo dois arcos associados a $(a_1, a_2, ..., a_{k-1}, 0)$ e $(a_1, a_2, ..., a_{k-1}, 1)$ que terminam nos vértices $(a_2, ..., a_{k-1}, 0)$ e $(a_2, ..., a_{k-1}, 1)$. Mostre que **G** é euleriano e verifique como obter dele seqüências minimais de *bits* que contenham todas as subsequências de *k* bits (*sequências de De Bruijn*).

9.4 Mostre que, no Problema do Carteiro Chinês em grafos não orientados, nenhuma aresta precisa ser repetida mais de uma vez. Esta afirmação é, ou não, verdadeira para grafos orientados ? Explique e exemplifique.

9.5 Utilize um algoritmo de fluxo a custo mínimo para encontrar os arcos que devem ser repetidos na construção de um percurso pré-euleriano em um grafo **G** orientado qualquer, criando uma fonte fictícia **s** (um sumidouro fictício **t**) ligada (o) aos vértices **v** de **T** (**w** de **S**) por arcos de capacidade $d^-(\mathbf{v}) - d^+(\mathbf{v})$ ($d^+(\mathbf{w}) - d^-(\mathbf{w})$) (ver Eq. 9.2). Demais capacidades: infinitas. Custos unitários (Minieka [Mi79]).

9.6 Construa grafos eulerianos **G** = (**V**,**E**), | **V** | = *n*, | **E** | = *m*, com:

- *n* par e *m* ímpar;
- *n* ímpar e *m* par.

9.7 Mostre que $\mathbf{K}_{i,j}$ somente possui um ciclo hamiltoniano se $i = j$ e que, nesse caso, existem $\lfloor i/2 \rfloor$ ciclos hamiltonianos disjuntos.

9.8 Mostre que todo grafo completo f-conexo é *pancircuítico* (o equivalente a pancíclico, para grafos orientados).

9.9 Mostre que o grafo de **Petersen** (ver o **Capítulo 4**) é não hamiltoniano.

9.10 Classifique os grafos abaixo em hamiltonianos ou não-hamiltonianos. Justifique sua resposta.

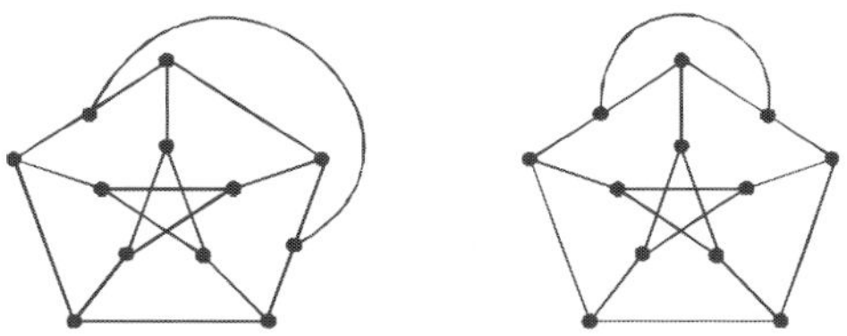

9.11 A sequência (2, 2, 2, 2, 3, 3, 4, 4, 5, 5) é forçosamente hamiltoniana (ver **pág. 217**).

- Construa um grafo gerado por ela e procure explicar porquê todo grafo gerado por ela será hamiltoniano.
- Verifique se o grafo assim construído atende aos teoremas (d), (e) e (f) das **págs. 217-218**.

9.12 Seja o grafo $\mathbf{Q}_j = (\mathbf{X}_j, \mathbf{U}_j)$ no qual $\mathbf{X}_j$ = {vetores de j coordenadas, cada uma igual a zero ou a 1}, e

$\mathbf{U}_j = \{ (v_j, w_j) \mid v_j$ difere de w_j por uma só coordenada }.

Exemplos:

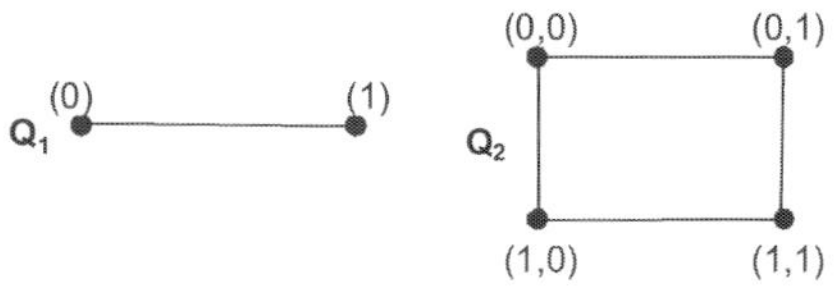

a) Para que valores de j $\mathbf{Q}_j$ é hamiltoniano ? Justifique.

b) Para que valores de j $\mathbf{Q}_j$ é euleriano ? Justifique.

c) Dado $\mathbf{Q}_j = (\mathbf{X}_j, \mathbf{U}_j)$, calcule $| \mathbf{X}_j | = n_j$ e $| \mathbf{U}_j | = m_j$.

d) Mostre que $\mathbf{Q}_j$ é bipartido.

9.13 Utilize o teorema de **Festinger** (ver o **Capítulo 4**) para enumerar todos os circuitos hamiltonianos de um grafo orientado. Que intervenção deve ser feita nas matrizes durante o processo ?

9.14 Uma empresa fabrica *k* produtos similares em uma mesma linha de produção. A fabricação de um produto exige que a linha seja ajustada para isso, a partir da situação vigente durante a fabricação do produto anterior. Os dados disponíveis estão registrados em *r* matrizes de custo

$$\mathbf{C}_{ij} = [\, c_{pq}^{(i)} \,],$$

onde o termo genérico corresponde ao custo da modificação na máquina i, na passagem da fabricação do produto *p* para a do produto *q*. Mostre que se pode minimizar o custo total das trocas de linha, pela resolução de um PCV em um grafo no qual cada vértice é um produto e cada arco uma troca de linha.

9.15 *Problema dos pontos obrigatórios* (**Gondran** e **Minoux**): Seja um grafo **G** = (**V**,**E**) orientado e valorado. Sejam dois vértices **a** e **b** $\in$ **V** e Seja **W** $\subset$ **V** um conjunto de pontos pelos quais se tem obrigação de passar ao ir de **a** para **b** (inclusive estes últimos). Mostre que este problema equivale a um PCV sobre um grafo **H** = (**W**,**F**), onde os **f** = (**i**,**j**) $\in$ **F** correspondem aos menores caminhos em **G** possuindo todos os vértices intermediários em **V** – **W** (sendo o arco (**i**,**j**) válido).

9.16 *Problema das arestas obrigatórias* (**Gondran** e **Minoux**): Seja **G** = (**V**,**E**) um grafo não orientado e seja **E'** $\subset$ **E** um subconjunto de arestas de **G**, cujo conjunto de vértices adjacentes é **W**. Procura-se obter um ciclo (eventualmente de valor mínimo) que utilize todas as arestas de **E'**. Mostre que este problema corresponde ao de se procurar um ciclo hamiltoniano (resolver um PCV, se o grafo for valorado e houver interesse na minimização) em um grafo auxiliar **H** = (**X**,**F**) onde figuram em **X** os vértices **i** de **G** adjacentes às arestas de **E'** e mais um vértice fictício **w** inserido em cada aresta **a** = (**i**,**j**) $\in$ **E'**. As arestas de **F** são as arestas $(\mathbf{i},\mathbf{w}_a)$ e $(\mathbf{j},\mathbf{w}_a)$ e mais uma aresta (**k**,**l**) para cada par **k**,**l** $\in$ **W** tal que exista um percurso μ_{kl} (eventualmente de valor mínimo) em **G'** = (**V**,**E** – **E'**). Para a minimização, os valores das arestas (**k**,**l**) devem ser iguais aos dos menores caminhos e os das adjacentes aos **w** devem ter, para cada **w**, soma igual ao valor da aresta correspondente de **E'**.

9.17 *Problema das remoções* (roteamento de uma ambulância que sai de um hospital e deve remover um paciente de um segundo hospital para um terceiro, depois outro de um quarto hospital para um quinto etc., até entregar no hospital de partida um paciente recolhido no penúltimo hospital, a ordem das remoções não sendo definida). Este problema pode ser resolvido com a mesma técnica usada em **9.15**. Verifique qual alteração precisa ser feita em **H** para que esta resolução seja possível.

9.18 Mostre que os problemas apresentados em **9.15** e **9.16** podem ser resolvidos de forma semelhante em grafos orientados.

9.19 Seja **G** um grafo cúbico hamiltoniano e seja **C** um ciclo hamiltoniano em **G**. Mostre que as arestas não pertencentes a **C** formam um acoplamento perfeito em **G**.

9.20 Seja $\mathbf{R}_i = (\mathbf{V}_i,\mathbf{E}_i)$ a família de grafos tal que $\mathbf{V}_i = \{(x,y) \in \mathbf{Z}^2 \mid 0 \leq x, y \leq i\}$ e $\mathbf{E}_i = (\mathbf{p},\mathbf{q}) \in \mathbf{V}_i^2 \mid$ **p** e **q** diferem por uma e uma só coordenada}. (Estes grafos são conhecidos como “grafos grade”, no caso, com duas dimensões).

a) Para que valores de *i* $\mathbf{R}_i$ é euleriano ? Quando um $\mathbf{R}_i$ não for euleriano, quantas arestas ele deve receber para se tornar euleriano ?

b) Mostre que $\mathbf{R}_i$ é (não é) hamiltoniano, quando *i* for par (ímpar).

Capítulo 10

Grafos planares e temas correlacionados

Não desças os degraus do sonho
Para não despertar os monstros
Não subas aos sótãos, onde
Os deuses, por trás de suas máscaras
Ocultam o próprio enigma
Não desças, não subas, fica.

Mário Quintana

10.1 Introdução

A ideia de grafo planar está intimamente relacionada à noção de *mapa*, ou seja, de uma representação de um conjunto de elementos (usualmente geográficos) dispostos sobre o plano. Não é difícil associar-se um grafo a um mapa; isso traz diversas consequências, que discutiremos adiante; de início, a necessidade dos cartógrafos colorirem os mapas geográficos com diversas cores, a fim de tornar possível a distinção de suas diferentes regiões, trouxe o questionamento sobre como se poderia provar o que a prática mostrava − ou seja, que não mais de quatro cores eram necessárias. Esta pergunta e as tentativas feitas para respondê-la tiveram enorme influência no desenvolvimento da teoria dos grafos até os anos 70 do século passado, quando ela foi enfim respondida.

A associação da ideia de grafo planar com a prática deixou de ser exclusividade da cartografia: os circuitos impressos envolvem restrições de planaridade na sua realização e, de forma ainda mais evidente, os circuitos eletrônicos e as malhas de transporte terrestre, no sentido em que a não planaridade exige precauções tais como a subdivisão de um circuito impresso em diversas placas, ou a construção de um viaduto: a alternativa nem sempre possível é não descer, não subir, ficar, como dizia o poeta. Algumas questões aqui discutidas se referem, exatamente, a grafos não planares e elas aparecem, exatamente, em vista da demanda de aplicações como estas.

Os grafos planares apresentam uma peculiaridade que os distingue dos demais grafos, que é a possibilidade da representação de seus esquemas no plano, sem que duas arestas quaisquer se cruzem. O seu estudo envolve, por isso, considerações às vezes exóticas em relação ao que habitualmente se encontra na teoria dos grafos, pela "invasão" de questões topológicas relacionadas ao contínuo. Este "exotismo" implica, mais do que nunca, em um grande cuidado com a caracterização das situações, o que se reflete aqui em um texto algo carregado em definições e provas de teoremas.

A situação não é exclusiva deles, no entanto, e sim a consequência de se considerar de um lado, um grafo e de outro, uma superfície com a qual ele guardará uma relação (superfície esta que pode, ou não, ser o plano). Como se verá mais adiante, todo grafo pode ter definida, para alguma superfície, uma relação do tipo da que os grafos planares se beneficiam em relação ao plano.

10.2 Algumas definições e resultados

Def. 10.1: Um grafo é *planar* se seu esquema puder ser traçado em um plano de modo que duas arestas quaisquer se toquem, no máximo, em alguma extremidade.

Por esta definição, o estudo dos grafos planares não implica em considerações de orientação e a existência de arestas paralelas (ou seja, a possibilidade de se estar lidando com um p-grafo) não influi na planaridade.

A **Fig. 10.1** mostra que K_4 é planar, em vista da forma (b) de seu esquema, conhecida como *grafo plano, forma topológica* ou *grafo planar topológico*:

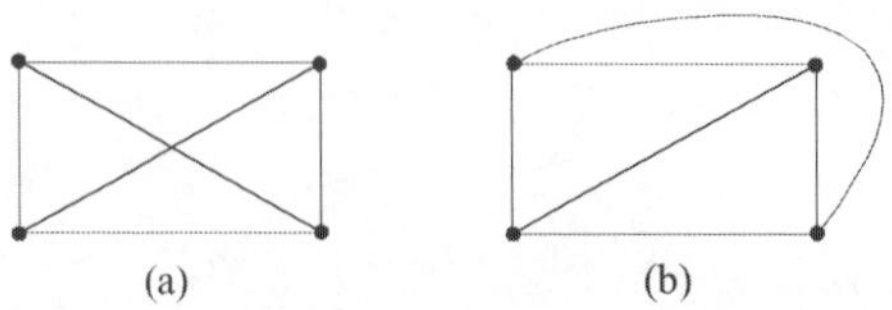

Fig. 10.1: Grafo planar e sua forma topológica

Def. 10.2: Um grafo **G** = (**V**,**E**) pode ser *imerso* em uma superfície **S** se existir um conjunto de pontos e um conjunto de curvas de **S**, disjuntas duas a duas a não ser, possivelmente, sobre algum dos pontos, que formem bijeções respectivamente com **V** e com **E** (o termo imerso corresponde à designação *embedded* do inglês).

Conclui-se dessa definição que um grafo planar é um grafo que pode ser imerso no plano. Um detalhe interessante sobre esta imersão (que corresponde a uma forma de desenho, exatamente um desenho sem cruzamentos) é dado por um resultado de **Fóry** e **Wagner** (Behzad, Chartrand e Lesniak-Foster [BCLF79], Toranzos [To76]), o qual estabelece que um grafo planar pode sempre ser desenhado no plano (sem cruzamentos) de modo que suas arestas sejam retas. Harel e Sardas [HS98], mais recentemente, apresentaram um algoritmo, implementado em um sistema de desenho de grafos, que permite o desenho de grafos planares com todas as arestas retas. Para isso, o grafo é imerso (definição análoga à vista acima) em uma grade de $2n - 4$ por $n - 2$ vértices e o resultado é obtido em tempo linear.

Def. 10.3: Uma *face* de um grafo planar topológico 2-conexo é uma porção do plano limitada por um ciclo do grafo, que não contenha arestas no seu interior.

Obs. 1: A exigência da 2-conexidade, que aparece em muitos resultados da teoria dos grafos planares, corresponde à necessidade da aplicação dos resultados, separadamente, a cada bloco, ou subgrafo 2-conexo maximal (ver o **Capítulo 3**). A **Fig. 10.2** esclarece a questão no que se refere à definição acima; pode-se observar que a definição de face somente adquire sentido ao se considerar, separadamente, cada bloco do grafo representado, sendo que a aresta que une os dois blocos não constitui, em si, um bloco, por não ser um subgrafo 2-conexo:

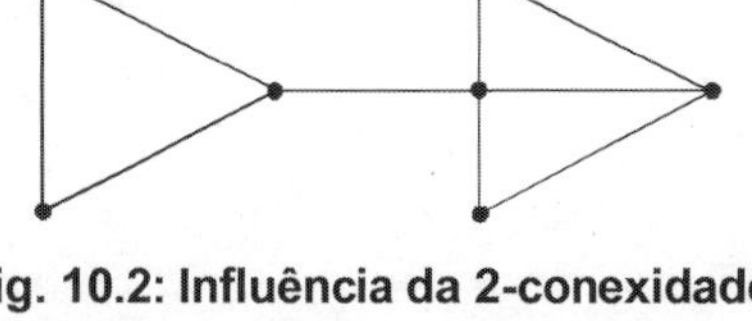

Fig. 10.2: Influência da 2-conexidade

Obs. 2: A definição de face se aplica igualmente ao "exterior" do grafo, ou seja, à porção do plano que circunda o seu esquema. Esta porção do plano é por isso chamada *face ilimitada* (ou *infinita*) e as demais faces, por contraposição, *faces limitadas* (ou *finitas*).

Def. 10.4: A *fronteira* de uma face de um grafo planar é o conjunto de arestas que a limitam.

Def. 10.5: Duas faces são *adjacentes* se elas tiverem uma aresta comum em suas fronteiras.

Teorema 10.1: *Em um grafo planar (na forma topológica), as fronteiras das faces limitadas constituem uma base de ciclos* (ver o **Capítulo 6**).

Prova: por indução. O teorema é válido para 2 faces limitadas, visto serem ambas necessárias e suficientes para representar os 3 ciclos (no máximo) que o grafo conterá. Suponhamos que ele seja válido para $f - 1$ faces e vamos provar sua validade para f faces.

Suponhamos que as fronteiras de um grafo com f faces não sejam totalmente disjuntas em relação às arestas (o que seria um caso evidente de validade). Suprimindo uma aresta, poderemos obter um grafo com $f - 1$ faces limitadas, cujas fronteiras formam, por hipótese, uma base de ciclos. Recolocando a aresta em questão, criamos um novo ciclo, que é <u>independente</u> dos anteriores, porque possui uma aresta nova. O número ciclomático aumenta de uma unidade nesse processo, refletindo a dimensão da nova base. ■

Corolário 10.2 (Euler): *Em um grafo planar 2-conexo **G** com n vértices, m arestas e f faces, se tem*

$$n - m + f = 2 \qquad (10.1)$$

Prova: O número de faces limitadas, pelo **Teorema 10.1**, é igual ao número ciclomático; acrescentando a face ilimitada, se tem

$$f = \nu(\mathbf{G}) + 1 = (m - n + 1) + 1 = m - n + 2 \qquad (10.2)$$

de onde se obtém imediatamente (10.1). ■

Obs.: Esta expressão é válida para os poliedros convexos, conforme se estuda em sua geometria; portanto, todo poliedro convexo pode ser associado a um grafo planar, ampliando-se uma qualquer de suas faces de modo a conter todos os vértices e arestas no seu interior; esta se torna, pelo lado oposto, a face ilimitada (**Fig. 10.3**):

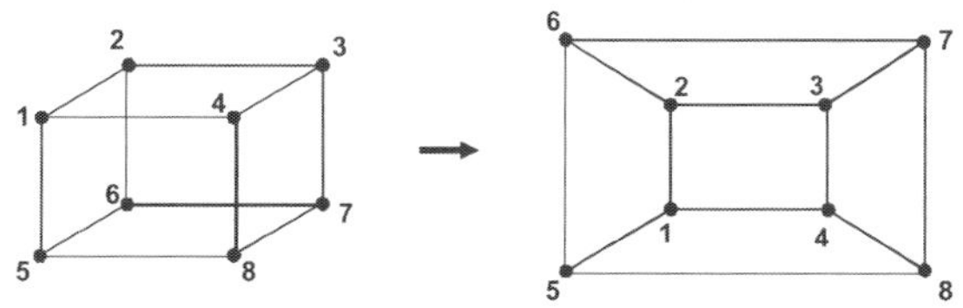

Fig. 10.3

Def. 10.6: Um grafo **G** = (**V**,**E**) planar é dito *maximal* se, para toda aresta **e** = (**v**,**w**) $\notin$ **E**, o grafo **G** = (**V**,**E** $\cup$ **e**) for não planar.

Conclui-se da definição que todas as faces de um grafo planar maximal devem ser triangulares.

Teorema 10.3: *Se **G** é um 1-grafo planar maximal, então*

$$m = 3n - 6 \qquad (10.3)$$

Prova: Cada uma das f faces de **G** é um triângulo (restrição não válida para p-grafos) e duas faces possuem, portanto, apenas uma aresta em comum. Logo, $3f = 2m$; eliminando-se f em (10.1), teremos (10.3). ■

Corolário 10.4: *Um grafo para o qual se tenha $m > 3n - 6$ é não planar.*

Corolário 10.5 (equivalente): *Em um grafo planar, se tem sempre $m \le 3n - 6$.*

Provas: imediatas. ■

Obs.: Para grafos bipartidos, se pode mostrar de modo semelhante (com base em $4f = 2m$) que o limite superior de planaridade é $m = 2n - 4$. Outros resultados semelhantes podem ser obtidos, levando-se em conta a cintura do grafo.

Corolário 10.6: *Todo grafo planar possui um vértice **v** de grau $d(\mathbf{v}) \le 5$.*

Prova: Se $n \le 6$, o resultado é evidente. Caso contrário, $m \le 3n - 6$ implica em

$$2m = \sum_{\mathbf{v} \in \mathbf{V}} d(\mathbf{v}) \le 6n - 12 \qquad (10.4)$$

Se todos os vértices de **G** tiverem grau maior ou igual a 6, teremos $2m \ge 6n$; logo, **G** possui ao menos um vértice de grau 5. ■

Obs. 1: Existe, de fato, um grafo planar com todos os vértices de grau 5, que é o grafo correspondente ao icosaedro. Ver Capobianco e Molluzzo [CM77] e Jurkiewicz [Ju90].

Obs. 2: Pelo **Corolário 10.6**, já se observa que $\mathbf{K}_7$ é não planar. Os resultados a seguir permitirão que se vá um pouco mais adiante.

10.3 Caracterização da planaridade

A literatura cita diversos teoremas estabelecendo condições necessárias e suficientes para que um grafo seja planar. Apresentamos aqui os três resultados mais conhecidos, cujas provas podem ser encontradas, por exemplo, em Nishizeki e Chiba [NC88]. Algumas noções preliminares são aqui introduzidas para permitir que os teoremas sejam enunciados.

Def. 10.7: Um grafo **H** é dito ser *homeomorfo* a um grafo **G**, se **H** puder ser obtido de **G** pela inserção de vértices de grau 2 em pontos intermediários de suas arestas. **H** é também dito ser uma *subdivisão* de **G**. Ao inverso, pode-se dizer que **G** será, nessas condições, um <u>menor</u> de **H** (ver o **Capítulo 2**).

Teorema 10.7a (Kuratowski): Um grafo é planar se e somente se não tiver, como subgrafo, um grafo homeomorfo a K_5 ou a $K_{3,3}$.

Prova: Harary [Ha72]. ■

Makarychev [Ma97] apresenta uma prova combinatória para o teorema, bastante mais concisa do que a dada por **Harary**..

Obs.: Uma formulação equivalente, conhecida como <u>teorema de Wagner</u>, é a seguinte:

Teorema 10.7b (Wagner): Um grafo é planar se e somente se não contiver menores isomorfos a K_5 ou a $K_{3,3}$. ■

Não é difícil verificar que estes dois últimos grafos não são planares: $K_5 - \{e\}$ é planar maximal e possui 9 arestas; $K_{3,3}$ também possui 9 arestas mas, sendo bipartido, não poderia possuir mais de 8 (visto que $m \leq 2n - 4$). Os subgrafos proibidos do teorema são chamados grafos *Tipo 1* e *Tipo 2* de Kuratowski; exemplos deles estão na **Fig. 10.4** abaixo, onde diversas arestas estão subdivididas como exemplo.

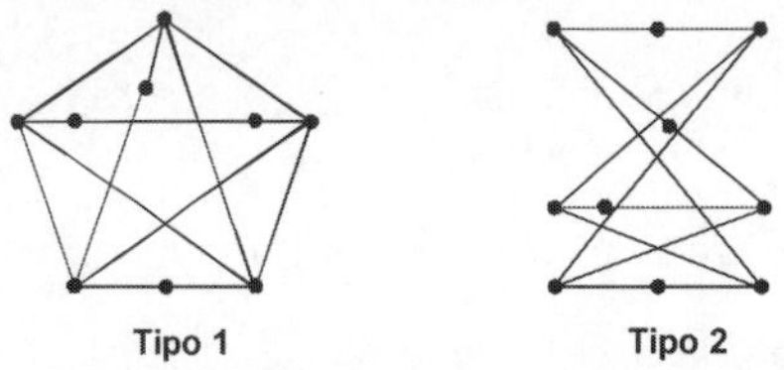

Fig. 10.4: Homeomorfos a K_5 e a $K_{3,3}$

O grafo de **Petersen** (ver o **Capítulo 4**), por exemplo, não é planar; ele contém um subgrafo homeomorfo a $K_{3,3}$, como se pode observar na **Fig. 10.5**:

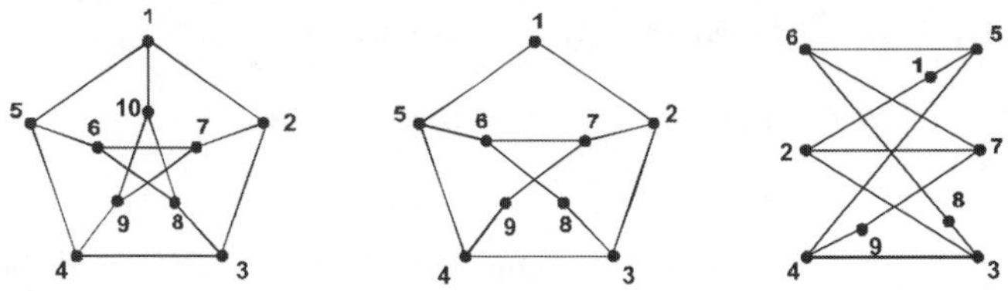

Fig. 10.5: Homeomorfo a $K_{3,3}$ em K_5

Para o grafo de **Petersen**, por exemplo, a forma de **Wagner** é mais favorável: basta contrair os pares de vértices correspondentes às arestas que unem os dois pentágonos e se obtém K_5.

Def. 10.8: *Dual geométrico* de um grafo planar **G** = (**V**,**E**) é um grafo **H** = (**W**,**F**), onde **W** = {w_i} é o conjunto de faces de **G** e onde existe uma bijeção entre os elementos de **F** e os elementos de **E**, cada (w_i,w_j) ∈ **F** correspondendo a um **e** ∈ **E** pertencente à interseção das fronteiras de w_i e w_j (**Fig. 10.6**):

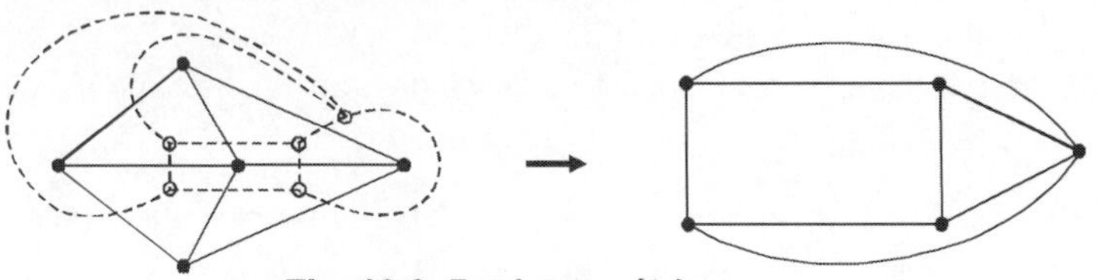

Fig. 10.6: Dual geométrico

A dualidade em grafos planares pode ser caracterizada de forma abstrata, observando-se que cada ciclo de **G** corresponde a um cociclo de **H** e vice-versa: o dual assim definido é chamado *dual combinatório*. Pode-se provar que ele equivale ao dual geométrico; assim, falaremos apenas de ***dual***.

Teorema 10.8 (Whitney): Um grafo **G** 2-conexo é planar se e somente se possuir um dual.

Obs. 1: É fácil verificar que a dualidade é recíproca, isto é, o dual de um dual é o seu primal (ou seja, o grafo original). O dual de um grafo não é, porém, sempre único, porque um grafo pode possuir mais de uma imersão no plano; Harary [Ha72] oferece um exemplo de um grafo com dois duais. Isto pode acontecer com grafos 2-conexos, enquanto para grafos 3-conexos, o dual é único.

Obs. 2: Alguns grafos são isomorfos a seus duais (*autoduais*); de início, todas as rodas $\mathbf{R}_n$ ($\mathbf{R}_n$ = $\mathbf{C}_{n-1}$ + $\mathbf{K}_1$, ver os **Capítulos 6** e **12**); e, ainda, $\mathbf{K}_4$ e o grafo abaixo (**Fig. 10.7**):

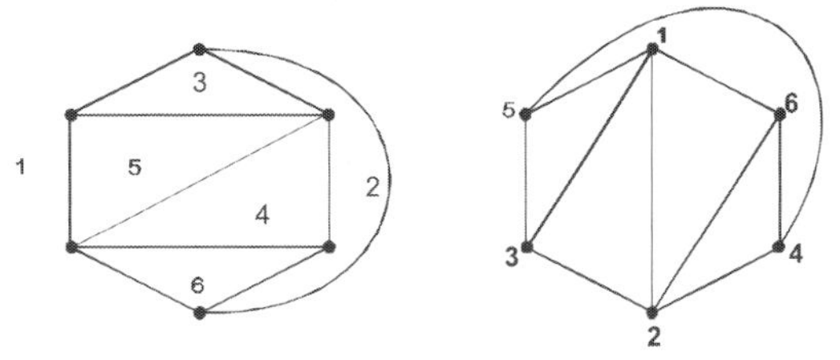

Fig. 10.7: Um grafo autodual

Um caso interessante de dualidade é oferecido pelos poliedros regulares: o cubo e o octaedro são mutuamente duais, assim como o dodecaedro e o icosaedro. O tetraedro, que corresponde a $\mathbf{K}_4$, é autodual como foi citado acima.

Um resultado, que não demonstraremos aqui, garante que *todo grafo planar maximal com* $n \geq 4$ *é 3-conexo.*

Obs. 3: Conforme adiantado no início do capítulo, se um grafo planar não for 2-conexo, o **Teorema 10.8** poderá ser aplicado separadamente a cada um dos seus blocos.

Teorema 10.9 (MacLane): Um grafo **G** 2-conexo é planar se e somente se ele possuir uma base de ciclos que, unida a mais um ciclo, contenha cada aresta de **G** exatamente duas vezes.

O ciclo adicional de que fala o teorema é exatamente a fronteira da face ilimitada (**Fig. 10.8**):

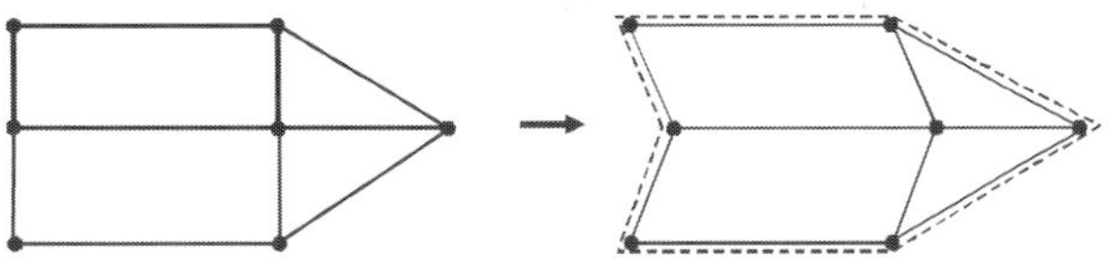

Fig. 10.8: Teorema de MacLane

Obs.: As condições necessárias e suficientes aqui discutidas, bem como outras existentes na literatura, poderiam ser agrupadas para formar um teorema de definições equivalentes:

Teorema (s/n): As seguintes afirmações são equivalentes em relação à planaridade de um grafo:

a) (Kuratowski)

b) (MacLane)

c) (Whitney)

......

l) (.......)

A prova, como habitualmente neste tipo de teorema, mostraria que, por exemplo, (**a**) implica em (**b**), (**b**) em (**c**) etc., etc., (**l**) em (**a**). Evidentemente, o grafo (orientado) representativo das etapas de prova possíveis deverá ser hamiltoniano. Se, no atual desenvolvimento da teoria, ele é ou não completo simétrico, não podemos afirmar; nem, de fato, encontramos até agora qualquer demonstração de um teorema assim formulado, o que seria um fascinante (embora talvez dispensável) exercício teórico.

10.4 Outras questões envolvendo planaridade

10.4.1 O grafo e seu complemento

Um resultado bastante curioso sobre este tema é o seguinte:

Em relação a um grafo **G** *com n vértices e seu grafo complementar* $\overline{\mathbf{G}}$ *, é possível afirmar-se que*

- *se* $n < 8$*, ao menos um dos dois é planar;*
- *se* $n > 8$*, ao menos um dos dois é não planar.*
- *se* $n = 8$*, nada se pode afirmar.*

De fato, há pares (**G**, $\overline{\mathbf{G}}$) com 8 vértices, nos quais os dois são planares e há outros pares nos quais os dois são não planares.

O segundo resultado é trivial para $n \geq 11$, visto que o limite $m = 3n - 6$ para as arestas será violado por algum dos dois grafos; para $n = 9$ a prova é feita por enumeração exaustiva, o que fornece bases para o caso $n = 10$. Já para $n = 8$, $\mathbf{K}_{4,4}$ é não planar e seu complemento é planar; por outro lado, $\mathbf{K}_{3,3} + \{\mathbf{v},\mathbf{w}\}$ é não planar e seu complemento também o é. Ver Busacker e Saaty [BS65].

A relação entre grafos planares e poliedros convexos é esclarecida pelo seguinte resultado:

Um grafo possui um esquema isomorfo a um poliedro convexo se e somente se ele for planar e 3-conexo.

10.4.2 Grafo *periplanar* (Baldas [Ba95]) ou *planar exterior* (*outerplanar graph*, na nomenclatura em inglês) é um grafo planar que possui uma imersão na qual todos os vértices estejam na fronteira de uma mesma face, na qual diremos aqui que ele estará *apoiado*. Habitualmente se escolhe a face ilimitada, que é o *perímetro* do grafo, daí a denominação.

Da definição decorre imediatamente que *todo grafo periplanar 2-conexo é hamiltoniano*. Por outro lado, toda floresta é um grafo periplanar. Ver a **Fig. 10.9** abaixo.

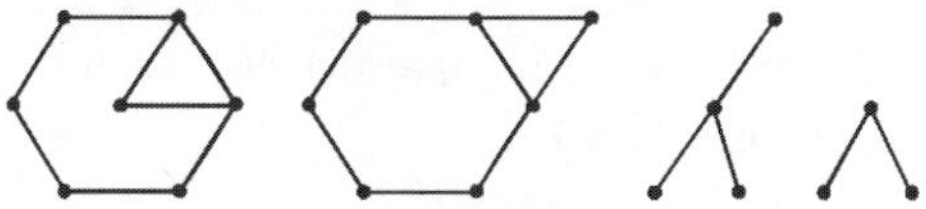

Fig. 10.9

A influência da 2-conexidade se mantém: um grafo é periplanar se e somente se cada um dos seus blocos é periplanar (as árvores satisfazem trivialmente a essa condição, vértice a vértice).

Um grafo periplanar é dito *maximal* se deixar de ser periplanar pela adição de uma aresta qualquer (**Fig. 10.10**):

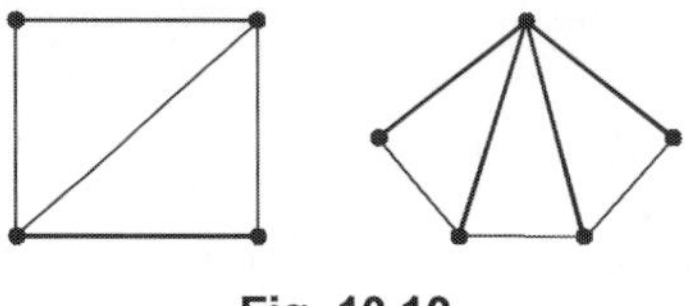

Fig. 10.10

Os seguintes resultados sobre grafos periplanares são detalhados em Harary [Ha72]:

a) *Um grafo periplanar maximal apoiado na face ilimitada possui n - 2 faces interiores triangulares.*

b) *Um grafo periplanar maximal* **G** *possui:*

- *2n - 3 arestas;*
- *pelo menos 3 vértices de grau não superior a 3;*
- *pelo menos 2 vértices de grau 2;*
- *conectividade* $\kappa(\mathbf{G}) = 2$.

c) *Um grafo é periplanar se e somente se não possuir um subgrafo homeomorfo a* $\mathbf{K}_4$ *ou* $\mathbf{K}_{2,3}$.

d) *Todo grafo periplanar com 7 ou mais vértices possui um grafo complementar que não é periplanar.*

Rodrigues [Ro97] apresenta, em sua tese de doutorado, uma extensa discussão sobre os grafos periplanares maximais, ou ***mops*** (de *maximal outerplanar graphs*). Apresentam-se no trabalho três tipos básicos de mops, que podem ser combinados para produzir outros grafos periplanares:

- *mop leque*: possui exatamente um vértice de grau $n-1$;
- *mop serpentina*: possui o maior número possível de vértices de grau 4;
- *mop coroa:* possui o maior número possível de vértices de grau 2.

A **Fig. 10.11**, abaixo, mostra exemplos dos 3 tipos de grafos.

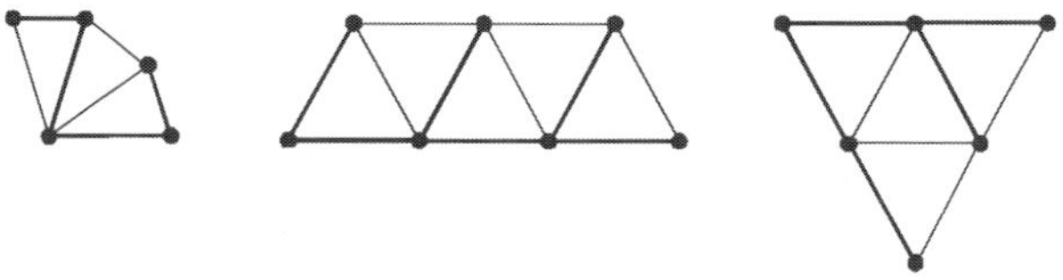

Fig. 10.11

10.4.3 Gênero de superfícies e grafos

O *gênero* de uma superfície é o número de ***alças*** ou ***furos*** que ela possui; por exemplo, o plano e a esfera têm gênero zero e o toro, gênero 1 (observar que um toro pode ser entendido como uma esfera com um furo).

O *gênero* $\iota(\mathbf{G})$ de um grafo é o da superfície de menor gênero que admita uma imersão de **G**. Os grafos planares têm, portanto, gênero zero. Já $\mathbf{K}_5$ e $\mathbf{K}_{3,3}$ podem ser imersos no toro (já que a única aresta que os impede de ser planares pode passar pelo furo do toro), logo têm gênero 1.

A discussão sobre gênero de superfícies e de grafos permite a generalização de diversos resultados de grafos planares para grafos quaisquer. Por exemplo temos, quando $n \geq 13$:

a) *Se **G** tem gênero $\iota(\mathbf{G})$ e é conexo, então*

$$\iota(\mathbf{G}) \geq \frac{m}{6} - \frac{n-2}{2} \qquad (10.5)$$

b) *Se **G** tem gênero $\iota(\mathbf{G})$ e não possui ciclos de comprimento 3, então*

$$\iota(\mathbf{G}) \geq \frac{m}{4} - \frac{n-2}{2} \qquad (10.6)$$

c) *Se a cintura* (comprimento do menor ciclo, ver o **Capítulo 3**) *de um grafo **G** for $g(\mathbf{G})$, então*

$$\iota(\mathbf{G}) \geq \frac{m}{2}\left(1 - \frac{2}{g(\mathbf{G})}\right) - \frac{n}{2} + 1 \qquad (10.7)$$

Não se conhece uma expressão que forneça o gênero de um grafo qualquer com base em outros parâmetros; o resultado mais importante nessa área, referente às cliques, é de **Ringel** e **Youngs** (1968):

$$\iota(\mathbf{K}_n) = \left\lceil \frac{(n-3)(n-4)}{12} \right\rceil \qquad (10.8)$$

Este valor, como limite inferior, pode ser obtido imediatamente pela substituição de $m = n(n-1)/2$ em (10.5); a prova da igualdade, no entanto, exigiu enorme trabalho. Ver Harary [Ha72].

10.4.4 Espessura, números de cruzamento, resistência

a) Espessura

A *espessura* $\theta(G)$ de um grafo **G** é o menor número de subgrafos planares, disjuntos em relação às arestas, cuja união produz **G**.

Um primeiro resultado sobre este parâmetro, para o qual não se conhece uma formulação geral, resulta do **Corolário 10.2**:

$$\theta(\mathbf{G}) \geq \frac{m}{3n-6} \qquad (10.9)$$

Um limite inferior para a espessura de uma clique pode ser obtido pela substituição de m pelo seu valor $n(n-1)/2$; todos os valores de n diferentes de 9 e 10 verificam a igualdade:

$$\theta(\mathbf{K}_n) = \left\lfloor \frac{n+7}{6} \right\rfloor \qquad (n \neq 9, 10;\ \theta(\mathbf{K}_9) = \theta(\mathbf{K}_{10}) = 3) \qquad (10.10)$$

Muntzel *et al* [MOS98] apresentam, entre outros, os seguintes resultados:

$$\theta(\mathbf{K}_{n,n}) = \left\lfloor \frac{n+5}{4} \right\rfloor \quad (10.11)$$

$$\theta(\mathbf{Q}_r) = \left\lfloor \frac{n+1}{4} \right\rfloor \quad (10.12)$$

onde $\mathbf{Q}_r$ é o hipercubo de r dimensões.

Temos, ainda,

$$\theta(\mathbf{G}) \le \left\lfloor \sqrt{\frac{m}{3} + \frac{3}{2}} \right\rfloor \quad (10.13)$$

$$\theta(\mathbf{G}) \le \left\lceil \frac{\Delta}{2} \right\rceil \quad (10.14)$$

Mutzel, Odenthal e Scharbrodt [MOS98] apresentam um *survey* no qual discutem a noção de espessura e suas aplicações e apresentam um número significativo de resultados, assim como algumas noções derivadas da espessura e resultados para elas.

b) O mergulho de grafos em livros

Mergulhar um grafo em um livro corresponde a colocar os vértices ao longo da lombada do livro e distribuir as arestas pelas páginas de modo que elas não se cruzem. A noção é de Bernhart e Kainen (1987) e tem aplicações no projeto de circuitos de computadores (VLSI). Define-se, ao estudar o problema, a *espessura de livro (bθ)* de um grafo como o menor número de páginas exigido para o seu mergulho e a *largura de mergulho (bw)* do grafo como sendo o maior número de arestas que cruza alguma linha perpendicular à lombada do livro, em alguma página.

Bilski [Bi98] apresenta uma técnica para um mergulho ótimo de largura $n - 3$ de um grafo completo $\mathbf{K}_n$ em um livro com $n/2$ páginas (para n par), ou $(n + 1)/2$ páginas (para n ímpar). Prova, ainda, que existem grafos não completos para os quais o algoritmo fornece uma solução ótima.

Enomoto, Nakamigawa e Ota [ENO97] mostram que

$$b\theta(\mathbf{K}_{n,n}) \le \lfloor 2n/3 \rfloor + 1 \quad (10.15)$$

$$b\theta(\mathbf{K}_{n,\lfloor n^2/4 \rfloor}) \le n - 1 \quad (10.16)$$

Enfim, o menor m para o qual $b\theta(\mathbf{K}_{m,n}) = n$ é $n^2/4 + O(n^{7/4})$.

c) Números de cruzamento

O *número de cruzamento* $\nu(\mathbf{G})$ é o menor número de cruzamentos de pares de arestas no esquema de um grafo **G** sobre o plano. Se $\nu(\mathbf{G}) = 0$, o grafo será evidentemente planar.

Há poucos resultados para este parâmetro. Para cliques, se tem (Guy, [Gu72]):

$$\nu(\mathbf{K}_n) \le \frac{1}{4}\left\lfloor \frac{n}{2} \right\rfloor \left\lfloor \frac{n-1}{2} \right\rfloor \left\lfloor \frac{n-2}{2} \right\rfloor \left\lfloor \frac{n-3}{2} \right\rfloor \quad (10.17)$$

A igualdade é válida, pelo menos, para $n \le 10$.

Zarankiewicz, em 1954, conjeturou que, para grafos bipartidos completos $\mathbf{K}_{p,q}$,

$$\nu(\mathbf{K}_{p,q}) = \left\lfloor \frac{p}{2} \right\rfloor \left\lfloor \frac{p-1}{2} \right\rfloor \left\lfloor \frac{q}{2} \right\rfloor \left\lfloor \frac{q-1}{2} \right\rfloor \quad (10.18)$$

Uma relação mais ou menos trivial entre número de cruzamento e espessura é

$$\theta(\mathbf{G}) \le \nu(\mathbf{G}) + 1 \quad (10.19)$$

Klesc [Kl01] apresenta os valores do número de cruzamento para produtos cartesianos dos grafos de 5 vértices com caminhos, ciclos e estrelas.

Salasar [Sa00] prova que o número de cruzamento de $\mathbf{C}_p \times \mathbf{C}_q$ é ao menos $(p - 2)q/3$ para todo p, q tais que $p \ge q$.

O número de cruzamento pode ser generalizado para um gênero dado, de modo a poder ser definido para qualquer superfície.

O *número de cruzamento retilíneo* $\overline{\nu}$(**G**) é o menor número de cruzamentos de pares de arestas no esquema de arestas retilíneas de um grafo **G** sobre o plano. Aqui se tem trabalhado, apenas, com os grafos completos $\mathbf{K}_n$; em geral, $\overline{\nu}(\mathbf{K}_n) \geq \nu(\mathbf{K}_n)$, a igualdade se verificando para $n \leq 7$ e para $n = 9$. Aichholzer *et al* [AAK02] determinaram $\overline{\nu}(\mathbf{K}_{11}) = 102$ e $\overline{\nu}(\mathbf{K}_{12}) = 153$, conjeturando que $\overline{\nu}(\mathbf{K}_{13}) = 229$. Os melhores limites para este parâmetro são

$$\left(\frac{3}{8}+\varepsilon\right)\binom{n}{4}+O(n^3) < \overline{\nu}(\mathbf{K}_n) < 0{,}3807\binom{n}{4}+O(n^3) \qquad (10.20)$$

onde $\varepsilon \approx 10^{-5}$ ([AAK02], **Lovász** (2004).

Para todo este tema, duas referências de grande utilidade são [We06a] e [We06b].

d) Resistência

Para a resistência em grafos planares ***de valor baixo de gênero***: Goddard *et al* [GPS97] apresentam:

$$t(\mathbf{G}) \leq \kappa(\mathbf{G})/2 \qquad (10.21)$$

(**Chvátal**); a igualdade se verifica quando **G** é livre de $\mathbf{K}_{1,3}$.

- *para **G** não completo,* $t(\mathbf{G}-\mathbf{x}) \geq t(\mathbf{G}) - ½$ (10.22)
- *para **G** árvore não trivial,* $t(\mathbf{G}) = 1/\Delta$ (10.23)
- *para **G** k-regular e k-conexo* $t(\mathbf{G}) \geq 1$ (10.24)

(**Piggert**);

Enfim, em [GPS97] temos que, para grafos conexos de gênero ι e conectividade κ,

- *para **G** planar,* $t(\mathbf{G}) > (\kappa/2) - 1$ (10.25)
- *para* $\iota(\mathbf{G}) \geq 1$, $t(\mathbf{G}) \geq \kappa(\kappa-2)/2(\kappa-2+\iota)$ ✸ (10.26)

10.5 Grafos planares hamiltonianos

O resultado mais importante nesta classe de grafos é o teorema de **Grinberg** (1968). Seu enunciado, que é o de uma condição necessária, envolve a definição de conjuntos de *faces interiores* (f_i) e de *faces exteriores* (f_i') a um ciclo hamiltoniano, *i* sendo o número de arestas do contorno de cada face. A **Fig. 10.12** mostra como é feita essa contagem:

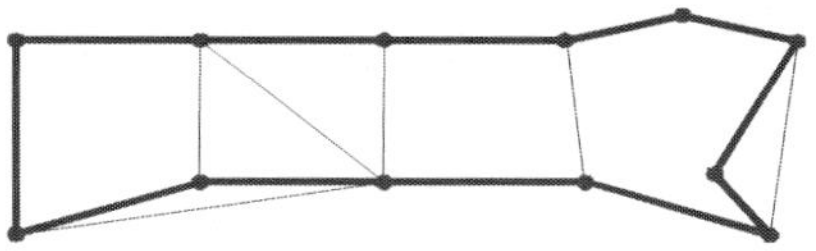

Fig. 10.12

Em relação ao ciclo hamiltoniano mostrado na figura, temos

$f_3 = 2$ $\quad f_4 = 2$ $\quad f_6 = 1$ $\quad f_3' = 2$ $\quad f_{10}' = 1$

Obs.: A face ilimitada estará sempre no exterior do ciclo hamiltoniano, mas pode haver também faces finitas externas, como é o caso das duas faces f_3', separadas da face ilimitada por arestas externas ao ciclo hamiltoniano (que é único, neste caso, mas poderia não o ser).

Teorema 10.10 (Grinberg): *Seja **G** um grafo planar topológico com um ciclo hamiltoniano. Então a contagem de ciclos exteriores e interiores a esse ciclo hamiltoniano verifica*

$$\sum_i (i-2)(f_i - f_i') = 0 \qquad (10.27)$$

Prova: Dado um ciclo hamiltoniano em **G**, podemos observar que as faces internas são separadas entre si por diagonais; chamando δ o número dessas diagonais, teremos

$$\sum_i f_i = \delta + 1 \qquad (10.28)$$

logo

$$\delta = \sum_i f_i - 1 \qquad (10.29)$$

O total de arestas que contribuem para formar as faces interiores, considerando-se cada uma isoladamente, é

$$\sum_i i f_i = 2\delta + n \qquad (10.30)$$

onde *n* é o número de arestas do ciclo hamiltoniano; por outro lado, cada diagonal é contada duas vezes. Substituindo δ em (10.30) teremos

$$\sum_i i f_i = 2\sum_i f_i - 2 + n \qquad (10.31)$$

logo

$$\sum_i (i-2) f_i = n - 2 \qquad (10.32)$$

O mesmo raciocínio pode ser aplicado às faces externas; então se tem

$$\sum_i (i-2) f_i' = n - 2 \qquad (10.33)$$

Combinando (10.32) e (10.33) temos imediatamente (10.27). ■

Exemplo: O grafo representado na **Fig. 10.12** fornece

$$(3-2)(2-2) + (4-2)(2-0) + (6-2)(1-0) + (10-2)(0-1) = 0. \qquad (10.34)$$

O teorema pode ser utilizado para verificar se um dado grafo planar é ou não hamiltoniano, por inspeção dos resultados obtidos pela aplicação de (10.27). A **Fig.10.13** apresenta dois exemplos; para uma discussão mais ampla, ver Jurkiewicz [Ju90].

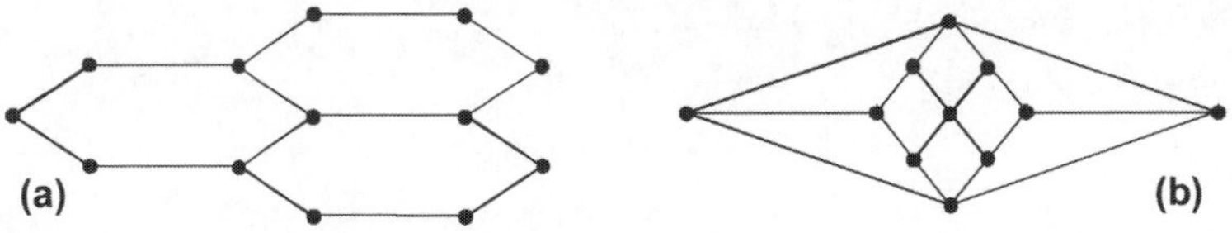

Fig. 10.13: Grafos planares não hamiltonianos

Aplicando (10.27) ao grafo (a), deveríamos ter

$$(6-2)(f_6 - f_6') + (12-2)(f_{12} - f_{12}') = 0 \qquad (10.35)$$

mas temos $f_{12} = 0$ e $f_{12}' = 1$, donde

$$2(f_6 - f_6') = 5 \qquad (10.36)$$

igualdade impossível com valores inteiros, uma vez que o primeiro membro é par e o segundo, ímpar.

Em relação ao grafo (b), temos 9 faces quadrangulares; logo, $f_4 + f_4' = 9$. Por outro lado, (10.27) fornece apenas $f_4 - f_4' = 0$; logo, $f_4 = f_4' = 4{,}5$ o que não faz sentido.

Conclui-se, portanto, que nenhum dos dois grafos é hamiltoniano. De fato, esta é a principal utilidade do teorema de **Grinberg**, mostrar que um grafo não é hamiltoniano. Tratando-se de uma condição necessária, é a sua <u>não verificação</u> que esclarece e não o contrário.

Um resultado de **Whitney** é o seguinte:

a) *Todo grafo planar maximal 4-conexo é hamiltoniano.*

Este resultado foi generalizado por **Tutte**, que provou:

b) *Todo grafo planar 4-conexo é hamiltoniano.*

Em relação a poliedros, um resultado de fácil verificação é:

c) *Os grafos dos cinco poliedros regulares são hamiltonianos.*

O grafo de **Hamilton** é o dodecaedro; o tetraedro, o cubo e o octaedro são de verificação imediata. Já o icosaedro é planar maximal e 4-conexo.

Um resultado referente a ciclos pré-hamiltonianos é o de **Asano**, **Nishizeki** e **Watanabe** (1980) (Nishizeki e Chiba [NC88]):

d) O comprimento *h* de um ciclo pré-hamiltoniano em um grafo planar maximal com *n* vértices satisfaz

$$h \leq 3(n-3)/2 \quad \text{se } n \geq 11 \quad \text{e} \quad h = n \quad \text{se } n < 11$$

Este resultado implica em que todo grafo planar maximal com 10 vértices ou menos é hamiltoniano, o que já havia sido demonstrado em Barnette e Jucovik [BJ70].

A **Fig. 10.14** mostra um grafo planar maximal hamiltoniano com 10 vértices e outro, não hamiltoniano, com 11 vértices.

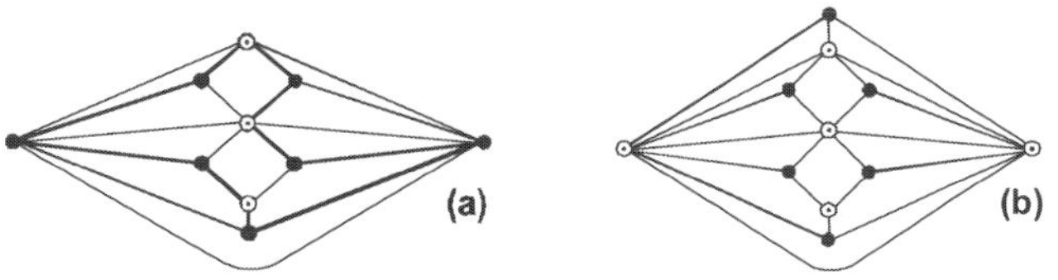

Fig. 10.14

Pode-se observar que o grafo (a) possui um conjunto independente, ou estável, maximal (ver o **Capítulo 6**) com 5 vértices (indicados em preto); nele, os vértices do ciclo hamiltoniano são alternativamente externos e internos a esse conjunto.

Já o grafo (b) possui um conjunto independente maximal com 6 vértices; como aqui temos $\alpha > n/2$, essa alternância não é possível.

Jurkiewicz [Ju90, Ju94, JFS02] discute a construção de grafos planares maximais não hamiltonianos com base no valor de $\alpha(\mathbf{G})$, utilizando duas definições:

Def. 10.9: Uma *triangulação* é um grafo planar conexo no qual todas as faces são triangulares, à exceção eventual de uma (que é, habitualmente, a face ilimitada ao se estudarem as estruturas).

Def. 10.10: Uma *cápsula* é uma triangulação na qual o número de vértices de grau 3 não adjacentes à face ilimitada é maior ou igual ao número de vértices restantes.

O interesse trazido pela noção de cápsula está ligado ao teorema que se segue:

Teorema 10.11 (Jurkiewicz): *Em um grafo planar maximal com $n > 4$, o conjunto de vértices de grau 3 é um conjunto independente.*

Prova: Sejam, por absurdo, dois vértices de grau 3 adjacentes em um grafo com $n > 4$. Cada um disporá de duas arestas para se ligar a outros vértices. Mas, como as faces são triangulares, cada vértice terá de usar uma aresta para se ligar a um terceiro vértice e a outra para um quarto vértice. Como existem outros vértices e o grafo é planar maximal, os dois vértices adjacentes terão, na verdade, um grau mais elevado, o que mostra o absurdo da suposição. Os dois vértices não adjacentes, que formam um estável, poderão ter grau 3 ou mais. O mesmo acontecerá em qualquer região do grafo. ■

Pode-se então construir com facilidade um grafo não hamiltoniano, partindo-se de um grafo planar maximal que possua mais faces do que vértices: basta inserir em cada face um novo vértice e ligá-lo aos 3 vértices da face. O novo grafo possuirá um estável (formado pelos vértices de grau 3 assim obtidos) de cardinalidade superior a $n/2$ e não será, portanto, 1-resistente – logo, não será hamiltoniano. Em Freitas [Fr00] se encontra um programa para geração de grafos planares maximais não hamiltonianos por esse método.

Em relação a conjuntos independentes em grafos planares, temos ainda o trabalho de Heckmann e Thomas [HT06], segundo o qual <u>todo grafo planar sem triângulos</u> com grau máximo 3 possui um <u>conjunto independente</u> com pelo menos $3n/8$ vértices, provando uma conjetura de **Albertson**, **Bollobás** e **Tucker.**

Outro aspecto da questão é dado pelos triângulos separadores. Um *triângulo separador*, em uma triangulação, é um triângulo que não seja uma face. Um grafo que não possua um triângulo separador é chamado uma NST-triangulação (Salomão [Sal00]).

Um resultado clássico de **Whitney** garante que *todo grafo planar maximal que não possua um triângulo separador é hamiltoniano.*

A **Fig. 10.15** mostra grafos com e sem triângulo separador.

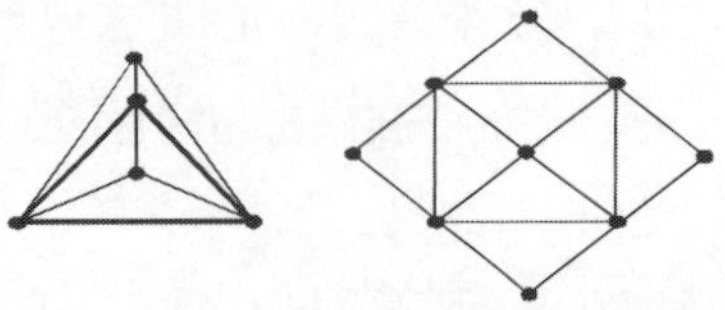

Fig. 10.15: Grafos com e sem triângulo separador

O interesse do assunto reside em se encontrarem NST-triangulações, não maximais e não hamiltonianas. [Sal00] apresenta diversos exemplos e, inclusive, um programa que permite a geração de NST-triangulações 1-resistentes e não hamiltonianas.

Enfim, **Chvátal** [Ju90] conjeturou que todo grafo planar maximal não hamiltoniano seria não 1-resistente. **Nishizeki** [Ni80], no entanto, apresentou um grafo não hamiltoniano, 1-resistente, com 19 vértices (conhecido na literatura pelo seu nome); mais tarde, **Dillencourt** apresentou um grafo com 15 vértices e, enfim, Tkác [Tk96] outro com 13 vértices, provando além disso que esta é a menor ordem admissível para um grafo com essas propriedades. O grafo de Tkác está representado na **Fig. 10.16**.

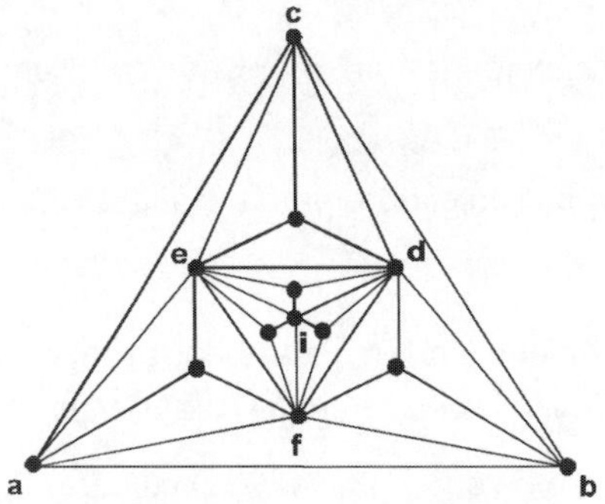

Fig. 10.16: Grafo de Tkác

10.6 ✵Algoritmos para caracterização da planaridade

O teste da planaridade de um grafo é um problema importante e aplicado, especialmente, no projeto de circuitos integrados. Os teoremas de existência para grafos planares não fornecem algoritmos eficientes para isso. O teorema de **Kuratowski**, por exemplo, não pode fornecer um algoritmo de complexidade menor que $O(n^6)$, o que, embora seja polinomial, é um nível elevado mesmo para grafos de baixa ordem.

O problema foi resolvido em $O(m)$ por **Hopcroft** e **Tarjan** (1974) e, em $O(n)$, por **Booth** e **Lueker** (1976). Este último algoritmo procura adicionar um vértice por iteração à estrutura vigente, posicionando as arestas que o ligam a esta e deixando em aberto as que envolvam vértices ainda não adicionados.

Ao invés de incluir aqui uma apresentação, bastante longa, deste último algoritmo, preferimos remeter o leitor a Nishizeki e Chiba [NC88] e Baldas [Ba95]. ✵

10.7 O teorema das quatro cores

10.7.1 Histórico

Em nosso histórico inicial da teoria dos grafos (**Capítulo 1**), citamos a proposta original de **Guthrie** a **De Morgan**, o qual tentou provar o teorema em 1852, assim como **Kempe** em 1879 e **Tait** em 1880. **Heawood** (1890) encontrou um erro no raciocínio de **Kempe** e provou um teorema de coloração com 5 cores; por outro lado, o raciocínio de **Tait** era baseado na conjetura de que todo grafo planar 3-conexo 3-regular era hamiltoniano; o contraexemplo de **Tutte** (1946) mostrou que **Tait** estava errado. A esta altura, **Petersen** já havia mostrado que o problema era equivalente ao de se demonstrar que todo grafo planar 3-regular possuia um 2-fator sem ciclos ímpares.

No século XX, um número significativo de trabalhos foi dedicado ao problema e, de fato, a teoria dos grafos foi grandemente enriquecida em termos de instrumental e de abrangência, pelas tentativas feitas para resolvê-lo, até que **Appel** e **Haken** (1976) elaboraram uma prova baseada no raciocínio de **Kempe** e de **Birkhoff**, usando um computador para testar os aproximadamente 2.000 casos nos quais dividiram o problema. As obras homônimas de Ore [Or67] e de Saaty e Kainen [SK77] traçam o histórico completo do teorema e discutem o instrumental associado ao seu estudo. Posteriormente Robertson *et al* [RSSR97] apresentaram uma prova computacional mais simples e Gonthier [Go08] usou o software Coq para obter o mesmo resultado sem uma programação específica.

10.7.2 Algumas considerações

O Teorema das Quatro Cores pode ser enunciado de várias formas, das quais a mais habitualmente usada é:

a) *Todo grafo planar é 4-cromático* (ver o **Capítulo 6**).

A **Fig. 10.17** mostra claramente a necessidade de 4 cores para $\mathbf{K_4}$; logo, não se pode dizer que todo grafo planar seja 3-cromático.

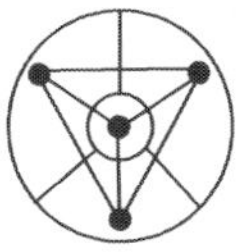

Fig. 10.17: Necessidade de 4 cores

Pode-se definir como *k-face cromático*, por analogia, um grafo planar cujas faces possam ser coloridas com *k* cores; então, uma forma dual do teorema seria:

b) *Todo grafo planar é 4-face cromático.*

Um corolário do teorema de **Whitney** para grafos planares hamiltonianos, já citado, é o seguinte:

c) *Todo grafo planar hamiltoniano é 4-face cromático.*

Por outro lado, o dual de um grafo 3-regular é um grafo planar maximal, visto que cada face sua será um triângulo. Então, se a conjetura de **Tait** fosse verdadeira, teríamos:

Todo grafo 3-conexo 3-regular é hamiltoniano
⇓
Todo grafo 3-conexo 3-regular é 4-face cromático
⇓
Todo grafo planar maximal é 4-cromático
⇓
Todo grafo planar é 4-cromático

Podemos reconhecer na última afirmação uma das formas do teorema das quatro cores; no entanto, esta sequência foi quebrada quando **Tutte** apresentou o seu contra-exemplo, que corresponde ao grafo mostrado abaixo na **Fig. 10.18**.

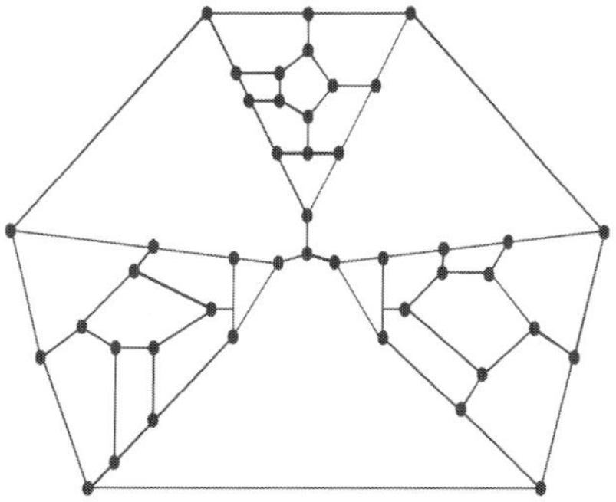

Fig. 10.18: Grafo de Tutte

Neste grafo, o teorema de **Grinberg** pode ser utilizado para mostrar a inexistência de um percurso hamiltoniano em cada uma das três seções do grafo (embora, de fato, a prova de sua não hamiltoneidade, bastante anterior ao teorema, tenha utilizado outros recursos).

Embora o grafo de **Tutte** tenha sido, historicamente, o primeiro contraexemplo da conjetura de **Tait**, já se conhece outro contraexemplo, com 38 vértices. Por outro lado, pode-se mostrar que todo grafo planar, 3-regular e 3-conexo, com 34 vértices ou menos é hamiltoniano, [Ai87]. O caso $n = 36$, até onde pudemos verificar, permanece em aberto.

10.7.3 Colorações envolvendo faces e arestas

Kronk e Mitchem (1973) mostraram que os conjuntos de vértices, arestas e faces de um grafo planar podem ser coloridos com sete cores.

Lin, Hu e Zhang [LHZ95] mostram que os conjuntos de arestas e faces de todo grafo planar com grau máximo igual ou menor que 3 podem ser coloridos com seis cores. Este valor foi melhorado para cinco cores por Sanders e Zhao [SZ00].

✸10.8 O problema grau máximo-diâmetro em grafos planares

Fellows, Hell, e Seyffarth [FHS98] definem a função $p(\Delta,k)$ como o maior número de vértices de um grafo planar de grau máximo Δ e diâmetro não superior a k. Tem-se $p(\Delta,2) = \lfloor 3\Delta/2 \rfloor + 1$ (para $\Delta \geq 8$) e $\lfloor 9\Delta/2 \rfloor - 3 \leq p(\Delta,3) \leq 8\Delta + 12$. Por outro lado, em geral, se tem $p(\Delta,k) \leq (6k + 3)(2\Delta^{\lfloor k/2 \rfloor} + 1)$.

Os autores mostram, enfim, que para $k \geq 4$ fixo e para valores elevados de Δ, se tem

$$p(\Delta,k) \geq 9\Delta^{(k-1)/2} - O(\Delta^{(k-1)/2}) \text{ para } k \text{ ímpar} \quad (10.38)$$

$$p(\Delta,k) \geq 3\Delta^{k/2} - O(\Delta^{k/2}) \text{ para } k \text{ par.} \quad (10.39)$$

10.9 Grafos quase planares

Ackerman e Tardos [AT07] discutem os grafos et ales, definidos por Agarwal *et al* [AAPPS97] como grafos que não possuem 3 arestas que se cruzem duas a duas. Esses grafos, tal como os planares, possuem um número linear de arestas em relação à ordem. Um limite superior comprovado é $8n - 20$. Os autores conseguiram construir grafos com $7n - O(1)$ arestas e mostram que, para grafos simples, seria possível chegar a $6{,}5 - O(1)$ arestas. ✸

10.10 Menores percursos disjuntos em grafos planares

O problema dos k caminhos disjuntos procura obter um conjunto $P_1, \ldots, P_k$ de percursos disjuntos unindo k pares de vértices do grafo. No problema de otimização, deve-se submeter a busca a uma função objetivo de minimização, que pode ser do tipo mini-soma ou minimax. Para dois ou três caminhos, o problema mini-soma é polinomial, enquanto apenas o primeiro é polinomial no critério minimax, Kobayashi e Sommer [KS10].

10.11 O número de grafos não imersíveis minimais em outras superfícies

Enquanto existem dois grafos não planares minimais, conforme o teorema de Kuratowski, para outras superfícies a situação muda bastante. Nos anos 30 do século XX, Erdös questionou a situação em respeito às superfícies orientáveis, como o toro, e não orientáveis, como a faixa de Möbius, inclusive se haveria ou não, para elas, um número finito de grafos não imersíveis minimais.

Como informa Kolata [Ko84], para a faixa de Möbius haveria 103 grafos minimais e, para o toro, mais de 800.

Archdeacon e **Huneke** mostraram que as superfícies não orientáveis possuíam, em geral, um número finito de grafos não imersíveis minimais. **Robertson** e **Seymour** estenderam essa prova para as superfícies orientáveis.

Exercícios – Capítulo 10

10.1 Comparando as definições de face e de ciclo, examine o que ocorre com um grafo planar maximal quando mais uma aresta é adicionada, resultando um grafo não planar. Como passa a se relacionar o número ciclomático com a ordem do grafo e o número de arestas ?

10.2 Dado um grafo planar **G** e a base de ciclos **C** = { c_i } associada aos contornos das faces limitadas de **G** e definindo-se um grafo **H** = (**C**,**W**), onde **W** = {(c_i,c_j) | $c_i \cap c_j \neq \emptyset$ }, a qual propriedade de **G** poderemos associar um estável maximal de **H** ? A que corresponderá, em relação a **G**, o cardinal de uma partição de **C** em estáveis de **H** ?

10.3 Considere um grafo planar cujas faces sejam polígonos com 6 ou mais lados. Como se aplicará, neste caso, o **Corolário 10.4** ao seu dual ?

10.4 Mostre que a fórmula de **Euler**, (10.1), se aplica para p-grafos.

10.5 Estabeleça uma expressão geral que forneça o limite do número de arestas para um grafo planar **G** com cintura g(**G**).

10.6 Desenvolva técnicas iterativas de construção de grafos planares maximais de ordem *n* qualquer, que sejam periplanares.

10.7 Mostre, através dos respectivos esquemas, que a espessura $\theta(\mathbf{K}_{3,3}) = \theta(\mathbf{K}_5) = 1$. Tente determinar, pelo mesmo método, o número de cruzamento de $\mathbf{K}_{3,4}$ e também o de $\mathbf{K}_6$.

10.8 Mostre, usando o teorema de **Grinberg**, que o grafo correspondente ao cubo tridimensional $\mathbf{Q}_3$, acrescentado de 3 vértices inseridos nas arestas adjacentes a um mesmo vértice, é não hamiltoniano.

10.9 Mostre que é possível obter um grafo parcial planar do grafo de **Petersen**, com a retirada de apenas duas arestas.

10.10 Use a fórmula de **Euler** como base de raciocínio para construir uma cápsula. Mostre que ela é um grafo não hamiltoniano.

10.11 Examine o grafo correspondente ao prisma pentagonal regular e as possíveis modificações dele, obtidas mantendo-se as bases pentagonais, mas permutando-se as arestas que ligam os dois pentágonos. A menos de isomorfismo, quantos grafos resultam ? Quantos são planares ? Quantos são hamiltonianos ?

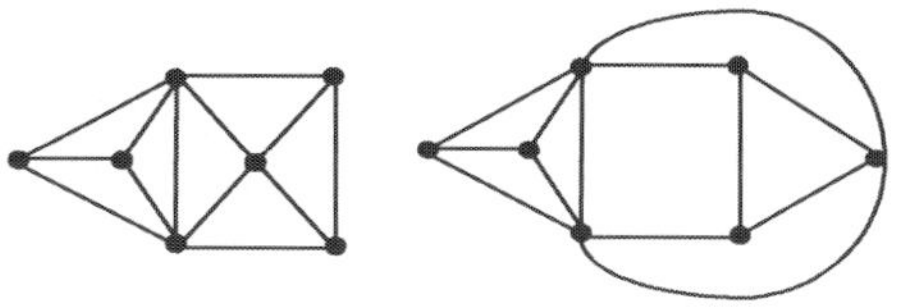

10.12 Mostre que $\mathbf{K}_{3,3}$ pode ser imerso na superfície de um toro.

10.13 Mostre que os grafos abaixo são isomorfos mas seus duais não o são. Este fato contraria o texto do capítulo ?

10.14 a) Seja **G** um grafo maximal planar com n > 4. Mostre que os vértices de grau 3 (se existirem) formam um subconjunto independente dos vértices de **G**.

b) Seja **G** um grafo maximal planar com 5 vértices. Quantas faces (triangulares) tem **G** ?

c) Seja **G** como no item (b). Produzimos um grafo **G'**, incluindo um vértice de grau 3 em cada face triangular, como sugere a figura a seguir.

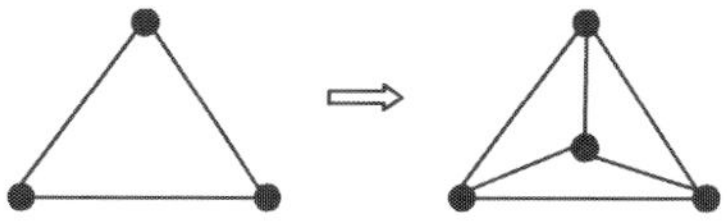

- Quantos vértices tem **G'** ?
- Quantos vértices de grau 3 tem **G'** ?
- Mostre que **G'** não é hamiltoniano.

Capítulo 11

Extensões do problema de coloração

Nuvem, caravela branca
no ar azul do meio-dia
- *quem te viu como eu te via ?*

Cecília Meireles

11.1 Introdução

O invariante cromático tradicional é o número cromático χ(**G**), estudado no **Capítulo 6**. A sua importância para a teoria dos grafos, em diversos de seus capítulos, excitou a curiosidade de grande número de pesquisadores, o que resultou em várias propostas de novos invariantes cromáticos.

Para não sobrecarregar o item original, preferimos apresentar aqui uma discussão sucinta, referente a quatro invariantes, dois ligados ao conjunto de vértices, um ao conjunto de arestas e o último a ambos os conjuntos. O número acromático e o número cromático harmonioso se referem aos vértices. A referência básica utilizada aqui, para estes invariantes, é Pimenta [Pi00]. Em relação às arestas, tratamos aqui do índice cromático. Enfim, o número cromático total se refere a vértices e arestas.

O capítulo se completa com uma discussão elementar sobre polinômios cromáticos e grafos perfeitos e, enfim, uma rápida abordagem do problema da T-coloração.

Para o leitor interessado em penetrar mais profundamente na teoria da coloração em grafos, sugerimos Jensen e Toft [JT95].

11.2 Invariantes de vértices

11.2.1 Número acromático

O número acromático (Harary e Hedetniemi [HH70]) é baseado na noção de coloração completa.

Uma coloração própria (ver **6.3.1**) C: **V** $\rightarrow$ **M** em um grafo **G** = (**V**,**E**), portanto com c(**v**) $\neq$ c(**w**) $\forall$(**v**,**w**) $\in$ **E**, será dita *completa* se nela aparecerem todos os pares possíveis de cores, ou seja, se para todo par c_i, c_j de cores existirem vértices adjacentes **v** e **w** tais que se tenha c(**v**) = c_i e c(**w**) = c_j.

O *número acromático* ψ(**G**) é o maior inteiro *r* para o qual **G** possui uma coloração completa. É claro que se deve ter $m \geq C_{r,2}$ (onde *m* é o número de arestas de **G**), para que haja no grafo lugar para todas as combinações de cores duas a duas, o que nos fornece um limite superior para *r*.

Toda coloração própria pode ser associada a uma partição de **V** em estáveis, **S** = {$\mathbf{S}_i$ | i=1, ..., *r*}, $\mathbf{S}_i \subset$ **V**. Uma partição **S** será dita completa se, dados $\mathbf{S}_i$, $\mathbf{S}_j \in$ **S**, $1 \leq i < j \leq t$, existirem sempre **v** $\in \mathbf{S}_i$ e **w** $\in \mathbf{S}_j$ tais que (**v**,**w**) $\in$ **E**.

Então ψ(**G**) = max (*r* | { $\mathbf{S}_1$, ..., $\mathbf{S}_r$ } é partição de **V** }.

A supressão de um vértice e a adição ou supressão de uma aresta produz os seguintes resultados:

$$\psi(\mathbf{G}) \geq \psi(\mathbf{G}-\mathbf{v}) \geq \psi(\mathbf{G})-1 \qquad (11.1)$$

$$\psi(\mathbf{G})+1 \geq \psi(\mathbf{G}-\mathbf{v}) \geq \psi(\mathbf{G})-1 \qquad (11.2)$$

$$\psi(\mathbf{G})+1 \geq \psi(\mathbf{G}+\mathbf{v}) \geq \psi(\mathbf{G})-1 \qquad (11.3)$$

Dois valores de obtenção imediata são análogos aos do número cromático comum:

$$\psi(\mathbf{K}_n) = n \qquad (11.4)$$

$$\psi(\mathbf{K}_{p,q}) = 2 \qquad (11.5)$$

O número acromático pode ser obtido pela árvore de **Zykov** (ver o **Capítulo 6**), usando-se os mesmos homomorfismos aplicados à obtenção do número cromático normal. Deve ser observado o ramo obtido apenas pelas operações de contração, visto que a clique obtida será a maior possível, levando em conta as arestas do grafo original. Se obtivermos uma clique $\mathbf{K}_r$ ($r < n$), ela conterá uma coloração completa por definição, visto que terá $C_{r,2}$ pares de vértices e $C_{r,2}$ pares de cores. Esta coloração terá de ser aplicável ao grafo **G** original, porque as contrações foram realizadas apenas em pares nos quais não havia arestas. Logo $r = \psi(\mathbf{G})$.

Algoritmos aproximados para o número acromático

Chaudhary e Viswanathan [CV01] apresentam um algoritmo aproximado de complexidade $O(n)$ para o número acromático de um grafo **G** qualquer. Apresentam ainda um algoritmo $O(n^{5/12})$ para grafos de cintura ao menos igual a 5 e um algoritmo constante para árvores.

11.2.2 Número cromático harmonioso

Consideremos a função coloração tal como descrita em **11.2.1** e acrescentemos a definição de *cor de uma aresta* **e** = (**v**,**w**) como sendo c(**e**) = {c(**v**),c(**w**)} (onde, por definição, se tem c(**v**) ≠ c(**w**)).

Dizemos que uma coloração é *harmoniosa* se, dadas duas arestas quaisquer **e** e **f**, se tem sempre c(**e**) ≠ c(**f**) ou, o que equivale, $|\, c(\mathbf{e}) \cap c(\mathbf{f}) \,| \leq 1$. No grafo teremos, então, cada vértice com uma única cor, vértices adjacentes com cores diferentes e duas arestas diferentes com pares diferentes de cores.

Pode-se definir um *número cromático harmonioso* h(**G**) como sendo o menor número de cores que permite uma coloração harmoniosa.

De início, é claro que

$$h(\mathbf{G}) \geq 1 + \Delta(\mathbf{G}) \qquad (11.6)$$

visto que, se **x** | $d(\mathbf{x}) = \Delta$, ele exigirá uma cor para si próprio e Δ cores para seus vizinhos.

Tem-se ainda que

$$h(\mathbf{G}) \geq \psi(\mathbf{G}) \qquad (11.7)$$

visto que

$$h(\mathbf{G}) \geq \min\left\{k \,\middle|\, \binom{k}{2} \geq m\right\} \geq \max\left\{k \,\middle|\, \binom{k}{2} \leq m\right\} = \psi(\mathbf{G}) \qquad (11.8)$$

Os homomorfismos utilizados para construção da árvore de **Zykov** não são os mesmos anteriormente definidos: aqui, precisamos dar conta da não repetição de pares de arestas. Definimos então dois novos homomorfismos:

(1) o *homomorfismo elementar harmonioso (HEH)*, que garante essa não repetição:

$\forall \mathbf{v}, \mathbf{w} \in \mathbf{V} \mid |\mathbf{N}(\mathbf{v}) \cap \mathbf{N}(\mathbf{w})| = \varnothing \rightarrow$ < **v** e **w** terão a mesma cor >

A operação que cria o homomorfo é a contração de **v** e **w** (**Fig. 11.1**):

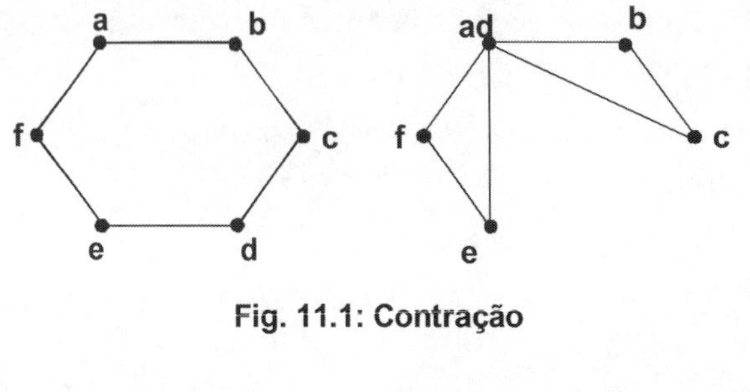

Fig. 11.1: Contração

Representamos o HEH baseado em **v** e **w** como $g_{vw}(\mathbf{G}) = \mathbf{G'}_{vw}$.

Temos que

$$h(\mathbf{G}) \leq h\,(g_{vw}(\mathbf{G})) \qquad (11.9)$$

o que nos dá um limite inferior para o invariante do novo grafo.

Por outro lado, a maior exigência de cores das vizinhanças de **v** e **w** é min ($d(\mathbf{v}),d(\mathbf{w})$), então teremos

$$h(g_{vw}(\mathbf{G})) \leq h(\mathbf{G}) + \min\,(d(\mathbf{v}),d(\mathbf{w})) \qquad (11.10)$$

(2) o *homomorfismo elementar harmonioso aditivo (HEHA)*, cuja operação é a adição de um vértice **x** adjacente a **v** e a **w**, sempre que | **N(v)** $\cap$ **N(w)** | = $\varnothing$. Obtém-se então um grafo $\mathbf{G''}_{vw} = (\mathbf{V''},\mathbf{E''})$, onde $\mathbf{V''} = \mathbf{V} \cup \{\mathbf{v}\}$ e $\mathbf{E''} = \mathbf{E} \cup \{(\mathbf{v},\mathbf{x}), (\mathbf{w},\mathbf{x})\}$. Em $\mathbf{G''}_{vw}$, **v** e **w** terão cores diferentes, uma vez que sua vizinhança deixa de ser vazia.

Se ao menos um par de vértices do grafo tiver vizinhança vazia, poderemos construir uma árvore de **Zykov** aplicando as duas operações a cada homomorfo. O número cromático harmonioso de **G** será o mínimo dentre as cardinalidades dos conjuntos de vértices das folhas da árvore, no momento em que todos os pares viáveis de vértices tiverem sido examinados (**Fig. 11.2**):

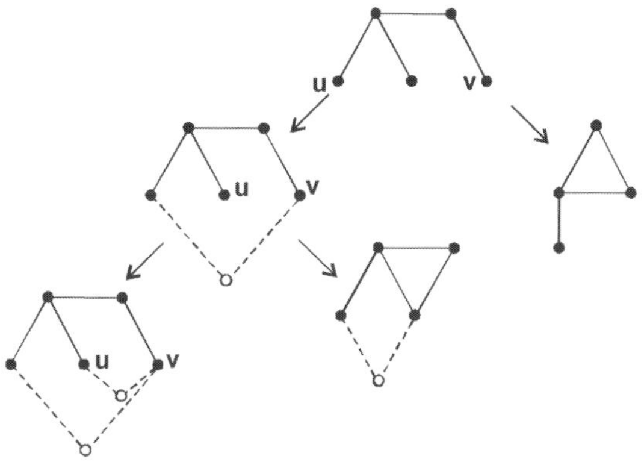

Fig. 11.2: Árvore de Zykov para coloração harmoniosa

O número cromático harmonioso das árvores binárias e das r-árvores

Lu [Lu97] mostra que o número cromático harmonioso de uma árvore binária completa, $h(\mathbf{B}_n)$, verifica

$$h(\mathbf{B}_n) = k(\mathbf{B}_n), \qquad (11.11)$$

onde $k = k(\mathbf{G})$, em um grafo $\mathbf{G} = (\mathbf{V},\mathbf{E})$, é o menor inteiro tal que $C_{k,2} \geq m$.

Edwards [Ed99] define uma *r*-árvore completa $\mathbf{T}_{r,H}$ de altura $H \geq 3$, como uma árvore na qual se contam H – 1 níveis a partir de um único vértice (nível 0), cada vértice tendo exatamente r vizinhos no nível seguinte. O nível H contém apenas folhas.

O artigo mostra que se tem $h(\mathbf{T}_{r,H}) = Q(m)$, onde h é o número cromático harmonioso e <u>$Q(m)$ é</u> o menor inteiro positivo *k* tal que $C_{k,2} \geq m$, sendo *m* o número de arestas. Explicitando, obtemos $Q(m) = \lceil (1+\sqrt{(8m+1)})/2 \rceil$. Em geral se tem, para **G** qualquer, $h(\mathbf{G}) \geq Q(m)$. Procura, ainda, por casos que verifcam a igualdade.

Convém observar que esta classe de grafos contém as <u>árvores binárias</u> (para r = 2), de grande importância para a teoria dos algoritmos.

11.3 Coloração de arestas

11.3.1 Definição e alguns resultados

Tal como se fez com os vértices (ver o **Capítulo 6**), é possível pensar-se em atribuir uma cor a cada aresta de um grafo **G** não orientado, de modo que duas arestas adjacentes tenham cores distintas. Diz-se que foi obtida uma *k-coloração de arestas*, se *k* cores foram utilizadas com essa restrição. É evidente que se terá sempre $k \geq \Delta(\mathbf{G})$, onde $\Delta(\mathbf{G})$ é o grau máximo de **G**. O menor valor possível de *k*, para um dado **G**, é chamado *índice cromático* $q(\mathbf{G})$.

Uma conclusão imediata é

$$q(\mathbf{G}) = \chi(L(\mathbf{G})) \qquad (11.12)$$

onde L(**G**) é o grafo adjunto de **G** (ver o **Capítulo 2**).

O principal resultado, de enganosa simplicidade, é devido a **Vizing**:

Teorema 11.1 (Vizing): *Para **G** = (V,E) não trivial, se tem*

$$\Delta(G) \leq q(G) \leq \Delta(G) + 1 \qquad (11.13)$$

Prova: Behzad, Chartrand e Lesniak-Foster [BCLF79]. ■

Há, portanto, apenas dois valores possíveis do índice cromático para um dado grafo; diz-se que os grafos *Classe 1* verificam a igualdade à esquerda de (11.13) e os grafos *Classe 2* a verificam à direita. Resultados de caráter probabilístico (Erdös e Wilson [EW77]) indicam que os grafos Classe 2 são relativamente raros; e, se examinarmos os casos em que $n \leq 6$, encontraremos apenas 8 dentre um total de 143 grafos conexos, dos quais quatro são $\mathbf{C}_3$, $\mathbf{K}_3$, $\mathbf{C}_5$ e $\mathbf{K}_5$. Em geral, os grafos $\mathbf{C}_{2k+1}$ e $\mathbf{K}_{2k+1}$ ($k \in \mathbf{N}$) são Classe 2; é fácil concluir-se sobre os segundos com base nos primeiros, de classificação evidente.

Apesar da existência de apenas dois casos possíveis, Holyer [Ho81] provou que o problema da determinação do índice cromático é NP-completo, embora haja casos particulares para os quais se pode caracterizar a Classe 1 como, por exemplo, quando o conjunto de vértices de grau máximo é um estável (**Fournier**). Berge e Fournier [BF91] generalizaram o teorema de **Vizing** para p-grafos. Duas referências importantes são, ainda, Fournier [Fou77] e Hoffman e Rodger [HR88]. Trabalhos mais recentes que abordaram o tema são Jurkiewicz [Ju96] e [Pa99]. Um trabalho recente sobre um algoritmo para coloração de arestas é [BMM10].

Por outro lado, uma condição suficiente para que um grafo seja Classe 2 é dada pelo seguinte teorema:

Teorema 11.2: *Um grafo **G** com n vértices (n ímpar), m arestas e grau máximo Δ, tal que*

$$m > \Delta \lfloor n/2 \rfloor \qquad (11.14)$$

é Classe 2.

Prova: Beineke e Wilson [BW78]. ■

Entre outros resultados, daí decorre que todo grafo $(2k-1)$-regular ($k > 1$) é Classe 2.

Vizing (1967) conjeturou que todo grafo planar com grau máximo 6 ou 7 pertenceria à Classe 1. Zhang [Zh00] provou essa conjetura para o grau máximo 7.

Steffen [St00] aperfeiçoou o teorema de Vizing com o auxílio da noção de cintura. Sendo **G** um *p*-grafo, pode-se provar que

$$q(\mathbf{G}) \leq \Delta(\mathbf{G}) + \lceil p / \lfloor g(\mathbf{G})/2 \rfloor \rceil \qquad (11.15)$$

onde g(**G**) é a cintura de **G**.

11.3.2 Aplicações

Berge [Be73] apresenta algumas situações que podem ser modeladas por meio de colorações de arestas, dentre as quais um problema de exames orais envolvendo um conjunto **X** de alunos e um conjunto **Y** de examinadores; procurando-se uma *k*-coloração de arestas do *p*-grafo bipartido $\mathbf{G}=(\mathbf{X} \cup \mathbf{Y},\mathbf{E})$ no qual existirão $r \leq p$ arestas (**x**,**y**) se o aluno **x** tiver que realizar *r* provas orais com o examinador **y**, tem-se um conjunto de *k* horários nos quais todas as provas poderão ser realizadas.

A coloração de arestas tem se tornado um importante instrumento na resolução de problemas de tabelas de horários (***timetabling*** em inglês). Ver, por exemplo, de Werra [We97].

11.4 Números cromáticos total e geral, outros critérios de coloração

Estes invariantes aparecem em destaque, não porque seu estudo tenha produzido muitos resultados, face as dificuldades teóricas, mas porque são os únicos que envolvem mais de um dos conjuntos do grafo. A primeira noção do gênero foi introduzida, independentemente, por **Vizing** e **Behzad**.

11.4.1 O número cromático total de um grafo

Uma *coloração total* em um grafo $\mathbf{G} = (\mathbf{V},\mathbf{E})$ envolve vértices e arestas e o número cromático total $\chi_T(\mathbf{G})$ é o menor número de cores exigido por uma coloração de $\mathbf{V} \cup \mathbf{E}$ de tal forma que não existam dois elementos adjacentes com a mesma cor. Estaremos considerando colorações totais próprias, onde o termo *própria* tem o mesmo sentido aplicado às colorações de vértices e arestas (não adjacência de elementos vizinhos).

É claro que se tem

$$\chi_T(\mathbf{G}) \geq \chi(\mathbf{G}) \qquad (11.16)$$

e, também,

$$\chi_T(\mathbf{G}) \geq \Delta + 1. \qquad (11.17)$$

Vizing e **Behzad** conjeturaram que

$$\chi_T(\mathbf{G}) \leq \Delta + 2 \qquad (11.18)$$

e **Kostochka** (citado em [JT95]) provou que

$$\chi_T(\mathbf{G}) \leq \lfloor 3\Delta/2 \rfloor \qquad (11.19)$$

Borodin, Kostochka e Woodall [BKW98] mostram que $\chi_T = \Delta + 1$, para diversos casos de valores de $\Delta(\mathbf{G})$ e de $g(\mathbf{G})$ (respectivamente o grau máximo e a cintura de $\mathbf{G}$).

Os grafos podem ser classificados em Classes 1 e 2, tal como para o índice cromático, conforme verificarem a igualdade em (11.16) ou (11.17).

Chew [Ch99] mostra que grafos de ordem ímpar que possuam $r(\mathbf{G})$ vértices de grau máximo $\Delta(\mathbf{G})$ e grau mínimo $\delta(\mathbf{G})$ são Classe 1 (ou seja, verificam $\chi_T(\mathbf{G}) = \Delta + 1$) se

$$\delta(\mathbf{G}) + \Delta(\mathbf{G}) \geq (3n/2) + r(\mathbf{G}) + 5/2 \qquad (11.20)$$

Sánchez-Arroyo [S-A95] mostra, em relação ao número cromático total de um grafo $\mathbf{G}$, que

$$\chi_T(\mathbf{G}) \leq q(\mathbf{G}) + \left\lfloor \frac{\chi(\mathbf{G})}{3} \right\rfloor + 2 \qquad (11.21)$$

onde $\chi_T(\mathbf{G})$ é o número cromático total, $q(\mathbf{G})$ é o índice cromático e $\chi(\mathbf{G})$ é o número cromático.

Borodin, Kostochka e Woodall [BKW98] mostram, para um grafo $\mathbf{G}$ planar, que $\chi_T = \Delta(\mathbf{G}) + 1$, para diversos casos de valores de $\Delta(\mathbf{G})$ e de $g(\mathbf{G})$ (respectivamente o grau máximo e a cintura de $\mathbf{G}$). Em geral, Behzad e Vizing conjeturaram que $\chi_T \leq \Delta(\mathbf{G}) + 2$.

Campos e Mello [CM05] mostram que certas classes de grafos bipartidos, dentre os quais os grafos grade $\mathbf{G}_{m \times n}$, para $m \geq 2$ e $n \geq 2$, e também os cubos k-dimensionais $\mathbf{Q}_k$, são Classe 1.

Um *grafo grade* $\mathbf{G}_{m \times n}$ é um grafo $\mathbf{G} = (\mathbf{V},\mathbf{E})$ no qual $\mathbf{V}$ é um produto cartesiano de conjuntos de inteiros consecutivos de cardinalidades m e n e $\mathbf{E}$ é dado pela presença de uma aresta se e somente se dois vértices diferem por uma única coordenada e de uma unidade. Um *cubo k-dimensional* é um grafo grade de k dimensões no qual os k fatores são iguais a $\{ 0, 1 \}$.

Segundo [LFJ08], uma coloração total própria em um grafo $\mathbf{G} = (\mathbf{V},\mathbf{E})$ é uma função f: $\mathbf{V} \cup \mathbf{E} \rightarrow \mathbf{C}$ onde $\mathbf{C}$ é um conjunto de cores, de tal forma que dois elementos adjacentes do grafo não tenham a mesma imagem. Denota-se por a(c) o número de vezes que a cor $c \in \mathbf{C}$ aparece em uma coloração total. Uma coloração total é *equilibrada* se para quaisquer cores c_i e $c_j \in \mathbf{C}$ se tenha $|a(c_i) - a(c_j)| \leq 1$.

Estudos em maior detalhe sobre o tema são [Loz05] e [Si11].

A **Fig. 11.3** mostra um exemplo de coloração total equilibrada.

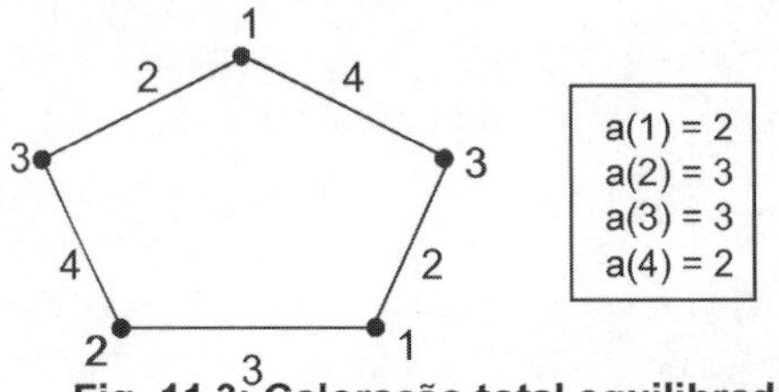

Fig. 11.3: Coloração total equilibrada

Este conceito se mostrou útil na modelagem de redes de interconexão, [LJF08]. Um desenvolvimento teórico recente, para uma classe de grafos, é [FMLW11].

11.4.2 O número cromático geral de um grafo planar

O *número cromático geral* χ_g(**G**) é definido, para um grafo **G** planar, levando-se em conta os conjuntos de vértices, arestas e faces, de modo que dois elementos adjacentes de quaisquer deles não recebam a mesma cor. **Kronk** e **Mitchem** (1973) conjeturaram que χ_g(**G**) $\leq \Delta + 4$ para todo grafo planar. Weifan [We99] prova a conjetura para grafos **G** com índice cromático igual a Δ e propõe um limite superior χ_g(**G**) $\leq \Delta + 5$.

Outros resultados podem ser encontrados em [JT95].

11.4.3 Coloração faces-arestas em um grafo planar

Wallen [Wa97] prova uma conjetura de Mel'nikov, segundo a qual todo grafo planar com grau máximo Δ pode ter suas faces e arestas coloridas com $\Delta + 3$ cores, de modo que todo par adjacente ou incidente receba diferentes cores.

11.4.4 Colorações e distâncias

Uma *k*-coloração de vértices em um grafo **G** = (**V**,**E**) é chamada *d-distante* se para dois vértices **v** e **w** pertencentes à mesma classe de coloração se tem sempre dist(**v**,**w**) $\geq d$. O menor *k* para o qual um grafo **G** possui uma coloração *d*-distante é o *número cromático d-distante* χ_d(**G**) de **G**. Naturalmente, se tem χ_d(**G**) = χ(**G**).

Este conceito pode ser abordado através de potências de grafos e tem aplicação em telecomunicações.

Chen, Gyárfás e Schelp [CGS98] procuram determinar f(*n*,*k*,*d*), o maior número de arestas que pode ter um grafo (*k*,*d*)-colorível de *n* vértices e apresentam diversos resultados para diferentes valores de *d*.

11.5 Polinômios cromáticos

11.5.1 Definição e primeiros resultados

Um *polinômio cromático* P(**G**,λ) é uma função que conta o número de colorações diferentes de um dado grafo **G** com no máximo λ cores ($\lambda \leq n$). A noção remonta a **Birkhoff** (1912) e foi desenvolvida por **Whitney** em 1932, [BLW86]. Um texto recente sobre o tema é [Hu09].

O problema geral de se encontrar o polinômio cromático de uma classe de grafos é, em geral, difícil. Limitamo-nos aqui a apresentar alguns exemplos e alguns resultados que podem ser úteis nesse trabalho.

Um resultado fundamental para esse trabalho foi obtido por **Whitney**:

$$P(\mathbf{G},\lambda) = P(\mathbf{G} - \mathbf{e},\lambda) - P(\mathbf{G.e},\lambda) \qquad (11.22)$$

onde **G** – **e** é o grafo obtido pela eliminação de uma aresta **e** de **G** e **G.e** é o grafo obtido pela contração dos vértices que definem **e**. Esta expressão é muito utilizada no cálculo recursivo dos polinômios cromáticos.

Além disso, para dois grafos G e H disjuntos, se tem

$$P(\mathbf{G} \cup \mathbf{H},\lambda) = P(\mathbf{G},\lambda)\, P(\mathbf{H},\lambda) \qquad (11.23)$$

Obs.: É interessante observar a semelhança de (11.22) com a expressão do **Teorema 5.13** (ver o **Capítulo 5**).

Dois grafos diferentes **G** e **H** podem ter o mesmo polinômio cromático: neste caso, se diz que eles são *cromaticamente equivalentes* e se tem

$$P(\mathbf{G},\lambda) = P(\mathbf{H},\lambda) \quad (11.23)$$

Pode-se definir, então, uma *classe de colorabilidade* C(**G**) que é o conjunto de grafos cromaticamente equivalentes a um grafo **G** dado. Chia [Gh97a] discute, entre outras questões, a da unicidade cromática de alguns grafos. Aqui, limitamo-nos a citar os grafos completos $\mathbf{K}_n$ e os ciclos $\mathbf{C}_n$ como sendo *cromaticamente únicos*, caracterizáveis pelo seu polinômio cromático.

A ideia geral para a construção do polinômio cromático de **G** = (**V**,**E**) é a de se particionar **V** em conjuntos estáveis. Se tivermos f(*r*) formas de efetuar essa partição, teremos em geral

$$P(\mathbf{G},\lambda)=\sum_{r=1}^{n} P(\mathbf{K}_r,\lambda)f(r) \quad (11.24)$$

uma vez que se contrairmos cada estável em um único vértice, obteremos uma clique $\mathbf{K}_r$.

Resta, portanto, achar $P(\mathbf{K}_n,\lambda)$: para isso, observamos que se pode escolher a cor de um novo vértice apenas entre as cores ainda não utilizadas nos anteriores: logo, teremos [We97]

$$P(\mathbf{K}_n,\lambda) = \lambda(\lambda - 1) \ldots (\lambda - n + 1) \quad (11.25)$$

A dificuldade continua, naturalmente, em se achar f(*r*) para cada valor viável de *r*, para um grafo qualquer.

11.5.2 Alguns casos particulares e outros resultados

A determinação dos polinômios cromáticos de grafos triviais $\overline{\mathbf{K}}_n$ e de árvores $\mathbf{T}_n$ é imediata.

$$P(\overline{\mathbf{K}}_n,\lambda) = \lambda^n \quad (11.26)$$

visto que se pode escolher independentemente a cor de cada vértice dentre as λ cores disponíveis.

Por outro lado,

$$P(\mathbf{T}_n,\lambda) = \lambda(\lambda - 1)^{n-1} \quad (11.27)$$

uma vez que o primeiro vértice escolhido pode usar qualquer cor e, para os seguintes, há sempre $\lambda - 1$ cores disponíveis, dado que se pode contar com todas as cores à exceção da última utilizada.

Temos que f(*n*) = 1 para essses grafos, visto que existe uma única forma de se particionar **V** em *n* estáveis. Por outro lado, se tem evidentemente f(0) = 0. Logo, um polinômio cromático não possui termo independente e o coeficiente de seu termo de mais alto grau é 1. Pode-se provar, também, que o valor absoluto do coeficiente do termo de grau $n - 1$ é *n*.

Os ciclos $\mathbf{C}_n$ têm como polinômio cromático

$$P(\mathbf{C}_n,\lambda) = (\lambda - 1)^n + (-1)^n(\lambda - 1) \quad (11.28)$$

As rodas $\mathbf{R}_{n+1}$ com n + 1 vértices têm polinômio cromático

$$P(\mathbf{R}_{n+1},\lambda) = \lambda(\lambda - 2)^n + (-1)^n \lambda(\lambda - 2) \quad (11.29)$$

Avis, De Simone e Nobili [ASN02] mostram que, para todo $\lambda \geq n$ e sendo P(**G**,λ) o polinômio cromático de um grafo **G** com *n* vértices, número de estabilidade interna α e número de clique ω, se tem

$$\frac{\lambda - n + \alpha}{\lambda}\left(\frac{\lambda - n + \alpha - 1}{\lambda - n + \alpha}\right)^{\alpha} \leq \frac{P(G, \lambda - 1)}{P(G, \lambda)} \leq \frac{\lambda - \omega}{\lambda}\left(\frac{\lambda - 1}{\lambda}\right)^{n-\omega}. \quad (11.28)$$

Gebbard e Sagan [GS00] apresentam três provas de um teorema de Greene e Zaslavsky segundo o qual o número de orientações acíclicas de um grafo **G** que possuam um único vértice de semigrau exterior nulo é o valor absoluto do coeficiente do termo linear do polinômio cromático de **G**.

Thomassen [Th00] mostra que, se o polinômio cromático de um grafo possuir uma raiz não inteira menor ou igual a

$$t_0 = \frac{2}{3} + \frac{1}{3}\sqrt[3]{26 + 6\sqrt{33}} + \frac{1}{3}\sqrt[3]{26 - 6\sqrt{33}} = 1{,}29559\ldots \quad (11.29)$$

então o grafo não é hamiltoniano.

Chia [Ch97b] apresenta alguns problemas em aberto em relação a polinômios cromáticos e também um apanhado dos progressos conseguidos, em particular no que se refere a grafos unicamente cromáticos.

11.5.3 Algumas propriedades dos polinômios cromáticos

Estas propriedades serão apresentadas sem demonstração.

1. O coeficiente de λ^n em P(**G**,λ) é sempre igual a 1.

2. O coeficiente de λ^{n-1} em P(**G**,λ) é (-*m*), onde *m* é o número de arestas do grafo.

3. P(**G**,λ) não possui termo independente.

4. O coeficiente de λ é não nulo se e somente se o grafo for conexo (este coeficiente é denominado *invariante cromático* de G).

5. P(**G**,λ) não possui raízes reais negativas, nem entre 0 e 1, nem maiores que $n-1$.

Birkhoff e **Lewis** conjeturaram que as raízes reais dos polinômios cromáticos de grafos planares são sempre menores do que 4.

Um resultado interessante envolve P(**G**,1): trata-se do número de orientações acíclicas de **G**.

Uma generalização que envolve os polinômios cromáticos – os polinômios de **Tutte** – é discutida em [Hu09]. Deixamos de discuti-la aqui, visto que exigiria um texto relativamente longo e complexo. No entanto, os resultados de contagem combinatória de subestruturas e outras características de grafos, além de aplicações práticas (no campo do ferromagnetismo) são impressionantes.

11.6 Grafos perfeitos

11.6.1 Este tema se iniciou com Berge [Be73]. Para sua discussão, precisamos definir um novo parâmetro, além de relembrar outros já conhecidos (do **Capítulo 6**). Para um grafo **G** = (**V**,**E**) qualquer, teremos:

- θ(**G**), o *número de cobertura de clique*, o menor número de cliques que particiona **V**;
- ω(**G**), o número de clique, ou seja, a cardinalidade da maior clique em **G**.

Temos que

$$\omega(\mathbf{G}) = \alpha(\overline{\mathbf{G}}) \qquad (11.30)$$

onde α é o número de estabilidade e $\overline{\mathbf{G}}$ o grafo complementar de **G**; por outro lado, $\alpha(\mathbf{G}) \leq \theta(\mathbf{G})$ visto que um estável pode ter no máximo um vértice em cada clique da partição correspondente a θ (**G**).

Berge definiu os chamados ***grafos perfeitos***, dividindo-os em duas categorias; segundo ele, um grafo **G** será *α-perfeito* se

$$\alpha(\mathbf{G_F}) = \theta(\mathbf{G_F}) \qquad \forall \mathbf{F} \subseteq \mathbf{V} \qquad (11.31)$$

onde $\mathbf{G_F}$ é o subgrafo induzido por **F**.

Dado o número cromático χ(**G**), um grafo **G** será *χ-perfeito* se

$$\chi(\mathbf{G_F}) = \omega(\mathbf{G_F}) \qquad \forall \mathbf{F} \subseteq \mathbf{V} \qquad (11.32)$$

Lovász [Lo72] provou que os dois critérios se equivalem: todo grafo α-perfeito é χ-perfeito e vice-versa, o que já havia sido conjeturado por **Berge** (a chamada *conjetura fraca dos grafos perfeitos*). Ele provou, ainda, que um grafo **G** é perfeito se e somente se seu complemento $\overline{\mathbf{G}}$ for perfeito.

11.6.2 A caracterização de classes de grafos perfeitos é um problema que foi abordado por um importante número de pesquisadores. Aqui é essencial a noção de propriedade hereditária: lembramos que uma propriedade é dita ***hereditária*** se ela for fechada sobre o conjunto dos subgrafos de um grafo **G** que a possua. Portanto, a caracterização de um dado grafo como perfeito ou não perfeito é, em princípio, um problema de complexidade exponencial. Ao se tratar de determinadas classes de grafos, a observação de certas propriedades permitiu, em alguns casos, que essa caracterização fosse obtida. Isso se torna mais fácil, em particular, quando a propriedade que define a classe é também hereditária, como no caso dos grafos bipartidos, discutido adiante.

Dada uma propriedade hereditária **P**, seja $\mathbf{P}^n$ o conjunto de grafos com *n* vértices que verificam **P**. O crescimento ou velocidade de **P** é dado pelo crescimento de **|** $\mathbf{P}^n$ |. Ballogh, Bollobás e Weinreich [BBW00] discutem a velocidade de crescimento e descrevem em detalhe as propriedades que exibem cada nível de crescimento, desde constante até fatorial. Usha Devi e Vijayakumar [UK99] discutem a noção de propriedade hereditária, com base em Rao (1981).

Algumas classes de grafos perfeitos são:

(a) ***Grafos bipartidos:*** Todo subgrafo de um grafo bipartido é bipartido; por outro lado, em um grafo bipartido se tem sempre χ = 2 (resultado já conhecido) e ω = 2 (visto que as maiores cliques correspondem às arestas). Logo, os grafos bipartidos são perfeitos. A **Fig. 11.4** apresenta um exemplo:

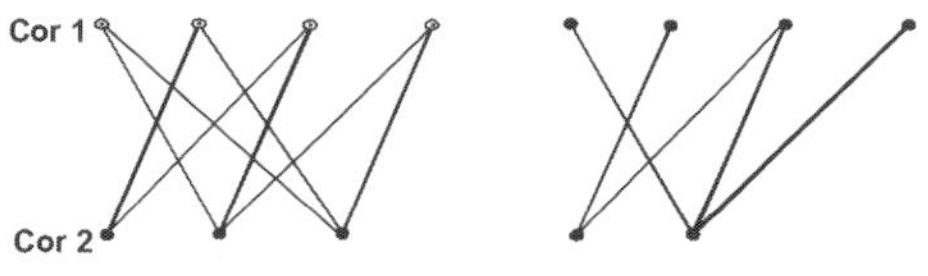

Fig. 11.4

(b) ***grafos adjuntos de grafos bipartidos;***

(c) ***grafos de comparabilidade***, ou seja, grafos para os quais é possível obter-se uma orientação correspondente a uma relação de ordem (anti-simétrica e transitiva). Ver a **Fig. 11.5** abaixo.

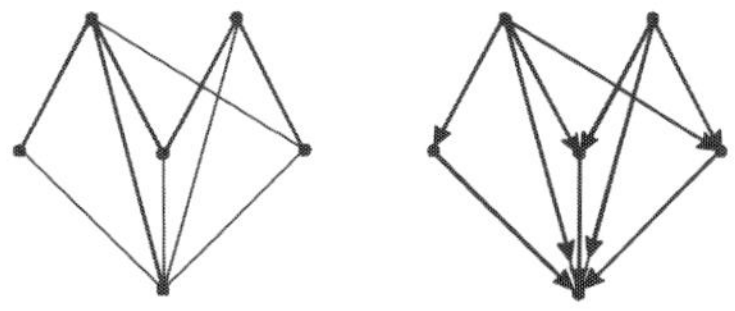

Fig. 11.5: Grafo de comparabilidade

(d) ***grafos triangulados***: são grafos nos quais todo ciclo de comprimento maior do que 3 possui uma *corda*, ou seja, uma aresta unindo dois vértices não consecutivos sobre o ciclo. Ver a **Fig. 11.6** abaixo.

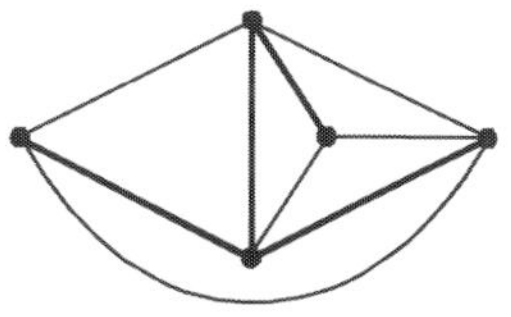

Fig. 11.6: Grafo triangulado

(e) ***grafos de Meyniel***: grafos nos quais todo ciclo ímpar com 5 ou mais vértices possui ao menos duas cordas. Roussel e Rusu [RR01] apresentam um algoritmo O(n^2) de coloração de vértices para esses grafos.

Outras classes podem ser caracterizadas como formadas por grafos perfeitos e, em muitos casos, uma dessas classes está incluída em outra. Ver o excelente artigo de **Lovász** em Beineke e Wilson [BW83].

Uma conjetura de **Berge,** de 1963 – a *conjetura forte dos grafos perfeitos* – foi finalmente provada, em maio de 2002, dois meses antes da morte do seu autor. O trabalho é Chudnovsky *et al* [CRST06].

Teorema 11.3: *Um grafo **G** é perfeito se e somente se nem **G** nem* $\overline{\mathbf{G}}$ *contiverem um ciclo ímpar de comprimento maior do que 3 como subgrafo induzido.* ■

Duas definições adicionais oferecem interesse:

(1) Um grafo é *criticamente imperfeito* se não for perfeito, mas se todos os seus subgrafos próprios forem perfeitos.

É fácil verificar que os grafos da classe C_{2k+1} (k > 1) são criticamente imperfeitos.

(2) Um grafo **G** é *fracamente perfeito* se

$$\chi(\mathbf{G}) = \omega(\mathbf{G}) \qquad (11.33)$$

Logo, todo grafo perfeito é fracamente perfeito, mas a recíproca não é verdadeira.

11.6.3 A importância dos grafos perfeitos

Com um teorema de grafos perfeitos se pode, além de obter uma caracterização mais direta, ter uma ideia de quanto representam os grafos perfeitos no conjunto de todos os grafos. Isto tem grande importância por dois motivos:

1) As classes de grafos perfeitos anteriormente discutidas, bem como outras existentes, aparecem naturalmente em diversas aplicações de grafos (por exemplo, os grafos de comparabilidade, uma vez que as relações de ordem ocorrem nas estruturas hierarquizadas, sejam elas de caráter social ou tecnológico).

2) Diversos problemas de subconjuntos de vértices, que são de complexidade exponencial para grafos quaisquer, se tornam polinomiais para grafos perfeitos, o que evidentemente traz grande interesse à busca de algoritmos para uso com esses grafos e, também, à pesquisa para caracterizar novas classes de grafos perfeitos. Problemas como os de coloração, estáveis, cliques e cobertura de cliques possuem algoritmos nessas condições. Ver Golumbic [Go80].

Thomas [Th93] apresenta um grafo perfeito representativo de uma genealogia. Vários grupos de pesquisa, atualmente, voltam sua atenção para o tema; ver, por exemplo, Figueiredo [Fi91], Mello [Me92] e Klein [Kl94].

11.7 O problema da T-coloração

11.7.1 Trata-se de uma generalização do problema de coloração de vértices (ver o **Capítulo 6**); aqui se tem um grafo **G**=(**V**,**E**) e um conjunto numérico $\mathbf{T} \subset \mathbf{N}$, procurando-se uma função inteira não negativa $\mathbf{f} = (f_i)$, $(i = 1,\ldots n)$ sobre **V**, tal que

$$|f_i - f_j| \notin \mathbf{T} \qquad \forall\ (\mathbf{i},\mathbf{j}) \in \mathbf{E} \qquad (11.34)$$

A função **f** é chamada uma *T-coloração* de **G**.

Se **T** = {0}, o problema se reduz ao da coloração de vértices: dois vértices unidos por uma aresta não podem ter o mesmo valor de **f** (a mesma cor), o que corresponderia a uma diferença nula.

11.7.2 Este problema, introduzido por Hale [Ha80], foi suscitado pelo estudo das interferências de canais de telecomunicações, o qual resultou no chamado Problema da Alocação de Canais. A demanda pelo uso do espectro disponível é muito grande e seu uso deve ser otimizado, dentro de determinadas restrições associadas à proximidade geográfica, à frequência ou a questões envolvendo outros fatores da tecnologia. Um exemplo é a alocação de canais VHF de voz para controle de tráfego aéreo civil, onde se trabalha entre 118 e 136 MHz e cada canal pode ocupar 25 KHz (ou seja, se tem 40 canais por MHz). Em um problema desse tipo, associado à alocação de frequências a um dado conjunto de transmissores, deseja-se minimizar o *span* da alocação, ou seja, a *largura total da faixa que contém todas as frequências usadas*. Há a considerar ainda a *ordem* da alocação, ou seja, o *número de frequências usado*. Discussões amplas das diversas variantes do problema são apresentadas em Silva Neto [Si95] e Vasconcellos [Va98].

Cada conjunto **T** corresponde ao que se denomina um *nível de interferência*. É claro que se tem sempre $0 \in \mathbf{T}$, o que elimina o uso indiscriminado de uma mesma frequência; por exemplo, para canais UHF de televisão se pode ter **T** = {0,7,14,15}, onde os elementos correspondem a diferenças entre ***números de canais*** (Liu [Li92]). Este exemplo corresponde às restrições para transmissores localizados a uma distância maior que 55 e menor ou igual a 60 milhas, na costa leste dos Estados Unidos. O *span* da alocação **f** é, aqui, chamado *T-span* da alocação e denotado sp(**f**). O "span" de um grafo, denotado sp(**G**), é o menor *span* dentre todas as alocações possíveis em **G** para um dado **T**.

Cabe observar que a otimização da ordem da coloração não implica na do *span* e vice-versa: a **Fig. 11.7** abaixo mostra **T**-colorações de ordem ótima, sem e com *span* ótimo, considerando-se **T** = {0,1,4,5}:

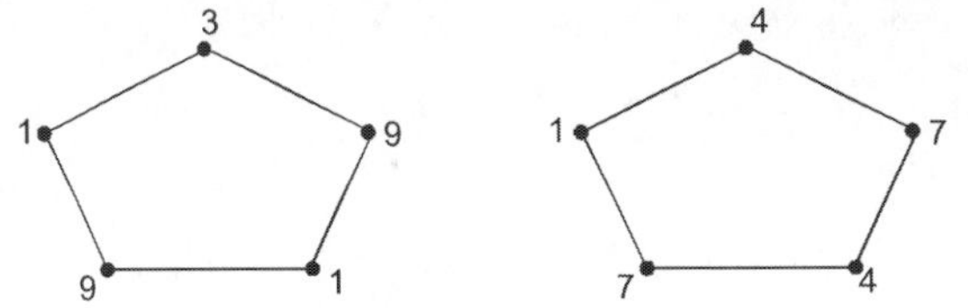

Fig. 11.7: Ordem e *span* ótimos

Podem ser ainda encontrados exemplos nos quais se obtém *span* ótimo com mais de $\chi(\mathbf{G})$ cores. Como exemplo, podemos alocar cores em um grafo $\mathbf{C}_5$ como o acima, na sequência (1,4,2,5,3), o que é compatível com o conjunto **T** usado.

Define-se ainda o *span* de aresta,

$$esp_T(\mathbf{G}) = \max_{(\mathbf{v},\mathbf{w})\in \mathbf{E}} | f(\mathbf{v}) - f(\mathbf{w}) | \qquad (11.35)$$

Apenas para efeito da discussão que se segue, definiremos ainda um *número **T**-cromático*, $\chi_T(\mathbf{G})$. Sendo baseados no número cromático, os problemas de determinação de **T**-colorações e de seus parâmetros são, em geral, NP-completos. O estudo de casos particulares, onde se adotam hipóteses sobre **G**, **T** ou ambos, tem fornecido diversos resultados úteis, enquanto o problema geral apresenta muitas questões em aberto.

Um algoritmo guloso pode ser usado para obtenção de valores aproximados de sp(**G**); ele consiste, simplesmente, em tomar uma dada ordenação dos vértices e, após a escolha de f_1, escolher f_k de modo que não haja conflito com $f_1,\dots f_{k-1}$.

11.7.3 Alguns resultados

Teorema 11.4: *Para todo **G** e para todo **T**, se tem,*

$$\chi_T(G) = \chi(G) \qquad (11.36)$$

Prova: Toda **T**-coloração de um grafo **G** = (**V**,**E**) é uma coloração de **G**, visto que se tem sempre $0 \in \mathbf{T}$. Logo $\chi_T(\mathbf{G}) \geq \chi(\mathbf{G})$. Por outro lado, seja uma coloração minimal f(**v**), $\mathbf{v} \in \mathbf{V}$ em **G**, com as cores 1, 2, ... $\chi(\mathbf{G})$ e seja *r* o maior elemento de **T**.

Definindo-se $g(\mathbf{v}) = (r + 1)f(\mathbf{v}) - r$ e levando em conta que, se $(\mathbf{i}, \mathbf{j}) \in \mathbf{E}$ teremos $f(\mathbf{i}) \neq f(\mathbf{j})$ e, portanto, $| f(\mathbf{i}) - f(\mathbf{j}) | \geq 1$, resulta que $| g(\mathbf{i}) - g(\mathbf{j}) | = (r + 1) | f(\mathbf{i}) - f(\mathbf{j}) | \geq r + 1$. Logo se tem uma **T**-coloração com $\chi(\mathbf{G})$ cores que são 1, $r + 2$, $2r + 3$, ... $(\chi(\mathbf{G}) - 1)r + \chi(\mathbf{G})$ e, portanto, $\chi_T(\mathbf{G}) \leq \chi(\mathbf{G})$, o que resulta em (11.34). ■

Corolário: Se r é o maior elemento de **T**, então se tem,

$$sp_T(\mathbf{G}) \leq (r + 1)(\chi(\mathbf{G}) - 1) \qquad (11.37)$$

Prova: Imediata, o segundo termo é a diferença entre os índices da última cor e da primeira. ■

De acordo com o **Teorema 11.3**, o problema não gera um novo número cromático e podemos deixar de lado a notação $\chi_T(\mathbf{G})$; em vista disso, boa parte da literatura tem dedicado muita atenção ao estudo de sp(**G**). Dois resultados importantes sobre este parâmetro são os seguintes:

Teorema 11.5: *Para todo **G** e para todo **T**, se tem*

$$\chi(G) - 1 \leq sp_T(G) \leq |\mathbf{T}|(\chi(G) - 1) \qquad (11.38)$$

Prova: Cozzens e **Roberts**, **Tesman** (Roberts [Ro91]). ■

Este limite superior é, em geral, melhor do que o do corolário do **Teorema 11.3**.

Teorema 11.6: *Para todo **G** e para todo **T**, se tem*

$$sp_T(\mathbf{K}_{\omega(G)}) \leq sp_T(G) \leq sp_T(\mathbf{K}_{\chi(G)}) \qquad (11.39)$$

*onde $\omega(G)$ é o número de clique de **G**.*

Prova: Cozzens e **Roberts** (Roberts [Ro91]). ■

Pode-se observar que, se **G** for fracamente perfeito, $sp_T(\mathbf{G})$ verificará as igualdades em (11.38), bastando então que se determine o *span* de uma clique.

Para o *span* de aresta, se tem

Teorema 11.7: *Para todo **G** e para todo **T**, se tem*

$$\chi(G) - 1 \leq esp_T(G) \leq sp_T(G) \qquad (11.40a)$$

$$sp_T(\mathbf{K}_{\omega(G)}) \leq esp_T(G) \leq sp_T(\mathbf{K}_{\chi(G)}) \qquad (11.40b)$$

Prova: Cozzens e **Roberts** (Roberts [Ro91]). ■

A mesma observação feita para o **Teorema 11.5** é válida neste caso.

Um caso no qual diversos resultados se simplificam é aquele no qual $\mathbf{T} = \{0,1,..., r\} \cup \mathbf{S}$, onde **S** não contém múltiplos de $r + 1$. Um conjunto com essa propriedade é chamado *r-inicial*. Neste caso, $sp_T(\mathbf{G})$ verifica a igualdade à direita no Corolário do **Teorema 11.3** e no **Teorema 11.6**:

$$sp_T(\mathbf{G}) = sp_T(\mathbf{K}_{\chi(\mathbf{G})}) = (r + 1)(\chi(\mathbf{G}) - 1) \quad (11.41)$$

A parte mais trabalhosa, no que se refere à aplicação da teoria da **T**-coloração, está no uso das restrições tecnológicas para obter o modelo de grafo; este pode corresponder, inclusive, a um único **T** ou a um **T** diferente para cada aresta. Para maiores detalhes, inclusive no que se refere aos algoritmos utilizados, ver Silva Neto [Si95] e Vasconcelos [Va98].

Aardal *et al* [AHKMS07] é um *survey* de diversos problemas de alocação de frequências em diversas situações, como telefonia móvel, rádio, televisão, comunicação por satélite, reedes de dados sem fio e aplicações militares.

Capítulo 12

Alguns temas selecionados

There are more things in heaven and earth,
That are dreamt by your philosophy.

Shakespeare, Hamlet

12.1 Introdução

12.1.1 Este capítulo se destina a apresentar um rápido painel de alguns temas da teoria, ou com ela relacionados do ponto de vista teórico ou aplicado. A seleção feita atende, evidentemente, à visão do autor no que tange a melhor forma de exemplificar como a teoria dos grafos cresceu e se desenvolveu de forma extraordinária, tanto em questões puramente matemáticas como em contato com a demanda do mundo real. O leitor interessado em novos temas e aplicações poderá consultar ainda Wilson e Beineke [WB79] e Beineke e Wilson [BW78], [BW83], o primeiro dedicado a aplicações em diversos campos e os dois seguintes envolvendo uma coleção de temas teóricos. Tal como o capítulo anterior, este não inclui exercícios ao final.

12.1.2 Um item sobre operações binárias com grafos foi deslocado do **Capítulo 2** e bastante estendido em relação ao texto anterior. Esta maior extensão e também sua ligação com a teoria espectral de grafos, aqui discutida de forma introdutória, são as razões da mudança. O leitor interessado encontrará, naquele capítulo, uma menção ao texto que aqui se encontra.

12.1.3 A chamada teoria espectral de grafos resulta de uma curiosidade bastante explicável em um matemático, qual seja a se procurar um significado, dentro da teoria dos grafos, para os autovalores e autovetores das matrizes nela utilizadas. Diversos resultados estão disponíveis na literatura e o tema, bastante frutífero, continua sendo estudado, inclusive no grupo de pesquisa do qual o autor participa.

12.1 4 Com o suporte do item anterior e de outros recursos, apresentamos duas rápidas discussões sobre as noções gerais de centralidade e vulnerabilidade e sobre seus diversos aspectos e suas aplicações.

12.1.5 O problema do roteamento é uma extensão do problema do caixeiro-viajante discutido no Capítulo 9. Aqui, apresentamos um despretensioso item sobre as suas ideias básicas e algo sobre um método tradicional de resolução, deixando livre ao leitor o campo para suas pesquisas sobre o uso de metaheurístcas. Em vista da riqueza da literatura sobre essas aplicações, teríamos de nos estender demasiadamente, o que não corresponde à motivação deste capítulo.

12.1.6 Uma discussão sucinta sobre a definição dos diversos índices associados aos grafos interessa especialmente às aplicações em química.

12.1.7 Discutimos ainda alguns problemas relacionados ao traçado de grafos em computador, tema bastante atual pelo interesse ligado à obtenção automatizada de melhores esquemas de grafos.

12.1.8 Finalizamos nossa exposição com uma discussão sobre o curioso problemas dos jogos em grafos e com algumas palavras sobre diversas aplicações da teoria.

12.2 Operações binárias com grafos

12.2.1 Introdução

A maioria das operações binárias com grafos é chamada de produto.

A referência básica para o tema é Hammack, Imrich e Klavžar, [HIK11], de onde utilizamos parcialmente a notação.

Def.: Sejam dois grafos **G** = (**V**(**G**),**E**(**G**)), com |**V**(**G**)| = p e **H** = (**V**(**H**),**E**(**H**)) , com |**V**(**H**)| = q e seja • uma operação binária. Então **G** • **H** será um *produto* de **G** e **H** se • for tal que

- $V(G \bullet H) = V(G) \times V(H) = \{(g_1,h_1), ..., (g_1,h_n), ..., (g_p,h_1), ..., (g_p,h_q)\}$,
- **E**(**G** • **H**) dependa apenas das relações de adjacência, ou da igualdade de vértices, nos grafos fatores.

Dada a definição de **V**(**G** • **H**), um vértice de **G** • **H** corresponde a um par ordenado (g,h) | $g \in V(G)$, $h \in V(H)$. Podemos então ter 3 casos de existência de arestas entre dois vértices (g_1,h_1) e (g_2,h_2) de um produto, conforme os dois vértices correspondentes dos fatores sejam adjacentes, não adjacentes ou iguais em cada um dos dois grafos. Existem, portanto, $2^3 = 8$ possíveis regras de adjacência e cada produto as envolve de uma forma diferente. Além disso, o uso dos operadores lógicos ***e*** e ***ou*** participa da definição de um significativo conjunto de produtos.

Obs. 1: Estes produtos são associados a produtos de matrizes e podem ser aplicados a matrizes em geral, inclusive retangulares. Neste texto utilizaremos eventualmente essa generalidade, na apresentação de exemplos, porém o objetivo da discussão estará sempre nos produtos de grafos.

Obs. 2: Os rótulos utilizados nos grafos indicam um representante de uma classe de isomorfismo (ver o **Capítulo 2**). Dentro dos temas abordados, a indicação de igualdade pode, então, ser entendida como uma indicação de isomorfismo.

12.2.2 Produto Kronecker (ou tensorial, ou direto)

O *produto Kronecker* de dois grafos, **G** ⊗ **H**, sendo **C**, **A** e **B** as respectivas matrizes de adjacência, é o grafo cuja matriz de adjacência é $C = [a_{ij} B]$. Isto implica em

$$\exists\ ((g_1,h_1),(g_2,h_2)) \Leftrightarrow (\ \exists\ (g_1,g_2) \in E(G) \text{ e } \exists\ (h_1,h_2) \in E(H)\ ). \qquad (12.1)$$

Logo, existirá um elemento não nulo (uma aresta) no grafo produto se e somente se existirem elementos não nulos (as arestas correspondentes) nos grafos fatores, o que corresponde a (12.1) acima. Uma posição não nula na primeira matriz "aponta" a submatriz de **C** na qual será inscrita uma cópia da segunda matriz. Esta multiplicação, tal como é definida, implica em que este produto não é comutativo, ou seja, em geral, $A \otimes B \neq B \otimes A$. Porém ele é associativo, logo $(A \otimes B) \otimes C = A \otimes (B \otimes C)$.

A matriz **C** pode então ser particionada em submatrizes tais que, em cada uma, os elementos de **B** estarão multiplicados pelo elemento de **A** na posição correspondente em **A**.

Este produto pode ser aplicado a matrizes em geral, de quaisquer dimensões; se tivermos $A_{(p,q)}$ e $B_{(r,s)}$, obteremos $C_{(pr,qs)}$, os elementos de **C** sendo os produtos dos valores correspondentes em **A** e **B**. No caso de grafos, teremos naturalmente matrizes quadradas, de ordem igual ou diferente, com valores 0 e 1.

Obs. 3: Os exemplos de produtos de grafos a seguir utilizam os grafos **G** = **T4_1** (árvore de 4 vértices com um vértice de grau 3) e **H** = P_3 (caminho com 3 vértices). As matrizes produto explicitam a indexação do primeiro fator.

Exemplo 1: Sejam **A** e **B** duas matrizes,

$$\mathbf{A} = \begin{bmatrix} 4 & 5 & 1 \\ 1 & 3 & 2 \end{bmatrix} \quad \mathbf{B} = \begin{bmatrix} 1 & 2 \\ 3 & 1 \end{bmatrix}, \text{ então } \mathbf{C} = \left[\begin{array}{cc|cc|cc} 4 & 8 & 5 & 10 & 1 & 2 \\ 12 & 4 & 15 & 5 & 3 & 1 \\ \hline 1 & 2 & 3 & 6 & 2 & 4 \\ 3 & 1 & 9 & 3 & 6 & 2 \end{array}\right]$$

Exemplo 2: Sejam **A = A(G), B = A(H), C = A(G ⊗ H)** e **D = H ⊗ G.**

A	1	2	3	4
1		1		
2	1		1	1
3		1		
4		1		

C	1	2	3	4
1		B		
2	B		B	B
3		B		
4		B		

B	1	2	3
1		1	
2	1		1
3		1	

D	1	2	3
1		A	
2	A		A
3		A	

A **Fig. 12.1** mostra os grafos **G ⊗ H** e **H ⊗ G.**

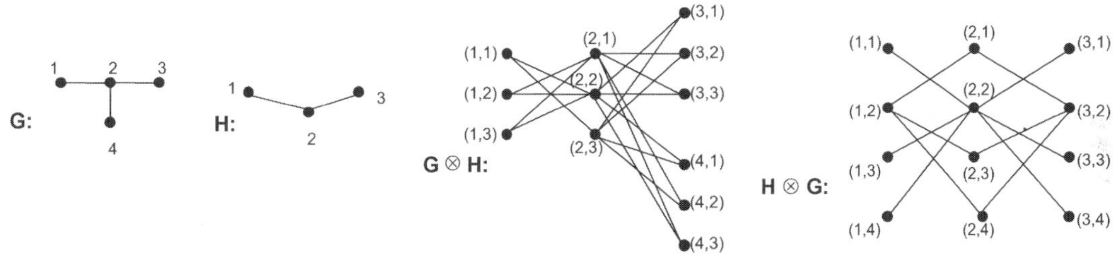

Fig. 12.1: Produtos Kronecker de dois grafos

12.2.3 Produto cartesiano de dois grafos

O *produto cartesiano* de dois grafos, **G □ H** é um grafo no qual se tem

$$\exists\ ((\mathbf{g_1,h_1}),(\mathbf{g_2,h_2})) \Leftrightarrow (\ (\mathbf{g_1 = g_2}\ \mathbf{e}\ \exists\ (\mathbf{h_1,h_2}))\ \textit{ou}\ (\exists\ (\mathbf{g_1,g_2})\ \text{e}\ \mathbf{h_1 = h_2})\ ). \qquad (12.2)$$

Isto implica em que

- pela primeira cláusula, para cada vértice de **G** existe uma cópia de **H** na diagonal principal;
- pela segunda cláusula, essas cópias têm seus vértices conectados em paralelo (matrizes identidade nas posições correspondentes às arestas de **G**).

Exemplo (Fig. 12.2): Sejam **A = A(G), B = A(H)** e **C = A(G □ H),**

Obs. 4: Este produto é tal que **A(G □ H) = (A(G) ⊗ $\mathbf{I_q}$) + ($\mathbf{I_p}$ ⊗ A(H))**: uma das somas Kronecker possíveis. Ver o item seguinte.

A	1	2	3	4
1		1		
2	1		1	1
3		1		
4		1		

C	1	2	3	4
1	B	I_3		
2	I_3	B	I_3	I_3
3		I_3	B	
4		I_3		B

B	1	2	3
1		1	
2	1		1
3		1	

O produto cartesiano é comutativo e associativo: para grafos **F, G** e **H, G □ H = H □ G** e **F □ (G □ H) = (F □ G) □ H.**

A **Figura 12.2** mostra os grafos representados pelas matrizes acima (as cópias de **H** estão em tracejado).

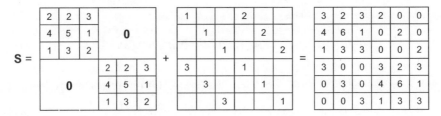

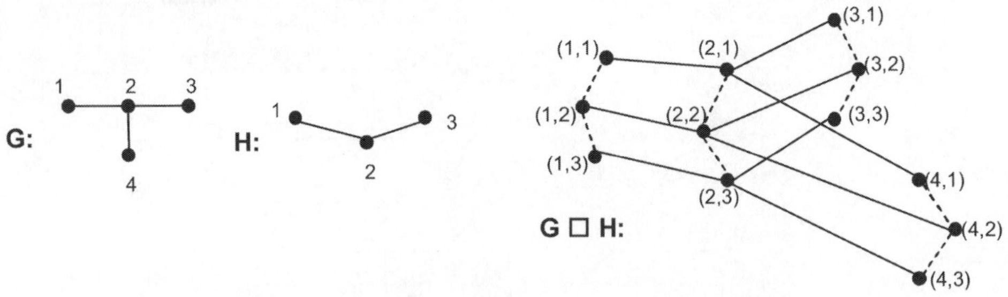

Fig. 12.2: Produto cartesiano de dois grafos

Duas famílias de produtos cartesianos são os hipercubos ($\mathbf{K_2} \square \mathbf{K_2} \square \ldots \square \mathbf{K_2}$) e os prismas ($\mathbf{K_2} \square \mathbf{C_n}$).

Almeida [Al10] estudou os emparelhamentos em produtos cartesianos e sua aplicação a redes de interconexão.

12.2.4 Soma Kronecker de dois grafos

A *soma Kronecker* (ou *tensorial*) de duas matrizes, $\mathbf{S} = \mathbf{A} \oplus \mathbf{B}$, onde se tem $\mathbf{A}(p,p)$ e $\mathbf{B}(q,q)$, é definida como

$$\mathbf{S} = (\mathbf{I}_q \otimes \mathbf{A}) + (\mathbf{B} \otimes \mathbf{I}_p). \qquad (12.3)$$

Obs. 5: Nas matrizes de grafos, a diagonal principal da matriz de **S** terá *p* cópias de **A** e as demais submatrizes serão diagonais de conteúdo igual ao dos elementos correspondentes de **B**.

Obs. 6: Pela definição de produto de grafos, a soma Kronecker é também um produto.

Exemplo 1:

A =

2	2	3
4	5	1
1	3	2

B =

1	2
3	1

S =

2	2	3			
4	5	1		0	
1	3	2			
			2	2	3
	0		4	5	1
			1	3	2

+

1			2		
	1			2	
		1			2
3			1		
	3			1	
		3			1

=

3	2	3	2	0	0
4	6	1	0	2	0
1	3	3	0	0	2
3	0	0	3	2	3
0	3	0	4	6	1
0	0	3	1	3	3

Esta soma não é comutativa, tendo-se em geral $\mathbf{B} \oplus \mathbf{A} \neq \mathbf{A} \oplus \mathbf{B}$. É interessante observar que, em um dos sentidos, ela equivale ao produto cartesiano dos dois grafos, como se pode observar no **item 12.2.3** anterior.

Os Exemplos 2 e 3 abaixo mostram as estruturas das duas somas. A soma $\mathbf{H} \oplus \mathbf{G}$ corresponde ao produto $\mathbf{G} \square \mathbf{H}$.

Exemplo 2: Sejam $\mathbf{A} = \mathbf{A(G)}$, $\mathbf{B} = \mathbf{A(H)}$, $\mathbf{C} = \mathbf{G} \oplus \mathbf{H}$ e $\mathbf{D} = \mathbf{H} \oplus \mathbf{G}$.

A	1	2	3	4
1		1		
2	1		1	1
3		1		
4		1		

C	1	2	3
1	**A**	$\mathbf{I_4}$	
2	$\mathbf{I_4}$	**A**	$\mathbf{I_4}$
3		$\mathbf{I_4}$	**A**

B	1	2	3
1		1	
2	1		1
3		1	

D	1	2	3	4
1	**B**	$\mathbf{I_3}$		
2	$\mathbf{I_3}$	**B**	$\mathbf{I_3}$	$\mathbf{I_3}$
3		$\mathbf{I_3}$	**B**	
4		$\mathbf{I_3}$		**B**

Os grafos correspondentes estão na **Fig. 12.3** a seguir.

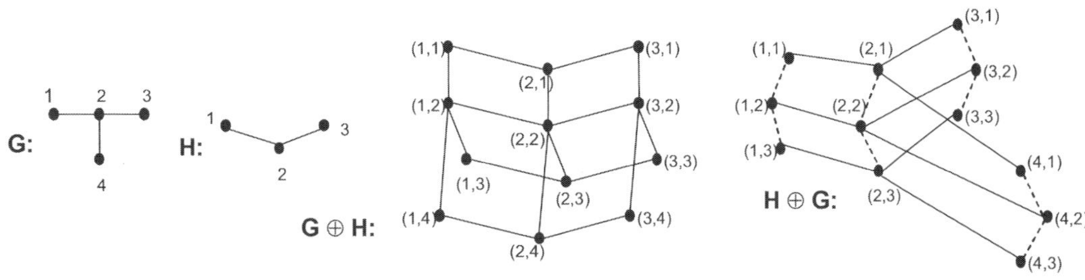

Fig. 12.3: Somas Kronecker de dois grafos

12.2.5 Produto forte de dois grafos

Neste produto, as três combinações de igualdade e adjacência geram arestas, ou seja, o *produto forte* de dois grafos, **G** = **G** $\boxtimes$ **H**, é um grafo no qual se tem

$$\exists\ ((\mathbf{g_1},\mathbf{h_1}),(\mathbf{g_2},\mathbf{h_2})) \Leftrightarrow (\ (\mathbf{g_1} = \mathbf{g_2}\ \mathbf{e}\ \exists\ (\mathbf{h_1},\mathbf{h_2}))\ \textit{ou}\ (\exists\ (\mathbf{g_1},\mathbf{g_2})\ \mathbf{e}\ \mathbf{h_1} = \mathbf{h_2}).\underline{\textit{ou}}\ (\exists\ (\mathbf{g_1},\mathbf{g_2})\ \mathbf{e}\ \exists\ (\mathbf{h_1},\mathbf{h_2}))\ ). \quad (12.4)$$

Podemos observar que as duas primeiras condições são as do produto cartesiano e que a terceira é a do produto Kronecker. O produto forte envolve, portanto, a união das arestas desses dois produtos, sendo um supergrafo de ambos (veja adiante).

O produto forte é associativo: para grafos **F**, **G** e **H** teremos **F** $\boxtimes$ (**G** $\boxtimes$ **H**) = (**F** $\boxtimes$ **G**) $\boxtimes$ **H**. Em vista da relação de inclusão do conjunto de arestas dado pelo produto Kronecker, o produto forte também não é comutativo.

Exemplo: Sejam **A** = **A(G)**, **B** = **A(H)**, **C** = **G** $\boxtimes$ **H** e **R** = **H** $\boxtimes$ **G** e sejam **D** = $\mathbf{I_3}$ + **B** e **F** = $\mathbf{I_4}$ + **A**, então

A	1	2	3	4
1		1		
2	1		1	1
3		1		
4		1		

C	1	2	3	4
1	B	D		
2	D	B	D	D
3		D	B	
4		D		B

B	1	2	3
1		1	
2	1		1
3		1	

R	1	2	3
1	A	F	
2	F	A	F
3		F	A

A **Fig. 12.4** representa os esquemas correspondentes.

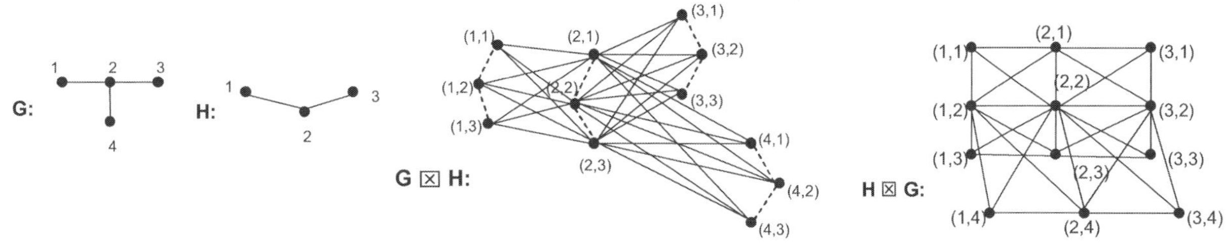

Fig. 12.4: Produtos fortes de dois grafos

12.2.6 Produto lexicográfico de dois grafos

O *produto lexicográfico de dois grafos*, **G** o **H**, é tal que

$$\exists\ ((\mathbf{g_1},\mathbf{h_1}),(\mathbf{g_2},\mathbf{h_2})) \Leftrightarrow \exists\ (\mathbf{g_1},\mathbf{g_2})\ \textit{ou}\ ((\mathbf{g_1} = \mathbf{g_2})\ \mathbf{e}\ \exists(\mathbf{h_1},\mathbf{h_2}))\ . \quad (12.5)$$

A primeira parte da cláusula especifica uma matriz cheia correspondente a cada aresta de **G**.

A segunda parte da cláusula implica na existência de *m* cópias do segundo grafo na diagonal principal.

Este produto não é comutativo, **G** o **H** $\neq$ **H** o **G**, mas é associativo: **F** o (**G** o **H**) = (**F** o **G**) o **H**, para os grafos **F**, **G** e **H**.

Exemplo: Sejam **A** = **A(G)**, **B** = **A**(H), **C** = **G** o **H** e **D** = **H** o **G** e seja $\mathbf{\mathit{1}}_k = [1_{ij}]_k$ a matriz cheia de ordem *k*, então

A	1	2	3	4
1		1		
2	1		1	1
3		1		
4		1		

C	1	2	3	4
1	B	1_3		
2	1_3	B	1_3	1_3
3		1_3	B	
4		1_3		B

B	1	2	3
1		1	
2	1		1
3		1	

D	1	2	3
1	A	1_4	
2	1_4	A	1_4
3		1_4	A

A **Fig. 12.5** representa os esquemas correspondentes.

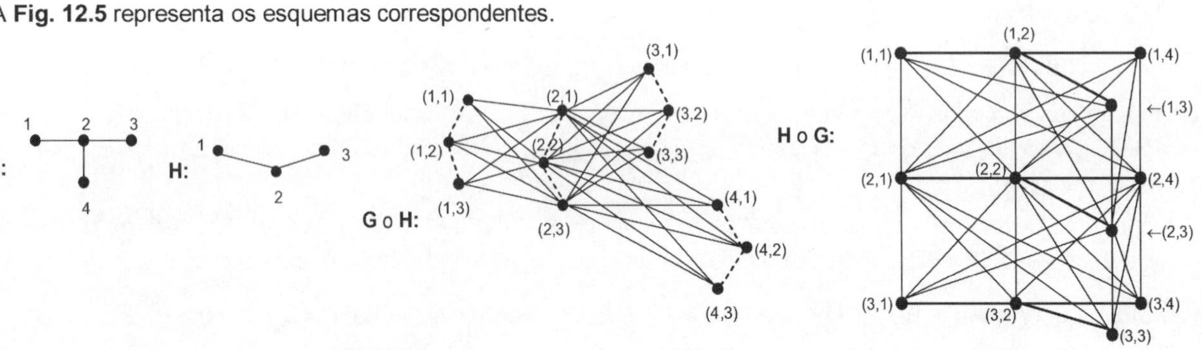

Fig. 12.5: Produtos lexicográficos de dois grafos

Obs. 7: O <u>neutro</u> dos quatro produtos é $\mathbf{K_1}$: para **o** $\in$ {□, ⊗, ⊠, o} se tem $\mathbf{K_1}$ **o G** = **G o** $\mathbf{K_1}$ = **G**.

12.2.7 Corona

A *corona* de **G** e **H**, denotada ***G*** ± **H** [Fr09], é o grafo com $n_1(1 + n_2)$ vértices, obtido tomando-se uma cópia de **G** e n_1 cópias de **H** e ligando-se o *i*-ésimo vértice de **G** a todos os vértices da *i*-ésima cópia de **H**.

A corona não é comutativa. A **Fig. 12.6** mostra os dois produtos, **G** ± **H** e **H** ± **G**, para **G** = $\mathbf{K_2}$ e **H** = $\mathbf{P_3}$.

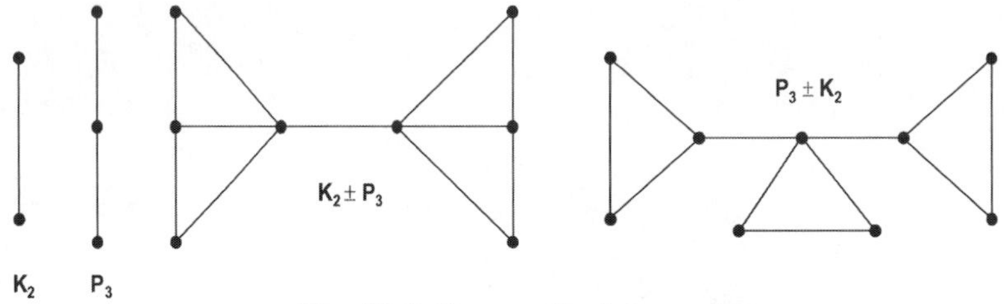

Fig. 12.6: Corona de dois grafos

Em Hou e Shiu [HS10] se discute o espectro da corona de dois grafos.

12.2.8 União e soma de grafos, união de arestas

A *união de grafos* corresponde simplesmente à associação de dois grafos sob uma mesma indexação e uma mesma estrutura de dados.

A *união* **G'** = **G** ∪ **H** de dois grafos **G** =(**V**(**G**),**E**(**G**)) e **H** =(**V**(**H**),**E**(**H**)), onde **G'** = (**V**,**E**), é dada por

$$\mathbf{V = V(G) \cup V(H),\ E = E(G) \cup E(H)} \qquad (12.6)$$

Exemplo: G = $\mathbf{P_2}$, **H** = $\mathbf{C_3}$.

A matriz de adjacência de **G** tem as matrizes de **G** e de **H** ao longo de sua diagonal principal e as duas outras submatrizes são nulas (iguais a **0**). A **Fig. 12.7** mostra o resultado.

G	1	2
1		1
2	1	

H	1	2	3
1		1	1
2	1		1
3	1	1	

G'	(1,1)	(1,2)	(1,3)	(2,1)	(2,2)
(1,1)	0	1	0	0	0
(1,2)	1	0	0	0	0
(2,2)	0	0	0	1	1
(2,3)	0	0	1	0	1
(3,1)	0	0	1	1	9

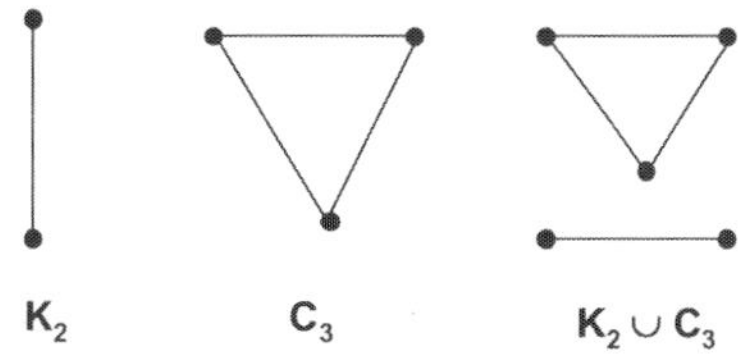

K_2 C_3 $K_2 \cup C_3$

Fig. 12.7: G' = $P_2 \cup C_3$

Se a união envolver *k* grafos isomorfos **G**, eles são habitualmente indicados por *k***G**.

A <u>soma de grafos</u> é frequentemente designada pelo termo *junção* (em inglês, *join*). Não se trata de um produto, porque o conjunto de vértices do grafo resultado não é um produto cartesiano. Apesar disso, tem sido usada a denominação <u>produto completo</u>. Tal como a união, é uma operação comutativa.

A *soma* **G"** = **G** + **H** de dois grafos **G** =(**V**(**G**), **E**(**G**)) e **H** =(**V**(**H**),**E**(**H**)), onde **G"** = (**V**,**E**), é dada por

$$\mathbf{V} = \mathbf{V(G)} \cup \mathbf{V(H)},\ \mathbf{E} = \mathbf{E(G)} \cup \mathbf{E(H)} \cup \{\ (\mathbf{v,w}) \mid \forall \mathbf{v} \in \mathbf{V(G)},\ \forall \mathbf{w} \in \mathbf{V(H)}\} \qquad (12.7)$$

A matriz de adjacência de **G"** tem as matrizes de **G** e de **H** ao longo de sua diagonal principal e as duas outras submatrizes são cheias (iguais a ***1***),

Exemplo: G_1 = P_2, G_2 = C_3. A **Fig. 12.8** mostra o resultado. As arestas que realizam o *join* estão representadas em tracejado.

G	1	2
1		1
2	1	

H	1	2	3
1		1	1
2	1		1
3	1	1	

G"	(1,1)	(1,2)	(1,3)	(2,1)	(2,2)
(1,1)	0	1	1	1	1
(1,2)	1	0	1	1	1
(2,2)	1	1	0	1	1
(2,3)	1	1	1	0	1
(3,1)	1	1	1	1	9

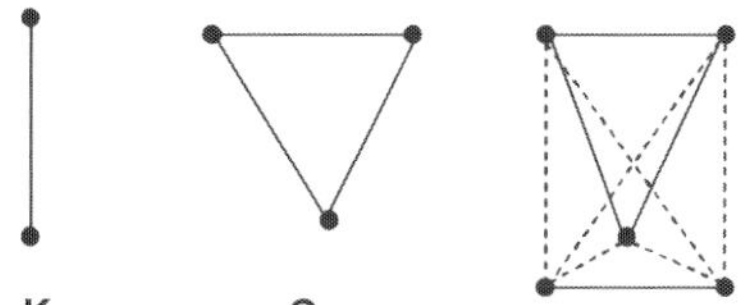

K_2 C_3 $K_2 + C_3$

Fig. 12.8: G' = P_2 + C_3

A *união de arestas* é uma operação feita sobre dois grafos **G** e **H** de mesma ordem, resultando em um grafo **G'** que reúne as arestas de ambos:

$$|\mathbf{V(G')}| = |\mathbf{V(G)}| = |\mathbf{V(H)}|,\ \mathbf{E(G')} = \mathbf{E(G)} \cup \mathbf{E(H)} \qquad (12.8)$$

Exemplo: G = C_4, **H** = $K_2 \cup 2K_1$ **(Fig. 12.9)**:

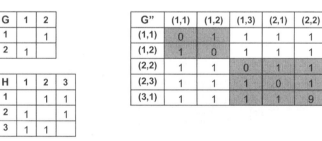

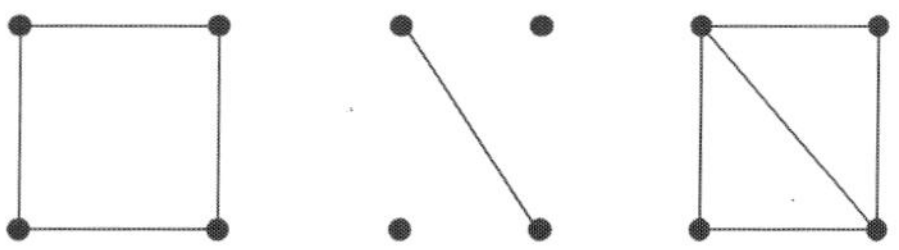

C_4 $K_2 + 2K_1$ G'

Fig. 12.9: União de arestas

Quando os conjuntos de arestas são disjuntos (como no exemplo), usa-se também a denominação *soma de arestas*.

12.2.9 Alguns invariantes dos quatro principais produtos

Os resultados que se seguem foram reunidos em um item único, de modo a facilitar a comparação entre os quatro principais produtos.

a) Ordem: em todos os casos, se tem $n = pq$ (ver **12.2.1**).

b) Tamanho: o número de arestas, em cada caso, pode ser inferido das relações de adjacência indicadas nas matrizes. Sejam dois grafos **G** e **H**, respectivamente com p e q vértices, e r e s arestas.

- Os dois produtos Kronecker de **G** e **H** possuem $m = rs$ arestas.
- O produto cartesiano de **G** e **H** possui $ps + qr$ arestas.
- Os dois produtos fortes de **G** e **H** possuem $ps + qr + rs$ arestas.
- O primeiro produto lexicográfico, **G** o **H** possui $p(s + r(p - 1)/2)$ arestas, enquanto o segundo, **H** o **G**, possui $q(r + s(q - 1)/2)$ arestas.

c) Conectividade: o produto Kronecker é o único que não garante $\kappa > 0$ para dois fatores conexos.

- Se **G** e *H* forem conexos e não triviais e ao menos um deles possuir um ciclo ímpar, então **G** ⊗ **H** será conexo. Se **G** e **H** forem bipartidos, **G** ⊗ **H** terá exatamente duas componentes conexas (**Weichsel**).

  Pode-se dizer, também, que no máximo um dos fatores poderá ser bipartido para que o produto seja conexo, uma vez que a não existência de ciclos ímpares é necessária e suficiente para que o grafo seja bipartido. Além disso, se um fator for bipartido, o produto também será bipartido.

  Não há resultados gerais para a conectividade de vértices do produto Kronecker. A conectividade de arestas verifica

$$\min\{2s\,\kappa'(\mathbf{G}),\ 2r\,\kappa'(\mathbf{H}),\ \delta(\mathbf{G})\delta(\mathbf{H})\} \geq \kappa'(\mathbf{G} \otimes \mathbf{H}) \geq \min\{s\,\kappa'(\mathbf{G}),\ r\,\kappa'(\mathbf{H}),\ \delta(\mathbf{G})\delta(\mathbf{H})\} \qquad (12.9)$$

- Para o produto cartesiano, temos

$$\kappa(\mathbf{G} \,\square\, \mathbf{H}) = \kappa(\mathbf{G}) + \kappa(\mathbf{H}), \qquad (12.10)$$

$$\kappa(\mathbf{G} \,\square\, \mathbf{H}) = \min\{q\,\kappa(\mathbf{G}),\ p\,\kappa(\mathbf{H}),\ \delta(\mathbf{G}) + \delta(\mathbf{H})\} \qquad (12.11)$$

  (**Liouville**, **Spacapan**), onde $\delta(.)$ é o grau mínimo. A expressão (12.9) é também válida se substituirmos a conectividade de vértices $\kappa(.)$ pela conectividade de arestas, $\kappa'(.)$ (**Xu** e **Yang**).

- O produto forte verifica

$$\kappa'(\mathbf{G} \boxtimes \mathbf{H}) = \min\{(q + 2s)\,\kappa'(\mathbf{G}),\ (p + 2r)\,\kappa'(\mathbf{H}),\ \delta(\mathbf{G} \boxtimes \mathbf{H})\} \qquad (12.12)$$

  Deixamos de citar resultados para a conectividade de arestas, que exigem uma explicação longa; o leitor interessado poderá encontrá-la em [HIK11].

- O produto lexicográfco verifica, se **G** não for completo,

$$\kappa(\mathbf{G} \circ \mathbf{H}) = q\,\kappa(\mathbf{G}) \qquad (12.13)$$

d) Número cromático

- O produto cartesiano verifica

$$\chi(\mathbf{G} \,\square\, \mathbf{H}) = \max(\chi(\mathbf{G}), \chi(\mathbf{H})) \qquad (12.14)$$

- O produto forte e o produto lexicográfico verificam

$$\chi(\mathbf{G} \boxtimes \mathbf{H}) \leq \chi(\mathbf{G} \circ \mathbf{H}) \leq \chi(\mathbf{G})\chi(\mathbf{H}) \qquad (12.15)$$

- **Hedetniemi** conjeturou que o número cromático do produto Kronecker verifica

$$\chi(\mathbf{G} \otimes \mathbf{H}) = \min(\chi(\mathbf{G}), \chi(\mathbf{H})) \qquad (12.16)$$

  A conjetura é válida para grafos 4-cromáticos.

- O número cromático total de produtos cartesianos é discutido em [SMWW97], [ZZ02] e [KM03] e, em particular, a coloração total equilibrada, em [CXYZ09].

Ver também Klavzár [Kl96].

e) Número de independência

- O produto cartesiano verifica

$$\{ \alpha(\mathbf{G})\alpha(\mathbf{H}) + \min[(p - \alpha(\mathbf{G})), (q - \alpha(\mathbf{H}))] \} \geq \alpha(\mathbf{G} \,\square\, \mathbf{H}) \leq \min\{q\,\alpha(\mathbf{G}), p\,\alpha(\mathbf{H})\} \quad (12.17)$$

- O produto Kronecker verifica

$$q\,\alpha(\mathbf{G}) + p\,\alpha(\mathbf{H}) - \alpha(\mathbf{G})\alpha(\mathbf{H}) \geq \alpha(\mathbf{G} \otimes \mathbf{H}) \geq \max\{q\,\alpha(\mathbf{G}), p\,\alpha(\mathbf{H})\} \quad (12.18)$$

- O produto forte verifica

$$\alpha(\mathbf{G} \boxtimes \mathbf{H}) \geq \alpha(\mathbf{G})\alpha(\mathbf{H}) \quad (12.19)$$

12.3 Introdução à teoria espectral de grafos

12.3.1 Origens

Segundo [AO04], a teoria espectral de grafos se iniciou em 1931, com um modelo teórico de **Huckel** para a química quântica. A sua fundamentação teórica, porém, somente foi consolidada em 1971 por **Cvetković**. Atualmente ela vem se expandindo de forma considerável, em particular através do estudo das relações entre a teoria das matrizes e as propriedades estruturais dos grafos.

Para referências sobre álgebra linear, especialmente sobre as definições aqui utilizadas, sugerimos Gantmacher [Ga77] e Noble e Daniel [ND86]. As referências básicas para a teoria espectral de grafos são Biggs [Bi93], Cvetkovic *et al* [CRS97] e Godsil e Hoyle [GH01]. Uma referência em português é [AO04]. Um *survey* recente é van Dam e Haemers [vDH09].

Obs. 1: Ao nos referirmos a expressões ou grandezas referentes a matrizes de grafos sem especificar a matriz, deixamos implícito que se trata da matriz de adjacência.

12.3.2 Autovalores, espectro, polinômio característico

Lembraremos apenas que os *autovalores* de uma matriz **M** são os valores para os quais a equação $\mathbf{Mv} = \lambda\mathbf{v}$ possui solução não nula e, portanto, são as raízes da equação $P(\lambda) = \det(\lambda\mathbf{I} - \mathbf{M})$, que é o *polinômio característico* de **M**. Se $\mathbf{M} = \mathbf{A}(\mathbf{G})$ for a matriz de adjacência de um grafo **G**, poderemos denotá-lo como $P_G(\lambda)$ (Moraes [Mo00]) e dizer que ele é o *polinômio característico de* ***G.***

Neste item, discutiremos algumas propriedades espectrais, para determinadas classes de grafos, da matriz de adjacência e também da matriz laplaciana **Q**(**G**) e da *matriz laplaciana sem sinal*, que denotaremos **Q**(**G**), onde **Q**(**G**) = **D**(**G**) + **A**(**G**) (ver o **Capítulo 5**). Nas definições genéricas, chamaremos de **M** a matriz associada a um grafo.

Dizemos que λ é um *autovalor* de **G** = (**V**,**E**), se λ for um autovalor de **A**(**G**). O *espectro* de um grafo, spec(**G**), é a matriz 2 x *s*, na qual a primeira linha é constituída pelos *s* autovalores distintos de **G** ($s \leq n$) dispostos em ordem não crescente e a segunda linha, pelas suas respectivas *multiplicidades algébricas* (número de vezes que um dado valor se repete). Então

$$\text{spec } \mathbf{G} = \begin{pmatrix} \lambda_1 & \dots & \lambda_s \\ m_1 & \dots & m_s \end{pmatrix}, \quad (12.20)$$

onde m_i é multiplicidade algébrica de λ_i, $1 \leq i \leq s$.

Para $\mathbf{K}_n$, por exemplo, temos

$$\text{spec}(\mathbf{K}_n) = \begin{pmatrix} n-1 & -1 \\ 1 & n-1 \end{pmatrix} \quad (12.21)$$

Uma limitação inicial é que o espectro de um grafo não caracteriza o grafo: existem grafos diferentes com um mesmo espectro (*grafos coespectrais*). Um exemplo de um par coespectral é dado pela **Fig. 12.10** abaixo:

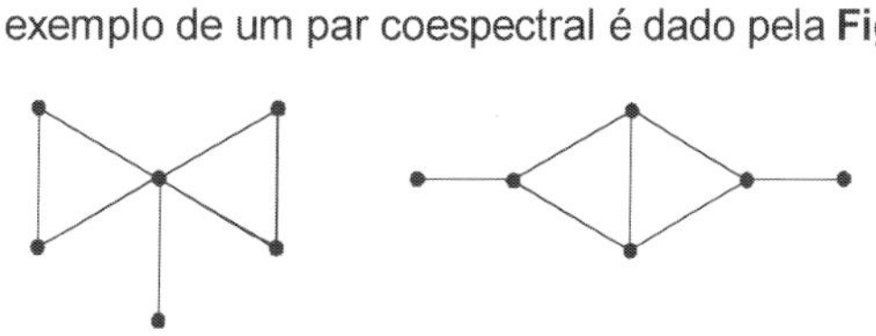

Fig. 12.10: Grafos coespectrais

Dois grafos coespectrais podem ter tipos de conexidade diferente: por exemplo, $\mathbf{K}_{1,4}$ e $\mathbf{C}_4 \cup \mathbf{K}_1$ são coespectrais, o primeiro sendo conexo e o segundo não.

Um resultado válido para qualquer grafo é o seguinte:

*Sejam **G** um grafo e* $P(\lambda) = \lambda^n + a_1\lambda^{n-1} + a_2\lambda^{n-2} + ... + a_n$ *o seu polinômio característico. Então temos*

- $a_1 = 0$;
- $a_2 = -m$ *(número de arestas)* ;
- $a_3 = -2t$ *(onde t é o número de triângulos em **G**).*

Para um grafo *k*-regular, é válida a seguinte expressão, que relaciona seu polinômio característico com o de seu grafo adjunto:

$$P_{L(\mathbf{G})}(\lambda) = (\lambda + 2)^{m-n}.P_{\mathbf{G}}(\lambda - k + 2). \qquad (12.22)$$

No caso das árvores, *todos os coeficientes de ordem ímpar do polinômio característico são nulos, enquanto os de ordem par verificam*

$$a_{2k} = (-1)^k \varepsilon_k \qquad 2 \le k \le \lfloor n/2 \rfloor, \qquad (12.23)$$

onde ε_k é o número de emparelhamentos de ordem *k* na árvore (ver o **Capítulo 8**).

Biggs mostrou que os coeficientes do polinômio característico de um grafo estão relacionados ao número de *subgrafos elementares* (grafos cujas componentes conexas sejam iguais a $\mathbf{K}_2$ ou a $\mathbf{C}_n$) do grafo. O quinto e o sexto coeficientes do polinômio característico de um grafo **G**, respectivamente a_4 e a_5, foram determinados por Moraes *et al* [MAJ02], [AO04].

12.3.3 Indice de um grafo

O *índice* de **G,** ind(**G**) é o maior autovalor de **G**. Podemos obter limites inferiores e superiores para o índice de um grafo:

- $\text{ind}(\mathbf{G}) \ge \sqrt{\frac{1}{n}\sum_{i=1}^{n} d_i^2}$, *onde os (d_i) são a sequência de graus de **G**;* (12.24a)
- $\text{ind}(\mathbf{G}) \ge \sqrt{\Delta}$, *onde Δ é o grau máximo de **G**;* (12.24b)
- $\text{ind}(\mathbf{G}) \le \sqrt{2m(1-(1/n))}$, *para **G** com n vértices e m arestas;* (12.24c)
- $\text{ind}(\mathbf{G}) \le \sqrt{2m - n + 1}$, *a igualdade se verificando apenas para* $\mathbf{G} = \mathbf{K}_{1,\, n-1}$ *e para* $\mathbf{G} = \mathbf{K}_n$. (12.24d)

O índice de um grafo permite estabelecer também *limites para seu número cromático*:

$$\chi(\mathbf{G}) \le 1 + \text{ind}(\mathbf{G}); \qquad (12.25)$$

$$\chi(\mathbf{G}) \ge n/(n - \text{ind}(\mathbf{G})). \qquad (12.26)$$

12.3.4 Grafos *k*-regulares

Para um grafo *k*-regular, *é válida a seguinte expressão, que relaciona seu polinômio característico com o de seu grafo adjunto:*

$$P_{L(\mathbf{G})}(\lambda) = (\lambda + 2)^{m-n}.P_G(\lambda - k + 2). \qquad (12.27)$$

Além disso, para grafos *k*-regulares se tem que

- *k é um autovalor de **G**, com multiplicidade 1;*
- $|\lambda| \le k$, $\forall\lambda$ *autovalor de **G**;*
- *o número de componentes conexas de **G** é igual à multiplicidade do seu índice;*
- *a média da soma dos quadrados dos autovalores de **G** é igual a k.*

*Se um grafo **G** for bipartido, então seu espectro é simétrico em torno de zero.*

*Se um grafo **G** for bipartido completo, ele possuirá dois autovalores simétricos (o índice e o seu simétrico) e os demais nulos.*

12.3.5 Raio espectral de um grafo

O *raio espectral* $\rho_e(\mathbf{M})$ de uma matriz **M** é o maior dos módulos dos seus autovalores. Ele pode, inclusive, não ser um autovalor, como exemplifica [GR01]: se **M** = − **I,** teremos $\rho(\mathbf{M}) = 1$. Em matrizes de grafos, no entanto, o índice e o raio espectral se confundem, em vista do seguinte teorema:

Teorema 12.1: Toda matriz $\mathbf{M} \geq \mathbf{0}$ possui um autovalor $r \geq 0$ com um autovetor $\mathbf{v} \geq \mathbf{0}$. Além disso, para todo autovalor λ de **M** se tem $|\lambda| \leq r$. ■

Não ocorre portanto, com a matriz de adjacência de um grafo não orientado, um caso no qual se tenha um autovalor negativo de módulo maior que o maior autovalor positivo. Em vista disso alguns autores, como [HSF01], usam para o raio espectral a mesma definição apresentada acima para o índice.

Hong, Shu e Fang [HSF01] mostram que, em um grafo **G** conexo e não orientado de raio mínimo δ, o raio espectral $\rho_e(\mathbf{G})$ é limitado por

$$\rho_e(\mathbf{G}) \leq \frac{1}{2}\left(\delta - 1 + \sqrt{(\delta+1)^2 + 4(3m - n\delta)}\right). \qquad (12.28)$$

Resultados envolvendo árvores, grafos $\mathbf{C}_n$ e grafos periplanares maximais, no que se refere aos índices mínimo e máximo de cada classe, são citados por Oliveira [Ol03].

Em Zhai, Shu e Lu [ZSL09], se discute a maximização do raio espectral <u>laplaciano</u> de um grafo com diâmetro dado.

12.3.6 Matriz laplaciana e conectividade algébrica

Definimos no **Capítulo 5** a ***matriz laplaciana*** de um grafo **G**, como

$$\mathbf{Q}(\mathbf{G}) = \mathbf{D}(\mathbf{G}) - \mathbf{A}(\mathbf{G}) \qquad (12.29)$$

onde **D**(**G**), para um grafo não orientado, é a matriz diagonal dos graus dos vértices.

Oliveira *et al* [OAJ02] e Oliveira [Ol03] apresentam resultados referentes ao terceiro e ao quarto coeficientes do polinômio característico de **Q**(**G**).

Pode-se mostrar que, para **G** conexo e *k*-regular, λ é um autovalor de **G** se e somente se $(k - \lambda)$ for um autovalor de **Q**(**G**).

As conectividades de vértices e de arestas foram definidas no **Capítulo 3**. Chamaremos agora *conectividade algébrica, a(**G**),* ao segundo menor autovalor, μ_{n-1}, de **Q**(**G**). (***<u>Este símbolo também designa a arboricidade de G</u>***; ver o **Capítulo 5**). Se o grafo for não conexo, teremos também a(**G**) = 0, o que justifica o nome dado a esse parâmetro. Por outro lado, tem-se $a(\mathbf{K}_n) = n$. [OA00].

Pode-se provar (Oliveira e Abreu [OA00]) que o posto de **Q**(**G**) é igual ao seu <u>número cociclomático</u>, $\lambda(\mathbf{G}) = n - p$, onde *p* é o número de componentes conexas de **G**. Ver o **Capítulo 6**. (***<u>Não confundir com a notação dos autovalores !</u>***) Como consequência, ao menos um autovalor de **Q**(**G**) (que seria o último) é nulo, visto que $p \geq 1$.

Em geral, se tem, para **G** qualquer,

(i) *Se* $\mathbf{G} \neq \mathbf{K}_n$, *então* $a(\mathbf{G}) \leq \kappa(\mathbf{G}) \leq \kappa'(\mathbf{G})$. *Caso contrário,* $a(\mathbf{K}_n) = n$ e $\kappa(\mathbf{K}_n) = \kappa'(\mathbf{K}_n) = n - 1$;

(ii) *Se* $\mathbf{G} \neq \mathbf{K}_n$, *então* $a(\mathbf{G}) \leq \delta(\mathbf{G})$.

(iii) *Se* $\mathbf{G} \neq \mathbf{K}_n$, *então* $a(\mathbf{G}) \leq \mathrm{ind}(\mathbf{G})$.

(iv) *Em geral,* $2\,\kappa'(\mathbf{G})\,[1 - \cos\frac{\pi}{n}] \leq a(\mathbf{G})$.

Para uma árvore $\mathbf{T} \neq \mathbf{K}_{1,n-1}$ se tem $a(\mathbf{T}) < 1$.

*Se **G** for conexo e k-regular, então a(**G**) = ind(**G**) −* λ_i, onde λ_i é o maior autovalor de **A**(**G**), menor que *k*.

Em relação ao grafo complementar $\overline{\mathbf{G}}$ *de **G**:* $a(\overline{\mathbf{G}}) \leq n - a(\mathbf{G})$.

Para um grafo bipartido completo $\mathbf{K}_{sp}$ *se tem* $\kappa'(\mathbf{K}_{s,p}) = \kappa(\mathbf{K}_{s,p}) = a(\mathbf{K}_{sp}) = \min(s,p)$.

Outros resultados relativos à conectividade algébrica podem ser encontrados em [OA00].

12.3.7 Autovalores de produtos de grafos

Sejam G_1 e G_2 dois grafos com autovalores $\lambda_{1;i1}$, $i_1 = 1, \ldots n_1$, e $\lambda_{2;i2}$, $i_2 = 1, \ldots n_2$, respectivamente. Então, [Fr09],

1. o produto cartesiano $G_1 \square G_2$ tem autovalores $\lambda_{1;i1} + \lambda_{2;i2}$;
2. o produto Kronecker $G_1 \otimes G_2$, tem autovalores $\lambda_{1;i1} \cdot \lambda_{2;i2}$;
3. o produto forte $G_1 \boxtimes G_2$ tem autovalores $\lambda_{1;i1} \cdot \lambda_{2;i2} + \lambda_{1;i1} + \lambda_{2;i2}$.

12.3.8 Grafos integrais e outros resultados

Freitas [Fr09] estuda a existência de *grafos integrais* – grafos nos quais todos os autovalores são inteiros – obtendo e reunindo resultados para os casos de grau máximo 3 e 4, árvores integrais e grafos *r*-partidos completos. O estudo envolve ainda grafos **Q**-integrais e **Q**-integrais. Em particular, o estudo envolve grafos integrais não threshold (um grafo é *threshold* se e somente se não possuir nenhum subgrafo induzido isomorfo a $2K_2$, P_4 ou C_4).

Kirkland [Ki05] discute a obtenção de grafos laplacianos **Q**-integrais a partir de grafos não integrais pela adição de sequências de arestas e diversas questões relacionadas ao tema.

A teoria espectral é rica em resultados, muitos deles com significado estrutural. Limitamo-nos, aqui, a dizer que os espectros da matriz de adjacência e da laplaciana de um grafo podem ser utilizados na definição de limites superiores para o ***diâmetro*** e para a ***distância média***. Ver Rodríguez e Yebra [RY99]. Parte do trabalho relacionado com o diâmetro em grafos, descrito no **Capítulo 4**, utiliza recursos da teoria espectral.

Yuan e Shu [YS00] apresentam um limite do tipo Gaddum-Nordhaus para o raio espectral,

$$\rho_\varepsilon(\mathbf{G}) + \rho_\varepsilon(\overline{\mathbf{G}}) \leq \sqrt{\left(2 - \frac{1}{\chi(\mathbf{G})} - \frac{1}{\chi(\overline{\mathbf{G}})}\right) n(n-1)} \qquad (12.30)$$

onde $\chi(\mathbf{G})$ e $\chi(\overline{\mathbf{G}})$ são os números cromáticos de **G** e de seu complemento. A igualdade se verifica apenas quando $\mathbf{G} = \mathbf{K}_n$ ou quando **G** for trivial.

Alon e Sudakov [AS00] mostraram que o menor autovalor $\nu = \nu(\mathbf{G})$, em um grafo **G** não bipartido de diâmetro $D = \text{diam}(\mathbf{G})$, satisfaz $\nu \geq -\Delta + 1/(D+1)n$.

A energia de um grafo

Este conceito foi desenvolvido por Gutman e Cvetković e se tem a ver com o cálculo da energia dos elétrons π do chamado orbital de Huckel de moléculas de certas famílias de hidrocarbonetos. O valor desta energia está diretamente associado aos autovalores da matriz de adjacência de um grafo adequadamente definido, baseado na estrutura da moléculas (*molecular graph*). Caparossi *et al* [CCGH99] procura caracterizar grafos com energias extremais usando a metaheurística VNS.

A energia de um grafo **G** foi definida por **Gutman** como

$$E(G) = \sum_{i=1}^{n} |\lambda_i| \qquad (12.31)$$

Caparossi *et al* [CCGH99] usaram a metaheurística VNS para procurar grafos com energias extremais

Mais recentemente se iniciou a investigação da energia laplaciana de um grafo, cuja definição é análoga. Gutman e Zhou [GZ06] é um trabalho a ela dedicado, relacionando seu valor a algumas propriedades da estrutura.

Bonifácio [Bo08] é uma tese sobre o tema, que resultou ainda em [BVA08], [GAVBR08] e [AVBG08].

12.3.9 As classes (a,b)-lineares

Esta classificação do conjunto de todos os grafos é baseada no *grau médio* de um grafo, $d(\mathbf{G}) = \Sigma^n{}_{i=1} d_i$. Seja então $\mathbf{G} = (\mathbf{V},\mathbf{E})$ um grafo não orientado, com *n* vértices e *m* arestas: então se define o *grau de um grafo* como o teto de $d(\mathbf{G})$, $\mu(\mathbf{G}) = \lceil d(\mathbf{G}) \rceil$. Enfim, o *gap* de um grafo é dado por

$$h(G) = n\,[\,\mu(\mathbf{G}) - d(\mathbf{G})\,] \qquad (12.32)$$

ou o que equivale, por

$$h(G) = n\,\mu(\mathbf{G}) - 2m \qquad (12.33)$$

que é um número natural, gap(**G**) $\in \mathbb{N}$ $\forall$**G**.

Dados a, b $\in \mathbb{Q}$ tais que 2a, 2b $\in \mathbb{N}$, define-se a classe (a,b)-linear de grafos é dada por

$$L(a,b) = \{\mathbf{G} = (\mathbf{V},\mathbf{E}) \mid \mu(\mathbf{G}) = 2a,\ h(\mathbf{G}) = 2b\} \quad (12.34)$$

Decorre imediatamente que para todo grafo **G** existe um único par a, b satisfazendo à condição acima e tal que **G** $\in$ *L*(a,b). Por outro lado, o conjunto de todos os grafos pode ser definido como a união de todas as classes (a,b)-lineares, [MAJ01], [LAMS04].

Ao lado de diversas outras possibilidades de investigação, o conceito de classe (a,b)-linear pode ser eficientemente explorado no âmbito da teoria espectral. Um resultado interessante tem a ver com a conectividade algébrica e com o diâmetro: pode-se provar [OAP05] que para cada classe (a,b)-linear, é possível construir uma sequência de grafos conexos $\mathbf{G}_n \in L(a,b)$ de grau máximo limitado, cuja sequência de diâmetros (diam($\mathbf{G}_n$)) diverge e, se ela for monotonicamente não decrescente, a sequência de conectividades algébricas (a($\mathbf{G}_n$)) converge para zero.

Exemplos de classes (a,b)-lineares :

- L(1,1) contém as árvores;
- L(*k*,2) contém os grafos *k*-regulares;
- L(1,0) contém os grafos $\mathbf{C}_n$;
- L(2,3) contém os grafos periplanares maximais.

12.4 Índices topológicos

Este tema é de interesse da química, procurando obter valores numéricos que permitam a associação de estruturas de grafos moleculares a propriedades das substâncias correspondentes. O índice de Randič baseado nas distâncias (ver o **Capítulo 2**) é um deles e o mesmo autor, [Ra92] discute diversos outros índices baseados em propriedades desses grafos.

Kvasnička e Pospichal [KP96] aplicam a metaheurística ***simulated annealing*** à pesquisa de substâncias com propriedades desejadas, utilizando índices topológicos.

Balasubramanian e Basak [BB98] é um trabalho que procura grafos isoespectrais em estruturas químicas com o auxílio de índices topológicos.

Žerovnik [Ze99] determina o índice de Szeged (baseado nas cardinalidades das vizinhanças relativas de pares de vértices associados às arestas) para algumas famílias de grafos, em particular para grafos que são produtos cartesianos.

Marcović [Ma99] procura relacionar valores de autovalores de grafos moleculares de hidrocarbonetos conjugados com suas estruturas.

A pesquisa nesse campo continua: por exemplo, Qiao [Qi10] retoma o estudo do índice original de Randić para o caso de grafos próximos a árvores, porém contendo ciclos, o que se associa a muitos tipos de grafos moleculares.

Em Wagnera, Wangb e Yu [WWY09] se discute o problema inverso do índice de Wiener, ou seja, procurar grafos moleculares que apresentem valores dados do índice.

12.5 Centralidades em grafos

Além da centralidade de intermediação, citada no **Capítulo 4**, diversos recursos envolvendo propriedades das estruturas de grafo foram aplicados a este tema, que apresenta um significativo campo de aplicação, indo dos problemas urbanos ao relacionamento entre organizações.

Em Borgatti e Everett [BE06] apresenta-se uma discussão geral sobre centralidade em grafos.

Slater [Sl99] apresenta uma discussão sobre os subconjuntos de vértices que correspondem a diversas medidas de centralidade, procurando obter uma visão mais geral do seu significado através de um espectro dessas medidas.

Em Gonçalves *et al* [GPN09] se discute a aplicação de índices de centralidade em problemas relacionados com redes ferroviárias.

Sohn e Kim [SK10] discutem os vários índices disponíveis e estudam um caso urbano relacionado com os efeitos das vizinhanças.

Ruhnau [Ru00] discute uma medida de centralidade baseada na teoria espectral.

Em Rodrigues, Estrada e Gutiérrez [REG07] se propõe uma centralidade funcional.

12.6 Vulnerabilidade em grafos

12.6.1 Uma pergunta importante, que se deve fazer quem projeta uma rede de telecomunicações, tem a ver com a sua "fragilidade", ou seja, até que ponto, por questões de estrutura, ela é vulnerável a um ataque que possa separar um ou mais subconjuntos de vértices, ou de arestas, do grafo (não orientado) a ela associado.

Esta propriedade, na qual falaremos como pertencente a esse grafo, é a *vulnerabilidade* do grafo. Trata-se de uma noção determinística (ao contrário da ***confiabilidade,*** que é a ***probabilidade*** do grafo permanecer conexo após um ataque de resultados semelhantes). A discussão apresentada aqui é baseada em Lima [Li05], no contexto de uma discussão sobre os grafos de **Harary** (ver o **Capítulo 3**) e seu posicionamento nas classes (a,b)-lineares.

12.6.2 Os invariantes clássicos de importância para os estudos de vulnerabilidade são as conectividades de vértices $\kappa(\mathbf{G})$ e de arestas $\kappa'(\mathbf{G})$, e o diâmetro diam(**G**). (Ver, respectivamente, os **Capítulos 3** e **4**). Chung e Garey [CG84] combinaram $\kappa'(\mathbf{G})$ e diam(**G**) em uma função representativa da vulnerabilidade. A conectividade algébrica (ver **12.3.6**) é outro parâmetro importante.

Outros parâmetros foram definidos, em geral com base nos subconjuntos de articulação e dos cortes de arestas do grafo (Bauer *et al*, [BBST85], Li e Li [LL99]):

- os *cardinais de conectividade de vértices*, $\alpha_i(\mathbf{G})$ (*i-ésimo cardinal*) e $\alpha_\kappa(\mathbf{G})$ (quando *i* é igual à conectividade de vértices, o parâmetro é chamado simplesmente *o cardinal de conectividade de vértices*);
- os *cardinais de conectividade de arestas*, $m_i(\mathbf{G})$ (*i-ésimo cardinal*) e $\alpha_r(\mathbf{G})$, onde $r = \kappa'(\mathbf{G})$ (quando *i* é igual à conectividade de arestas, o parâmetro é chamado simplesmente *o cardinal de conectividade de arestas*).

12.7 O uso de *software* investigativo em grafos

No **Capítulo 1**, nos referimos ao uso de programas de computador construídos para investigação em grafos. Discutimos aqui alguns exemplos, mas é importante observar que grande número de iniciativas vem sendo realizado neste sentido e que a divulgação pela Internet ampliou consideravelmente este horizonte: a pesquisa na rede é fundamental, atualmente, ao se procurarem recursos computacionais em geral.

O programa ***Graffiti*** foi desenvolvido por **Fajtlowicz** a partir de 1985, a partir de uma ideia do final da década de 50 do século passado e com base em um programa feito por um dos seus alunos, **S.T. Chen**. Ele foi baseado no chamado *princípio da conjetura mais forte*, que corresponde à prática de se propor a conjetura mais forte para a qual nenhum contraexemplo seja conhecido. Colaboradores posteriores são **DeLa Vina** e **Larson**. A maior parte dos dados aqui expostos resume material da página de **Larson**, http://www.people.vcu.edu/~clarson/ Algumas conjeturas estão em http://www.math.uiuc.edu/~west/regs/graffiti.html Um resumo interessante está em Chervenka, http://cms.dt.uh.edu/faculty/delavinae/StudentPictures/B_Chervenka_Poster _Contents.pdf.

Alguns exemplos de áreas sobre as quais ***Graffiti*** emitiu conjeturas:

- sobre um limite superior para o *separador* (diferença entre os dois maiores autovalores) dos fulerenos (hidrocarbonetos descobertos nos últimos anos, com estruturas espaciais em forma de bolas, ou de cilindros): a conjetura emitida apontava esse limite como sendo igual a $1 - (3/n)$, o que pôde ser provado posteriormente. Este parâmetro é importante pelas suas relações com a estrutura daqueles hidrocarbonetos;
- sobre propriedades carcinogênicas de hidrocarbonetos policíclicos;
- sobre o relacionamento entre diversos invariantes de grafos, [DeVW04].

O programa ***AutoGraphiX*** *(AGX)* foi desenvolvido por Caparossi e Hansen [HC00], [CH00] com uma variedade de objetivos que vem sendo estendida, à medida em que vem sendo ampliado e aperfeiçoado. Segundo [ACHL05], os objetivos do AGX são os seguintes:

- Encontrar um grafo **G** satisfazendo a restrições dadas;
- Calcular invariantes de grafos e propor novos invariantes;
- Encontrar um grafo **G** maximizando ou minimizando um dado invariante, com possível consideração de restrições;
- Reconhecer a família a que pertence um dado grafo;
- Enunciar uma conjetura, ou em forma algébrica (envolvendo invariantes de grafos) ou estrutural (grafos extremais);
- Corroborar, refutar ou fortalecer uma conjetura;
- Provar uma proposição, ou reunir ideias para a prova de um teorema.

A exploração feita por AGX no conjunto dos grafos utiliza a metaheurística ***VNS*** (*Variable Neighborhood Search*) formulada por Hansen e Mladenović [HM01].

O AGX foi usado para estudar a irregularidade de um grafo (ver **2.10.4**), obtendo para esse parâmetro um limite superior em função de *n* e *m*. Uma nova versão (AGX-III), com maiores recursos, foi disponibilizada em 2015.

O programa ***newGRAPH*** foi desenvolvido pelo grupo liderado por **Cvetković**, com a finalidade de verificar ou invalidar conjeturas, fazer experiências com estruturas de grafo e como auxiliar no ensino. Seguindo a tendência do grupo, um dos seus pontos fortes é a possibilidade de investigação em teoria espectral de grafos (ver **Endereços Internet**), mas ele permite, ainda, o cálculo de diversos invariantes.

12.8 Problemas de roteamento

12.8.1 Nos **Capítulos 4** e **9** foram discutidos casos particulares extremos de problemas de roteamento, ao se tratar, de um lado, dos problemas de centro e de mediana e, de outro, dos percursos hamiltonianos. Já neste ponto se pode começar a avaliar o que significa, em termos de variedade, falar deste tipo de problema: mesmo os casos extremos podem ser classificados de diversas formas, conforme o grafo seja ou não orientado (nos percursos hamiltonianos) e conforme se tenha um ponto origem, ou mais de um (no caso das medianas). O problema geral envolve um grande número de variantes e, particularmente, devem ser identificados os casos em que há apenas roteamento e aqueles em que existe sequenciamento. Este resumo é, em parte, baseado em Barros Neto [BN95] e Sosa [So05], onde se encontra uma visão bastante ampla das múltiplas variantes do problema, ao lado da discussão e da aplicação de métodos heurísticos. Para maiores detalhes referentes aos diversos tipos de problemas, ver Bodin e Golden [BG81], onde uma classificação é apresentada, com base em elementos como tempo de serviço individual, número de depósitos, tamanho e tipo da frota de veículos envolvida, natureza e localização da demanda, presença ou não de sentido único, existência de restrições de capacidade etc.. Neste resumo discutiremos apenas o PRV mais simples, depois de apresentar esta breve discussão introdutória.

12.8.2 Resolver um problema de roteamento (PRV) significa procurar a forma de distribuir a um ou mais veículos uma determinada lista de compromissos de entrega, coleta ou execução de algum serviço, associados a determinados pontos (clientes), devendo os veículos retornar ao ponto de origem ao final do trabalho. O PRV pode ter restrições de capacidade para os veículos, o que vai de encontro a situações reais muitas vezes encontradas. Em uma de suas variantes, aparece a exigência da entrega e recepção simultâneas, quando, por exemplo, ao entregar a mercadoria se deve receber algum tipo de "casco", como garrafas vazias ou *pallets* a serem reutilizados, Montané e Galvão [MG05]. A referência apresenta uma útil revisão da literatura sobre o tema.

Um exemplo da aplicação deste problema é o do roteamento dos helicópteros que transportam pessoal do continente para as plataformas da bacia de Campos, de modo a minimizar custos, [GG90]. Outra aplicação está na logística reversa, que cresce de importância com a intensificação do controle ambiental, trazendo a necessidade de uma empresa se preocupar com a retomada de produtos usados de sua fabricação.

A função objetivo associada ao problema é o custo do itinerário, frequentemente associado à distância percorrida. Se, no percurso, há intervalos de tempo (*janelas*) a serem respeitadas em relação ao atendimento de cada cliente, teremos um *problema de sequenciamento*, o que não discutiremos aqui.

Do ponto de vista de grafos, podemos definir um PRV "puro" como envolvendo um grafo **G** = (**V**,**E**), onde **1** $\in$ **V** é um vértice *depósito* e onde todo **i** $\in$ **V** − {**1**} é um *cliente*, com uma *demanda* d_i. Toda ligação (**i**,**j**) $\in$ **E** tem associado um *custo* c_{ij}, que pode ser traduzido pelo comprimento da ligação. Existe uma *frota*, com *k* veículos análogos, de capacidade individual de transporte *t*.

Resolver o PRV mais simples significa, então, achar um conjunto de rotas de custo total mínimo, de modo que cada cliente seja visitado exatamente uma vez, todo veículo iniciando e terminando sua viagem no depósito e de forma que a demanda total atendida em cada rota não exceda a capacidade do veículo. Habitualmente, impõe-se uma restrição, ainda, ao custo total de cada rota (como meio de evitar que a viagem se prolongue demasiadamente, ou para melhorar a distribuição). Estas restrições podem ser utilizadas na construção de um modelo de programação matemática, utilizado em métodos exatos de resolução; no entanto, sendo o PRV NP-árduo, esta abordagem se limita a problemas de pequeno porte.

12.8.3 Métodos exatos

O PRV tem sido abordado, no que concerne a métodos exatos, por técnicas *branch-and-bound*, por programação dinâmica e por métodos diversos de programação inteira (Laporte e Nobert [LN87]). No que se refere ao *branch-and-bound* , a obtenção de bons limites inferiores para o valor da função objetivo é muito importante; pode-se fazer o *branching* nos arcos, como Little *et al* [LMSK63] (usado também para o PCV: ver o **Capítulo 9**), ou nas rotas, como Christofides [Chr76]. Longo [Lo04] discute o uso da programação inteira acompanhada de diversas técnicas de ramificação, para alguns tipos de PRVs, mas nem sempre as soluções ótimas são encontradas em tempos razoáveis.

A programação dinâmica é uma técnica que envolve uma busca de caminho ótimo em um grafo auxiliar sem circuitos, cujos níveis são chamados *estágios*; os vértices são os *estados* e os arcos as *transições*. O valor da função objetivo é determinado por uma *equação de recorrência*, que recebe um valor de um estágio anterior e o projeta para o estágio seguinte. O problema está no grande número de vértices (estados) desse grafo auxiliar, o que rapidamente inviabiliza a aplicação da técnica.

Outras técnicas utilizadas envolvem particionamento de conjuntos (Balinski e Quandt [BQ64]) e o uso de modelos de fluxo, além da combinação desses recursos. Ver Rao e Zionts [RZ68] e Laporte e Nobert [LN87].

12.8.4 Métodos heurísticos

Segundo Bodin *et al* [BGAB83], as heurísticas utilizadas com o PRV têm sido de quatro tipos: *construtivas*, que geram rotas progressivamente; *de melhoria iterativa*, que fazem modificações locais em soluções viáveis; *de duas fases*, que formam grupos de clientes e depois procuram otimizar o percurso; e, enfim, de *otimização incompleta*, que fornecem soluções aproximadas (esta última denominação parece contestável, visto que as heurísticas, em geral, fazem exatamente isso). Mais recentemente, se tem intensificado o uso de técnicas baseadas em metaheurísticas, como o *simulated annealing* [BN95], a busca dispersa (*scatter-search*), [So05], a busca tabu [MG05], a busca tabu com melhoramento iterativo (Gendreau *et al* [GHL91]), técnicas evolutivas, redes neurais etc., conforme a natureza do problema e os interesses de pesquisa de cada autor.

O método mais tradicionalmente utilizado tem sido o proposto em Clarke e Wright [CW63]. A simplicidade da sua concepção e o critério utilizado, que é o da economia nos percursos, fez com que os autores tivessem diversos seguidores: ver Gaskell [Gas67], Yellow [Ye70], Golden *et al* [GMN77] e Paessens [Pa88]. Discutiremos, em maior detalhe, o algoritmo de **Clarke** e **Wright**.

12.8.5 Algoritmo de Clarke e Wright

O algoritmo parte de uma solução inicial, que corresponde ao atendimento de cada cliente por um veículo (como em um problema de 1-mediana: ver o **Capítulo 4**). Procura-se, então, introduzir um novo cliente em ao menos uma rota, usando para isso o conceito de *economia*, ou seja, a diminuição de custo associada a essa introdução.

Mais exatamente, se temos dois clientes **i** e **j**, o custo da visita aos dois separadamente será

$$c_{i,j} = c(\mu_{1i}) + c(\mu_{i1}) + c(\mu_{1j}) + c(\mu_{j1}) \quad (12.35)$$

Ao procurarmos introduzir o segundo cliente na rota do primeiro, estaríamos economizando a volta direta de **i** e a ida para **j** e, em compensação, sendo obrigados a utilizar a conexão direta entre **i** e **j**. Teríamos então, abreviando a notação dos custos dos caminhos, uma economia

$$e_{ij} = c_{i1} + c_{1j} - c_{ij} \quad (12.36)$$

que nos interessará, se for positiva; evidentemente queremos saber qual a inserção associada à maior economia. O algoritmo tem duas versões, no que se refere à construção de rotas: a versão paralela e a versão sequencial.

Algoritmo

0. Gerar uma solução do tipo 1-mediana em **G** (porém centrada no vértice **1**).

1. **Para todo (i,j)** $\in$ **E**, **calcular** a economia e_{ij}.
Ordenar os e_{ij} em ordem não crescente, formando uma lista **E**.

2. **Para todo** e_{ij}, fazer
(i) **Se** e_{ij} for viável para as restrições do problema, realizar e_{ij} (ou seja, introduzir **j** na rota de **i**);
Caso contrário,
(ii) (Versão paralela): **passar** ao valor seguinte;
(ii) (Versão sequencial): **procurar** um e_{ij} viável para a mesma rota; **se** ele não existir, **voltar** a (i);
(iii) **Repetir** (i) e (ii) **até que** nenhum nova economia possa ser escolhida.

A versão paralela apresenta o inconveniente de poder gerar um número de rotas superior ao tamanho da frota; como nenhuma ligação feita é removida pelo algoritmo, não há como corrigir a solução, visto que o número de rotas vai sendo diminuído (inicialmente se teriam *n* "rotas" possíveis de um único vértice, a serem ampliadas pela introdução de outros vértices).

Além disso, o algoritmo prevê o cálculo de todas as economias e a sua ordenação: esta pode exigir bastante trabalho computacional, se o problema for de grande porte. Estas dificuldades suscitaram o interesse de diversos pesquisadores no seu aperfeiçoamento, como indicam as citações feitas acima; em particular, foram criadas heurísticas nas quais não é necessário o cálculo de todas as economias.

12.8.6 Outras técnicas

As *técnicas de melhoria iterativa* partem de uma solução viável e procuram melhorá-la por meio de modificações locais. Um exemplo é o das heurísticas *k*-ótimas, de que falamos no **Capítulo 9** ao tratar do PCV: as técnicas de utilização prática são, como indicado, as que correspondem a *k* = 2 ou 3. Uma implementação disponível (para o PCV) está em Syslo *et al* [SDK83]; pode-se aplicar a técnica a cada rota de uma solução inicial viável (Christofides *et al* [CMTS79]), ou então transformar o PRV em um PCV pela adição de depósitos artificiais, de modo a criar uma rota única impedindo que o percurso volte ao mesmo depósito (**Fig. 12.11**):

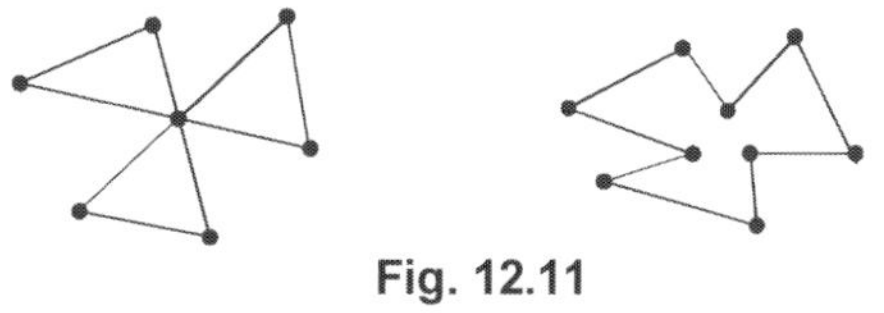

Fig. 12.11

Dentre os métodos de duas fases, destaca-se o método *sweep* (Gillett e Miller [GM74]), que faz uma varredura angular no mapa dos clientes, a partir do depósito, definindo grupos (*clusters*) de clientes. Para cada *cluster* se resolve um PCV, gerando-se assim uma rota de menor custo.

12.9 Traçado de grafos

12.9.1 Uma dificuldade que aparece desde o início ao se lidar com grafos está na desconexão entre o nível de conteúdo informativo presente nos esquemas e a parte desse conteúdo que é comum a estes e a todas as outras formas de representação. O esquema fornece informações que não são, em princípio, acessíveis ao processamento formal, seja utilizando-se recursos matemáticos (como, por exemplo, os algébricos), seja no trabalho computacional com os algoritmos que discutimos ao longo do livro. Trata-se da associação da estrutura representada no esquema a algum suporte do mundo real: o caso mais simples é o de um mapa, onde os pontos ou regiões possuem relações de posição bem definidas, as quais desaparecem (embora permaneçam seus dados quantitativos) ao se construir o modelo de grafo.

Uma dificuldade ainda maior aparece porque muitas representações gráficas, através da forma como são construídas, fazem apelo à percepção global (apreensão do todo), que é uma capacidade dos seres humanos – e, simultaneamente, essas representações fazem sentido logicamente, ao se processarem os modelos respectivos. O conteúdo acessível à percepção global não está, porém, ao alcance do modelo lógico, que não tem como levá-lo em conta.

Um exemplo claro dessa dificuldade é o do "caniche" de **Kaufmann**: ele é visível sobre uma forma de matriz figurativa, de significado evidente, conforme mostra a **Fig. 12.12** abaixo. A matriz é um grafo, o esquema ao lado também: no entanto, a não apreensão do significado pictórico da forma pela estrutura de grafo salta aos olhos.

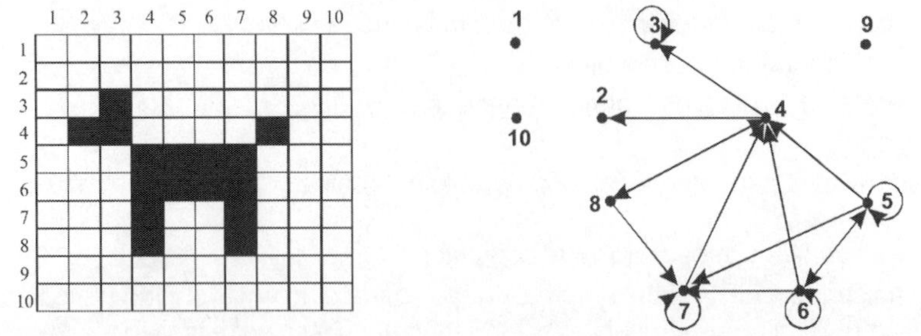

Fig. 12.12: O "caniche" de Kaufmann e seu grafo

Voltando a este livro, é claro que o formato exato dos esquemas apresentados é importante para a compreensão das noções em discussão: mas se trata de uma preocupação didática. Este formato, como sabemos, é irrelevante em relação ao significado das estruturas, o qual exige apenas que dois vértices não sejam colocados um sobre o outro (e, também, duas arestas, no caso de um *p*-grafo).

Então, não se pode esperar que um esquema qualquer, traçado sem a consideração de critérios ligados à compreensão humana, possa facultar o entendimento ao nível necessário. Para que as figuras deste livro tivessem valor explicativo, por exemplo em relação a noções como planaridade ou conexidade, foi preciso que se adotasse uma disposição adequada de seus elementos, em cada caso.

Enquanto o preparo dessas figuras pode ser – e foi – feito manualmente, o mesmo não se pode esperar ao se executar trabalhos de grande envergadura. Critérios adequados são utilizados, por exemplo, em aplicações tais como o desenho automático de circuitos VLSI, de redes de comunicação de diversos tipos e no projeto de interfaces gráficas, algumas das aplicações do momento para a pesquisa sobre traçado de grafos.

O que desejamos discutir aqui, sucintamente, são algumas das elaborações teóricas desenvolvidas com o objetivo de incluir tais critérios em algoritmos de traçado de grafos e alguns dos resultados obtidos com a aplicação desses algoritmos, cuja discussão em detalhe deixamos para as referências apresentadas: Eades e Tamassia [ET87], Esposito [Es88], Markenzon, Vernet e Nowosad [MVN94], Baldas e Markenzon [BM95], Di Battista, *et al* [DiBETT94], [DiBETT98] e Koren [Ko05].

Um congresso internacional, com diversas edições já realizadas, é dedicado ao traçado de grafos. Ver **Endereços Internet.** Existem, também, obras especializadas no tema, como [DiBETT98].

12.9.2 Critérios estéticos e formas de apresentação

Dois casos importantes têm sido objeto de diversos estudos, o das árvores e o dos grafos planares; por outro lado, alguns critérios de caráter estético são aplicáveis a grafos quaisquer, em relação aos quais, de início, se pode pensar na realização gráfica do número de cruzamento (ou seja, admitir apenas os cruzamentos inevitáveis) e, também, em minimizar o comprimento da maior ligação ("arredondar" o esquema). Ambos os critérios dependem da área de aplicação: se o grafo é representativo de um esquema físico, pode predominar o critério de proporcionalidade entre o valor e o comprimento de suas ligações, com o que ele se tornará um modelo o mais próximo possível do sistema físico. Se colocado ao lado do critério de não cruzamento, este critério caracteriza os problemas chamados de *imersão euclidiana*. Um dos obstáculos a contornar é o da complexidade: estes últimos problemas são em geral NP-árduos, enquanto os que envolvem o número de cruzamento são NP-completos.

Uma estética de grade é adotada por algumas áreas de aplicação, como a representação de diagramas de relacionamento de entidades (organogramas, fluxogramas etc.). Outra exigência comum é o uso de linhas retas para representação das ligações, como em muitas figuras deste livro.

Em grafos planares, embora esta representação seja sempre possível (ver o **Capítulo 10**), ela nem sempre atende a outras considerações estéticas e até mesmo práticas, como as limitações das dimensões do desenho. Rahman, Nakano e Nishizeki [RNN98] apresentam um algoritmo linear para achar um desenho retangular de um grafo **G** planar, se ele existir. Mostram ainda que se deve ter $w + h \leq n/2$ e que $wh \leq n^2/16$, onde w e h são a largura e a altura da rede. Chrobak e Nakano [CN98] apresentam uma técnica para desenho de grafos planares sobre uma grade ortogonal de modo que todo vértice fique sobre um cruzamento da rede e que toda aresta corresponda a um segmento de reta unindo dois vértices. Para isso, a largura mínima exigida é $\lfloor 2(n-1)/3 \rfloor$.

Em relação às árvores, um critério de uso frequente é a *equivalência entre níveis*, ou seja, os vértices devem ficar sobre uma família de curvas equidistantes, do modo que vértices que distam de um vértice raiz pelo mesmo número de ligações ficam sobre a mesma curva (que pode ser uma reta, uma circunferência ou outra curva qualquer).

Os dois esquemas acima representam a mesma árvore; o da esquerda, baseado em circunferências concêntricas, é habitualmente conhecido como *esquema polar*. (**Fig. 12.13**):

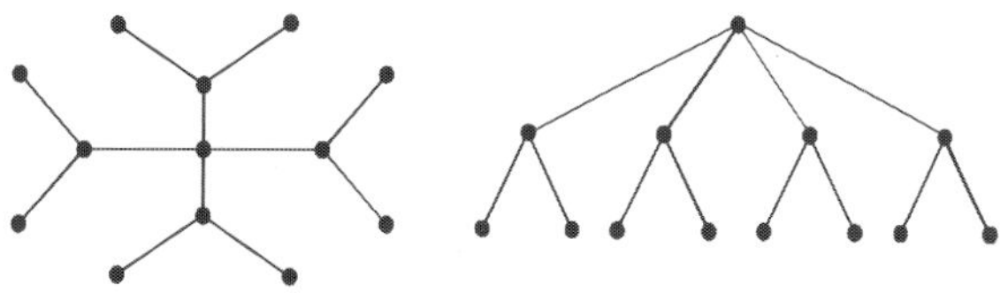

Fig. 12.13: Traçado de árvores

Pode ainda ser usado o "esquema em H", mais adequado às arborescências de grau 2, conhecidas nas aplicações em computação como *árvores binárias*. Nesse esquema, uma "árvore-H" de ordem *i* é uma árvore binária de raio $2i$. (**Fig. 12.14**):

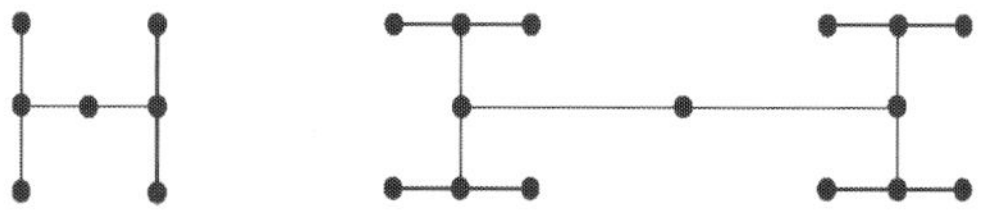

Fig. 12.14: Árvores-H de ordem 1 e 2

Outro critério bastante usado é a *identidade de subárvores*: subárvores idênticas devem ter o mesmo traçado.

12.9.3 O traçado de grafos planares, uma vez reconhecidos como tais, envolve a construção de uma imersão no plano segundo critérios estéticos e/ou de clareza. Vale a pena observar que o traçado de qualquer grafo pode ser reduzido ao de um grafo planar genérico, pela inclusão de vértices fictícios nos pontos de cruzamento. É ainda interessante notar o pioneirismo de **Tutte** em relação aos problemas de traçado (Tutte [Tu60] e [Tu63]). Uma de suas preocupações era o *traçado convexo*, ou seja, um traçado usando linhas retas no qual cada face fosse representada por um polígono convexo. Este traçado não é sempre possível e um algoritmo para executá-lo deve também verificar a sua viabilidade. Ver a **Fig. 12.15** abaixo.

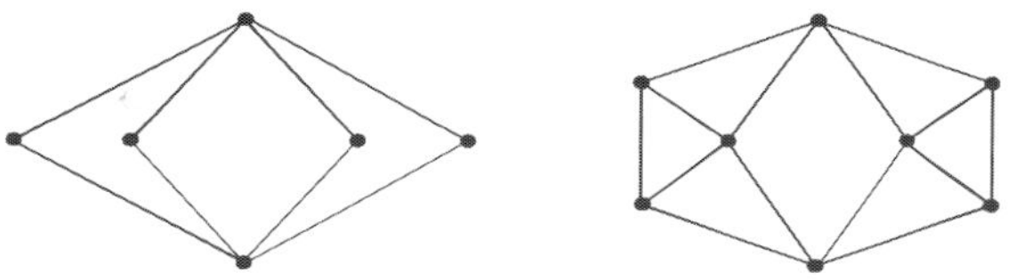

Fig. 12.15: Traçado convexo

Se um grafo planar possui grau máximo 4, ele admite o chamado *traçado ortogonal*: nele, os vértices estão em posições de coordenadas inteiras no plano e as arestas são poligonais de segmentos verticais e horizontais. Um traçado desse gênero, com critérios gráficos diferentes, representa os vértices por segmentos horizontais e as arestas por segmentos verticais, de modo que o segmento associado à aresta (**i**,**j**) encontra os segmentos associados a **i** e a **j** (e a nenhum outro vértice). Esta representação foi motivada pelos problemas de projeto de circuitos VLSI.

12.9.4 O traçado de grafos orientados sem circuito é um dos problemas menos complicados, dada a facilidade do particionamento dos vértices em níveis (ver o **Capítulo 5**). Habitualmente, eles são representados de modo que todos os arcos tenham o mesmo sentido, em geral da direita para a esquerda ou de cima para baixo, frequentemente sem orientação das ligações (implícita pela forma como se faz o desenho). Como nem todos são planares, aparece de novo o problema da minimização do número de cruzamentos, aqui abordado pela busca de uma permutação adequada dos vértices de cada nível; este, como citado acima, é NP-árduo.

12.9.5 Para concluir, queremos resumir as ideias mais simples e mais gerais que presidem a maioria dos problemas de traçado: em termos estéticos, a simetria da figura, a distribuição uniforme dos vértices e a minimização dos cruzamentos parecem ser os mais importantes, seguindo-se a maior uniformidade possível dos comprimentos das arestas e o uso de linhas retas. Estes dois últimos podem não se aplicar a casos particulares, como o de grafos hamiltonianos (em particular, grafos periplanares) e grafos de maior densidade, onde as linhas retas podem confundir o observador (como no caso de algumas gaiolas). Ver Capobianco e Molluzzo [CM77].

12.10 Jogos em grafos

12.10.1 Diversos tipos de jogos podem ser definidos para execução em estruturas de grafo (habitualmente não orientadas), o que fornece uma interessante extensão para a teoria dos jogos. Falamos aqui de jogos com dois jogadores, usando recursos iguais ou diferentes, conforme o caso. Um jogo pode ser jogado sobre os vértices, aproveitando-se as ligações entre eles: vale a pena lembrar que o conhecido jogo *War* pertence a essa categoria. Pode também ser jogado sobre o conjunto de arestas e, nos exemplos que aqui apresentamos, cada jogada consiste em orientar uma aresta.

12.10.2 Neufeld e Nowakowski [NN98] definiram um jogo *"polícia-e-ladrão"* e seu trabalho o estuda quando realizado em produtos de grafos. O jogador A manipula um ou mais policiais, que são colocados sobre os vértices, um ou mais em cada vértice escolhido. O jogador B move o ladrão. As jogadas são feitas entre vértices adjacentes e o jogador **1** vence se conseguir colocar um policial no mesmo vértice do ladrão, enquanto **2** vence se conseguir criar uma situação de fuga indefinida (pode-se concluir que **2** vencerá sempre se o grafo for, por exemplo, $\mathbf{C}_n$ e houver um só policial, enquanto perderá sempre, nesse mesmo grafo, se houver dois policiais). O jogo pode ser *ativo* (alguém deve se movimentar em cada jogada) ou *passivo* (um jogador pode "passar" a jogada).

12.10.3 Dois jogos de orientação de arestas são o *jogo do circuito* e o *jogo da arborescência*. No primeiro, estudado em Bollobás e Szabó [BS98], o jogador **1** tem por objetivo construir um circuito, enquanto o jogador **2** tenta evitar essa construção. O artigo discute, entre outras questões, situações e estruturas que garantem a vitória de **1**. O segundo é discutido por Hamidoune e Las Vergnas [HL97] e, nele, o objetivo de 1 é construir uma arborescência, enquanto **2** tenta evitar que ela seja construída. O leitor poderá consultar os **Capítulos 3** e **5** e procurar tirar suas conclusões.

12.10.4 Berge [Be96] apresenta diversos problemas relacionados com jogos combinatórios, discutindo suas relações com grafos. Kano [Ka96] define um jogo sobre um grafo, no qual cada jogador remove um conjunto de arestas que induza uma estrela, vencendo a partida o jogador que remover a última aresta.

12.11 A expansão das aplicações

12.11.1 Embora o intenso desenvolvimento da teoria dos grafos, a partir dos anos 70, tenha sido motivado pelas aplicações a problemas de pesquisa operacional, a invenção e o aperfeiçoamento do computador abriram o seu uso a uma enorme gama de aplicações. Uma visualização bastante ampla, embora já antiga, dessas aplicações pode ser encontrada em Wilson e Beineke [WB79].

12.11.2 O estudo dos circuitos elétricos possui um envolvimento histórico com os grafos, como discutido no **Capítulo 1**; a eles se vieram juntar os circuitos eletrônicos e os problemas de miniaturização a eles associados, especialmente no projeto de processadores, como acabamos de discutir em relação ao traçado.

12.11.3 As aplicações às ciências sociais envolvem a análise de sociogramas, do âmbito da psicologia social e utilizando diversos recursos teóricos inclusive a teoria do equilíbrio estrutural; em ciência política, a identificação de áreas de influência de poderes localizados se beneficia de diversos desses recursos, dentre os quais os chamados mapas cognitivos, da área conhecida como *"PO soft"* (*soft OR*) .

O *software* ***Ucinet***, lançado há cerca de 20 anos e com suas capacidades amplamente expandidas no período, reúne em suas versões mais recentes uma enorme coleção de recursos computacionais aplicáveis à análise das estruturas de grafo.

12.11.4 No campo da estatística, aparece a mecânica estatística, com o clássico e difícil problema de **Ising**, dentre outras questões e, mais recentemente, a estatística geral, esta através dos chamados diagramas de influência. Em estudos de controle, e também de economia, usam-se os chamados grafos de transferência, ou *signal-flow graphs*. O uso de árvores em análise sintática pertence ao campo da linguística.

12.12 As grandes redes

12.12.1 A Internet

O estudo das redes de grande porte vem se desenvolvendo sob a influência de problemas como os trazidos pelo aparecimento da Internet: algoritmos de busca para *browsers* e para ambientes da rede como o ***Google***; e outros que exigem habitualmente o uso de técnicas probabilísticas, para alcançar resultados aceitáveis em tempos muito menores que os obtidos pelos algoritmos exatos nais rápidos, como o de **Dijkstra** (ver o **Capítulo 4**). A este respeito, convém citar o uso de algoritmos de caminho mínimo em grandes redes rodoviárias (como a dos Estados Unidos) para fornecer rapidamente informações a turistas e outros viajantes, frequentemente através da Internet. Alguns dos primeiros estudos resultaram na surpreendente conclusão que qualquer pessoa pode alcançar qualquer outra pessoa em todo o mundo através de, em média, não mais de seis contatos de conhecimentos pessoais sucessivos. Uma referência de grande utilidade para o estudo das redes de grande porte é o *survey* de Newman [Ne03], com 429 referências.

A estrutura desta última suscita, por outro lado, questões teóricas interessantes: trata-se de uma *rede sem escala* (*scale-free*), o que corresponde a uma estrutura de grandes dimensões na qual alguns vértices possuem graus de valores elevados (os servidores e concentradores) enquanto a grande maioria, representada pelos usuários individuais e pelas redes ***LAN*** empresariais ou domésticas, possui grau unitário ou de valor relativamente pequeno. Esta estrutura está na origem da famosa "teoria dos 6 relacionamentos" que coloca, em termos de grafos, que um caminho de comprimento 6 (em arestas) é suficiente para, virtualmente, colocar em contato duas pessoas quaisquer em todo o mundo (*conheço X, que foi secretário do ministro Y, que despacha com o Presidente do Brasil, que esteve com o Presidente dos EUA, que foi aluno do Professor Z, que toma cerveja com um amigo que tem um sítio nas vizinhanças*). Um estudo sobre uma estrutura subjacente de árvore para procurar expplicar as propriedades da rede é Zheng Bo-Jin *et al* [ZWCJS11].

O estudo da comunidades virtuais do tipo ***Orkut*** e ***Facebook***, das redes ***P2P*** (*peer-to-peer*) utilizando recursos como ***BitTorrents*** por exemplo e dos serviços de contato telefônico e de imagem, como o ***Skype***, deve trazer problemas interessantes ao mundo dos grafos.

12.12.2 O cérebro

No momento em que a neurologia começa a estabelecer a importância das redes neurais do cérebro na constituição da memória e de consciência e quando aparece a primeira proposta de construção de um processador com a capacidade de construir redes análogas imersas em sua estrutura, as atenções da teoria dos grafos começam a se voltar para este grande desafio. Apenas como exemplo, citamos Bullmore e Sporns [BSp09].

Conclusão

Ao encerrarmos estas páginas, fica pendente a dúvida sobre a ênfase dada ao texto: terá ela sido correta, ou as futuras aplicações e os futuros desenvolvimentos teóricos exigirão outra visão, outra abordagem, talvez outros recursos ? Não há, *a priori*, como saber: a interdisciplinaridade, como discutimos no início, é a única saída possível para esta e para outras questões relativas ao aprendizado e ao uso das disciplinas científicas.

E a interdisciplinaridade, aqui, está em mãos do conjunto de usuários do livro. Tivemos nestas páginas, após o indispensável e, possivelmente, enfadonho início lotado de definições, algo dos teoremas, dos resultados, dos algoritmos e das aplicações disponíveis na literatura; e, é claro, algo dos nossos próprios pontos de vista sobre o assunto. A partir daí toma a palavra o leitor, ao qual caberá tratar do futuro, falando, escrevendo e realizando, o que permitirá, talvez, avaliar o nível de utilidade do trabalho e ajudar a elucidar as dúvidas expostas acima.

As aplicações levaram quase um século, desde os circuitos elétricos de Kirchhoff e a contagem de hidrocarbonetos de Cayley, para explodirem em variedade a partir dos anos 50 do século passado, após a invenção e com o desenvolvimento dos computadores. Após seu início no campo da pesquisa operacional, elas invadiram a própria informática e retornaram à química, passando em seguida à biologia molecular, ao lado de usos mais tradicionais em psicometria e em organização.

A Internet é um dos principais alvos do estudo das grandes redes e já se inicia, mais cedo do que se poderia imaginar há apenas alguns anos, o trabalho sobre a maior e talvez a mais importante de todas elas, a rede de células e de sinapses do cérebro humano.

O interesse pelos estudos teóricos de grafos tem crescido enormemente. O problema, aqui, não é o de se achar a luz no final do túnel. A claridade é intensa e cada vez mais luzes contribuem para iluminar os caminhos.

Na teoria, como nas possíveis aplicações, existem pontos escuros em quantidade, cavernas onde podem se esconder tesouros. Uma pequena luz a mais não será exagero e poderá revelar novas descobertas, desde que seja levada a lugares promissores por aquele que a resolver empunhar, com certeza mostrando novas áreas de sombra a serem investigadas no incrível processo, maravilhoso e infinito, da construção do conhecimento.

Há cumes de difícil acesso, por vezes à vista de todos mas que só podem ser alcançados pelo trabalho paciente e acumulado de muitas pessoas e por caminhos muitas vezes insuspeitados. Assim foi, por exemplo, que a Conjetura das Quatro Cores, de Guthrie, e a Conjetura Forte dos grafos perfeitos, de Berge, se transformaram em teoremas.

Em muitos estudos teóricos, o trabalho com grafos invade certamente a matemática pura. Os não aficionados poderão, então, perguntar:

Para quê servirá tudo isso ?

Trata-se de uma pergunta imprópria, diante do futuro, para qualquer pessoa que se proponha ajudar a construí-lo: isto já tinha sido percebido por Shakespeare, que não é nem do passado, nem do futuro, porém eterno.

If you can look into the seeds of time
And say which grain will grow and which will not
Speak then to me...

Shakespeare, Macbeth

Endereços Internet

Ponto de partida: teoria dos grafos (em inglês):

- Página da Wikipedia: https://en.wikipedia.org/wiki/Graph_theory
- http://world.mathigon.org/Graph_Theory

Páginas selecionadas de pesquisadores em grafos, com muitos "links" na área:

- ***Página de Chris Caldwell:***

  Graph Theory Glossary, http://www.utm.edu/departments/math/graph/glossary.html .

  Graph Theory Tutorial, http://www.utm.edu/departments/math/graph/

- ***Página de Jonathan Gross e Jay Yellen***: http://graphtheory.com :
  - Informações sobre os livros dos dois autores, inclusive o ***Handbook of Graph Theory.***
  - ***"Links" para muitas outras páginas***
- ***Douglas West Homepage:*** http://www.math.uiuc.edu/~west/

  Uma página muito importante, com grande conteúdo informativo sobre grafos e combinatória, em particular nomenclaturas, congressos e informações sobre problemas em aberto.

- ***Brendan McKay Homepage***: http://cs.anu.edu.au/~bdm/

  Outra página muito importante.

- ***Página de Jörg Züther: The graph theorist's home page guide***, http://www.joergzuther.de/math/graph/homes.html

Lista de discussão de pesquisadores em grafos, GRAPHNET

- ***Para inscrição na lista, dirigir-se a*** graphnet@listserv.nodak.edu

Revistas eletrônicas com muitos artigos sobre grafos:

- ***Electronic Journal of Combinatorics,*** http://www.combinatorics.org
- ***Electronic Notes in Discrete Mathematics,*** acessível pelo portal da CAPES, http://www.periodicos.capes.gov.br (através das instituições registradas nele).

Página do livro Graph Theory, de Reinhadt Diestel: http://diestel-graph-theory.com/ : a penúltima edição está disponível na rede.

Temas diversos em grafos:

- ***Traçado de grafos, página da Wikipedia:*** http://en.wikipedia.org/wiki/Graph_drawing
- ***Grafos regulares:*** http://www.mathe2.uni-bayreuth.de/markus/reggraphs.html
- ***The Stony Brook Algorithmic Repository:***

  http://www.cs.sunysb.edu/~algorith/

  Algoritmos para um número significativo de problemas, incluindo muitos problemas de grafos.

- ***Problemas de coloração:***
  - ***Joseph Culberson's Coloring Page:*** http://www.cs.ualberta.ca/~joe/Coloring/index.html

- ***Mathématiques en Couleurs:*** http://math.ucalgary.ca/~laflamme/colorful/couleur.html
- ***Graph Coloring Problems – The archive:*** http://www.imada.sdu.dk/Research/Graphcol/
- ***Harmonious Colourings:*** http://mathforum.org/library/view/16617.html

  Esta página apresenta uma lista muito extensa de temas em matemática em geral. Os problemas de coloração harmoniosa são apenas um exemplo.

- ***Pedagoguery Software:*** Contém programas para trabalho com poliedros e seus grafos, http://www.peda.com/

- ***Problemas em topologia de grafos:*** http://www.emba.uvm.edu/~archdeac/problems/problems.html

Congressos sobre grafos: o COMS – Calendar of upcoming scientific conferences fornece dados atualizados: http://www.conference-service.com/conferences/graph-theory.html

Recursos externos à teoria dos grafos, porém com conteúdos de grafos:

- ***The Geometry Junkyard:*** http://www.ics.uci.edu/~eppstein/junkyard/
- ***The on-line encyclopedia of integer sequences,*** https://oeis.org/wiki/Welcome
- ***MathWorld*** – A Wolfram Web Resource http://mathworld.wolfram.com/GraphTheory.html

  Referências de trabalhos sobre teoria dos grafos.

- ***Google Acadêmico:*** http://scholar.google.com.br/

  Referências de trabalhos publicados pelo autor solicitado.

Programas de pesquisa em grafos:

- ***Graffiti:*** http://cms.dt.uh.edu/faculty/delavinae/research/wowref.htm
- ***Written on the wall II.*** http://cms.dt.uh.edu/faculty/delavinae/research/wowII/

  Conjeturas do programa Graffiti.

- ***Programa Autographix (AGX-III) :*** *https://www.gerad.ca/Gilles.Caporossi/agx/AGX/Download.html*
- ***Referências de conjeturas sobre grafos geradas por computador (AutoGraphix e Graph)***

  http://dimacs.rutgers.edu/SpecialYears/2001_Data/Conjectures/references.html

No Brasil, algumas sugestões :

- ***Página de Yoshiko Wakabayashi,*** *http://www.ime.usp.br/~yw/*
- ***Página de Yoshiharu Kohayakawa,*** *http://www.ime.usp.br/~yoshi/*
- ***Instituto de Computação da Unicamp:*** *http://www.ic.unicamp.br/node/127*
- ***Programa de Engenharia de Sistemas, COPPE/UFRJ:*** *http://www3.cos.ufrj.br/index.php?option=com_pescstaff&Itemid=110&func=fullview&staffid=1004*
- ***Programa de Engenharia de Produção, COPPE/UFRJ:*** *http://www.producao.ufrj.br/area_po.htm*

Obs: Todas as páginas aqui referenciadas foram testadas em janeiro de 2016 para a segunda reimpressão.

Ainda no tema "obra aberta", deixamos aqui um espaço para que o leitor anote os endereços de sua preferência.

Bibliografia

As obras aqui referenciadas são citadas em diversos capítulos.

[Ba75] Barbosa, R.M., *Combinatória e grafos*, vols. I e II. Nobel, 1974/75.

[Be73] Berge, C., *Graphes et hypergraphes*. 2e. éd., Bordas, Paris, 1973.

[BCLF79] Behzad, M., Chartrand, G. e Lesniak-Foster, L., *Graphs and digraphs*, Wadsworth, 1979.

[BJ09] Boaventura Netto, P.O. e Jurkiewicz, S. *Grafos: introdução e prática*. Blücher, São Paulo, 2009.

[BM78] Bondy, J.A. e Murty, U.S.R., *Graph theory with applications*, Macmillan, 1978.

[Bo96] Boaventura Netto, P.O., *Teoria e modelos de grafos*, Blücher, São Paulo, 1979.

[BS65] Busacker, R.G. e Saaty, T.L.. *Finite graphs and networks: an Introduction With Applications*, McGraw-Hill, 1965.

[BW78] Beineke, L.W. e Wilson, R.J. (eds.), *Selected topics in graph theory*, Academic Press, 1978.

[BW83] Beineke, L.W. e Wilson, R.J., *Selected topics in graph theory 2*, Academic Press, 1983.

[CLRS02] Cormen, T.H., Leiserson, C.E., Rivest, R.L. e Stein, C.. *Algoritmos: teoria e prática*, 2ª. ed., Campus, Rio de Janeiro, 2002.

[CM94] Campello, R.E. e Maculan, N., *Algoritmos e heurísticas*, EDUFF,1994.

[CM77] Capobianco, M. e Molluzzo, J.C., *Examples and counterexamples in graph theory*, North-Holland, 1977.

[Chr75] Christofides, N., *Graph theory: an algorithmic approach*, Academic Press, 1975.

[De88] Derigs, U., *Programming in networks and graphs*, Lecture Notes in Economics and Mathematical Systems, Vol. 300, Springer-Verlag, 1988.

[Di97] Diestel, R., *Graph theory*, Springer-Verlag, 4ª ed., 2010.

[Ev79] Even, S., *Graph algorithms*, Computer Science Press, 1979.

[GM85] Gondran, M. e Minoux, M., *Graphes et algorithmes*, 2ᵉ éd., Eyrolles, 1985.

[Ha72] Harary, F., *Graph theory*, Addison-Wesley, 1972.

[HGT04] Gross, J.L. e Yellen, J. (eds.) *Handbook of graph theory*. CRC Press, Boca Raton, 2004.

[HNC68] Harary, F., Norman, R.Z. e Cartwright, D., *Introduction à la théorie des graphes orientés*, Dunod, Paris, 1968.

[Hu70] Hu, T.C., *Integer programming and network flows*, Addison-Wesley, 1970.

[Ka68] Kaufmann, A., *Introduction à la combinatorique en vue des applications*, Dunod, Paris, 1968.

[La76] Lawler, E.L., *Combinatorial optimization: networks and matroids*, Holt, Rinehart and Winston, 1976.

[LP86] Lovász, L. e Plummer, M.D., *Matching theory*, North-Holland, 1986.

[Ma71] Marshall, C.W., *Applied graph theory*, Wiley, 1971.

[Me01] Merris, R.. *Graph theory*. Wiley-Interscience,2001.

[Mi78] Minieka, E., *Optimization algorithms for networks and graphs*, Marcel Dekker, 1978.,

[Or62] Ore, O., *Theory of graphs*, AMS Coll. Publ. 38, 1962.

[Ro69] Roy, B., *Algèbre moderne et théorie des graphes*, vols. I et II, Dunod, Paris, 1969.

[Si66] Simonnard, M., *Linear programming*, Prentice-Hall, 1966.

[SDK83] Syslo, M.M., Deo, N. e Kowalik, J.S., *Discrete optimization algorithms*, Prentice-Hall, 1983.

[Sz84] Szwarcfiter, J.L., *Grafos e algoritmos computacionais*, Campus, 1984.

[We96] West, D.B., *Introduction to graph theory*, Prentice-Hall, 1996.

[WB79] Wilson, R.J. e Beineke, L.W. (eds.), *Applications of graph theory*, Academic Press, 1979.

[Ze70] Zemanian, A., ed., *Graph theory in the Soviet Union*, SIAM Rev., Suppl. Issue, vol. 12 (1970).

Referências

Capítulo 1 - Introdução

[Ab03] Abreu, N.M.M., (2003). *Comunicação pessoal.*

[ACHL05] Aouchiche, M., Caparossi, G., Hansen, P. e Laffray, M. (2005). *AutoGraphix : a survey.* Electronic Notes in Discrete Maths. **22**, 515-520.

[An80] Andrade, M.C.Q., *A criação no processo decisório*, LTC, Rio de Janeiro, 1980.

[BDF95] Brewster, T.L., Dinneen, M.J. e Faber, V. (1995). *A computational attack on the conjectures of Graffitti: new counterexamples and proofs*, Discrete Maths. **147**, 35-55.

[Be58] Berge, C., *La Théorie des graphes et ses applications*, Dunod, Paris,1958.

[BLW86] Biggs, N.L., Lloyd, E.K. e Wilson, R.J., *Graph theory 1736-1936*, Clarendon Press, Oxford, 1986.

[Ch97] Chung, F.R.K. (1997). *Open problems of Paul Erdös in graph theory*, J. Graph Theory **25**, 3-36.

[CH00] Caporossi, C. e Hansen, P. (2000). *Variable neighborhood search for extremal graphs: 1 The AutoGraphix system*, Discrete Maths. **212**, 29-44.

[DeL06] DeLa Vina, E.. *Written on the wall II.* Disponível em http://cms.dt.uh.edu/faculty/delavinae/research/wowII/.

[DT07] Džeroski, S. e Todorovski, L. *Computational discovery of scientific knowledge: introduction, techniques, and applications in environmental and life sciences.* Springer, Berlin e New York, 2007.

EF70] Essam, J.W. e Fisher, M.E. (1970). *Some basic definitions in graph theory*, Rev. Modern Phys. **42**, 2, 272-288.

[Faj04] Fajtlowicz, S.. Written on the wall. Disponível em http://www.math.uh.edu/~clarson/graffiti.html#conjectures .

[Fu73] Furtado, A.L., *Teoria dos grafos - algoritmos*, PUC-RJ/LTC, Rio de Janeiro,1973.

[GL00] Goldbarg, M.C. e Luna, H.P.L., *Otimização combinatória e programação linear: modelos e algoritmos*, Campus, Rio de Janeiro, 2000.

[Ha73] Harary, F., *New directions in the theory of graphs* (Proc. 3rd Ann Arbor Conf. in Graph Theory, Univ. of Michigan, out. 1971), Academic Press, 1973.

[Har69] Harris, B., *Graph theory and its applications* (Proc. Adv. Sem. Univ., Wisconsin, Madison, out. 1969), Academic Press, 1970.

[Ho98] Hoffman, P., *The man who loved only numbers*, Hyperion, New York, 1998.

[HR94] Hartsfield, N. e Ringel, G., *Pearls in Graph Theory*, Academic Press, 1994.

[HW00] Hansen, P. e de Werra, D. (2000). *Connectivity, transitivity and chromaticity: the pioneering work of Bernard Roy in graph theory*, Rap. ORWP 00/18, Département de Mathématiques, Ecole Polytechnique Fédérale de Lausanne.

[Lo81] Lóss, Z.E., *O desenvolvimento da pesquisa operacional no Brasil*, Dissertação de M.Sc., PTS-10/81, COPPE/UFRJ, 1981.

[Lu79] Lucchesi, C.L., *Introdução à teoria dos grafos*, IMPA/12º CBM, Poços de Caldas, 1979.

[SK76] Saaty, T.L. e Kainen, P.C., *The four-color problem*, Dover, 1976.

[Sa80] Savulescu, S.C., *Grafos, dígrafos e redes elétricas*, IBEC, São Paulo, 1980.

[SM94] Swarcfiter, J.L. e Markenzon, L., *Estruturas de dados e algoritmos*, Ed. LTC, Rio de Janeiro, 1994.

[SB98] Salvetti, D.D. e Barbosa, L.M., *Algoritmos*, Makron, São Paulo, 1998.

Capítulo 2 - Principais noções

[Ab77] Abreu, N.M.M. de, *Aplicações das frações contínuas simples à teoria dos grafos*, Dissertação de M.Sc., Instituto Militar de Engenharia, 1977.

[AHL02] Alon, N., Hoory, S. e Linial, N. (2002). *The Moore bound for irregular graphs*, Graphs and Combinatorics **18**, 53-57.

[AYZ97] Alon, N., Yuster, R. e Zwick, U. (1997). *Finding and counting given length cycles*, Algorithmica **17**, 209-223.

[BBV99] Bagga, J.S., Beineke, L.W. e Varma, B.N. (1999). *The super line graph L_2*, Discrete Maths. **206**, 51-61.

[BC66] Behzad, M. and Chartrand, G. (1967). *No graph is perfect*, Amer. Math. Monthly **74**, 962-963.

[BR00] Beineke, L.W., *On derived graphs and digraphs*, in Beiträge zur Graphentheorie, Sachs, Voss e Walther (eds.), Teubner, Leipzig, 1968.

[BG98] Bang-Jensen, J. e Gutin, G. (1998). *Generalizations of tournaments: a survey*, J. Graph Theory **28**, 171-202.

[Bo97] Bondy, J.A. (1997). *Counting subgraphs – a new approach to the Caccetta-Häggkvist conjecture*, Discrete Maths. **165/166**, 77-80.

[Bo05] Boaventura Netto, P.O. (2005). *P-antiregular graphs.* Electronic Notes in Discrete Maths **22**, 41-48.

[Bo08] Boaventura-Netto, P.O.(2008). *P-antiregular graphs*. Adv. Appls. Discrete Maths. **1**, 2, 133-148.

[Br96] Brandstädt, A. (1996). *Partitions of graphs into one or two independent sets or cliques*, Discrete Maths. **152**, 47-54.

[CS94] Chen, G. e Saito, A. (1994). *Graphs with a cycle of length divisible by three*, J. Combin. Theory **B 60**, 277-292.

[DeSFSV03] De Santo, M., Foggia, P., Sansone, C. e Vento, M. (2003). *A large database of graphs and its use for benchmarking graph isomorphism algorithms.* Pattern Recognition Letters **24**,1067–1079

[DT07] Džeroski, S. e Todorovski, L. (2007). *Computational discovery of scientific knowledge: introduction, techniques, and applications in environmental and life sciences.* Springer, Berlin e New York.

[DT09] Dharwadker, A. e Tevet, J.T.(2009). *The graph isomorphism problem.* http://www.dharwadker.org/tevet/isomorphism/. Consulta em 01/2012.

[EM00] Ellingham, M.N. e Menser, D.K. (2000). *Girth, minimum degree and circunference*, J. Graph Theory **34**, 221-233.

[En98] Enomoto, H. (1998). *On the existence of disjoint cycles in a graph*, Combinatorica **18**, 4, 487-492.

[Fa99] Ferrugia, A.. *Self-complementary graphs and generalizations: a comprehensive reference manual.* Dissertação de M.Sc., Universidad de Malta, 1999.

[Fr09] Freitas, M.A.A. (2009). *Grafos integrais, grafos laplacianos integrais e grafos Q-integrais*. Tese de D.Sc., COPPE/UFRJ.

[Ga97] Gasse, E. (1997). *A proof of a circle graph characterization*, Discrete Maths. **173**, 277-283.

[Gi74] Gibbs, R.A. (1974). *Self-complementary graphs.* J. Combin. Theory **B 16**, 106-123.

[HIS81] Hammer, P.L., Ibaraki, T. and Simeone, B. (1981). *Threshold sequences*, SIAM J. Alg. Discrete Methods **2**, 39-49.

[HP73] Harary, F. e Palmer, E.M., *Graphical enumeration*, Academic Press, 1973.

[HP87] Harary, F. and Peled, U. (1987). *Hamiltonian threshold graphs*, Discrete. Applied. Maths. **16**, 11-15.

[JJ72] Johnson, D.E. e Johnson, J.R., *Graph theory with engineering applications*, Ronald Press, 1972.

[LABHQ07] Loiola, E.M., Abreu, N.M.M., Boaventura Netto, P.O., Hahn, P. e Querido, T.M.(2007). *A survey for the quadratic assignment problem,* European J. of Operational Research **176**, 637-690.

[Le74] P. G. H. Lehot. (1974). *An Optimal Algorithm to Detect a Line Graph and Output Its Root Graph.* Journal of the ACM, **21**, 569-575.

[McK98] McKay, B. (1998). *Isomorph-free exhaustive generation,* J. Algorithms. **26**, 306-324.

[McKnauty] http://cs.anu.edu.au/~bdm/nauty/. Acesso em jan. 2012.

[Me03a] Merris, R. (2003). *Antiregular graphs are universal for trees.* Publ Eletrotehn Fak. Univ. Beograd Ser. Mat. **14**, 1-3.

[Me03b] Merris, R. (2003). *Split graphs*, Eur. J. Combinatorics. **24**, 413-430.

[Me10] Melo, V.A. *PQA: Investigações sobre a metaheurística VNS e sobre o uso da variância em problemas de isomorfismo de grafos.* Tese de D.Sc., Programa de Engenharia de Produção, COPPE/UFRJ, 2010.

[MM97a] Majcher, Z. e Michael, J. (1997). *Highly irregular graphs with extreme numbers of edges*, Discrete Maths. **164**, 237-242.

[MM97b] Majcher, Z. e Michael, J. (1997). *Degree sequences of highly irregular graphs*, Discrete Maths. **164**, 225-236.

[Na97] Nair, P.S. (1997). *Construction of self-complementary graphs,* Discrete Maths. **175**, 283-287.

[NN90] J. Naor and M.B.Novick. (1990). *An Efficient Reconstruction of a Graph from Its Line Graph in Parallel.* J. Algorithms **11**, 132-143.

[Ol11] Oliveira, J.A. (2011). *Medidas de irregularidade em grafos.* Prova de qualificação para o D.Sc., COPPE/UFRJ.

[Ol94] Oliveira, J. de S., *Propriedades e algoritmos para especializações de hipergrafos orientados, Tese de D.Sc.*, COPPE/UFRJ, 1994.

[Pe03] Peterson, D. (2003). *Gridline graphs: a review in two dimensions and an extension to higher dimensions.* Discrete Applied Mathematics **126**, 223-239.

[Po79] Pombo, H.C.R., *Representação de grafos em computador*, Dissertação de M.Sc., COPPE/UFRJ, 1979.

[Ro73] N. D. Roussopoulos. (1973). *A max{m,n} algorithm for detecting the graph H from its line graph G.* Inf. Processing Letters **2**, 108-112.

[Ro78] Roberts, F.S., *Graph theory and its applications to problems of society*, SIAM, Philadelphia, 1978.

[Sa10] Santos, P.L.F. *Teoria espectral de grafos aplicada ao problema de isomorfismo de grafos.* Dissertação de M.Sc., Departamento de Informática, Universidade Federal do Espírito Santo, 2010.

[SP11] Sherif, S. and Pardede, E. *Graph Data Management: Techniques and Applications.* Global, 2011.

[SH91] Sierksma, G. e Hoogeven, H. (1991). *Seven criteria for integer sequences being graphic*, J. Graph Theory **15**, 2, 223-231.

[SK1.5.9] Skiena, The Stony Brook algorithm repository. http://www.cs.sunysb.edu/~algorith/files/graph-isomorphism.shtml. Consulta em 01/2012.

[Sloane] Sloane, N.J.A.. *The on-line encyclopedia of integer sequences.* http://www.research.att.com/~njas/sequences

[SM89] Szwarcfiter, J.L. e Markenzon, L., *Estruturas de dados e algoritmos*, I EBO, Rio de Janeiro, 1989.

[SP11] Sherif, S. and Pardede, E. *Graph Data Management: Techniques and Applications.* Global, 2011.

[TV07] Tripathia, A. e Vijay, S. (2007). *A short proof of a theorem on degree sets of graphs.* Discrete Applied Mathematics **155**, 670 – 671.

[Ty00] Tyshkevitch, R. (2000). *Decompositions of graphical sequences and unigraphs.* Discrete Maths. **220**, 201-238.

[Ve97] Vernet de S. Pires, O., *Maximalidade em grafos de fluxo redutíveis, Tese de D.Sc.*, COPPE/UFRJ, 1997.

Capítulo 3 - Conexidade e conectividade

[AB01] Aharoni, R. e Berger, E. (2001). *The number of edges in critical strongly connected graphs*, Discrete Maths. **234**, 119-123.

[ACEP08] Arulselvan, A., Commander, C., Elefteriadou, L. e Pardalos, P. (2008). *Detecting Critical Nodes in Sparse Graphs.* http://www.optimization-online.org/DB_HTML/2008/09/2097.html

[AH73] Amin, A.T. e Hakimi, S.L. (1973). *Graphs with given connectivity and independence number or networks with given measure of vulnerability*, IEEE Trans. Circuit Theory, **CT 20**, 1, 2-10.

[Ar73] Ariyoshi, H. (1973). *Cut-set graphs and the systematic generation of separation sets*, IEEE Trans. Circuit Theory, **CT 19**, 3, 233-240.

[BR00] Balakrishnan, R. e Ranganathan, K., *A textbook of graph theory*, Springer-Verlag, New York, 2000.

[BCFF97a] Balbuena, M.C., Carmona, A., Fábrega, J. e Fiol, M.A. (1997). *Connectivity of large bipartite digraphs and graphs*, Discrete Maths. **174**, 3-17.

[BCFF97b] Balbuena, C., Carmona, A., Fábrega, J. e Fiol, M.A. (1997). *Extraconnectivity of graphs with large minimum degree and girth*, Discrete Maths. **167/168**, 85-100.

[Be99] Benczúr, A.A. (1999). *Parallel and fast sequential algorithms for undirected edge connectivity augmentation*, Math. Programming **84**, 595-640.

[BGGKM03] Barker, E.J., Gardiner, E.J., Gillet, V.J., Kitts, P. e Morris, J. (2003). *Further Development of Reduced Graphs for Identifying Bioactive Compounds.* J. Chem. Inf. Comput. Sci. **43**, 346-356.

[BHK81] Boesch, F.T., Harary, F.e Kabell, J.A. (1981). *Graphs as models of communication networks: vulnerability, connectivity and persistence*, Networks **11**, 57-63.

[B-JY01] Bang-Jensen, J. e Yeo, A. (2001). *The minimum spanning strong digraph problem for extended semicomplete digraphs and semicomplete bipartite digraphs*, J. Algorithms. **41**, 1-19.

[Br95] Brass, P. (1995). *Packing constants in graphs and connectivity*, Discrete Maths. **137**, 353-355.

[Ca90] Carvalho, C.R.V., *O Problema do roteamento na rede de correias transportadoras de uma usina siderúrgica*, Dissertação de M.Sc., COPPE/UFRJ, 1990.

[CJ99] Cheng, E. e Jordán, T. (1999). *Successive edge-connectivity augmentation problems*, Math. Programming **84**, 577-593.

[DV97] Dankelmann, P. e Volkmann, L. (1997). *Degree sequence conditions for maximally edge-connected graphs and digraphs*, J. Graph Theory **26**, 27-34.

[DV00] Dankelmann, P. e Volkmann, L. (2000). *Degree sequence conditions for maximally edge-connected graphs depending on the clique number*, Discrete Maths. **211**, 217-233.

[FJ99] Frank, A. e Jordán, T. (1999). *Directed vertex-connectivity augmentation*, Math. Programming **84**, 537-553.

[Fr67] Frisch, I.T. (1967). *An algorithm for vertex-pair connectivity*, International J. Control **6**, 579-593.

[Fru90] Frujuelle, R., *Um sistema computacional para análise grafo-teórica de sociogramas*, Dissertação de M.Sc., COPPE/UFRJ, 1990.

[GJ99] Györi, E. e Jordán, T. (1999). *How to make a graph four-connected*, Math. Programming **84**, 555-563.

[GWB03] Gillet, V.J., Willett, P. e Bradshaw, J.(2003). *Similarity Searching Using Reduced Graphs* . J. Chem. Inf. Comput. Sci. 2003, **43**, 338-345

[Hk69] Hakimi, S.L. (1969). *An algorithm for construction of the least vulnerable communication network or the graph with the maximum connectivity.* IEEE Transactions on Circuit Theory, **16,** 2, 229-230.

[HRG00] Henzinger, M., Rao, S. e Gabow, H.M. (2000). *Computing vertex connectivity: new bounds for old techniques*, J.Algorithms **34**, 222-250.

[JB69] Jenssen, P.A. e Bellmore, M. (1969). *An algorithm to determine the reliability of a complex system*, IEEE Trans. Rel. **R-18**, 4, 169-174.

[Loc78] Locks, M.O. (1978). *Inverting and minimalizing path sets and cut sets*, IEEE Trans. Rel. **R 27**, 2, 107-110.

[Lo80] Lopes da Silva, P.A.., *Determinação dos subconjuntos de articulação minimais de um grafo*, Dissertação de M.Sc., COPPE/UFRJ, 1980.

[NT77] Nash-Williams, C. St.J.A, e Tutte, W.T. (1977). *More proofs of Menger's theorem*, J. Graph Theory **1**, 13-17.

[Kr01] Kriesell, M. (2001). *A degree sum condition for the existence of a contractible edge in a κ-connected graph*, J. Combin. Theory **B 82**, 81-101.

[RA78] Rai, S. e Aggarwal, K.K. (1978). *An efficient method for reliability evaluation of a general network*, IEEE Trans. Rel. **R-27**, 3, 206-211.

[Sa96] Sanders, D.P. (1996). *On circuits through five edges*, Discrete Maths. **159**, 199-215.

[SB71] Steiglitz, K. e Bruno, J. (1971). *A new derivation of Frisch's algorithm for calculating vertex-pair connectivity*, BIT **11**, 94-106.

[Tu66] Tutte, W.T., *Connectivity in graphs*, Univ. of Toronto Press, 1966.

[We99] Wei, B. (1999). *On the circunferences of regular 2-connected graphs*, J. Combin. Theory **B 75**, 88-99.

Capítulo 4 - Distância, localização, caminhos

[AA11] Adamaszek, A. e Adamaszek, M. (2011). *Uniqueness of graph square roots of girth six*. The Electronic J. of Combinatorics **18**, #P139, http://www.combinatorics.org.

[AGR00] Alon, N., Gyárfás, A. e Ruszinkó, M. (2000. *Decreasing the diameter of bounded degree graphs*, J. Graph Theory **35**, 161-172.

[AFY86] Alegre, I., Fiol, M.A. e Yebra, J.L.A(1986). *Some large graphs with given degree and diameter*, J. Graph Theory **10**, 219-224.

[BDQ82] Bermond, J.C., Delorme, C. e Quisquater, J.J, (1982). *Tables of large graphs with given degree and diameter*, Inf. Processing Letters **15**, 1, 10-13.

[BE76] Bollobás, B. e Eldridge, S. (1976). *On graphs of diameter 2*, J. Combin. Theory **B 2**, 201-205.

[BE06] Borgatti, S.P. e Everett, M.G. (2006). *A graph-theoretic perspective on centrality*. Social Networks **28**, 4, 466-484.

[Bo68] Bollobás, B., *Graphs of given diameter*, in Proc. Colloq. Tihany 1968 (ed. P Erdös e G. Katona), 29-36.

[Bo96] Boaventura Netto, P.O. (1996). *A class of strongly connected graphs verifying equality with Goldberg theorem*, Res. XIX CNMAC, 194-195, Goiânia.

[BRS01] Beezer, R.A., Riegsecker, J.E. e Smith, B.A. (2001). *Using minimum degree to bound average distance*, Discrete Maths. **226**, 365-371.

[BSM03] Bajaj, S., Sambi, S.S. e Madan, A.K. (2004). *Predicting anti-HIV activity of phenylethylthiazolethiourea (PETT) analogs: computational approach using Wiener's topochemical index*. J. of Molecular Structure **684**, 197-203.

[BSV02] Boldi, P., Santini, M. e Vigna, S. (2002). *Measuring with jugs*, Th. Computer Science **282**, 259-270.

[Bu00] Buset, D. (2000). *Maximal cubic graphs with diameter 4*, Discrete Appl. Maths. **101**, 53-61.

[Cac76] Caccetta, L. (1976). *Extremal graphs of diameter 4*, J. Combin. Theory **B 121**, 104-115.

[Cac79]Caccetta, L. (1979). *Extremal graphs of diameter 3*, J. Austral. Math. Society **A 28**, 67-81.

[Car71] Carré, B. (1971). *An algebra for network routing problems*, J. Inst. Maths. Applics. **7**, 273-294.

[Car79] Carré, B., *Graphs and networks*, Clarendon Press, Oxford, 1979.

[Ca90] Carvalho, C.R.V. de, *O problema do roteamento na rede de correias transportadoras de uma usina siderúrgica*, Dissertação de M.Sc., COPPE/UFRJ, 1990.

[CC01] Chen, M. e Chang, G.J(2001). *Families of graphs closed under taking powers*, Graphs and Combinatorics **17**, 207-212.

[Ce73] Celestino, N.B., *Contribuição ao estudo do despacho de veículos*, Dissertação de M.Sc., PUC/RJ, (1973).

[CG99] Cherkassky, B.V. e Goldberg, A.V. (1999). *Negative-cycle detection algorithms*, Math. Programming **85**, 277-311.

[CG00]Chiyoshi, F. e Galvão, R.D. (2000). *A statistical analysis of simulated annealing applied to the p-median problem*, Ann. Operations Research **96**, 61-74.

[CT78] Chvátal, V. e Thomassen, C. (1978). *Distances in orientations of graphs*, J. Combin. Theory **B 24**, 61-71.

[Da73] Damerell, R.M. (1973). *On Moore graphs*, Proc. Comb. Phil. Soc. **74**, 237.

[DB95] Dutton, R.D. e Brigham, R.C. (1995). *On the radius and diameter of the clique graph*, Discrete Maths. **147**, 293-295.

[DM05] Dobrynin, A. A. e Mel'nikov, L.S. (2005). *Some results on the Wiener indexo f iterated line graphs*. Electronic Notes in Discrete Maths. **22**, 469-475.

[EG78] Eilon, S. e Galvão, R.D. (1978). *Single and double vertex substitution in heuristic procedures for the p-median problem*, Management Science **24**, 16, 1763-1766.

[EHL67] Evans, J.W., Harary, F. e Lynn, M.S. (1967). *On the computer enumeration of finite topologies.* Communications of the ACM **10** (5): 295-297

[EO00] Enomoto, H. e Ota, K. (2000). *Partition of a graph into paths with prescribed endvertices and lengths*, J. Graph Theory **34**, 163-169.

[EFH80]Erdös, P., Fajtlowicz, S. e Hoffmann, A.J. (1980). *Maximum degree in graphs of diameter 2*, Networks **10**, 87-90.

[FG96] Fernandes, L.M. e Gouveia, L. (1996). *Minimal spanning trees with a constraint on the number of leaves*, European J. of Operational Research **104**, 250-261.

[Fe49] Festinger, L. (1949). *The analysis of sociograms using matrix algebra.* Human Relations 2, 153-158

[FLM67] Farbey, B.A., Land, A.H. e Murchland, J.D. (1967). *The cascade algorithm for finding all shortest distances in a directed graph*, Management Science **14**, 19-28.

[FP01] Ferrero, D. e Padró, C. (2001). *New bounds on the diameter vulnerability of iterated line digraphs*, Discrete Maths. **233**, 103-113.

[Ga81] Galvão, R.D. (1981). *A graph-theoretical bound for the p-median problem,* European J. of Operational Research **6**, 2, 162-165.

[HC99] Hadjiconstantinou, E. e Christofides, N. (1999). *An efficient implementation of an algorithm for finding k shortest simple paths*, Networks **34**, 88-101.

[HS60] Hoffmann, A.J. e Singleton, R.R. (1960). *On Moore graphs of diameter 2 and 3*, IBM J., 497-504.

[HS93] Holton, D.A. e Sheehan, J., *The Petersen graph*, Cambridge University Press, 1993.

[Hu68] Hu, T.C., *Combinatorial algorithms*, Addison-Wesley, 1982.

[IMM09] Ibrahim, M.S., Maculan, N.e Minoux, M. (2009). *A strong flow-based formulation for the shortest path problem in digraphs with negative cycles.* International Transactions in Operational Research **16**, 361–369.

[JL01] Jarry, A. e Laugier, A, *Two-connected graphs with given diameter*, Rapp. Res. 4307, INRIA, nov. 2001.

[KS98] Kolliopoulos, S.G. e Stein, C. (1998). *Finding real-valued single-source shortest paths in $O(n^3)$ expected time*, J. Algorithms **28**, 125-141.

[KKTTBG04] Katouda, W., Kawai, K., Takabatake, T., Tanaka, A., Bersohn, M. e Gruner, D. (2004). *Distances in Molecular Graphs.* J. Physical Chemistry **A 108**, 8019-8026.

[KW97] Kouider, M. e Winkler, P. (1997). *Mean distance and maximum degree*, J. Graph Theory **25**, 95-99.

[LJ03a] Li, X. e Jalbout, A. (2003). *Bond order weighted hyper-Wiener index.* J. of Molecular Structure **634**, 121-125.

[LJ03b] Li, X. e Jalbout, A(2003). *On the valence Wiener index for unsaturated hydrocarbons.* J. of Molecular Structure **625**, 137-140.

[LLH03] Li, X., Li, Z. e Hu, M. (2003). *A novel set of Wiener indices.* J. of Molecular Graphics and Modelling **22**, 161-172.

[LS67] Land, A.H. e Stairs, S.W. (1967). *The extension of the cascade algorithms for larger graphs*, Management Science **14**, 29-33.

[Lop83] Lopes, J.M., *Contribuição ao estudo sistemático da contagem de circuitos e torneios*, Tese de Livre-Docente, UNESP, Araraquara, 1983.

[LRSS11] Lin, M.C., Rautenbach, D., Soulignac, F.J. e Szwarcfiter, J.L. (2011). *Powers of cycles, powers of paths, and distance graphs.* Discrete Applied Mathematics **159**, 621-627.

[MBHM-P07] Mladenović, M., Brimberg, J., Hansen, P. e Moreno-Pérez, J.A. (2007). *The p-median problem: A survey of metaheuristic approaches.* European Journal of Operational Research 179, 927–939.

[Me99] Meringen, M. (1999). *Fast generation of regular graphs and construction of cages*, J. Graph Theory **30**, 137-146.

[Mi77] Minieka, E. (1977). *The centers and medians of a graph*, Operations Research **25**, 4, 641-650.

[Min75] Minoux, M. (1975). *Plus court chemin avec contraintes: algorithmes et applications*, Ann. Télécom. **30**, 11-12.

[Min76] Minoux, M. (1976). *Structures algébriques généralisées des problemes de cheminement dans les graphes*, RAIRO Recherche Opérationnelle **10**, 6, 33-62.

[Mu68] Murty, U.S.R. (1968). *On critical graphs of diameter 2*, Maths. Mag. 138-140.

[MW00] Mubayi, D. e West, D.B. (2000. *On the number of vertices with specified eccentricity*, Graphs and Combinatorics **16**, 441-452.

[NII01] Nagamochi, H., Ishii, T. e Ito, H. (2001). *Minimum cost source location problem with vertex-connectivity requirements in digraphs*, Inf. Processing Lett. **80**, 287-293.

[Pa64] Parthasarathy, K.R. (1964). *Enumeration of paths in digraphs*, Psychometrika **29**, 153-165.

[PV98] Panigrahy, R. e Vishwanathan, S. (1998). *An O(log*n) approximation algorithm for the asymmetric p-center problem*, J. Algorithms **27**, 259-268.

[PP99] Panaite, P. e Pelc, A. (1999). *Exploring unknown undirected graphs*, J. Algorithms **33**, 281-295

[PM96] Padró, C. e Morillo, P. (1996). *Diameter vulnerability of iterated line digraphs*, Discrete Maths. **149**, 189-204.

[RH52] Ross, I.C.e Harary, F. (1952). *On the determination of redundancies in sociometric chains*. Psychometrika **17**, 195-208.

[SBL87] Schoone, A.A., Bodlaender, H.L. e van Leeuwen, J. (1987). *Diameter increase caused by edge deletion*, J. Graph Theory **11**, 3, 409-427.

[Sl99] Slater, P. (1999). *A survey of sequences of central subgraphs*, Networks **34**, 244-249.

[Ta01] Tamir, A. (2001). *The k-centrum multi-facility location problem*, Discrete Applied. Mathematics **109**, 293-307.

[V05] Vacek, O. (2005). *Diameter-invariant graphs*. Mathematica Bohemica. **4**, 355–370.

[YK02] Yamada, T. e Kinoshita, H. (2002). *Finding all the negative cycles in a directed graph*, Discrete Appl. Maths. **118**, 279-291.

Capítulo 5 - Grafos sem circuitos e sem ciclos

[An80] Aneja, Y.P. (1980). *An integer linear programming approach to the steiner problem in graphs*, Networks **10**, 167-178.

[AO00] Ahuja, R.K. e Orlin, J.B. (2000). *A faster algorithm for the inverse spanning tree problem*, J. Algorithms **34**, 177-193.

[ALMM09] Amaldi, E., Liberti, L., Maffioli, F. e Maculan, N. (2009). *Edge-swapping algorithms for the minimum fundamental cycle basis problem*. Math Meth Oper Res **69**, 205–233.

[ATW01] Alon, N., Teague, V.J. e Wormald, N.C. (2001). *Linear arboricity and linear k-arboricity of regular graphs*, Graphs and Combinatorics **17**, 11-16.

[BD96] Brandt, S. e Dobson, E. (1996). *The Erdös-Sós conjecture for graphs of girth 5*, Discrete Maths. **150**, 411-414.

[BH01] Bazlamaçci, C.F. e Hindi, K.S. (2001). *Minimum-weight spanning tree algorithms: a survey and empirical study*, Comp. Opns. Research **28**, 767-785.

[BKPS00] Bhatia, R., Khuller, S., Pless, R. e Sussmann, Y.J. (2000). *The full-degree spanning tree problem*, Networks **36**, 203-209.

[BM97] Broder, A.Z. e Mayr, E.W. (1997). *Counting minimum weight spanning trees*. J. Algorithms **24**, 171-176.

[Bo84] Boaventura Netto, P.O. (1984). *La différence d'un arc et le nombre d'arborescences partielles d'un graphe*, Pesquisa Operacional **4**, 2, 12-20.

[BT98] Bozkaya, B. e Tansel, B. (1998). *A spanning tree approach to the absolute p-center problem*, Location Science **6**, 83-1078.

[CB04] Candia-Véjar, A. e Bravo-Azlán, H. (2004). *Performance analysis of algorithms for the Steiner problem in directed networks*. Electronic Notes in Discrete Maths. **18**, 67-72.

[CCFH00] Chang, G.J., Chen, B-L., Fu, H-L. e Huang, K-C. (2000). *Linear k-arboricities on trees*, Discrete Appl. Maths. **103**, 281-287.

[CDN89] Colburn, C.J., Day, R.P.J. e Nel, L.D. (1989). *Unranking and ranking spanning trees of a graph*. J. Algorithms **10**, 271-286.

[CG83] Chung, F. R. K. e Graham, R. L. (1983). *On universal graphs for spanning trees*. J. London Mathematical. Society (2), **27**, 203-211

[CH01] Caccetta, L. e Hill, S.P. (2001). *A branch-and-cut method for the degree-constrained minimum spanning tree problem*, Networks **37**, 74-83.

[Ch72] Chang, S-K., (1972). *The generation of minimal trees with a steiner topology*, J. ACM **19**, 4, 699-711.

[CL96] Chung, F.R.K. e Langlands, R.P. (1996). *A combinatorial laplacian with vertex weights*, J. Combln. Theory **A** **75**, 316-327.

[CM96] Colburn, C.J., Myrwold, W.J. e Neufeld, E. (1996). *Two algorithms for unranking arborescences*, J. Algorithms **20**, 268-281.

[Co67] Cockayne, E.J. (1967). *On the Steiner problem*, Canadian Math. Bull. **10**, 3, 431-450.

[Co70] Cockayne, E.J. (1970). *On the efficiency of the algorithm for Steiner minimal trees*, SIAM J. Applied Maths. **18**, 1, 150-159.

[CT76] Cheriton, D. e Tarjan, R.E. (1976). *Finding minimal spanning trees*, SIAM J. Computing **5**, 4, 724-742.

[DE00] Dankelmann, P. e Entringer, R. (2000). *Average distance, minimum degree and spanning trees*, J. Graph Theory. **33**, 1-13.

[De74] Deo, N., *Graph theory and its applications to engineering and computer science*, Prentice-Hall, Englewood Cliffs, 1974.

[Det76] Detroye, J., *Synthèse optimale d'un réseau parcouru par un multiflot*, Thèse Doct. 3° cycle, Paris, 1976.

[DHC00] Dror, M., Haouari, M. e Chaouachi, J. (2000). *Generalized spanning trees*, European J. of Operational Research **120**, 583-592.

[DJS01] Ding, G., Johnson, T. e Seymour, P. (2001). *Spanning trees with many leaves*, J. Graph Theory **37**, 189-197.

[Fa85] Fagundes, N.M., *Aplicação das técnicas de Steiner à otimização de grafos*, Dissertação de M.Sc., 1985.

[FFLW97] Fisher, D.C., Fraughnaugh, K., Langley, L. e West, D.B. (1997). *The number of dependent arcs in an acyclic orientation*, J. Combin. Theory **B 71**, 73-78.

[FG96] Fernandes, L.M. e Gouveia, L. (1996). *Minimal spanning trees with a constraint on the number of leaves*, European J. of Operational Research **104**, 250-261.

[FKKRY97] Fekete, S.P., Khuller, S., Klemmstein,. M., Raghavachari, B. e Young, N. (1997). *A network-flow technique for finding low-weight bounded-degree spanning trees*, J. Algorithms **24**, 310-324.

[FL01] Fard, N. e Lee, T-H. (2001). *Spanning tree approach in all-terminal network reliability expansion*, Computer Communications **24**, 1348-1353.

[FLD01]Forina, M., Lanteri, S. e Esteban Diez, I. (2001). *New index for clustering tendency*, Analyctica Chimica Acta **446**, 59-70.

[FLP00] Faure, R., Lemaire, B. e Picouleau, C., *Précis de recherche opérationnelle* (5ª ed.), Dunod, Paris, 2000.

[FRT76] Faure, R., Roucairol, C. e Tolla, P., *Chemins et flots, ordonnancements*, Gauthier-Villars, Paris, 1976.

[FS97] Fernández-Baca, D. e Slutzki, G. (1997). *Linear-time algorithms for parametric minimum spanning tree problems on planar graphs*, Theor. Computer Science **181**, 57-74.

[FS99] Frederickson, G.N. e Solis-Oba, R. (1999). *Increasing the weight of minimal spanning trees*, J. Algorithms **33**, 244-266.

[GM97] Gilbert, B. e Myrvold, W. (1997). *Maximizing spanning trees in almost complete graphs*, Networks **30**, 97-104.

[GSU08] Gouveia, L. , Simonetti, L. e Uchoa, E. (2008). *modelling hop-constrained and diameter-constrained minimum spanning tree problems as Steiner tree problems over layered graphs.* http://www.optimization-online.org/DB_HTML/2008/06/2013.html (junho). Acesso em 01/2012.

[Hak71] Hakimi, S.L. (1971). *Steiner's problem in graphs and its implications*, Networks **1**, 113-133.

[HT95] Hassin, R. e Tamir, A. (1995). *On the minimum diameter spanning tree problem*, Inf. Processing Letters **53**, 109-111.

[Hu68] Hu, T.C., *Combinatorial algorithms*, Addison-Wesley, 1982.

[IR98] Italiano, G.F. e Ramaswami, R. (1998). *Maintaining spanning trees of small diameter*, Algorithmica **22**, 275-304.

[IT68] ITT, *Pert custo, um manual de instrução programada*, Pioneira, São Paulo, 1968.

[JW83] Jarvis, J.P. e Whited, D.E(1983). *Computational experience with minimum spanning tree algorithms.* Opns. Research Letters **2**, 36-41.

[Ke97] Kelmans, A.K. (1997). *Transformations of a graph increasing its laplacian polynomial and number of spanning trees*, European J. of Combinatorics **18**, 35-48.

[KES01] Krishnamoorty, M., Ernst, A.T. e Sharaiha, Y.M. (2001). *Comparison of algorithms for the degree-constrained minimum spanning tree*, J. Heuristics **7**, 587-611.

[Ki97] King, V. (1997). *A simpler minimum spanning tree verification algorithm*, Algorithmica **18**, 263-270.

[Kin07] Kinkar, C.D. (2007). *A Sharp Upper Bound for the Number of Spanning Trees of a Graph.* Graphs and Combinatorics **23**, 625–632.

[KKT95] Karger, Klein, and Tarjan, (1995). *A randomized linear-time algorithm to find minimum spanning trees.* J. ACM **42**, 321-328.

[KLS05] Könemann, J., Levin, A. e Sinha, A. (2005). *Approximating the Degree-Bounded Minimum Diameter Spanning Tree Problem.* Algorithmica **41**: 117–129

[KM98] Koch, T. e Martin, A, (1998). *Solving Steiner tree problems in graphs to optimality*, Networks **32**, 207-232.

[KR00] Kapoor, S. e Ramesh, H. (2000). *An algorithm for enumerating all spanning trees of a directed graph*, Algorithmica **27**, 120-130

[Kr56] Kruskal, J.B. (1956). *On the Shortest Spanning Tree of a Graph and the Traveling Salesman Problem*, Proc. Amer. Math. Society **7**, 48-50 .

[KY00] Kaneko, A. e Yoshimoto, K. (2000). *On spanning trees with restricted degrees.* Information Processing Letters **73** (2000) 163–165

[Le99] Lewis, R.P. (1999). *The number of spanning trees of a complete multipartite graph*, Discrete Maths. **197/198**, 537-541.

[LH99] Lambert, T.W. e Hittle, D.C. (2000). *Optimization of autonomous village electrification systems by simulated annealing*, Solar Energy **68**, 1, 121-132.

[Li01] Liang, W. (2001). *Finding the k most vital edges with respect to minimum spanning trees for fixed k*, Discrete Appl. Maths. **113**, 319-327.

[LTL03] Lu, C.L., Tang, C.Y. e Lee, R. C-T. (2003). *The full Steiner tree problem*. Theoret. Computer Sci. **306**, 55-67.

[LR98] Lu, H-I e Ravi, R. (1998). *Approximating maximum leaf spanning trees in almost linear time*, J. Algorithms. **29**, 132-141.

[LSS10] Lin, M.C., Soulignac, F.J. e Szwarcfiter, J.L. (2010). *Arboricity, h-index and dynamic algorithms*. CORR 10, http://arxiv.org/abs/1005.2211v1

LW98] Lindquester, T. e Wormwald, N.C. (1998). *Factorisation of Regular Graphs into Forests of Shortest Paths*, Discrete Maths. **186**, 217-226.

[Ma87] Maculan, N. (1987). *The Steiner problem in graphs*, Ann. Discrete Maths. **31**, 185-211.

[Ma97] Matsui, T. (1997). *A flexible algorithm for generating all the spanning trees in undirected graphs*, Algorithmica **18**, 530-544.

[Ma02] Martel, C. (2002). *The expected complexity of Prim's minimum spanning tree algorithm*. Inf. Processing Letters **81**, 197-202.

[Mag69] Magalhães Motta, J. E., *PERT tempo e custo*, Spencer, Rio de Janeiro, 1969.

[Mar83] Markenzon, L. (1983). *Um Algoritmo para a determinação dos níveis dos vértices de um grafo*, Anais XVI SBPO, 342-350, Florianópolis.

[Mat80] Mateus, G.R., *Matróides e algoritmos greedy*, Dissertação de M.Sc. COPPE/UFRJ, 1980.

[Me61] Melzak, Z.A. (1961). *On the Steiner problem*, Canadian Math. Bulletin **4**, 2, 143-148.

[NMN01] Nesetril, J., Milková, E. e Nesetilová, H. (2001). *Otakar Boruvka on minimum spanning tree problem*. Translation of both the 1926 papers, comments, history, Discrete Maths. **233**, 3-36.

[OPP97] Oh, J., Pyo, I. e Pedram, M. (1997). *Constructing minimal spanning / Steiner trees with bounded path length*. Integration, the VLSI journal 227,163.

[Ox92] Oxley, J.G., *Matroid theory*, Oxford University Press, 1992.

[OY11] Ozeki, K. e Yamashita, T. (2011). Spanning trees: a survey. Graphs and Combinatorics **27**, 1-26.

[PD01a] Polzin, T. e Daneshmand, S.V. (2003). *A comparison of Steiner tree relaxations*. Discrete Appl. Maths. **112**, 241-261.

[PD01b] Polzin, T. e Daneshmand, S.V. (2003). *Improved algorithms for the Steiner problem in networks*. Discrete Appl. Maths. **112**, 263-300.

[PBS98] Petingi, L., Boesch, F. e Suffel, C. (1998). *On the characterisation of graphs with maximum number of spanning trees*, Discrete Maths. **179**, 155-166.

[PQR99] Pardalos, P.M., Qian, T. e Resende, M.G.C. (1999). *A greedy randomized adaptive search procedure for the feedback vertex set problem*, J. Combin. Optimization **2**, 399-412.

[PR02] Petingi, L. e Rodriguez, J. (2002). *A new technique for the characterization of graphs with a maximum number of spanning trees*, Discrete Maths. **244**, 351-373.

[PZJ04] Peyer, S., Zachariasen, M. e Jorgensen, D.G. (2004). Delay-related secondary objectives for rectilinear Steiner minimum tree. Discrete Appl. Maths. **136**, 271-298.

[RS02] Ribeiro, C.C. e Souza, M.C. (2002). *Variable neighborhood search for the degree-constrained minimum spanning tree problem*, Discrete Appl. Maths. **118**, 43-54.

[Se01] Serdjukov, A.I(2001). *On finding a maximum spanning tree of bounded radius*, Discrete Appl. Maths. **114**, 249-253.

[SGLO97] Sheraiha, Y.M., Gendreau, M., Laporte, G., Osman, I.H. (1997). *A tabu search algorithm for the capacitated shortest spanning tree problem*, Networks **29**, 3, 161-172.

[So00] Soffer, S.N. (2000). The *Komlós-Sós conjecture for graphs of girth 7*, Discrete Maths. **214**, 279-283.

[Sq98] Squire, M.B. (1998). *Generating the acyclic orientations of a graph*, J. Algorithms **26**, 275-290.

[St96] Stanley, R.P. (1996). *A matrix for counting paths in acyclic digraphs*, J. Combin. Theory **A 74**, 169-172.

[SM08] Santiváñeza, J. e Melachrinoudisb, E. (2008). *Location of a Reliable Center on a Tree Network*. Operational Research. An International Journal **7**, 3,.419-446

[SW97] Saclé, J-F e Wosniak, M. (1997). *The Erdös-Sós conjecture for graphs without C_4*, J. Combin. Theory **B 70**, 367-372.

[Ta83] Tarjan, R.E., *Data structures and network algorithms*, SIAM, Philadelphia, 1983.

[VR07] VanderWeele, T.J. e Robins, J.M. (2007). *Directed Acyclic Graphs, Sufficient Causes, and the Properties of Conditioning on a Common Effect*. American Journal of Epidemiology **166**, 9, 1096-1104.

[VRMMR97] Venkatesan, G., Rotics, U., Madanlal, M. S., Makowsky, J. A. e Rangan, C. P. (1997). *Restrictions of Minimum Spanner Problems*. information and computation **136**, 143-164.

[WCT00a] Wu, B.Y., Chao, K-M e Tang, C.Y. (2000). *A polynomial-time approximation scheme for optimal product-requirement communication spanning trees*, J. Algorithms **36**, 182-204.

[WCT00b] Wu, B.Y., Chao, K-M. e Tang, C.Y. (2000). *Approximation algorithms for some optimum communications spanning tree problems*, Discrete Appl. Maths. **102**, 245-266.

[Wu00] Wu, J. (2000). *The linear arboricity of series-parallel graphs*, Graphs and Combinatorics **16**, 367-372.

Capítulo 6 - Alguns problemas de subconjuntos de vértices

[APS00] Avriel, M., Penn, M. e Shpirer, M. (2000). *Container ship stowage problem: complexity and connection to the coloring of circle graphs*, Discrete Appl. Maths. **103**, 271-279.

[ARW10] Andrade, D.V., Resende, M.G.C. e Werneck, R.F. (2010). *Fast local search for the maximum Independent set problem* . AT&T Labs Research Technical Report, June 29.

[BCGMVW04] Burger, A.P., Cockayne, E.J., Gründligh, W.H., Mynhardt, C;M., Vuuren, J.H.V. e Winterbach, W. (2004). *Infinite order domination in graphs*. J. Combinatorial Mathematics and Combinatorial Computing **49**, 159-175.

[BCHHS00] Baogen, X., Cockayne, E.J., Haynes, T.W., Hedetniemi, S.T. e Shangchao, Z.. (2000). *Extremal graphs for inequalities involving domination parameters*, Discrete Maths. **216**, 1-10.

[BGL02] Boros, E., Golumbis, M.C. e Levit, V.E. (2002). *On the number of vertices belonging to all maximum stable sets of a graph*, Discrete Appl. Maths. **124**, 17-25.

[Bi97] Bielak, H. (1997). *Chromatic uniqueness in a family of 2-connected graphs*, Discrete Maths. **164**, 21-28.

[BK73] Bron, C. e Kersbosch, J. (1973). *Algorithm 457: Finding all cliques of an undirected graph*, Communications of the ACM, **16**, 575-577.

[BL96] Bo, C. e Liu, B. (1996). *Some inequalities about connected domination number*, Discrete Maths. **159**, 241-245.

[Bo78] Bollobás, B. (1978). *Uniquely colorable graphs*, J. Combin. Theory **B 25**, 54-61.

[Br96] Brandstädt, A. (1996), *Partitions of graphs into one or two independent sets or cliques*, Discrete Maths. **152**, 47-54.

[BS09] Bullmore, E. e Sporns, O. (2009). *Complex brain networks: graph theoretical analysis of structural and functional systems*. Nature Reviews Neuroscience **10**, 186-198.

[Bu03] Butenko, S. *Maximum independent set and related problems, with applications*. Ph.D. Thesis, University of Florida, 2003.

[Ca79] Catlin, P.A. (1979), *Brooks' graph coloring theorem and the independence number*, J. Combin. Theory **B 27**, 42-48.

[CD01] Caramia, M. e Dell'Olmo, P. (2001). *Iterative coloring extension of a maximum clique*, Naval Research Logistics **48**, 518-550.

[CDHH04] Cockayne, E.J., Dreyer Jr., P.A., Hedetniemi, S.M. e Hedetniemi, S.T. (2004). *Roman domination in graphs*. Discrete Maths. **278**, 11-22.

[CFM95] Cockayne, E.J., Fricke, G. e Mynhardt, C.M. (1995). *On a Nordhaus-Gaddum type problem for independent domination*, Discrete Maths. **138**, 199-205.

[CFPT81] Cockayne, E.J., Favaron, O., Payan, C. e Thomason, A.G. (1981). *Contribution to the theory of domination, independence and irredundance in graphs*, Discrete Maths. **33**, 249-258.

[CH77] Cockayne, E.J. e Hedetniemi, S.M. (1977).*Towards a theory of domination in graphs*, Networks **7**, 247-261

[Ch88] Chung, F.R.K., (1988).*The average distance and the independence number*, J. Graph Theory **12**, 2, 229-235.

[CHY99] Chartrand, G., Harary, F. e Yuc, B.Q. (1999). *On the out-domination and in-domination numbers of a digraph*, Discrete Maths. **197/198**, 179-183.

[CM97]Cockayne, E.J. e Mynhardt, C.M. (1997). *Domination and irredundance in cubic graphs*, Discrete Maths. **167/168**, 205-214.

[CY02] Chen, G. e Yu, X. (2002), *A note on fragile graphs*, Discrete Maths. **249**, 41-43.

[CZ99] Chen, B. e Zhou, S. (1999). *Domination number and neighborhood conditions*, Discrete Maths. **195**, 81-91.

[DDM97] Domke, G.S., Dunbar, J.E. e Markus, L.R. (1997). *Gallai-type theorems and domination parameters*, Discrete Maths. **167/168**, 237-248.

[DHHLM99] Domke, G.S., Hattingh, J.H., Hedetniemi, S.T., Laskar, R.C. e Markus, L.R. (1999). *Restrained domination in graphs*, Discrete Maths. **203**, 61-69.

[DL98] Dong, F.M.e Liu, Y.P. (1998). *All wheels with two missing consecutive spokes are chromatically unique*, Discrete Maths. **184**, 1-3, 71-85.

[FGPS05] Fomin, V.F., Grandoni, F., Pyatkin, A.V. e Stepanov, A.A. (2005). *On maximum number of minimal dominating sets in graphs*. Electronic Notes in Discrete Maths. **22**, 157-162.

[Fo83] Fonseca, M.G., *Um Algoritmo heurístico para resolução de problemas de alocação de canais de comunicação*, Dissertação de M.Sc., COPPE/UFRJ, 1983.

[FY98] Forbes, F. e Ycart, B. (1998). *Counting stable sets on cartesian products of graphs*, Discrete Maths. **186**, 1-3, 105-116.

[FKW04] Feofiloff, P., Kohayakawa, Y. e Wakabayashi, Y.. *Uma introdução sucinta à teoria dos grafos*. II Bienal da SBM, outubro de 2004.

[FY98] Forbes, F. e Ycart, B. (1998). *Counting stable sets on cartesian products of graphs*, Discrete Maths. **186**, 1-3, 105-116.

[GHH05] Goddard, W., Hedetniemi, S.M. e Hedetniemi, S.T. (2005). Eternal security in graphs. J. Combinatorial Mathematics and Combinatorial Computing **52**, 169-180.

[GK98a] Guha, S. e Khuller, S. (1998). *Approximation algorithms for connected dominating sets*, Algorithmica **20**, 374-387.

[GK98b] Glebov, N.I. e Kostochka, A.V. (1998). *On the independent domination number of graphs with given minimum degree*, Discrete Maths. **188**, 261-266.

[GL98] Galeana-Sánchez, H. e Li, X. (1998). *Kernels in a special class of digraphs*, Discrete Maths. **178**, 73-80.

[Go93] Gouvêa, E.F., *Contribuições às heurísticas do problema de coloração em grafos*, Dissertação de M.Sc., Instituto Militar de Engenharia, 1993.

[Ha95] Haviland, J. (1995). *Independent domination in regular graphs*, Discrete Maths. **143**, 275-280.

[Ha98] Harant, J. (1998). *A lower bound on the independence number of a graph*, Discrete Maths. **188**, 239-243.

[He03] Henning, M.A. (2003). *Defending the Roman Empire from multiple attacks.* Discrete Maths. **271**, 101-115.

[HH96] Harary, F. e Haynes, T.M. (1996). *Nordhaus-Gaddum inequalities for domination in graphs*, Discrete Maths. **155**, 99-105.

[HH03] Henning, M.A. e Hedetniemi, S.T. (2003). *Defending the Roman Empire – a new strategy.* Discrete Maths. **266**, 239-251.

[HR97] Halldorsson, M.M. e Radhakrishnan, J. (1997), *Greed is good : approximating independent sets in sparse and bounded-degree graphs*, Algorithmica **18**, 145-163

[HS01] Harant, J. e Schiermeyer, L. (2001), *On the independence number of a graph in terms of order and size*, Discrete Maths. **232**, 131-138.

[IR68] Ivanescu (P.L. Hammer) e Rudeanu, *Boolean methods in operations research and related areas*, Springer-Verlag, 1968.

[Ji03] Jiang, T. (2003). *Bounds on total domination in terms of minimum degree.* Bull. Inst. Combinatorics Applns. **38**, 101-104.

[Kl96] Klavžar, S. (1996). *Coloring graph products – a survey*, Discrete Maths. **155**, 135-145.

[Ko94] Kouider, M. (1994). *Cycles in graphs with prescribed stability number and connectivity*, J. Combin. Theory **B 60**, 315-318.

[KT90] Koh, K.M. e Teo, K.L. (1990). *The search of chromatically unique graphs*, Graphs and Combinatorics **6**, 259-285.

[KT97] Koh, K.M. e Teo, K.L. (1997). *The search for chromatically unique graphs – II*, Discrete Maths. **172**, 59-78.

[Ku01] Kumar, V. (2001). *An approximation algorithm for circular arc coloring*, Algorithmica **30**, 406-417.

[La79] Larson, J.A. (1979). *Some graphs with chromatic number three*, J. Combin. Theory **B 26**, 317-322.

[Li01] Li, J. (2001). *On the Thomassen's conjecture*, J. Graph Theory **37**, 168-180.

[Lo86] Locke, S.C. (1986). *Bipartite density and the independence Ratio*, J. Graph Theory **10**, 47-73,

[Lo03] Lopez, M.G.. *Dominação romana em grafos não orientados*. Dissertação de M.Sc. COPPE/UFRJ, 2003.

[Lo08] Lopes, M.G. (2008). *Dominação eterna em grafos.* Tese de D.Sc., COPPE/UFRJ.

[LT82] Loukakis, E. e Tsouros, C. (1982). *Determining the number of internal stability of a graph*, Int. J. Comp. Math. **11**, 207-220.

[LZ97] Liu, R-Y. e Zhao, L-C. (1997). *A New method for proving chromatic uniqueness of graphs*, Discrete Maths. **171**, 169-177.

[Mi04] Michalak, D. (2004). *Domination, independence and irredundance with respect to additive induced-hereditary properties.* Discrete Appl. Maths. **286**, 141-146.

[Mi76] Mitchem, J. (1976). *On various algorithms for estimating the chromatic number of a* graph, Computer J. **19**, 2, 182-183.

[MMI72] Matula, D.W., Marble, W.G. e Isaacson, J.D., *Graph coloring algorithms*, in Graph Theory and Computing, R.C. Read (ed.), Academic Press, 1972.

[Pi00] Pimenta, M.M.D., *Quatro invariantes cromáticos e uma heurística de coloração de grafos serpentina, Tese de D.Sc.*, COPPE/UFRJ, 2000.

[Ra99a] Rautenbach, D. (1999). *A linear Vizing-like relation between the size and the domination number of a graph*, J. Graph Theory **31**, 297-302.

[Ra99b] Rautenbach, D. (1999). *On the differences between the upper irredundance, upper domination and independence numbers of a graph*, Discrete Maths. **203**, 239-252.

[Ri68] Riordan, J., *An Introduction to combinatorial analysis*, Wiley, 1968.

[RND77] Reingold, E.M., Nievergelt, J. e Deo, N., *Combinatorial algorithms: Theory and Practice*, Prentice-Hall, Englewood Cliffs, 1977.

[Sa00] Sanchis, L.A. (2000). *On the number of edges in graphs with a given connected domination number*, Discrete Maths. **214**, 193-210.

[Sa02] Sanchis, L.A. (2002). *Experimental analysis of heuristic algorithms for the dominating set problem*, Algorithmica **33**, 3-18.

[Sa79] Santos, R. da N., *Obtenção do número cromático de um grafo*, Dissertação de M.Sc., COPPE/UFRJ, 1979.

[SBB94] Silva Filho, K.A., Borges, A.L. e Boaventura Netto, P.O. (1994). *Determinação de pontos de vigilância*, Anais XXVI SBPO,. 411-414, Florianópolis.

[St01] Stacho, L. (2001), New upper bound for the chromatic number of a graph, J. Graph Theory **36**, 117-120.

[SW99] Sun, L. e Wang, J. (1999). *An upper bound for the independent domination number*, J. Combin. Theory **B 76**, 340-346.

[TIAS77] Tsukiyama, S., Ide, M., Ariyoshi, H. e Shirakawa, I. (1977). *A New algorithm for generating all the maximal independent sets*, SIAM J. Computing **6**, 505-517.

[TT77] Tarjan, R.E. e Trojanowski, A.E. (1977). *Finding a maximal independent set*, SIAM J. Computing **6**, 3, 537-546.

[Vi04] Vianna, S.S.V.. *Otimização de detectores de gás usando programação matemática e fluidodinâmica computacional.* Dissertação de M.Sc., COPPE/UFRJ, 2004.

[Vo98] Volkmann, L. (1998). *The ratio of the irredundance and domination number of a graph*, Discrete Maths. **178**, 221-228.

[Wa96] Wang, Y-L. (1996). *On the bondage number of a graph*, Discrete Maths. **159**, 291-294.

[Wo97] Wood, D.R. (1997). *An algorithm for finding a maximum clique in a graph*, Opns. Research Lett. **21**, 211-217.

[WP67] Welsh, D.J.A. e Powell, M.B. (1967). *An upper bound for the chromatic number of a graph and its applications to timetabling problems*, Computer J. **10**, 85-86.

[Zw98] Zwerovich, I.E. (1998). *Proof of a conjecture in domination theory*, Discrete Maths. **184**, 297-298.

[Zw04] Zverovich, I.E. (2004). *Minimum degree algorithms for stability number.* Discrete Applied Mathematics **132**, 211-216.

Capítulo 7 - Fluxos em grafos

[AKMO97] Ahuja, R.K., Kodialam, M., Mishra, A.K. e Orlin, J.B. (1997). *Computational investigations of maximum flow algorithms*, European J. of Operational Research **97**, 509-542.

[AMO93] Ahuja, R.K., Magnanti, T.L. e Orlin, J.B., *Network flows: theory, algorithms and applications*, Prentice-Hall, New Jersey, 1993.

[Ben73] Bennington, G.E. (1973). *An efficient minimum cost flow algorithm* , Management Science **19**, 9, 1021-1051.

[EH02] Erlebach, T. e Hagerup, T. (2002). *Routing flow through a strongly connected graph*, Algorithmica **32**, 467-473.

[EK72] Edmonds, J. e Karp, R.M. (1972), *Theoretical improvements in algorithmic efficiency for network flow problems*, J. ACM **19**, 2, 248-264.

[FF58] Ford, L.K. e Fulkerson, D.R. (1958). *Constructing maximal dynamic flows from static flows*, Operations Research **6**, 419-433.

[FF62] Ford, L.K. e Fulkerson, D.R., *Flows in networks*, Princeton, 1962.

[Fu61] Fulkerson, D.R. (1961). *An out-of-kilter method for minimal cost flow problems*, SIAM J. Applied Maths. **9**, 1, 18-27.

[Ga59] Gale, D. (1959). *Transient flows in networks*, Mich. Math. J. **6**, 59-63.

[Go87] Goldberg, A.W. (1997). *An efficient implementation of a scaling minimum-cost flow algorithm*, J. Algorithms **22**, 1-29.

[Ha79] Halpern, J. (1979). *Generalized dynamic flows problem*, Networks **9**, 133-167.

[Ie94] Iemini, M.F., *Fluxo dinâmico em redes aplicado ao tráfego urbano*, Dissertação de M.Sc., COPPE/UFRJ, 1994.

[JM93] Johnson, D.S. e McGeoch, C.C. (eds.), *Network flows and matching*, DIMACS, Vol. 12, AMS, 1993.

[JRT00] Jünger, M., Rinaldi, G. e Thienel, S. (2000). *Practical performance of efficient minimum cut algorithms*, Algorithmica **26**, 172-195.

[Le92] Lewis, C.M. (1992). *The use of graph theory techniques to investigate genealogical structure.* IMA Journal of Mathematics Applied in Medicine & Biology **9**, 145-159.

[Mi73] Minieka, E. (1973). *Maximal lexicographic and dynamic network flows*, Operations Research **21**, 2, 517-527.

[Mi74] Minieka, E. (1974). *Dynamic network flows with arc changes*, Networks **4**, 255-265.

[MKM78] Malhotra, V.M., Kumar, M.P. e Maheshwari, S.N. (1978). *An algorithm for finding maximum flows in networks*, Inf. Processing Letters **7**, 6, 277-278.

[Ros91] Roseaux, *Exercices et problemes résolus de recherche opérationnelle, t. 1 - Graphes, Leurs Usages, Leurs Algorithmes*, Masson, 1991.

[SAO00] Sokkalingam, P.T., Ahuja, R.K. e Orlin, J.B. (2000). *New polynomial-time cycle-canceling algorithms for minimum-cost flows*, Networks **36**, 53-63.

[SG00] Sedeño-Noda, A. e González-Martin, C. (2000). *A O(nmlog(U/n)) time maximum flow*, Naval Research Logistics **47**, 511-520.

[Vy02] Vygen, J. (2002). *On dual minimum cost flow algorithms*, Math. Methods in Operations Research **56**, 101-126.

[Wi69] Wilkinson, W.L. (1969). *An algorithm for universal maximum flows in a network*, Operations Research **19**, 7, 1602-1612.

Capítulo 8 – Acoplamentos

[AKN99] Ando, K., Kaneko, A. e Nishimura, T. (1999). *A degree condition for the existence of 1-factors in graphs or their complements*, Discrete Maths. **203**, 1-8.

[AP99] Aldred, R.E.L. e Plummer, M.D. (2000). *On matching extensions with prescribed and proscribed edge sets II*, Discrete Maths. **197/198**, 29-40.

[BB00] Baïon, M. e Balinski, M. (2000). *Many-to-many matching: stable polyandrous polygamy (or polygamous polyandry)*, Discrete Appl. Maths. **101**, 1-12.

[BBJ12] Bokal, D., Brešar, B. Jerebic, J. (2012). *A generalization of Hungarian method and Hall's theorem with applications in wireless sensor networks.* Discrete Applied Mathematics. Disponível na rede em 06/12/2011.

[BD83] Ball, M.O. e Derigs, U. (1983). *An analysis of alternate strategies for implementing matching algorithms*, Networks 13, 517-549.

[BF95] Beezer, R.A. e Farrell, E.J. (1995). *The matching polynomial of a regular graph*, Discrete Maths. **137**, 7-18.

[Ch92] Chaves, M.C. de C., *Alocação de artigos a sessões de congressos: uma aplicação do problema do emparelhamento*, Dissertação de M.Sc., COPPE/UFRJ, 1992.

[Ed65] Edmonds, J. (1965). *Path, trees and flowers*, Canadian J. of Maths. **17**, 449-467.

[EK00] Eriksson, K. e Karlander, J(2000). *Stable matching in a common generalization of the marriage and assignment models*, Discrete Maths. **217**, 135-136.

[FJ99a] Fremuth-Paeger, C. e Jungnickel, D. (1999). *Framework for design and analysis of matching algorithms*, Networks **33**, 1-28.

[FJ99b] Fremuth-Paeger, C. e Jungnickel, D. (1999). *Balanced network flows. II. Simple augmentation algorithms*, Networks **33**, 29-41.

[FJ99c] Fremuth-Paeger, C. e Jungnickel, D. (1999). *Balanced network flows. III. Strongly Polynomial augmentation algorithms*, Networks **33**, 43-56.

[Ga86] Galil, Z. (1986). Sequential and parallel algorithms for finding maximum matchings in graphs. Annual Review of Computer Science **1**, 197-224.

[GKT01] Gabow, H.N., Kaplan, H. e Tarjan, R.C. (2001). *Unique new matching algorithms*, J. Algorithms **40**, 159-183.

[Go88] Goldbarg, M.C., *O problema do acoplamento*, Prova Qualif. D.Sc.., COPPE/UFRJ, 1988.

[Ha89] Hall, B.R., *Avanços Recentes no Problema do Emparelhamento*, Prova Qualif. D.Sc.., COPPE/UFRJ, 1989.

[HK73] Hopcroft, J.E. e Karp, R.K. (1973). *An* $n^{5/2}$ *algorithm for maximum matching in bipartite graphs*, SIAM J. Comput. **2**, 225-231.

[HY07] Henning, M. A. e Yeo, A. (2007). *Tight Lower Bounds on the Size of a Maximum Matching in a Regular Graph.* Graphs and Combinatorics **23**, 647-657.

[Ku55] Kuhn, H.W. (1955). *The Hungarian method for the assignment problem*, Naval Research Logistics Quarterly **2**, 83-97.

[Pe07] Pentico, D.W. (2007). *Assignment problems: A golden anniversary survey.* European Journal of Operational Research **176**, 774–793.

[PS82] Papadimitriou, C.H. e Steiglitz, K., *Combinatorial optimization: algorithms and complexity*, Prentice-Hall, 1982.

[PS06] Potočnik, P. e Šajna, M. (2006). *On almost self-complementary graphs*. Discrete Mathematics, **306**, 107-123.

[Ri00] Rizzi, R. (2000). *A short proof of König's matching theorem*, J. Graph Theory **33**, 138-139.

[Sch98] Schrijver, A. (1998). *Counting 1-factors in regular bipartite graphs*, J. Combin. Theory **B 72**, 123-135.

[ST70] Spivey, W.A. e Thrall, R.M., *Linear optimization*, Holt, Rinehart and Wilson, 1970.

Capítulo 9 - Percursos abrangentes

[AA09] Adamus, J. e Adamus, L. (2009). *Ore and Erdös type conditions for long cycles in balanced bipartite graphs.* Discrete Mathematics and Theoretical Computer Science **11** (2), 57-70.

[Ab94] Abreu, N.M.M. de, (1994). *Comunicação não publicada.*

[ABBO98] Amar, D., Brandt, S., Brito, D. e Ordaz, O. (1998). *Neighborhood conditions for balanced independent sets in bipartite graphs*, Discrete Maths. **181**, 31-36.

[ABCS00] Arratia, R., Bollobás, B., Coppersmith, D e Sorkin, G. (2000). *Euler circuits and DNA sequencing by hybridation*, Discrete Appl. Maths. **104**, 63-96.

[AFG01] Ascheuer, N., Fischetti, M. e Grótschel, M. (2001). *Solving the asymmetric travelling salesman problem with time windows by branch-and-cut*, Math. Programming **A 90**, 475-506.

[AGA99] Ascheuer, N., Grötschel, M. e Abdel-Hamid, A.A-A. (1999). *Order-picking in na automatic warehouse: solving on-line asymmetric TSPs*, Math. Methods in Operations Research **49**, 501-515.

[Ai09] Ainouche, A. (2009). *Dirac's Type Sufficient Conditions for Hamiltonicity and Pancyclicity.* Graphs and Combinatorics **25**, 129-137.

[AJ06] Abbasi, S. e Jamshed, A. (2006*). A Degree Constraint for Uniquely Hamiltonian Graphs.* Graphs and Combinatorics **22**, 433-442.

[As96] Asratian, A.S. (1996). *Every 3-connected, locally connected, claw-free graph is Hamiltonian-connected*, J. Graph Theory **23**, 2, 191-201.

[AVVS90] Altschuller, M.S., Viana, A.M.S., Valeriano, M.F. e Souza, M.V.A. (1990). *Seminário COP 730 de aplicações de grafos (estudo não publicado)*, COPPE/UFRJ.

[AW99] Allabdulatif, M. e Walker, K. (1999). *Maximum graphs not spannable by r disjoint paths*, Discrete Maths. **208/209**, 9-12.

[BBS02] Bauer, D., Broersma, H. e Schmeichel, E. (2002). *More progress on tough graphs – the Y2K report.* Electronic Notes in Discrete Maths. **11**, 63-80.

[BC76] Bondy, J.A., e Chvátal, V. (1976). *A method in graph theory*, Discrete Maths. **15**, 111-136.

[BCDG08] Balbuena, C., Cerab, M., Diánez A. e García-Vázquez, P. (2008). *On the girth of extremal graphs without shortest cycles.* Discrete Mathematics **308**, 5682–5690.

[BCFGL97] Brandt, S., Chen, G., Faudree, R., Gould, R.J. e Lesniak, L. (1997). *Degree conditions for 2-factors*, J. Graph Theory **24**, 165-173.

[BCMMC88] Boaventura Netto, P.O., Costa, R.S., Massote, A.A., Mattos, N.M.C. e Costa, L.M.L. 1988. *Um sistema para roteamento de percursos pré-eulerianos*, Anais XXI SBPO/IV CLAIO, pgs. 219-228, Rio de Janeiro.

[BET99] Broersma, H., Engbers, E. e Trommel, H. (1999). *Various results on the toughness of graphs*, Networks **33**, 233-238.

[BHS90] Bauer, D., Hakimi, F.L. e Schmeichel, E. (1990). *Recognizing tough graphs is NP-hard.* Discrete Appl. Maths. **28**, 191-195.

[Bo86] Boaventura Netto, P.O. (1986). *Avaliação da melhoria máxima admissível em um percurso pré-euleriano sub-ótimo*, Anais XIX SBPO, 118-125.

[Bon69] Bondy, J.A. (1969). *Properties of graphs with constraints on d*egrees, Stud. Scient. Mat. Hung. **4**, 473-475.

[Br02] Broersma, H.J. (2002). *On some intriguing problems in Hamiltonian graph theory – a survey*, Discrete Maths. **251**, 47-69.

[Br97] Broersma, H.J. (1997). *A note on the minimum size of a vertex-pancyclic graph*, Discrete Maths. **164**, 29-32.

[BRS00] Broersma, H., Ryjácek, Z. e Schiermeyer, I. (2000). *Closure concepts: a survey*, Graphs and Combinatorics **16**, 17-48.

[BSV96] Bauer, D., Schmeichel, E. e Veldman, H.J. (1996). *A Note on dominating cycles in 2-connected graphs*, Discr.ete Maths. **155**, 13-18.

[BT97] Bollobás, B. e Thomsson, A. (1997). *On the girth of Hamiltonian weakly-pancyclic graphs*, J. Graph Theory **26**, 165-173.

[BT98] Broersma, H. e Tuinstra, H. (1998). *Independence trees and Hamiltonian cycles*, J. Graph Theory **29**, 227-237.

[CE72] Chvátal, V. e Erdös, P. (1972). *A Note on Hamiltonian circuits*, Discrete Maths. **2**, 111-113.

[CHL96] Catlin, P.A, Han, Z-Y. e Lai, H-J. (1996). *Graphs without spanning closed trails*, Discrete Maths. **160**, 81-91.

[Chv72] Chvátal, V. (1972). *On Hamilton's ideals*, J. Combin. Theory **B 12**, 163-168.

[Chv73] Chvátal, V. (1973). *Tough graphs and Hamiltonian circuits*, Discrete Maths. **5**, 215-228.

[CJ97] Chen, G. e Jacobson, M.S. (1997), *Degree sum conditions for Hamiltonicity on k-partite graphs*, Graphs and Combinatorics **13**, 4, 325-343.

[CL71] Chartrand, G. e Lick, D.R. (1971). *Ramdomly eulerian digraphs*, Czech. Math. J., **3**, 21, 424-430.

[CMR00] Corberán, A., Martí, R. e Romero, A. (2000). *Heuristics for the mixed rural postman problem.* Computers & Operations Research. **27**, 183-203.

[CMS02] Corberán, A., Martí, R. e Sanchis, J.M. (2002). *A GRASP heuristic for the mixed Chinese postman problem*, European J. of Operational Research **142**, 70-80.

[Co00] Costa, C.S. *Desenvolvimentos no estudo estrutural em grafos não orientados – ênfase à questão da hamiltoneidade. Tese de D.Sc.*, COPPE/UFRJ, 2000.

[Di52] Dirac, P. (1952). *Some theorems in abstract graphs*, Proc. Lond. Math. Soc. **3**, 2, 69-81.

[DKW06] Dudek, A., Katona, G.K. e Wojda, A.P. (2006). *Hamiltonian path saturated graphs with small size.* Discrete Applied Mathematics **154**, 1372-1379.

[DMP07] Detti, P., Meloni, C. e Pranzo, M. (2007). Local search algorithms for finding the Hamiltonian completion number of line graphs. Annals of Operational Research **156**, 5–24.

[EH78] Erdös, P. e Hobbs, A.M. (1978). *A Class of Hamiltonian regular graphs*, J. Graph Theory **2**, 129-135.

[EJKS85] Enomoto, H., Jackson, B., Katerinis, P. e Saito, A. (1985). *Toughness and the existence of k-factors*, J. Graph Theory. **9**, 87-95.

[En98] Enomoto, H. (1998). *Toughness and the existence of k-factors III*, Discr. Maths. **189**, 277-282.

[FFR97] Faudree, R., Flandrin, E. e Ryjacek, Z. (1997). *Claw-free graphs – a Survey*, Discr. Maths. **164**, 87-147.

[Fl74] Fleischner, H. (1974). *The square of every two-connected graph is Hamiltonian*, J. Combin. Th. **B 16**, 29-34.

[Fl01] Fleischner, H. (2001). *(Some of) the many uses of Eulerian graphs in graph theory,* Discr. Maths. **230**, 23-43.

[Fu05] Fujisawa, J. (2005). *Heavy cycles in weighted graphs.* Electronic Notes in Discrete Maths. **22**, 195-199.

[FY09] Froushani, M.A. e Yusuff, R.M. (2009). *Development of an innovative algorithm for the traveling salesman problem (TSP).* European Journal of Scientific Research **29**, 3, 349-359.

[GH73] Goodman, S. e Hedetniemi, S. (1973). *Eulerian walks in graphs*, SIAM J. Computing **2**, 1, 16-27.

[GL00] Ghiani, G. e Laporte, G. (2000). *A branch-and-cut algorithm for the undirected rural postman problem*, Math. Programming **A** 467-481.

[GL99] Ghiani, G. e Laporte, G. (1999). *Eulerian location problems*, Networks **34**, 291-302.

[Go91] Gould, R.J. (1991). *Updating the Hamiltonian Problem - a Survey*, J. Graph Theory **15**, 2, 121-157.

[Go01] Gould, R.J. (2001). *Results on degrees and the structure of 2-factors,* Discrete Maths. **230**, 99-111.

[Go03] Gould, R.J. (2003). *Advances on the hamiltonian problem – a survey.* Graphs and Combinatorics **19**, 7–52.

[GP10] Gendreau, M. e Potvin, J-Y. *Handbook of metaheuristics.* Springer, 2010.

[GPS97] Goddard, W., Plummer, M.D. e Swart, H.C. (1997). *Maximum and minimum toughness of graphs of small genus*, Discrete Maths. **167/168**, 329-339.

[GTVY00] Guo, Y., Tewes, M., Volkmann, L. e Yeo, A. (2000). *Sufficient conditions for semicomplete multipartite digraphs to be Hamiltonian*, Discrete Maths. **212**. 91-100.

[Ho95] Hoang, C.T. (1995). *Hamiltonian degree conditions for tough graphs*, Discrete Maths. **142**, 121-139.

[HV78] Hoede, e Veldman, (1978). *On the characterization of Hamiltonian graphs*, J. Combin. Theory **B 25**, 47-53.

[JFS02] Jurkiewicz, S., Freitas, K.E.F. e Salomão, D.F. (2002). *Independent production of non-Hamiltonian graphs.* Electronic Notes in Discrete Maths. **11**, 315-321.

[JGY98] Jensen, J.B., Gutin, G. e Yeo, A. (1998). *A polynomial algorithm for the Hamiltonian cycle problem in semicomplete multipartite digraphs*, J. Graph Theory **29**, 111-132.

[JL94] Jackson, B. e Li, H. (1994). *Hamilton cycles in 2-connected regular bipartite graphs*, J. Combin. Theory **B 62**, 236-258.

[Ju90] Jurkiewicz, S., *Grafos planares hamiltonianos*, Dissertação de M.Sc., COPPE/UFRJ, 1990.

[JW99] Jung, H.A. e Wittmann, P. (1999). *Longest cycles in tough graphs*, J. Graph Theory **31**, 107-127

[Ka64] Kaufmann, A., *Méthodes et modèles de recherche opérationnelle*, Dunod, 1964.

[KLM96] Kratsch, D., Lehel, J. e Müller, H. (1996). *Toughness, hamiltonicity and split graphs*, Discrete Maths. **150**, 231-245.

[KY01] Kaneko, A. e Yoshimoto, K. (2001). *On a Hamiltonian cycle in which specified vertices are uniformly distributed*, J. Combin. Theory **B 81**, 100-109.

[La97] Lauri, J. (1997). *On a formula for the number of euler trails for a class of digraphs*, Discrete Maths. **163**, 307-312.

[Li65] Lin, S. (1965). *Computer solution of the traveling salesman problem*, Bell Syst. Tech. J. **44**, 2245-2269.

[Li96] Li, M. (1996). *Hamiltonian cycles in regular 3-connected claw-free graphs*, Discrete Maths. **156**, 171-196.

[LL07] Letchford, A.N. e Lodi, A. (2007). *The traveling salesman problem: a book review.* 4OR **5**, 315–317

[LLRS85] Lawler, E., Lenstra, J.K., Rinnooy Kan, A.H.G. e Shmoys, D.B., *The traveling salesman problem: a guided tour of combinatorial optimization*, Wiley, 1985.

[LMSK63] Little, D.C., Murty, K.G., Sweeney, D.W. e Karel, C. (1963). *An algorithm for the traveling salesman problem*, Operations Research **11**, 972-989.

LSYZ09] n Lai, H-J., Shao, Y., Yu, G. e Zhan, M. (2009). *Hamiltonian connectedness in 3-connected line graphs.* Discrete Applied Mathematics **157**, 982–990.

[LW97] Liu, X. e Wei, B. (1997). *A Generalization of Bondy's and Fan's conditions for Hamiltonian graphs*, Discrete Maths. **169**, 249-255.

[LX05] Li, M. e Xiong, L. (2005). *Circunferences and minimum degrees in 3-connected claw-free graphs.* Electronic Notes in Discrete Maths. **22**, 93-99.

[Ma00] Marczyk, A. (2000). *On Hamiltonian powers of digraphs*, Graphs and Combinatorics **16**, 103-113.

[Man92] Manoussakis, Y. (1992). *Directed Hamiltonian graphs*, J. Graph Theory **16**, 1, 51-59.

[Me62] Mei-ko, Kwan. (1962). *Graphic programming using odd or even points*, Chinese Maths. **1**, 273-277.

[Mey73] Meyniel, M. (1973). *Une condition suffisante d'existence d'un circuit hamiltonien dans un graphe orienté*, J.Combin. Theory **14**, 137-147.

[Mi79] Minieka, E. (1979). *The Chinese postman problem for mixed networks*, Management Science **25**, 643-648.

[MP96] Macris, N. e Pulé, J.V. (1996). *An alternative formula for the number of Euler trails for a class of digraphs*, Discrete Maths. **154**, 301-305.

[MS84] Matthews, M.M. e Somner, D.P. (1984). *Hamiltonian results in* $k_{1,3}$*-free graphs*, J. Graph Theory **8**, 134-146.

[MWW01] Mubayi, D., Will, T.G. e West, D.B. (2001). *Realizing degree inbalances in directed graphs*, Discrete Maths. **239**, 147-153.

[MC11] MacGregor, J.N. e Chu, Y. (2011). *Human Performance on the Traveling Salesman and Related Problems: A Review.* Journal of Problem Solving **3**, 2. http://docs.lib.purdue.edu/jps/vol3/iss2/

[NT02a] Naddef, D. e Thienel, S. (2002). *Efficient separation routines for the symmetric traveling salesman problem I: general tools and comb separation*, Math Programming **A 92**, 237-255.

[NT02b] Naddef, D. e Thienel, S. (2002). *Efficient separation routines for the symmetric traveling salesman problem II: separating multi handle inequalities*, Math Programming **A 92**, 257-283.

[OMI99] Okano, H., Misuno, S. e Iwano, K. (1999). *New TSP construction heuristics and their relationships to the 2-opt*, J. Heuristics **5**, 71-88.

[Or60] Ore, O. (1960). *A note on Hamiltonian circuits*, Amer. Math. Monthly, **67**, 65.

[Ov76] Overbeck-Larish, M. (1976). *Hamiltonian paths in oriented graphs*, J. Combin. Theory **B 21**, 76-80.

[PC99] Pearn, W.L. e Chou, J.B. (1999). *Improved solutions for the Chinese postman problem on mixed networks.* Computers & Operations Research. **26**, 819-827.

[Pe94] Pearn, W.L. (1994). *Solvable cases of the k-person Chinese postman problem.* Operations Research Letters **16**, 241-244.

[PFT92] Perin,C., Ferreira, D.H.C. e Taube, J.M. (1992). *Uma experiência com o problema do carteiro chinês*, Pesquisa Operacional **12**, 1, 75-83.

[PL95] Pearn¸W.L. e Liu, C.M. (1999). *Algorithms for the Chinese postman problem on mixed networks.* Computers & Operations Research. **22**, 479-489.

[Po62] Pósa, L., A *theorem concerning Hamiltonian lines*, Magyár Tud. Akad. Mat. Kutató Int. Közl. **7**, 225-226 (1962).

[PW95]Pearn, W.L. e Wu, T.C. (1995). *Algorithms for the rural postman problem.* Computers & Operations Research. **22**, 819-828.

[PW03] Pearn, W.L. e Wang, K.H. (2003). *On the maximum benefit Chinese Postman Problem.* Omega **31**, 269-273.

[Sa98] Sarazin, M.L. (1998). *On the Hamiltonian Index and the radius of a graph*, Discrete Maths. **182**, 197-202.

[SD99] Stern, H.I. e Dror, N. (1999). *Routing electric meter readings.* Computers & Operations Research **6**, 209-223.

[SH88] Schmeichel, E.F. e Hakimi, S.L. (1988). *A cycle structure theorem for hamiltonian graphs.* J. Combin. Th. **B 45**, 1, 99-107.

[ST95] Shen, R. e Tian, F. (1995). *Neighborhood unions and hamiltonicity of graphs*, Discrete Maths. **141**, 213-225.

[SW97] Schaar, G. e Wojda, A.P. (1997). *A upper bound for the Hamiltonian exponent of finite digraphs*, Discrete Maths. **164**, 313-316.

[TP00] Teunter, R.H. e van der Poort, E.S. (2000). *The maximum number of Hamiltonian cycles in graphs with a fixed number of vertices and edges*, Operations Research Lett. **26**, 91-98.

[Wo72] Woodall, D.R. (1972). *Sufficient conditions for circuits in graphs*, Proc. London Math. Soc. **24**, 739-755.

[Wo98] Woeginger, G.J. (1998). *The toughness of split graphs*, Discrete Maths. **190**, 295-297.

[WW02] Wang, H-F e Wen, Y-P. (2002). *Time-constrained Chinese postman problems*. Computers and Maths. with Applns. **44**, 375-387.

[Xi01] Xiong, L. (2001). *The Hamiltonian index of a graph*, Graphs and Combinatorics **17**, 775-784.

[Yo98] Yokomura, K(1998)., *A degree sum condition on Hamiltonian cycles in balanced 3-partite graphs*, Discrete Maths. **178**, 293-297.

[ZLY85] Zhu, Y.J., Liu, Z.H. e Yu, Z.G. (1985). *An improvement of Jackson's result on Hamilton cycles in 2-connected k-regular graphs*, Ann. Discrete Maths. **27**, 237-248.

Capítulo 10 - Grafos planares

[AAK02] Aichholzer, O., Aurenhammer, F. e Krasser, H.. On the crossing number of complete graphs. Proc. 18th Annual ACM Symposium on Computational Geometry, 19-24, Barcelona, 2002.

[AAPPS97] Agarwal, P.K. Aronov, B. Pach, J. Pollack, R. e Sharir, M.(1997). *Quasi-planar graphs have a linear number of edges*. Combinatorica **17**, 1, 1–9.

[Ai87] Aigner, M.. *Graph theory: development from the 4-color problem*. BSC Associates, Idaho, EUA, 1a ed., 1987.

[AT07] Ackerman, E. E Tardos, G. (2007). *On the maximum number of edges in quasi-planar graphs*. J. Combin. Theory **A 114**, 563-571.

[Ba95] Baldas, M.T.M.L., *Reconhecimento e traçado de grafos planares*, Dissertação de M.Sc., COPPE/UFRJ, 1995.

[Bi98] Bilski, T. (1998). *Optimum embedding of complete graphs in books*, Discrete Maths. **182**, 21-28.

[BJ70] Barnette, P. e Jucovik, E. (1970). *Hamilton cycles on 3-polytopes*, J. Combin. Theory **B 9**, 54-59.

[ENO97] Enomoto, H., Nakamigawa, T. e Ota, K. (1997). *On the page number of complete bipartite graphs*, J. Combin. Theory **B 71**, 111-120.

[FHS98] Fellows, M., Hell, P. e Seyffarth, K. (1998). *Constructions of large planar networks with given degree and diameter*, Networks **32**, 275-281.

[Fr00] Freitas, K.E.F., *Construção automática de grafos não hamiltonianos*, Dissertação de M.Sc., COPPE/UFRJ, 2000.

[Go08] Gonthier, G. (2008). *Formal proof – the four-color theorem*. Notices of the AMS **55**, 11, 1382-1393.

[GPS97] Goddard, W., Plummer, M.D., Swart, H.C. (1997). *Maximum and minimum toughness of graphs of small genus*, Discrete Maths. **167/168**, 329-339.

[Gu72] Guy, R. K.. *Crossing Numbers of Graphs*. In Graph Theory and Applications: Proceedings of the Conference at Western Michigan University, Kalamazoo, Mich., May 10-13, 1972 (Ed. Y. Alavi, D. R. Lick, and A. T. White). New York: Springer-Verlag, pp. 111-124, 1972.

[HS98] Harel, D. e Sardas, M. (1998). *An algorithm for straight-line drawing of planar graphs*, Algorithmica **20**, 119-135.

[HT06] Heckmann, C.C. e Thomas, R. (2006). *Independent sets in triangle-free cubic planar graphs*. J. Combin. Theory **B 96**, 253-275.

[Ju90] Jurkiewicz, S., *Grafos planares hamiltonianos*, Dissertação de M.Sc., COPPE/UFRJ, 1990.

[Ju94] Jurkiewicz, S. (1994). *Planar graphs, hamilton cycles and extreme independence number*, Ann. Operations. Research **50**, 281-293.

[JFS02] Jurkiewicz, S., Freitas, K.E.F. e Salomão, D.F. (2002). *Independent production of non-Hamiltonian graphs*. Electronic Notes in Discrete Maths. **11**, 315-321.

[Kl01] Klesc, M. (2001). *The crossing numbers of Cartesian products of paths with 5-vertex graphs*, Discrete Maths. **233**, 353-359.

[Ko84] Kolata, G. (1984). *Graph theory result proved*. Science **224**, 480-481

[KS10] Kobayashi, Y. e Sommer, C. (2010). *On shortest disjoint paths in planar graphs*. Discrete Optimization **7**, 234-245.

[LHZ95] Lin, C., Hu, G. e Zhang, Z. (1995). *A six-color theorem for edge-face coloring of plane graphs*, Discrete Maths. **141**, 291-297.

[Ma97] Makarychev, Y. (1997). *A short proof of Kuratowski's graph planarity criterion*, J. Graph Theory **25**, 129-131.

[MOS98] Mutzel, P., Odenthal, T. e Scharbrodt, M. (1998). *The thickness of graphs: a survey*, Graphs and Combinatorics **14**, 59-73.

[NC88] Nishizeki, T., e Chiba, N., *Planar graphs: theory and algorithms*, North-Holland, 1988.

[Ni80] Nishizeki, T. (1980). *A 1-tough non-Hamiltonian maximal planar graph*, Discrete Maths. **30**, 305-307.

[Or67] Ore, O., *The Four-color problem*, Academic Press, 1967.

[Ro97] Rodrigues, R.M.N.D., *Grafos periplanares maximais: sequências de graus hamiltonianas e maxregularidade, Tese de D.Sc.*, COPPE/UFRJ, 1997.

[RSSR97] Robertson, N., Sanders, D. P., Seymour, P. e Thomas, R. (1997), *The Four-Colour Theorem*. J. Combin. Theory **B 70**, 1, 2–44.

[Sa00] Salasar, G. (2000). *A lower bound for the crossing number of C_m x C_n*, J. Graph Theory **35**, 222-226.

[Sal00] Salomão, D.F., *Construção de grafos não hamiltonianos, 1-resistente e sem triângulo separador*, Dissertação de M.Sc., COPPE/UFRJ, 2000.

[SK77] Saaty, T.L. e Kainen, P.C., *The four-color problem*, Dover, 1977.

[SZ00] Sanders, D.P. e Zhao, Y. (2000). *A five-color theorem*, Discrete Maths. **220**, 279-281.

[Tk96] Tkác, M. (1996). *On the shortness exponent of 1-tough, maximal planar graphs*, Discrete Maths. **154**, 321-328.

[To76] Toranzos, F., *Introducción a la teoría de los grafos*, DAC/OEA,1976.

[We06a] Weisstein, E.W.. *Graph crossing number*. From *MathWorld* --A Wolfram Web Resource. http://mathworld.wolfram.com/GraphCrossingNumber.html

[We06b] Weisstein, E.W.. *Rectilinear crossing number*. From *MathWorld* --A Wolfram Web Resource.
http://mathworld.wolfram.com/RectilinearCrossingNumber.html

Capítulo 11 – Extensões do problema da coloração

[AHKMS07] Aardal, K.I., van Hoesel, S.P.M., Koster, A.M.C.A, Mannino, C. e Sassano, A..(2007). *Models and solution techniques for frequency assignment problems*. Annals of Operational Research 153, 79–129

[ASN02] Avis, D., De Simone, C. e Nobili, P. (2002). *On the chromatic polynomial of a graph*, Math. Programming **B 92**, 439-452.

[BBW00] Balogh, J., Bollobás, B. e Weinreich, D. (2000). *The speed of hereditary properties of graphs*, J. Combin. Theory **B 79**, 131-156.

[BF91] Berge, C. e Fournier, J.-C. (1991). *A Short proof for a generalization of Vizing's theorem*, J. Graph Theory **15**, 3, 333-336.

[BKW98] Borodin, O.V., Kostochka, A.V. e Woodall, D.R. (1998). *Total colourings of planar graphs with large girth*, European J. Combin. Theory **B 19**, 19-24.

[BLW86] Biggs, N.L., Lloyd, E.K. e Wilson, R.J., *Graph theory 1736-1936*, Clarendon Press, Oxford, 1986.

[BMM10] Bahmani, B. Mehta, A. e Motwani, R. (2010). *A 1.43-Competitive Online Graph Edge Coloring Algorithm in the Random Order Arrival Model.* Proc.21th SODA, Austin.

[CGS98] Chen, G., Gyárfás, A. e Schelp, R.H. (1998). *Vertex colorings with a distance restriction*, Discrete Maths. **191**, 65-82.

[Ch99] Chew, K.H. (1999). *Total chromatic number of graphs of odd order and high degree*, Discrete Maths., DISC 3356.

[Ch97a] Chia, G.L. (1997). *Some problems on chromatic polynomials*, Discrete Maths. **172**, 39-44.

[Ch97b] Chia, G.L. (1997). *A bibliography on chromatic polynomials*, Discrete Maths. **172**, 175-191.

[CM05] Campos, C.N. e Mello, C.P. (2005). *The total chromatic number of some bipartite graphs.* Electronic Notes in Discrete Maths. **22**, 557-561.

[CRST06] Chudnovsky, M., Robertson, N., Seymour, P. e Thomas, R. (2006). *The strong perfect graph theorem.* Annals of Mathematics **164** (1): 51–229.

[CV01] Chaudhary, A. e Viswanathan, S. (2001). *Approximation algorithms for the achromatic number*, J. Algorithms **41**, 404-416.

[Ed99] Edwards, K.E. (1999). *The harmonious chromatic number of complete r-ary trees*, Discrete Maths. **203**, 83-99.

[EW77] Erdös, P. e Wilson, R.J. (1977). *On the chromatic index of almost all graphs*, J. Combin. Th. **B 23**, 255-257.

[Fi91] Figueiredo, C.M.H., *Um estudo de problemas combinatórios em grafos perfeitos, Tese de D.Sc.*, COPPE/ UFRJ, 1991.

[FMLW11] Friedmann, C. V. P., Markenzon, L., Lozano, A. R. G., Waga, C. (2011). *Total Coloring of Block-Cactus Graphs.* J. Combinatorial Mathematics and Combinatorial Computing **78**, 273-283.

[Fou77] Fournier, J.C. (1977). *Méthode et théoreme général de coloration des arêtes d'un multigraphe*, J. Maths. Pures Appl. **56**, 437-453.

[Go80] Golumbic, M.C., *Algorithmic graph theory and perfect graphs*, Academic Press, 1980.

[GS00] Gebhard, D.D. e Sagan, B.R. (2000). *Sinks in acyclic orientations of graphs*, J. Combin. Theory **B 80**, 130-146.

[Ha80] Hale, W.K(1980)., *Frequency assignment: theory and applications*, Proc. IEEE **68**, 12, 1497-1514.

[HH70] Harary, F. e Hedetniemi, S. (1970). *The achromatic number of a graph*, J. Combin. Theory **B 8**, 154-161.

[Ho81] Holyer, I. (1981). The *NP-completedness of edge-coloring*, SIAM J. Computing **10**, 718-720.

[HR88] Hoffman, D.G. e Rodger, C.A. (1988). *Class one graphs*, J. Combin. Theory **B 44**, 372-376.

[Hu09] Hubai, T. (2009).*The chromatic polynomial.* M.Sc. Thesis, Faculty of Sciences, Eötvös Loránd University, Budapest.

[JT95] Jensen, T.R. e Toft, B., *Graph coloring problems*, John Wiley, 1995.

[Ju96] Jurkiewicz, S., *Théorie des graphes: cycles hamiltoniens, coloration d'arêtes et problèmes de pavages*, Thèse de Doctorat, Université Paris 6, 1996.

[Kl94] Klein, S., *Algoritmos e complexidade de decomposição em grafos, Tese de D.Sc.*, COPPE/UFRJ, 1994.

[LFJ08] Lozano, A. R. G., Friedmann, C. V. P.e Jurkiewicz, S. (2008). *Coloração Total Equilibrada – Um Modelo para Redes de Interconexão.* Pesquisa Operacional.**28**, 1,161-171.

[Li92] Liu, D. D-F. (1992). *T-colorings of graphs*, Discrete Maths. **101**, 213-212.

[Lo72] Lovász, L. (1972). *Normal hypergraphs and the perfect graph conjecture*, Discrete Maths. **2**, 253-268.

[Loz05] Lozano, A. R. G. (2005). *Coloração total equilibrada de grafos.* Tese de D.Sc., COPPE/UFRJ, Rio de Janeiro, 2005.

[Lu97] Lu, S. (1997). *The exact value of the harmonious chromatic number of a complete binary tree*, Discrete Maths. **172**, 93-101.

[Me92] Mello, C.P. de, *Sobre grafos-clique completos, Tese de D.Sc.*, COPPE/ UFRJ, 1992.

[Pa99] Paes, R.C. de O.V., *Coloração das arestas de um grafo: o teorema de Vizing e suas extensões*, Dissertação de M.Sc., COPPE/UFRJ, 1999.

[Pi00] Pimenta, M.M.D., *Quatro invariantes cromáticos e uma heurística de coloração de grafos serpentina, Tese de D.Sc.*, COPPE/UFRJ, 2000.

[Ro91] Roberts, F.S. (1991). *T-colorings of graphs: recent results and open problems*, Discrete Maths. **93**, 229-245.

[RR01] Roussel, F. e Rusu, I. (2001). *An $O(n^2)$ algorithm to color Meyniel graphs*, Discrete Maths. **235**, 107-123.

[S-A95] Sánchez-Arroyo, A. (1995). *A new upper bound for total colouring of graphs*, Discrete Maths. **138**, 375-377.

[Si95] Silva Neto, P.S., *Problemas de alocação de canal e T-coloração*, Dissertação de M.Sc., Instituto Militar de Engenharia, 1995.

[Si11] Siqueira, A.S. Coloração total equilibrada em subfamílias de grafos regulares. Tese de D.Sc., COPPE/UFRJ, Rio de Janeiro, 2011.

[St00] Steffen, E. (2000). *A refinement of Vizng's theorem*, Discrete Maths. **218**, 289-291.

[Th00] Thomassen, C. (2000). *Chromatic roots and Hamiltonian paths*, J. Combin. Theory **B 80**, 218-224.

[Th93] Thomas, A. (1993). *A class of perfect graphs in genetics.* IMA Journal of Mathematics Applied in Medicine & Biology **10**, 77-81

[UK99] Usha-Devi, N. e Vijayakumar, G.R. (1999). *Hereditary properties of graphs*, Discrete. Maths. **206**, 213-215.

[Va98] Vasconcelos, J.M., *O problema de T-coloração: estado da arte*, Dissertação de M.Sc., COPPE/UFRJ, 1998.

[Wa97] Waller, A.O. (1997). *Simultaneously coloring the edges and faces of plane graphs*, J. Combin. Theory **B 69**, 219-221.

[We97] de Werra, D. (1997). *Restricted coloring models for timetabling*, Discrete Maths. **165/166**, 161-170.

[We99] Weifan, W. (1999). *Upper bounds of entire chromatic number of plane graphs*, Eur. J. Combin. **20**, 313-315.

[Zh00] Zhang, L. (2000). *Every planar graph with maximum degree 7 is of class 1*, Graphs and Combinatorics **16**, 467-495.

Capítulo 12 - Temas selecionados

[ACHL05] Aouchiche, M., Caparossi, G., Hansen, P. e Laffay, M. (2005). *AutoGraphiX: a survey.* Electronic Notes in Discrete Maths. **22**, 515-520.

[Al10] Almeida, A.R. (2010). *Emparelhamento em Produto Cartesiano de Grafos e sua Aplicação a Redes de Interconexão.* Dissertação de M.Sc., PPGI/UFRJ.

[AO04] Abreu, N.M.M. e Oliveira, C.S. (2004). *Álgebra linear em teoria dos grafos.* Minicurso, I Semana de Matemática, SBMAC, São Mateus, ES.

[AS00] Alon, N. e Sudakov, B. (2000). *Bipartite subgraphs and the smallest eigenvalue.* Combinatorics, Probability and Computing **9**, 1-12.

[AVBG08] Abreu, N.M.M. de, Vinagre, C.T.M., Bonifácio, A.S. e Gutman, I. (2008). *The Laplacian Energy of Some Laplacian Integral Graphs.* Match (Mülheim), **60**, 447-460..

[BBST85] Bauer, D.,Boesch, F., Suffel, C. and R. Tindell, R. (1985). *Combinatorial optimization problems in the design of probabilistic networks.* Networks **15**, 257-271.

[BB98] Balasubramanian, K. e. Basak, S.C. (1998). *Characterization of Isospectral Graphs Using Graph Invariants and Derived Orthogonal Parameters.* Journal of Chemical Information and Computer Scence **38**, 367-373.

[Be96] Berge, C. (1996). *Combinatorial games on a graph.* Discrete Maths. **151**, 59-65.

[Bi93] Biggs, N.. *Algebraic graph theory.* 2ª.ed., Cambridge University Press, Cambridge, 1993.

[BG81] Bodin, L.D. e Golden, B.L. (1981). *Classification in vehicle routing and scheduling,* Networks **11**, 97-108.

[BGAB83] Bodin, L.D., Golden, B.L., Assad, A. e Ball, M. (1983). *Routing and scheduling of vehicles and crews. The State of the Art,* Comp. Opns. Res. **10**, 69-211.

[BM95] Baldas, M.T.M.L. e Markenzon, L. (1995). *Estudo comparativo de métodos para traçado automático de grafos planares,* Anais XXVII SBPO, 732-736, Vitória.

[BN95] Barros Neto, J.F., O *uso do simulated annealing na solução de problemas de roteamento de veículos,* Dissertação de M.Sc., COPPE/UFRJ, 1995.

[Bo08] Bonifácio, A.S. (2008). *Sobre Energia e Energia laplaciana de grafos.* Tese de D.Sc., COPPE/UFRJ.

[BQ64] Balinski, M.L. e Quandt, R.E. (1964). *On an integer program for a delivery problem,* Operations Research **12**, 300-304.

[BS09] Bullmore, E. e Sporns, O. (2009). *Complex brain networks: graph theoretical analysis of structural and functional systems.* Nature Reviews Neuroscience **10**, 186-198.

[BS98] Bollobás, B. e Szabó, T. (1998). *The oriented cycle game,* Discrete Maths. **186**, 55-67.

[BVA08] Bonifácio, A.S., Vinagre, C.T.M. e Abreu, N.M.M. de (2008). *Constructing pairs of equienergetic and non-coespectral graphs.* Applied Mathematics Letters. **21**, 338-341.

[CCGH99] Caparossi, G., Cvetković, D., Gutman, I. e Hansen, P. (1999). *Variable Neighborhood Search for Extremal Graphs. 2. Finding Graphs with Extremal Energy.* J. Chemical Information and Computer Scence **39**, 984-996.

[CG84] Chung, F. e Garey, M.R. (1984). *Diameter bounds for altered graphs, J. Graph Theory* **8**, 511-534.

[CH00] Caparossi, G. e Hansen, P. (2000). *Variable neighborhood search for extremal graphs 1. The AutographiX system.* Discrete Maths. **212**, 29-44.

[Chr76] Christofides, N. (1976). *The vehicle routing problem,* RAIRO Recherche Opérationnelle **10**, 55-70.

[CK98] Chepoi, V. e Klavžar, S. (1998). *Distances in benzenoid systems: further developments,* Discrete Maths. **192**, 27-39.

[CMTS79] Christofides, N., Mingozzi, A., Toth, P. e Sandi, C., *Combinatorial optimization,* John Wiley & Sons, 1979.

[CN98] Chrobak, M. e Nakano, S. (1998). *Minimum-width grid drawings of plane graphs,* Comp. Geometry **11**, 29-54.

[CRS97] Cvetković, D., Rowlinson, P., Simic, S., *Eigenspaces of graphs,* Cambridge University Press, 1997.

[CW63] Clarke, G. e Wright, J.W. (1963). *Scheduling of vehicles from a central depot to a number of delivery points,* Operations Research **12**, 568-581.

[CXYZ09] Chunling, T., Xiaohui, L., Yuansheng, Y., Zhihe, L. (2009). *Equitable Total Coloring of* C_m □ C_n. Discrete Applied Mathematics **157**, 596-601.

[DeVW04 DeLaVita, E. e Waller, B. (2004). *Some conjectures of Graffiti.pc on the maximum order of induced subgraphs.* Congressus Numerantium **166**, 11-32.

[DiBETT94] Di Battista, G., Eades, P., Tamassia, R. e Tollis, I. G. (1994). *Algorithms for Drawing Graphs: an Annotated Bibliography,* Computational Geometry: Theory and Applications **4**: 235–282.

[DiBETTI98] Di Battista, G., Eades, P., Tamassia, R. e Tollis, I. G. (1998), *Graph Drawing: Algorithms for the Visualization of Graphs,* Prentice Hall, ISBN 9780133016154.

[Es88] Esposito, C. (1988). *Graph graphics: theory and practice,* Comput. Math. Applic. **15**, 4, 247-253.

[ET87] Eades, P. e Tamassia, R. (1987). *Algorithms for automatic graph drawing: an annotated bibliography,* Tech. Rep. 82, Dept. of Computer,Science, University of Queensland.

[Fr09] Freitas, M.A.A. (2009). *Grafos integrais, grafos laplacianos integrais e grafos Q-integrais.* Tese de D.Sc., COPPE/UFRJ.

[Ga77] Gantmacher, F.R., *The theory of matrices,* Chelsea, New York, 1977.

[Gas67] Gaskell, T.J. (1967). *Bases for vehicle fleet scheduling,* Operational Research Quarterly. **18** (3), 281-295.

[GAVBR08] Gutman, I., Abreu, N.M.M. de, Vinagre, C.T.M., Bonifácio, A.S. e Radenkovic, S. (2008). *Relation Between Energy and Laplacian Energy.* Match (Mülheim), **59**, 343-354.

[GG90] Galvão, R.D. e Guimarães, J. (1990). *The control of helicopters in the Brazilian oil industry: issues in the design and implementation of a computerized system.* European J. of Operational Research **49**, 266-270

[GHL91] Gendreau, M., Hertz, A. e Laporte, G. (1991). *A tabu search heuristic for the vehicle routing problem,* Publ. #777, Centre de Recherches sur les Transports, Montréal.

[GM74] Gillett, B.E. e Miller, L.R. (1974). *A heuristic algorithm for the vehicle dispatch problem,* Operations Research **22**, 341-349.

[GMN77] Golden, B., Magnanti, T.L. e Nguyen, H.Q. (1977). *Implementing vehicle routing algorithms*, Networks **7**, 113-148.

[GPN09] Gonçalves, J.A.M., Portugal, L.S. e Nassi, C.D. (2009). *Centrality indicators as an instrument to evaluate the integration of urban equipment in the area of influence of a rail corridor.* Transportation Research **A 43** (2009) 13–25.

[GR01] Godsil, C. e Royle, G., *Algebraic graph theory*, Graduate texts in mathematics n° 207, Springer-Verlag, New York, 2001.

[GZ06] Gutman, I. e Zhou, B. (2006). *Laplacian energy of a graph.* Linear Algebra and its Applications **414**, 29–37

[HC00] Hansen, P. e Caparossi, G. (2000). *AutoGraphiX: An Automated System for Finding Conjectures in Graph Theory.* Electronic Notes in Discrete Mathematics **5**, 158-161

[HIK11] Hammack, R, Imrich, W. e Klavžar, S. *Hanbook of graph products.* CRC Press, Boca Raton, 2011.

[HL97] Hamidoune, Y.O. e Las Vergnas, M. (1997). *Directed switching games II: the arborescence game*, Discrete Maths. **165/166**, 395-402.

[HM01] Hansen P. e Mladenović, N.. *Variable neighborhood search: principles and applications.* European J. of Operational Research **130**, 449-467 (2001).

[HM07] Herzberg, A.M. e Murty, M.R. (2007). Sudoku squares and chromatic polynomials. Notices of the AMS, **54**, 6, 708-717

[HS10] Hou, Y. e Shiu, W. (2010). *The spectrum of the edge corona of two graphs.* Electronic J. of Linear Algebra **20**, 586-594.

[HSF01] Hong, Y., Shu, J-L e Fang , K. (2001). A *sharp upper bound of the spectral radius of graphs*, J. Combin. Theory **B 81**, 177-183.

[Ka96] Kano, M. (1996). *Edge-removing games of star type*, Discrete Maths. **151**, 113-119.

[Ki05] Kirkland, S. (2005). *Completion of Laplacian integral graphs via edge addition.* Discrete Maths. **295**, 75-90.

[Kl96] Klavžar, S. (1996). *Coloring graph products – a survey.* Discrete Maths. **155**, 135-145.

[KM03] Kemnitz, A. e Marangio, M. (2003). *Total Colorings of Cartesian Products of Graphs.* Congressus. Numerantium **165**, 99-109.

[Ko05].Koren, Y. (2005), *Drawing graphs by eigenvectors: theory and practice.* Computers & Mathematics with Applications **49** (11-12): 1867–1888,

[KP96] Kvasnička, V. e Pospichal, J. (1996). *Simulated Annealing Construction of Molecular Graphs with Required Properties.* Journal of Chemical Information and Computer Scence **36**, 516-526.

[LAMS04] Lima, L.S., Abreu, N.M.M., Moraes, P.E. e Sertã, C. (2004). *Some properties of graphs in (a,b)-linear classes.* Congressus Numerantium **166**, 43-52.

[[Li05] Lima, L.S.. *Vulnerabilidade de redes em grafos de Harary.* Exame de qualificação ao D.Sc., COPPE/UFRJ, 2005.

[LMSK63] Little, D.C., Murty, K.G., Sweeney, D.W. e Karel, C. (1963). *An algorithm for the traveling salesman problem*, Operations Research **11**, 972-989.

[LL99] Li, Q. e Li, Q. (1999). *Super edge connectivity properties of connected edge symmetric graphs.* Networks **33**, 2, 157-159.

[LN87] Laporte, G e Nobert, Y. (1987). *Exact algorithms for the vehicle routing problem*, Ann. Discrete Maths. **31**, 147-184; Também em S. Martello, G. Laporte, M. Minoux e C. Ribeiro (eds.), *Surveys in combinatorial optimization*, North-Holland, 147-184, 1987.

[Lo04] Longo, H.J.. *Técnicas para programação inteira e aplicações em problemas de roteamento de veículos.* Tese de D.Sc., PUC/RJ, 2004.

[Ma99] Marcović, S. (1999). *Tenth Spectral Moment for Molecular Graphs of Phenylenes.* Journal of Chemical Information and Computer Scence **39**, 654-658.

[MAJ01] Moraes, P.E., Abreu, N.M.M. e Jurkiewicz, S. (2001). *Graphs with homogeneous density in (a,b)-linear classes.* Congressus Numerantium **151**, 54-64.

[MAJ02] Moraes, P.E., Abreu, N.M.M. e Jurkiewicz, S. (2002). *The fifth and sixth coefficients of the characteristic polynomial of a graph.* Electronic Notes in Discrete Maths. **11**, 201-208

[Mo00] Moraes, P.E. de, *Aplicações da teoria espectral em algumas classes de grafos, Tese de D.Sc.*, COPPE/UFRJ, 2000.

[MG05] Montané, F.A.T.e Galvão, R.D. (2005). *A tabu search algorithm for the vehicle routing problem with simultaneous pick-up and delivery service.* Computers & Operations Research **33**,3, 595-619.

[MVN94] Markenzon, L., Vernet, O. e Nowosad, M.G. (1994). *Traçado automático de árvores: critérios estéticos e algoritmos*, Anais XXVI SBPO, 461-465, Florianópolis.

[ND86] Noble, B. e Daniel, J.W., *Álgebra linear aplicada*, 2ª ed., Prentice-Hall do Brasil, Rio de Janeiro, 1986.

[NN98] Neufeld, S. e Nowakowski, R. (1998). *A Game of cops and robbers played on products of graphs*, Discrete Maths. **186**, 253-268.

[OA00] Oliveira, C.S. e Abreu, N.M.M. (2000). *Conectividade em grafos por teoria espectral*, Anais do XXXII SBPO, 1666-1674,Viçosa.

[OAP05] Oliveira, C.S., Abreu, N.M.M. e Pazoto, A.F. (2005). *Parameters of connectivity in (a,b)-linear classes*. Electronic Notes in Discrete Maths. **22**, 189-193.

[OI03] Oliveira, C.S., *Laplaciano de grafos e vulnerabilidade em redes*, Tese de D.Sc., COPPE/UFRJ, 2003.

[Pa88] Paessens, H. (1988). *The savings algorithm for the vehicle routing problem*, European J. of Operational Research **34**, 336-344.

[PW94] Pardalos, P. e Wolkowicz, H. (eds.), *Quadratic assignment and related problems*, Col. DIMACS, vol. 16, AMS, Providence, 1994.

[Qu10] Qiao, S. (2010). *On zeroth-order general Randi¢ index of quasi-tree graphs containing cycles*. Discrete Optimization **7**, 93-98.

[Ra92] Randič, M. (1992). *Representation of molecular graphs by basic graphs*. Journal of Chemical Information and Computer Scence **32**, 1, 57-69.

[REG07] Rodríguez, J.A., Estrada, E. e Gutiérrez, A. (2007). *Functional centrality in graphs*. Linear and Multilinear Algebra **55**, (3), 293-302.

[RNN98] Rahman, M.S., Nakano, S. e Nishizeki, T. (1998). *Rectangular grid drawing of plane graphs*, Comp. Geometry **10**, 203-220.

[Ru00] Ruhnau, B. (2000). *Eigenvector-centrality -- a node-centrality?* Social Networks **22**, 4, 357-365.

[RY99] Rodríguez, J.A. e Yebra, J.L.A. (1999). *Bounding the diameter and the mean distance of a graph from its eigenvalues: laplacian versus adjacency matrix methods*, Discrete Maths. **196**, 267-275.

[RZ68] Rao, M.R. e Zionts, S. (1968). *Allocation of transportation units to alternative trips - a column generation scheme with out-of-kilter subproblems*, Operations Research **16**, 52-63.

[SK10] Sohn, K. e Kim, D. (2010). *Zonal centrality measures and the neighborhood effect*. Transportation Research A **44**, 733–743.

[SMWW97] Seoud, M. A., Maqsoud, A. E., Wilson, R. e Willians, J. (1997). *Total colourings of Cartesian products*. International Journal of Mathematical Education in Science and Technology **28**, 4, 481-487.

[So05] Sosa, N.G.M.. *Busca dispersa aplicada a problemas de roteamento de veículos*. Prova de qualificação ao D.Sc., COPPE/UFRJ, 2005.

[Tu60] Tutte, W.T. (1960). *Convex representations of graphs*, Proc. London Math.,Society **10**, 304-320.

[Tu63] Tutte, W.T. (1963). *How to draw a graph*, Proc. London Math. Soc. **3**, 13, 743-768.

[vDH09] van Dam, E. e Haemers, W.H. (2009). *Developments on spectral characterizations of graphs*. Discrete Mathematics **309**, 576-586.

[WWY09] Wagnera, S.G., Wangb, H. e Yu, G. (2009). *Molecular graphs and the inverse Wiener index problem*. Discrete Applied Mathematics **157**, 1544-1554.

[Ye70] Yellow, P. (1970). *A computational modification to the savings methods of vehicle scheduling*, Operations Research Qtrly. **21**, 281-283.

[YS00] Yuan, H. e Shu, J-L. (2000). *A sharp upper bound for the spectral radius of the Nordhaus-Gaddum type*, Discrete Maths. **211**, 229-232.

[Ze99] Žerovnik, J. (1999). *Szeged index of symmetric graphs*. Journal of Chemical Information and Computer Scence **39**, 77-80.

[ZL02] Zhang, X.D. e Li, J.S. (2002). *Spectral radius of non-negative matrices and digraphs*, Acta. Math. Sinica. **18**, 2, 293-300.

[ZSL09] Zhai, M., Shu, J. e , Lu, Z. (2009). *Maximizing the Laplacian spectral radii of graphs with given diameter*. Linear Algebra and its Applications **430**, 1897-1905

[ZWCJS11] Zheng Bo-Jin, Wang Jian-Min, Chen Gui-Sheng, Jiang Jian e Shen, Xian-Jun (2011). *Hidden Tree Structure is a Key to the Emergence of Scaling in the World Wide Web*. Chin. Phys. Lett. **28**, No. 1, (http://cpl.iphy.ac.cn/

[ZZ02] Zmazek, B. e Zerovnik, J. (2002). *Behzad-Vizing and Cartesian-Product Graphs*. Applied Mathematics Letters **15**, 781-784.

Índice remissivo

Conceitos básicos iniciais, como <u>grafo</u>, <u>grafo orientado</u>, <u>grafo não orientado</u>, <u>vértice</u> e <u>aresta</u> foram incluídos, apenas, quando apresentam alguma peculiaridade discutida no texto (e.g., grafo perfeito).

As referências estão no singular, a menos que o plural seja exigido pelo contexto.

A

D

E

F

R

S

T

U

V